高等学校"十四五"食品科学与工程类新形态教材

食品微生物学

主　编　黄　和　杨　瑶

副主编　李　莎　吴向华　张秀艳　都立辉

编　者（按姓氏笔画排序）

王　佳（华中农业大学）　　　刘文正（南京师范大学）

李　莎（南京工业大学）　　　李向菲（南京财经大学）

杨　瑶（南京师范大学）　　　吴向华（南京晓庄学院）

宋　萍（南京师范大学）　　　张秀艳（华中农业大学）

陈　涛（华中农业大学）　　　贾爱玲（南京晓庄学院）

都立辉（南京财经大学）　　　顾　洋（南京师范大学）

黄　和（南京师范大学）　　　续晓琪（南京工业大学）

谢旻皓（南京财经大学）　　　霍光明（南京晓庄学院）

中国教育出版传媒集团

高等教育出版社·北京

内容简介

本书是高等院校食品类专业的主干课程“食品微生物学”的课程教材。全书一共分两个部分。第一部分为微生物学基础知识，共分为6个章节，系统阐述了微生物的五大生物学规律即形态结构、营养代谢、生长繁殖、遗传变异和生态分布。第二部分为微生物在食品科学领域中的应用知识，共分为9个章节，围绕食品微生物的学术前沿和行业态势，具体介绍了传统食品酿造、食品工业发酵、食品营养健康和食品安全检测等食品科学的核心问题。

本教材采用“基础＋实践”的结构体系是国内“食品微生物学”教材编写工作的一次全新尝试，实现了从知识层面做好理论和实践的融合共进。同时，本教材采用“纸质＋数字课程”的出版形式，在配套的数字课程中为读者提供了丰富的课程教学资源。

本书适合作为高等学校食品科学与工程、食品质量与安全等专业的本科教材，也可供生产人员和科研人员参考使用。

图书在版编目（CIP）数据

食品微生物学 / 黄和，杨瑶主编 . -- 北京：高等教育出版社，2023.7

ISBN 978-7-04-060463-4

Ⅰ. ①食… Ⅱ. ①黄… ②杨… Ⅲ. ①食品微生物－微生物学－高等学校－教材 Ⅳ. ① TS201.3

中国国家版本馆 CIP 数据核字（2023）第 079677 号

SHIPIN WEISHENGWUXUE

策划编辑 高新景　责任编辑 赵君怡　封面设计 张 楠　责任印制 刁 毅

出版发行	高等教育出版社	网　址	http://www.hep.edu.cn
社　址	北京市西城区德外大街4号		http://www.hep.com.cn
邮政编码	100120	网上订购	http://www.hepmall.com.cn
印　刷	中农印务有限公司		http://www.hepmall.com
开　本	889mm×1194mm　1/16		http://www.hepmall.cn
印　张	24.25		
字　数	700 千字	版　次	2023 年 7 月第 1 版
购书热线	010-58581118	印　次	2023 年 7 月第 1 次印刷
咨询电话	400-810-0598	定　价	56.00元

本书如有缺页、倒页、脱页等质量问题，请到所购图书销售部门联系调换

物 料 号　60463-00

新形态教材·数字课程（基础版）

食品微生物学

主　编　黄和　杨瑶

新形态教材网 Abooks

关于我们 | 联系我们　　登录/注册

食品微生物学

黄和　杨瑶

开始学习　　收藏

　　"食品微生物学"数字课程与教材一体化设计，含有丰富的学习资源，包括各实验教学课件、拓展阅读等，为教师和学生提供教学和学习参考。

http://abooks.hep.com.cn/60463

序

在人类文明进步和科学技术发展的历史长河中，中国是对微生物认识和利用最早的几个国家之一，劳动人民有过许多重大发明创造，如制曲、酿酒及酱油和醋的生产。如今，人们生活中风味各异的各色食品制造过程中几乎都离不开微生物的参与，如酸奶生产、面包发酵和食品添加剂生产等。放眼未来，微生物也是未来食品"大食物观"的重要组成部分，"向动物植物微生物要热量、要蛋白"。当下，我国食品工业正处于智能化健康转型升级的关键节点，在食品微生物学科蓬勃发展的机遇和挑战面前，广大的青年学生和科技工作者应当具备应有的知识储备，怀抱梦想，脚踏实地。

食品工业是我国国民经济的重要支柱产业，也是人民生活质量及国家文明程度的重要标志。现代食品工业是整合和应用化学、生物学、农学和工程等多个学科门类的交叉领域，对食品类专业的高等教育提出了新的要求。食品微生物学是涉及食品中微生物的分布与种类、生长与代谢、繁殖与控制等内容的一门基础课程。一方面，作为微生物学的分支学科，学好食品微生物应首先夯实微生物学基础知识，掌握微生物的生命活动基本规律和生物学基本特性；另一方面，食品微生物的学习又必须为实践服务，旨在指导人们在科学研究和生产实践中更好地利用有益微生物，控制和改造有害微生物。

教材是学生学习知识和教师传授知识的基本工具，也是深化教育教学改革、全面推进素质教育、培养创新人才的重要保证。《食品微生物学》这部教材是"新工科"背景下的教材建设成果，在三个方面有所创新：其一，新思路，"基础 + 实践"的编排思路，突显"新工科"的人才培养特色；其二，新知识，增补如合成生物学技术、微生物群落分析技术等知识点，夯实学科交叉和融合的基础；其三，新案例，吸纳本土的优质工程案例诠释立德树人的育人理念。衷心希望《食品微生物学》能为广大青年学生和科技工作者推开一扇窗，种下一粒籽，开启一段追逐梦想的旅程。

中国工程院院士

江南大学校长

陈坚

前　言

　　本教材是深入贯彻国家"新工科"建设指导思想的一次积极探索，我们立足当下、放眼未来。

　　"食品微生物学"是一门涉及生命科学和食品科学交叉学科的专业课程，是高等院校食品类专业的主干课程。理论和实践的融合共进是本教材编写思想的核心，是新工科人才培养的教育目标。

　　首先，微生物学基础知识是本教材的重要内容。编者经过对国内外相关教材的调查和比较，确立了本教材基本保持经典的学科体系不变的编写思路，系统阐述微生物的五大生物学规律（即形态结构、营养代谢、生长繁殖、遗传变异和生态分布），为食品及相关专业学生建立科学稳定的学科知识体系打下坚实基础。

　　其次，微生物在食品科学领域中的应用知识是本教材的另一个重要内容。围绕着食品微生物的学术前沿和行业态势，经多轮研讨，编者最终编写了"微生物酿酒""微生物生产调味品""微生物生产有机酸""微生物生产氨基酸""微生物生产酶制剂""益生菌及其制品""食用菌及其制品""微生物与食品腐败变质""微生物与食品安全"9个微生物应用主题章节。9个应用主题章节从内容上涵盖了传统食品酿造、食品工业发酵、食品营养健康和食品安全检测等食品科学的核心问题。本教材构建了以基础微生物学知识为线，以食品微生物应用知识为面的结构体系。本教材的结构体系是国内"食品微生物学"教材编写工作的一次全新尝试，实现了从知识层面做好理论和实践的融合共进。本教材不仅仅是一本科学系统的"食品微生物学"教学用书，也可看作是一本食品专业学生深入、全面了解食品微生物研究与实践方向的工具书。本教材为授课教师提供丰富的课程教学资源，利于食品及相关专业读者拓展学习视野，激发学习热情。

　　人才培养的中心环节是立德树人，教材在功能、内容和教学方法等方面都是体现立德树人理念的关键建设要素。为此，编者重视历史、追踪前沿；珍视数据、精选案例；阐明结果、启发思考。本教材通篇蕴含着丰富的课程思政元素，力求培养学生求真求实的科学态度、批判性思维和理论联系实践的创新能力，以及新时代的民族文化自信和强国理想信念。

　　本教材特邀10多位不同院校的专家参与编写，每人编写部分均为自身教学科研所长领域。第1章由黄和、顾洋编写，第2章由杨瑶编写，第3章由续晓琪编写，第4章由吴向华、贾爱玲编写，第5章由刘文正、杨瑶编写，第6章由都立辉、谢旻皓、李向菲编写，第7章由张秀艳编写，第8章由陈涛编写，第9章由宋萍编写，第10、11章由李莎编写，第12章由谢旻皓、李向菲编写，第13章由霍光明、贾爱玲编写，第14、15章由王佳编写。同时对高等教育出版社的大力支持表示谢意。

　　本教材是"食品微生物学"教材编写的一次全新尝试，由于编者水平和时间有限，缺点和错误在所难免，请广大读者和同行专家提出宝贵意见。

编　者

目 录

第1章

绪　论

　　微生物存在于地球至少有 35 亿年之久。微生物是地球上种类最繁多、代谢最多样、生长最快速、变异最迅速的生物种群。自 17 世纪荷兰人列文虎克用自制显微镜首次观察到微生物，19 世纪法国人巴斯德与德国人柯赫为现代生物学奠基以来，微生物学已经成为现代生命科学和生物技术的主要组成部分。近年来，高通量测序、宏基因组学等新兴研究方法的出现，将微生物学的研究推向了一个新的发展阶段。

通过本章学习，可以掌握以下知识：

1. 微生物学的发展史。
2. 微生物的概念及生物学特点。
3. 食品微生物学的研究内容。

【思维导图】

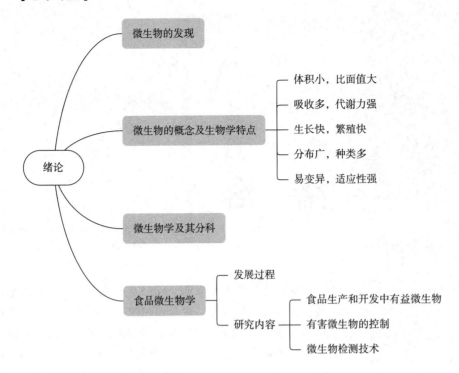

绪论
- 微生物的发现
- 微生物的概念及生物学特点
  - 体积小，比面值大
  - 吸收多，代谢力强
  - 生长快，繁殖快
  - 分布广，种类多
  - 易变异，适应性强
- 微生物学及其分科
- 食品微生物学
  - 发展过程
  - 研究内容
    - 食品生产和开发中有益微生物
    - 有害微生物的控制
    - 微生物检测技术

1.1 微生物学的发展简史

微生物（microorganism，microbe）是一种小到肉眼看不见的生命体，可以栖息在地球上每一个可以生存的环境中。在动植物出现之前的几十亿年里，微生物在陆地和海洋中大量繁殖，它们的多样性令人震惊。微生物是地球生物量的重要组成部分，它们的活动对维持生命至关重要，比如说整个地球的生物圈多样性与微生物的活动就有着密不可分的关系。植物和动物沉浸在微生物的世界中，微生物活动、微生物共生体甚至病原体等对它们的进化和生存都有不同程度的影响。从远古时期起人类就和微生物在地球上共处，人类在适应了微生物的同时，既享受了微生物带来的馈赠，又不断遭受微生物所引起的各种疫病，微生物早已经被囊括到人类生活当中。

本章将按照时间的顺序，对微生物的发展简史（着重介绍微生物学创立和发展的奠基者及他们的开创性工作）以及微生物学在生命科学发展中做出的巨大贡献进行介绍。

1.1.1 感性认识阶段——史前期

人类在没有真正看到微生物个体之前，虽然还不知道有微生物存在，但是在生产实践和日常生活中已经开始利用微生物，并且积累了丰富的经验。我国就是最早应用微生物的少数国家之一，据考古学推测，我国在 8000 年前已经出现了曲蘖酿酒了，4000 多年前我国酿酒已十分普遍，而且当时埃及人也已学会烤制面包和酿制果酒。2500 年前我国人民发明制酱、酿醋，知道用曲治疗消化道疾病。公元 6 世纪（北魏时期），我国贾思勰的巨著《齐民要术》详细地记载了制曲、酿酒、制酱和酿醋等工艺。公元 9 世纪到 10 世纪我国已发明用鼻苗法种痘，用细菌浸出法炼铜。到了 16 世纪，古罗马医生 Girolama Fracastoro 才明确提出疾病是由肉眼看不见的生物引起的。我国明末（1641 年）医生吴又可也提出"戾气"学说，认为传染病的病因是一种看不见的"戾气"，其传播途径以口、鼻为主。

1.1.2 形态学描述阶段——初创期

尽管几个世纪以来，人们一直怀疑存在肉眼看不到的微小生物，但它们的发现一直等到显微镜的发明。第一个看到微生物（当时称作微小动物）的人是荷兰显微镜学家安东尼·列文虎克（Antony Van Leeuwenhoek，1632—1723 年，图 1-1），他发明了一个极其简单的显微镜，包含一个透

图 1-1 安东尼·列文虎克（1632—1723 年）

图 1-2 安东尼·列文虎克自制的单式显微镜

镜来检查各种天然物质中的微生物（图1-2）。以今天的标准来看，这些显微镜很粗糙，但是通过仔细的操作和聚焦，他利用能放大50~300倍的显微镜，清楚地看见了细菌和原生动物，首次揭示了一个崭新的生物世界——微生物界。他将发现的微生物描绘成图，于1695年发表了《安东尼·列文虎克所发现的自然界的秘密》的论文。从此以后的一百多年时间内，各国科学家纷纷寻找各种微生物，开启了对微生物的观察、描述它们的形态、有的也做了简单分类的新阶段（图1-3）。

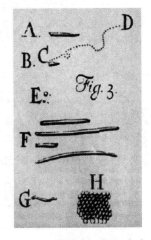

图1-3　安东尼·列文虎克笔下的微生物

1.1.3　生理水平研究阶段——奠基期

列文虎克发现微生物世界以后的200年间，微生物学的研究基本上停留在形态学描述和分门别类的阶段。直到19世纪中期，以法国的路易斯·巴斯德（Louis Pasteur）和德国的罗伯特·柯赫（Robert Koch）为代表的科学家才将微生物的研究从形态学描述推进到生理学研究阶段，揭示了微生物是造成腐败发酵和人畜疾病的原因，并建立了分离、培养、接种和灭菌等一系列独特的微生物技术，从而奠定了微生物学的基础，开辟了医学和工业微生物学等分支学科。巴斯德和柯赫是微生物学的奠基人，是微生物领域的两位巨人。

（1）巴斯德

路易斯·巴斯德在大学里专攻化学，是位化学家。后来由于生产发展的需要，转向研究微生物，直至把自己的一生都献给了研究微生物的事业，成了著名的微生物学家，其一生的贡献主要集中在如下几个方面：

1）彻底否定了"自生学说"学说

"自生学说"是一个古老学说，认为一切生物是自然发生的。到了17世纪，虽然由于研究植物和动物的生长发育和生活循环，使"自生说"逐渐削弱，但是由于技术问题，如何证实微生物不是自然发生的仍是一个难题，这不仅是"自生说"的一个顽固阵地，同时也是人们正确认识微生物生命活动的一大屏障。巴斯德在前人工作的基础上，进行了许多实验，其中著名的曲颈瓶实验无可辩驳地证实了空气内确实含有微生物，它们引起有机质的腐败。巴斯德自制了一个具有细长而弯曲的颈的玻璃瓶，其中盛有有机物水浸液，经加热灭菌后，瓶内可一直保持无菌状态，有机物不发生腐败，一旦将瓶颈打断，瓶内浸液中才有了微生物，有机质发生腐败（图1-4）。巴斯德的实验彻底否定了"自生说"，并从此建立了病原学说，推动了微生物学的发展。

2）证实发酵是由微生物引起的

究竟发酵是一个由微生物引起的生物过程还是一个纯粹的化学反应过程，曾是化学家和微生物学家激烈争论的问题。巴斯德在否定"自生说"的基础上，认为一切发酵作用都可能与微生物的生长繁殖有关。经过不断努力，巴斯德终于分离到了许多引起发酵的微生物，并证实乙醇发酵是由酵母菌引起的，还研究了氧气对酵母菌的发育和乙醇发酵的影响。此外，巴斯德还发现乳酸发酵、醋酸发酵和丁酸发酵都是由不同细菌所引起的，为进一步研究微生物的生理生化奠定了基础。

3）巴斯德消毒法

一直沿用至今的巴斯德消毒法（60~65℃作短时间加热处理，杀死有害微生物的一种消毒法，又称巴氏消毒法）也是巴斯德的重要贡献（图1-5）。1865年，巴斯德帮助法国当地酒厂解决啤酒变质问题，他发现只要把酒放在五六十摄氏度的环境里，保持半小时，就可杀死酒里的乳酸杆菌，由此诞生了著名的"巴斯德消毒法"，时至今日，巴斯德消毒法仍广泛应用于牛

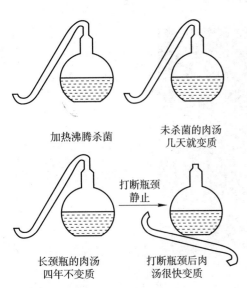

加热沸腾杀菌　　　　未杀菌的肉汤
　　　　　　　　　　几天就变质

打断瓶颈
静止

长颈瓶的肉汤　　　打断瓶颈后肉
四年不变质　　　　汤很快变质

图1-4　曲颈瓶实验

奶的生产。

4）免疫学——预防接种

英国医生琴纳（Jenner）早在1798年发明了种痘法，可预防天花，但一直不了解这个免疫过程的基本机制，直至1877年，巴斯德在研究如何防治鸡霍乱时，发现将病原菌减毒后注入鸡体内可诱发免疫性，发明了首个细菌减毒活疫苗。在此基础上，巴斯德又相继研究了牛、羊炭疽病和狂犬病，并于1889年发明了狂犬病疫苗，为人类防病、治病做出了重大贡献。

（2）柯赫

罗伯特·柯赫（Robert koch）是著名的细菌学家，由于他曾经是一名医生，因此对病原细菌的研究做出了突出的贡献（图1-6）：

图1-5 路易斯·巴斯德（1822—1895年）　　图1-6 罗伯特·柯赫（1843—1910年）

1）具体证实了炭疽病菌是炭疽病的病原菌。

2）发现了肺结核病的病原菌，这是当时死亡率极高的传染性疾病，因此柯赫获得了诺贝尔奖。

3）提出了证明某种微生物是否为某种疾病病原体的基本原则——柯赫法则。由于柯赫在病原菌研究方面的开创性工作，自19世纪70年代至20世纪20年代成了发现病原菌的黄金时代，所发现的各种病原微生物不下百余种，其中还包括植物病原菌。

● 知识拓展 1-1

柯赫法则

柯赫除了在病原菌研究方面的伟大成就外，在微生物基本操作技术方面的贡献更是为微生物学的发展奠定了技术基础，这些技术包括：

1）用固体培养基分离纯化微生物的技术。这是微生物学研究的最基本技术，这项技术一直沿用至今。

2）配制培养基。这也是当今微生物学研究的基本技术之一。

这两项技术不仅是具有微生物学研究特色的重要技术，而且也为当今动、植物细胞的培养做出了十分重要的贡献。柯赫和其同事还发明了细菌染色法、显微镜摄影技术和悬滴培养法等细菌学研究的必备技术，这为他们进一步寻找和确证结核病、霍乱等恶性传染病的病原体奠定了基础。

巴斯德和柯赫的杰出工作，使微生物学作为一门独立的学科开始形成，并出现以他们为代表的生物学家建立的各分支学科（图1-7）。微生物学的研究内容日趋丰富，使微生物学发展更加迅速。

1.1.4　生化水平研究阶段——发展期

19世纪中期到20世纪初，微生物研究作为一门独立的学科已经形成，并进行着自身的发展。1897年德国布赫纳（Buchner）用无细胞酵母菌压榨汁中的"酒化酶"（zymase）对葡萄糖进行乙醇发酵成功，开创了微生物生化研究的新时代；此后微生物学沿着两个方向发展，即应用微生物学和基础微生物学。

应用方面：对人类疾病和躯体防御机能的研究，促进了医学微生物学和免疫学的发展。在第二次世界

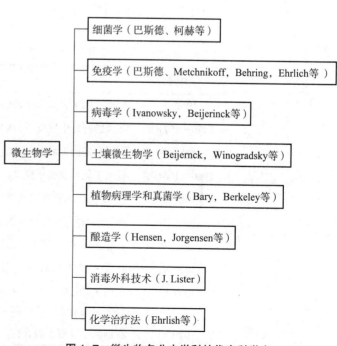

图1-7　微生物各分支学科的代表科学家

- 细菌学（巴斯德、柯赫等）
- 免疫学（巴斯德、Metchnikoff，Behring，Ehrlich等）
- 病毒学（Ivanowsky，Beijerinck等）
- 土壤微生物学（Beijernck，Winogradsky等）
- 植物病理学和真菌学（Bary，Berkeley等）
- 酿造学（Hensen，Jorgensen等）
- 消毒外科技术（J. Lister）
- 化学治疗法（Ehrlish等）

微生物学

大战中，英国细菌学家弗莱明（Fleming）发现了青霉素，解决军队医治病人伤口感染的问题，挽救了许多士兵的生命。第二次世界大战结束时，青霉素被大量工业化生产，为后来整个微生物深层发酵工艺提供了一个典型的样板。

农业：荷兰科学家贝哲林克（Beijerinck）和乌克兰科学家维诺格拉德斯基（Виноградскнй）研究了豆科植物根瘤菌及土壤中的固氮菌和硝化细菌，提出了土壤细菌和自养微生物的研究方法，从而奠定了土壤微生物学发展的基础，而环境微生物学就是从土壤微生物学中应运而生的。除此之外，微生物在农业中的应用使农业微生物学和兽医微生物学等也成为重要的应用学科。

分类系统：应用成果不断涌现，促进了基础研究的深入，于是细菌和其他微生物的分类系统在 20 世纪中叶出现了，对细胞化学结构和酶及其功能的研究发展了微生物生理学和生物化学，微生物遗传和变异的研究推进了微生物遗传学的诞生。微生物生态学在 20 世纪 60 年代也形成了一门独立学科。

1.1.5 分子生物学水平研究阶段——成熟期

20 世纪中叶，随着美国生物学家沃森（Watson）和英国生物学家克里克（Crick）提出 DNA 分子双螺旋结构模型及半保留复制学说，生物学的研究进入到分子生物学阶段（图 1-8）。在此后的 30 年里，分子生物学不断有突破性的发现。

20 世纪 70 年代，分子生物学逐渐成熟并成为一门崭新的独立学科。分子生物学的发展与微生物学研究的关系非同一般，分子生物学是微生物学、遗传学和生物化学等学科研究发展的必然产物，反过来，分子生物学也为微生物学研究的进一步发展和深入提供了新的手段。从上述实例中可知，我们对分子生物学知识的了解无不来自于微生物或者首先来自微生物学研究。分子生物学和微生物学常常在同一领域中发展，它们的差别在于前者将微生物作为反应的模型，作为操作的工具；而微生物学者更感兴趣的是将微生物作为一种生物，研究它们在自然和人工条件下的行为（表 1-1）。

图 1-8　沃森、克里克和 DNA 分子双螺旋结构模型

表 1-1　分子生物学突破性的发现

时间	重大事件
1952 年	提出了用来表示细菌染色体外遗传物质——质粒
1956—1971 年	在大肠杆菌中发现了 DNA 聚合酶 I 、II 、III
1958 年	利用氮的同位素 ^{15}N 标记大肠杆菌的 DNA 证实了 DNA 半保留复制
1960—1961 年	提出了乳糖操纵子模型，开创了基因表达调节机制研究的新领域
1961 年	在 T2 感染大肠杆菌实验中证实了 mRNA 的存在
1965 年	确定了编码 20 种天然氨基酸的 60 多组三联密码子
1968 年	在噬菌体 T4 感染的大肠杆菌中发现 DNA 的半不连续复制
1970 年	从致癌 RNA 病毒中发现逆转录酶，促进了病毒学研究
1977 年	利用大肠杆菌生产了生长激素释放抑制因子，这是通过基因工程技术由微生物生产的第一个有功能的多肽激素
1979 年	在细菌中发现了被誉称为 DNA 的"手术刀"——限制性内切酶

1.2 微生物的概念及生物学特点

1.2.1 微生物的概念

微生物是一类个体微小、结构简单、形态多样、肉眼看不见或看不清的微小生物的统称，通常需要借助显微镜才能观察到。微生物包括具有原核细胞结构的细菌（真细菌和古菌）、放线菌、蓝细菌（旧称"蓝绿藻"或"蓝藻"）、支原体、立克次氏体和衣原体，具有真核细胞结构的真菌、显微藻类和原生动物，以及无细胞结构不能独立生活的病毒、亚病毒（类病毒、拟病毒、朊病毒等）。表解如下（表1–2）：

表 1–2 微生物的特征

微生物	大小	μm（微米）级：光学显微镜下可见（细胞）
		nm（纳米）级：电子显微镜下可见
	构造	单细胞
		简单多细胞
		非细胞（即"分子生物"）
	结构	原核类：细菌（真细菌和古菌）、放线菌、蓝细菌、支原体、立克次氏体和衣原体
		真核类：真菌（酵母、霉菌、蕈菌等）、显微藻类、原生动物
		非细胞类：病毒、亚病毒（类病毒、拟病毒、朊病毒等）

以上这些微小生物群中，大多是肉眼不可见的，如病毒，即使在普通光学显微镜下也无法观察到，必须借助电子显微镜才能观察到（图1–9）。但其中也有少数是肉眼可见的，如20世纪90年代发现有的细菌是肉眼可见的：1993年正式确定为细菌的费氏刺骨鱼菌（*Epulopiscium fishelsoni*，图1–10）和1998年报道的纳米比亚硫黄珍珠菌（*Thiomargarita namibiensis*，图1–11），均为肉眼可见的细菌；如许多真菌子实体、蘑菇等一般肉眼可见；还有某些藻类甚至能生长至几米长（图1–12）。

一般来说，微生物可以认为是相当简单的生物，大多数的细菌、原生动物、某些藻类和真菌是单细胞的微生物，即使为多细胞的微生物也没有许多的细胞类型。病毒甚至没有细胞结构，只有蛋白质外壳包围着的遗传物质，且不能独立生活。

1.2.2 微生物的生物学特点

微生物由于其体形微小，结构简单，因而形成了一系列与之密切相关的五个基本生物学特性，

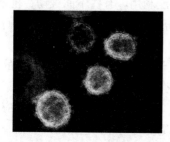

图 1–9 电子显微镜下的冠状病毒

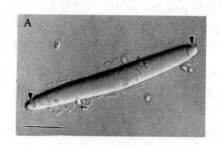

图 1–10 费氏刺骨鱼菌

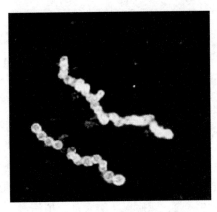

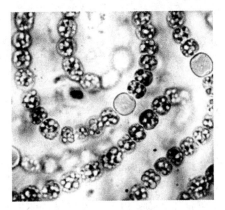

图 1-11　纳米比亚硫黄珍珠菌　　　　　　　　　图 1-12　蓝藻细菌

即体积小，比面值大；吸收多，代谢力强；生长旺，繁殖快；种类多，分布广；易变异，适应性强。这五大特性不论在理论上还是在实践上都极其重要，现简单阐述如下：

（1）体积小，比面值大

从形态上看，绝大多数微生物个体极其微小，肉眼看不见，细胞大小在数微米（μm）甚至纳米（nm）范围内，需借助光学显微镜或电子显微镜放大到几十倍、几百倍、几千倍，甚至几十万倍才能观察到其基本形态。以细菌中的杆菌为例可以形象地说明微生物个体的细小，杆状细菌的平均长度和宽度分别约 2 μm 和 0.5 μm，3 000 个头尾衔接的杆菌的长度仅为一粒籼米的长度，而 60～80 个肩并肩排列的杆菌长度仅为一根头发的直径。

众所周知，任何物体被分割得越细，体积越小，则单位体积所占有的表面积，即比面值（surface to volume ratio）（＝表面积/体积）就越大。微生物大多为单细胞生物，细胞的全部表面都与外界环境接触，所以细胞虽小，但比面值比人类的大许多。若将人体比面值定为 1，则与人体等重的大肠杆菌的比面值为人的 30 万倍。不言而喻，微生物这种小体积大面积的体系，使得微生物增加了与空气的接触面，有利于它们与周围环境进行物质交换和能量、信息交换，有利于营养物质的吸收、代谢废物的排泄。这就是微生物与一切大型生物相区别的关键所在，也是赋予微生物具有五大特性的根本所在。

（2）吸收多，代谢力强

微生物体积小，有极大的比面值，与外界环境的接触面巨大，因而微生物能与环境之间迅速进行物质交换，通过体表吸收营养和排泄废物，而且有最大的代谢速率，其代谢强度通常比高等动、植物的代谢强度高数百倍、数千倍，甚至数万倍。有资料表明，大肠杆菌（*Escherichia coli*）在 1 h 内可分解其自重 1 000～10 000 倍的乳糖；1 kg 酿酒酵母菌体 1 天内可"消耗"几千千克的糖，形成乙醇；产朊假丝酵母（*Candida utilis*）合成蛋白质的能力比大豆强 100 倍，比食用公牛强 10 万倍。从工业生产的角度来看，它能够把基质较多地转变为有用的产品。

"代谢力强"的另一个表现形式就是微生物的代谢类型非常多，凡是能被动、植物利用的物质，例如蛋白质、糖类、脂肪及无机盐等，微生物都能利用。有些不能被动、植物利用的物质，也能找到能利用它们的微生物，例如纤维素、石油、塑料等，不少微生物能将它们分解。如秸秆中的纤维素被特定微生物分解成单糖，进行乙醇发酵可以提高农副产品的利用率。

人类对微生物的利用主要体现在它们的生物化学转化能力，微生物代谢力强的特性和人工培养微生物不受气候条件限制的特点为它们高速生长繁殖和产生大量代谢产物提供了充分的物质基础，从而使微生物更好地发挥其超小型"活的化工厂"的作用。在生产实践中，应用这个特点不仅可以获得种类繁多的发酵产品，而且可以找到更为简便的生产工艺路线。然而，若对人类有用的食品、原材料由于保存不当，碰上了腐败微生物侵染，发酵、代谢越旺盛，造成的损失就越大。

（3）生长旺，繁殖快

微生物具有极高的生长和繁殖速度。如大肠埃希氏菌，简称大肠杆菌，在合适的生长条件下，细胞分裂1次仅需12.5～20 min。若按平均20 min分裂1次计，则每小时可分裂3次，每昼夜可分裂72次，一个大肠杆菌于24 h内可繁殖到4 722 366 500万亿个后代，总重约可达4 722 t。当然这只是理论数字，事实上，由于营养、空间和代谢产物等条件的限制，微生物的几何级数分裂速度最多只能维持数小时。因而在液体培养过程中，细菌细胞的浓度一般仅达10^8～10^9个/mL。

微生物这种惊人的繁殖速度为短时间内获得大量的菌体提供了极为有利的条件，由于其生产效率高、发酵周期短，因此对食品酿造和发酵工业具有重要的实践意义。例如，培养酵母菌来生产蛋白质，一般每隔8～12 h就可"收获"1次，每年可"收获"数百次，而农作物一般要每年才能收获1次，这是任何农作物所不可能达到的"复种指数"。它对缓解当前全球面临的人口剧增与粮食匮乏也有重大的现实意义。有人统计，一头500 kg的食用公牛，每昼夜只能从食物中"浓缩"0.5 kg蛋白质，同等重的大豆，在适宜的栽培条件下，24 h可生产50 kg蛋白质；而同样重的酵母菌，只要以糖蜜（糖厂下脚料）和氨水作主要养料，在24 h内可以合成50 000 kg的优良蛋白质。据计算，一个年产10^5 t酵母菌的工厂，如以酵母菌的蛋白质含量为45%计，则相当于在562 500亩（1亩 = 1/15公顷）农田上所生产的大豆蛋白质的量，此外，还有不受气候和季节影响等优点。然而，对于危害人、动植物的病原微生物或使物品霉变的腐败微生物，它们的这个特性也给人类带来了极大的麻烦和严重的损失。

（4）分布广，种类多

微生物因其个体微小、重量极轻和数量多等原因，如一个大小为1到几微米的细菌，质量仅为1×10^{-10}～1×10^{-9} mg，可以到处传播以至达到"无孔不入"的地步，只要条件合适，它们就可以到处栖息，广泛分布于地球表面及其附近空间的各个角落，如土壤、河流、海洋、湖泊、温泉、高山、人和动植物体及空气尘埃等处。可以这样说，凡是有高等生物存在的地方，就有微生物存在，而在极端的环境条件如高山、深海、冰川、沙漠等高等生物不能存在的地方，也有微生物存在。2006年 Science 就报道了在南非一金矿的2.8 km深水层中分离到一种以硫酸盐为主要营养物的硫细菌。可以认为，微生物将永远是生物圈上下限的开拓者和各项生存纪录的保持者。从万米以上的高空到几千米以下的海底，从冰雪覆盖的南极到酷热难耐的沙漠，从火山口到地下石油层，如此众多的生态系统类型就会产生出各种相应生态型的微生物。

微生物在自然界是一个十分庞杂的生物类群。据估计，微生物的总数在50万至600万种之间，其中已记载过的仅约20万种（1995年），包括原核生物3 500种，病毒4 000种，真菌9万种，原生动物和藻类10万种，且这些数字还在急剧增长，例如，在微生物中较易培养和观察的大型微生物——真菌，至今每年还可发现约1 500个新种。土壤是微生物的大本营，1 g肥土就包含几十亿个微生物，构成一个微生物世界。

微生物具有各种各样的生活方式和营养类型，它们中大多数是以有机物为营养物质，还有些是寄生型。微生物的生理代谢类型之多，是动、植物所远远不及的。例如：①分解地球上储量最丰富的初级有机物——天然气、石油、纤维素、木质素的能力为微生物所垄断。②微生物有着最多样的产能方式，如细菌的光合作用，嗜盐菌的紫膜光合作用，自养细菌的化能合成作用，以及各种厌氧产能途径等。③生物固氮作用。④合成次级代谢产物等各种复杂有机物的能力。⑤对复杂有机分子基团的生物转化（bioconversion，biotransformation）能力。⑥分解氰、酚、多氯联苯等有毒和剧毒物质的能力。⑦抵抗极端环境（热、冷、酸、碱、高渗、高压、高辐射等）的能力。⑧独特的繁殖方式——病毒的复制增殖，等等。不同微生物可能会有不同的代谢产物，如抗生素、酶类、氨基酸和有机酸等，还可以通过微生物的活动防止公害。自然界的物质循环是由各种微生物参与才得以完成的。

从微生物的分布广、种类多这一特点，可以看出，微生物的资源是极其丰富的。据估计目前人类至多开发利用了已发现微生物种类的1%。因此，在生产实践和生物学基本理论问题的研究中，进一步开发利用微生物资源具有无限广阔的前景。

（5）易变异，适应性强

微生物个体一般都是单细胞、简单多细胞甚至是非细胞的，通常是单倍体，加之它们具有繁殖快、数量多及与外界环境直接接触等特点，即使变异的频率十分低（一般为 $10^{-5} \sim 10^{-10}$），也可在短时间内出现大量的变异后代。因此，微生物的变异性使其具有极强的适应能力，诸如抗热性、抗寒性、抗盐性、抗干燥性、抗酸性、抗缺氧、抗高压、抗辐射及抗毒性等能力。这是微生物在漫长的进化历程中所经受各种复杂环境条件的影响和选择的结果。有些微生物其体外附着一个保护层（如荚膜等），一方面可作为营养物质来源，另一方面可抵御吞噬细胞对它的吞噬。细菌的休眠体芽孢、放线菌的分生孢子和真菌孢子都有比其繁殖体大得多的对外界的抵抗力，这些芽孢和孢子一般都能存活数月、数年甚至数十年。而一些极端微生物拥有一些特殊结构蛋白质、酶和其他物质，使其能适应于恶劣环境，从而使物种延续。为了适应多变的环境条件，微生物在其长期的进化过程中就产生了许多灵活的代谢调控机制，并有种类很多的诱导酶（可占细胞蛋白质含量的10%）。最常见的变异形式是基因突变，它可以涉及任何形式，诸如形态构造、代谢途径、生理类型以及代谢产物的质或量的变异等。

在生产实践中，常利用微生物的这个特点来诱变育种。例如，人们常利用物理或化学因素对微生物进行诱变，从而改变它们的遗传性质和代谢途径，使之适应于人类提供的条件，满足提高产量或简化工艺的需要。通过育种工作，可大幅度地提高菌种的生产性能，其产量性状提高幅度是高等动、植物所难以实现的。人们利用微生物易变异的特点进行菌种选育，可以在短时间内获得优良菌种，提高产品质量。这在工业上已有许多成功的例子。但若保存不当，菌种的优良特性易发生退化，这种易变异的特点又是微生物应用中不可忽视的。

有益的变异可为人类创造巨大的经济和社会效益。如产青霉素的菌种（*Penicillium chrysogenum*，产黄青霉），1943年时每毫升发酵液仅分泌约20单位的青霉素，如今早已超过50 000单位了；有害的变异则是人类各项事业中的大敌，如各种致病菌的耐药性变异使原本已得到控制的相应传染病变得无药可治，而各种优良菌种生产性状的退化则会使生产无法正常维持等。例如，有一种称为金黄色葡萄球菌的致病菌，在20世纪40年代青霉素刚问世时，其耐药菌株仅占1%，而到20世纪末时已超过90%。其中一株被称为"超级病菌"的耐甲氧西林金黄色葡萄球菌（MRSA），自1961年在英国首次发现后，从1974年占正常菌的2%至20世纪80年代末已发展成全球最严重的医院内感染菌之一。2003年，MRSA已高达64%。2005年，仅美国感染MRSA者就达9.4万人，其中1.9万人死亡，超过当年全美国死于艾滋病的人数（1.6万人）。

总之，微生物这五大生物学特性使其在生物界中占据特殊的位置，它不仅广泛应用于生产实践，而且推动和加速生命科学研究的发展，对于人类来说，这是有利又有弊的一把"双刃剑"，只有用正确的科学发展观和价值观去驾驭这些规律，才能让微生物更好地为人类服务。

1.3 微生物学与食品微生物学

微生物学（microbiology）是一门在分子、细胞或群体水平上研究微生物的形态构造、生理代谢、遗传变异、生态分布和分类进化等生命活动基本规律，并将其应用于工业发酵、医药卫生、生物工程和环境保护等实践领域的科学，其根本任务是发掘、利用、改善和保护有益微生物，控制、消灭或改造有害微生物，为人类社会的进步服务。其主要分支学科见图1–13。

食品微生物学是微生物学的一个分支学科，属于应用微生物学范畴。食品微生物学研究与食品有关的微生物的特性，研究食品中微生物与微生物、微生物与食品、微生物与食品及人体之间

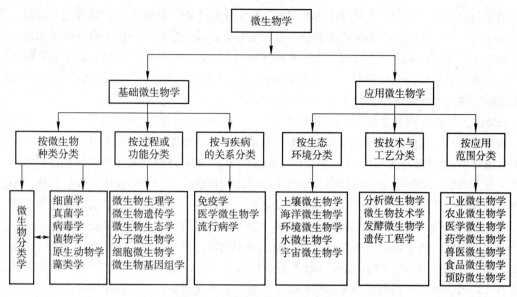

图 1-13　微生物学主要分支学科

的相互关系，研究微生物以农副产品为栖息地，快速生长繁殖的同时，又改变栖息地农副产品的物理化学性质，即转化为高附加值的各类食品、食品中间体，研究食品原料、食品生产过程、产品包装、贮藏和运输过程微生物介导的不安全因素及其控制。

1.3.1　食品微生物学的概念

食品微生物学（food microbiology）是微生物学的分支学科，是研究与食品有关的微生物的特性、微生物与食品的相互关系及其生态条件的科学。食品微生物学是专门研究与食品有关的微生物的种类、特点及其在一定条件下与食品工业关系的一门学科。在我国，人们对食品科学的重视是从改革开放以来，人们解决了温饱问题之后。食品微生物学是随着食品科学的发展而产生的一门重要的学科。目前微生物已在食品原料资源利用，食品保鲜加工与质量安全等许多方面发挥重要作用，现代食品科学与工程技术已离不开食品微生物学。

1.3.2　食品微生物学的研究内容

食品微生物学是专门研究微生物与食品之间的相互关系的一门学科，它是微生物学的一个重要分支。它是一门融合了普通微生物学、工业微生物学、医学微生物学、农业微生物学和食品有关的部分，同时又渗透了生物化学、机械学和化学工程有关内容的综合性学科。食品微生物学所研究的内容包括：①研究与食品有关的微生物的生命活动规律（生长与代谢）。②研究如何利用微生物制造人类需要的食品或功能性物质。③研究如何控制有害微生物，防止食品发生腐败变质。④研究食品中微生物的检测方法以及制定食品中的微生物指标，为判断食品的卫生质量提供科学依据。

食品微生物学涉及病毒、细菌、真菌多种微生物，除研究这些微生物的一般生物学特性外，还探讨它们与食品有关的特性。概括起来可包括以下三个方面：

（1）食品生产和开发中有益微生物的研究与应用

微生物用于食品工业已有悠久的历史。食醋、酱油、啤酒、泡菜、面包等传统发酵食品均已在人们的生活中占有重要地位。利用微生物发酵作用制取的食品即发酵食品已成为食品工业中的重要分支。微生物与众多食品的制造密切相关，酿造食品的动力是微生物，即生产菌种。酿造食品的全部生产工艺及其条件是以生产菌种为中心。因此，我们只有在较全面地了解微生物的全部生命活动规律的基础上，才有可能达到控制微生物的发酵进程，最经济和最有效地获得微生物的代谢及发酵产物。未来食品工业的发展趋势有两个方面，其一是利用现代生物育种技术对生产菌种进行改良；其二是利用现代生物工程技术对传统食品工艺进行改造。自然界微生物资源极其丰富，它有着极其广阔的开发前景，有待我们去研究、开发和利用，为人类提供更多更好的食品，是食品微生物学的重要任务之一。

概括起来，微生物在食品中的应用主要有以下三种方式：①微生物菌体的应用。食用菌是受人们欢迎的食品；乳酸菌可引起蔬菜、乳类及其他多种食品的发酵，所以人们在食用酸牛奶和酸泡菜时也食用了大量的乳酸菌；单细胞蛋白（single cell protein，SCP）就是从微生物体中获得的蛋白质，也是人们对微生物菌体的利用。②微生物代谢产物的应用。人们食用的食品有些是经过微生物发酵作用的代谢产物，如酒类、食醋、氨基酸、有机酸、维生素等。③微生物酶的应用。如豆腐乳、酱油等食品是利用微生物产生的酶将原料分解制成的具有独特风味的食品。近年来酶制剂工业飞速发展，微生物酶制剂在食品及其他工业中的应用日益广泛，细菌、酵母菌、霉菌、放线菌等微生物都可用于生产酶，如利用枯草芽孢杆菌（*Bacillus subtilis*）能产生液化型淀粉酶；利用根霉（*Rhizopus*）、黑曲霉（*Aspergillus niger*）能产生糖化型淀粉酶，淀粉酶可用于麦芽糖、酒等食品的生产，使其质量更优。

开发微生物资源，并利用生物工程手段改造微生物菌种，使其更好地发挥有益作用，为人类提供更多更好的食品，是食品微生物学的重要任务之一。在利用微生物制造人类需要的发酵食品（产品）时，如发面用的面包酵母，需要研究它在面团中的发酵作用和发酵菌剂的干燥保藏；对酸菜、泡菜和青贮饲料中的乳酸菌，需要研究它们在青贮期间的动态变化以及影响乳酸菌生命活动的生物、化学和物理的因子；对用发酵法生产氨基酸的细菌，需要干扰其正常代谢，使其异常地产生所需氨基酸并分泌到细胞以外；在利用微生物产生的某种酶制造食品的情况下，需要研究怎样使它多产生所需的酶（如制糖浆用的 α- 淀粉酶、β- 淀粉酶、葡糖异构酶，蛋品加工和防氧化用的葡糖氧化酶，澄清酒类及制果汁用的果胶酶等）；在以微生物本身为食品的情况下（如饲料酵母、人工栽培银耳、木耳和其他菌类等），需要研究怎样取得和怎样防止阻碍取得更高生物量的因素。

（2）控制有害微生物，防止食品发生腐败变质

微生物几乎存在于自然界的一切领域，食品在常温下放置，很快就会受到微生物的污染和侵袭。微生物引起的食品有害因素主要是食品的腐败变质，从而使食品的营养价值降低或完全丧失。引起食品腐败变质的微生物有细菌、酵母菌和霉菌等，它们在生长和繁殖过程中会产生各种酶类物质，破坏细胞壁而进入细胞内部，使食品中的营养物质分解，食品质量降低，进而使食品发生变质和腐烂。有些微生物是使人类致病的病原菌，有些微生物甚至可能产生毒素，如果人们食用含有大量病原菌或毒素的食物，则可引起食物中毒，影响人体健康，甚至危及生命。因此，食品微生物学的另一重要任务就是研究与食源性疾病和食物中毒有关的微生物生物学特性及其危害，并进行监测、预测和预报，建立食品安全生产的微生物学卫生指标和质量控制体系，以确保食品的安全性。

根据微生物生态学特性及食品本身的性状采取盐腌、糖渍、干燥、低温或高温处理、罐藏等加工手段，杀死或抑制污染食品的微生物。食品引起的传染病是病菌随食品进入体内并在体内增殖的结果（如肠炎、霍乱等），食品中毒是产毒微生物在食品上产生毒素（如肉毒毒素，黄曲霉毒素等），人食用污染食品后，便会出现中毒症状。所以食品微生物学工作者应该设法控制或消除微生物对人类的这些有害作用，采用现代的检测手段，对食品中的微生物进行检测，以保证食品安全性，这也是食品微生物学的任务之一。

（3）食品微生物检测技术

研究检测食品中微生物的方法，制定食品中微生物的指标，为判断食品的卫生质量提供科学、

合理的食品微生物检验方法，是食品质量管理必不可少的重要组成部分，贯彻"预防为主"的方针，可以有效地防止或者减少微生物引起的食源性疾病的发生，保障人民的身体健康。通过科学的食品微生物检验方法，可以判断食品加工环境及食品卫生情况，能够对食品被微生物污染的程度作出正确的评价，为各项卫生管理工作提供科学依据。

微生物检测技术一直是食品安全研究领域的重点和热点。传统的检测技术耗时长、效率低，难以满足现代食品安全检测的需要。如为防止食品污染或预防食品中有害微生物对人类饮食的潜在危害，或评价食品资源环境的健康状况，须快速检测食品或生鲜食品中的致病微生物。现代化食品生产、仓储物流产业的发展，对食品微生物检测的速度也提出了更高要求，极大地促进了微生物快速检测技术的发展。近年来各种快速检测方法不断涌现，例如，基于细菌计数法的固相细胞计数法（solid phase cytometry，SPC）和流式细胞仪计数法（flow cytometry，FCM）；基于电化学原理的生物传感器精确识别食品中的微生物技术；基于 PCR 的微生物快速检测技术，例如，实时荧光 PCR（real-time PCR）检测法、环介导等温扩增（lop-mediated isothermal amplification，LAMP）检测法等；基于免疫学的微生物快速检测技术，如酶联免疫吸附分析法（ELISA）、酶联荧光分析法（ELFA）、免疫磁珠分离（IMS）等。

1.4　食品微生物学的发展

1.4.1　食品微生物学发展简史及大事记

食物具有丰富的营养，故是微生物极好的生长环境。早在远古时期，人类的祖先们就已经意识到了食物的腐烂和食源性疾病。大约在公元前 6000 年，人类已经掌握了酿酒和食品保藏技术，食品贮藏有很多方法，如干燥、烘焙、烟熏、腌制、低温贮藏（冰）、隔绝空气贮藏（地窖）等，并且这些技术千百年来还一直在沿用。公元前 3000 年左右，埃及人就能利用微生物发酵生产酸牛乳和乳酪。公元前 1500 年，中国人和古代巴比伦人能够制作香肠。我国是具有 5000 多年文明史的古国，是对微生物的认识和利用最早的几个国家之一，特别是在制酒、酱油、醋等微生物产品方面做出了卓越的贡献。

自 17 世纪 70 年代列文虎克发现微生物后，广大学者开始有目的地研究微生物与食物腐败、发酵以及食源性疾病的关系。1857 年巴斯德证明乳酸发酵是微生物引起的。此后又有许多学者从事了相关的研究，这为早期的食品微生物学奠定了基础。随着微生物学的发展，食品微生物也经历了形态学时期、生理生化时期和现代食品微生物学发展时期。在世界各国学者的共同努力下，食品微生物学取得了长足的进步（表 1-3）。

表 1-3　食品微生物学发展大事记

时间	重大事件
1659 年	A. Kircher 证实了牛乳中含有细菌
1680 年	列文虎克发现了酵母细胞
1780 年	C. W. Scheele 发现酸乳中主要的酸是乳酸
1782 年	瑞典化学家开始使用罐贮的醋
1813 年	B. Donkin、Hall 和 J. Gamble 对罐藏食品采用后续工艺保温技术，认为可使用 SO_2 作为肉的防腐剂
1820 年	德国诗人 J. Kerner 描述了香肠中毒（可能是肉毒中毒）

时间	重大事件
1839 年	A. Kircher 研究发黏的甜菜汁，发现可在蔗糖液中生长并使其发黏的微生物
1843 年	I. Winslow 首次使用蒸汽杀菌
1853 年	R. Chevallier-Appert 的食品高压灭菌获得专利
1857 年	巴斯德证明乳酸发酵是微生物引起的；英国 Penrith，W. Taylor 指出牛乳是伤寒热传播的媒介
1861 年	巴斯德用曲颈瓶实验证明微生物非自然发生，推翻了"自生说"
1864 年	巴斯德建立了巴氏消毒法
1867—1868 年	巴斯德研究了葡萄酒的难题，采用加热法去除不良微生物进入工业化实践
1867—1877 年	柯赫证明炭疽病是炭疽菌引起
1873 年	Gayon 首次发表鸡蛋由微生物引起变质的研究，J. Lister 第一个在纯培养中分离出乳酸乳球菌
1874 年	在海上运输肉过程中首次广泛使用冰
1876 年	发现腐败物质中的细菌总是可以在空气、物质或容器中检测到
1878 年	首次对糖的黏液进行微生物学研究，并从中分离出肠膜明串珠菌
1880 年	在德国开始对乳制品进行巴斯德杀菌
1881 年	柯赫等首创明胶固体培养基分离细菌，巴斯德制备了炭疽菌苗
1882 年	柯赫发现结核杆菌，从而获得诺贝尔奖 Krukowisch 首次提出臭氧对腐败菌具有毁灭性作用
1884 年	E. Metchnikoff 阐明吞噬作用；R. Koch 发明了细菌染色和细菌的鞭毛染色
1885 年	巴斯德研究狂犬疫苗成功，开创免疫学
1888 年	P. Miguel 首先研究嗜热细菌，A. Gaertner 首先从 57 人食物中毒的肉食中分离出肠炎沙门氏菌
1890 年	美国对牛乳采用工业化巴斯德杀菌工艺
1894 年	Russell 首次对罐贮食品进行细菌学研究
1895 年	荷兰的 Von Genus 首先进行牛乳中细菌的计数工作
1896 年	Van Remenegem 首先发现了肉毒梭状芽孢杆菌，并于 1904 年鉴定出 A 型肉毒梭状芽孢杆菌，1937 年鉴定出 E 型肉毒梭状芽孢杆菌
1897 年	Bucher 用无细胞存在的酵母菌抽提液对葡萄糖进行乙醇发酵成功
1901 年	E. von Ehrlich（Gr）白喉抗毒素*
1902 年	提出嗜冷菌概念，0℃条件下生长的微生物
1906 年	确认了蜡样芽孢杆菌食物中毒
1907 年	E. Metchnikoff 及合作者分离并命名保加利亚乳酸杆菌。B.T. P. Barker 提出苹果酒生产中醋酸菌的作用
1908 年	P. Ehrlich（Gr）、E. Melchnikoff（R）免疫工作*
1908 年	美国官方批准苯甲酸钠作为某些食品的防腐剂
1912 年	嗜高渗微生物，描述高渗环境下的酵母
1915 年	B. W. Hammer 从凝固牛乳中分离出凝结芽孢杆菌

时间	重大事件
1917 年	P. J. Donk 从奶油状的玉米中分离出嗜热脂肪芽孢杆菌
1919 年	J. Bordet（B）免疫性的发现 *
1920 年	Bigelow 和 Esty 发表了关于芽孢在 100 ℃ 耐热性系统研究结果。Bigelow、Bohart、Richoardson 和 C. O. Ball 提出计算热处理的一般方法，1923 年 C. O. Ball 简化了这个方法
1922 年	Esty 和 K. Meyer 提出肉毒梭状芽孢杆菌的芽孢在磷酸缓冲液中的 Z 值为 18F
1926 年	L. Turner 和 Thom 提出了首例链球菌引起的食物中毒
1928 年	在欧洲首次采用气调方法贮藏苹果
1929 年	A. Fleming 发现青霉素
1938 年	找到弯曲菌肠炎暴发的原因是变质的牛乳
1939 年	Schleifstein 和 Coleman 确认了小肠结肠炎耶尔氏菌引起的胃肠炎
1943 年	美国的 B. E. Proctor 首先采用离子辐射保存汉堡肉
1945 年	L. S. Mcclung 首次证实食物中毒中产气荚膜梭菌的病原机理
1945 年	A. Fleming（UK）、E. B. Chain（Gr）、H. W. Flory（UK）青霉素的发现、制取和应用，成功地进行了临床试验 *
1951 年	日本的 T. Fujino 提出副溶血性弧菌是引起食物中毒的原因
1952 年	A. Hershey 和 M. Chase 发现噬菌体将 DNA 注入宿主细胞。B. Lederberg 发明了影印培养法
1954 年	乳酸链球菌肽在乳酪加工中控制梭状芽孢杆菌腐败的技术在英国获专利
1955 年	山梨酸被批准作为食品添加剂
1959 年	R. Porter 的免疫球蛋白结构
1960 年	F. M. Burnet（Au），P. B. Medawar（UK）发现对于组织移植的获得性免疫耐受性 *
1960 年	Moller 和 Scheibel 鉴定出 F 型肉毒梭菌。首次报告黄曲霉产生黄曲霉毒素
1969 年	Edeman 测定了抗体蛋白分子的一级结构。确定产气梭状芽孢杆菌的肠毒素，D. F. Gimenez 和 A. S. Ciccarelli 首次分离到 G 型肉毒梭菌
1971 年	美国马里兰州首次暴发食品介导的副溶血弧菌性胃肠炎，第一次暴发食物传播的大肠杆菌性胃肠炎
1972 年	G. Edelman（US）抗体结构研究 *
1973 年	B. N. Ames 建立细菌测定法检测致癌物
1975 年	G. J. F. Kohler 和 C. Milstein 建立生产单克隆抗体技术。L. R. Koupal 和 R. H. Deible 证实沙门氏菌肠毒素
1976 年	B. Blumberg（US）、D. C. Gajdusek（US）乙型肝炎病毒的起源和传播的机理：慢病毒感染的研究 *
1977 年	C. Woese 提出古生菌是不同于细菌和真核生物的特殊类群。F. Sanger 首次对 ΦX174 噬菌体 DNA 进行了全序列分析
1977 年	R. Yalow（US）放射免疫试验技术的发现 *
1978 年	澳大利亚首次出现 Norwalk 病毒引起食物传播的胃肠炎
1980 年	B. Benacerraf（US），G. Snell（US），J. Dausset（F）组织相容性抗原的发现 *
1981 年	美国暴发了食物传播的李斯特病。1982—1983 年在英国发生食物传播的李斯特病

时间	重大事件
1982—1983 年	S. Prusiner 发现朊病毒（prion）。美国首次暴发食物介导的出血性结肠炎。Ruiz Palacios 等描述了空肠弯曲杆菌肠毒素
1983—1984 年	K. Mullis 建立了 PCR 技术
1984 年	单克隆抗体形成技术的建立 [C. Milstein（UK）和 G. J. F. Kohler（Gr）]；免疫学的理论工作 [N. K. Jerne（D）]*
1985 年	在英国发现第一例牛海绵状脑病（疯牛病）
1987 年	S. Tonegawa（J）抗体多样性产生的遗传原理*
1988 年	在美国，乳酸链球菌肽被列为"一般公认安全"（GRAS）
1990 年	在美国对海鲜食品强调实施 HACCP 体系
1990 年	第一个超高压果酱食品在日本问世
1993 年	K. B. Mullis（US）聚合酶链式反应的发明*
1995 年	第一个独立生活的流感嗜血杆菌全基因组序列测定完成
1996 年	第一个自养生活的古生菌基因组测定完成，詹姆氏甲烷球菌基因组测序完成；发现纳米比亚硫珍珠状菌，这是已知的最大细菌
1997 年	S. Prusiner（US）脱病毒的发现*
1999 年	美国"超高压技术"在肉制品商业化的应用
2000 年	发现霍乱弧菌有两个独立的染色体
2001 年	L. H. Hartwell（US）、T. Hunt（UK）和 P. Nurse（UK）发现细胞周期的关键分子调节机制
2002 年	J. Fenn（US）和 T. Koichi（J）生物大分子的质谱分析法*
2003 年	P. Agre（US）细胞膜水通道*
2004 年	A. Ciechanover（IL）、A. Hershko（IL）和 I. Rose（US）人类细胞对无用蛋白质的"废物处理"过程*
2005 年	B. J. Marshall（Au）和 J. R. Warren（Au）幽门螺旋杆菌及其致病机理*
2006 年	发现饮食对机体肠道微生物群落和宿主的代谢的重要性
2007 年	人类微生物组计划启动
2008 年	新一代基因测序技术——Solexa 测序问世
2009 年	V. Ramakrishnan（UK）、T. A. Steitz（US）、A. E.Yonath（IL）核糖体的结构和功能*
2010 年	微生物生态学定量研究技术问世，生物信息学开始蓬勃发展
2012 年	J. I. Gordon（US）发现高通量厌氧培养技术或能帮助培养出大部分人类肠道微生物
2013 年	J. E. Rothman（US）、R. W. Schekman（US）和 T. C. Südhof（Gr）细胞的囊泡运输调控机制*
2014 年	M. A. Fischbach（US）发现人类微生物群落能够产生抗生素
2015 年	发现药物会影响肠道微生物的丰度及细菌基因的表达
2017 年	J. Dubochet（Sw）、J. Frank（US）和 R. Henderson（UK）冷冻电子显微镜技术*
2018 年	I. Machado（ES）等运用核酸探针快速检测沙门氏菌感染
2019 年	利用计算方法来通过宏基因组数据库重建细菌的基因组

时间	重大事件
2020 年	H. J. Alter（US）、M. Houghton（UK）、C. M. Rice（US）丙型肝炎病毒的起源和传播的机理*

注：* 为诺贝尔奖获得者。Au：澳大利亚；B：比利时；F：法国；Gr：德国；UK：英国；J：日本；D：丹麦；US：美国；R：俄罗斯；Sw：瑞士；IL：以色列；ES：西班牙

1.4.2　我国食品微生物学的发展

中国是一个文明古国，在各方面为人类的进步做出了贡献。我国劳动人民在数千年前就已经利用微生物来为人类服务。早在汉代，今茅台镇一带已有"枸酱酒"；唐宋以后，茅台酒逐渐成为历代王朝贡酒；1915 年，茅台酒一举夺得巴拿马万国博览会金奖，跻身世界名酒行列，直至今日茅台酒已有 800 多年的历史。进入 20 世纪 80 年代，由于科学技术的发展和人民生活水平的提高，食品微生物学的发展非常迅速，这给古老的酿造业注入了新的活力，也开辟了一些新的领域，在有益微生物利用方面和有害微生物的检测与控制方面取得了可喜的成绩。

1. 有益微生物利用方面

（1）味精的独立生产：味精是日常生活中非常重要的鲜味剂，过去是采用化学方法，以粮食中的蛋白质为原料水解制得。从 20 世纪 60 年代起，我国就逐渐采用微生物发酵方法来生产味精（棒状杆菌），既提高了生产效率，降低了生产成本，又节约了粮食。

（2）腐乳的生产：由于毛霉的最适生长温度为 18℃，不能周年生产。经过微生物选育，筛选出了适合腐乳生产用的耐热的毛霉，同时利用根霉（25℃）也可以达到周年生产。此外在发酵工艺方面也进行了改进，如"王致和腐乳"的小罐发酵技术等。

（3）柠檬酸的生产：柠檬酸是食品添加剂中常用的酸味剂，过去依赖进口，现在我国已经成功地利用薯干和废糖蜜为原料，用微生物发酵法来生产柠檬酸（黑曲霉），这不仅结束了依赖进口的被动局面，而且已有柠檬酸出口，我国柠檬酸产量世界第一。

（4）酒类的生产：白酒在我国的生产有悠久的历史，我国素来以芳香的白酒而闻名于世。近年来在开辟新原料，试制新产品，选育优良菌种，推广新工艺、新设备，在机械化、连续化、自动化生产和综合利用等方面都取得了较好的成绩。各种名优白酒不断出现，如我国名酒贵州酱香型的茅台酒，优质酒四川酱香型的郎酒；名酒四川浓香型的五粮液、剑南春和泸州老窖，安徽的古井贡酒，江苏的洋河大曲；名酒山西清香型的汾酒，陕西清香型的西凤酒；全国优质酒广西米香型的桂林三花酒；我国名酒贵州兼香型的董酒等。

啤酒对我国来讲是一种外来酒种，但 20 世纪 80 年代我国的啤酒生产已进入黄金时代，90 年代新工艺、新设备的投入，使我国啤酒的生产无论在数量上还是在质量上都取得了很大的发展，目前我国啤酒生产的产量和销量已位居世界第一。

（5）微生物酶制剂的生产：微生物酶制剂的生产是一个较新的领域。我们知道微生物发酵的原动力是酶，酶制剂的使用可以加快发酵速度，缩短生产周期。目前我国酶制剂的生产取得了很大的发展，如果胶酶，α- 淀粉酶、糖化酶、蛋白酶等都已经投产，并取得了较大的规模。

（6）单细胞蛋白质的生产：单细胞蛋白质的生产是应用微生物的又一个侧面，我国已经成功地制造了饲料酵母、石油蛋白，并用于畜、禽、水产动物的饲料日粮配合之中，已成为重要的蛋白质饲料来源。

总之，由于人民生活水平的提高，对食品的种类，数量和质量都提出了更高的要求，与微生物有关的其他食品也纷纷上市。如食用菌品种繁多（金针菇，双孢菇、猴头菇、灵芝、杏鲍菇、羊肚菌、冬虫夏草等），在栽培和选育高产品种方面都有迅速的发展。发酵乳制品方面，如酸奶制

品已经形成了系列产品。另外，各种发酵饮料也相继出现，既活跃了食品市场，也丰富了人民物质生活。此外，大量的微生物活菌制剂如乳酸菌素片、昂立一号、地衣芽孢杆菌活菌制剂、饮乐多、丽珠肠乐等也相继问世。

2. 有害微生物的检测与控制方面

除了有益微生物在食品上的应用外，我国在对有害微生物的监控方面也取得了很大的发展。我国从 20 世纪 50 年代开始，就对沙门氏菌、金黄色葡萄球菌、变形杆菌等食物中毒菌进行了调查研究，而且还建立了对各种食物中毒的细菌学的分类鉴定方法，并在霉菌毒素方面也做了大量的工作，如对黄曲霉毒素的污染检测和预防工作做了比较系统的研究。在广泛调查研究的基础上，根据我国食品生产的具体情况，国家制定了一系列食品卫生标准，出版了食品卫生检验方法微生物学部分，颁布了《中华人民共和国食品卫生法》；统一了全国食品卫生微生物学检验方法，这对促进我国食品卫生工作起到了重要的推动作用。随着社会的发展，人们对食品要求也越来越高，渴望有更多、更好的优质、安全的食品。2009 年 6 月 1 日起实施的《中华人民共和国食品安全法》代替了《中华人民共和国食品卫生法》。2015 年《中华人民共和国食品安全法》又进行了修订，史上最严的食品安全法于 2015 年 10 月 1 日起施行。此后，2021 年第十三届全国人民代表大会再次对《中华人民共和国食品安全法》进行了修订。以后，2021 年第十三届全国人民代表大会再次对《中华人民共和国食品安全法》进行了修订。随着我国加入世界贸易组织，我国的食品卫生微生物标准和检验方法已与国际接轨，GB4789 是我国食品安全国家标准食品微生物检验部分，而且标准还经常修订。食品加工企业的食品安全许可（QS）变为了食品生产许可（SC），突出企业的食品安全主体地位，但两者都要求企业设有食品微生物检验部门，加强有害微生物的检验控制，从而更有效地保证食品企业生产安全与产品质量。

1.4.3 食品微生物的发展前景

随着近年来食源性疾病事件的频发以及分子生物学在食品微生物学中的广泛应用，如何给人民提供安全且高质量的食品成了食品微生物学家关注的热点。近年来，食品微生物的发展主要体现在以下几个方面：①各种类型的食品加工厂不断建立，与此同时还建立了各种食品研究机构和卫生检测机构，第三方实验室不断出现，开展了食品卫生和微生物学的检验工作。②新技术不断出现，如利用分子检测技术，可以对食品腐败、病原微生物及发酵微生物进行快速、准确的定性和定量分析。③由于食品工业发展的需要，我国各农业院校在 20 世纪 80 年代相继成立了食品科学、食品生物工程、农畜（渔）产品加工与贮藏及食品营养与安全等有关专业，而食品微生物学是食品专业的一门主干课程和重要的专业基础课。

因此，食品微生物学肩负着提高食品数量与质量，保证食品卫生品质，使人类获得更佳的营养丰富、色香味美食品的光荣任务，它将在食品工业中发挥重要作用，因而，具有广阔的发展前景。

【习题】

名词解释：

微生物　比面值　微生物学　食品微生物学

简答题：

1. 微生物的生物学特点有哪些？
2. 巴斯德和柯赫对微生物学发展所做的重要贡献有哪些？
3. 简述微生物在食品中的主要应用。

【开放讨论题】

文献阅读与讨论：

Kobras C M，Fenton A K，Sheppard S K. Next-generation microbiology：from comparative genomics to gene function［J］. Genome Biology，2021，22（1）：123.

推荐意见：新一代测序技术揭示了细菌中的遗传复杂性，这是巴斯德、柯赫等先驱难以想象的。然而，数据科学中的这场革命不能取代既定的微生物学实践，本文总结了如何应对这些新技术的挑战。对比比较基因组学和功能基因组学方法，为下一代微生物学提出概念框架和实践路线图。

第2章
微生物主要类群及其形态结构

　　微生物个体微小，种类繁多，分布广泛，根据不同的进化水平和形状上的明显差别，可分为细胞型微生物与非细胞型微生物两类。凡是有细胞形态的微生物称为细胞型微生物，按其细胞结构又可分为原核细胞型微生物与真核细胞型微生物，而病毒则是一类非细胞型微生物。本章将分别介绍它们的形态、构造和功能。

通过本章学习，可以掌握以下知识：

1. 自然界微生物的主要类群。
2. 原核细胞型微生物的形态、构造和功能。
3. 真核细胞型微生物的形态、构造和功能。
4. 病毒的形态、构造和功能。

在开始学习前，先思考下列问题：

1. 什么是微生物?
2. 试说出几种你知道的微生物。

【思维导图】

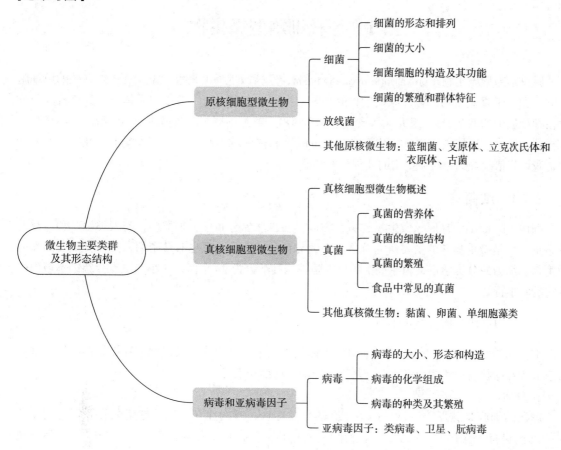

微生物主要类群及其形态结构
├─ 原核细胞型微生物
│   ├─ 细菌
│   │   ├─ 细菌的形态和排列
│   │   ├─ 细菌的大小
│   │   ├─ 细菌细胞的构造及其功能
│   │   └─ 细菌的繁殖和群体特征
│   ├─ 放线菌
│   └─ 其他原核微生物：蓝细菌、支原体、立克次氏体和衣原体、古菌
├─ 真核细胞型微生物
│   ├─ 真核细胞型微生物概述
│   ├─ 真菌
│   │   ├─ 真菌的营养体
│   │   ├─ 真菌的细胞结构
│   │   ├─ 真菌的繁殖
│   │   └─ 食品中常见的真菌
│   └─ 其他真核微生物：黏菌、卵菌、单细胞藻类
└─ 病毒和亚病毒因子
    ├─ 病毒
    │   ├─ 病毒的大小、形态和构造
    │   ├─ 病毒的化学组成
    │   └─ 病毒的种类及其繁殖
    └─ 亚病毒因子：类病毒、卫星、朊病毒

2.1 原核细胞型微生物

原核细胞型微生物（prokaryotic microorganism，原核微生物）是指一类无真正细胞核的单细胞生物。相对于真核生物而言，原核生物的细胞结构有三个特点：①遗传物质是由不具有核膜而分散在细胞质中的双链DNA组成。②缺乏由单元膜隔开的细胞器。③核糖体为70S型，而不是真核生物的80S型。原核微生物包括细菌域（Bacteria）和古菌域（Archaea）两大类群。在本节的介绍中，我们将依次介绍原核微生物的几种重要类群。

2.1.1 细菌

细菌（bacteria）是原核微生物的一大类群，在自然界分布广，种类多，与人类生产和生活的关系重大，是微生物学的主要研究对象。细菌与食品工业的关系也非常密切，是一类重要的食品微生物。细菌的分类学定义为原核生物界细菌域，其下分为23个门，本小结重点介绍细菌域中微生物的基本特征。

2.1.1.1 细菌的形态和排列

细菌是单细胞微生物，即一个细菌的个体是由一个细胞组成。虽然细菌种类繁多，但其基本形态分为：球状、杆状和螺旋状，分别称为球菌、杆菌和螺旋菌。

1. 球菌

球菌的细胞是球形或近似球形的。有的单独存在，有的连在一起。球菌分裂后常连同新产生的细胞保持一定的排列方式，这种排列方式在分类学上具有重要意义。根据球菌细胞分裂方向和分裂后的排列方式，可分为单球菌、双球菌、链球菌、四联球菌、八叠球菌和葡萄球菌（图2-1）。

2. 杆菌

杆菌是细菌中种类最多的类型，它的形状与排列有一定的分类鉴定意义（图2-2），多数杆菌细胞是长形的，长度明显大于宽度，呈圆柱形；短的杆菌有时接近椭圆形，易与球菌混淆，称为短杆菌；有的菌体呈纺锤状；有的菌体呈丝状，还有明显分枝；有的杆菌一端膨大，另一端细小，形如棒状的称为棒状杆菌，形如梭状的称为梭状杆菌。此外，菌体排列呈链状的称为链杆菌。还有些杆菌可以产生芽孢称为芽孢杆菌。

食品工业生产中用到的细菌大多数是杆菌。例如用来生产淀粉酶与蛋白酶的枯草芽孢杆菌（*Bacillus subtilis*），生产谷氨酸的谷氨酸棒状杆菌（*Corynebacterium glutamicum*），发酵乳中常用的发酵剂菌种保加利亚乳杆菌（学名为德氏乳杆菌保加利亚亚种）（*Lactobacillus delbrueckii* subsp. *Bularicus*）等。

3. 螺旋菌

螺旋菌的细胞呈弯曲状，根据其弯曲程度不同而分为弧菌和螺旋菌（图2-3）。弧菌菌体弯曲呈弧形或逗号形，如霍乱病的病原菌霍乱弧菌（*Vibrio cholerae*）。螺旋菌菌体回转如螺旋，螺旋数目的多少及螺距大小随菌种不同而异，如幽门螺旋菌（*Helicobocton pyloni*，又称幽门螺杆菌）。

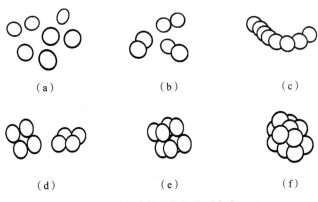

图2-1 球菌形态及排列方式

（a）单球菌；（b）双球菌；（c）链球菌；
（d）四联球菌；（e）八叠球菌；（f）葡萄球菌

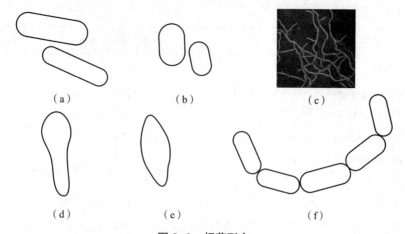

图 2-2　杆菌形态

（a）长杆菌；（b）短杆菌；（c）丝状杆菌；（d）棒状杆菌；（e）梭状杆菌；（f）链杆菌

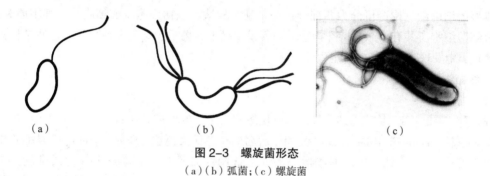

图 2-3　螺旋菌形态

（a）（b）弧菌；（c）螺旋菌

细菌的形态与环境有关，例如与培养温度、培养基的成分与浓度、培养的时间有关。各种细菌在幼龄时和适宜的环境条件下表现出正常形态，而当环境变化或菌体变老时，常常引起形态的改变，称为异常形态。

2.1.1.2　细菌的大小

细菌细胞一般都很小，须在显微镜下使用显微测微尺才能观察并测量其大小。细菌的长度单位为微米（μm）。如用电子显微镜观察细胞构造或更小的微生物时，要用更小的单位纳米（nm）或埃（Å）来表示，它们之间的关系是：$1\ mm = 10^3\ \mu m = 10^6\ nm = 10^7\ Å$。

球菌的大小以其直径表示，杆菌、螺旋菌的大小以宽度 × 长度来表示。螺旋菌的长度是以其自然弯曲状的长度来计算，而不是以其真正的长度计算的，细菌细胞的大小见表 2-1。

表 2-1　细菌细胞的大小

菌名	大小或直径 /μm	体积 /μm³
纳米比亚嗜硫珠菌（*Thiomargarita namibiensis*）	750	200 000 000
费氏刺尾鱼菌（*Epulopiscium fishelsoni*）	80 × 600	3 000 000
草酸无色菌（*Achromatium oxaliferum*）	35 × 95	80 000
巨大鞘丝蓝细菌（*Lyngbya majuscula*）	8 × 80	40 000
原绿蓝细菌（*Prochloron* sp.）	30	14 000
卵硫菌（*Thiovulum majus*）	18	3 000

菌名	大小或直径 /μm	体积 /μm³
海葡萄嗜热菌（*Staphylothermus marinus*）	15	1 800
巴伐利亚磁杆菌（*Magnetobacterium bavaricum*）	2×10	30
大肠埃希氏菌（*Escherichia coli*）	1×2	2
套折纳米古菌（*Nanoarchaeum equitans*）	0.4	0.02
肺炎支原体（*Mycoplasma pneumoniae*）	0.2	0.005

● 知识拓展 2-1
世界上最大的细菌

影响细菌形态变化的因素通常也同样影响细菌个体的大小。幼龄细菌一般比成熟的或老龄的细菌细胞大。细菌细胞大小还可能与代谢产物的积累或培养基中渗透压变化有关。

2.1.1.3 细菌细胞的构造及其功能

典型的细菌细胞构造可分为两部分：一是基本构造，包括细胞壁、细胞膜、细胞质和核区，为所有细菌细胞所共有；二是特殊构造，如荚膜、鞭毛、菌毛、芽孢和孢囊等，这些结构只在某些细菌种类中发现，具有某些特定生理功能。

1. 细菌细胞的基本构造

（1）细胞壁

细胞壁（cell wall）是位于细胞最外的一层厚实、坚韧的外被。1884年，丹麦学者汉斯·克里斯蒂安·革兰（Hans Christian Gram）发明了著名的革兰氏染色法（Gram staining），从而将细菌分为两个类群：革兰氏阳性细菌（G^+细菌）和革兰氏阴性细菌（G^-细菌）。经革兰氏染色，G^+细菌可被染成紫色，G^-细菌则被染成红色。在电子显微镜观察下，G^+细菌和G^-细菌的细胞壁结构有着显著差异，正是这种差异，导致了革兰氏染色的不同结果。

1）肽聚糖

构成细胞壁的基本骨架是肽聚糖（peptidoglycan），是细菌细胞壁中的特有成分。肽聚糖是多聚物，由肽和聚糖两部分组成，其中的肽包括四肽尾和肽桥两种，而聚糖则是 *N*-乙酰葡糖胺（*N*-acetylglucosamine，NAG）和 *N*-乙酰胞壁酸（*N*-acetylmuramic acid，NAM）两种。每一个肽聚糖单体由3部分组成：①聚糖部分：由双糖单位构成，只有 *N*-乙酰葡糖胺和 *N*-乙酰胞壁酸两种，并且这两种糖分子总是以 β-1,4 糖苷键相连接。②四肽尾（或四肽侧链）：由4个氨基酸分子按 L 型与 D 型交替的方式连接而成。③肽桥（或肽间桥）：连接前后两个四肽尾分子的"桥"结构。细菌肽聚糖的多样性主要体现在四肽尾的组成和肽桥的交联方式上。革兰氏阳性菌，以金黄色葡萄球菌为例，四肽尾是 L-Ala—D-Glu—L-Lys—D-Ala，两个肽聚糖单体的四肽尾通过一个五肽（由5个甘氨酸残基组成）的肽桥交联在一起（图2-4）。大多数革兰氏阴性菌的肽聚糖层不具有这样的肽桥结构。革兰氏阴性菌，以大肠杆菌为例，四肽尾是 L-Ala—D-Glu—meso-DAP—D-Ala，两个肽聚糖单体的四肽尾直接通过链间的肽键连接（即一条四肽尾的 D-Ala 与另一条四肽尾的 meso-DAP 交联），这是许多革兰氏阴性菌的代表模式。

2）革兰氏阳性细菌的细胞壁

革兰氏阳性细菌的细胞壁结构简单，由细胞膜外的几层至二十几层肽聚糖堆叠组成，厚为 20～80 nm，化学组分含 60%～90% 的肽聚糖和 10%～30% 的磷壁酸（teichoic acid）（图2-5）。

磷壁酸是革兰氏阳性细菌细胞壁的特有组分。根据其在细胞表面的固定方式，可分为壁磷壁酸（wall teichoic acid）和膜磷壁酸（membrane teichoic acid，又称脂磷壁酸 lipoteichoic acid）两种。

磷壁酸可延伸至肽聚糖的表面，对细胞膜起稳定作用。此外，磷壁酸是革兰氏阳性菌重要的

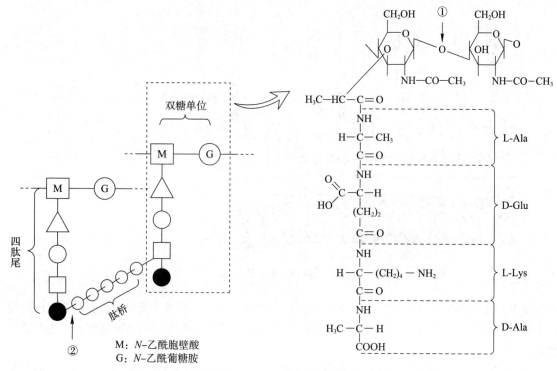

图2-4　革兰氏阳性细菌（金黄色葡萄球菌）细胞壁肽聚糖成分示意图

注：①溶菌酶作用位点；②青霉素作用位点

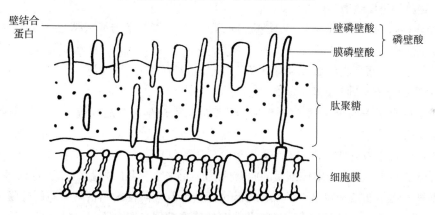

图2-5　革兰氏阳性细菌细胞壁成分示意图

表面抗原，也是噬菌体吸附的受体位点。

　　3）革兰氏阴性细菌的细胞壁

　　革兰氏阴性细菌的细胞壁结构复杂，可分为外膜层和薄的肽聚糖层。革兰氏阴性细菌细胞壁的肽聚糖层很薄，仅有约2 nm的一至两层肽聚糖，位于外膜与细胞膜中间。外膜（outer membrane）由磷脂双分子层组成基本结构，富含脂多糖（lipopolysaccharide，LPS）和多种外膜蛋白（图2-6）。

　　脂多糖是革兰氏阴性细菌细胞壁中特有的化学成分，由核心多糖、O-特异侧链（O-specific polysaccharide）和类脂A三部分组成。核心多糖（core polysaccharide）主要成分是酮脱氧辛糖酸；O-特异侧链是从核心多糖延伸出的多糖链，包含多种特有的糖类。不同菌株的O-特异侧链有明显差异，构成了各自的特异性抗原；类脂A（lipid A）是连接于肽聚糖单体N-乙酰葡糖胺磷酸基上的饱和脂肪酸。类脂A是革兰氏阴性菌致病物质（即内毒素）的物质基础。脂多糖的化学

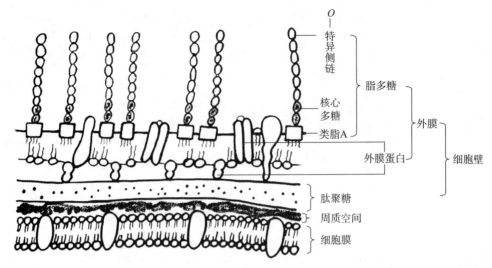

图 2-6 革兰氏阴性细菌细胞壁成分示意图

成分复杂，在不同类群甚至菌株之间都具有差异，这些差异决定了革兰氏阴性细菌细胞表面抗原决定簇的多样性。与革兰氏阳性细菌的磷壁酸相似，革兰氏阴性细菌的脂多糖对细胞膜也起稳定作用。

外膜蛋白（outer membrane protein）是嵌合在外膜上的蛋白质，多数功能尚不清楚，有的脂蛋白可通过共价键促进外膜与其下方的肽聚糖相连，也有的蛋白存在于外膜层，其功能可能是低分子的亲水性物质的进出通道。

周质空间（periplasmic space），又称壁膜间隙，指位于细胞壁与细胞膜之间的狭小空间。革兰氏阴性细菌的周质空间内含有许多参与营养获取过程的蛋白，例如一些水解酶、参与运输的结合蛋白，以及参与肽聚糖合成和修饰的酶等。革兰氏阳性细菌是否存在周质空间尚无定论。

4）革兰氏染色的步骤和机理

革兰氏染色有以下四个步骤（见图 2-7）：①结晶紫初染：结晶紫进入细胞，细菌被染成紫色。②碘液媒染：碘分子进入细胞，与结晶紫结合形成结晶紫 - 碘复合物，停留在细胞内。③乙醇脱色：革兰氏染色的关键步骤，该步骤中革兰氏阳性细菌和革兰氏阴性细菌由于细胞壁结构的不同而表现出了差异。革兰氏阳性细菌的肽聚糖层厚而致密，且乙醇脱水造成细胞壁上小孔收缩，结晶紫 - 碘复合物不能被洗脱出。相反，乙醇可穿透革兰氏阴性细菌富含脂质的外膜，抽提外膜的部分脂质使孔隙增大，且革兰氏阴性细菌薄薄的肽聚糖层交联度不高，结晶紫 - 碘复合物很容易被洗脱出。因此，乙醇脱色的结果是革兰氏阳性细菌保持了紫色而革兰氏阴性细菌则呈无色。④番红复染：非必需步骤，它不改变革兰氏阳性细菌的紫色，但可以使无色的革兰氏阴性细菌染成红色而易于观察。

直到 20 世纪 70 年代后期，科学家才将古菌（详见本书 2.1.3.3）与细菌区分开。古菌虽然也可被革兰氏染色法区分为革兰氏阳性和革兰氏阴性，但它们的细胞壁与细菌细胞壁完全不同。

5）缺壁细菌

缺壁细菌（cell wall deficient bacteria）指没有细胞壁的细菌，根据其缺壁的产生原因，分为三类：自然界中的支原体是天然存在的缺壁细菌；因基因突变产生的缺壁细菌称为 L 型细菌；人工方法去除细胞壁得到的缺壁细菌称为原生质体（革兰氏

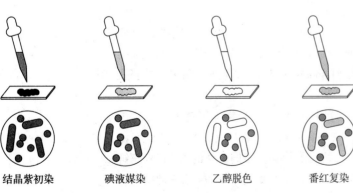

结晶紫初染　　碘液媒染　　乙醇脱色　　番红复染

图 2-7　革兰氏染色示意图

阳性细菌）或原生质球（革兰氏阴性细菌），以上三类缺壁细菌表解如下。

$$\text{缺壁细菌}\begin{cases}\text{天然存在——支原体}\\\text{自发基因突变——L型细菌}\\\text{人工去除细胞壁——原生质体、原生质球}\end{cases}$$

① 支原体（mycoplasma）：自然界中天然存在的无细胞壁细菌。由于它的细胞膜的特殊成分维持了细胞膜的稳定性，故即使缺细胞壁，支原体的细胞膜也不会因渗透压而破裂。详见本书2.1.3.2。

② L型细菌（L-form of bacteria）：在某些环境条件下，自发突变而形成的遗传稳定的细胞壁缺陷细菌类型，由英国李斯特（Lister）研究所的学者于1935年发现，故称"L"型细菌。已发现大肠杆菌、变形杆菌、分枝杆菌等20多种细菌在实验室或宿主体内都可突变产生L型细菌。L型细菌由于没有完整而坚韧的细胞壁，故细胞呈多种形态；一些L型细菌可以通过细菌滤器，故又称"滤过型细菌"；由于对渗透压敏感，它们通常只能在固体培养基上形成直径0.1 mm左右、呈"油煎蛋"状的小菌落。

③ 原生质体（protoplast）与原生质球（spheroplast）：在人为条件下，用溶菌酶处理或在含青霉素的等渗培养基中培养而形成的圆球形、对渗透压变化敏感的细胞壁缺陷细菌。革兰氏阳性细菌经上述处理得到的细胞只有一层细胞质膜包裹，称为原生质体，而革兰氏阴性细菌经上述处理后获得的残留部分细胞壁（外膜）的球形体，称为原生质球。

细胞壁的主要功能有：①固定细胞外形；②保护细胞免受外力的损伤；③阻挡有害物质进入细胞；④为正常细胞分裂所必需；⑤与细菌的抗原性、致病性和对噬菌体的敏感性密切相关；⑥协助鞭毛运动。

（2）细胞膜

细胞膜（cell membrane）又称细胞质膜（cytoplasmic membrane），是紧贴在细胞壁内侧的一层柔软、脆弱、富有弹性的半透性薄膜，厚7~8 nm，主要化学成分为脂质（20%~30%）和蛋白质（50%~70%）。原核微生物除支原体外，细胞膜上一般不含甾醇，这与真核微生物不同（图2-8）。

细胞膜的基本结构是磷脂双分子层，即两层磷脂分子整齐、对称、平行排列而成。磷脂（phospholipid）包含有亲水的头部和疏水的尾部，亲水头部由甘油（丙三醇）和磷酸残基组成，疏水尾部由脂肪酸组成，脂肪酸有饱和脂肪酸和不饱和脂肪酸两种。

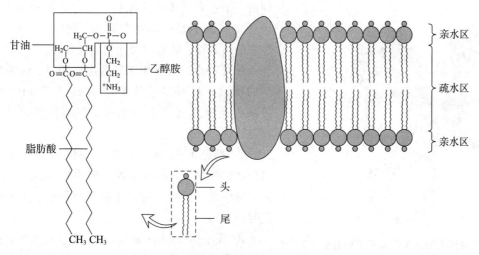

图2-8 细胞膜的组成示意图

细胞膜中的蛋白质依其存在位置可分为外周蛋白和整合蛋白两大类。外周蛋白存在于细胞膜的内表面或外表面，是水溶性蛋白，占细胞膜蛋白总量的 20%~30%。整合蛋白又称内嵌蛋白或结构蛋白，镶嵌于磷脂双分子层中，多为非水溶性蛋白，占细胞膜蛋白总量的 70%~80%。细胞膜蛋白除作为膜的结构成分之外，许多蛋白质本身就是运输养料的渗透酶或具催化活性的酶蛋白，在细胞代谢过程中起着重要作用。

细胞膜的流动性：由于磷脂分子之间没有共价键连接，因此细胞膜具有流动性。1972 年，辛格（Singer）和尼克森（Nicolson）提出了细胞膜的流动镶嵌模型（fluid mosaic model）理论，指出细胞膜磷脂和细胞膜蛋白质均可侧向移动。细胞膜的流动性可保持细胞膜在不同温度下正常的生理功能，而细胞膜流动性的高低主要取决于构成细胞膜磷脂分子的脂肪酸相对含量和类型，如低温型微生物的细胞膜含有较多不饱和脂肪酸，而高温型微生物的细胞膜富含饱和脂肪酸。

细胞膜的主要功能有：①维持细胞内正常渗透压的屏障。②选择性地控制细胞内、外的营养物质和代谢产物的运输与交换。③合成细胞壁各种组分（肽聚糖、磷壁酸、脂多糖等）和荚膜等大分子的场所。④进行氧化磷酸化或光合磷酸化产能的场所。⑤是鞭毛的着生点，提供细胞运动及趋化性所需的能量等。

（3）细胞质与内含物

细胞质（cytoplasm）是细胞膜内的物质，它无色透明，呈黏胶状，主要成分为水、蛋白质、核酸、脂质，也含有少量的糖和盐类。此外，细胞质内还含有核糖体、颗粒状内含物和气泡等结构或物质。

1）70S 核糖体

核糖体（ribosome）是细胞内蛋白质合成的场所。原核微生物的核糖体沉降系数为 70S，由 30S 小亚基和 50S 大亚基组成，而真核微生物核糖体的沉降系数为 80S，由 40S 小亚基和 60S 大亚基组成。

2）内含物

内含物（inclusion body）是很多细菌在营养物质丰富的时候，其细胞内聚合的各种不同的贮藏颗粒，当营养缺乏时，它们又能被分解利用。内含物的多少随菌龄及培养条件不同而改变。

① 聚-β-羟基丁酸酯（poly-β-hydroxybutyrate, PHB）：原核微生物最常见的细胞内含物之一，不少细菌和古菌都在细胞内积累 PHB。近年来，在一些细菌中发现多种与 PHB 类似的化合物，统称为聚-β-羟基脂肪酸酯（poly-β-hydroxyalkanoate, PHA）（图 2-9）。细菌一般在环境中有多余的碳源时积累 PHB 和 PHA，当环境碳源不足时则将其降解。PHB 和 PHA 是生物合成的高聚物，既有类似塑料的延展性，又具有无毒、易降解等特点，是可用于制造医用塑料、快餐盒等制品的优质原材料。利用微生物绿色生产 PHB 和 PHA 可减少当前危害严重的不可降解塑料引起的"白色污染"。

② 糖原（glycogen）：原核微生物另一种常见的颗粒状贮能物质。糖原是葡萄糖的聚合物，与 PHB 相似，糖原也在环境中有多余碳源时积累，并在碳源不足时被利用。

③ 硫小体（sulfur globules）：某些能利用氧化硫的细菌细胞内可积累硫小体，作为能量储备，需要时可

（a）
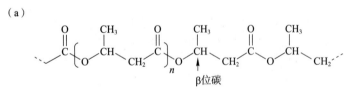

（b）
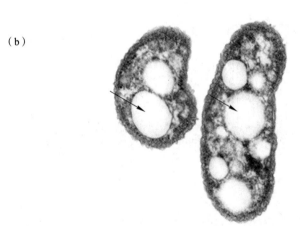

图 2-9 聚-β-羟基脂肪酸酯（PHA）结构及排列方式
（a）化学式；（b）显微镜图

被细菌再利用。如贝日阿托菌属（*Beggiatoa*）在细胞内常含有强折光性的硫小体（图 2-10）。

④ 磁小体（magnetosome）：原核微生物细胞中有磁性铁化合物组成的小颗粒，它使得这些细胞具有趋磁性。趋磁细菌（magnetotactic bacteria）是 1975 年由布雷克莫尔（Blakemore）因在折叠螺旋体（*Spirochaeta plicatilis*）中发现磁小体而命名的。提纯后的磁小体毒性低，可作为多种药物和大分子化合物的载体，未来可能开发其作为靶向性药物用于癌症的靶向性治疗（图 2-11）。

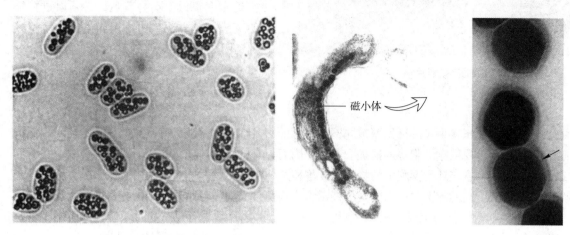

图 2-10　硫小体　　　　　　　　　　　图 2-11　磁小体

⑤ 气泡（gas vesicles）：在一些生存于淡水或海水中的原核微生物细胞内存在的几个至数百个不等的小泡囊，其功能是调节细胞相对密度，使其漂浮在合适的水层中获取光能和营养物质，详见本书 2.1.3.1。

（4）拟核与质粒

1）拟核

拟核（nucleoid）是原核微生物所特有的无核膜结构、无固定形态的原始细胞核，又称为原核、核区。拟核携带了细菌绝大多数的遗传信息，是细菌生长发育、新陈代谢和遗传变异的控制中心。原核微生物的 DNA 长度远远大于其细胞长度，它们通过 DNA 双链结构的进一步螺旋（即超螺旋）被包裹在细胞中。

2）质粒

质粒（plasmid）是细菌细胞中存在的染色体（拟核）以外的遗传因子，一般为环状 DNA 分子。每个菌体可以有一个、多个甚至几十个质粒。质粒可以在细胞内自主复制，并随细胞的分裂繁殖而遗传到下一代子细胞中，但也可能在细胞生长过程中丢失或转移到其他细胞中。质粒通常编码非生命所必需的生物学性状，如性毛、毒素、耐药性和降解特性等（图 2-12）。

2. 细菌细胞的特殊构造

区别于基本构造，不是所有细菌细胞都具有的构造称作特殊构造，如糖被、鞭毛、菌毛和芽孢等。

（1）糖被

糖被（glycocalyx）是包被于某些细菌细胞壁外的一层厚度不定的胶状物质，主要成分是多糖或蛋白质，尤以多糖居多。糖被按其有无固定层次及层次厚薄又可细分为荚膜（capsule）、黏液层（slime layer）和微荚膜（microcapsule）。当黏液物质具有固定层次附着于细胞壁外时，称为荚膜，厚度小而层次薄的荚膜称为微荚膜。而当黏液物质未固定在细

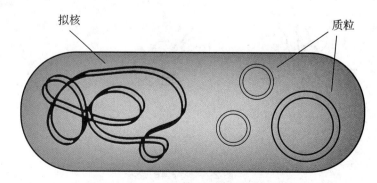

图 2-12　大肠杆菌细胞中的拟核与质粒

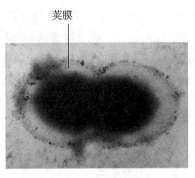

莢膜

图2-13　细菌的莢膜照片

（a）光学显微镜下；（b）电子显微镜下

胞壁上，可以扩散到周围环境中，则称为黏液层。产生莢膜的细菌通常是每个细胞外包围一个莢膜，但也有多个细菌的莢膜相互融合，形成多个细胞被包围在一个共同的莢膜之中，称为菌胶团（zoogloea）。莢膜折光率很低，不易着色，必须通过特殊的莢膜染色方法，才可用光学显微镜观察到（图2-13）。

糖被的有无、厚薄除了与菌种的遗传性相关，还与其生存环境尤其是营养条件密切相关。通过突变或用酶处理，失去糖被的细菌仍然能正常生长，可见糖被并不是细菌的必需结构。糖被也有一定的生理功能：①保护菌体。使细菌免受巨噬细胞等的捕捉和吞噬，因而具有抗吞噬抗消化作用。②贮藏养料。在营养缺乏时，细菌可直接利用莢膜中的物质。③堆积某些代谢产物。某些细菌由于莢膜的存在而具有毒力，如具有莢膜的肺炎双球菌、炭疽杆菌毒力很强，当失去莢膜时，则失去毒性。④黏附物体表面。有些细菌能借助莢膜牢固地黏附在牙齿表面，发酵糖类产酸，腐蚀牙齿珐琅质层，引起龋齿。

糖被在科学研究和生产实践中都有较多的应用：①用于菌种鉴定。②用作药物和生化试剂。如肠膜明串珠菌（*Leuconostoc mesenteroide*）的糖被（莢膜）可提取葡聚糖以制备生化试剂和"代血浆"；③用作工业原料，如野油菜黄单胞菌（*Xanthomnas campestris*）的糖被（黏液层）可提取一种用途极广的胞外多糖黄原胶（xanthan），已被用于石油开采中的钻井液添加剂以及印染和食品等工业中；④用于污水的生物处理，例如一些细菌形成的菌胶团，是"活性污泥"的主体，有助于污水中的有害物质的吸附和沉降。

（2）鞭毛

鞭毛（flagellum，复数 flagella），某些细菌细胞表面着生的一至数十条长丝状附属物，是细菌的运动器官。鞭毛的长度常超过菌体若干倍，需采用特殊的鞭毛染色法加以观察。此外，利用半固体琼脂穿刺培养细菌，可从细菌生长的扩散情况，初步判断细菌是否有鞭毛。

鞭毛的着生部位、鞭毛数量与细菌种类有关，是一项重要的形态学指标。根据鞭毛的着生部位不同，分为周生鞭毛、侧生鞭毛和端生鞭毛等类型，有时在菌体的一端可着生一丛鞭毛，称为端生丛毛（图2-14）。鞭毛是细菌的运动器官，但并非生命活动所必需。有鞭毛的细菌一般在幼龄时具有鞭毛，老龄时脱落。

知识拓展2-2

鞭毛的运动

细菌的鞭毛蛋白具有抗原性，称为鞭毛抗原或H抗原（源于德语 Hauch），与相应的抗体呈絮状凝集。不同细菌的鞭毛抗原具有特异性，对细菌的鉴定、分型及分类具有重要意义，详见本书第8章。

（3）菌毛

很多革兰氏阴性细菌及少数革兰氏阳性细菌的细胞表面有一些比鞭毛更细、更短、更硬、更直、中空的丝状体结构，称为菌毛（pilus，复数 pili）。每个细菌可以有多达50～300条菌毛。与鞭毛类似的是，菌毛也是由蛋白质组成的中空管状结构，构成菌毛的蛋白称为菌毛蛋

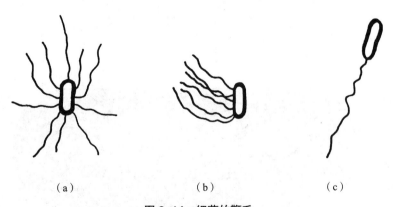

（a）　　　　　（b）　　　　　（c）

图2-14　细菌的鞭毛

（a）周生鞭毛；（b）侧身鞭毛；（c）端生鞭毛

白（pilin）。

菌毛不具备运动功能，但菌毛有使菌体附着于物体表面的功能。如肠道细菌的菌毛能牢固地吸附于消化道上皮细胞，这对于其定植于宿主肠道并发挥益生或致病作用具有重要的生物学意义。

性菌毛（sex pilus）是一种特殊类型的菌毛，构造和成分与菌毛相同。性菌毛常见于革兰氏阴性细菌的雄性菌株（即供体菌）中，其功能是向雌性菌株（即受体菌）传递遗传物质，这种基因转移方式称为接合（conjugation）（图2-15）。

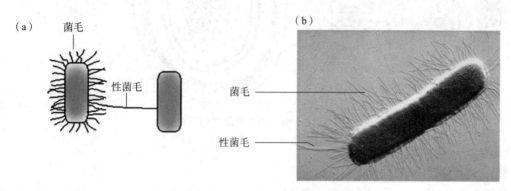

图2-15 细菌的菌毛及排列方式
（a）模式图；（b）显微镜下菌毛

（4）芽孢

芽孢（endospore，spore），是指某些细菌在其生长发育特定时期，在细胞内形成的一个圆形或椭圆形、厚壁、含水量低、抗逆性强的休眠体。能产生芽孢的细菌种类较少，主要来自于革兰氏阳性细菌的两个属，即芽孢杆菌属（*Bacillus*）和梭菌属（*Clostridium*）。

与营养细胞（未产生芽孢的细胞）相比，芽孢是抗逆性超强的一种生物体，具有极强的抗热、抗化学药物和抗辐射等特性，特别是抗热性。例如，肉毒梭菌（*Clostridium botulinum*）的芽孢在100℃沸水可存活1~6 h，经180℃干热5~15 min，或121℃高压蒸汽30 min才能杀死，是病原菌中抗热力最强的一个菌种。此外，芽孢的休眠能力也十分惊人，在常规条件下能保持几年至几十年而不死。据文献记载，在美国发现的一块有2 500~4 000万年历史的琥珀里，科学家从其中的蜜蜂肠道内分离到了有生命的芽孢，经鉴定为球形芽孢杆菌（*Bacillus sphaericus*）。

芽孢具有厚壁、折光性强的特点，在光学显微镜下为透明小体，通常采用特殊的芽孢染色法以便于观察。在电子显微镜下，可观察到芽孢结构与营养细胞不同，具有多层结构，从外向内依次为孢外壁、芽孢衣、皮层和核心，其中核心还可进一步细分为芽孢壁、芽孢膜、芽孢质和拟核（图2-16）。

芽孢的耐热机理至今还尚无定论。渗透调节皮层膨胀学说（osmoregulatory expanded cortex theory）认为芽孢衣对阳离子和水的通透性较差，而离子强度较强的皮层可"夺取"核心的水分，芽孢核心失水而皮层吸水膨胀，使得芽孢抗热性增加。也有学说提出芽孢耐热与其皮层含有的大量2,6-吡啶二羧酸（dipicolinic acid，DPA）有关。DPA是芽孢特有的一种化学组分。芽孢富含钙离子，大多数钙离子与DPA结合，形成具有热稳定性的复合物2,6-吡啶二羧酸钙（DPA-Ca），芽孢萌发成营养细胞时，DPA-Ca消失。此外，还有学者提出芽孢核心含有的含量较高的小分子酸性蛋白（small acid-soluble proteins，SASP），可与核心的DNA紧密结合，保护其免受紫外线剪切及干热的损伤。

产芽孢的细菌当营养物质缺乏和有害代谢产物积累过多时，细胞停止生长，开始形成芽孢。在芽孢形成的过程中，伴随着形态变化又有一系列化学成分和生理功能的变化。不同于真菌孢子，每一营养细胞内仅形成一个芽孢，因此芽孢无繁殖功能。由休眠状态的芽孢变成可分裂繁殖的营

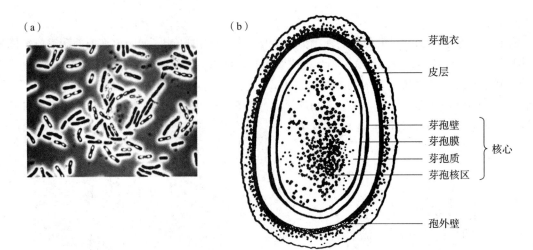

（a）

（b）

芽孢衣
皮层
芽孢壁
芽孢膜　} 核心
芽孢质
芽孢核区
孢外壁

图 2-16　细菌的芽孢及排列方式
（a）显微镜下芽孢；（b）模式图

养细胞的过程，称为芽孢的萌发（germination）。

对细菌芽孢的研究具有重要的理论和实践意义。芽孢是少数细菌所特有的形态构造，芽孢的有无、形态、大小和着生位置是细菌分类和鉴定的重要形态学指标。很多芽孢菌具有重要的生产应用价值，可生产淀粉酶、蛋白酶等工业酶和抗菌物质，由于芽孢菌具有极强的耐热性，所以从经高温处理的含菌样品中筛选是获得芽孢菌较为简便的方法。但是，芽孢菌的存在也经常给人们的生产和生活带来麻烦，如食品工业中，芽孢菌的残留会引起罐藏食品的腐败变质。大多数芽孢杆菌属细菌是无害的，但有一些对人和动物是有致病性的，如炭疽杆菌（*Bacillus anthraci*）和肉毒杆菌（*Clostridium botulinum*），而蜡样芽孢杆菌（*Bacillus cereus*）可引起食物中毒。

芽孢杆菌属的有些种，如苏云金芽孢杆菌（*Bacillus thuringiensis*，Bt），在形成芽孢的同时，会在细胞内产生一颗菱形、方形或双锥形的碱性蛋白晶体，称为伴孢晶体（parasporal crystal）（图 2-17）。Bt 菌的伴孢晶体是一类糖蛋白昆虫毒素，对鳞翅目、双翅目等 200 多种昆虫有毒性，但对人畜毒性很低，因此国内外相继开发其为高效低毒，环境友好的生物农药。

2.1.1.4　细菌的繁殖和群体特征

1. 细菌的繁殖

细菌的繁殖方式主要为裂殖，只有少数种类进行芽殖。

（1）裂殖（fission）

裂殖指一个细胞通过分裂而形成两个子细胞的过程。对于杆状细胞来说，有横分裂和纵分裂两种方式，一般细菌均进行横分裂。当一个细菌细胞在其对称中心形成一隔膜，进而分裂成两个形态、大小和构造完全相同的子细胞，这种分裂方式称为二分裂（binary fission）。绝大多数细菌都是以这种分裂方式进行繁殖的。除了典型的二分裂的繁殖方式，少数细菌还存在着不等二分裂（unequal binary fission）、三分裂（trinary fission）和复分裂（multiple fission）等裂殖方式（图 2-18）。

（2）芽殖（budding）

芽殖是指在母细胞表面（通常是一端）先形成一个小突起，当其长大到与母细胞相仿后则分离并独立生活

芽孢　　伴孢晶体

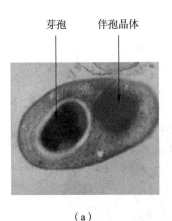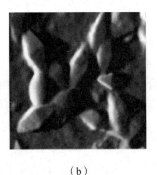

（a）　　　　　　　　　（b）

图 2-17　苏云金芽孢杆菌伴孢晶体照片
（a）球形晶体；（b）菱形晶体

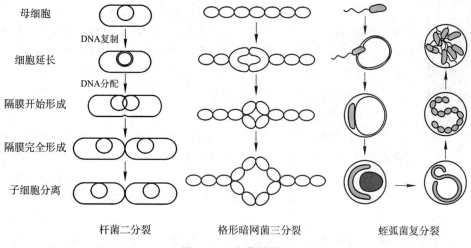

母细胞

DNA复制

细胞延长

DNA分配

隔膜开始形成

隔膜完全形成

子细胞分离

杆菌二分裂　　　　　　格形暗网菌三分裂　　　　　蛭弧菌复分裂

图 2-18　细菌的裂殖

的一种繁殖方式。凡以这类方式繁殖的细菌，统称芽生细菌（budding bacteria），如芽生杆菌属（*Blastobacter*）、硝化杆菌属（*Nitrobacter*）等细菌。

　　细菌除以上无性繁殖方式外，电镜观察和遗传学研究已证明细菌存在着有性接合，详见本章"性菌毛"部分。但是，细菌的繁殖方式有性接合较少，无性繁殖占多数。

　　2. 细菌的群体特征

　　（1）细菌菌落特征

　　将单个细菌细胞或一小堆同种细胞接种到固体培养基上，在适宜的培养条件下，一定时间内即可生长繁殖出成千上万个细胞，聚集在一起形成肉眼可见的群体，称为菌落（colony）。如果菌落是由一个单细胞繁殖形成的，则它就是一个纯种细胞群或称克隆（clone）。如果把大量分散的纯种细胞密集地接种在固体培养基上，结果长出的大量"菌落"相互连成一片，形成菌苔（bacterial lawn）（图 2-19）。

　　区别于酵母菌、霉菌等其他微生物，细菌菌落具有共性，一般呈现湿润、较光滑、较透明、较黏稠、易挑取、质地均匀以及菌落正面和背面或边缘和中央部位的颜色一致等。但是，不同种类的细菌其各自的菌落特征不同，甚至同一种细菌因培养条件不同，菌落形态也有变化。通常将同一种细菌在同一培养基上形成的菌落形态特征作为鉴定菌种的形态标志之一。

　　（2）细菌的液体培养特征

　　细菌在液体培养基中生长时，会因其细胞特征、相对密度、运动能力和对氧气的依赖性等不同，而形成不同的群体形态。当菌体大量增殖时，多数呈均匀一致的混浊，但也有部分会形成沉淀，还有的会形成菌膜漂浮在液体表面（图 2-20）。

2.1.1.5　食品中常见的细菌

　　细菌在自然界分布广泛，特性各异，这其中，有的是食品工业的有益菌，有的则是有害菌。

　　1. 乳酸杆菌属

　　乳酸杆菌属细菌为革兰氏阳性菌，通常为细长的杆菌，大小为（0.5～1）μm ×

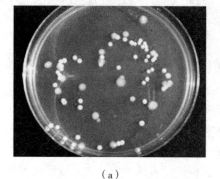
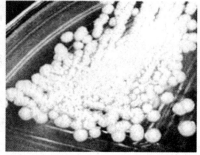

（a）　　　　　　　　　　（b）

图 2-19　细菌的菌落和菌苔

（a）菌落；（b）菌苔

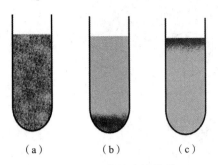

图 2-20 细菌的液体培养
（a）混浊生长；（b）沉淀生长；（c）表面生长

（2~10）μm，有的形成长丝，单生或成链，少数有分枝。根据利用葡萄糖的特性不同，乳酸杆菌属细菌可分为同型发酵群和异型发酵群。乳酸杆菌属细菌存在于乳制品、发酵植物性食品（如泡菜、酸菜等）、青贮饲料及人的肠道中。塑料、纺织等工业上生产乳酸多用高温发酵菌，而一般食品工业、青贮饲料用的菌种多属低温发酵菌和乳酸球菌。

2. 醋酸杆菌属

醋酸杆菌属幼龄菌革兰氏染色为阴性，细胞为两端浑圆的杆状，单生、成对或成链。老龄菌革兰氏染色常为阳性，细胞形态多呈畸形，如球形、丝状、棒状、弯曲状等。醋酸杆菌有较强的氧化能力，可将乙醇氧化为醋酸。醋酸杆菌在自然界中分布很广，在酒醪、水果、蔬菜表面都可以找到。

3. 链球菌属

链球菌属细菌为革兰氏染色阳性菌，呈短链或长链状排列，其中有些是制造发酵食品有用的发酵菌种，如嗜热链球菌是常见的酸奶发酵菌种。

4. 明串珠菌属

明串珠菌属细菌为革兰氏阳性菌。菌体呈圆形或椭圆形，菌体排列呈链状，能在含高浓度糖的食物中生长，常存在于水果、蔬菜中。明串珠菌应用广泛，如嗜橙明串珠菌和戊糖明串珠菌可作为乳制品的发酵剂；戊糖明串珠菌和肠膜明串珠菌可用于制造代血浆；肠膜明串珠菌是制糖工业的有害菌，常使糖汁发生黏稠而无法加工，但它是生产右旋糖酐的重要菌。

5. 芽孢杆菌属

芽孢杆菌属细菌为革兰氏阳性杆菌，需氧，能产生芽孢。在自然界分布很广，在土壤及空气中尤为常见。枯草芽孢杆菌是著名的产生蛋白酶及淀粉酶的菌种，凝结芽孢杆菌是具有益生功能的菌种，而有些蜡样芽孢杆菌可引发食物中毒。

2.1.2 放线菌

放线菌（actinomycetes），分类学上定义为细菌域第 B XIV 门放线菌门——放线杆菌纲——放线菌目（Actinomycetales）。放线菌是一类主要呈菌丝状生长和以孢子繁殖的原核微生物，因此，过去曾认为它是"介于细菌与真菌之间的微生物"。如今放线菌被定义为一类具有分枝状菌丝体的革兰氏阳性细菌，主要依据为：①同属原核微生物，无真正细胞核；细胞质中缺乏线粒体、内质网等细胞器；核糖体为 70S。②细胞结构和化学组成相似：细胞具细胞壁，主要成分为肽聚糖；放线菌菌丝直径与细菌直径基本相同。③最适生长 pH 范围与细菌基本相同，一般呈微碱性。④都对溶菌酶和抗生素敏感，对抗真菌药物不敏感。⑤繁殖方式为无性繁殖，遗传特性与细菌相似。

放线菌在自然界分布很广，在水、土壤及空气中都可存在。放线菌在抗生素生产中非常重要，目前工业化生产的抗生素绝大多数都是由放线菌产生的，可见放线菌对人类健康的贡献突出。

2.1.2.1 放线菌的形态和构造

放线菌的菌体为单细胞，大部分放线菌由分枝发达的菌丝组成，菌丝无隔膜，直径与杆状细菌差不多。

1. 典型放线菌——链霉菌的形态和构造

放线菌的种类很多，形态构造多样，这里以分布最广、种类最多、形态特征最典型的链霉菌属（*Streptomyces*）为例来阐明放线菌的一般形态和构造。

链霉菌的自然栖息环境是土壤，占土壤可培养微生物的 1%~20%，泥土的气味很大程度上来源于链霉菌所产生的可挥发性物质土臭味素（geosmin）。

链霉菌的细胞呈丝状分枝，菌丝很细。在营养生长阶段，菌丝内无横隔。当链霉菌的孢子落在固体基质表面并萌发后，不断以放射状向基质的表面和内层扩展，形成颜色较浅、较细的具吸收营养和排泄代谢废物功能的营养菌丝（vegetative hyphae），同时，又在营养菌丝上不断向空间方向分化出颜色较深，较粗的气生菌丝（aerial hyphae）。当气生菌丝逐步成熟后，大部分气生菌丝分化成孢子丝（spore–bearing hyphae），并通过横隔分裂的方式，产生成串的分生孢子（conidium，conidiospore）。链霉菌的一般形态见图2-21。

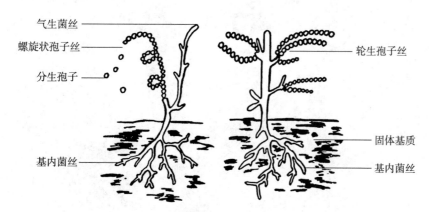

图2-21　链霉菌的形态、构造模式图

链霉菌孢子丝的形态多样，有直、波曲、钩状、螺旋状和轮生（包括一级轮生和二级轮生）等多种。螺旋状的孢子丝较为常见，其螺旋的松紧、大小、转数和转向都较稳定。孢子形态多样，有球、椭圆、杆、圆柱、梭、瓜子或半月等形状，其颜色也十分丰富，可用电子显微镜观察孢子的表面纹饰。链霉菌的孢子丝形态不同，且性状较稳定，是对链霉菌进行分类和鉴定的重要指标（图2-22）。

2. 其他放线菌所特有的形态和构造

（1）营养菌丝会断裂成大量杆菌状体的放线菌

以诺卡氏菌属（*Nocardia*）为代表的，具有分枝状、发达的营养菌丝，但多数无气生菌丝。当营养菌丝成熟后，以横割分裂的方式突然产生形状、大小较一致的杆菌状、球菌状或分枝杆菌状的孢子。

（2）菌丝顶端形成少量孢子的放线菌

有些属放线菌会在菌丝顶端形成一个至多个的孢子。如小单孢菌属的放线菌多数不形成气生菌丝，但会在营养菌丝顶端产一个孢子；小双孢菌属和小四孢菌属的放线菌在营养菌丝上不形成孢子，但在气生菌丝顶端分别产2个和4个孢子；小多孢菌属的放线菌既可在营养菌丝又可在气生菌丝顶端产2～10个孢子。

（3）具有孢囊并产孢囊孢子的放线菌

孢囊链霉菌属（*Streptosporangium*）的放线菌具有由气生菌丝的孢子丝盘卷而成的孢囊，长在气生菌丝的顶端，内部产生多个孢囊孢子（sporangiospore），无鞭毛。

（4）具有孢囊并产生游动孢子的放线菌

游动放线菌属（*Actinoplanes*）放线菌的气生菌丝不发达，在营养菌丝上形成孢囊，内含许多呈盘曲或直行排列的球形或近球形的孢囊孢子，孢囊孢子大部分具极生丛毛，偶有周生鞭毛，能游动。

2.1.2.2　放线菌的繁殖和群体特征

1. 放线菌的繁殖

在自然条件下，放线菌主要通过形成各种无性孢子进行繁殖，仅少数种类以营养菌丝分裂形

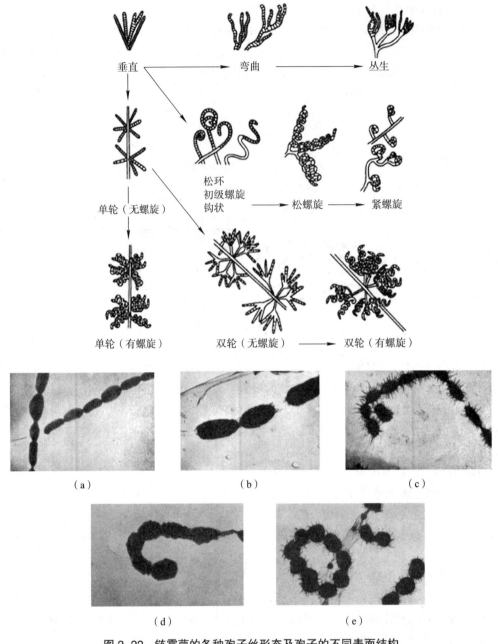

图 2-22　链霉菌的各种孢子丝形态及孢子的不同表面结构

（a）光滑；（b）粗糙；（c）刺状；（d）疣状；（e）毛状

成的片段进行繁殖。放线菌孢子的形成是由孢子丝的横隔分裂产生的。

　　放线菌处于液体培养时很少形成孢子，而是借助各种菌丝片段断裂产生的片段进行繁殖，这一特性对于放线菌在实验室的摇瓶培养和在工厂的大型发酵培养来说十分重要，比如工业发酵生产抗生素时，就利用此方式大量繁殖放线菌。

　　2. 放线菌的群体特征

　　（1）放线菌菌落特征

　　不同种类的放线菌菌落特征各异，大致分为两类：一类以链霉菌为代表，其早期的菌落类似细菌，后期由于气生菌丝和孢子的形成而变成表面干燥、粉粒状并常有辐射皱褶。该类放线菌的菌落一般较小，质地较密，不易挑起，常有各种不同颜色且正面与反面以及边缘与中央部位的颜色常不一致。另一类以诺卡氏菌为代表，由于缺乏气生菌丝或气生菌丝不发达，该类放线菌的菌落与细菌接近，结构松散，黏着力差，易于挑起，也有特征性的颜色。

（2）放线菌的液体培养特征

在实验室对放线菌进行摇瓶培养时，常可见到在液面与瓶壁交界处黏贴着一圈菌苔，培养液清而不混，其中悬浮着许多珠状菌丝团，一些大型菌丝团则沉在瓶底等现象。

2.1.3　其他原核微生物

2.1.3.1　蓝细菌

蓝细菌（cyanobacteria，旧名蓝藻或蓝绿藻），是一类进化历史悠久、革兰氏染色阴性、无鞭毛、含叶绿素a（但不形成叶绿体）、能进行产氧性光合作用的大型原核微生物。蓝细菌与属于真核生物的藻类最大区别在于前者无叶绿体、无真正细胞核、核糖体为70S以及细胞壁含肽聚糖特征等。蓝细菌分类学上定义为细菌域第X门蓝细菌门（Cyanobacteria）。

1. 蓝细菌的形态与结构

蓝细菌细胞形态多样，其个体形态一般可分为球状或杆状的单细胞和细胞链丝状体两大类。蓝细菌的细胞一般比细菌大，直径为 3~10 μm，最小的为 0.5~1 μm，例如细小聚球蓝细菌（*Synechococcus parvus*），最大的可达 60 μm，例如巨颤蓝细菌（*Oscillatoria princeps*）（图 2-23）。

蓝细菌细胞壁与革兰阴性细菌的化学成分相似。许多蓝细菌还能向细胞壁外分泌胶黏物质，实质上是胞外多糖，分别形成松散、可溶的黏液层，可分为围绕细胞的糖被、包裹丝状体的鞘衣或将许多细胞聚集一起的胶团等不同形式。例如念珠蓝菌属（*Nostoc*）的丝状体常常卷曲在坚固的胶被中，雨后常见的地木耳就是其中一个种；鱼腥蓝菌属（*Anabaena*）的丝状体外包有胶鞘，且许多丝状体包在一个共同的胶被内，形成不定型的胶块，在水体中大量繁殖可形成"水华"（water bloom）。

知识拓展 2-3
水华

2. 蓝细菌与光合作用

蓝细菌是光合微生物。蓝细菌细胞内进行光合作用的部位称类囊体（thylakoid），为片层状的内膜结构，数量很多。类囊体的膜上含有叶绿素a、胡萝卜素、类胡萝卜素（如黏叶黄素、海胆酮或玉米黄质）、藻胆素（藻蓝素和藻红素）和光合电子传递链的有关组分。环境中的光照条件可

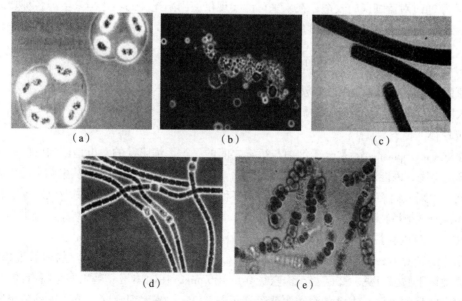

图 2-23　蓝细菌的形态多样性
（a）单细胞；（b）群体；（c）菌丝体；（d）丝状的异形胞；（e）分枝丝状

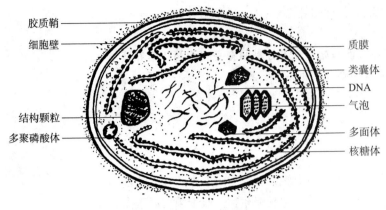

图 2-24　蓝细菌的细胞显微结构

（左侧标注，自上而下）胶质鞘、细胞壁、结构颗粒、多聚磷酸体

（右侧标注，自上而下）质膜、类囊体、DNA、气泡、多面体、核糖体

影响藻胆素的组成及含量，从而影响蓝细菌的颜色，大多数蓝细菌因其细胞中的藻蓝素占优势而呈现特殊的蓝色而得名。蓝细菌的细胞内还含有固定二氧化碳的羧酶体。许多蓝细菌含有气泡以利于其细胞浮于水体表面和吸收光能。蓝细菌虽无鞭毛但能借助于黏液在固体基质表面滑行，并表现出趋光性和趋化性（图 2-24）。

3. 蓝细菌的繁殖

蓝细菌的繁殖方式多种多样，主要方式为裂殖。有少数种类（宽球蓝细菌目 Pleurocapsales）可以通过复分裂在母细胞内形成许多球形的小细胞，称为小孢子（baeocyte），母细胞破壁破裂后，释放出小孢子，再膨大成营养细胞；有少数种类（色球蓝细菌目 Chroococcales）以类似芽殖的方式繁殖，在母细胞顶端以不对称的缢缩分裂形成小的单细胞，称为"外生孢子"。丝状蓝细菌的繁殖通过无规则的丝状体断裂，滑行而离开。有些丝状蓝细菌能分化形成大的、厚壁的休眠细胞，称为静息孢子，静息孢子能抗干燥和低温，能在不利的环境条件下存活，在适宜的生长条件下静息孢子可以萌发而产生新的丝状体。

4. 蓝细菌的研究意义

蓝细菌在地球上已生存了约 35 亿年，是地球上第一种释放氧气的光合微生物。蓝细菌广泛分布于自然界，几乎分布在地球的每个角落，比如海洋、淡水、沙漠和土壤，甚至于南极的岩石上，故有"先锋生物"的美称。

对蓝细菌的研究具有十分重要的科学意义和实用价值。有的蓝细菌在受氮、磷等元素污染的富营养化水体中过度生长，成为海水"赤潮"（red tide）和湖泊"水华"的元凶，给渔业和养殖业带来严重危害，引发一系列环境污染问题。但另一方面，蓝细菌能大量消耗空气中的二氧化碳，可用于生产下一代新型绿色能源。食品工业方面，大家熟知的螺旋藻就是蓝细菌的一种，它的营养成分丰富，富含高质量的蛋白质、γ-亚麻酸等脂肪酸、类胡萝卜素、维生素，以及多种微量元素如铁、碘、硒、锌等，已经成为一种重要的绿色营养品。蓝细菌还是科研领域热门的"食品工厂"，科学家通过对蓝细菌的改造，在未来可能实现仅使用阳光和二氧化碳来生产各种功能的蛋白质、植物天然产物、药物等高价值的产品。

2.1.3.2　支原体、立克次氏体和衣原体

支原体、立克次氏体和衣原体是 3 类同属革兰氏阴性的小型原核微生物，从支原体、立克次氏体至衣原体，其寄生性介于细菌与病毒之间，且逐步增强。

1. 支原体

支原体（mycoplasma），是介于细菌与病毒之间的一类无细胞壁的，也是已知可以独立生活的最小的细胞生物，因能形成丝状与分枝形状得名。1898 年 E. Nocard 等首次从患肺炎的牛胸膜液中分离得到，后来人们又从其他动物中也分离到多种类似的微生物。一些植物中也发现了相应的植物支原体，通常把植物支原体称为类支原体（mycoplasma-like organisms）。支原体分类学定义为细菌域第 BXII 门坚壁菌门——疵壁菌纲——支原体目（Mycoplasmatale）。

支原体的特点有：①细胞很小，球状体直径一般为 150~300 nm，而丝状体长度差异很大，在光学显微镜下勉强可见。②菌落小，直径 0.1~1.0 mm，在固体培养基表面呈特有的"油煎蛋"状，即中央厚且颜色深，边缘薄而透明颜色浅（图 2-25）。③无细胞壁，革兰氏染色呈阴性，形态易变，对热、干燥和渗透压敏感，对抑制细胞壁合成的抗生素（青霉素、环丝氨酸等）不敏感。

④细胞膜含甾醇，比其他原核微生物的膜更坚韧。⑤对能抑制蛋白质生物合成的抗生素（四环素、红霉素等）和破坏含甾醇的细胞膜结构的抗生素（两性霉素、制霉菌素等）都很敏感。⑥能在含血清、酵母浸汁和甾醇等营养丰富的培养基上生长。⑦以二分裂和出芽等方式繁殖。

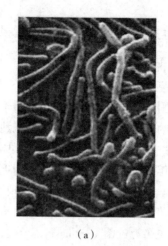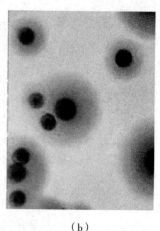

（a） （b）

图 2-25　支原体及其"油煎蛋"菌落
（a）支原体电镜照片；（b）支原体菌落

支原体广泛分布于土壤、污水、昆虫、脊椎动物和人体中，有些支原体可引起人和动物病害，如肺炎支原体（*Mycoplasma pneumoniae*）是引起人患支原体肺炎的病原体，也可引起上呼吸道感染和慢性支气管炎等。类支原体则可引起桑、稻、竹和玉米等植物的矮缩病、黄化病或丛枝病等病害。此外，支原体是细胞培养实验中最麻烦的感染病原，主要是污染血清等细胞培养基，这种感染对实验室研究及应用组织培养的生物技术工业会造成严重损失。

2. 立克次氏体

1909 年，美国医生 Howard Taylor Ricketts 首次发现落基山斑疹伤寒的病原体并被它夺去生命，故后人称这类病原菌为立克次氏体。立克次氏体（rickettsia）是一类专性寄生于真核细胞内的革兰氏阴性原核微生物。立克次氏体与支原体不同之处是它有细胞壁，且不能独立生活；而与衣原体的区别在于它的细胞较大，不能通过细菌滤器。感染植物的立克次氏体称为类立克次氏体细菌（rickettsia-like bacteria，RLB）。立克次氏体分类学的定义为细菌域第 BⅫ门变形杆菌门—α 变形杆菌纲—立克次体目（Rickettsiales）

立克次氏体的特点有：①细胞较大，光学显微镜下清晰可见。②有细胞壁，革兰氏染色呈阴性。③除少数外，均在真核细胞内营专性寄生，宿主为虱、蚤等节肢动物和人、鼠等脊椎动物。④存在不完整的产能代谢途径，不能利用葡萄糖或有机酸，只能利用谷氨酸和谷氨酰胺产能。⑤一般可培养在鸡胚、敏感动物或合适的组织培养物上。⑥对四环素和青霉素等抗生素敏感。⑦对热敏感，一般在 56℃以上经 30 min 即被杀死；但耐低温，-60℃时可存活数年。⑧以二分裂方式繁殖（每分裂一次约 8 h）。

立克次氏体是人类斑疹伤寒、恙虫热和猫抓病等严重传染病的病原体，主要是通过人虱，鼠蚤，蜱等节肢动物叮咬而感染人体。引起人类致病的主要种类是普氏立克次氏体（*Rickettsia prowazekii*，人虱传播）、莫氏立克次氏体（*R. mooseri*，鼠虱传播）、恙虫病立克次氏体（*R. tsutsugamushi*，恙螨传播）。

3. 衣原体

衣原体（chlamydia）是一类在真核细胞内营专性寄生的小型革兰氏阴性原核微生物。衣原体曾长期被误认为是"大型病毒"，直至 1956 年我国微生物学家汤飞凡等自沙眼患者病灶中首次分离到病原体后，才逐步证实它是一类独特的原核微生物。衣原体分类学定义为细菌域第 BⅩⅥ门衣原体门—衣原体纲—衣原体目—衣原体科（Chamydiaeae）

衣原体的特点有：①有细胞构造。②有细胞壁，但缺肽聚糖，革兰氏染色呈阴性。③缺乏产生能量的酶系，需严格细胞内寄生。④只能用鸡胚卵黄囊膜、小白鼠腹腔或合适的组织培养物等进行培养。⑤对抑制细菌的抗生素和药物敏感。⑥以二分裂方式繁殖。

衣原体感染是由各种衣原体感染引起的一组感染性疾病。沙眼衣原体（*Chlamydia trachomatis*）可导致人患沙眼；肺炎衣原体（*C. pneumoniae*）被认为是肺炎、支气管炎及其他呼吸道感染的常见病因；鹦鹉热衣原体（*C. psittaci*）可感染人类、鸟类及一些哺乳动物，人类感染主要是因接触染病鸟的排泄物引起的，故是典型的动物源性传染病。

2.1.3.3 古菌

1. 古菌的发现

古菌（archaea），旧称古细菌，是一群在形态和生理上都有很大差异的单细胞微生物，具有独特的基因结构。古菌多被发现生活于地球上极端的生态环境或生命出现初期的自然环境中，如大洋底部的高压热溢口、热泉、盐碱湖、厌氧沼泽地等，因而被称为古菌。古菌分类学定义为原核生物界古菌域，包括泉古菌门和广古菌门两个门。

多年来科学家们一直认为地球上的生命是由原核生物和真核生物两大类组成，直到1977年，美国科学家沃斯（Woese）先后发现了一群16SrRNA序列奇特（详见第6章），与一般细菌差异较大的细菌类群，将其命名为古细菌（archaebacteria）。在进一步发现古细菌和细菌亲缘关系较远后又将其更名为古菌（archaea），至此，整个生命系统则由细菌域、古菌域和真核生物域（Ercarya）构成。沃斯等人认为，生物界的发育不是一个简单的由原核生物发育到真核生物的过程，而是明显地存在着细菌、古菌和真核生物三个发育不同的系统，且这三类生物中任何一类都不比其他两类出现得更古老（表2-2）。

2. 古菌的一般特性

古菌和细菌在细胞形态结构、生长繁殖、生理代谢、遗传物质存在方式等方面类似，因而两者同属原核生物。然而，在DNA复制、转录、翻译等方面，古菌却具有明显的真核生物的特征。

表2-2　古菌、细菌和真核生物特性差异

比较项目	古菌	细菌	真核生物
细胞大小	通常为 1 μm	通常为 1 μm	通常为 10 μm
核膜	–	–	+
DNA 以共价闭合环状形式存在	+	+	–
细胞壁	无胞壁酸	有胞壁酸	无胞壁酸
膜脂	醚键	酯键	酯键
细胞器	–	–	+
核糖体大小	70S	70S	80S（细胞器中 70S）
RNA 聚合酶亚基数	一种（8～12 个亚基）	一种（4 个亚基）	三种（10～12 个亚基）
启动子结构	TATA 框	Pribnow 框	TATA 框
多数基因中的内含子	–	–	+
起始氨基酸	甲硫氨酸	N- 甲酰甲硫氨酸	甲硫氨酸
mRNA 加帽子结构和 polyA 尾	–	–	+
操纵子	+	+	–
化能无机营养	+	+	–
固氮作用	+	+	–
对氯霉素、链霉素和卡那霉素的敏感性	不敏感	敏感	敏感
对青霉素的敏感性	不敏感	除支原体外，敏感	不敏感
对利福平的敏感性	不敏感	敏感	不敏感

注："+"表示有；"-"表示没有

古菌的一般特性如下：

（1）革兰氏阴性或阳性。

（2）细胞呈球状、杆状、螺旋状、裂片状、扁平状、不规则形状或多形态。

（3）有的是以单个细胞存在，有的则形成丝状体或团聚体等细胞聚集体。

（4）繁殖方式包括裂殖、芽殖和断裂。

（5）营养类型有异养型和自养型，少数能进行特殊形式的光合作用。

（6）有许多特殊的辅酶，代谢呈多样性。

（7）在氧气的需求程度上多数为严格厌氧、兼性厌氧，也有好氧菌。

（8）有中温菌、超嗜热菌（100℃以上）、嗜冷菌。

（9）多生活在极端环境，少数作为共生体生活在动物消化道内。

3. 古菌的细胞壁

古菌具有与细菌功能相似的细胞壁结构，也可以经革兰氏染色而呈革兰氏阳性或阴性，但其细胞壁结构与化学成分均与细菌显著不同。在已被研究的古菌中，未发现古菌细胞壁具有真正的肽聚糖，而是由多糖、糖蛋白或蛋白质构成的。另外，热原体属（*Thermoplasma*）是没有细胞壁结构的古菌。

4. 古菌的细胞膜

古菌的细胞膜与细菌和真核生物差别都很大。细菌和真核生物的细胞膜是由酯键连接亲水头部的甘油分子和疏水尾部脂肪酸形成的磷脂双分子层结构，而古菌的细胞膜缺乏脂肪酸，其疏水尾部由长链烃（多为不含活性官能团的碳长链分子，如异戊二烯的重复单位四聚体植烷）通过特殊的醚键与亲水头部的甘油分子连接成甘油二醚或二甘油四醚，形成结构稳定的单分子层或单、双分子层混合膜结构（图2-26）。古菌之所以能够存在于高温、高盐以及强酸性等极端条件，与其独特的细胞膜结构密不可分。

5. 古菌的代表属种

（1）产甲烷古菌

产甲烷古菌是一类能够利用一碳或二碳化合物产生甲烷的古菌，不能代谢比乙酸更复杂的有机物。产甲烷古菌均生长在严格厌氧的环境中，是迄今已知的对能量要求最低的生物，他们通常生长在与氧气隔绝的水底、哺乳动物的肠道尤其是反刍动物的瘤胃中，甚至还可以作为某些原生

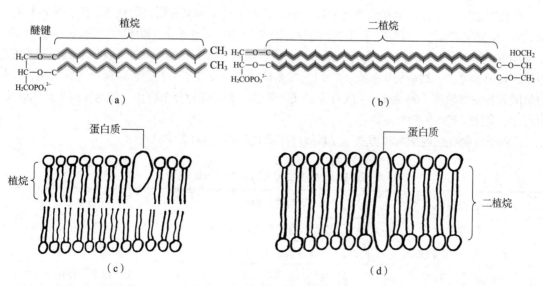

图2-26　古生菌的细胞膜结构

（a）甘油二醚；（b）二甘油四醚；（c）脂双分子层；（d）脂单分子层

动物的内共生菌。产甲烷菌含有特殊的辅酶 F_{420}，在荧光显微镜下镜检时，产甲烷菌有自发荧光，这是识别产甲烷菌的一个重要方法。

（2）极端嗜盐古菌

极端嗜盐古菌是一群生活在如盐湖、盐碱地和晒盐场等高盐环境中的微生物，在用粗盐腌制的食品中也常见。极端嗜盐古菌对 NaCl 有特殊的适应性和需要性，大多数极端嗜盐古菌最适生长的盐浓度为 2~4 mol/L（12%~23%）。极端嗜盐古菌的主要特点是其细胞膜上存在细菌视紫红质（bacteriorhodopsin），能利用光能驱动质子泵合成 ATP，科学家正设法利用这种机制来制造生物能电池和海水淡化装置。

（3）极端嗜热古菌

极端嗜热古菌的突出特性是偏爱高温，能够在高于水的沸点的温度中生活。它们分布在火山地区、富硫温泉和泥沼地，最适温度在 80℃ 以上，有的生长环境温度可达 100℃ 以上。已研究的极端嗜热古菌主要是从火山地区分离的，包括陆地和海洋。例如，美国马萨诸塞州大学的科学家曾报道了一种能够在 121℃ 生长的极端嗜热古菌，命名为"菌株 121"。

古菌广泛分布于地球上，在生态系统中发挥着重要作用。由于古菌具有特殊的生命过程和功能，因此对古菌的研究将揭示人类尚未可知的全新生命现象，将为人类探索生命适应环境的极限，探索生命的起源奠定基础，此外，古菌的研究还将为人类提供丰富的微生物资源，以古菌为代表的极端微生物及其相关产物的研究已然成为现代生物工程发展中极具潜力的研究热点。

2.2 真核细胞型微生物

2.2.1 真核细胞型微生物概述

真核生物（eukaryote）是一大类具有细胞核且细胞核具有核膜，能进行有丝分裂，细胞质中存在线粒体或同时存在叶绿体等多种细胞器的生物。真菌、显微藻类和原生动物等是真核生物中的微小生物，故称为真核细胞型微生物（eukaryotic microorganisms，真核微生物）。

2.2.1.1 真核微生物与原核微生物的比较

真核微生物与原核微生物的主要差异在于原核微生物细胞虽有明显的核区，但核区内只有一条 DNA 构成的染色体，且核区没有核膜包围，称为原核；而真核微生物细胞内有一个明显的核，核内染色体除含有 DNA 外，还含有组蛋白，有核膜包围，称为真核。此外，真核细胞与原核细胞相比，其形态更大，结构更为复杂，特别是在真核细胞内发展了一套完善而精巧的膜系统，在膜的包围下各种细胞器（organelles）既有分隔又可协调，能高效地分工合作，如内质网、高尔基体、溶酶体、微体、线粒体和叶绿体等。

这两类生物在细胞结构和功能等方面都有显著的差别，其比较如表 2-3。

表 2-3 真核生物与原核生物的比较

比较项目	真核生物	原核生物
细胞大小	较大（通常直径≥2 nm）	较小（通常直径<2 nm）
若有壁，其主要成分	纤维素、几丁质等	多数为肽聚糖
细胞膜中甾醇	有	无（仅支原体例外）
细胞膜含呼吸或光合组分	无	有

比较项目		真核生物	原核生物
细胞器		有	无
鞭毛结构		如有，则粗而复杂（9+2型）	如有，则细而简单
细胞质	线粒体	有	无
	溶酶体	有	无
	叶绿体	光合自养生物中有	无
	液泡	有些有	无
	高尔基体	有	无
	微管系统	有	无
	流动性	有	无
	核糖体	80S（指细胞质核糖体）	70S
	间体	无	部分有
	贮藏物	淀粉、糖原等	PHB、硫小体、磁小体等
细胞核	核膜	有	无
	DNA含量	低（约5%）	高（约10%）
	组蛋白	有	无
	核仁	有	无
	染色体数	一般>1	一般为1
	有丝分裂	有	无
	减数分裂	有	无
生理特性	氧化磷酸化部位	线粒体	细胞膜
	光合作用部位	叶绿体	细胞膜
	生物固氮能力	无	有些有
	专性厌氧生活	罕见	常见
	化能合成作用	无	有些有
鞭毛运动方式		挥鞭式	旋转马达式
遗传重组方式		有性生殖、准性生殖等	转化、转导、接合等
繁殖方式		有性、无性等多种	一般为无性（二等分裂）

2.2.1.2 真核微生物的主要类群

真核微生物主要包括真菌界的全部成员，茸鞭生物界的假菌、原生动物界的黏菌和植物界中的单细胞藻类。

真核微生物 {
真菌界：壶菌门、芽枝霉菌门、新丽鞭毛菌门、球囊菌门、微孢子菌门、
　　　　接合菌门、子囊菌门、担子菌门
茸鞭生物界——假菌：卵菌
原生动物界：黏菌
植物界：单细胞藻类
}

在真核细胞型微生物这节的介绍中，我们将着重介绍真菌的基础知识，而其他真核微生物只作简单介绍。

2.2.2 真菌

真菌（fungi）是最重要的真核微生物，它们的特点是：①具有真正的细胞核，但无叶绿素，不能进行光合作用。②一般具有发达的菌丝体。③细胞壁多数含几丁质与葡聚糖或纤维素。④营养方式为异养吸收型。⑤通过产生无性和（或）有性孢子的方式进行繁殖。⑥陆生性较强。真菌的分类学定义为真菌界，下属壶菌门、芽枝霉菌门、新丽鞭毛菌门、球囊菌门、微孢子菌门、接合菌门、子囊菌门、担子菌门八个门。

2.2.2.1 真菌的营养体

营养体（soma，又称胞体）是真菌营养生长阶段的结构，是吸收水分和养料而进行营养增殖的菌体。大多数真菌的营养体为丝状体，单个丝状物称为菌丝（hypha）。也有一些真菌的营养体为单细胞（酵母菌和低等的壶菌），个别的为假菌丝或原植体。

1. 丝状营养体

（1）菌丝体

菌丝一般是由孢子萌发后延伸而形成的管状结构。由细胞壁包围，内含可流动的原生质。菌丝的直径大小因真菌种类不同而有所变化，一般为 1～30 μm。菌丝为顶端生长，在顶端之后自由分枝而产生一团菌丝称为菌丝体（mycelium）。幼龄的菌丝一般无色透明，老龄的菌丝常呈现各种色泽，如黄色、褐色、棕色、黑色、紫色及红色等。

（2）无隔菌丝和有隔菌丝

菌丝中的横壁称为隔膜（septum）。菌丝常根据隔膜的有无而分为有隔菌丝（septate hypha）和无隔菌丝（aseptate hypha），高等真菌的菌丝通常为有隔菌丝，隔膜中央一般都有孔，如青霉和曲霉；而低等真菌的菌丝通常为无隔菌丝，如毛霉和根霉（图 2-27）。

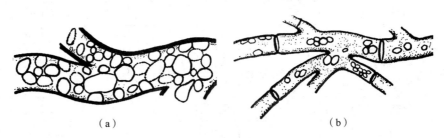

（a）　　　　　　　　　　　　　　　　（b）

图 2-27　真菌的菌丝
（a）无隔菌丝；（b）有隔菌丝

2. 单细胞营养体

单细胞真菌的代表是酵母菌，详见本书 2.2.2.4 中酵母菌的介绍。

3. 菌丝的特化

真菌的菌丝在长期适应不同外界环境条件的过程中会产生了不同的特化类型，这是一类具有特殊功能的菌丝营养结构。真菌菌丝的特化类型较多，下面介绍几种主要的类型（图 2-28）。

吸器（haustorium）是一种多数专性寄生真菌如锈菌、白粉菌等的菌丝特化类型，形态上为从菌丝上分化出来的旁枝，侵入细胞内分化成指状、球状或丝状，用以吸收细胞内的营养。

附着胞（appressorium）是植物病原菌物孢子萌发形成的芽管或菌丝顶端的膨大部分，常分泌黏液而牢固地附着在寄主表面，同时其下方产生侵入钉穿透寄主角质层和细胞壁。

菌环（annulus）和菌网（macterialnet）：是捕食性真菌的菌丝特化形成的环状或网状结构，用来捕捉线虫等小动物以获取营养,如捕虫霉目(Zoopagales)的真菌具有此类变态菌丝。当线虫进入菌环后,组成菌环的菌丝细胞很快膨胀而把线虫固定在菌环上,然后从菌环上产生菌丝侵入线虫体内吸收线虫的营养物质。

假根和匍匐菌丝:假根(rhizoid)是菌体的特定部位长出多根有分枝的根状菌丝,伸入基质中吸收养分并支撑上部的菌体。连接两组假根之间的匍匐状菌丝称为匍匐菌丝(stolon)。毛霉目的根霉属和犁头霉属是较为典型的产生匍匐菌丝和假根的代表,假根作为营养吸收器官与基质接触。

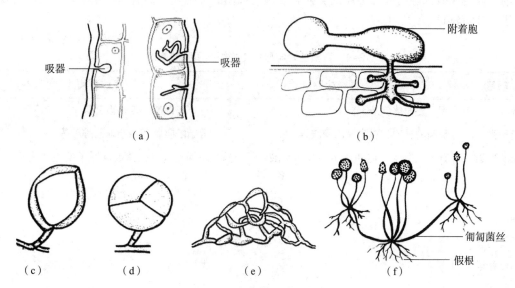

图 2-28 真菌菌丝的特化类型

(a)吸器;(b)附着胞;(c)未膨大的菌环;(d)膨大的菌环;(e)菌网;(f)假根和匍匐菌丝

菌丝的组织体:菌丝体生长到一定阶段,由于适应一定的环境条件或抵御不良的环境,菌丝体变成疏松的或紧密的密丝组织,是一种组织化的菌丝体。菌丝的组织体构成了一些真菌不同类型的营养结构和繁殖结构,尤其是在高等的子囊菌和担子菌中,在生活史的一定时期内形成营养结构,如菌核(sclerotium)、菌索(rhizomorph)和子座(stroma)等,它们可以休眠很长一段时间,当周围环境条件适宜时重新萌发。一些高等子囊菌和担子菌中,如多孔菌和伞菌以及盘菌等,菌丝以不同的组织体形式构成繁殖结构——子实体(fruit body),见图 2-29。

2.2.2.2 真菌的细胞结构

与其他真核生物的细胞相似,真菌细胞由细胞壁包围着;细胞质中具有真核生物细胞中常见的细胞器;细胞核由双层的核膜包裹,并且有特殊的核膜孔,通常有一个核仁。但是,真菌细胞大多数是丝状的,两个毗邻细胞间由隔膜分开,这与动物和植物等真核生物细胞是有一定区别的。

1. 细胞壁

细胞壁是细胞最外层的结构单位。生长着的真菌菌丝的细胞壁在光学显微镜下是均匀的,但厚壁的休眠孢子,如接合孢子、厚垣孢子等

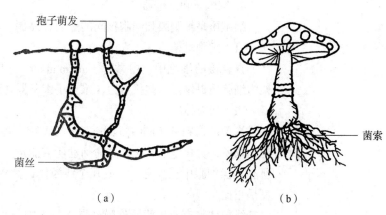

图 2-29 真菌菌丝的组织体

(a)菌丝;(b)子实体

则有明显的纹饰，有时可见到层次，一般为 2～3 层。细胞壁作为细胞和周围环境的分界面，起着保护细胞的作用，同时细胞壁可调节营养物质的吸收和代谢产物的分泌，它还具有抗原的性质，调节真菌和其他生物间的相互作用。

真菌细胞壁的主要成分为己糖或氨基己糖构成的多糖链，如几丁质（甲壳质）、脱乙酰几丁质、纤维素、葡聚糖、甘露聚糖、半乳聚糖等，其中几丁质是大多数真菌细胞壁的主要成分。此外，真菌细胞壁还具有蛋白质、类脂、无机盐等成分。

2. 细胞膜

细胞膜控制着细胞与外界物质的交换。真菌与细菌的细胞膜在构造和功能上较为相似，故这里仅指出其间异同（表2-4）。

表 2-4　真核生物与原核生物细胞质膜的差别

项目	原核生物	真核生物
甾醇	无（支原体例外）	有（胆甾醇、麦角甾醇等）
磷脂种类	磷脂酰甘油和磷脂酰乙醇胺等	磷脂酰胆碱和磷脂酰乙醇胺等
脂肪酸种类	直链或分支、饱和或不饱和脂肪酸；每一磷脂分子常含饱和与不饱和脂肪酸各一种	高等真菌：含偶数碳原子的饱和或不饱和脂肪酸 低等真菌：含奇数碳原子的不饱和脂肪酸
糖脂	无	有（具有细胞间识别受体功能）
电子传递链	有	无
基团转移运输	有	无
胞吞作用	无	有

3. 细胞核

与其他真核生物的细胞核相比，真菌的细胞核较小，一般直径为 2～3 μm，在光学显微镜下不易观察。细胞核的形状变化较大，通常为椭圆形，能通过菌丝的隔膜孔而移动。不同真菌细胞核的数目不同，有些真菌细胞内可有 20～30 个核，如须霉属（*Phycomyces*）和青霉属（*Penicillium*），而担子菌具有单核菌丝和双核菌丝。

真菌细胞核的结构与其他真核生物的相似，细胞核外有核膜。核膜由双层单位膜构成，厚为 8～20 μm，在膜的内层和外层有大量的小孔存在，孔的数目随菌龄而增加，据推测这些小孔是核与细胞质物质交换的通道。核内有个中心稠密区，为核仁，被一层均匀的无明显结构的核质包围。

4. 细胞质和细胞器

细胞质是细胞膜和细胞核间的透明、黏稠、不断流动的溶胶，其间充满了各种细胞器。

（1）细胞骨架

在真菌的细胞中，由微管（microtubule）和微丝（microfibril）构成了细胞质的骨架。细胞骨架为细胞质提供了一些机械力，维持了细胞器在细胞质中的位置。

（2）线粒体

真菌的线粒体（mitochondrium）与动物、植物细胞线粒体的功能相似，是进行氧化磷酸化反应的场所，将化学能转化成生命活动所需能量（ATP），是可被称为"动力车间"的重要的细胞器。所有真菌细胞中至少有一个或几个线粒体，其数目随着菌龄的不同而变化，与细胞代谢活动的强度呈正比。

线粒体具有双层膜，外膜光滑，与细胞膜相似，内膜较厚，常向内延伸成不同数量和形状的嵴，嵴的存在极大地扩展了内膜进行生物化学反应的面积。在线粒体的内膜表面着生许多基粒

（elementary particle），是 ATP 合酶复合体，内膜上还有 4 种脂蛋白复合物，它们都是电子传递链（呼吸链）的组成部分。位于内外膜间的空间内充满着含各种可溶性酶、底物和辅助因子的液体。由内膜和嵴包围的空间内含三羧酸循环的酶系，并含有一套为线粒体所特有的闭环状 DNA 链（在真菌中长 19 ~ 26 μm）和 70S 核糖体，用来合成一小部分（约 10%）仅提供线粒体自身所需的蛋白质（图 2-30）。

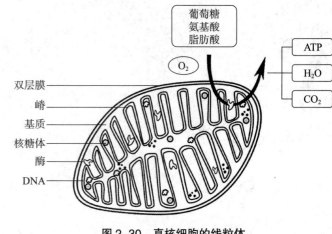

图 2-30　真核细胞的线粒体

（3）核糖体

真菌细胞中有 2 种核糖体，即细胞质核糖体和线粒体核糖体。细胞质核糖体呈游离状态，有的与内质网和核膜结合，而线粒体核糖体存在于线粒体内膜的嵴间。

与其他真核生物相同，真菌的细胞质核糖体比原核生物的大，其沉降系数为 80S，由 60S 和 40S 的两个小亚基组成，但线粒体核糖体与原核生物的相同，为 70S，由 50S 和 30S 的两个小亚基组成。

（4）内质网

内质网（endoplasmic reticulum）是真菌细胞中多形态的结构，它的形状和大小与环境条件、发育阶段和生理状态有关，一般在幼嫩菌丝细胞中比较多。内质网的主要成分是脂蛋白，时常被核糖体附着形成糙面内质网（rough endoplasmic reticulum）。

（5）高尔基体

高尔基体（golgi body）由意大利学者高尔基（Golgi）于 1898 年首先在神经细胞中发现，并以此得名。高尔基体由一叠具有管状的扁平囊及其外围的小囊泡构成。合成的大分子物质，如蛋白质、脂质等被运送至高尔基体，在高尔基体内进行化学修饰、包装而形成囊泡，以便进行运输。真菌中仅腐霉属等少数低等种类中发现有高尔基体。

（6）液泡

真菌细胞中液泡（vacuole）含量非常丰富。通常认为液泡起源于光面内质网或高尔基体的大型囊泡。在生长的真菌中液泡主要有三个基本作用：①储存代谢物和阳离子。②调节细胞质中的 pH 和离子动态平衡。③含多种细胞溶解酶。

（7）微体

微体（microbody）普遍存在于真菌中，是一种圆形或卵圆形、电子密集的膜结构，其内部具有过氧化氢酶和其他不同的酶类，微体具有与代谢相关的功能，有过氧化物酶体和乙醛酸循环酶体。

（8）沃鲁宁体

沃鲁宁体（Woronin body）是一类由一单层膜包围的电子密集的基质构成的较小的球状细胞器，直径约为 0.2 μm。它与子囊菌隔膜孔相关联，具有塞子的功能，平时可以调节两个相邻细胞间细胞质的流动，当菌丝受伤后，它可以堵塞隔膜孔而防止原生质流失。它的化学组成目前还不清楚。

2.2.2.3　真菌的繁殖

真菌的繁殖方式多样，包括无性繁殖、有性生殖和准性生殖。

1. 无性繁殖

大多数真菌可通过无性繁殖产生后代，且多数真菌的无性繁殖能力很强。无性繁殖产生的无性孢子形态各异，不同种类真菌其无性孢子的形状、大小、色泽、细胞数目、产孢部位和排列方

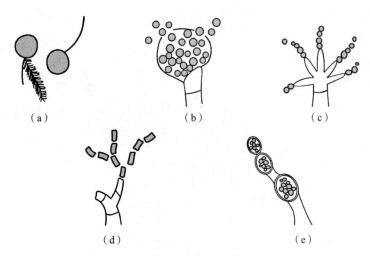

图 2-31　真菌无性繁殖产生的孢子类型
（a）游动孢子；（b）孢囊孢子；（c）分生孢子；（d）节孢子；（e）厚垣孢子

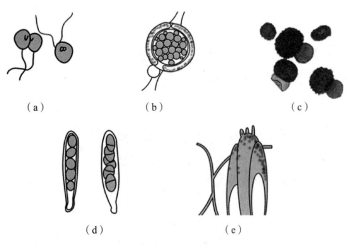

图 2-32　真菌的有性生殖产生的孢子类型
（a）合子；（b）卵孢子；（c）接合孢子；（d）子囊孢子；（e）担孢子

式不同，是真菌分类和鉴定的重要依据。真菌的无性繁殖方式大致包括 4 种：断裂、裂殖、芽殖和原生质割裂，其具体过程与原核微生物的无性繁殖类似，这里不做详细介绍。真菌繁殖产生的无性孢子包括游动孢子、孢囊孢子、分生孢子、节孢子和厚垣孢子等（图 2-31）。

2. 有性生殖

真菌的有性生殖（sexual reproduction）是指具可亲和性的两个性细胞（配子，gamete）或两个性器官（配子囊，gametangium）结合后，经质配、核配和减数分裂后产生新个体的一种生殖方式，产生的孢子称为有性孢子。有性生殖产生了遗传物质重组的后代，有益于增强真菌的生活力和适应性。

真菌性亲和性表现为同宗配合和异宗配合两种方式。同宗配合是自体可孕的，即单个菌株就可完成有性生殖，异宗配合是单个菌株不能完成有性生殖，需要两个性亲和菌株共同生长在一起才能形成有性孢子，完成有性生殖。大多数真菌是异宗配合。真菌的有性生殖一般包括质配、核配和减数分裂 3 个阶段。

质配（plasmogamy）：是指两个可亲和的性细胞或性器官的细胞质连同细胞核结合在一个细胞中。

核配（karyogamy）：是质配后两个可亲和性的单倍体核进入同一细胞内进行配合，形成二倍体细胞核。

减数分裂（miosis）：核配后的二倍体细胞发生减数分裂，细胞核内染色体数目减半，恢复为原来的单倍体状态。单倍体细胞核连同周围的原生质及其分泌物积累形成细胞壁，发育成有性孢子，有性孢子萌发产生单倍体的营养体。

真菌的有性孢子有接合孢子、子囊孢子和担孢子等（图 2-32）。

（3）准性生殖

20 世纪 50 年代在研究构巢曲霉（*Aspergillus nidulans*）时发现了准性生殖现象。准性生殖（parasexuality）是指真菌菌丝细胞中两个遗传物质不同的细胞核可以结合成杂合二倍体的细胞核，这种二倍体细胞核在有丝分裂过程中发生染色体交换和单倍体化，最后形成遗传物质重组的单倍体。准性生殖可以促进真菌，特别是没有发现有性生殖的无性型真菌的遗传变异性和适应性，保持了自然群体的平衡，所以有重要意义。

2.2.2.4　食品中常见的真菌

1. 接合菌门真菌：

接合菌门（Zygomycota）真菌的共同特征是有性生殖产生接合孢子。

（1）毛霉属

菌丝无隔膜，分枝很多。不形成匍匐菌丝和假根，菌丝体分化出孢囊梗，孢囊梗直立、单生，顶端产生体积较大的球形孢子囊。孢囊孢子呈球形或椭圆形，表面光滑、无色或有色。有性生殖可产生表面有瘤状突起的接合孢子，有的可产生厚垣孢子。

本属现已知约 50 种。一些种类可用于生产有机酸，如梨形毛霉、鲁氏毛霉，还可以用于腐乳及豆豉的加工。一些种可引起谷物、果实和储藏物的腐烂。有些是人类的病原菌。

（2）根霉属

菌丝无隔膜，由菌丝分化为匍匐菌丝和假根，假根相对处向上长出孢囊梗。孢囊梗单生或丛生，顶端着生球形、褐色孢子囊。成熟后孢子囊囊壁破裂，散出大量孢囊孢子。孢囊孢子呈淡褐色，球形、卵形或不规则形。

根霉属分布广泛，十分常见。有些根霉可用于有机酸的生产如华根霉、日本根霉、米根霉；有的能产生淀粉酶，使淀粉转化为糖，是酿酒工业常用的发酵菌，如爪哇根霉、米根霉和日本根霉；但根霉常会引起粮食及其制品的霉变。

2. 子囊菌门真菌

子囊菌门（Ascomycota）是真菌界中种类最多的一个门，各类群在形态特征、生活史、发育过程、生态习性等方面均存在很大差异，但其共同特点是在有性生殖过程中产生子囊和子囊孢子，故俗称子囊菌。子囊是一种囊状细胞，其内发生核配和减数分裂，最终形成子囊孢子。子囊菌除单细胞酵母类群外，其余种类都是多细胞的，由分枝、有隔的菌丝组成。单细胞种类子囊裸露，多细胞种类子囊多数包裹在称为子囊果的子实体内。子囊菌与担子菌合称为高等真菌。

子囊菌与人类生产和生活关系密切。许多子囊菌是植物的致病菌；有些子囊菌是人和动物的条件致病菌，可造成皮肤、皮下和全身性感染，如引发皮癣、脚气、肺炎等；还有一些子囊菌引起纤维织品、皮革、木材和食物的霉烂和变质。研究发现，子囊菌的次级代谢产物成分复杂多样，包括生物碱、甾体、香豆素、活性肽等，其中有些被认为是真菌毒素。另一方面，许多子囊菌有益于人类，一些子囊菌是发酵与酿造工业的基础，如酵母菌可用于食品发酵，青霉、曲霉等可用于抗生素、有机酸、酶等的生产；一些子囊菌，如冬虫夏草、羊肚菌等是名贵的食、药用菌；一些子囊菌能寄生于害虫体内，因此被作为生物杀虫剂来研究和应用。

（1）酵母菌

酵母菌（yeast）不是一个自然分类群体，它们分布在子囊菌门和担子菌门真菌中，一般泛指能发酵糖类的各种单细胞真菌。

在自然界酵母菌分布很广，主要生长在偏酸的含糖环境中，在水果、蜜饯的表面和果园土壤中最为常见。作为人类"第一种家养微生物"，酵母菌在酿造、食品和医药工业等方面占有重要地位。例如酒类生产，面包制作，乙醇和甘油发酵，饲用、药用和食用单细胞蛋白（single-cell protein，SCP）生产；人们从酵母菌体中提取核酸、麦角甾醇、辅酶 A、细胞色素 c、凝血质和维生素等生化药物和试剂，制成的酵母膏用作培养基等原料；在基因工程中，酵母菌是最好的模式真核微生物，被用作表达外源蛋白功能的优良"工程菌"。但是，少数酵母菌也常给人类带来危害。某些酵母菌能使食物、纺织品和其他原料腐败变质。某些酵母菌还可引起人和植物的病害。例如白假丝酵母（Candida albicans），又称白色念珠菌，可引起皮肤、黏膜、呼吸道、消化道以及泌尿系统等多种疾病。新型隐球酵母（Cryptococcus neoformans）可引起慢性脑膜炎、肺炎等。

1）酵母菌细胞的形态和构造

酵母菌的细胞直径约为细菌的 10 倍，是典型的真核微生物。细胞形态通常有球状、卵圆状、椭圆状、柱状等。酿酒酵母（Saccharomyces cerevisiae）是最典型和重要的酵母菌，它的细胞大小为（2.5～10）μm×（4.5～21）μm。它的形态、构造见图 2-33。

① 细胞壁

酵母菌的细胞壁厚约 25 nm，呈三明治状，即外层和内层是分枝状的甘露聚糖（mannan）和葡聚糖（glucan）聚合物，中间夹着一层富含葡聚糖酶、甘露聚糖酶等多种酶的蛋白质（图 2-34）。葡聚糖是赋予酵母菌细胞壁以机械强度的主要成分。酵母菌的细胞壁可用由玛瑙螺

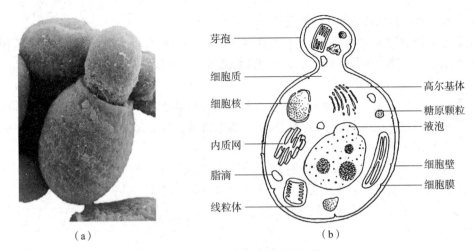

（a）　　　　　　　　　　（b）

图 2-33　酿酒酵母的显微结构

（a）电镜照片（b）模式图

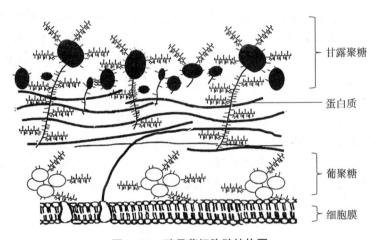

图 2-34　酵母菌细胞壁结构图

（*Helix pomatia*）胃液制成的蜗牛消化酶水解，形成原生质体；蜗牛消化酶还可用于水解酵母菌的子囊壁，以释放其中的子囊孢子。酵母菌的细胞壁还含有少量几丁质，一般分布在芽痕周围。

② 细胞膜

酵母菌的细胞膜与细菌类似，也是磷脂双分子层结构（图 2-35）。酵母菌的细胞膜上含有丰富的维生素 D 的前体——麦角甾醇（ergosterol），可作为维生素 D 的来源。

③ 细胞质

酵母菌细胞质是一种黏稠的胶体，主要成分是蛋白质。幼龄酵母菌细胞的细胞质较稠密而均匀，而成熟酵母菌细胞的细胞质中出现较大的液泡。此外，酵母菌细胞质含有核糖核酸（RNA）、重要的细胞器核糖体、线粒体、内质网膜等，还有各种贮藏物如脂肪滴、肝糖等物质，可见细胞质是酵母菌细胞新陈代谢的场所。

④ 细胞核

酵母菌具有由多孔核膜包裹起来的细胞核。酵母菌细胞核是其遗传信息的主要储存库。酿酒酵母的基因组共由 17 条染色体组成，其全序列已于 1996 年公布，大小为 12.052 Mb，共有 6 500 个基

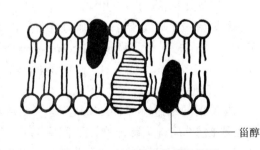

图 2-35　酵母菌细胞膜结构图

因，是第一个公布的真核生物基因组全序列。

2）酵母菌的繁殖方式

酵母菌繁殖方式多样，它对科学研究、菌种鉴定和菌种选育工作十分重要。代表性的繁殖方式如下：

无性繁殖
- 芽殖：酵母菌普遍存在，芽孢子
- 裂殖：少数酵母菌
- 产生其他无性孢子：掷孢子、厚垣孢子和节孢子等

有性生殖：形成子囊和子囊孢子

① 无性繁殖

芽殖（又称出芽生殖）是酵母菌最普遍的一种无性繁殖方式。在良好的营养和生长条件下，酵母菌生长迅速，几乎所有的细胞上都长出芽体，而且芽体上还可形成新的芽体。当酵母菌进行一连串的芽殖后，如果长大的子细胞与母细胞不立即分离，其间仅以狭小的面积相连，则这种藕节状的细胞串就称为假菌丝（pseudohyphae），如产朊假丝酵母（*Candida utilis*）。酵母菌出芽生殖的芽体又称芽孢子（budding spore），成熟后，芽体与母细胞分离，在母细胞上会留下一个芽痕（bud scar），而在新生成的子细胞上相应地留下了一个蒂痕（birth scar）。任何细胞上的蒂痕仅一个，而芽痕有一至数十个，根据它的多少还可测定该酵母细胞的年龄。

裂殖是少数酵母菌如裂殖酵母属（*Schizosaccharomyces*）的种类具有与细菌相似的二分裂繁殖方式。其过程是母细胞先延长，核分裂为二，细胞中央出现隔膜，将细胞分为两个具有单核的子细胞。

有些酵母菌可形成一些无性孢子进行繁殖。这些无性孢子有掷孢子、厚垣孢子和节孢子等。如掷孢酵母属（*Sporobolomyces*）可在卵圆形营养细胞上长出小梗，其上产生肾形的掷孢子（ballistospore），孢子成熟后，通过一种特有的喷射机制将孢子"掷"出而进行繁殖。

② 有性生殖

酵母菌是子囊菌门真菌，以形成子囊和子囊孢子的方式进行有性生殖。它们一般通过邻近的两个形态相同而性别不同的细胞各自伸出一根管状的原生质突起相互接触、局部融合并形成一条通道；再通过质配、核配和减数分裂三个阶段形成4或8个子核；每一个子核与其周围的原生质一起，其表面形成一层孢子壁，一个个子囊孢子就成熟了，而原有的营养细胞则成了子囊。酵母菌产生的子囊数量不同，形状各异，产生的子囊孢子表面形状也不同，这些都是酵母菌分类鉴定的重要依据。

3）酵母菌的群体特征

① 酵母菌菌落特征

在固体培养基上酵母菌的菌落与细菌很相似，一般呈现湿润、透明、表面光滑、容易挑起、正面与反面以及边缘与中央部位的颜色较一致等特点。但酵母菌的个体细胞较大，胞内颗粒明显，所以与细菌相比菌落较大、较厚，外观较稠和较不透明。酵母菌菌落的颜色也有别于细菌，颜色较单调，多数呈乳白色，只有少数呈红色、黑色等。凡不产生假菌丝的酵母菌，其菌落更为隆起，边缘圆整，而产假菌丝的酵母菌因其边缘常产生丰富的藕节状假菌丝，故细胞易向外围蔓延，使菌落较大，扁平而无光泽，表面和边缘较粗糙且不整齐。此外，由于酵母菌可发酵产乙醇，因此酵母菌的菌落一般会散发出悦人的酒香味。

② 酵母菌的液体培养特征

酵母菌在液体培养基中生长，有的长在培养基底部并产生沉淀，有的在培养基中均匀生长，有的在培养基表面生长并形成菌膜（scum）或菌醭（pellicle）。酵母菌菌醭的形成及特征具有分类意义。

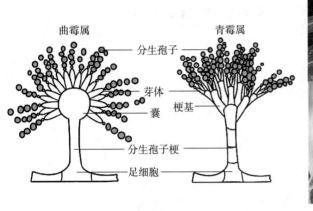

图 2-36　曲霉属和青霉属对比图

（a）孢子囊及游动孢子释放；（b）雄器、藏卵器及卵孢子

（2）曲霉属（*Aspergillus*）

曲霉属是以有丝分裂方式产生无性繁殖结构的无性型真菌中的一类，部分种类可同时产生无性阶段和有性阶段，而其有性型属于子囊菌门。曲霉属的分生孢子梗自菌丝上的厚壁足细胞生出，直立，不分枝，多无隔膜，粗大，无色，顶端形成膨大的顶囊，上生瓶梗状小梗，多呈放射状分布于顶囊表面。产孢瓶梗连续产孢，常形成串生的分生孢子，其分生孢子与分生孢子梗聚集使菌落呈现不同颜色。

曲霉属包括 270 种，其中多数种类为腐生菌，部分种类可危害农作物或农产品，引起霉变；或侵染人和动物，如烟曲霉（*Aspergillus fumigatus*）能引起人、畜和禽类的肺曲霉病；或产生毒素引起中毒症或致癌，如黄曲霉（*Aspergillus flavus*）产生的黄曲霉毒素（aflatoxin）是世界公认的剧毒致癌物质；部分种类是重要的工业用菌，如黑曲霉（*Aspergillus niger*）被广泛用于生产柠檬酸及其他有机酸和酶制剂等。自古以来，我国就将曲霉，如米曲霉（*Aspergillus oryzae*）用于制酱、酿酒、食品发酵等。构巢曲霉（*Aspergillus nidulans*）是研究真菌遗传的好材料。

（3）青霉属（*Penicillium*）

青霉属也是一类无性型真菌。青霉属菌丝发达，生长繁茂，分枝，具隔膜，分生孢子梗由菌丝垂直生出，无色，具隔膜，简单或分枝，在顶部由于多次分枝而形成典型的帚状结构。分生孢子聚集时呈青绿色或其他颜色。有些种类还可产生菌核。不同种类的菌落颜色各异，可呈灰绿色、绿色、黄绿色、淡灰黄色、黄色、蓝绿色、紫红色或无色等。

青霉属包括 304 种，多数为腐生菌，少数种类可侵染果实引起褐腐病或青霉病。有的种是具有重要经济价值的工业和医药用真菌，如产黄青霉（*Penicillium chrysogenum*）是青霉素的生产菌。部分种类可侵染植物，引起果腐、种子霉烂或病害。

曲霉属和青霉属对比图见 2-36。

3. 担子菌门真菌

担子菌门（Basidiomycota）真菌统称为担子菌，是真菌中最高等的类群，其基本特征是产生具有担子的产孢结构，在担子上产生担孢子。高等担子菌的担子着生在高度组织化的各种类型的子实体内，这种子实体称为担子果（basidiocarp）。担子菌在世界范围均有分布，目前已报道超过 3 万种。

担子菌中有许多是重要植物病原菌，如对农业生产造成极大危害的锈菌和黑粉菌；许多担子菌是具有营养保健功能的食用真菌，如平菇、香菇、竹荪、猴头菌、木耳、银耳等；还有一些担子菌则是重要的医用真菌，如茯苓、猴头菌、灵芝等。从许多担子菌中提取的多糖类物质，能够提高人体免疫能力，抑制肿瘤细胞繁殖。

（1）黑粉菌

黑粉菌（smut）通常是指那些引起植物病害，在发病部位产生黑粉状物的一类担子菌。黑粉菌菌丝分隔较为简单，在培养基上菌落常呈酵母状。黑粉菌能产生大量黑色粉状的厚垣孢子，常称之为冬孢子。目前已报道的种类有 1 600 种左右，绝大多数为高等植物寄生菌，占全部黑粉菌种类的 84%，可引起小麦、大麦、玉米等重要的粮食作物的病害。

（2）伞菌

伞菌（agaric）子实体呈伞状，肉质，易腐烂。典型的子实体包括菌盖、菌柄、位于菌盖下面的菌褶、位于菌柄中部或上部的菌环和基部的菌托。子实层在生长初期往往被易脱落的内菌膜覆盖，成熟时完全外露（图 2-37）。担子无隔，担孢子单孢，无色或有色，子实体的形状、大小、色泽和纹饰等是分种的重要依据。

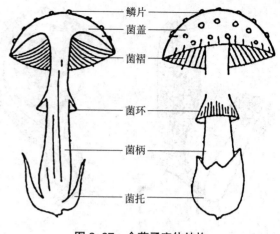

图 2-37　伞菌子实体结构

伞菌目真菌的分布是世界性的。有些蘑菇（如环柄菇属）有毒，含剧毒物质鬼伞素（二乙基硫代甲酰胺）、环肽（毒伞肽）等，被称为毒蘑菇，误食后轻者引起头晕、呕吐、致幻，重者导致肝坏死而死亡。有些蘑菇味美可食（如口蘑、香菇、草菇等），且营养价值很高，有健康食品之称。有些蘑菇（如光帽黄伞、松口蘑等）有降压抗癌等药效，可供药用。

（3）木耳属

木耳属（*Auricularia*）是担子菌门木耳目中最常见、分布最广的属。担子果平伏，边缘反卷，胶质，多呈耳状、片状或杯状，直径 10～15 cm，生于阔叶树的死树桩、倒木或树枝上。子实层单面生，不育面具绒毛或无毛，鲜时胶质至韧胶质，常呈褐色，干后皱缩，变成角质，呈黑褐色。担子果内部具有特殊形态的菌丝带，常有菌髓层。担孢子圆柱形，常略弯曲或弧形或肾形，无色，非淀粉质。木耳（*Auricularia auricula*），俗称黑木耳，又称光耳、云耳，是木耳属代表物种。木耳富含木耳多糖，具有提高人体免疫力，降血糖、降血脂，防止血栓形成和润肺止咳的作用。

2.2.3　其他真核微生物

2.2.3.1　原生动物界中的真核微生物——黏菌

黏菌门（Myxomycota）又称原质团黏菌。黏菌的营养生长阶段是表面有质膜而无细胞壁的含多个真正细胞核的一团黏黏的原生质，称原质团（plasmodium），其运动和摄食方式和原生动物中的变形虫相似，可独立生活。随着营养生长阶段转入繁殖阶段，黏菌又具有类似真菌的性状，原质团转变为一个或一群非细胞结构的子实体——孢子果，孢子果内含有纤维素细胞壁骨架和真正细胞核的孢子。

黏菌是一类广泛分布的生物类群。黏菌是生物学研究的重要模式生物，是研究生物多样性、系统演化、形态发生等生物学基础理论的理想实验对象。在现代医药研究中，已经报道了约 100多种黏菌次级代谢产物及其生物活性，如某些黏菌的孢子粉可被用来外敷治疗外伤。黏菌在高温高湿条件下可侵染植物体造成萎蔫，由于黏菌可以以真菌孢子和菌丝为食，而食用菌栽培条件和黏菌生长所需要的条件又极为相似，因此黏菌是食用菌栽培中的一个严重威胁，是留给科学家急需解决的难题。

2.2.3.2　假菌——卵菌

茸鞭生物界（Stramenopila）中的卵菌、丝壶菌和网黏菌通常被称为假菌。

卵菌是一类具有独特分类地位的真核微生物群体，由于表现出丝状等特性，长期被归入真菌界中，随着学科的发展，现代研究表明卵菌与真菌仅仅在外形上相类似，并没有相近的亲缘关系，卵菌纲早已从真菌中划分到茸鞭生物界。卵菌区别于真菌的主要特征是：①无性繁殖产生双鞭毛的游动孢子。②有性生殖有依赖于配子囊接触进行的卵配生殖，并产生厚壁的有性孢子——卵孢

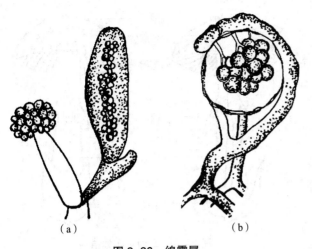

图 2-38 绵霉属

（a）孢子囊及游动孢子释放；（b）雄器、藏卵器及卵孢子

子。③细胞壁主要是由 β- 葡聚糖组成。④ 18SrDNA 序列和 GC 含量及其他生化和分子特征等也明显不同于真菌。

卵菌（oomycota）是淡水、海水和陆地上常见的一类生物，其有性繁殖方式为卵配生殖，故因此得名，常见的有水霉、腐霉和疫霉等。一些卵菌是维管束植物的寄生菌，可引起一些重要农作物的严重病害，如水稻绵腐病、大豆疫病以及多种植物的霜霉病，如导致马铃薯晚疫病的致病疫霉和导致十字花科植物白锈病的白锈菌等。

2.2.3.3 植物界的真核微生物——单细胞藻类

藻类是一类主要水生的真核生物（蓝细菌除外，详见原核细胞型微生物），有细胞核，有膜包裹着的液泡和细胞器（如线粒体），此外，藻类可利用各种叶绿体分子（如叶绿素、类胡萝卜素、藻胆蛋白等）进行光合作用。藻类的体型大小各异，小至长 1 μm 的单细胞的鞭毛藻，大至长达 60 m 的大型褐藻，通常把体型较小的藻类如单细胞藻类归为微生物学研究领域，而更多藻类归植物学研究范畴（图 2-39，图 2-40）。

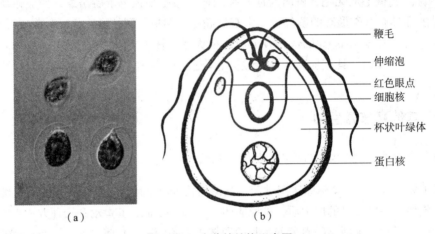

（a）　　　　　　　　（b）

图 2-39　衣藻的结构示意图

（a）衣藻电镜图；（b）衣藻结构模式图

右侧标注（从上到下）：鞭毛、伸缩泡、红色眼点、细胞核、杯状叶绿体、蛋白核

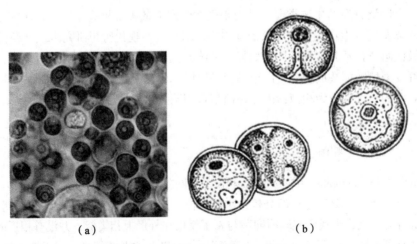

（a）　　　　　　　　（b）

图 2-40　小球藻结构示意图

（a）小球藻电镜图；（b）小球藻结构模式图

单细胞藻类无胚，自养型生活，进行孢子繁殖，作为一种低等生物广泛存在于活性污泥中。单细胞藻类具有光合作用效率高、营养丰富、生长繁殖迅速、对环境的适应性强和容易培养等重要的特性，因此在生产实践中极具研究潜力。单细胞藻类可以直接作为水产动物幼体和成体的直接饵料，如大多数贝类的幼虫很小，只能摄食单细胞藻类；将上述水产动物作为饵料继续投喂其他水产经济动物，如鱼、虾及蟹类等，单细胞藻类又起到了"间接饵料"的作用；此外，单细胞藻类在光合作用过程中能放出大量氧气并吸收水中的富营养化成分，在净化水质的同时，还可提高虾、蟹、鱼类育苗的成活率。但是，有的单细胞藻类自身含有毒素，需引起足够重视。

2.3　病毒和亚病毒因子

病毒（virus）是在19世纪末才被发现的一类微小的具有部分生命特征的非细胞型分子病原体。现代病毒学家已把病毒这类微生物分成真病毒（euvirus，简称病毒）和亚病毒因子（subviral agent）两大类。本节中的病毒特指真病毒。

2.3.1　病毒

病毒是一类至少含有核酸和蛋白质两种成分的具有感染特性的超级微小的"非细胞生物"，有的病毒还含有脂质、糖类等其他组分。病毒的本质是一类含DNA或RNA的特殊遗传因子，能以感染态和非感染态两种形式存在的病原体，感染宿主时可借助宿主的代谢系统大量复制自己，而离体后则以生物大分子状态长期保持感染活性。

病毒专性活细胞内寄生，有细胞的生物都有与其相对应的病毒存在。至今，从人类、脊椎动物、昆虫和其他无脊椎动物、植物，直至真菌、细菌、放线菌、蓝细菌和古菌等各种生物中，都发现有不同种相应的病毒存在，已记载的病毒数有7 000种（株）左右。

2.3.1.1　病毒的大小、形态和构造

1. 病毒的形态和大小

病毒的形态结构是区分不同病毒的重要依据。在电子显微镜下，病毒往往呈现出各种形态，如球状（流感病毒、腺病毒）、杆状（烟草花叶病毒）、砖形（痘病毒）、弹状（狂犬病病毒）、丝状（埃博拉病毒）和蝌蚪状（T4噬菌体），有的病毒以包涵体形式存在，如昆虫杆状病毒（图2-41）。

绝大多数的病毒都是能通过细菌滤器的微小颗粒，它们的直径多数在100 nm（20～300 nm）左右，如细小病毒的直径约为26 nm，而环形病毒科的猪圆环病毒和长尾鹦鹉喙羽病毒，直径均仅17 nm。只有借助电子显微镜才能观察病毒的形态并精确测定其大小。过去认为最大的病毒是尺寸为360 nm×270 nm×250 nm的牛痘苗病毒。近年，研究者发现了多种巨型病毒（giant virus），不断提高病毒的极限尺寸。2013年，法国科学家发现了一种新的巨大病毒（Megavirus），并将其命名为潘多拉病毒（Pandoravirus），该病毒直径达1 μm，普通光学显微镜都可以轻松看到它。

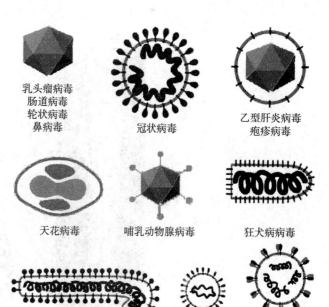

乳头瘤病毒
肠道病毒
轮状病毒　　　冠状病毒　　　乙型肝炎病毒
鼻病毒　　　　　　　　　　　疱疹病毒

天花病毒　　　哺乳动物腺病毒　　狂犬病病毒

线状病毒
（埃博拉病毒）　丁型肝炎病毒　汉坦病病毒

图2-41　病毒的形态

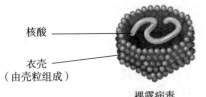

核酸

衣壳
（由壳粒组成）

裸露病毒

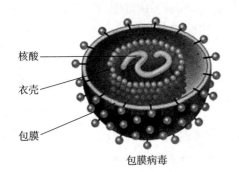

核酸

衣壳

包膜

包膜病毒

图 2-42　病毒粒子模式构造

2. 病毒的构造

（1）典型病毒粒子的构造

病毒粒子（virion）专指成熟的、结构完整的和有感染性的单个病毒。病毒粒子由两个或三个主要部分组成：①由 DNA 或 RNA 分子构成的病毒基因组位于病毒的核心（core）。②包裹基因组的蛋白质层，称为衣壳（capsid），衣壳由许多在电镜下可辨别的壳粒（capsomere）所构成，是病毒粒子的主要支架结构和抗原成分，有保护核酸等作用；核心和衣壳合称核衣壳（nucleocapsid），简单的病毒仅有核衣壳，称为裸露病毒（naked virus）。③一些较为复杂的病毒（如流感病毒和其他一些动物病毒）在壳体外还包裹着一层含蛋白质或糖蛋白的类脂双层膜，这层膜称为包膜（envelope），有的包膜上还长有刺突（spike）等附属物，这类有包膜的病毒称包膜病毒（enveloped virus，又称囊膜病毒）。病毒粒子的模式构造见图 2-42。

（2）病毒粒子的对称体制

病毒粒子的对称体制有螺旋对称和二十面体对称，一些结构较为复杂的病毒，其病毒粒中既有螺旋对称的结构，又有二十面体对称的结构，故称作复合对称。

1）螺旋对称的代表——烟草花叶病毒

烟草花叶病毒（tobacco mosaic virus，TMV），是一种模式植物病毒，是病毒发展史上第一个已知的病毒。从形态和构造来看，它可作为螺旋对称的典型代表（图 2-43）。TMV 外形呈直杆状，由衣壳和含单链 RNA（single-stranded RNA，ssRNA）的核心组成。衣壳由 2 130 个皮鞋状的壳粒绕着同一个中心轴逆时针方向作螺旋状排列，共围 130 圈，堆积形成了中空的直杆状结构；构成核心的 ssRNA 由 6 390 个核苷酸构成，于距轴中心 4 nm 处以相等的螺距盘绕于衣壳内，每 3 个核苷酸与 1 个衣壳粒结合，每圈为 49 个核苷酸。TMV 的核酸因为有蛋白质壳体的包裹和保护，故结构十分稳定，甚至在室温下放置 50 年后仍不丧失其感染活性。

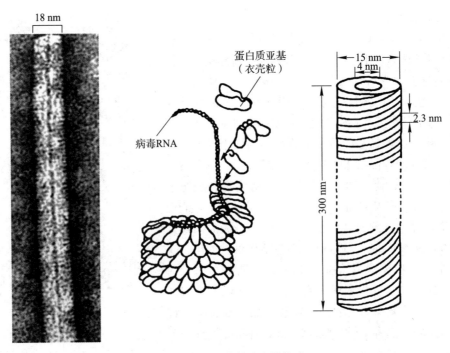

18 nm

蛋白质亚基
（衣壳粒）

病毒RNA

15 nm

4 nm

2.3 nm

300 nm

图 2-43　烟草花叶病毒的构造

2）二十面对称的代表——腺病毒

腺病毒（adenovirus）是一类动物病毒，1953年首次从手术切除的小儿扁桃体中分离到，至今已发现有100余种，可侵染哺乳动物或禽类等动物的呼吸道、眼结膜和淋巴组织，是急性咽炎、眼结膜炎、流行性角膜结膜炎和病毒性肺炎等疾病的主要病原体。

腺病毒的外形呈"球状"，实质上却是一典型的二十面体，没有包膜（图2-44）。腺病毒有12个角、20个面和30条棱。衣壳由252个壳粒组成，包括分布在12个顶角上的称作五邻体的壳

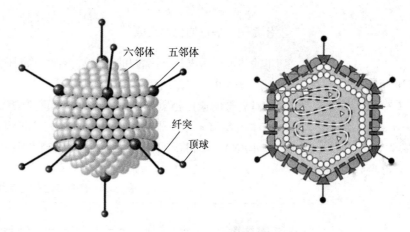

图2-44　腺病毒的构造

粒12个，每个五邻体上突出一根末端带有顶球的刺突，以及均匀分布在20个面上的称作六邻体的衣壳粒240个。腺病毒的核心由线状的双链DNA（double-stranded DNA，dsDNA）构成。

3）复合对称的代表——T4噬菌体

T4噬菌体是一类细菌病毒，可感染大肠杆菌。T4噬菌体由头部、颈部和尾部三部分组成。由于头部呈二十面体对称而尾部呈螺旋对称，因此T4噬菌体是一种复合对称的典型代表。T4噬菌体的头部呈椭圆形二十面体，壳体由212个壳粒组成，核心藏在头部内，由线状dsDNA构成。颈部位于头、尾相连处，构造简单，包括颈环和颈须两部分。尾部由尾鞘、尾管、基板、刺突和尾丝五部分组成，其中尾鞘长95 nm，由144个壳粒螺旋排列24圈而成；尾管在尾鞘内，长亦95 nm，直径为8 nm，其中央有一个直径为2.5～3.5 nm的孔道，是头部核酸（基因组）注入宿主细胞时的通道，尾管亦由24圈螺旋组成，恰与尾鞘上的24圈螺旋相对应。（图2-45）

（3）病毒的群体形态

光学显微镜一般无法观察到单个病毒粒子，但是，当病毒大量聚集并使宿主细胞发生病变时，就会形成具有一定形态、构造并能用光学显微镜加以观察和识别的群体，有的可以直接用肉眼观察。例如，噬菌体在菌苔上形成的噬斑（plaque），动物病毒在宿主单层细胞培养物上形成的空斑以及植物病毒在植物叶片上形成的枯斑（lesion，病斑）等。病毒的群体形态有助于病毒研究的开展，如对病毒进行分离、纯化、鉴别和计数等。

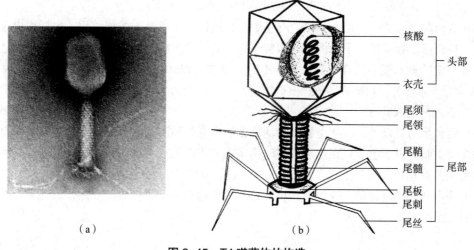

（a）　　　　　　　　　　　（b）

图2-45　T4噬菌体的构造

（a）电镜照片　（b）模式图

2.3.1.2 病毒的化学组成

病毒的基本化学成分是核酸和蛋白质，有些病毒还含有脂质和糖类。

1. 病毒的核酸

知识拓展 2-4
逆转录病毒的发现

核酸是病毒的遗传物质，是病毒粒子中最重要的成分，是病毒遗传和感染的物质基础。病毒核酸的基本类型有 4 种，即单链 DNA（ssDNA）、双链 DNA（dsDNA）、单链 RNA（ssRNA）和双链 RNA（dsRNA），现将若干代表性病毒的核酸类型列在表 2-5 中。

表 2-5　若干有代表性病毒的核酸类型

核酸类型			病毒代表		
			动物病毒	植物病毒	微生物病毒
DNA	ssDNA	线状	细小病毒 H-1（5 176 bp）等	玉米条纹病毒等	核盘菌 SsHADV-1 病毒
		环状	待发现	待发现	E. coli 的 ΦX174（3 586 bp）、fd 和 M13 噬菌体等
	dsDNA	线状	单纯疱疹病毒（1 型，152 260 bp）和腺病毒等	待发现	E. coli 的 T 系（T4 为 168 903 bp）和 λ（48 514 bp）噬菌体等
		环状	猿猴病毒 40（SV40，5 243 bp）等	花椰菜花叶病毒（8 025 bp）等	铜绿假单胞菌的 PM2 噬菌体等
RNA	ssRNA	线状	脊髓灰质炎病毒（7 433 bp）、艾滋病病毒等	豇豆花叶病毒（两个不同分子共（9 370 bp）和 TMV 等	E. coli 的 MS2、RNA 噬菌体和 Qβ 噬菌体等
	dsRNA	线状	呼肠孤病毒（Ⅲ型，10 个不同分子共 23 549 bp）和昆虫质型多角体病毒等	玉米矮缩病毒和植物伤流病毒等	各种真菌病毒及假单胞菌的 Φ6 噬菌体等

由表可知，病毒的核酸类型是多种多样的，可以预期，表中列出的尚未发现的病毒核酸类型，在不久的将来会——被发现。

2. 病毒的蛋白质

病毒的另一类主要成分是蛋白质，包括结构蛋白和非结构蛋白。

结构蛋白是指形成一个形态成熟、有感染性的病毒粒子所必需的蛋白质，包括构成衣壳的壳粒蛋白、包膜蛋白和病毒粒子内的酶即毒粒酶等。非结构蛋白是指在病毒复制或基因表达调控过程中具有一定功能，但不结合于病毒粒子中的蛋白质，如 RNA 病毒在复制时产生的依赖于 RNA 的 RNA 聚合酶和参与子代病毒装配的一些酶等。

3. 病毒的其他成分

除核酸和蛋白质以外，一些结构复杂的病毒还含有脂质和糖类成分。如包膜病毒的类脂双层膜结构含有类脂，由于包膜是在病毒成熟时由宿主的细胞膜或细胞核膜形成的，因此其类脂的种类与含量均具有宿主细胞特异性。此外，一些包膜病毒具有含寡糖侧链或黏多糖的糖蛋白突起，还有一些病毒具有糖基化的衣壳蛋白，由于这些糖类通常是宿主细胞合成的，因此它们的化学组成也与宿主细胞相关。

2.3.1.3 病毒的种类及其繁殖

病毒的种类很多，根据其宿主类型，可简单分为噬菌体、植物病毒、动物病毒等几种，而动物病毒中脊椎动物病毒和昆虫病毒差异较大，这里介绍四类病毒及其繁殖特点。

1. 噬菌体

噬菌体（phage）是感染细菌、真菌、藻类、放线菌等微生物的病毒的总称，因部分能引起宿主菌的裂解，故称为噬菌体，包括噬细菌体（bacteriophage，广义上的噬菌体）、噬真菌体（mycophage）、噬放线菌体（actinophage）和噬蓝细菌体（cyanophage）等，它们广泛地存在于自然界，凡有微生物活动之处几乎都发现有相应噬菌体的存在。

噬菌体的繁殖一般分为 5 个阶段，即吸附、侵入、复制、装配和裂解（释放）。凡在短时间内能连续完成以上 5 个阶段而实现其繁殖的噬菌体，称为烈性噬菌体（virulent phage）。

（1）烈性噬菌体

烈性噬菌体所经历的繁殖过程，称为裂解性周期（lytic cycle）或增殖性周期（productive cycle）。现以 *E. coli* 的 T 偶数噬菌体为代表加以介绍（图 2-46）。

① 吸附（adsorption，attachment）：当 T4 噬菌体的尾部与其宿主细胞表面的特异性受体接触，可引发其吸附在受体上。吸附作用受许多内外因素的影响，如噬菌体的数量、阳离子浓度、温度和辅助因子（色氨酸、生物素）等。一种细菌可被多种噬菌体感染，不同的感染噬菌体吸附在宿主细胞表面的不同特异性受体上。例如 T4 噬菌体饱和吸附大肠杆菌后，并不妨碍 T6 噬菌体继续吸附。

② 侵入（penetration，injection）：吸附发生后噬菌体尾部随即发生一系列构象变化，致使头部的核酸通过尾管进入宿主细胞中，而衣壳则留在宿主细胞外。从吸附到侵入的时间极短，例如 T4 噬菌体只需 15 s。

③ 复制（replication）：噬菌体核酸进入宿主细胞后，操纵宿主细胞的代谢机能，大量复制噬菌体自身的核酸并转录翻译蛋白质。

④ 装配（assembly）：已经合成的核酸和蛋白质自我组装的过程。如 T4 噬菌体的装配步骤包括 DNA 分子的缩合，衣壳包裹 DNA 而形成完整的头部，尾丝和尾部的独立装配，头部和尾部的结合，最后再装配上尾丝。

⑤ 裂解（lysis，释放 release）：当宿主细胞内的大量子代噬菌体（噬菌体粒子）成熟后，在一些酶的作用下细胞发生裂解，释放出大量子代噬菌体。子代噬菌体的释放量随种类而有所不同，如 T2 噬菌体为 150 个左右，T4 噬菌体约 100 个。

烈性噬菌体的检验：在涂布有敏感宿主细菌的固体培养基表面，若接种上相应噬菌体的稀释液，当一个噬菌体粒子侵染并裂解一个细菌细胞，便会以此为中心，再反复侵染和裂解周围大量的细菌细胞，结果就会在宿主细菌的菌苔上形成一个具有一定形状、大小、边缘和透明度的噬斑（plaque）（图 2-47）。因每种噬菌体的噬斑有一定的形态，故可用作该噬菌体的鉴定指标，也可用于纯种分离和计数。将每单位体积或重量的病毒悬液所能形成的噬斑数定义为噬斑形成单位（plaque forming unit，PFU）。

（2）温和噬菌体

有些噬菌体侵入宿主细菌后，并不像上述烈性噬菌体那样发展，而是它们的核酸整合到宿主细胞的基因组上，并随着宿主细胞复制而同步复制，宿主细胞不裂解，这类噬菌体称为温和噬菌体（temperate phage，

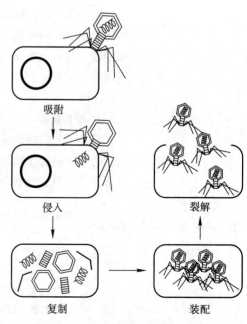

吸附

侵入

复制

装配

裂解

图 2-46 烈性噬菌体的侵染过程

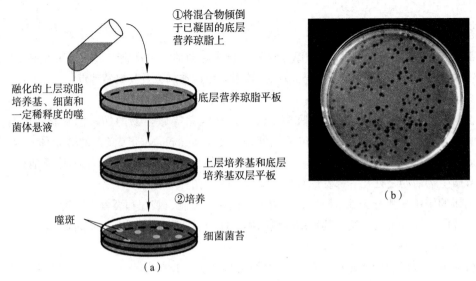

①将混合物倾倒
于已凝固的底层
营养琼脂上

融化的上层琼脂
培养基、细菌和
一定稀释度的噬
菌体悬液

底层营养琼脂平板

上层培养基和底层
培养基双层平板

②培养

噬斑

细菌菌苔

（a）

（b）

图 2-47 烈性噬菌体的检验

（a）烈性噬菌体的检验步骤；（b）噬斑

又称溶原性噬菌体 lysogenic phage）。温和噬菌体侵入并不引起宿主细胞裂解的现象称溶原性（lysogeny），温和噬菌体侵入后的宿主细胞称溶原菌（lysogen 或 lysogenic bacteria），在溶原菌内的噬菌体称为前噬菌体（prophage）。

溶原菌正常繁殖时绝大多数不发生裂解现象，只有极少数（大约 10^6）溶原菌中的前噬菌体发生大量复制，并接着成熟为噬菌体粒子，并最终随宿主细胞的裂解而释放，这种现象称为溶原菌的自发裂解，即少数溶原菌的前噬菌体转变成了烈性噬菌体进入裂解性周期（图 2-48）。人工条件下，用低剂量的紫外线照射处理，或其他物理化学方法处理溶原菌，也可诱发其细胞裂解，释放子代噬菌体。

自然界中各种细菌、放线菌等都有溶原菌存在，例如 "*E. coli* K12（λ）"就是表示一株带有 λ 前噬菌体的大肠杆菌 K12 溶原菌。此外，由亚病毒因子中的卫星病毒的感染，也可导致其宿主细胞的溶源化（详见本书 2.3.2）。

溶原菌（温和噬菌体）的检验：将少量疑似溶原菌与大量敏感指示菌（易受溶原菌自发裂解后释放出的噬菌体感染发生裂解）相混合，然后倒入营养琼脂平板，溶原菌生长成菌落。当溶原菌中极少数的细胞发生自发裂解释放出噬菌体时，这些噬菌体会感染生长在溶原菌落周围的敏感指示菌，并反复侵染形成噬斑。最终形成了中央是溶原菌菌落、四周为透明裂解圈的特殊菌落（图 2-49）。

2. 植物病毒

病毒引起的植物病害相当普遍。据统计，全世界每年因植物病毒病害造成的损失达 600 亿美元，每年仅粮食作物因植物病毒病害的损失即达 200 亿美元。植物病毒绝大多数为 RNA 病毒，基本形态为杆状、丝状和球状（二十面体），一般无包膜。植物病毒对宿主的专一性不强，如 TMV 可侵染十余科、百余种草本和木本植物。植物病毒感染症状不同，有的因不能合成叶绿素，而使叶片发生花叶、黄化或红化症状；有的植株发生矮化、丛枝或畸形；有的形成枯斑或坏死。

植物病毒的增殖过程与噬菌体相似，但因它们一般无特殊吸附结构，故只能以被动

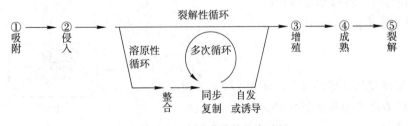

图 2-48 温和噬菌体的侵染过程

方式侵入宿主植物细胞，例如可借昆虫刺吸式口器刺破植物表面侵入，借植物的天然创口或人工嫁接时的创口而侵入等。此外，植物病毒在侵入宿主细胞后才脱去壳体，与噬菌体也不同。一些植物病毒被局限在叶片中，但有的植物病毒则可借植物细胞间连丝或维管束系统而实现病毒粒子的扩散和传播。植物病毒在不同植株间的传播一方面依赖昆虫、线虫及真菌等介体，另一方面与环境如风、雨、农事操作等非介体因素有关。

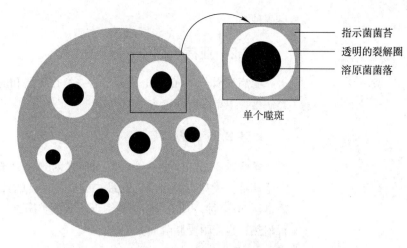

图 2-49　温和噬菌体的检验

指示菌菌苔
透明的裂解圈
溶原菌菌落
单个噬斑

3. 脊椎动物病毒

在人类、哺乳动物、禽类、爬行类、两栖类和鱼类等各种脊椎动物中，广泛寄生着相应的病毒。目前研究得较深入的仅是少数一些与人类健康和经济利益有重大关系的脊椎动物病毒。目前，已知与人类疾病有关的病毒超过 300 种，与其他脊椎动物疾病有关的病毒超过 900 种。人类的传染病有 70% 以上是由病毒引起的，且至今对其中的大多数还缺乏有效的应对手段。危害严重的病毒性传染病有艾滋病、流行性感冒、肝炎、疱疹和流行性乙型脑炎等。近年来一些新发病毒性传染病给人类健康带来的威胁也不容忽视。例如，2003 年在世界 20 多个国家和地区爆发的重症急性呼吸综合征，其病原菌为 SARS（severe acute respiratory syndrome coronavirus）冠状病毒，其致死率约 90%（图 2-50）。2019 年 12 月爆发的"不明原因肺炎"，2020 年世界卫生组织将此病毒命名为 COVID-19（2019 新型冠状病毒，简称新冠病毒）（图 2-50）。此外，畜、禽等的病毒病也极其普遍，且危害严重，如猪瘟、牛瘟、狂犬病和禽流感等。值得注意的是，许多病毒病是人畜共患病，给人类健康造成严重威胁。

脊椎动物病毒的种类很多，根据其核酸类型可分为 dsDNA 和 ssDNA 病毒以及 dsRNA 和 ssRNA 病毒，其衣壳外有的有包膜，有的无包膜。脊椎动物病毒的增殖过程也与上述的噬菌体和植物病毒相似，只是在一些细节上有所不同。大多数脊椎动物病毒无分化的吸附结构，少数病毒如流感病毒通过其包膜表面长有的柱状或蘑菇状的刺突吸附，而腺病毒则可通过五邻体上的刺突吸附。吸附之后，病毒粒子可通过胞饮、包膜融入细胞膜或特异受体的转移等多种方式侵入宿主细胞中，接着就发生脱壳、核酸复制和壳体的生物合成，再通过装配、成熟和释放，形成大量有侵染力的病毒粒子。

4. 昆虫病毒

昆虫病毒是对昆虫有致病性的病毒。由于 80% 以上昆虫病毒的宿主是农、林业中常见的害虫，因此，可以利用昆虫病毒对害虫进行生物防治。

多数昆虫病毒可在宿主细胞内形成光学显微镜下可观察到的多面体形包涵体，称为多角体（polyhedron），其成分为碱溶性结晶蛋白，其内包裹着数目不等的病毒粒子。多角体可在细胞核或细胞质内形成，它的功能是保护病毒粒子免受外界不良环境的破坏。也有一些昆虫病毒不生成包涵体，如杆状病毒科的某些亚型、虹彩病毒科及小 RNA 病毒

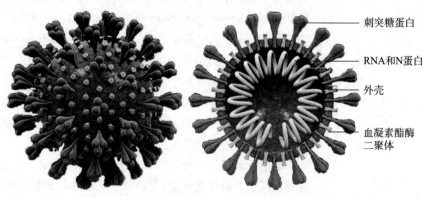

图 2-50　冠状病毒示意图

刺突糖蛋白
RNA和N蛋白
外壳
血凝素酯酶二聚体

科等种类。

2.3.2　亚病毒因子

亚病毒因子（subviral agent）是一类在构造和成分上比病毒更为简单的分子病原体，主要包括类病毒、卫星和朊病毒。

2.3.2.1　类病毒

类病毒（viroid）是一个裸露的环状 ssRNA 分子，它能感染宿主细胞并在其中进行复制使宿主产生病症。类病毒是目前已知最小的具传染性的致病因子，只在植物体中发现。至今已鉴定的类病毒达 20 多种，其中马铃薯纺锤形块茎病类病毒（PSTV）是研究得比较清楚的一种类病毒。类病毒耐热，也能耐受脂溶剂。

2.3.2.2　卫星

卫星（satellites）包括卫星病毒和卫星核酸。

卫星病毒（satellite virus）是一类基因组缺损、必须依赖某形态较大的专一辅助病毒（helper virus）才能复制和表达的小型伴生病毒。1960 年 Kassanis 和 Nixon 首先发现烟草坏死病毒（TNV）与其卫星病毒（STNV）间的伴生现象。它们是一大一小两个二十面体病毒，但两者的衣壳蛋白和核酸都无同源性。TNV 具有独立感染能力，而 STNV 所含遗传信息仅够编码自身衣壳蛋白，故无独立感染能力。后来又在动物病毒和噬菌体中陆续发现了多种卫星病毒。例如，腺联病毒（AAV）的卫星病毒 AAV-2 和大肠杆菌的 P2 噬菌体的卫星病毒 P4 噬菌体等。

卫星核酸（satellite nucleic acid）是一类存在于某专一辅助病毒的衣壳内，并完全依赖后者才能复制自己的小分子核酸（DNA 或 RNA）病原因子。1969 年，Schneider 在烟草环斑病毒（TRV）中首次发现了卫星 RNA。由于卫星 RNA 可减轻由辅助病毒引起的植物病害，故可采用将卫星 RNA 的 cDNA 转入植物，培育具有相应辅助病毒抗性的转基因植物，以预防其病毒病害。

卫星病毒和卫星核酸都是没有编码复制功能所需基因的亚病毒因子，它们的复制依赖于共同感染宿主细胞的辅助病毒。

2.3.2.3　朊病毒

朊病毒（prion），是一类不含核酸的传染性蛋白质分子，可使宿主致病。由于朊病毒与以往任何病毒有完全不同的成分和致病机制，故它的发现是 20 世纪生命科学领域的一件大事。

1982 年 S. B. Prusiner 发现了羊瘙痒病的致病因子，将之称作朊病毒，并因此获得了 1997 年的诺贝尔生理学或医学奖。至今已发现与哺乳动物脑部相关的 10 余种中枢神经系统疾病都是由朊病毒所引起，除了羊瘙痒病（scrapie in sheep，病原体为羊瘙痒病朊病毒蛋白 "PrP^{Sc}"），还有牛海绵状脑病（bovine spongiform encephalitis，BSE；俗称"疯牛病"即 mad cow disease；其病原体为"PrP^{BSE}"），以及人的克雅氏病（Creutzfeldt-Jakob disease，一种早老性痴呆症）、库鲁病（Kuru，一种震颤病）等。这类疾病的共同特征是潜伏期长，对中枢神经的功能有严重影响。近年来，在酵母属等真核微生物细胞中，也找到了朊病毒的踪迹。

朊病毒的化学本质是蛋白质，因此它对紫外线、辐射、非离子型去污剂、蛋白酶等能使病毒灭活的理化因子都有较强的抗性；高温、核酸酶、核酸变性剂也不能破坏其感染性；但 SDS、尿素、苯酚之类的蛋白质变性剂能使之失活。

既然朊病毒是一种蛋白质，且不含任何核酸，那么它如何进行复制呢？Prusiner 等研究了 PrP^{Sc} 并提出了杂二聚机制假说：当 PrP^{Sc} 侵入宿主细胞，即可与宿主细胞表达的正常 PrP^{c} 蛋白结合，并改变后者的构象；经 PrP^{Sc}—PrP^{c} 的杂二聚物中间构象最终转变为 PrP^{Sc}—PrP^{Sc} 二聚物；当这个二聚物解离，则 PrP^{Sc}（朊病毒）复制一次。PrP^{Sc} 以此机制不断复制，产生的过量 PrP^{Sc} 在宿主脑细胞中堆积，达到危害量后造成细胞坏死，导致海绵状脑病（图 2-51）。

朊病毒的发现在生物学界引起强烈震动，因为目前公认的"中心法则"即生物遗传信息流的方向是"DNA/RNA →蛋白质"，而朊病毒是通过改变其他蛋白质的构象来进行自身精确复制的蛋白质，也就是"蛋白质→蛋白质"。这一发现对生物科学的发展具有重大意义。

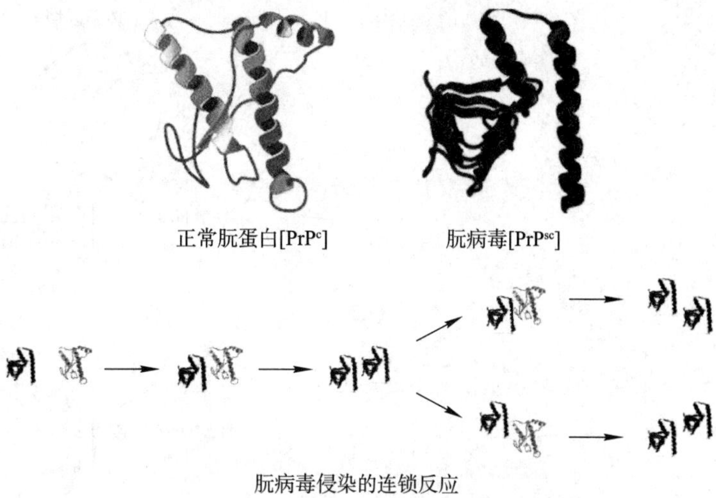

正常朊蛋白[PrP^c]   朊病毒[PrP^{sc}]

朊病毒侵染的连锁反应

图 2-51 朊病毒的致病机理示意图
PrP^{Sc}—以 α 螺旋为主的细胞型朊病毒蛋白
PrP^{Sc}—以 β 折叠为主的朊病毒蛋白

2.3.3 病毒的应用

病毒与人类实践的关系极为密切。一方面，由它们引起的宿主病害既可危害人类健康并对养殖业、种植业和发酵工业带来不利的影响。但另一方面，又可利用它们进行生物防治，还可利用病毒进行疫苗生产和作为基因工程中的外源基因载体，为人类创造巨大的经济效益和社会效益。

2.3.3.1 噬菌体与发酵工业

噬菌体可感染发酵菌种，因此对发酵工业的危害很大。大罐液体发酵若受噬菌体严重污染时，轻则引起发酵周期延长、发酵液变清和发酵产物难以形成等问题，重则造成倒罐、停产，带来的严重经济损失可危及工厂命运。

要防止噬菌体的污染，必须确立防重于治的观念，例如决不使用可疑菌种；严格保持环境卫生；不断选育抗噬菌体菌种，经常轮换生产菌种，以及注意通气质量等。

2.3.3.2 昆虫病毒用于生物防治

昆虫病毒资源丰富（已发现的病毒近 2 000 种），具有致病力强，专一性强，药效持久以及环境友好等优点，因此，利用昆虫病毒制剂进行生物治虫具有良好的应用前景。当然，针对天然的昆虫病毒杀虫速度慢、不易大规模生产、保藏期短、在野外易失活和杀虫范围窄等缺点，科学家正在利用遗传工程等高科技手段对其进行人工改造。

目前，国际上已有 100 种左右的病毒杀虫剂进入大田试验，约有 40 多种已进行商品生产。我国学者在此领域也取得了许多重要的研究进展。例如，对棉铃虫核型多角体病毒基因组的测定，发明独特的病毒分离纯化技术，以及利用赤眼蜂作"运载工具"的"病毒导弹"的研制成功等，这些都推动了我国病毒杀虫剂的高效生产和产品质量的大幅度提高。

2.3.3.3 病毒在基因工程中的应用

基因工程是指把来源于供体细胞的目的基因通过与载体（vector）连接后，导入受体细胞并使之表达的技术。自 1973 年基因工程问世以来，病毒作为基因工程的载体受到人们的青睐。

大肠杆菌是应用最广泛的基因工程菌株，因此，噬菌体则成为理想的原核生物基因工程载体。大肠杆菌的 λ 噬菌体是一种已经研究得十分深入的温和噬菌体。科学家通过"设计"一些有目标功能的外源基因替换 λ 噬菌体基因组上原有的非必需的基因，可构建用于高效生产外源基因的基因工程载体。改造后的 λ 噬菌体载体不仅可装载小至几 kb 大至几十 kb 的外源 DNA 片段，还可高效地转化其大肠杆菌宿主，并进行外源基因的整合、复制和表达，以实现外源基因的生产（图 2-52）。

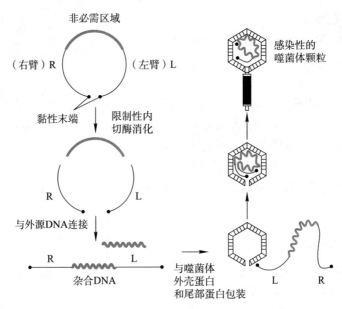

图 2-52 λ噬菌体载体的构建原理

除了噬菌体，动物病毒如猴病毒 40（SV40）、腺病毒、RNA 肿瘤病毒、牛乳头瘤病毒、痘苗病毒，植物病毒以及昆虫杆状病毒等多种病毒已经被陆续开发成为高效的真核生物基因工程载体，特别是用于生产基因工程疫苗的载体，这些病毒载体不仅为研究真核基因的表达与调控机制提供有用工具，还将对消灭某些动物和人兽共患传染病起到重要作用。

【习题】

名词解释：

原核细胞型微生物　肽聚糖　磷壁酸　外膜　脂多糖　缺壁细菌　支原体　L型细菌　70S 核糖体　内含物　聚-β-羟基丁酸酯（PHB）糖原　拟核　质粒　糖被　荚膜　鞭毛　菌毛　接合芽孢　渗透调节皮层膨胀学说　芽殖　菌落　菌苔　放线菌　营养菌丝　气生菌丝　蓝细菌立克次氏体　衣原体　古菌　假根　葡萄菌丝　子实体　线粒体　有性生殖　质配　核配　准性生殖担子菌　黏菌　假菌　卵菌　病毒　病毒粒子　核壳体　包膜病毒　噬斑　噬菌体　烈性噬菌体噬斑形成单位（PFU）温和噬菌体　溶原菌　多角体　亚病毒因子　类病毒　卫星病毒　卫星核酸朊病毒

简答题：

1. 试述原核生物与真核生物的细胞结构特点。
2. 比较革兰氏阳性菌和革兰氏阴性菌细胞壁的成分和构造。
3. 试述革兰氏染色的步骤和机理。
4. 试述细菌细胞膜的基本结构与功能。
5. 什么是内含物？举例说明一些细菌的内含物。
6. 什么是糖被？糖被的主要功能是什么？
7. 什么是芽孢？试说说芽孢的特性和对生产实践的指导意义。
8. 试着比较细菌、放线菌、酵母菌的菌落特征。
9. 试述古菌的特点和研究价值。
10. 简述典型病毒粒子的构造。
11. 病毒粒子有哪些对称体制？分别举例说明。

12. 试述烈性噬菌体的繁殖过程，各阶段有哪些特点。

13. 如何进行烈性噬菌体的检验？

14. 试述溶原菌的自发裂解过程及其特点。

15. 如何进行溶原菌（温和噬菌体）的检验？

16. 亚病毒因子主要包括哪三类？简述其特点。

【参考资料】

1. 李玉，刘淑艳. 菌物学［M］. 北京：科学出版社，2015.

2. 贺新生. 现代菌物分类系统［M］. 北京：科学出版社，2015.

3. 麦克劳克林，斯帕塔福拉. 菌物进化系统学［M］. 秦国夫，刘小勇，译. 北京：科学出版社，2018.

4. 布坎南，吉本斯. 伯杰细菌鉴定手册［M］. 中国科学院微生物研究所《伯杰细菌鉴定手册》翻译组，译. 北京：科学出版社，1984.

5. 陶天申，杨瑞馥，东秀珠. 原核生物系统学［M］. 北京：化学工业出版社，2007.

第3章
微生物营养与代谢

　　微生物与人类一样，都需要从外界环境摄取营养来进行生长繁殖，并将外界能量转化为自身的通用能量来维持正常生理活动。营养就是微生物吸收和利用营养物质的过程。营养物质则是指环境中能满足微生物机体生长、繁殖和完成各种生理活动所必需的物质。

　　代谢是指生物体内各种化学反应的总和，主要由分解代谢与合成代谢两个过程组成。分解代谢是指细胞将营养物质降解成小分子物质的过程，并在这个过程中产生能量。合成代谢是指细胞利用简单的小分子物质合成较复杂大分子物质的过程，在这个过程中需要消耗能量。

　　学习微生物的营养与代谢知识，了解微生物如何从环境中吸收、利用营养物质，对于掌握微生物生长繁殖规律和深入研究利用微生物具有十分重要的意义。

通过本章学习，可以掌握以下知识：

1. 掌握微生物所需要的营养物质、营养类型、微生物吸收营养物质的方式以及培养基的分类。
2. 掌握微生物代谢的主要途径及特点。
3. 掌握微生物代谢调节的机制。

在开始学习前，先思考下列问题：

1. 自然界无处不在的微生物依赖哪些营养物质生存呢？营养类型有哪些？
2. 微生物吸收营养物质的方式有哪几种？有何异同？
3. 微生物代谢的方式有哪几种？

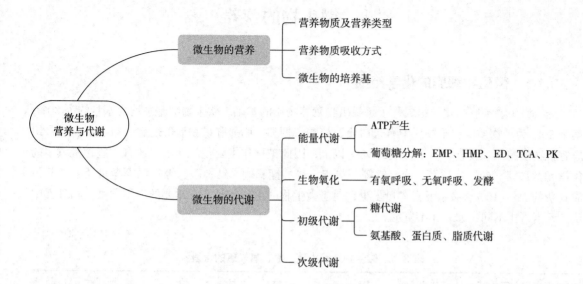

3.1　微生物的营养

3.1.1　微生物细胞的化学组成

分析微生物细胞的化学组成是了解微生物营养物质的基础。微生物细胞平均含水量约为80%，其余20%为干物质，在干物质中有蛋白质、核酸、糖类、脂质和矿物质等。碳、氮、氢、氧是组成有机物质的四大元素，占干物质的95%以上，因此被称作主要化学元素。还有一些含量较多的化学元素如磷、硫、钾、钙、镁、铁等，与钼、锌、锰、硼、钴、碘、镍、钒等微量元素一起组成其余的3%~10%。微量元素含量虽少，对于微生物的生长却是非常重要的。不同微生物种类中化学元素占比不同，如表3-1所示。

表3-1　微生物细胞中碳、氮、氢、氧的含量

有机元素（占干物质中的百分比）/%	碳	氮	氢	氧
细菌	50.4	12.3	6.7	30.52
酵母菌	49.8	12.4	6.7	31.1
霉菌	47.9	5.24	6.7	40.16

许多因素都会影响微生物细胞内各类化学元素的占比，例如：微生物的菌龄和生长环境。含氮量方面，菌龄越大，含氮量越低，生长于氮源丰富的培养基上的微生物比生长于氮源相对贫乏的培养基上的微生物含氮量要高。微生物生理活性的不同也会对化学元素含量产生极大影响，如硫细菌细胞中可积存大量的硫，铁细菌的鞘中可含有大量的铁，海洋微生物中氯化钠的含量较高。

3.1.2　微生物的营养物质及生理功能

微生物从环境中吸收的营养物质主要以无机或有机化合物的形式存在，也有小部分以分子态的气体形式被利用。根据营养物质在机体中不同的生理功能，可将它们分为五大类，即碳源、氮源、无机盐、生长因子和水。

1. 碳源

一切可以被微生物利用，构成微生物细胞和代谢产物中碳来源的营养物质都被称为碳源。微生物细胞含碳量约占干重的50%，碳通常是微生物细胞需要量最大的元素。碳源进入细胞后会经过一系列复杂的化学变化，最终成为微生物自身的细胞物质（如糖类、脂肪、蛋白质等）和代谢产物。绝大部分碳源在细胞内进行生化反应的过程中能为机体提供维持生命活动所需的能源。因此，碳源通常也是能源物质。

如果将所有的微生物看作一个整体，其可利用的碳源范围（碳源谱）是非常广泛的，可分为有机碳和无机碳（表3-2）。异养微生物是必须利用有机碳转变为自身的组成物质并储存能量的微生物；而自养微生物则以无机碳作为唯一或主要碳源合成有机物，能源来自日光或无机物氧化所释放的化学能。但绝大多数的细菌，以及全部的放线菌和真菌都是以有机物为碳源。微生物利用碳源具有选择性，糖类是一般微生物的良好碳源，但对于不同种类的糖类，微生物的利用也有差别。例如，在以葡萄糖和半乳糖为碳源的培养基中，大肠杆菌会优先利用葡萄糖，再利用半乳糖。前者称为大肠杆菌的速效碳源，后者称为迟效碳源。

表 3-2　微生物的碳源谱

类型	元素水平	化合物水平	培养基原料水平
有机碳	C·H	烃类	天然气、石油及其不同馏分、石蜡油等
	C·H·O	糖、有机酸、醇、脂质等	葡萄糖、蔗糖、各种淀粉、糖蜜和乳清等
	C·H·O·N	多数氨基酸、简单蛋白质等	一般氨基酸、明胶等
	C·H·O·N·X*	复杂蛋白质、核酸等	牛肉膏、蛋白胨、花生饼粉等
无机碳	C（？）	—	—
	C·O	CO_2	CO_2
	C·O·X	$NaHCO_3$、$CaCO_3$ 等	$NaHCO_3$、$CaCO_3$、白垩等

* X 指除 C、H、O、N 外的任何其他一种或几种元素

C（？）指的是假设的，至少目前还未发现纯碳也可作为微生物的碳源

不同种类的微生物利用碳源的能力有差异，有的微生物能广泛利用各种类型的碳源，如假单胞菌属中某些种可以利用 90 种以上的碳源；而某些微生物可以利用的碳源范围较小，如一些甲基营养型微生物只能利用甲醇或甲烷等一碳化合物作为碳源。

微生物生长所需主要营养源及功能见表 3-3，实验室中常用葡萄糖和蔗糖作碳源，而发酵工业中为微生物提供的碳源主要是廉价糖类，如饴糖、谷类淀粉（玉米、大米、高粱米、小米、大麦、小麦等）、薯类淀粉（甘薯、马铃薯、木薯等）、野生植物淀粉以及麸皮、米糠等。

表 3-3　微生物生长所需主要营养源

微生物主要营养源	来源	常用	功能
碳源	无机物（CO_2、$NaHCO_3$ 等）、有机物（糖、脂肪酸、花生饼粉等）	糖类，特别是葡萄糖	主要用于构成微生物的细胞物质和代谢产物；异养微生物的主要能源物质
氮源	无机氮源（N_2、NH_4^+、NO_3^-）、有机氮源（尿素、牛肉膏、蛋白胨）等	铵盐、硝酸盐	合成蛋白质、核酸和含氮代谢物
生长因子	维生素、氨基酸、碱基等	—	酶和核酸的组成成分

2. 氮源

氮元素是组成微生物细胞内蛋白质和核酸的重要成分。在微生物生长过程中，凡是构成微生物细胞或代谢产物中氮素来源的营养物质都被称为氮源。氮源用于合成细胞物质和代谢产物中的含氮化合物（如蛋白质和核酸），一般不提供能量。只有少数细菌，如硝化细菌可以利用铵盐、硝酸盐同时作为氮源和能源。

微生物可吸收利用的氮源可以分为以下三个类型：

（1）空气中分子态氮：只有少数具有固氮能力的微生物（如自生固氮菌、根瘤菌）能利用。

（2）无机氮化合物：绝大多数微生物可以利用，如铵态氮（NH_4^+）、硝态氮（NO_3^-）和简单的有机氮化物（如尿素）。

（3）有机氮化合物：大多数寄生性微生物和一部分腐生性微生物必须以有机氮化合物为氮源，如蛋白质、氨基酸。

常用的蛋白质类氮源包括蛋白胨、鱼粉、蚕蛹粉、玉米浆、牛肉膏和酵母浸膏等，这些氮源主要以蛋白质及其不同程度的降解产物为主。大分子蛋白质难以进入细胞，一些真菌和少数细菌

能分泌胞外蛋白酶，将大分子蛋白质降解利用。而多数细菌只能利用相对分子质量较小的降解产物，如动、植物蛋白质经酶分解后的各种蛋白胨。

微生物能直接吸收利用的氮源被称为速效性氮源，如铵盐、硝酸盐、尿素等水溶性无机氮化物；玉米浆、牛肉膏、蛋白胨、酵母膏等蛋白质降解产物也可通过转氨作用直接被机体利用。而饼粕中的氮主要以大分子蛋白质的形式存在，需进一步降解成小分子的肽和氨基酸后才能被微生物吸收利用，所以被称为迟效性氮源。速效性氮源有利于菌体的生长，迟效性氮源有利于代谢产物的形成。发酵工业中，常将速效性氮源与迟效性氮源按一定比例混合后加入培养基中，控制微生物的生长时期与代谢产物的形成期，从而提高产量。

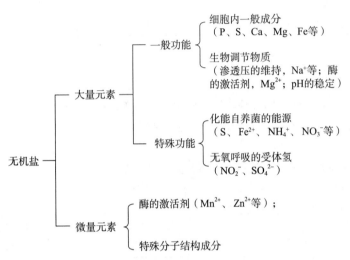

图 3-1 微生物生长所需无机盐分类

3. 无机盐

无机盐对于微生物的生长繁殖十分重要。无机盐在机体内主要参与构成细胞组织结构、调节并维持细胞的渗透压平衡、控制细胞的氧化还原电位、组成酶的活性中心，以及充当某些微生物的能源物质。微生物生长所需无机盐分类和生理功能如图 3-1 所示。

微生物生长所需浓度在 $10^{-4} \sim 10^{-3}$ mol/L（培养基中含量）范围内的矿物元素被称为大量元素，包括磷、硫、镁、钙、钠、钾、铁等金属盐类。微生物生长所需浓度在 $10^{-8} \sim 10^{-6}$ mol/L（培养基中含量）范围内的矿物元素被称为微量元素，包括锌、锰、钼、硒、钴、铜、钨、镍、硼等。

微生物缺少微量元素时生命活动强度会降低，甚至不能生长发育。一般在培养基中含有千万分之一（0.1 mg/kg）或更少就可以满足微生物的生长需要。由于这些微量元素在其他营养物或水中的含量已经足够，所以培养基中一般不另行添加，过量的微量元素反而会起毒害作用。

4. 生长因子

生长因子是一类对微生物正常代谢必不可少，且微生物自身不能用简单的碳源或氮源自行合成的有机物，如维生素、氨基酸、碱基、甾醇等，一般需要量很少。

生长因子虽然是重要的营养要素，但并非所有微生物都需要外界提供生长因子。按微生物是否需要生长因子，可将微生物分为三类：

（1）生长因子自养型微生物

它们不需要从外界吸收任何生长因子。多数真菌、放线菌和不少细菌，如大肠杆菌都属于这类。

（2）生长因子异养型微生物

它们需要从外界吸收多种生长因子才能维持正常生长。如各种乳酸菌、动物致病菌、支原体和原生动物等。例如，乳酸菌生长需要多种维生素；流感嗜血杆菌生长需要卟啉及其衍生物；支原体生长需要甾醇；副溶血嗜血杆菌生长需要胺类；某些厌氧菌如产黑素拟杆菌生长需要维生素 K 和氯高铁血红素等。

（3）生长因子过量合成型微生物

少数微生物在其代谢活动中，能合成并分泌大量维生素等生长因子。因此，这类微生物可作为有关维生素的生产菌种。例如，阿舒假囊酵母或棉阿舒囊霉可用于生产维生素 B_2；可用谢氏丙酸杆菌、若干链霉菌和产甲烷菌生产维生素 B_{12}，以及可用杜氏盐藻属生产 β-胡萝卜素等。

5. 水

水分是微生物细胞的主要组成成分，占鲜重的 70%~90%。不同种类的微生物细胞含水量不同，同种微生物处于发育的不同时期或不同的环境时细胞含水量也有差异。幼龄菌含水量较多，老龄菌和休眠体含水量较少。微生物细胞所含水分以游离水和结合水两种状态存在，但两者的生理作用不同。结合水不具有一般水的特性，不能流动，不冻结，不能作为溶剂，参与细胞结构的组成，是微生物细胞进行生命活动的必要条件。而游离水具有一般水的特性，能流动，容易从细胞中排出，并且能作为溶剂帮助水溶性物质进出细胞。由于水的比热容较高又是热的良导体，故能有效地吸收代谢过程中产生的热量，使细胞温度不至于骤然升高，能有效地调节细胞内的温度。微生物细胞中游离水与结合水的比例大约是 4∶1。

3.1.3 微生物的营养类型

营养类型是根据微生物生长所需的主要营养要素（能源和碳源以及电子供体）的不同，而划分的微生物类型。一般将绝大部分微生物分为光能自养型（光能无机营养型）、光能异养型（光能有机营养型）、化能自养型（化能无机营养型）和化能异养型（化能有机营养型）四大类型，详情见表 3-4。

表 3-4　微生物的营养类型

营养类型	能源	氢供体	基本碳源	实例
光能自养型	光	无机物	CO_2	蓝细菌、紫硫细菌、绿硫细菌、藻类
光能异养型	光	有机物	CO_2 及简单有机物	红螺菌科的细菌（即紫色非硫细菌）
化能自养型	无机物（NH_4^+、NO_2^-、S^0、H_2S、H_2、Fe^{2+} 等）	无机物	CO_2	硝化细菌、硫化细菌、铁细菌、氢细菌、硫黄细菌等
化能异养型	有机物	有机物	有机物	绝大多数原核生物，全部真菌和原生动物

自养型微生物的酶系统十分完备，能够在完全以无机物为营养的培养基上生长繁殖。这类微生物可以利用 CO_2 或碳酸盐为碳源，以铵盐或硝酸盐为氮源，合成细胞的有机物质。根据还原 CO_2 时能量的来源不同，又可分为光能自养型和化能自养型。

异养型微生物只能以自然界中的有机化合物作为供氢体，以 CO_2 或有机化合物作为碳源。根据异养型微生物碳源和能源的不同来源，又可分为光能异养型和化能异养型。光能异养型微生物含光合色素，利用光能进行光合作用，同化 CO_2 为有机物，但需要有机物作为供氢体。化能异养型微生物需要的能源和碳源均来自有机物。这类微生物包括绝大部分细菌、全部的放线菌与真菌。它们的种类多、数量大、分布广、作用强，同人们生活及工、农业生产关系密切。已知的绝大多数细菌、全部的真菌和原生动物以及专性寄生的病毒，均属于此类型。

除此之外，自然界中还有大量兼养型微生物存在，例如，贝日阿托氏菌属（*Beggiatoa*）的菌种就是既可利用无机硫作为能源的化能自养菌，又是可利用有机物作能源和碳源的化能异养菌。

3.1.4 微生物对营养物质的吸收方式

微生物通过细胞膜的渗透和选择吸收作用从外界吸取营养物质。细胞膜有四种运送营养物质的方式，即单纯扩散、促进扩散、主动运输和基团移位。图 3-2 为四种运送营养物质方式的特点。

1. 单纯扩散

单纯扩散是物质非特异地从浓度较高的一侧被动或自由地透过膜，向浓度较低的一侧扩散的过程。单纯扩散的驱动力是细胞膜两侧的浓度差，不需要由外界提供任何形式的能量。这是一个

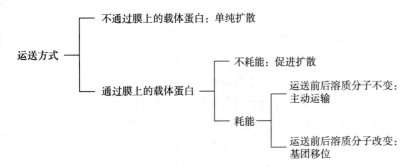

运送方式 ─┬─ 不通过膜上的载体蛋白：单纯扩散
          │
          └─ 通过膜上的载体蛋白 ─┬─ 不耗能：促进扩散
                                  │
                                  └─ 耗能 ─┬─ 运送前后溶质分子不变：
                                           │   主动运输
                                           │
                                           └─ 运送前后溶质分子改变：
                                               基团移位

图 3-2　四种运送营养物质方式的特点

纯粹的物理过程，被扩散的分子不发生化学反应，其构象也没有变化。扩散速度取决于浓度差大小、分子大小、溶解度、极性、离子强度和温度等因素。单纯扩散不需要膜上载体蛋白的参与，也不消耗能量，因此不能逆浓度梯度运输养料，运输的速度也低，能够运送的养料种类也十分有限，通常不是物质进出细胞的主要方式。通过单纯扩散进入细胞的物质主要有水、溶于水的气体（O_2、CO_2）和小的极性分子（尿素、甘油、乙醇等）。

2. 促进扩散

与单纯扩散一样，促进扩散也是一种被动的跨膜运输方式，在这个过程中不消耗能量，参与运输的物质结构不发生变化，不能进行逆浓度运输，其驱动力是细胞膜两侧物质的浓度差。促进扩散是可逆的，它可以把细胞内浓度较高的某些营养物质运至胞外。促进扩散需要借助膜上的一种载体蛋白，并且每种载体蛋白只运输相应的物质（图 3-3）。因此，促进扩散对被运输的物质具有高度专一性。被运输物质与相应载体之间存在一种亲和力，而且这种亲和力在原生质膜内外的大小不同。当物质与相应载体在胞外亲和力大而在胞内亲和力小时，通过被运输物质与相应载体之间亲和力的大小变化，可实现该物质与载体可逆的结合与分离，使物质穿过原生质膜进入细胞。载体蛋白能加快物质运输的过程，但营养物质仍不能被逆浓度梯度吸收。促进扩散多见于真核微生物，如酵母菌运输糖类，在原核生物中却很少见。在厌氧微生物中，促进扩散常常参与某些化合物的吸收和发酵产物的排出，然而在好氧微生物中这种传递机制似乎不太重要。

参与促进扩散的载体主要是一些蛋白质，这些蛋白质能促进物质进行跨膜运输，自身化学性质在这个过程中不发生变化。被运输物质在膜内外浓度差越大，促进扩散的速率越快，但是当被运输物质浓度过高而使载体蛋白饱和时，运输速率就不再增加，这些性质都类似于酶的作用特征。因此，膜结合载体蛋白也被称作透过酶。透过酶大都是诱导酶，只有在环境中存在机体生长所需的营养物质时，相应的透过酶才会被合成。

3. 主动运输

主动运输是所有细胞质膜最重要的特性之一。它类似于促进扩散，不同的是被运输物质可以逆浓度移动，并且需消耗能量用于改变特异性载体蛋白的构象。主动运输过程中的载体蛋白对被运输物质有高度的立体专一性。不同的微生物在主动运输过程中所需能量的来源不同，好氧微生物的能量直接来自呼吸，厌氧微生物的能量主要来自化学能。加入抑制剂抑制细胞产生能量（如

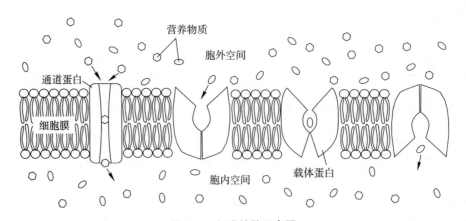

图 3-3　促进扩散示意图

叠氮化物或碘乙酸可以抑制主动运输）时，促进扩散和简单扩散不受影响。

主动运输是微生物生长繁殖过程中吸收营养物质的主要方式。由于可以逆浓度梯度运输营养物质，所以对于许多生存在低浓度营养环境中的贫养菌极为重要。

（1）初级主动运输（primary active transport）

初级主动运输指由电子传递系统、ATP酶或细菌嗜紫红质引起的质子运输方式。从物质运输的角度考虑是一种质子的主动运输方式。呼吸能、化学能和光能的消耗，引起胞内质子（或其他离子）外排，导致原生质膜内外建立质子浓度差（或电势差），使膜处于充能状态，即形成能化膜（energized membrane）。不同微生物的初级主动运输方式不同，好氧型微生物和兼性厌氧微生物在有氧条件下生长时，物质在胞内氧化释放的电子在位于原生质膜上的电子传递链上传递的过程中伴随质子外排；厌氧型微生物利用发酵过程中产生的ATP，在位于原生质膜上的ATP酶的作用下，ATP水解生成ADP和磷酸，同时伴随质子向胞外分泌；光合微生物吸收光能后，光能激发产生的电子在电子传递过程中也伴随质子外排；嗜盐细菌紫膜上的细菌嗜紫红质吸收光能后，引起蛋白质分子中某些化学基团pK值发生变化，导致质子迅速转移，在膜内外建立质子浓度差。

（2）次级主动运输（secondary active transport）

通过初级主动运输建立的能化膜在质子浓度差（或电势差）消失的过程中，往往偶联其他物质的运输，包括以下三种方式：①同向运输（symport）是指某种物质与质子通过同一载体按同一方向运输。除质子外，其他带电荷离子（如钠离子）建立起来的电势差也可引起同向运输。在大肠杆菌中，通过这种方式运输的物质主要有氨酸、丝氨酸、甘氨酸、谷氨酸、半乳糖、岩藻糖、蜜二糖、阿拉伯糖、乳酸、葡萄糖醛酸及某些阴离子（如HPO_4^{2-}、HSO_4^-）等。②逆向运输（antiport）是指某种物质（如Na^+）与质子通过同一载体按相反方向进行运输。③单向运输（uniport）是指质子浓度差在消失过程中，可促使某些物质通过载体进出细胞，运输结果通常导致胞内阳离子（如K^+）积累或阴离子浓度降低。

初级主动运输是由ATP的化学能驱动的，次级主动运输使用来自电化学梯度的势能。主动转运过程取决于膜的载体或孔蛋白的构象变化。例如，当钾离子和钠离子分别通过主动转运进出细胞时，钠钾离子泵表现出重复的构象变化，见图3-4。细胞膜中有许多初级和次级活性转运蛋白。其中，钠钾泵、钙泵、质子泵、ABC转运蛋白（图3-5）和葡萄糖同向转运蛋白就是一些例子。

4. 基团移位

基团移位是一种既需要载体蛋白又需要消耗能量的物质运输方式，同时会改变被运输物质本身的化学结构。这种运输方式主要存在于厌氧细菌和兼性厌氧细菌中，主要用于运输糖类、脂肪酸、核苷、碱基等物质。

在研究大肠杆菌对葡萄糖的吸收过程以及金黄色葡萄球菌对乳糖的吸收过程中，研究发现糖类进入细胞后以磷酸糖的形式存在于细胞质中，这表明在运输过程中这些糖发生磷酸化作用。其中磷酸基团来源于胞内的磷酸烯醇式丙酮酸（PEP），因此也将基团转位称为磷酸烯醇式丙酮酸-磷酸糖转移酶运输系统（PTS），简称磷酸转移酶系统，见图3-6。PTS通常由五种蛋白质组成，包括酶Ⅰ、酶Ⅱ（包括a、b、c 3个亚基）和一种低相对分子质量的热稳定蛋白质（HPr）。

具体运送分两步进行：

① HPr的激活：细胞内PEP的磷酸基

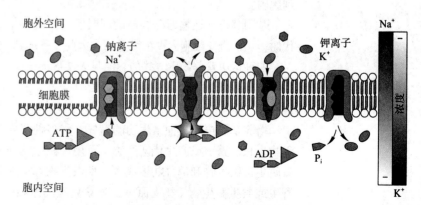

图3-4 通过钠钾泵主动转运示意图

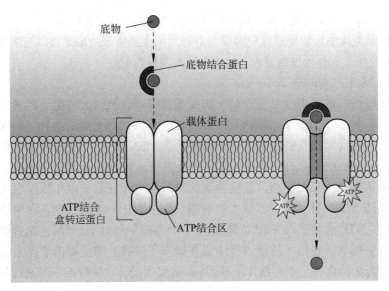

图 3-5　通过 ABC 转运蛋白主动运输示意图

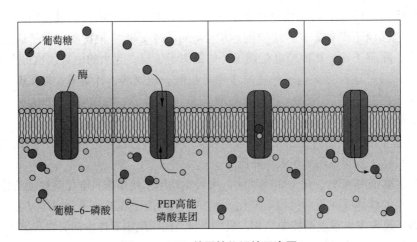

图 3-6　PTS 基团转位运输示意图

团在酶 I 的催化作用下激活为 HPr～P。HPr 和酶 I 是非特异性蛋白，二者都不与糖类结合，无底物特异性，都不是载体蛋白。

②　糖经磷酸化进入细胞膜内：膜外的糖分子先与酶 Ⅱ c（细胞表面的底物特异蛋白）结合，然后糖分子被 HPr～P、酶 Ⅱ a、酶 Ⅱ b 逐级传递的磷酸基因激活，最后这一磷酸糖通过酶 Ⅱ c 释放到胞内。

基团移位在运输营养物质的同时实现其磷酸化，磷酸化的糖可以立即进入细胞的合成或分解代谢，从而避免细胞内糖浓度过高。因此，基团移位也是一种经济有效的物质运输方式。

四种运送营养物质方式的异同见表 3-5。

3.1.5　微生物的培养基

培养基是按照各种微生物的需要，将多种营养成分混合配制成的一类人工混合营养料，供微生物生长、繁殖或产生代谢产物。可用于微生物的分离、培养、鉴定、研究以及生产等。绝大多数腐生性微生物和部分共生或寄生性微生物都可在人工培养基上生长，只有少数被称为难养菌的寄生或共生微生物（类支原体、类立克次氏体和少数寄生真菌等），至今还不能在人工培养基上生长。

表 3-5　四种运送营养物质方式的比较

比较项目	单纯扩散	促进扩散	主动运输	基团移位
特异载体蛋白	无	有	有	有
运输速度	慢	快	快	快
平衡时内外浓度	由浓至稀	由浓至稀	由稀至浓	由稀至浓
平衡时内外浓度	内外相等	内外相等	内部浓度高得多	内部浓度高得多
运送分子	无特异性	特异性	特异性	特异性
能量消耗	不需要	不需要	需要	需要
运送前后溶质分子	不变	不变	不变	改变
载体饱和效应	无	有	有	有
与溶质类似物	无竞争性	有竞争性	有竞争性	有竞争性
运送抑制剂	无	有	有	有
运送对象举例	H_2O、CO_2、O_2、甘油、乙醇、少数氨基酸、盐类和代谢抑制剂	SO_4^{2-}、PO_4^{3-}、糖（真核生物）	氨基酸、乳糖等糖类，Na^+、Ca^{2+}等无机离子	葡萄糖、果糖、甘露糖、嘌呤、核苷酸和脂肪酸等

在微生物的培养中，培养基占有非常重要的位置，培养基的有关知识对于进一步了解微生物的生长繁殖有着重要的理论与实际意义。

1. 微生物培养基配制的一般性原则

（1）选择合适的营养物质

不同微生物所需的营养成分不同，配制培养基时的首要原则是满足不同微生物的营养要求。同时要明确培养基的用途，例如用于培养何种微生物，培养的目的如何，是培养菌种还是用于发酵生产等，根据不同的菌种及不同的培养目的确定搭配的营养成分及营养比例。营养的要求主要是考虑碳源和氮源的性质。如果是自养型的微生物则主要考虑无机碳源；异养型的微生物主要提供有机碳源。除碳源外，还要考虑加入适量的无机矿物质，有些微生物菌种在培养时还要加入一定的生长因子。

（2）控制营养成分的比例

培养基中碳源、氮源、无机盐和生长因子是必不可少的，但各种营养物质的比例会直接影响微生物的生长。其中碳氮比（C/N）的影响较为明显。碳氮比是碳源与氮源的含量之比。严格来讲，碳氮比应是指在微生物培养基中碳源的碳元素物质的量与氮源的氮元素物质的量之比。碳氮比对微生物营养细胞的合成、生长和新陈代谢都有一定影响。一般来说，真菌需要的碳氮比较高，细菌尤其是动物病原菌需要的碳氮比较低。

在工业生产中，培养基中氮源过多会引起微生物生长过于旺盛，不利于产物的积累；而氮源不足则会导致菌体生长过慢。碳源不足时容易引起菌体衰老和自溶。碳氮比不仅影响菌体生长，也影响发酵代谢途径和代谢产物的积累。如利用微生物发酵生产谷氨酸发酵过程中，培养基 C/N 为 4∶1 时，菌体大量繁殖，谷氨酸生成量很少；当 C/N 为 3∶1 时，菌体生长受抑制，谷氨酸积累量增加。

（3）控制培养基的 pH

培养基的 pH 必须控制在一定范围内，以满足不同类型微生物的生长繁殖和代谢。大多数细菌、放线菌所要求的 pH 为中性至微碱性（7.0～7.5），而酵母和霉菌则要求偏酸性的 pH（4.5～6.0）。表 3-6 为三类微生物的生长 pH。

微生物生长过程中，营养物质的分解利用以及代谢产物的积累会引起培养基 pH 的变化，而培养基 pH 的变化又会影响菌体的生长，若不及时控制，将导致菌体的生长停止。例如，含葡萄糖的培养基由于发酵产生有机酸，使培养基 pH 下降。含蛋白质或氨基酸的培养基由于菌体分解蛋白质或氨基酸而产碱，使培养基 pH 上升。为了使培养基维持较为恒定的 pH，一般会在配制培养基时加入一些缓冲剂或不溶性的碳酸钙。

表 3-6　三类微生物的生长 pH

微生物类型	细菌	酵母菌	霉菌
最低 pH	2.0 ~ 5.0	2.0 ~ 3.0	1.0 ~ 2.0
最适 pH	6.5 ~ 7.5	3.8 ~ 6.0	4.0 ~ 5.8
最高 pH	8.0 ~ 11.0	7.0 ~ 8.0	7.0 ~ 8.0

（4）调节氧化还原电位

氧化还原电位是度量某氧化还原系统中还原剂释放电子或氧化剂接受电子趋势的一种指标。氧化还原电势一般以 E_h 表示，它是指以氢电极为标准时某氧化还原系统的电极电位值，单位是 V（伏）或 mV（毫伏）。不同类型微生物生长对 E_h 要求不同。好氧微生物生长的适宜 E_h 值一般为 +0.3 ~ +0.4 V。厌氧微生物只能在 +0.1 V 以下生长。兼性厌氧微生物在 E_h 值为 +0.1 V 以上时进行好氧呼吸，在 E_h 值为 +0.1 V 以下时进行发酵产能。自由氧的存在对专性厌氧菌有毒害作用，因此往往在培养基中加入还原剂以降低其氧化还原电位（氧化还原电位越高，培养基中氧化活性越强）。常采用的还原剂有巯基醋酸、半胱氨酸、谷胱甘肽、Na_2S 等。

除了用电位计测定氧化还原电势值外，还可使用化学指示剂，如刃天青。刃天青在无氧条件下呈无色（$E_h = -40$ mV）；在有氧条件下，其颜色与溶液的 pH 相关，一般在中性时呈紫色，碱性时呈蓝色，酸性时为红色，在微含氧溶液中呈粉红色。

2. 培养基的类型

（1）根据营养成分的来源划分

1）天然培养基

指用化学成分并不十分清楚或化学成分不恒定的天然有机物配制而成的培养基。常利用一些天然的动植物组织和抽提物，如牛肉膏、蛋白胨、麸皮、马铃薯、玉米浆等制成。它们的优点是取材广泛，营养全面而丰富，制备方便，价格低廉。缺点是成分复杂且每批成分不稳定。因此，通常只适用于一般实验室中的菌种培养、发酵工业中生产菌种的培养和某些发酵产物的生产等。实验室常用的牛肉膏蛋白胨培养基便是这种类型。

2）合成培养基

是利用已知成分和数量的化学物质配制而成的培养基。此类培养基成分精确，重复性强。缺点是配制较复杂，微生物在此类培养基上生长缓慢，加上价格较贵，不宜用于大规模生产。因此，通常仅适用于营养、代谢、生理、生化、遗传、育种、菌种鉴定或生物测定等对定量要求较高的研究工作。实验室常用的高氏 1 号培养基、察氏培养基便是这种类型。

3）半合成培养基

是用一部分天然物质作为碳氮源及生长辅助物质，又适当补充少量无机盐配制而成的培养基。半合成培养基应用最广，能使绝大多数微生物良好地生长。实验室常用的马铃薯蔗糖培养基便是这种类型。

（2）根据物理状态划分

1）液体培养基

指呈液体状态的培养基。由于营养物质以溶质状态存在，微生物能更加充分地接触和利用，因此微生物在液体培养基上生长快且积累代谢产物多，常用于大规模工业化生产以及在实验室进行微生物的基础理论和应用方面的研究。

2）固体培养基

指呈固化状态的培养基。一般采用天然固体营养物质，如马铃薯块、麸皮等为营养基质。也可以在液体培养基中加入一定量的凝固剂，如琼脂（1.5%～2.0%）、明胶等，煮沸冷却后使其凝成固体状态。固体培养基常用于菌种保藏、纯种分离、菌落特征的观察、活细胞（活菌）计数及育种等方面。

3）半固体培养基

液体培养基加入少量的凝固剂（含 0.5%～0.8% 的琼脂）则成半固体状态的培养基，常用来观察细菌的运动、鉴定菌种、噬菌体的效价滴定和保存菌种。

（3）根据用途划分

1）选择培养基

根据培养菌种的生理特性在培养基中加入有利于目的微生物生长繁殖的营养物质，加快目的微生物的生长，使其细胞数量逐渐富集而占优势，其他微生物逐渐被淘汰，从而达到富集或增殖的目的。这种培养基就是加富性选择培养基。此种培养基主要培养某些对于营养要求苛刻的异养微生物。

在培养基中加入对目的菌种无影响，而对其他微生物有抑制作用的物质，从而使目的菌种能够大量增殖，达到富集培养的目的。这种培养基是抑制性选择培养基。该种培养基有严格的选择作用，可有效地应用于微生物的分离。

2）鉴别培养基

鉴别培养基中加入可与目的菌代谢产物发生显色反应的指示剂，从而只需用肉眼即可从近似菌落中找出目的菌落。最常见的鉴别性培养基是伊红美蓝培养基，即 EMB（eosin methylene blue）培养基。它在饮用水、牛奶的大肠菌群数等细菌学检查和在 *E. coli* 的遗传学研究工作中有着重要的用途，当大肠杆菌发酵乳糖产生混合酸时，细菌带正电荷，与伊红染色，再与美蓝结合生成紫黑色化合物。在此培养基上生长的大肠杆菌形成呈紫黑色带金属光泽的小菌落。例如图 3-7 为伊红美兰培养基（常用培养基配方见本章附录）。

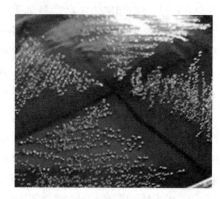

图 3-7　伊红美兰培养基培养大肠杆菌

3.2　微生物的代谢

3.2.1　微生物的能量代谢

1. 微生物代谢产生 ATP 的方式

ATP 是能量的载体，在细胞代谢中参与能量的储存、释放和转移。当微生物获得能量后，都是先将它们转换成 ATP。而需要能量时，ATP 分子上的高能键水解，重新释放出能量。这些能量能够与起催化作用的酶发生偶联作用，既可利用又可重新贮存。因此，ATP 对于微生物的生命活动具有重大的意义。生物体有三种磷酸化方式产生 ATP，即非氧化磷酸化、氧化磷酸化和光合磷酸化。

（1）非氧化磷酸化

非氧化磷酸化是生物体在缺氧条件下获取能量的重要方式（特别是一些厌氧微生物）。这种磷酸化方式，既不需要氧也没有代谢物脱氢（氧化），而是在代谢物脱水、基团转移过程中，分子内部能量发生重新分布和转移，利用这部分能量合成ATP。例如，在糖酵解过程中，1,3-二磷酸甘油酸经过脱水，生成磷酸烯醇式丙酮酸，然后再生成丙酮酸，即发生了分子内部能量的重新分布，最后形成ATP。涉及的11种高能磷酸化合物包括异型乳酸发酵中乙酰磷酸、TCA循环中的琥珀酰–CoA、乙酰–CoA、丙酰–CoA、丁酰–CoA、丁酰磷酸、1,3-二磷酸甘油酸、氨甲酰磷酸、磷酸烯醇丙酮酸、腺苷酰硫酸、N^{10}–甲酰四氢叶酸。

（2）氧化磷酸化

电子从有机化合物通过一系列的电子载体（NAD^+等）被转给分子氧或其他有机分子时发生氧化磷酸化。氧化磷酸化发生在原核微生物的质膜内膜上或真核微生物的线粒体的内膜上。氧化磷酸化中的一系列电子载体组成了电子传递链。电子从一个电子载体转移到下一个电子载体时，能量被释放，这些被释放的能量中，一部分通过化学渗透作用把能量传递给ADP而形成ATP。其中ATP合酶广泛分布于线粒体内膜、叶绿体类囊体、异养菌和光合菌的质膜上，参与氧化磷酸化和光合磷酸化，在跨膜质子动力势的推动下合成ATP。分子结构由突出于膜外的F1亲水头部和嵌入膜内的Fo疏水尾部组成，因此也称为F_0F_1–ATP合酶，F_0F_1–ATP合酶是氧化磷酸化的最终反应部分，也是ATP合成中最关键的部分。

（3）光合磷酸化

光合磷酸化存在于绿色植物和光合微生物中，是通过光能驱动磷酸化从而产生ATP的方式，只存在于光合作用细胞中。这种细胞含有捕获光能的色素，如叶绿素等。在光合作用时，利用光能将低能化合物CO_2和水合成有机分子。在此过程中，微生物通过光合磷酸化把光能转化为以ATP和NADH形式储存的化学能，进而被用于合成有机分子。光合磷酸化也是通过电子传递来产生ATP的。产氧光合生物有藻类、蓝细菌，它们依靠叶绿素通过非环式的光合磷酸化合成ATP，不产氧的光合细菌则通过环式磷酸化合成ATP。

环式光合磷酸化是在光驱动作用下进行，是光合细菌进行光合作用的主要途径，可进行该作用的大多为厌氧菌，分类上归于红螺菌目中，由于其细胞内菌绿素和类胡萝卜素的含量、比例不同，使菌体呈现出红、橙、蓝绿、紫或褐等不同颜色。广泛分布于缺氧的深层淡水或海水中，主要包括绿硫杆菌属、红硫菌科、氢单胞菌属等。

2. 微生物利用葡萄糖的产能代谢途径

葡萄糖是微生物最容易利用的碳源和能源物质，微生物分解葡萄糖的主要途径包括EMP途径、ED途径、TCA循环、HMP途径、磷酸解酮酶途径等，每条途径既能产生多种形式小分子中间代谢物作为合成反应的原料，又能脱氢、产能。

（1）EMP途径

EMP途径又称糖酵解途径或己糖二磷酸途径。它是20世纪40年代由Embdem、Meyerthof和Parnas三位科学家研究出的途径，因此称为EMP途径。是指葡萄糖在不需要氧的条件下，经过一系列酶促反应生成丙酮酸的过程。这是绝大多数微生物共有的一条基本代谢途径。对于专性厌氧微生物来说，EMP途径是产能的唯一途径。

EMP途径的特征性酶是1,6-二磷酸果糖醛缩酶，可大致分为两个阶段。第一阶段是不涉及氧化还原反应及能量释放的准备阶段，只是生成2分子的主要中间代谢产物：甘油醛–3–磷酸，并消耗2分子ATP。第二阶段是氧化还原反应，2分子甘油醛–3–磷酸被氧化生成2分子丙酮酸、2分子NADH，和4分子ATP。EMP途径大致过程如图3–8所示。其总反应式为：

$$\text{葡萄糖} + 2Pi + 2ADP + 2NAD^+ \longrightarrow 2\,\text{丙酮酸} + 2ATP + 2NADH + 2H^+ + 2H_2O$$

丙酮酸是EMP途径的关键产物。同型发酵乳酸菌、粪肠球菌、芽孢杆菌中的一些种和酵母菌中均存在 EMP 途径。

EMP 途径产能效率虽低，但生理功能极其重要：供应 ATP 形式的能量和 $NADH_2$ 形式的还原力；是连接其他几个重要代谢途径的桥梁，包括三羧酸循环（TCA 循环）、HMP 途径和 ED 途径等；为生物合成提供多种中间代谢物；通过逆向反应可进行多糖合成。

（2）HMP 途径

HMP 途径是以葡糖 -6- 磷酸为起始底物，即在一磷酸己糖基础上开始降解，所以被称为己糖—磷酸途径。HMP 途径与 EMP 途径密切相关，因为 HMP 途径中的甘油醛 -3- 磷酸可以进入 EMP 途径。因此，该途径又可称为磷酸戊糖支路。其特点是葡萄糖不经 EMP 途径和 TCA 循环而得到彻底氧化，并产生大量 $NADPH_2$ 形式的还原力以及多种重要中间代谢产物。HMP 途径是由葡萄糖降解产生五碳糖的主要途径，所以与核酸的合成密切相关。图 3-9 为 HMP 途径示意图。

HMP 途径的总反应式为：

葡糖 -6- 磷酸 + 7 H_2O + 12 NADP $\longrightarrow$ 6 CO_2 + 12 $NADPH_2$ + 6 H_3PO_4

HMP 途径可概括为三个阶段：

① 葡萄糖分子通过几步氧化反应产生核酮糖 -5- 磷酸和 CO_2；

② 磷酸核酮糖发生同分异构化，产生核糖 -5- 磷酸和木酮糖 -5- 磷酸；

③ 上述各种磷酸戊糖在没有氧参与的条件下，发生碳架重排，产生磷酸己糖和甘油醛 -5- 磷酸，后者可通过以下两种方式进行代谢：一种方式是进入 EMP 途径生成丙酮酸，再进入 TCA 循环进行彻底氧化，许多微生物利用 HMP 途径将葡萄糖完全分解成 CO_2 和 H_2。另一种方式是通过二磷酸果糖醛缩酶和果糖二磷酸酶的作用转化为磷酸葡萄糖。

HMP 途径在微生物生命活动中意义重大，主要有：供应合成原料：为核酸、核苷酸、NAD（P）$^+$、FAD（FMN）和 CoA 等的生物合成提供戊糖磷酸；途径中的赤藓糖 -4- 磷酸是合成芳香族、杂环族氨基酸（苯丙氨酸、酪氨酸、色氨酸和组氨酸）的原料；产生大量 $NADPH_2$ 形式的还原力；作为固定 CO_2 的中介：是光能自养微生物和化能自养微生物固定 CO_2 的重要中介，即 HMP 途径中的核酮糖 -5- 磷酸在磷酸核酮糖激酶的催化下先形成核酮糖 -1,5- 二磷酸，然后在羧化酶的催化下固定 CO_2；扩大碳源利用范围：为微生物利用 $C_3 \sim C_7$ 多种碳源提供了必要的代谢途径；连接 EMP 途径：通过与 EMP 途径的连接（在果糖 -1,6- 二磷酸和甘油醛 -3- 磷酸处），可为生物合成提供更多的戊糖。

在多数好氧菌和兼性厌氧菌中都存在 HMP 途径，且常常与 EMP 途径同时存在，只有 HMP 途

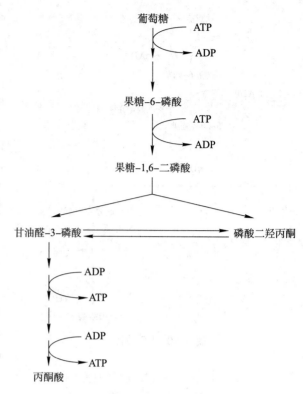

图 3-8　EMP 途径示意图

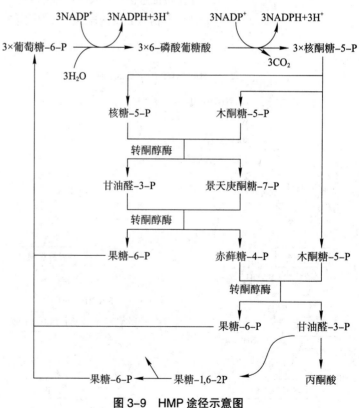

图 3-9　HMP 途径示意图

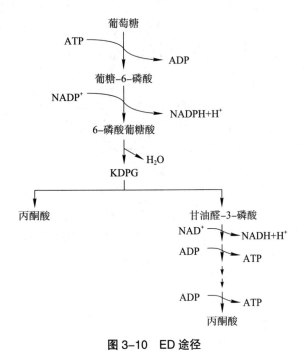

图 3-10 ED 途径

（3）ED 途径

ED 途径又称 2-酮 -3-脱氧 -6-磷酸葡糖酸（KDPG）途径。因最初由科学家 Entner 和 Doudoroff 两人（1952 年）在嗜糖假单胞菌中发现，因此得名。这是存在于某些缺乏完整 EMP 途径的微生物中的一种替代途径，为微生物所特有。ED 途径可以不依赖于 EMP 和 HMP 途径而单独存在，也可以与 HMP 途径同时存在。ED 途径在革兰氏阴性菌中分布较广，特别是假单胞菌和固氮菌的某些菌株。其特点是葡萄糖只经过 4 步反应即可快速获得由 EMP 途径经 10 步反应才能形成的丙酮酸。图 3-10 为 ED 途径。

ED 途径的总反应式为：

$$C_6H_{12}O_6 + ADP + Pi + NADP^+ + NAD^+ \longrightarrow 2CH_3COCOOH + ATP + NADPH + H^+ + NADH + H^+$$

在 ED 途径中，关键反应是 KDPG 的裂解，关键酶系是葡糖 -6-磷酸脱氢酶和 KDPG 醛缩酶。其中 6-磷酸葡萄糖酸脱水导致 KDPG 的生长，而 KDPG 醛缩酶则催化 KDPG 裂解为丙酮酸和甘油醛 -3-磷酸。

ED 途径的特点是：

① 具有特征性反应——KDPG 裂解为丙酮酸和甘油醛 -3-磷酸；

② 存在特征性酶——KDPG 醛缩酶；

③ 其终产物 2 分子丙酮酸的来历不同。其一由 KDPG 直接裂解形成，另一则由甘油醛 -3-磷酸经 EMP 途径转化而来；

④ 产能效率低（一分子葡萄糖产生一分子 ATP）。

（4）TCA 循环

TCA 循环即三羧酸循环，又称 Krebs 循环或柠檬酸循环（citric acid cycle，CAC），由诺贝尔奖获得者（1953 年）、德国学者 H. A. Krebs 于 1937 年提出。是指由糖酵解途径生成的丙酮酸在有氧条件下逐步脱羧、脱氢，彻底氧化生成 CO_2、H_2O 和 $NADH_2$ 的过程，如图 3-11 为 TCA 循环示意图。

TCA 循环广泛存在于各种生物体中，它是生物体获得能量的有效途径，在多数异养微生物的氧化代谢中起重要作用。TCA 循环的起始物为乙酰 CoA，乙酰 CoA 不仅是糖代谢的中间产物，也是脂肪酸和某些氨基酸的代谢产物。因此，TCA 循环是糖、脂肪、蛋白质三大类物质代谢的共同途径，同时又可通过代谢中间产物与其他代谢途径发生联系以及相互转化。由此可见，TCA 循环在微生物代谢中十分重要。

氧虽不直接参与 TCA 循环，但 TCA 循环必须在有氧条件下运转（NAD^+ 和 FAD 再生时需要氧的存在）。

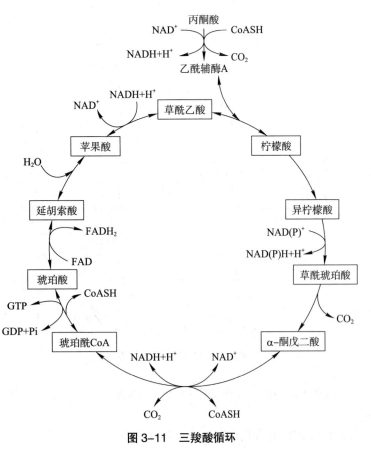

图 3-11 三羧酸循环

（5）PK途径

PK途径即磷酸解酮酶途径。某些微生物由于没有转酮–转醛酶系，不能进行HMP途径，只能通过磷酸解酮酶途径进行己糖和戊糖的降解。如明串珠菌属和乳杆菌属中的肠膜明串珠菌、短乳酸杆菌、甘露乳酸杆菌等。该途径的特点是降解1分子葡萄糖只产生1分子ATP（相当于EMP途径的1/2），同时几乎产生等量的乳酸、乙醇和CO_2。总反应式为：

$$C_6H_{12}O_6 + ADP + Pi \longrightarrow CH_3CHOHCOOH +$$
$$CH_3CH_2OH + CO_2 + ATP$$

根据解酮酶的不同，分为PK途径和HK途径。PK途径具有磷酸戊糖解酮酶，木酮糖–5–磷酸在磷酸戊糖解酮酶作用下，生成乙酰磷酸和甘油醛–3–磷酸。HK途径具有磷酸己糖解酮酶，果糖–6–磷酸在磷酸己糖解酮酶的作用下，生成乙酰磷酸和赤酰糖–4–磷酸。图3-12、3-13分别为PK途径和HK途径示意图。

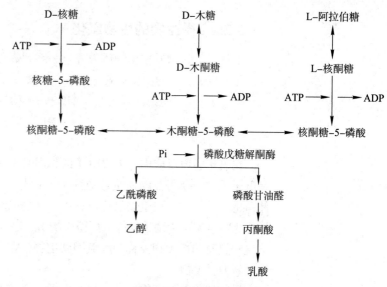

图3-12　PK途径示意图

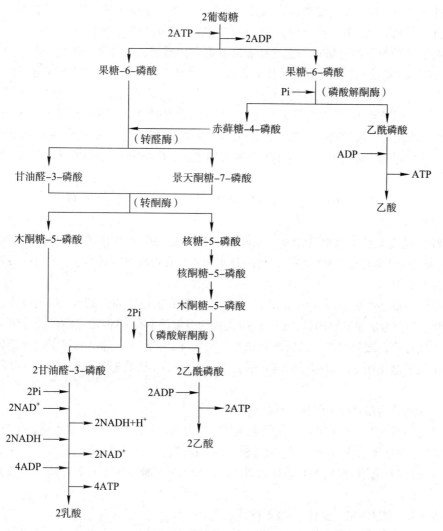

图3-13　HK途径示意图

3.2.2 微生物的生物氧化

生物氧化是物质在生物体内经过一系列氧化还原反应，逐步被分解并释放能量的过程。在生物氧化反应中，一种物质被氧化，另一种物质被还原，氧化还原是同时存在的两个反应。

$$AH_2 \longrightarrow 2H^+ + 2e^- + A（氧化）$$
$$B + 2H^+ + 2e^- \longrightarrow BH_2（还原）$$
$$AH_2 + B \longrightarrow A + BH_2（氧化还原）$$

在氧化还原反应中，失去电子的物质是电子供体，脱去氢的物质是供氢体；获得电子的物质是电子受体，获得氢的物质是受氢体。上式反应中的 AH_2 是电子供体，也是供氢体；B 是电子受体，也是受氢体。在生物氧化过程中，凡是以氧为受氢体，必须在有氧条件下生长繁殖的微生物被称为需氧型微生物（或好氧型微生物）；凡是以无机氧化物作为最终电子受体，必须在无氧条件下生长繁殖的微生物被称为厌氧型微生物；在有氧和无氧条件下都能生长繁殖的微生物被称为兼性厌氧型微生物。

生物氧化包括底物脱氢和失去电子、氢和电子的传递以及受氢体接受氢和电子的过程。根据最终电子受体（氢受体）的不同，可将微生物的呼吸作用（生物氧化）分为有氧呼吸、无氧呼吸与发酵三种类型。

1. 有氧呼吸

有氧呼吸是微生物在氧化底物时，以分子氧作为最终电子受体的生物氧化过程。通过有氧呼吸可将有机物彻底氧化并释放出大量能量。这些能量一部分储存在 ATP 中，一部分则以热能的形式散发。有氧呼吸脱下的氢通过完整的呼吸链或电子传递链，最终被外源分子氧接受，生成水，并释放出 ATP。这是需氧型微生物和兼性厌氧型微生物在有氧条件下的主要产能方式。

以葡萄糖为基质的有氧呼吸可分为两个阶段。第一阶段是葡萄糖在细胞质中经糖酵解途径（EMP 途径）生成丙酮酸；第二阶段是在有氧条件下，丙酮酸进入三羧酸循环（TCA 循环），通过一系列氧化还原反应，最后转化为 CO_2 和 H_2O。在 EMP 途径和 TCA 循环中，脱下的氢和释放出的电子通过电子传递链传递到 O_2，此时葡萄糖被彻底氧化，O_2 被还原，最终产物为 CO_2 和 H_2O。化学反应式为：

$$C_6H_{12}O_6 + 6O_2 + 38ADP + 38Pi \longrightarrow 6CO_2 + 6H_2O + 38ATP$$

2. 无氧呼吸

无氧呼吸是以无机氧化物（个别为有机物）作为最终电子受体的生物氧化过程。如 NO_3^-、SO_4^{2-}、CO_2 等均可作为电子受体。在无氧呼吸过程中，从底物脱下的氢和电子通过呼吸链最终传递给氧化态的无机物。

无氧呼吸的最终产物也是 H_2O 和 CO_2，并生成 ATP 和被还原的无机物。但因最终电子受体为无机氧化物，一部分能量转移给了它们，所以生成的能量低于有氧呼吸，产能效率较低。

进行无氧呼吸的微生物主要是厌氧菌和兼性厌氧菌，它们的生命活动可引起反硝化作用、脱硫作用和甲烷发酵作用等。根据呼吸链末端受体不同，可以把无氧呼吸分成如表 3-7 所示的多种类型。

（1）以 NO_3^- 作为最终电子受体（硝酸盐呼吸）

硝酸被还原成 NO_2^-、N_2O 和 N_2，其供氢体可为葡萄糖、乙酸、甲醇等有机物，也可以为 H_2 和 NH_3。硝酸盐接受电子后变为 NO_2^-、N_2 的过程，称为反硝化作用或硝酸盐还原作用。脱氮作用分两步进行，先是硝酸还原酶催化 NO_3^- 还原为 NO_2^-，硝酸还原酶被细胞色素 b 还原，第二步是 NO_2^- 被还原成 N_2。

（2）以 SO_4^{2-} 为最终电子受体（硫酸盐呼吸）

硫酸盐细菌在硫酸还原酶催化下，将 SO_4^{2-} 还原为 H_2S，其电子传递体系只有细胞色素 c，在

表 3-7 无氧呼吸类型

无氧呼吸	无机盐呼吸	硝酸盐呼吸	NO_2^-、NO、N_2O、N_2（兼性厌氧菌，如反硝化细菌）
			NO_3^-
		硫酸盐呼吸	SO_3^{2-}、$S_3O_6^{2-}$、$S_2O_3^{2-}$、H_2S（专性厌氧菌）
			SO_4^{2-}
		硫呼吸	HS^-，S^{2-}（兼性厌氧菌，专性厌氧菌）
			S^0
		铁呼吸	Fe^{2+}（兼性厌氧菌，专性厌氧菌）
			Fe^{3+}
		碳酸盐呼吸 产乙酸细菌	CH_3COOH（专性厌氧菌；同型乙酸产生菌）
			CO_2，$HCOO^-$
		碳酸盐呼吸 产甲烷菌	CH_4（专性厌氧菌；产甲烷细菌）
			CO_2，$HCOO^-$
	有机物呼吸	延胡索酸呼吸	琥珀酸（兼性厌氧菌）
			延胡索酸
		甘氨酸呼吸	乙酸（兼性厌氧菌）
			甘氨酸
		氧化三甲胺呼吸	三甲胺（兼性厌氧菌）
			氧化三甲胺

$SO_4^{2-} \rightarrow S^{2-}$ 中传递电子，生成 ATP。氧化有机物不彻底，如氧化乳酸时，产物为乙酸。

（3）以 CO_2 和 CO 为最终电子受体（碳酸盐呼吸）

产甲烷菌、产乙酸菌利用甲醇、乙醇、甲酸、乙酸、H_2 等作为氢供体，其电子传递链末端的受氢体是 CO_2，还原产物分别为甲烷和乙酸。甲烷菌是高度的厌氧菌，在沼气发酵中起主要作用，因此该过程被称为甲烷发酵作用。

（4）以延胡索酸为最终电子受体（延胡索酸呼吸）

在体系中，琥珀酸是末端受氢体延胡索酸的还原产物，以延胡索酸为最终电子受体的微生物一般为兼性厌氧菌，如埃希氏菌属、变形杆菌属等。

3. 发酵

广义的发酵作用是指任何利用好氧或厌氧微生物来生产有用代谢产物的一类生产方式。

狭义发酵作用是指在无氧条件下，底物脱氢后所产生的还原氢 [H]，不经过呼吸链传递，而直接传递给某一内源氧化性中间代谢产物的一类低效率产能反应。最终电子受体是被氧化基质本身所产生而未被彻底氧化的中间产物，即有机物既是被氧化的基质，又作为最终电子受体。

在发酵过程中，底物脱下的电子和氢转移到 NAD（P）（辅酶Ⅰ和辅酶Ⅱ）上，使之还原成 NAD（P）H_2，再由 NAD（P）H_2 将电子和氢转移给最终电子受体，完成氧化还原反应。电子的传递不经过细胞色素等中间电子传递体，而是分子内部的转移。这种氧化作用不彻底，只释放出一部分能量，因此产能效率较低。

各种微生物都能进行发酵作用。好氧型微生物在进行有氧呼吸过程中，也要先经过糖酵解阶段产生丙酮酸，然后进入三羧酸循环，将底物彻底氧化成 CO_2 和 H_2O。除了能进行专性无氧呼吸的厌氧菌以外，许多厌氧菌主要靠发酵作用获得能量。

三种呼吸作用的比较见表 3-8。

表 3-8 有氧呼吸、无氧呼吸、发酵的比较

比较项目	有氧呼吸	无氧呼吸	发酵
递氢体	呼吸链（电子传递链）	呼吸链（电子传递链）	无
氢受体	O_2	无机或有机氧化物（NO_2^-，SO_4^{2-}，延胡索酸等）	中间代谢物（乙醛，丙酮酸等）
终产物	H_2O	还原后的无机或有机氧化物（NO_2^-，SO_3^{2-} 或琥珀酸等）	还原后的中间代谢物（乙醇，乳酸等）
产能机制	氧化磷酸化	氧化磷酸化	底物水平磷酸化
参与反应的酶	脱氢酶、脱羧酶、细胞色素氧化酶；辅酶：NAD^+、FAD、辅酶 Q、细胞色素 b、c_1、c、a、a_3	脱氢酶、脱羧酶、硝酸还原酶、硫酸还原酶；辅酶：NAD^+、细胞色素 b、c	脱氢酶、脱羧酶、乙醇脱氢酶；辅酶：NAD^+ 等
产能效率	高	中	低

3.2.3 微生物的初级代谢

根据微生物代谢过程中产生的代谢产物在体内作用的不同，又可将代谢分成初级代谢与次级代谢两种类型。初级代谢是指能使营养物质转换成细胞结构物质、维持微生物正常生命活动的生理活性物质或能量的代谢，在不同种类的微生物细胞中，初级代谢产物的种类基本相同。此外，初级代谢产物的合成在不停地进行着，任何一种产物的合成受到阻碍都会影响微生物正常的生命活动，甚至导致死亡。

1. 糖代谢

（1）糖的分解代谢

由单糖及其衍生物聚合而成的大分子多糖一般不溶于水，不能直接透过微生物的细胞膜进入细胞。所以，能够利用多糖的微生物首先要分泌胞外酶将多糖水解，然后吸收到胞内，按不同的方式加以利用。

1）淀粉的分解

淀粉分为直链淀粉和支链淀粉两种。直链淀粉由 α-1,4 糖苷键相互连接；支链淀粉由 α-1,4 糖苷键和 α-1,6 糖苷键相互连接。许多微生物都能分泌胞外淀粉酶将淀粉水解成葡萄糖或麦芽糖，然后吸收利用。淀粉酶是水解淀粉及其衍生物中 α- 糖苷键的一类酶的总称，包括 α- 淀粉酶、β- 淀粉酶、葡萄糖淀粉酶和异淀粉酶等，它们普遍存在于微生物细胞中，但不同的微生物中含量不一。

2）纤维素的分解

纤维素是由 β-1,4 糖苷键连接成的长链，主要存在于植物细胞壁中，每个分子由 10 000 个以上的葡萄糖残基组成，其基本结构单位是纤维二糖。微生物通过分泌纤维素酶对纤维素进行分解。纤维素酶是能够水解纤维素形成纤维二糖和葡萄糖的一类酶的总称，包括 C_1 酶、C_x 酶和 β- 葡萄糖苷酶三种。

（2）糖的合成代谢

单糖和多糖的合成对自养和异养微生物的生命活动都具有十分重要的意义，其中对于细菌荚膜、细胞壁的合成尤为重要。单糖在微生物中很少以游离的形式出现。通常它们是以多糖或其他多聚体的形式存在，或以少量的糖磷酸酯或糖核苷酸的形式存在。

糖的合成与其他合成代谢相同，过程中需要能量、NAD（P）H_2 和底物。

1）糖合成的能量来源

微生物用于生物合成的能量来源多种多样。化能异养型微生物依靠分解有机物产生能量，化能自养型微生物通过氧化无机物产能，光能微生物通过固定光能产生自身代谢的所需能量。

化能异养型微生物的能量主要来自有机物的氧化，氧化方式包括有氧呼吸、无氧呼吸和发酵，ATP 主要是通过氧化磷酸化和底物磷酸化产生。在化能自养型微生物中，其 ATP 是通过氧化还原态无机物产生的，其 NAD（P）H_2 是通过消耗 ATP 将无机氢（$H^+ + e$）逆呼吸链传递产生的。化能自养微生物能够氧化的无机底物包括 NH_4^+、NO_2^-、H_2S、S、H_2 和 Fe^{2+} 等，ATP 主要通过呼吸链的氧化磷酸化反应产生。因此，绝大多数化能自养菌属于好氧微生物。即使少数可进行厌氧生活，也是通过以硝酸盐或碳酸盐来代替氧的无氧呼吸产能。除呼吸链产能（氧化磷酸化）外，少数硫杆菌在富含无机硫化物的生长环境中还能部分地进行底物水平磷酸化产能。光能营养微生物主要通过光合作用将光能转变为化学能，用于生长繁殖和合成代谢产物等（蓝细菌和光合细菌等）。

2）糖合成的前体物质（底物）

无论自养微生物还是异养微生物，它们合成单糖的途径都是通过 EMP 途径的逆行来合成葡糖 –6– 磷酸，然后再转化为其他的单糖或合成二糖和多糖。不同微生物前体物质来源不同：

① 自养微生物

自养微生物主要通过固定 CO_2 生成前体物质，固定 CO_2 的途径主要有四条：Calvin 循环、厌氧乙酰辅酶 A 途径、还原性三羧酸循环途径和羟基丙酸途径，现简述如下。

厌氧乙酰辅酶 A 途径：厌氧乙酰辅酶 A 途径是在一些能利用氢的严格厌氧菌（包括产甲烷菌、硫酸盐还原菌和产乙酸菌）中发现的自养微生物 CO_2 还原途径，又称活性乙酸途径。这些自养微生物中不存在 Calvin 循环，因此由乙酰辅酶 A 途径来承担 CO_2 还原功能。

在厌氧乙酰辅酶 A 途径的 CO_2 还原过程中，1 分子 CO_2 先被还原成甲醇水平（甲基 –X），另一分子 CO_2 被一氧化碳脱氢酶还原为一氧化碳。通过甲基 –X 的羧化产生乙酰 –X，进而形成乙酰 CoA，在丙酮酸合成酶的催化下，乙酰 CoA 接受第 3 个 CO_2 分子进而羧化成丙酮酸，然后由丙酮酸通过各种代谢途径合成细胞所需要的有机物。

还原性 TCA 循环途径：只有少数光合细菌（如嗜硫代硫酸盐绿菌）能够通过还原性 TCA 循环固定 CO_2 分子。在这一途径中，CO_2 通过琥珀酰 CoA 的还原性羧化作用而被固定。

羟基丙酸途径：羟基丙酸途径是少数绿色硫细菌在以 H_2 或 H_2S 作为电子供体进行自养生命活动时所特有的一种 CO_2 固定机制。这类细菌既无 Calvin 循环，也没有厌氧乙酰辅酶 A 途径，而是通过羟基丙酸途径将 2 个 CO_2 分子转变为草酰乙酸。总反应式为：

$$2CO_2 + 4\,[\,H\,] + 3ATP \longrightarrow 草酰乙酸$$

② 异养微生物

异养微生物可利用不同物质作为碳源（主要是分解代谢产生的各种中间代谢产物，如乙酸、乙醇酸、草酸、甘氨酸等）合成单糖。

3）多糖的合成

微生物中的多糖可分为两类，即同型多糖和杂多糖。同型多糖是由相同的单糖分子聚合而成的糖类，如糖原、纤维素、甲壳素、多聚葡萄糖、多聚果糖等。杂多糖是由不同的单糖分子聚合而成的糖类，如肽聚糖、脂多糖、透明质酸等。虽然它们的结构不同，但是多糖合成都具有以下特点：

① 不需要模板，由转移酶的特异性来决定亚单位在多聚链上的次序。

② 合成的开始阶段需要引物，引物通常由小片断多糖充当。

③ 多糖合成时，由糖核苷酸作为糖基载体，将单糖分子转移到受体分子上，使多糖链逐步加长。

2. 氨基酸代谢

（1）氨基酸的合成

多数微生物能够合成自身所需要的各种氨基酸，有的微生物甚至可以过量积累某种氨基酸，但也有微生物失去了合成某些氨基酸的能力，必须在其生长环境中直接摄取这些氨基酸来满足生长代谢的需要。以下分别从氨、硫、碳骨架的来源方面讨论氨基酸的合成。

1）氨的来源

用于氨基酸合成的氨主要有4个来源：①直接从外界环境吸收。②体内含氮化合物的分解。③硝酸盐还原。④生物固氮作用。

2）硫的来源

大多数微生物可以从环境中吸收硫酸盐，并以此作为硫的供体。硫酸盐中的硫是高度氧化状态（化合价为 +6），而氨基酸和其他有机化合物中的硫是还原态（化合价为 –2），所以无机硫要经过一系列还原反应，才能用于生物合成。

3）氨基酸碳骨架的来源

合成氨基酸的碳骨架来自糖代谢产生的中间产物，这些中间产物作为前体物质通过氨基化作用、转氨基作用等，形成不同的氨基酸，可将这些前体物质分为六组，如图 3-14 所示。

4）氨基酸合成的途径

微生物体内合成氨基酸主要通过三种途径，即氨基化作用、转氨基作用以及由初生氨基酸合成次生氨基酸。

① 氨基化作用

是指 α- 酮酸与氨基形成相应氨基酸的过程，包括还原性氨基化反应、直接氨基化反应和酰胺化反应。氨基化作用是微生物同化氨的主要途径。

② 转氨基作用

是指在转氨酶（氨基转移酶）的催化下，使一种氨基酸的氨基转移给酮酸，形成新的氨基酸

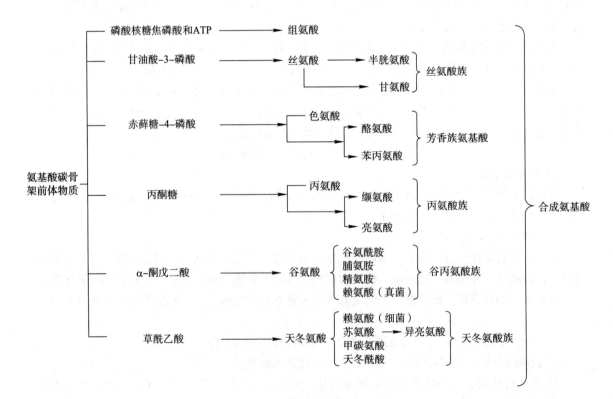

图 3-14　氨基酸碳骨架的来源

的过程。转氨酶的辅酶是磷酸吡哆醛。转氨基作用普遍存在于各种微生物体内，是氨基酸合成代谢和分解代谢中极为重要的反应。一般说来，微生物能合成与全部氨基酸相对应的各种 α- 酮酸，因此通过转氨基作用可以合成全部氨基酸。转氨酶是细胞氮代谢的必需酶，大多数微生物细胞内都至少含有几种转氨酶。

③ 由初生氨基酸合成次生氨基酸

由 α- 酮酸经氨基化作用合成的氨基酸称为初生氨基酸，由初生氨基酸经转氨基作用或以其为前体进一步合成的氨基酸称为次生氨基酸。

（2）氨基酸的分解

氨基酸除了是蛋白质的组成单位外，还是能量代谢的物质，又是许多生物体内重要含氮化合物的前体。微生物通过三种方式分解氨基酸：脱氨、脱羧和转氨。不同的微生物分解氨基酸的能力不同，一般革兰氏阴性菌分解能力大于革兰氏阳性菌。

1）脱氨基作用

是指氨基酸失去氨基的过程，这是氨基酸分解代谢的第一步，包括氧化和非氧化两类。

2）脱羧基作用

是指氨基酸脱去羧基生成胺的过程。催化脱羧反应的酶是脱羧酶，这类酶的辅酶是磷酸吡哆醛（只有组氨酸脱羧酶不需要辅酶）。氨基酸脱羧酶专一性很高，一种脱羧酶对应一种氨基酸，并只对 L- 型氨基酸起作用。而且它们大都是诱导酶，催化的反应不可逆。

二元氨基酸脱羧后生成的各种二胺，如尸胺（1,5- 二氨基戊烷）、腐胺（1,4- 二氨基丁烷）等，对人体有毒害作用。当肉类蛋白质腐败时，不同微生物将氨基酸脱羧生成大量尸胺、腐胺等，会引起食物中毒。在正常人体肠道内，微生物活动也会产生少量二胺，但是量很少，不会使人中毒。

3）转氨基作用

转氨基作用是 α- 氨基酸和酮酸之间氨基的转移作用。α- 氨基酸的 α- 氨基借助酶的催化作用转移到酮酸的酮基上，原来的氨基酸生成相应的酮酸，原来的酮酸形成相应的氨基酸。用 N 标记氨基酸的氨基进行实验证明，构成蛋白质的氨基酸（除甘氨酸、赖氨酸、苏氨酸、脯氨酸和羟脯氨酸外），都能不同程度地参与转氨基作用。转氨基作用在氨基酸的分解代谢中占有重要的地位。催化转氨基反应的酶称为转氨酶。动物和高等植物的转氨酶一般只催化 L- 氨基酸和 α- 酮戊二酸的转氨基作用。某些细菌，例如枯草芽孢杆菌的转氨酶能催化 D- 和 L- 两种氨基酸的转氨基作用。

3. 蛋白质代谢

（1）蛋白质的合成

蛋白质是生命活动的重要物质，需要不断进行代谢和更新，因此蛋白质的生物合成在细胞代谢中占有十分重要的地位。细胞内蛋白质主要是通过翻译途径合成的。所谓翻译即在信使 RNA（mRNA）的控制下，根据核苷酸链上每三个核苷酸决定一种氨基酸的规则，合成出具有特定氨基酸顺序的蛋白质肽链过程。在这个过程中 mRNA 是蛋白质合成的模板，tRNA 是搬运氨基酸的工具，作为蛋白质合成场所的核糖体相当于装配机器，使氨基酸相互以肽键结合。有些多肽链还要经过一定的处理或与其他化合物结合后才形成具有活性的蛋白质。

（2）蛋白质的分解

每一种蛋白质都有自己的存活时间，短至几分钟，长至几周。细胞总是不断地将氨基酸合成蛋白质，又把蛋白质降解为氨基酸。表面看来，这种变化过程好像是一种浪费，实际上它有两个重要功能：排除不正常的蛋白质，这些蛋白质的积累对细胞有害；排除累积过多的酶和调节蛋白，使细胞代谢秩序井然。

4. 脂质代谢

（1）脂质的合成

微生物的细胞组成，尤其是细胞膜中含有丰富的脂质，它们是由微生物自身合成的。微生物油脂又称单细胞油脂，是微生物在一定条件下利用碳水化合物（糖类）、碳氢化合物以及普通油脂为碳源、氮源，辅以无机盐生产的油脂。在适宜条件下，某些微生物产生并储存的油脂占其生物总量的 20% 以上。能够生产油脂的微生物有酵母、霉菌、细菌和藻类等，其中真核的酵母、霉菌和藻类能合成与植物油组成相似的甘油三酯。

微生物产生油脂的过程，本质上与动植物产生油脂的过程相似，都是从乙酰 CoA 羧化酶催化羧化的反应开始，然后经多次链延长或去饱和作用等完成整个生化过程。在此过程中，有两个主要的催化酶，即乙酰 CoA 羧化酶和去饱和酶。其中乙酰 CoA 羧化酶催化脂肪酸合成的第一步，是第一个限速酶。此酶是由多个亚基组成的复合酶，结构中有多个活性位点，因此该酶能被乙酰 CoA、ATP 和生物素所激活。去饱和酶是微生物通过氧化去饱和途径生成不饱和酸的关键酶，这一过程被称为脂肪酸氧化循环。

（2）脂质的分解

脂质是微生物获取能量的重要来源之一，其中具代表意义的是甘油三酯。甘油三酯先被微生物分解为脂肪酸和甘油，脂肪酸和甘油在进一步的分解代谢中释放能量用以支持微生物的生命活动。

5. 微生物初级代谢的调节

微生物进行生命活动时，不断进行着各种各样的代谢，这些过程极其复杂却又井井有条。这是因为微生物体内存在着可塑性极强和极精确的代谢调节系统。在这个调控系统中，基因决定酶，酶决定代谢途径，代谢途径决定代谢产物。与此同时，代谢产物又可以反过来调节酶的合成以及基因的活化。在细胞内，上述各系统之间无论何时都处于相互统一、相互矛盾、高度协调和制约中，以确保上千种酶能准确无误、有条不紊地进行极其复杂的新陈代谢反应。

微生物的代谢调节可分为酶活性调节和酶合成的调节两个方面。在正常代谢途径中，酶活性调节和酶合成的调节同时存在，且密切配合，协调进行。

（1）酶合成的调节

酶合成的调节是通过调节酶的合成量来控制代谢速率的调节机制。酶的合成受基因和代谢物的双重控制。一方面，酶的生物合成受基因控制，由基因决定酶分子的化学结构；另一方面，酶的合成还受代谢物（酶反应底物、产物及其结构类似物）的控制和调节。当有诱导物时，酶的生成量可以几倍乃至几百倍地增加。某些酶反应的产物（特别是终产物）又能产生阻遏物，使酶的合成量大大减少。

（2）酶活性的调节

酶活性的调节是通过改变已有酶的催化活性来调节代谢速率的调节机制。这种调节方式可以使微生物细胞对环境变化迅速做出反应。酶活性调节受多种因素影响，如底物的性质和浓度、环境因子，以及其他酶的存在都有可能激活或抑制酶的活性。酶活性调节的方式分为激活作用和抑制作用两种。

激活作用是指在分解代谢途径中较早生成的产物激活参与后期反应的酶的活性，从而加快反应速度。例如，粪肠球菌的乳酸脱氢酶活力被果糖 -1,6- 二磷酸所激活，粗糙脉孢霉的异柠檬酸脱氢酶活力被柠檬酸所激活。

抑制作用主要是反馈抑制，即当代谢途径中某末端产物过量时可抑制该途径中的第一个酶（调节酶）的活性，以减慢或中止反应，从而避免末端产物的过量积累。例如大肠杆菌在合成异亮氨酸时，当末端产物异亮氨酸过量而积累时可抑制途径中的第一个酶——苏氨酸脱氨酶的活性，从而使 α- 酮丁酸及其以后的中间代谢物都无法合成，最后导致异亮氨酸合成的停止，避免末端产

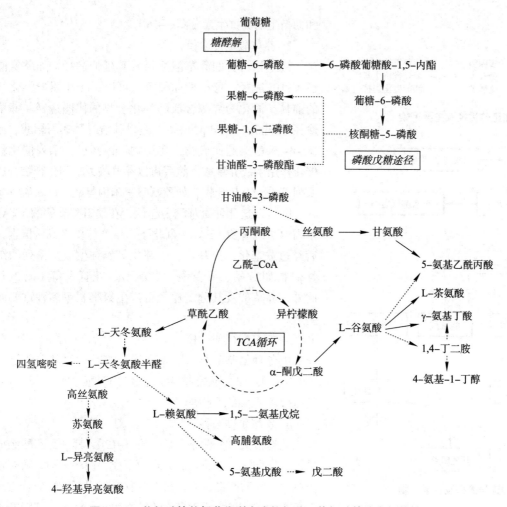

图 3-15　谷氨酸棒状杆菌代谢合成赖氨酸、苏氨酸等分支氨基酸

物过多积累。细胞内的 EMP 途径和 TCA 循环的调控也是通过反馈抑制进行的。谷氨酸棒状杆菌代谢合成赖氨酸、苏氨酸等分支氨基酸，见图 3-15。

反馈抑制是酶活性调节的主要方式。其特点是使酶暂时失去活性，当末端产物因被消耗而浓度降低时，酶的活性又可恢复。因此，酶活性的调节比酶合成的调节更加精细、快速。

3.2.4　微生物的次级代谢

次级代谢是指某些微生物生长到稳定期前后，以结构简单、代谢途径明确、产量较大的初生代谢物为前体，通过复杂的次级代谢途径所合成的结构复杂的化合物微生物（抗生素、毒素、色素等）。不同微生物产生的次级代谢产物不同。一般来说，形态构造和生活史越复杂的微生物（如放线菌和丝状真菌），其次级代谢物的种类也越多。

次级代谢物的种类极多，与人类的医药生产和保健工作关系密切，如抗生素、色素、毒素、生物碱、信息素、动植物生长促进剂以及生物药物素（指一些非抗生素类的、有治疗作用的生理活性物质）等。

次级代谢物的化学结构和合成途径也十分复杂，但各种初生代谢途径，如糖代谢、TCA 循环、脂肪代谢、氨基酸代谢以及萜烯、甾体化合物代谢等仍是次级代谢途径的基础。微生物次级代谢物合成途径主要有四条：

1. 糖代谢延伸途径

由糖类转化、聚合产生的多糖类、糖苷类和核酸类化合物进一步转化，形成核苷类、糖苷类

图 3-16　糖代谢延伸途径及主要产物

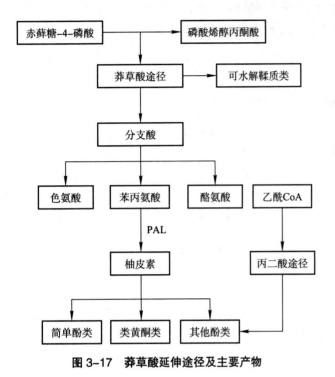

图 3-17　莽草酸延伸途径及主要产物

和糖衍生物类抗生素（图 3-16）。

2. 莽草酸延伸途径

微生物自身的莽草酸途径及其延伸途径，如酪氨酸途径、PHE 途径、色氨酸途径等，可以用于积累酚类化合物的前体，简化为异源合成酚类化合物的代谢途径。莽草酸途径（shikimic acid pathway）是以磷酸烯醇式丙酮酸、赤藓糖 -4- 磷酸为起始底物，在生物体内经过一系列催化酶的催化作用生成莽草酸，然后再以莽草酸为中间化合物合成一系列芳香族类化合物，如酪氨酸、苯丙氨酸、色氨酸等的过程，随后以这几种氨基酸为起始，在酪氨酸裂解酶（TAL）、苯丙氨酸裂解酶（PAL）催化下，生产桂皮素或松鼠素，最后经过酰基化、羟基化、甲基化等修饰生成一系列的结构类似物如黄酮、异黄酮、黄酮醇、花青素等（图 3-17），此外，莽草酸及其分支途径可产生氯霉素等多种重要的抗生素。

3. 氨基酸延伸途径

由各种氨基酸衍生、聚合形成多种含氨基酸的抗生素（图 3-18），如多肽类抗生素、β- 内酰胺类抗生素、D- 环丝氨酸和杀腺癌菌素等。

4. 乙酸延伸途径

此途径又可分两条支路（图 3-19），其一是乙酸经缩合后形成聚酮酐，进而合成大环内酯类、四环素类、灰黄霉素类抗生素和黄曲霉毒素；另一分支是经甲羟戊酸而合成异戊二烯类，进一步合成赤霉素（植物生长刺激素）或隐杯伞素（真菌毒素）等。

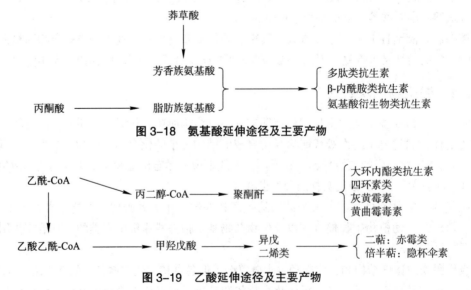

图 3-18　氨基酸延伸途径及主要产物

图 3-19　乙酸延伸途径及主要产物

【习题】

名词解释：

微生物营养　主动运输　生物氧化　初级代谢　次级代谢

简答题：

1. 微生物的五大营养要素是哪些？
2. 微生物的生物氧化有哪几种？并简要描述异同。
3. 简单论述微生物营养物质的吸收方式。
4. 简单论述培养基配制的一般原则。

【开放讨论题】

1. 在日常生活中，哪些食品是利用微生物及其代谢产物生产的？
2. 微生物培养实验中，培养基的优化需要遵循哪些原则？

附录　常见培养基配方

一、牛肉膏蛋白胨培养基（又称肉汤培养基，培养细菌）

牛肉膏 5 g

蛋白胨 10 g

NaCl 5 g

将上述物质溶解后，用蒸馏水定容至 1 000 mL，调节 pH 为 7.0 ~ 7.2。在肉汤培养基中加入 15 ~ 20 g 的琼脂，即制成牛肉膏蛋白胨固体培养基。

二、LB 培养基（培养大肠杆菌）

蛋白胨 10 g

酵母膏 5 g

NaCl 10 g

将上述物质溶解后，用蒸馏水定容至 1 000 mL，调节 pH 为 7.0。

三、麦芽汁琼脂培养基（培养酵母菌）

麦芽汁 20 g

蛋白胨 1 g

葡萄糖 20 g

琼脂 20 g

将上述物质溶解后，用蒸馏水定容至 1 000 mL。

麦芽汁的制备：普通大麦在 20℃ 左右用水浸泡 4 h，并在大麦表面覆盖一层湿布，每天冲水 1 ~ 2 次，至麦芽长到与麦粒长度相同时，将大麦风干、捣碎，制成大麦粉。1 kg 大麦粉加水 4 kg，在 55℃ 的水浴锅中糖化 6 ~ 7 h，至加碘后不变蓝色。用纱布过滤麦芽汁，放置一段时间，使杂质沉淀，测定糖度，然后将麦芽汁稀释到 5 ~ 6 波美度即可。波美度是表示溶液浓度的一种方法，把波美比重计浸入所测溶液中，得到的度数叫波美度。当测得波美度后，从相应化学手册的对照表中可以方便地查出溶液的质量分数。

四、马铃薯琼脂培养基（培养真菌）

将 200 g 马铃薯去皮，切成小薄片，加水 1 000 mL，加热到 80℃，保温 1 h，或煮沸 20 min 后，用纱布过滤。滤液中加入 20 g 蔗糖或葡萄糖、15～20 g 琼脂，用蒸馏水定容至 1 000 mL。

五、查氏培养基（培养霉菌）

蔗糖 15 g
硝酸钠（$NaNO_3$）3 g
磷酸氢二钾（K_2HPO_4）1 g
硫酸镁（$MgSO_4 \cdot 7H_2O$）0.5 g
氯化钾（KCl）0.5 g
硫酸亚铁（$FeSO_4 \cdot 7H_2O$）0.01 g
琼脂 15～20 g
将上述物质溶解后，用蒸馏水定容至 1 000 mL。

六、伊红美蓝培养基（可用于检测水中大肠杆菌的含量）

首先按以下组成配制基础培养基。
蛋白胨 10 g
NaCl 5 g
琼脂 15～20 g
将上述物质溶解后，用蒸馏水定容至 1 000 mL，调节 pH 为 7.6。灭菌后，冷却至 60℃ 左右，再按下面的比例，在无菌操作条件下加入灭菌的乳糖溶液、伊红水溶液及美蓝水溶液。摇匀后，立即倒平板。溶液中的乳糖在高温下会破坏，因此一般使用压力为 70 kPa、温度为 115℃ 的条件灭菌 20 min。

基础培养基 100 mL
20% 乳糖溶液 2 mL
2% 伊红水溶液 2 mL
0.5% 美蓝水溶液 1 mL

第4章
微生物生长及其控制

　　自然界中的微生物个体微小，单个细胞生长凭肉眼很难观察。但是腐烂的柑橘表面着生的青霉、过期的馒头上长出的曲霉，这些都是肉眼可见的，它们是由丝状真菌的菌丝和孢子聚集成团所形成的菌落，可以作为我们观察和研究的对象。

　　酸奶作为生活中常见的食品，是通过乳酸菌发酵牛奶获得的。这是利用有益微生物制作食品的典型案例之一。而晒干或腌制的食品则是通过抑制有害微生物的生长来达到长期保存的效果。医院的手术室，需要无菌的环境，如何才能做到无菌呢？让我们一起学习抑制或杀灭病原菌的方法。

通过本章学习，可以掌握以下知识：
1. 微生物培养的方法和生长曲线。
2. 微生物生长量的测定方法。
3. 同步培养和连续培养。
4. 环境条件对微生物生长的影响。
5. 控制微生物生长的方法。

在开始学习前，先思考下列问题：
单细胞微生物和丝状真菌的繁殖方式有哪些？

【思维导图】

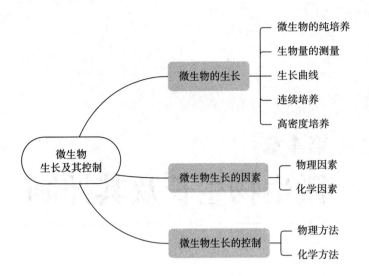

4.1　微生物的生长

微生物的生长是微生物细胞在合适的理化条件下，从环境中吸收营养物质转化为构成细胞物质的组分和结构，当同化作用速度大于异化作用时，细胞内物质有规律、不可逆增加，导致个体细胞重量和体积增大的生物学过程。微生物的繁殖是微生物个体生长到一定阶段，以无性或有性方式产生新的生命个体，导致数量增加的生物学过程。微生物在食品工业中的应用，与它们的生长繁殖或抑制灭活密切相关。

4.1.1　微生物的纯培养

自然界中的微生物个体微小，杂居混生，要研究某一微生物，必先获得其纯培养物。纯培养物（pure culture）是以无菌操作技术，在人为规定的条件下，由单一菌株生长繁殖所得到的微生物群体。无菌技术（aseptic technique）是指在微生物分离、纯化、接种、培养等实验操作过程中，防止被其他微生物污染的一种操作技术，是保障微生物实验准确和顺利的重要操作。实验室中可通过倾注平板法、平板涂布法、平板划线法、单细胞挑取法选择培养分离法在菌落水平上分离获得微生物的纯培养物。此外，用菌丝尖端切割法、湿室分离技术、显微操作技术可在细胞水平对微生物进行单细胞挑取，获得纯培养物。

● 知识拓展 4-1
未培养微生物

4.1.1.1　倾注平板法

倾注平板法（pour plate method）又称稀释倒平板法，先将待分离的样品用无菌水制备成 10^{-1}、10^{-2}……一系列稀释液，然后分别取不同稀释梯度样本液少许，与已融化并冷却至 50℃左右的琼脂培养基混匀后，倾入灭菌培养皿中，待琼脂凝固后，在培养箱中倒置培养一定时间，即可出现菌落（见图 4-1）。如果稀释梯度合适，平板上可出现分散的单菌落，挑取该单菌落，重复以上操作数次，便可得到纯培养物。由单个菌体或聚集成团的多个菌体在固体培养基上生长繁殖所形成的集落，称为菌落形成单位（colony forming unit，CFU），以其表达活菌的数量。GB 4789-2016《食品安全国家标准 食品微生物学检验》系列中，常用倾注平板法对待检样本中的各种活菌进行计数。

4.1.1.2　平板涂布法

平板涂布法（spread plate method）将少量（0.1～0.2 mL）梯度稀释的菌悬液（一般包含 100～200 个细胞或更少）转移到无菌的固体琼脂平板表面，用灭过菌的涂布棒将菌液均匀涂布满整个固体平板表面，在培养箱中倒置培养一定时间，即可出现单菌落（图 4-2）。

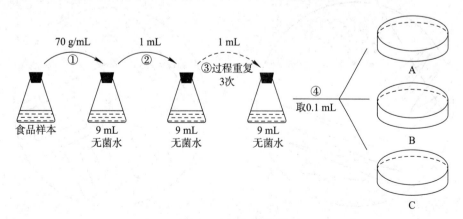

图 4-1　倾注平板法

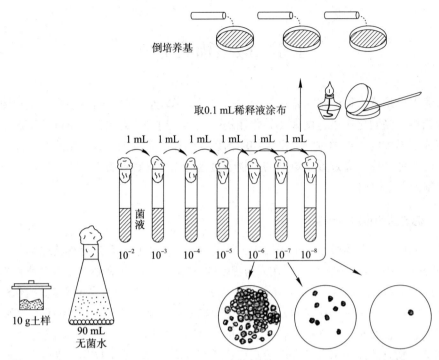

图4-2 平板涂布法

4.1.1.3 平板划线法

平板划线法（streak plate method）是用接种环以无菌方式挑取少许待分离物，在无菌固体培养基平板表面划线，微生物随划线而分散。如果划线次数适宜，经培养后，可在平板表面得到单菌落（见图4-3）。平板划线法的原理是在划线时，微生物细胞在固体平板表面形成浓度梯度，混合在一起的细胞在平皿上的某些位置联合生长，而单个细胞则在平皿上的其他地方形成肉眼可见的完全分离的单菌落。用接种针（环）将新菌落中的细胞转移至琼脂斜面或其他合适的培养基中保存纯培养物。

4.1.1.4 单细胞（单孢子）挑取法

单细胞挑取法（micromanipulator method）常用于真菌单孢子分离。植物病害很多是真菌引起的，对其病原菌进行分离时，常用的单孢分离方法包括单细胞直接挑取法、振落法和稀释法。单细胞直接挑取法是将显微挑取器安装于显微镜上，将待分离样本梯度稀释后，用毛细管在低倍镜

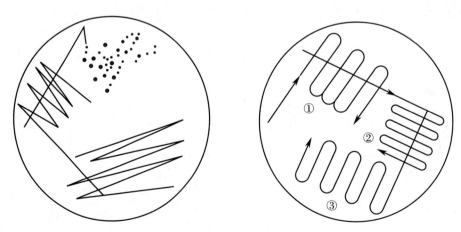

图4-3 平板划线法

下挑取单个孢子进行分离纯化的方法。该方法在真菌分类鉴定、遗传育种和菌种保藏中也有一定的应用。

4.1.1.5 选择培养分离法

选择培养分离法（selective culture separation）是利用选择性培养基分离并获得微生物纯培养的方法。各种微生物所需的营养要求各不相同，选择性培养基是根据某种（类）微生物特殊的营养要求或对某些特殊化学、物理因素的抗性而设计的，能选择性区分这种（类）微生物的培养基。利用选择性培养基，可使混合菌群中的某种（类）微生物变成优势菌群，从而提高该种（类）微生物的筛选效率。如分离芽孢杆菌时，样品可进行80℃预处理；筛选蛋白酶产生菌菌株时，可添加牛奶或酪素制备培养基平板，若形成透明蛋白质水解圈，则为产蛋白酶菌株。

4.1.2 微生物生长量的测定

微生物的生长情况可以通过测定一定时间内微生物繁殖数量或生长量的变化来评价。微生物生长可直接或间接测定，常用的方法有计数法、重量法和生理指标法等。根据研究目的和条件，选择合适方法来测定微生物的生长，如计繁殖数法常用于细菌、放线菌和真菌孢子、酵母菌的测定。

4.1.2.1 计繁殖数法

1. 血细胞计数板法

血细胞计数板是一种常用的细胞计数工具（图4-4）。计数板由H形凹槽分为2个体积为 $0.1\text{ mm} \times 1\text{ mm}^2 = 0.1\text{ mm}^3$ 的计数池。血细胞计数板有两种规格，分别为汤麦式和希利格式。汤麦式将计数室的 1 mm^2 面积分为25个中方格，每中方格再分为16个小方格（25×16）；希利格式将计数室分为16个中方格，每中方格再分为25个小方格（16×25）。两者的计数室均共有400小方格。利用血细胞计数板对微生物计数前，需对样品作适当稀释，盖上血盖片，用吸管取一液滴置于盖玻片的边缘，通过毛细作用使菌液缓缓充满计数室，多余菌液用吸水纸吸取，稍待片刻使菌体全部沉到计数室内，在显微镜下计算4或5个中格的细菌数，并求出每小格平均菌数，再换算成每毫升样品所含的细菌数。此法优点是简便、直接、快速，缺点是不能区分死菌与活菌。

$$\text{每毫升原液所含细菌数} = \text{每小格平均菌数} \times 400 \times 10\,000 \times \text{稀释倍数}$$

2. 平板菌落计数法（活菌计数法）

平板菌落计数法是将待测微生物用无菌盐水或磷酸缓冲液适当稀释后，取一定量稀释液接种于固体平板上或与固体培养基混匀，经一定时间培养后，每一个活细胞就形成一个肉眼可见的单菌落，统计菌落数，再乘以样品的稀释倍数，即可计算出待测微生物数量。其实验原理是每个活菌细胞与其他细菌分开，形成单独、分散的菌落。一般要求平板菌落数为30～300，少于30个菌落则无法满足统计分析的要求，多于300则因为菌落彼此太接近而不能区分不同的菌落形成单位。

GB 4789.2–2016《食品安全国家标准 食品微生物学检验 菌落总数测定》和GB 4789.15–2016《食品安全国家标准 食品微生

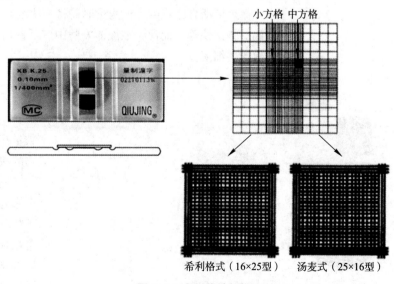

图4-4　血细胞计数板法

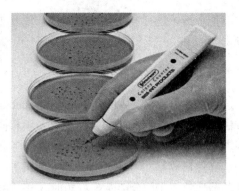

图 4-5　菌落计数器

物学检验 霉菌和酵母计数》的第一法就是采用的平板菌落计数法进行活菌计数。此法的优点是检测的结果较为精确，缺点是方法繁琐，获得检测结果的时间较长等。

3. 稀释培养计数法

对未知样品进行 10 倍梯度稀释，选适宜的 3 个连续的稀释度平行接种多支试管，根据其未生长的最低稀释度与生长的最高稀释度，应用统计学概率论推算出待测样品中微生物的最大可能数（MPN）（查 MPN 表，见附录），然后根据样品的稀释倍数可计算出其中的活菌含量。GB 4789.3–2016《食品安全国家标准 食品微生物学检验 大肠菌群计数》的第一法即采用了最大可能数计数法。

4. 干重法

采用离心法或过滤法将菌体从菌悬液中分离出来，洗净、烘干、称重。一般微生物细胞的干重为湿重的 10%～20%。干重法适用于丝状微生物生长量的测定，该方法较为直接和可靠，但要求测定时菌体浓度较高，且样品中不含非菌体的干物质。

5. 比浊法

比浊法是根据悬浮体的透射光或散射光的强度以测定样品含量的一种方法，包括吸光比浊法、光电比浊法、免疫比浊法等。微生物实验中的比浊法是利用光电比色计测定细胞悬液的光密度，当光线通过微生物菌悬液时，由于菌体的散射及吸收作用，透过的光线随着细胞群体密度增加而降低，微生物培养物的浑浊与细胞浓度呈正比（图 4-6）。在一定波长下，通常选用 450～650 nm 波段，用分光光度计测定菌悬液的光密度（OD 值），然后由细菌数量标准曲线求出未知菌悬液所含细胞数。但测量时需将菌浓度与光密度控制在成正比的线性范围内，否则结果不准确。该法快速，简便，在液体发酵中广泛使用，但不能区别死细胞与活细胞，可检测 10^7 或以上数量的细菌。

6. 生理指标法

微生物的生理指标，如呼吸强度、耗氧量、酶活力、生物热等与其群体的规模呈正相关。样品中微生物数量多或生长旺盛时，这些指标较明显，常用于对微生物的快速鉴定与检测。

例如可通过测定细胞总含氮量来确定细菌浓度。大多数细菌的含氮量为干重的 12.5%，酵母菌为 7.5%，丝状真菌为 6.5%。实验中常用凯氏定氮法测定含氮量，再乘以 6.25 即为粗蛋白质的含量，细胞总量为粗蛋白质的含量乘以 1.54。此法适用于细胞浓度较高的样品，操作过程比较麻烦，主要用于科学研究中。

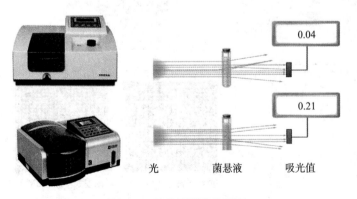

光　　菌悬液　　吸光值

图 4-6　比浊法测定的原理

食品发酵工业中常通过对 pH、溶解氧、黏度等直接状态参数反映发酵过程中的微生物生理代谢状况。例如，可以通过检测发酵液中溶氧浓度，判断溶解氧是否满足微生物的需求，从溶解氧变化了解氧的供需规律及其对生长和产物合成的影响。在发酵早期，菌株代谢活性高，生长繁殖快，呼吸强度大，但菌体浓度较低，摄氧速率较低，发酵液中的溶解氧浓度较高。随着菌体浓度的增加，摄氧速率会出现一个高峰，若此时供氧不足，发酵液中溶解氧浓度会明显下降，说明该菌处于对数生长中期，黏度一般在这个时期也会出现高峰。过了这个阶段，一般需氧量略有所减少，表现出溶氧随之上升，次级代谢产物开始形成，发酵进入稳定期。

4.1.3　微生物的生长曲线

4.1.3.1　同步生长

微生物个体微小，单个细胞生长规律难以观察和测定，且个体生长与群体繁殖交替进行，因此，在实际食品发酵工业中，常采用群体生长规律作为衡量微生物生长的指标。但群体中的每个个体可能分别处于不同阶段，导致出现生长与分裂不同步。通过同步培养可使细胞群体处于相同的细胞生长和分裂周期中，获得同步细胞或同步培养物。

同步培养（synchronous culture）是群体中的细胞生长发育均处于同一阶段上，即大多数细胞能同时进行生长或分裂的培养方法。同步生长（synchronous growth）是以同步培养方法使群体细胞能处于同一生长阶段，并同时进行分裂的生长方式。进行同步生长的方法有机械筛选法和环境条件诱导法两种。

1. 机械筛选法

机械筛选法的原理是利用微生物细胞在不同生长阶段的细胞体积与质量不同或根据它们同某种材料结合能力不同，用过滤、密度梯度离心或膜洗脱法收集同步生长细胞。如硝酸纤维素滤膜法就是依据硝酸纤维滤膜可吸附与其相反电荷细胞的原理，当菌悬液通过硝酸纤维素滤膜时，细菌紧密黏附于膜上，然后将滤膜翻转并置于滤器中，缓慢流加新鲜培养液，除去起始洗脱下的未吸附的细胞后，就可以收集刚分裂的新生细胞，获得同步培养物。机械筛选法的缺点是如果微生物在相同的发育阶段，细胞大小不一致，则效果不佳。

2. 环境条件诱导法

环境条件诱导法的原理是通过控制环境条件，先抑制微生物细胞分裂，然后再消除该抑制条件后，微生物又可恢复分裂，即可获取同步生长细胞。通过温度、光、培养基成分等环境条件控制，可实现同步生长。如可通过光照和黑暗的交替培养，获取光合细菌的同步培养物。常见的环境条件诱导法有用氯霉素抑制蛋白质合成从而抑制微生物生长、细菌芽孢的诱导萌发、藻类细胞的光照和黑暗交替处理法、酵母的 EDTA 处理法、原生动物的短期热休克法等。

4.1.3.2　单细胞微生物的典型生长曲线

当少量纯培养物接种到液体培养基中，选择合适的条件培养，定时取样测定单位体积培养基中的菌体（细胞）数量，以培养时间为横坐标，以细胞数目的对数值作为纵坐标，得到一条定量描述液体培养基中微生物群体生长规律的实验曲线，称为生长曲线（growth curve）。一条典型的生长曲线包括延迟期、对数期、稳定期和衰亡期四个时期（图 4-7）。不同微生物的生长曲线不同，同种微生物，

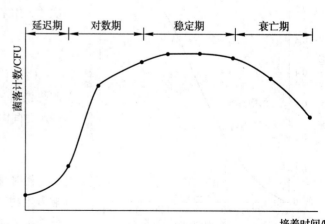

图 4-7　单细胞微生物典型生长曲线

在不同的培养条件下其生长曲线也不同。测定某一微生物在一定条件下的生长曲线，在食品科学研究及生产上都具有非常重要的意义。

1. 延迟期

延迟期（lag phase），又称延滞期、适应期、缓慢期或调整期，是指将微生物细胞接种到新鲜培养基时，细胞数目并没有增加。延迟期有如下特点：①生长速率常数（growth rate constant）为零。②细胞体积增大，DNA含量增多，为细胞分裂做准备。③细胞内的RNA含量增加，合成代谢旺盛，核糖体、酶和ATP合成加快，易产生诱导酶。④对pH、NaCl溶液浓度、温度和抗生素等不良环境敏感。

延迟期出现是由于细胞进入新环境，需要一个适应过程。细胞内暂时缺乏分解和催化相关底物的酶，或缺乏足量的中间代谢产物，为产生诱导酶或合成中间代谢产物，细胞内必须诱导产生新的营养物运输系统，辅助因子可能要扩散到细胞外，参与初级代谢的酶也需要调节适应新环境。

在实际生产中，为了提高生产效率，食品发酵工业常设法尽量采取措施缩短延迟期，其主要手段有：①选用对数期的菌体为种子，种子的生理状态是延迟期长短的关键，对数期的菌体生长代谢旺盛、繁殖力强，抗不良环境和噬菌体的能力强。②适当增大接种量，接种量大，延迟期短。接种量小，则延迟期长。发酵工业上，一般采用10%的接种量进行接种。③尽量使接种前后所用培养基的成分相差不要太大。

2. 对数期

对数期（log phase/ exponential phase），又称指数期。细菌经过延迟期适应和准备后，细胞数目以几何级数增加的一段快速生长期。该时期的特点是：①生长速率常数R最大，代时G最短。②细胞进行平衡生长，所以菌体各部分的成分均匀，细菌形态、化学组成和生理特性等均较一致。③酶系活跃，代谢旺盛。④微生物细胞抗不良环境的能力最强。

在对数生长期，繁殖代数（n）、生长速率常数（R）和代时（G）三个参数尤为重要。

（1）繁殖代数（n）：图4-8可知，细菌群体的指数增长的方程为：

$$X_2 = 2^n X_1$$

（式中X_1、X_2分别为时间t_1和t_2时的细胞数，n代表繁殖代数）

以对数表示：

$$\lg X_2 = \lg X_1 + n\lg 2$$

所以

$$n = \frac{\lg x_2 - \lg x_1}{\lg 2} = 3.322\,(\lg x_2 - \lg x_1)$$

（2）生长速率常数（R）：为单位时间内的世代数，即每小时分裂次数，用来描述细胞生长繁殖速率。

$$R = \frac{n}{t_2 - t_1} = \frac{3.322\,(\lg x_2 - \lg x_1)}{t_2 - t_1}$$

（3）代时（generation time，G）：又称世代时间或增代时间，是细胞每繁殖一代所需要的时间，或原生质增加一倍所需的倍增时间。在一定时间内菌体细胞分裂次数越多，世代时间越小，生长速率越快。

$$G = \frac{1}{R} = \frac{t_2 - t_1}{3.322\,(\lg x_2 - \lg x_1)}$$

代时是由遗传性决定的，不同微生物对数期的世代时间不同。影响微生物对数期增代时间长短的因素较多，主要有菌种、营养成分和营养物浓度、培养温度（表4-1）。

1）菌种：不同微生物代时差别极大，食品中常见微生物菌种的代

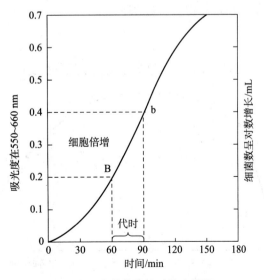

图4-8 生长曲线的对数生长期

时见表 4-1。

2）营养成分：同一菌种，由于培养基成分不同，其对数期的代时也不同。如大肠杆菌（*Escherichia coli*）37℃培养时，代时在牛奶中为 12.5 min，而在肉汤培养基中为 17 min。

3）营养物浓度：在一定范围内，生长速率与营养物浓度呈正比。例如，谷氨酸发酵与培养基中的糖浓度密切相关。在一定范围内，谷氨酸产量随糖浓度的增加而增加，但糖浓度过高时，由于渗透压增大，对菌体的生长和发酵不利。国内谷氨酸发酵的糖浓度为 10%～13%，产酸为 4%～5.5%，国外一般采用保持低浓度的流加糖发酵。

4）培养温度：在一定范围，生长速率与培养温度呈正相关。如大肠杆菌，当培养温度为 21.5～21.8℃时，世代时间为 62.2 min；在 37～44℃时，世代时间为 20～20.8 min；37.5℃，世代时间为 17 min；50℃便停止生长。

指数期的微生物整体生理特性较一致、代谢旺盛、生长迅速，在食品发酵生产上常被用作"种子"，在科研上常作为生理代谢、遗传研究、染色、形态观察的理想实验材料，也是噬菌体增殖的最适宿主。

表 4-1 常见微生物菌种的代时

菌种	食品	温度	代时
金黄色葡萄球菌	肉汤	37℃	27～30 min
大肠杆菌	肉汤	37℃	17 min
	牛奶	37℃	12.5 min
嗜酸乳杆菌	牛奶	37℃	66～87 min
嗜热芽孢杆菌	肉汤	55℃	18.3 min
伤寒沙门氏菌	肉汤	37℃	23.5 min
乳酸乳球菌	牛奶	37℃	26 min
	乳糖肉汤	37℃	48 min
蜡样芽孢杆菌	肉汤	30℃	18 min
枯草芽孢杆菌	肉汤	37℃	26～32 min
大豆根瘤菌	葡萄糖	25℃	344～461 min
酿酒酵母	葡萄糖	30℃	120 min

3. 稳定期

稳定期（stationary stage），又叫恒定期或最高生长期，其活细菌数达到最高并维持稳定，新繁殖的细胞数与衰亡细胞数几乎相等。细胞内开始积累糖原、异染颗粒和脂肪等内含物，芽孢开始形成，有些微生物开始合成次级代谢产物，如抗生素、维生素等。

稳定期出现的原因是：①培养基中营养物，特别是生长限制因子的耗尽，营养物质比例失调（如 C/N 比）。②酸、醇、毒素或过氧化氢等有害代谢产物积累。③ pH 和氧化还原电位等环境条件逐步不适宜于细菌生长，导致细菌生长速率降低直至零。

如果及时采取措施，补充营养物质、取走代谢产物或改善培养条件，如对好氧菌进行通气、搅拌或振荡等可以延长稳定期，获得更多的菌体物质或代谢产物。

对食品发酵生产而言，一般在稳定期的后期产物累积达到高峰，是以生产菌体或与菌体生长相平行的代谢产物（如单细胞蛋白、乳酸等）为目的的一些发酵生产的最佳收获期。为提高产物得率，生产上常常通过补充营养物质或释放代谢产物，调节温度和 pH，对好氧菌进行通气、搅拌或振荡等措施，延长稳定期，以积累更多的代谢产物。

4. 衰亡期

衰亡期（decline phase/ death phase）的到来是由于营养物质耗尽和有毒代谢产物的大量积累，导致细菌死亡数大大超过新生数，该时期细菌代谢活性降低，细菌衰老并出现自溶。细胞形态多样，例如膨大、不规则；有的微生物因蛋白水解酶活力的增强，导致自溶，并出现革兰氏染色假阴性。

单细胞微生物的生长期及特点见表4-2。

表 4-2 封闭系统中单细胞微生物的生长期及特点

	延迟期	对数期	稳定期	衰亡期
出现原因	适应新环境	生长条件合适	营养物耗尽、酸碱失衡、有毒产物累积	营养物质耗尽和有毒代谢产物的大量积累
生长特点	不立即繁殖	繁殖速度最快，微生物数量呈指数增加	生长率等于死亡率，活菌数达到最高	死亡率超过生长率，活菌数明显降低
生长速率常数	0	最大值	0	负值
代时	较长	短	较短	长
菌体形态	大或长	正常	较正常	畸变、自溶
代谢特性	RNA含量高，细胞质呈碱性，对不良条件敏感，合成诱导酶，合成代谢旺盛	平衡生长，酶系协调，合成代谢与分解代谢平衡	细胞内累积贮藏物，合成次生代谢产物，形成芽孢	蛋白酶活跃，分解代谢旺盛，分泌次级代谢产物，释放芽孢
应用	实际生产中，尽量缩短延迟期	生产用菌种、科研材料、病毒宿主	改善和控制培养条件，延长稳定期，是收获菌种与代谢产物的最佳时期	细胞裂解释放产物

4.1.3.3 丝状真菌的群体生长规律

丝状真菌，俗称霉菌，是一类菌丝体发达且不产大型肉质子实体结构的真菌的总称。丝状真菌的生长与繁殖的能力很强，可以通过分生孢子、孢囊孢子、游动孢子、节孢子、厚垣孢子、芽孢子、掷孢子等无性孢子及卵孢子、接合孢子、子囊孢子、担孢子等有性孢子进行繁殖，由孢子开始的丝状真菌生长包括孢子肿胀、萌发管形成和菌丝生长3个阶段，菌丝体是顶端生长模式。

将少量丝状真菌的纯培养物的孢子接种于一定体积的液体培养基中，在最适温度下振荡摇床培养或深层通气搅拌，定时取样测定菌丝细胞物质的干重。以细胞物质的干重为纵坐标，以培养时间为横坐标，即可绘出丝状真菌的群体生长曲线（图4-9），大致可分为生长停滞期、迅速生长期和衰亡期三个阶段。丝状真菌缺乏对数生长期，只有培养时间与菌丝干重的立方根呈直线关系的一段快速生长期。

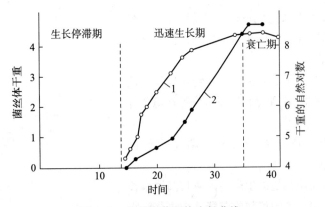

图 4-9 丝状真菌群体生长曲线

曲线1：对应菌丝体干重；曲线2：对应干重的自然对数

1. 生长停滞期

丝状真菌出现生长停滞期的原因有两个：①孢子萌发前的真正的停滞生长；②孢子已萌发，菌丝开始生长，但量太少，无法测定。

2. 迅速生长期

在本阶段，菌丝体干重快速增加，其立方根与时间呈直线关系。因为丝状真菌是多细胞生物，其繁殖不以几何倍数增加，也就不可能出现对数生长。丝状真菌的生长主要表现为菌丝尖端的伸长及分枝生成，因此细胞间互相竞争营养物质，彼此影响。在迅速生长期中，C、N、P等营养物质被迅速利用，呼吸强度达到顶峰，有的开始累积代谢产物。如果是静置培养，则在快速生长期的后期，菌膜上出现孢子。

3. 衰亡期

丝状真菌生长进入衰亡期的标志是菌丝体干重下降，到一定时期后则不再变化。分析原因，是有些真菌由于自身所产生的酶类催化几丁质、蛋白质、核酸等分解，释放出氨、游离氨基酸、有机磷和有机硫化合物等所致菌体发生自溶。处于衰亡期的菌丝体细胞，除顶端后生长的细胞的细胞质稍稠密均匀外，大多都出现了空泡，但多数次级代谢产物都在本时期合成。

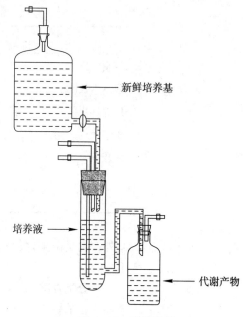

图 4-10　连续培养

（图中标注：新鲜培养基、培养液、代谢产物）

4.1.4　微生物的连续培养

上述的单细胞微生物典型生长曲线，是在分批培养条件下获得的。所谓的分批培养（batch culture）：又称密闭培养，是指在一个固定容积的培养基中，从接种开始，根据实验或生产等培养目的需要，经过一段时间的培养，最后一次性地收获。培养基为一次性加入，整个过程不需额外补充也不再更换。

连续培养（continuous culture）：是指向培养容器中连续流加新鲜培养液，使微生物的液体培养物长期维持稳定、高速生长状态的一种溢流培养技术（如图4-10），常用的连续培养方法有恒浊器与恒化器两类。连续培养技术可使培养容器中细胞数量和营养状态达到动态平衡，微生物可长期保持在对数期的平衡生长状态与恒定的生长速率上，可提高发酵工业生产效率和自动化水平。连续培养技术可以解决分批培养中后期，培养物质逐渐消耗，代谢产物累积而对酶产生的反馈抑制和阻遏作用。

1. 恒浊器

恒浊器（turbidostat）的原理是根据培养器内微生物的生长密度，借助于光电控制系统来控制培养液流速，以取得菌体密度高、生长速率恒定的微生物细胞的连续培养器。当培养器中浊度增高时，通过光电控制系统的调节，可促使培养液流速加快，反之则慢，以此来达到恒密度的目的。在生产实践上，为获得大量菌体或与菌体生长相平行的某些代谢产物（如乳酸、乙醇）时，可利用恒浊器。

2. 恒化器

恒化器（chemostat/bactogen）的原理是通过控制恒定的流速，使微生物始终在低于最高生长速率条件下进行生长繁殖的一种连续培养方法。在该装置中，通常控制某一种营养物的浓度，一般是氨基酸、氨和铵盐等氮源，或是葡萄糖、麦芽糖等碳源，或者是无机盐、生长因子等物质，使其始终成为生长限制因子，而其他营养物均为过量。这样，细菌的生长速率将取决于限制性因子的浓度。随着细菌的生长，菌体的密度会随时间的增长而增高，而限制性生长因子的浓度又会随时间的增长而降低，两者互相作用的结果，出现微生物的生长速率正好与恒速加入的新鲜培养基流速相平衡。这样，既可获得一定生长速率的均一菌体，又可获得虽低于最高菌体产量，但能保持稳定菌体密度的菌体。恒化器培养的微生物在低于最高生长速率的条件下生长繁殖，其主要用于实验室与生长速率相关的各种理论研究中。如在研究微生物利用某种底物进行代谢的规律方面。

表 4-3　恒浊器与恒化器的比较

装置	恒浊器	恒化器
控制对象	菌体密度（内控制）	培养基流速（外控制）
限制生长因子	无	有
培养基流速	不恒定	恒定
生长速率	最高速率	小于最高速率
产物	大量菌体或与菌体生长相平行的某些代谢产物（如乳酸、乙醇）	不同生长速率的菌株
应用	工厂生产为主	实验室研究为主

知识拓展 4-2
补料分批培养

此外，它是微生物营养、生长、繁殖、代谢和基因表达与调控等基础与应用基础研究的重要技术手段。

与分批发酵相比，连续培养具有如下优点：①高效，使装料、灭菌、出料、清洗发酵罐等工艺简化，缩短生产时间和提高了设备的利用效率。②自控，便于利用各种传感器和仪表进行自动控制。③产品质量较稳定。④节约了大量动力、人力、水和蒸汽，且使水、气、电的负荷均衡合理。但连续培养也存在不足之处：①菌种易退化，微生物长时间处于高速分裂中，即使其自发突变率极低，但仍难以避免变异的产生。②易污染杂菌，在连续发酵中，很难保证设备无渗漏、通气过滤无故障。③营养物的利用率一般低于分批培养。因此，连续发酵中的"连续"还是有限的，一般可达数月至一两年。

4.1.5　微生物的高密度培养

大部分的发酵产物都积累于菌体细胞内部，要获得高浓度产物，首先就要获得高细胞密度。细胞高密度培养（high cell density culture，HCDC）是指在人工条件下模拟体内生长环境，使细胞在细胞生物反应器中高密度生长，使液体培养中的细胞密度超过常规培养 10 倍以上，最终达到提高特定代谢产物的比生产率（单位体积单位时间内产物的产量）的目的，用于发酵生产生物制品的技术。一般认为其上限值为 150~200 g 细胞干重/升（DWC/L），下限值 20~30 g DWC/L。

影响微生物高密度培养的因素有很多，主要包括：接种量、培养基组成、有害代谢产物的积累、培养条件（温度、pH、溶氧）等。微生物高密度培养方式主要有透析培养、细胞循环培养、细胞固定化包埋培养、补料分批培养等，其中补料分批培养研究最为成熟且应用最为广泛。高密度培养与常规培养相比，优点如下：①实现微生物的高密度和高生产率。②可使生物反应器的体积缩小，过程更加安全。③简化下游产物的分离纯化步骤。④缩短发酵周期，实现产物的高效价。⑤减少设备投资，缩小成本。

细胞高密度培养不仅是生产高质量的浓缩型细胞和代谢产物的重要环节，是菌株能否以低成本实现规模生产的关键性因素，也是现代生物工程产业化生产过程中必须达到的重要目标与方向。高密度培养技术最早用于酵母细胞培养提高生物量，利用烷烃或有机废水生产单细胞蛋白及乙醇。随着市场需求的日益扩大，高密度培养技术广泛地应用于各种细胞（植物、动物、微生物）的生产中，成为食品、药品等方面的研究热点。

4.2　影响微生物生长的主要因素

微生物通过新陈代谢实现与外界环境因素相互作用。当环境条件发生改变，在一定范围内，可引起微生物形态、生理、生长、繁殖等特征的改变，或者抵抗、适应环境条件的某些改变；当环境条件的变化超过一定极限，则造成微生物的死亡。掌握微生物与周围环境的相互关系，既有利于促进有益微生物的生长繁殖，又可抑制或杀灭病原菌。物理、化学、生物因素都可能对微生物生长造成影响，但温度、氧气、pH、渗透压、干燥（水分活度）、金属盐等对控制微生物生长起着主要的作用。

4.2.1 温度

温度对微生物的生长和食品发酵过程有着重要的影响，是微生物生长繁殖的各种影响因素中最为重要的因素之一。温度变化不仅影响微生物的代谢过程，而且也改变其生长速率。温度对微生物生长的影响具体表现在：①影响酶的活性，从而影响酶促反应速率，最终影响细胞物质合成。②影响细胞膜的流动性，从而影响营养物质的吸收与代谢产物的分泌。③影响物质的溶解度，物质只有溶于水才能被机体吸收或分泌，温度变化最终影响微生物的生长。④影响核酸、蛋白质等对温度较敏感的机体生物大分子的活性，温度高可能会对其造成不可逆的破坏。

微生物生长的温度范围较广，不同微生物的生长温度尽管有差异，但各种微生物都有其生长繁殖的温度三基点，即最适生长温度、最低生长温度和最高生长温度。值得注意的是同一种微生物，不同的生理生化过程有着不同的最适温度，最适生长温度并不等于生长量最高时的培养温度，也不等于发酵速度最高时的培养温度或累积代谢产物量最高时的培养温度，更不等于累积某一代谢产物量最高时的培养温度。因此，生产上要根据微生物不同生理代谢过程对温度的需求特点，采用分段式变温培养或发酵。例如黑曲霉（*Aspergillus niger*）的生长最适温度为37℃，产生糖化酶和柠檬酸时的温度为32~34℃。谷氨酸产生菌的最适生长温度为30~32℃，产生谷氨酸的温度为34~37℃。

表4-4 微生物生长温度三基点

	定义	温度范围	举例
最低生长温度	指微生物能进行繁殖的最低温度界限	一般为 -10~-5℃，极端为 -30℃	嗜冷芽孢杆菌
最适生长温度	指微生物细胞分裂代时最短或生长速率最高时的培养温度	嗜冷菌：<20℃（一般为15℃）	单核细胞增生李斯特氏菌
		中温菌：20~45℃，室温菌约25℃，体温菌约37℃。	大肠杆菌
		嗜热菌：>45℃（一般为50~60℃）	嗜热脂肪芽孢杆菌
最高生长温度	指微生物生长繁殖的最高温度界限	一般为 80~95℃，极端为 105~150℃	甲烷嗜热菌属等

嗜冷微生物可以定义为最适生长温度为15℃或更低，最高生长温度为20℃，最低生长温度为0℃或者更低的微生物。目前从环境中分离到嗜冷微生物，主要是革兰氏阴性细菌，革兰氏阳性细菌相对较少。嗜冷微生物适应低温的作用机理主要包括：①通过信号传导使低温微生物适应低温环境，如耐冷菌丁香假单胞菌（*Pseudomonas syringae*）脂多糖和膜蛋白的磷酸化和去磷酸化反应与温度变化有关。②通过调整细胞膜脂质的组成来适应低温环境，一般情况下，环境温度降低时，微生物细胞膜的不饱和脂肪酸含量会增加，以保持细胞膜磷脂的半流动状态，使细胞膜在低温条件下仍能保持物质运输的能力和保证细胞膜上的酶发挥功能。③低温微生物的蛋白质在低温下是稳定的，嗜冷菌的酶在低温下能保持结构完整和催化功能，低温下的嗜冷菌体外蛋白质翻译的错误率最低。④低温微生物通过产生冷激蛋白，适应低温环境。嗜冷菌产生的低温酶在食品工业中

应用广泛，如在乳制品工业中，在低温条件下使用β–半乳糖苷酶可减少奶制品中乳糖含量；在果汁生产中，低温果胶酶有利于果汁的提取，减少黏度有利于产品的澄清。

嗜热微生物是指最适宜生长温度在45℃以上的微生物。嗜热微生物不仅能耐受高温，而且能在高温下生长繁殖，其生存环境需要较高的温度。嗜热微生物的作用机理是：①细胞膜中含有高比例的长链饱和脂肪酸、分支链脂肪酸和甘油醚化合物，可在高温条件下保持膜的液晶状态。②呼吸链蛋白质的热稳定性高。③某些嗜热菌 tRNA 的 G、C 碱基含量高，提供了较多的氢键，故热稳定性高。④细胞内含大量的多聚胺，在调节核酸、蛋白质合成和细胞分裂中起重要作用。⑤胞内蛋白质具抗热机制，如增加分子内疏水性和分子外亲水性，共价结合等。⑥许多酶由于蛋白质一级结构的稳定及钙离子的保护，耐热性高。食品工业近年来利用嗜热菌生产乙醇，在高温下边发酵边蒸馏，可消除产物的抑制作用，更有利于底物转化成乙醇，同时可节省冷却费用，还可降低能量消耗。

4.2.2 氧气

氧气对微生物的生命活动有着重要影响。根据微生物对氧气的需要和耐受力，可将微生物分为专性好氧菌（obligate/ strict aerobes）、兼性厌氧菌（facultative aerobes）、微好氧菌（microaerophilic bacteria）、耐氧菌（aerotolerant anaerobes）和专性厌氧菌（anaerobes）五大类（表4–5）。

表 4–5　微生物与氧的关系

	微生物类型	最适生长的 O_2 的体积分数	示意图	超氧化物歧化酶（SOD）	过氧化氢酶	举例
好氧菌	专性好氧菌	≥20%		有	有	米曲霉
	兼性厌氧菌	有氧或无氧		有	有	酿酒酵母
	微好氧菌	2%～10%		有	有（低水平）	霍乱弧菌
厌氧菌	耐氧菌	2% 以下		有	无	肠膜明串珠菌
	专性厌氧菌	不需氧，氧气存在死亡		无	无	肉毒梭状芽孢杆菌

1. 专性好氧菌　指在有分子氧的条件下才能正常生长，有着完整的呼吸链，并以分子氧作为最终氢受体，细胞有超氧化物歧化酶（SOD）和过氧化氢酶的一类微生物。绝大多数真菌和细菌

都是专性好氧菌，例如米曲霉（*Aspergillus oryzae*）、铜绿假单胞菌（*Pseudomonas aeruginosa*）、枯草芽孢杆菌（*Bacillus subtilis*）等。在实验室中，常采用振荡和摇床等方式来进行液体培养，在发酵工业上，通常采用搅拌的方式来进行深层液体培养。

2. 兼性厌氧菌　指在有氧或无氧条件下都能生长，但有氧的情况下生长得更好。此类微生物有氧时进行呼吸产能，无氧时进行发酵或无氧呼吸产能，细胞含 SOD 和过氧化氢酶。许多酵母菌和细菌都是兼性厌氧菌。例如酿酒酵母（*Saccharomyces cerevisiae*）、大肠杆菌和普通变形杆菌（*Proteus vulgaris*）等。在实验室和工业生产中，可采用深层静止培养法。

3. 微好氧菌　是指只能在较低的氧分压（1～3 kPa）下才能正常生长的一类微生物，通过呼吸链以氧为最终氢受体而产能。例如霍乱弧菌（*Vibrio cholera*）、拟杆菌属（*Bacteroides*）和假单胞菌（*Pseudomonas sp.*）。

4. 耐氧菌　是一类可在分子氧存在时进行厌氧呼吸的厌氧菌，它们的生长不需要氧，但分子氧存在对它也无毒害。它们不具有呼吸链，仅依靠专性发酵获得能量。细胞内存在 SOD 和过氧化物酶，但没有过氧化氢酶。大多数乳酸菌属于耐氧菌，如乳链球菌（*Streptococcus.lactis*）、乳杆菌（*Lactobacillus*）、肠膜明串珠菌（*Leuconostoc mesenteroides*）和粪链球菌（*Enterococcus faecalis*）等。

5. 专性厌氧菌　是指那些必须在无氧条件下才能生长的微生物，分子氧存在对它们有毒。专性厌氧菌在固体或半固体培养基的表面上不能生长，只能在深层无氧或低氧化还原势的环境下才能生长；其生命活动所需能量是通过发酵、无氧呼吸、循环光合磷酸化或甲烷发酵等提供；细胞内缺乏 SOD 和细胞色素氧化酶，大多数还缺乏过氧化氢酶。常见的厌氧菌有罐头工业的腐败菌如肉毒梭状芽孢杆菌（*Clostridium botulinum*）、嗜热脂肪芽孢杆菌（*Bacillus stearothermophilus*）等。

● 知识拓展 4-3
超氧化物酶（SOD）学说

4.2.3　pH

pH 为环境中的酸碱度，通常以氢离子浓度的对数来表示。在食品发酵工业中，pH 是微生物生长和产物合成非常重要的参数，是代谢活动的综合指标。在食品生产过程，pH 不仅是保证微生物正常生长的主要条件之一，还是防止杂菌污染的一个有效措施，食品本身的 pH 直接决定了食品腐败变质的快慢。动物性食品 pH 一般为 5.0～7.0，蔬菜类食品 pH 5.0～6.0，水果类 pH 2.0～5.0，当 pH≤3.5 时，大多数引起食物中毒的致病菌都不能生长了。

表 4-6　微生物与 pH 的关系

微生物类型	与 pH 的关系	举例
嗜酸菌	最适生长 pH 在 5.0 以下	氧化亚铁硫杆菌等
耐酸菌	能在低 pH 条件下生长，但最适值并不在酸性 pH 范围内	醋酸杆菌等
酵母	大多在 3.8～6.0	酿酒酵母等
丝状真菌	大多在 4.0～5.8	黄曲霉等
细菌	大多在 6.5～7.5	枯草芽孢杆菌等
放线菌	大多在 6.5～8.0	金色链霉菌等
嗜碱微生物	最适生长 pH 在 8.0 以上	嗜盐碱杆菌属等

pH 对微生物的影响主要表现为：① pH 引起细胞膜电荷的变化，从而影响膜的通透性和稳定性，进而影响微生物对营养物质的吸收和代谢产物的分泌，最终影响新陈代谢。② pH 影响参与代谢的各种酶的活性，酶在其最适 pH 条件下，才能最大化的发挥催化作用，过高或过低的 pH，

将使微生物细胞中的某些酶的活性受到抑制，从而影响微生物的生长繁殖和新陈代谢。③不同的pH，还可能引起代谢途径的变化，如酵母菌在弱酸性条件下进行Ⅰ型发酵（乙醇发酵），在弱碱性（pH≥7.6）条件下进行Ⅲ型发酵（甘油发酵）。④发酵液的pH直接影响培养基营养物质和中间代谢产物的解离，从而影响微生物对这些物质的利用和代谢方向，使代谢产物的质量和比例发生改变。

大多数微生物在pH 2.0~8.0下生长，不同种类的微生物对pH的要求不同，具体见表4-6。微生物菌体生长的最适pH和产物合成的最适pH往往不同，如丙酮丁醇梭菌（Clostridium acetobutylicum），其生长的最适pH为5.5~7.0，而发酵最适pH为4.3~5.3，但有例外，如透明质酸产生菌，其生长和产物合成的最适pH是相同的。同一种微生物，由于生长pH不同，代谢产物也不同，如黑曲霉在pH 2.0~3.0时发酵产生柠檬酸，而在pH接近中性时产生草酸。

微生物进行的食品发酵过程中，pH处于动态变化中。一个发酵周期内的pH的变化是微生物的种类、培养基成分和发酵条件共同作用的结果。考虑到微生物在不同时期的生长和生理生化不同对最适pH要求不同，发酵工业生产中要特别关注pH的控制，具体方法见表4-7。在食品加工生产中，要注意的是强酸强碱（如硫酸、盐酸等）虽杀菌效果好，但腐蚀性大，不宜作消毒剂使用，但石灰水、NaOH、Na_2CO_3等常用于环境、加工设备、冷库以及包装材料的灭菌，是因为强碱浓度越高杀菌力越强。此外，食品中添加苯甲酸或苯甲酸钠、山梨酸或山梨酸钾盐（山梨酸钠盐）、丙酸及其钙盐或钠盐、脱氢醋酸及其钠盐和乳酸等酸类防腐剂时，要求不影响食品原有的风味，且对人体无毒性，还要严格执行产品相关国家标准要求的添加剂量。

表4-7 发酵过程中pH的调节

	"治标"	"治本"
过酸	加氢氧化钠、碳酸钠等中和	适当添加尿素、硝酸钠、氢氧化铵或蛋白质等氮源
		提高通气量
过碱	加硫酸、盐酸等中和	适当添加糖类、有机酸、油脂等碳源
		降低通气量

4.2.4 渗透压

生物膜是一种选择透过性膜，具有协调细胞内外渗透压平衡的作用。大多数微生物细胞在等渗溶液中可正常进行新陈代谢活动，细胞形态完整，保持原形不变；当微生物处于高渗溶液时，胞内水分渗透到胞外，原生质收缩，菌体细胞会由于脱水而发生质壁分离，可能导致细胞生长繁殖被抑制或死亡；当微生物处于低渗溶液时，胞外水分向胞内渗透，细胞吸水膨胀破裂死亡。

一般情况下，微生物对低渗透压有一定的抵抗力，在低渗透压食品中较易生长，但不能耐受高渗透压。因此，在食品生产保存中，常用的盐腌和糖渍手段，其原理就是用高浓度的糖溶液和盐溶液来阻止微生物生长。日常生活中，常用10%~15%的盐浓度对蔬菜和肉制品进行腌渍，用50%~70%的糖浓度制作果脯蜜饯。由于盐的分子量小，还能电离，故在百分浓度相等的情况下，盐的保存效果优于糖。

少数的嗜高渗菌、嗜盐菌和嗜糖菌能生长在高渗环境中。如盐杆菌属（Halobacterium）中的某些种，就能在盐含量20%~30%的食品中生长。在酱油的发酵生产中，酱醪中酵母大多为耐盐性酵母，特别是参与主发酵的鲁氏酵母（Zygosaccharomyces rouxii）能在24%~26%盐浓度下生长繁殖，球拟酵母属（Torulopsis）能在26%盐浓度下增殖。肠膜明串珠菌等能在含高浓度糖的食品中生长。鲁氏酵母、罗氏酵母、蜂蜜酵母、意大利酵母、异常汉逊酵母（*Hansenula anomala*）、汉逊德巴利氏酵母（*Debaryomyces hansenii*）、毕赤酵母（*Pichia sp.*）等耐受高糖的酵母常引起糖浆、果酱、浓缩果汁等食品的变质，灰绿曲霉（*Aspergullus glaucus*）、匍匐曲霉（*Aspergillus repens*）、咖啡色串孢霉、乳卵孢霉、芽枝霉属和青霉属（*Penicillium*）等耐受高糖的丝状真菌常引起高糖分食品、腌制品、干果类和低水分粮食的变质。

4.2.5　干燥

水是细胞含量最大的组成成分，是微生物正常生命活动不可缺少的物质，微生物的各种生理代谢必须有水参与。一般用水分活度（Aw）来表示微生物在食品中可实际利用的自由水或游离水的含量。在食品科学中，水分活度的定义是在相同的温度和压力下，食品在密闭容器内的水蒸汽压（P）与纯水蒸汽压（P_0）之比，其数值在 0~1 之间。纯水的水分活度等于 1.0，食品的 Aw 值在 0~1 之间。任何一种微生物都有其适宜生长的水分活度范围，这个范围的下限称为最低水分活度，当水分活度低于此值时，该微生物就不能生长、代谢和繁殖。绝大多数细菌在 Aw 值降至 0.91 以下停止生长，大多数丝状真菌在 Aw 值降至 0.88 以下停止生长，但双孢旱生酵母可在 Aw 值为 0.65 左右生长，鲁氏酵母甚至能在 Aw 值为 0.60 的奶粉、巧克力和蜂蜜等食品中，见表 4-8。

表 4-8　食品中常见微生物生长的最低水分活度

细菌	最低 Aw 值	真菌	最低 Aw 值
大肠杆菌	0.93~0.95	黄曲霉	0.90
沙门氏菌	0.94	黑曲霉	0.88
枯草芽孢杆菌	0.95	酿酒酵母	0.94
八叠球菌	0.91~0.93	假丝酵母	0.94
金黄色葡萄球菌	0.90	鲁氏酵母	0.60
嗜盐杆菌	0.75	耐旱真菌	0.60

依据水分含量的多少，食品可以分为高水分食品（Aw 值在 0.91~1.0 之间，如鱼、肉、水果、蔬菜等）、半干性食品（Aw 值在 0.60~0.90 之间，如肉干、蜜饯等）和低水分食品（Aw 值低于 0.6，如干稻米和谷物等）。研究表明，Aw 值在 0.80~0.85 之间的食品只能保存数天，Aw 值在 0.72 左右的食品可以保存数个月，Aw 值在 0.64 以下的食品，则可保存数年。食品中的水分含量决定食品中微生物的菌相，一般来说，水分含量高的食品，细菌容易繁殖；水分相对少一些的食品，丝状真菌和酵母菌则容易繁殖。高水分食品，适合多数微生物的生长，很容易发生腐败变质。确保食品安全的目标之一，就是防止腐败菌和致病微生物的生长及其毒素的产生，当食品的 Aw 值在 0.60 以下，微生物不能生长。一般认为，食品 Aw 值在 0.64 以下，是食品安全贮藏的防真菌含水量。表 4-9 是食品中水分活度与微生物生长的关系。

表 4-9　食品 Aw 值与可培养的微生物

Aw 值	常见食品	可培养的微生物
1.00~0.95	① 易腐败变质的新鲜食品：如罐头水果、菜、肉、鱼以及乳制品 ② 熟香肠 ③ 面包 ④ 质量分数 40% 的蔗糖或 8% 氯化钠的食品	假单胞菌、大肠杆菌、变形杆菌、志贺氏菌属、克雷伯氏菌属、芽孢杆菌、产气荚膜梭状芽孢杆菌、某些酵母

Aw 值	常见食品	可培养的微生物
0.95 ~ 0.91	① 某些干酪: 如英国切达、法国明斯达、意大利波萝伏洛等 ② 腌制肉制品: 如火腿等 ③ 果汁浓缩物: 质量分数 55% 的蔗糖或 12% 氯化钠的食品	沙门氏菌属、副溶血性弧菌、肉毒梭状芽孢杆菌、沙雷氏菌、乳酸杆菌属、足球菌、某些丝状真菌和酵母 (红酵母、毕赤酵母)
0.91 ~ 0.87	① 发酵香肠: 萨拉米 ② 松蛋糕 ③ 干酪 ④ 人造奶油 ⑤ 质量分数 65% 的蔗糖 (饱和溶液) 或 15% 氯化钠的食品	假丝酵母、球拟酵母、汉逊酵母、小球菌
0.87 ~ 0.80	① 大多数浓缩水果汁, 甜炼乳、巧克力糖浆、水果糖浆、微晶糖膏 ② 面粉、米 ③ 15% ~ 17% 水分的豆类食品 ④ 水果蛋糕、重油蛋糕 ⑤ 家庭自制火腿	金黄色葡萄球菌、大多数丝状真菌、大多数酵母菌属
0.80 ~ 0.75	① 果酱 ② 加柑橘皮丝的果冻 ③ 杏仁酥糖、糖渍水果、棉花糖	大多数嗜盐细菌、产真菌毒素的曲霉
0.75 ~ 0.65	① 10% 水分的燕麦片 ② 颗粒牛皮糖、砂性软糖 ③ 果干、坚果	耐旱丝状真菌 (如亮白曲霉、谢瓦曲霉等)、二孢酵母
0.65 ~ 0.60	① 15% ~ 20% 水分的果干 ② 部分太妃糖与焦糖 ③ 蜂蜜	耐渗透压酵母 (鲁氏酵母), 少数丝状真菌 (刺孢曲霉、二孢红曲霉)
0.60 以下	① 12% 水分的酱、10% 水分的调味料 ② 5% 水分的全蛋粉 ③ 3% ~ 5% 水分的曲奇饼、脆饼 ④ 面包硬皮等 ⑤ 2% 水分的全脂奶粉 ⑥ 5% 水分的脱水蔬菜、5% 水分的玉米片等	微生物不增殖

4.2.6 重金属盐

重金属盐类对微生物都有毒害性, 主要表现在对微生物的细胞形态和活性、微生物的种类和菌群结构上。重金属盐毒害微生物的作用机理是金属离子易与微生物细胞蛋白结合, 从而发生变性或沉淀。特别是汞离子、银离子和砷离子与微生物有较强的亲和力, 能与蛋白酶的巯基结合使其失活, 影响微生物的新陈代谢。汞化合物是常用的杀菌剂, 具有强大的杀菌力, 如 0.05% ~ 0.1% 升汞, 常用于非金属物质和器皿等的消毒, 稀释 10 万倍到 20 万倍的升汞溶液能在 36℃ 条件下, 2 小时内杀死供试的金黄色葡萄球菌 (Staphylococcus aureus) 和铜绿假单胞菌, 对链球菌 (Streptococcus) 也有较好的效果。但升汞对人有毒性, 所以严禁在食品工业中用于防腐或消毒。

4.3 微生物生长的控制

微生物无处不在，与人们长期共存，但任何事物都有两面性，微生物也不除外。乳酸菌、酵母菌、黑曲霉、链霉菌（*Streptomyces*）等可发酵生产乳酸、酒精、柠檬酸、抗生素等产品，金黄色葡萄球菌、黄曲霉（*Aspergillus flavus*）、朊病毒等可能诱发人类疾病或食物中毒，因此我们要正确认识微生物，根据微生物的生长特性，利用或控制微生物的生长，使其服务于人类、造福人类生活。对于有害微生物的控制，包括物理方法和化学方法。

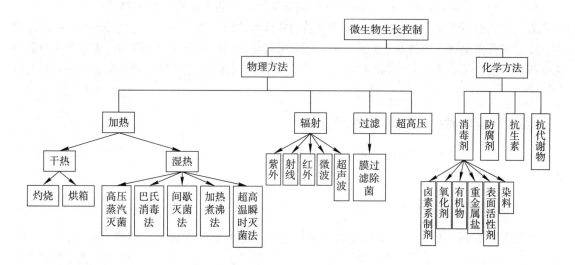

4.3.1 微生物控制的基本概念

微生物是一把双刃剑，有些微生物是我们的敌人，给我们生活带来危害，如食物的腐败变质、微生物毒素的产生、传染病的暴发和流行、生物性食物中毒、发酵染菌、植物病害、人畜共患病等，我们需要通过消毒、灭菌、防腐、化疗等手段控制有害微生物的生长。

1. 抑制

抑制（inhibition）是微生物在亚致死剂量因子作用下停止生长，但不死亡。一旦该因子消除后，微生物仍能恢复生长的生物学现象。

2. 死亡

死亡（death）是在致死剂量因子和亚致死剂量因子长时间作用下，微生物的生长能力不可逆丧失，即该因子消除后，微生物再放到合适的环境中也不再进行生长和繁殖。

3. 灭菌

灭菌（sterilization）是采用强烈的物理或化学方法，使任何物体内外部的一切微生物永远丧失其生长繁殖能力的一种措施。通过高温、辐射等强烈理化因素，可杀灭处理对象上所有的微生物，包括致病菌、非致病菌、芽孢和真菌孢子等。微生物的灭菌实质上包括了杀菌和溶菌两种。

4. 消毒

消毒（disinfection）是采用较温和的理化因素，仅杀死物体表面或内部一部分对人体有害的病原菌，而对被消毒的物体基本无害的措施。常用高温煮沸和消毒剂等方法进行消毒，根本目的是消除致病菌，防止传染病的传播，而对芽孢、孢子并不严格要求全部杀死。食品加工企业的生产场地及加工工具都需要进行定期消毒，操作人员的手部也要进行消毒，才可保证食品安全。在日常生活中，70% 的酒精擦拭、84 消毒液清洗果蔬，牛奶、啤酒和果汁的巴氏消毒法等都属于消毒手段。

5. 防腐

防腐（antisepsis）是利用某种理化因素完全抑制霉腐微生物的生长繁殖，从而达到防止食品等发生霉腐的一种抑菌措施。防腐处理的微生物暂时处于不生长繁殖但又未死亡的状态。防腐的措施很多，食品工业中，常采用低温、缺氧、干燥、高渗、高酸度、防腐剂等手段进行防腐。食品中常见的防腐剂有苯甲酸钠、山梨酸钾、山梨酸钠等。

6. 化疗

化疗（chemotherapy）即化学治疗，指用抗生素、磺胺类药物、生物药物素等具有高度选择毒力的化学物质杀死或抑制宿主体内的病原微生物的生长繁殖，达到治疗效果的一种措施。

7. 商业无菌

商业无菌（commercial sterilization）又称商业灭菌，是指食品经适度的热杀菌处理后，不含致病微生物，也不含在常温下能在食品中繁殖的非致病性微生物。在通常的食品流通及贮藏过程中，这些残留微生物或芽孢不能生长繁殖，不会引起食品腐败变质或因致病菌的毒素产生而影响人体健康。商业无菌按照GB4789.26–2013《食品安全国家标准 食品微生物学商业无菌检验》进行检验。

4.3.2 控制微生物生长的物理方法

控制微生物生长的物理方法主要是利用加热、射线、过滤、超声波、微波和激光等物理方法，杀死或除去微生物。

4.3.2.1 热力灭菌技术

高温是最常用、最方便、最有效的一种抑制微生物生长的物理方法。热力灭菌技术（heat sterilization technology）是利用高温抑制微生物生长的物理方法，是食品工业中延长食品贮藏期限的重要方法。高温对微生物有明显的致死作用，其原理是高温引起氢键破坏，导致菌体蛋白、核酸等不可逆的变性或凝固，酶失活，或细胞的其他成分被破坏，如细胞膜被热溶解形成了极小的孔，使细胞内含物泄漏，导致微生物死亡。在食品工业中，热力致死时间、D 值、Z 值和 F 值常被用来表示微生物对热的耐受性（表 4–10）。微生物对热的抗性受到菌种、菌龄、菌体数量、培养基组成、热处理温度和时间等因素的影响。一般来说，嗜热菌抗热性大于中温菌和嗜冷菌，芽孢杆菌耐热性大于非芽孢杆菌，老龄菌抗热性大于幼龄菌，丝状真菌和酵母的耐热性都比较低。一定容器内微生物数量越多，所需的灭菌时间也越长；加热温度越高、时间越长，抗热性越弱。微生物的抗热性随水分的减少而增加，微生物在中性 pH 条件下，抗热性最强。热处理时，脂肪和糖含量越高，微生物越抗热；低浓度食盐和5% 左右的蛋白质含量对微生物有保护作用。此外，食品中多数香辛料，能明显降低微生物孢子的耐热性。

1. 干热灭菌

干热灭菌（dry heat sterilization）是指通过使用干热空气杀灭微生物的方法，包括火焰灭菌和干热空气灭菌。干热灭菌适用于耐高温但不宜用湿热灭菌的物品灭菌，如玻璃器具、金属制容器、陶瓷制品、固体试药、液状石蜡等。

（1）火焰灭菌

火焰灭菌是直接将需灭菌物品用火焰进行灼烧处理。该方法的特点是灭菌简单、快速、彻底。常用于接种工具（接种环、接种针、接种铲等）、微生物污染物品和动物尸体等的灭菌。此外，实验室接种过程中，试管口或锥形瓶口，也可通过火焰灭菌。灭菌时，只需将物品在火焰中加热20秒，或将灭菌的物品迅速通过火焰3～4次即可。

（2）干热空气灭菌

干热空气灭菌是在干热灭菌器或高温烘箱（图 4–11）中进行，一般用风机使热空气循环进行

表 4-10　微生物耐热性的指标值

耐热指标	定义
热力致死时间 （thermal death time，TDT）	在特定的条件和特定的温度下，杀死一定数量微生物所需的时间，称热力致死时间。一般对该值表示时，会在 TDT 的右下角标注杀菌温度
指数递减时间 （decimal reduction time，D 值）	在一定温度条件下，杀死 90% 原有残存活菌数时所需要的时间（min），D 值的右下角标明测定时的加热温度。如用 110℃ 处理某菌悬液，杀死 90% 的原有残存活菌用了 5 min，则该菌的 D 值为 5 min，用 $D_{110℃} = 5$ min 表示。如果是在 121.1℃（250°F）下加热，用 D_r 表示 D 值是细菌死亡率的倒数，D 值大小和细菌耐热性呈正比，D 值越大死亡速度越慢，该菌也越耐热。原始细菌总数不影响 D 值，但热处理温度、菌种、生长时期、细菌或芽孢培养液的性质等会影响 D 值，所以 D 值是指在一定的环境和一定的热力致死温度条件下才不变，并不代表全部杀菌时间
Z 值	在加热致死曲线中，时间降低一个对数周期（即缩短 90% 的加热时间）所需要升高的温度（℃），即为 Z 值 原始细菌总数不影响 Z 值，且 Z 值越大，微生物越耐热
F 值	在一定的基质中，其温度为 121.1℃，加热杀死一定数量微生物所需要的时间（min），即为 F 值

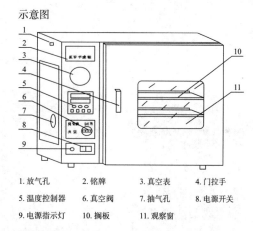

示意图

1. 放气孔　2. 铭牌　3. 真空表　4. 门拉手
5. 温度控制器　6. 真空阀　7. 抽气孔　8. 电源开关
9. 电源指示灯　10. 搁板　11. 观察窗

图 4-11　高温烘箱

灭菌的方法。干热灭菌适用于玻璃器皿、金属用具、耐高温的粉末化学药品以及不允许湿热气体穿透的油脂（如油性软膏等）等耐热物品的灭菌，不适合液体样品及棉花、塑料、橡胶和大部分药物的灭菌。由于空气传热穿透力差，菌体在脱水状态下不容易杀死，所以干热空气灭菌温度高、时间长，通常采用的方法是 160～170℃ 处理 1～2 h。

2. 湿热灭菌

湿热灭菌（moist heat sterilization）是指物质在灭菌器内利用高温的水或水蒸汽，达到灭活微生物的目的。相同温度下，湿热的杀菌效果好于干热灭菌，原因有四方面：①菌体内含水量越大，凝固温度越低。②湿热灭菌过程中蒸汽放出大量潜热，加速提高环境湿度和灭菌温度。③湿热的穿透力比干热大，使其深部也能达到灭菌温度。④湿热使分子中的氢键断裂时，蛋白质及核酸内部结构被破坏，进而丧失了原有功能，微生物死亡。

湿热灭菌适用于溶液、玻璃器械、培养基以及其他遇高温与湿热不发生变化或损坏的物质。常见的湿热灭菌有煮沸消毒法、巴氏消毒法、高压蒸汽灭菌法、超高温瞬时杀菌和间歇灭菌。

湿热灭菌的效果受到微生物的种类与数量、蒸汽的性质、培养基或溶液性质及灭菌时间等因素的影响。

（1）煮沸消毒法

煮沸消毒法是将待消毒物品在100℃水中煮沸10 min以上，即可杀死所有营养细胞和部分芽孢，达到消毒目的。如在水中加入1%Na$_2$CO$_3$或2%～5%石炭酸，可增强消毒效果。煮沸法适用于餐饮具、注射器、解剖用具等的消毒。

（2）巴氏消毒法

巴氏消毒法（pasteurization）最初由巴斯德发明用于果酒消毒，是一种利用较低的温度既可杀死病菌又能保持物品中营养物质风味不变的冷杀菌法。巴氏杀菌主要是使食品中的酶失活，并破坏食品中热敏性的微生物和致病菌。巴氏消毒一般在60～85℃下处理15s～30 min。经巴氏消毒后，食品风味不变，仍保留少量无害或有益、较耐热的菌体或芽孢。该法适于不能高温灭菌的食品，如啤酒、牛奶、果汁、果酒、蜂蜜和酱腌菜等。

（3）高压蒸汽灭菌法

高压蒸汽灭菌法（normal autoclaving）是实验室和食品工业中常用的灭菌方法，在高压蒸汽锅内进行，实验室常见灭菌锅有手提式灭菌锅（图4-12）和全自动立式灭菌锅（图4-13）。高压蒸汽灭菌的原理是水的沸点随着蒸汽压力的升高而升高，当蒸汽压力达到1.05 kg/cm^{2}时，水蒸气的温度升高到121℃，经15～30 min，可全部杀死锅内物品上的微生物及孢子和芽孢。该法适用于培养基、生理盐水、某些缓冲液、玻璃器皿、金属器械、纱布和工作服等的灭菌。食品工业中的肉类罐头的灭菌，发酵过程中培养基的灭菌也采用高压蒸汽灭菌法。

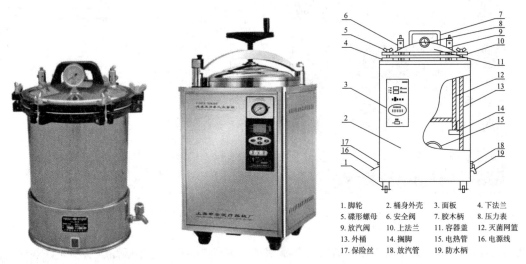

1. 脚轮　2. 桶身外壳　3. 面板　4. 下法兰
5. 碟形螺母　6. 安全阀　7. 胶木柄　8. 压力表
9. 放汽阀　10. 上法兰　11. 容器盖　12. 灭菌网篮
13. 外桶　14. 搁脚　15. 电热管　16. 电源线
17. 保险丝　18. 放汽管　19. 防水柄

图4-12　手提式灭菌锅　　　　图4-13　全自动立式灭菌锅

进行高压灭菌时，一定要充分"排空"，如果灭菌器内原有的冷空气未排空，可能会出现假压，使得灭菌不彻底（见表4-11）。同时还要注意灭菌物品不要互相挤压过紧，以保证蒸汽通畅，使所有物品的温度均匀上升，这样才能达到彻底灭菌的目的。

（4）超高温瞬时杀菌

超高温瞬时杀菌（ultra high temperature short time，UHT），又称UHT杀菌技术，用135～137℃温度处理3～5 s，可杀死微生物的营养细胞和芽孢，达到灭菌目的。如果是污染严重的鲜乳，需142℃以上杀菌。超高温瞬时杀菌的加热灭菌方式可分为直接加热和间接加热两种，直接加热法是用高压蒸汽直接向食品喷射；间接加热法是根据食品的黏度和颗粒大小，选用板式换热器、管式换热器、刮板式换热器杀菌。板式换热器适用于果肉含量不超过1%～3%的液体食品，管式换热

表 4-11 "排空"对高压灭菌温度的影响

压力表读数 /MPa	灭菌锅内的温度 /℃			
	空气排尽	空气排除 2/3	空气排除 1/2	空气排除 1/3
0.035	109	100	94	90
0.070	115	109	105	100
0.105	121	115	112	109
0.140	126	121	118	115
0.175	130	126	124	121
0.210	135	130	128	126

器可加工果肉含量高的浓缩果蔬汁等液体食品。

超高温瞬时杀菌时间短、物料营养物质破坏少，营养成分基本没变化，生产效率高，可达到或接近完全灭菌的要求，如今已发展为一种食品灭菌新技术。HUT 灭菌技术已广泛用于牛奶、酱油、酒、果汁、饮料等产品的灭菌。

（5）间歇灭菌

间歇灭菌（fractional sterilization），又称分段灭菌法，是利用流通蒸汽进行灭菌，通常温度不超过 100℃，每日一次，每次加热时间为 30 min，连续 3 次灭菌，从而杀死微生物的营养细胞。每次灭菌后，要将灭菌的物品在 28~37℃培养，促使芽孢发育成为繁殖体，以便在连续灭菌中将其杀死。

此法常用于易被高温破坏的物品（如糖培养基、牛乳培养基等）的灭菌。发酵工业及食品工业中的设备、管道等亦常用此法灭菌。

4.3.2.2 辐射杀菌技术

辐射杀菌技术（radiation sterilization technology），又称辐照杀菌，是利用电磁射线或加速电子照射被杀菌物品，从而杀死微生物的一种灭菌技术。用于杀菌的辐照可以分为电离辐射（如 X 射线、γ 射线等）和非电离辐射（如紫外线，红外线和微波）。辐照杀菌技术不仅可用于食品、农产品、医药和生物制品等的杀菌，还可用于杀虫、抑制农作物发芽和成熟等方面，辐照技术还可改进食品的工艺和质量，如酒的陈化、牛肉的嫩化等。GB18524-2016《食品安全国家标准 食品辐照加工卫生规范》对食品辐照的定义是利用电离辐射在食品中产生的辐射化学与辐射微生物学效应而达到抑制发芽、延迟或促进成熟、杀虫、杀菌、灭菌和防腐等目的的辐照过程。

1. 紫外线杀菌

紫外线杀菌（UV sterilization）原理是电磁波辐射，波长范围为 100~400 nm，其中 200~300 nm 均具杀菌作用，且以 265~266 nm 的杀菌力最强。GB 19258-2012《紫外线杀菌灯》规定，紫外杀菌灯是一种采用石英玻璃或其他透紫玻璃的低气压汞蒸气放电灯，放电产生以波长为253.7 nm 为主的紫外辐射，其紫外辐射能杀灭细菌和病毒。微生物细胞原生质中的核酸在 260 nm处对紫外有很强的吸收力，蛋白质在 280 nm 处，紫外主要作用于 DNA，破坏分子结构，最典型就是形成胸腺嘧啶二聚体，造成局部 DNA 分子无法配对，从而引起微生物细胞的死亡。

紫外杀菌操作简单、无残留、相对安全且性价比高，对消毒物品不构成损坏，是日常常用的灭菌方法之一。紫外杀菌主要用于空气、水和物体表面的消毒。此外，对高产菌株的筛选，紫外诱变育种也是一种有效的手段。但值得提醒的是，紫外线对人体有一定损伤，长时间照射会引起结膜炎、红斑及皮肤烧灼等现象，实验时要注意个人防护安全。

2. 辐射灭菌

辐射灭菌（radiation sterilization），又叫冷杀菌，是对包装食品进行辐照杀菌的一种方法。其灭菌原理是微生物被放射性同位素 ^{60}Co 或 ^{137}Cs 产生的 γ- 射线或低能加速器放射出的 β- 射线电离射线照射后，菌体吸收能量，诱发分子或原子电离激发，产生一系列物理、化学和生物学变化，最终导致微生物死亡。其优点是杀菌效果显著，剂量可调；即使采用高剂量（≥10 kGy）照射，食品中化学变化也很微小；无非食品物质残留；基本不产热，可保持食品原料本性，即使在冷冻状态下也能处理；穿透力强、均匀、辐照过程可准确控制；对食品包装无严格要求。但辐射灭菌设备费用高，某些食品经辐射后，存在营养成分如维生素等损失，辐射操作时还需有安全防护措施。

3. 远红外加热杀菌

远红外加热杀菌（far-infrared heating sterilization）是以辐射方式向外传播，照射到待杀菌的物品上，传热直接由表面渗透到内部，速度快、穿透力强、热效应好的一种灭菌方法。0.77 ~ 1 000 μm 波长的电磁波有较好的热效应，特别是 1 ~ 10 μm 波长的热效应最强。实验室常用的红外电热灭菌器（图 4-14）。红外灭菌具有高效、环保、节能的优点，近年来广泛应用于食品工业中一般粉状和块状食品杀菌，也可用于咖啡豆、花生等坚果类食品及谷物的杀菌。

虽然目前远红外加热杀菌机理未完全明确，但相关研究显示，红外加热会破坏致病菌的 DNA 和 RNA、核糖体、细胞膜和蛋白质，使细菌失活死亡。但在使用过程中需要注意的是，当长时间处于红外线照射时，人会感觉眼睛疲劳及头疼，日积月累会引起眼内损伤，因此，工作人员应佩戴防红外线伤害的护目镜保护自己。

图 4-14　红外电热灭菌器

4. 微波灭菌

微波是指波长约 0.01 ~ 1 m，频率为 300 MHz ~ 300 GHz 的电磁波。微波灭菌（microwave sterilization）是微波热效应和生物效应共同作用的结果。微波热效应是微波与物料直接接触，将超高频电磁波转化为热能的过程。生物效应是微波影响细菌细胞膜的电子和离子浓度，从而改变细胞膜的通透性，使物质运输受损，新陈代谢无法正常进行，导致细菌死亡。

微波可以杀灭各种微生物营养体，也可杀灭孢子和芽孢。微波可使氢键松弛、断裂和重组，从而导致基因突变，微生物生长发育延缓和死亡，达到食品杀菌和保鲜目的。微波杀菌的特点是加热时间短、升温速度快、作用均匀，不仅保持了食品的营养成分和功能分子活性，还保持了食品原料的色、香、味，且无残留、安全性高。目前我国微波灭菌多用于食品及餐具的处理。

5. 超声波杀菌

超声波是指频率大于 20 kHz 的声波，方向性好、功率大、穿透力强，有一定的杀菌作用，细菌、酵母菌、噬菌体和病毒在超声波作用下细胞均可以受到不同程度的破坏。其杀菌效力主要由于超声波所产生的空化作用，形成强烈的冲击波导致微生物细胞破裂死亡。

超声波杀菌（ultrasonic sterilization）一般只适用于液体或浸泡在液体中的物品，且待灭菌物不能过大，探头需与液体接触。超声波可用于酒类、牛奶、酱油、果蔬汁饮料等液体食品或器皿的消毒灭菌。此外，超声波能引起基因突变，可用于诱变育种。超声波杀菌效果与频率、强度、处理时间、微生物种类、菌体浓度和容量、媒介等有关。

4.3.2.3　过滤除菌

过滤除菌（filter sterilization）是指用物理阻留的方法除去气体和液体中的悬浮灰尘、杂质及腐败菌。常用的滤菌器有 0.22 μm 和 0.45 μm 微孔滤膜（图 4-15）、陶瓷滤菌器、石棉滤菌器、烧结玻璃滤菌器等。过滤除菌是惯性撞击截留作用、拦截截留作用、布朗扩散截留作用的共同效应结

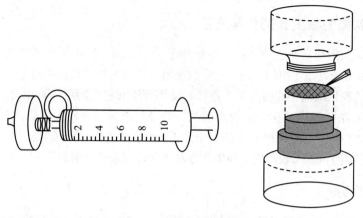

图 4-15　微孔滤膜除菌

果，只适用于液体或气体状态的物料乳化态、浑浊态的食品除菌，过滤除菌不能将存在于食品及处理食品的环境中的微生物杀死，只将其从所在的场所清除出去。

微生物实验室无菌操作时使用的超净工作台，是一种小空间无尘无菌工作环境的单向流型空气净化设备。其工作原理（图 4-16）是通过风机将空气吸入预过滤器，经由静压箱进入高效过滤器过滤，将过滤后的空气以垂直或水平气流的状态送出，使操作区域达到百级洁净度，保证生产对环境洁净度的要求。

4.3.2.4　超高压杀菌

超高压杀菌（ultra high pressure sterilization），又称超高静压处理技术、高静压处理技术，就是将 100 ~ 1 000 MPa 的静态液体压力施加于液态和 / 或固态食品、生物制品等物料上并保持一定的时间，起到杀菌、破坏酶及改善物料结构和特性的作用。其原理就是高压可导致微生物的形态结构、生化反应、基因及细胞壁和细胞膜等受损，从而影响微生物正常生理代谢，甚至使原有功能被破坏或发生不可逆变化，导致微生物死亡。

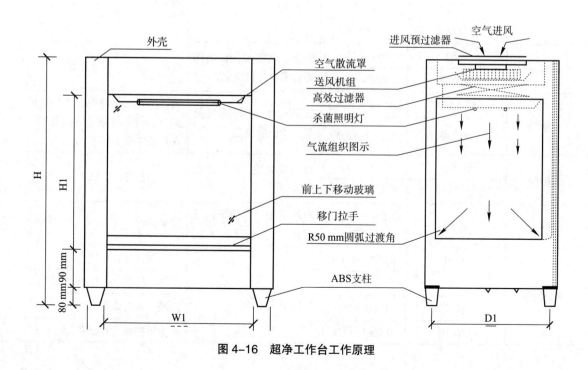

图 4-16　超净工作台工作原理

4.3.3 控制微生物生长的化学方法

化学杀菌是指利用化学或生物药剂直接作用于微生物而达到杀死或抑制其生长繁殖的方法。虽然部分杀菌剂具有杀死微生物的作用，但多数杀菌剂对微生物只起到抑制生长和繁殖的效果。

各种杀菌剂的理化特性、抗菌效果、毒性、使用范围和使用剂量各不相同，使用时，要根据杀菌对象的特性和杀菌要求选择合适的杀菌剂。此外，杀菌剂的使用不能违反《中华人民共和国传染病防治法》《中华人民共和国食品安全法》《消毒管理办法》《食品添加剂卫生管理办法》《食品添加剂使用卫生标准》《农药安全使用规范总则》等国家法律法规。

4.3.3.1 消毒剂

消毒剂（disinfectant）是指用于杀灭环境、物体表面或水中的有害微生物的杀菌剂，常用于食品、医药、环保、农业等领域的消毒。医用消毒剂主要用于对环境中的空气、皮肤、医疗器械和用具等进行消杀，目的是杀死所有的病原微生物。食品及医药工业用水、工具、设备及生产环境所用的消毒剂，目的是杀死致病菌和腐败菌，达到相应的卫生标准要求。

表 4-12   常见消毒剂及其应用

类型	名称	常用浓度	作用机理	范围
卤素系制剂	氯气	$0.2 \sim 0.5$ mg/L	破坏细胞膜、使蛋白质变性	饮用水、游泳池水
	漂白粉	$10\% \sim 20\%$		地面、厕所
		$0.5\% \sim 1\%$		饮用水、空气、体表
	碘酊	2%		皮肤
	碘伏	$0.5\% \sim 5\%$		皮肤、黏膜
氧化剂	高锰酸钾	0.1%	氧化蛋白质的活性基团，酶失活	水果、蔬菜、皮肤、物体表面等消毒
	臭氧	$0.3 \sim 2$ mg $\cdot$ L^{-1}		
	过氧乙酸	$0.2\% \sim 0.5\%$		
	过氧化氢	3%		
醇类	乙醇	$70\% \sim 75\%$	脱水，溶解类脂，损伤细胞膜，蛋白质变性	皮肤、器皿、医疗器械
	异丙醇	$60\% \sim 80\%$		
醛类	甲醛（蚁醛）	$0.5\% \sim 10\%$	破坏蛋白质氢键或氨基，蛋白质变性	物品消毒、接种箱、接种室的熏蒸、精密仪器等的消毒（不含食品企业）
	戊二醛	2%（pH 8.0）		
酚类	石炭酸	$3\% \sim 5\%$	蛋白质变性，损伤细胞膜	地面、器具、皮肤
	煤酚皂（来苏儿）	2%		
酸类	乙酸	$5 \sim 10$ mL 熏蒸	破坏细胞膜、使蛋白质变性	房间消毒
重金属盐类	升汞	$0.05\% \sim 0.1\%$	与蛋白质的巯基结合，使蛋白失活	非金属物品、器皿
	红汞	2%		皮肤、黏膜、小伤口
	硝酸银	$0.1\% \sim 1\%$		皮肤、新生儿眼睛
	硫酸铜	$0.1\% \sim 0.5\%$		防治植物病毒和藻类

类型	名称	常用浓度	作用机理	范围
表面活性剂	新洁尔灭	0.05% ~ 0.1%	破坏细胞膜、使蛋白质变性	皮肤、黏膜；器械
	杜灭芬	0.05% ~ 0.1%		皮肤、金属、塑料、棉织品
染料	龙胆紫	2% ~ 4%	与蛋白质羧基结合	皮肤、伤口

1. 卤素系制剂

（1）含氯消毒剂

GB/T 36758-2018《含氯消毒剂卫生要求》对含氯消毒剂的定义是溶于水能产生次氯酸消毒剂，其有效成分常以有效氯表示，有无机氯制剂和有机氯制剂两类。无机氯氧化性较强，但不稳定，光照或加热条件下易分解失活。但二氧化氯除外，95℃不分解，杀菌受 pH 影响小。常见的无机氯制剂有氯、二氧化氯、次氯酸钠、漂白粉等。有机氯制剂相对稳定，但溶于水后也不稳定，常见的有机氯制剂有三氯异氰脲酸、二氯异氰脲酸、二氯二甲基咪唑等。氯有较强的杀菌作用，能使蛋白质变性，溶于水中生成次氯酸，进一步分解为盐酸和新生态的氧，破坏细胞质，起到杀菌作用。食品工业消毒剂的使用要符合 GB/T 36758-2018《含氯消毒剂卫生要求》。

氯气是使用最早的水消毒剂，具有杀菌能力强、广谱、价廉等优点，主要用于城市生活用水的消毒（$1 \sim 4 \ mg \cdot L^{-1}$）、饮料生产水处理工艺中杀菌及游泳池里的水消毒（$0.6 \sim 1 \ mg \cdot L^{-1}$）。

漂白粉中有效氯为 28% ~ 35%，0.5% ~ 1% 的水溶液 5 min 可杀死大多数细菌，5% 的浓度处理 1 h 可杀死芽孢。漂白粉常用作水处理和饮用水的杀菌、食品生产设备和厂房等的消毒、医疗器械、环境和医疗垃圾等的消杀。对饮用水进行消毒时，漂白粉的用量一般为 $4 \sim 16 \ mg \cdot L^{-1}$，作用时间 30 min。对传染病人使用过的物品、环境等进行消杀时，可用 3% 的漂白粉浸泡 1 h 或直接喷雾。

二氧化氯可用于饮用水、工业循环冷却水、游泳池水、工业污水、医院污水、城市生活污水等的消毒。WHO 和 FAO 推荐用二氧化氯代替液氯进行水的消毒，加入 $0.2 \ mg \cdot L^{-1}$ 即可达到消毒要求。二氧化氯也可用于食品用水、食品加工设备和管道、食品包装等的消毒。还可用于食品防腐保鲜、农残的去除和鱼病防治等。

（2）碘制剂

常用的碘制剂为碘酊和碘伏。碘酊又称为碘酒，一般使用浓度为 2%，为红棕色的液体，主要成分为碘、碘化钾，适用于皮肤感染和消毒。碘伏是单质碘与聚乙烯吡咯烷酮的不定型结合物，医用碘伏浓度为 0.3% ~ 0.5%，呈现浅棕色，具有广谱杀菌性，对细菌繁殖体、真菌、原虫和部分病毒有灭活作用，可用于皮肤、黏膜的消毒，也可用于治疗烫伤、滴虫性阴道炎、真菌性阴道炎、皮肤真菌感染等。

2. 氧化剂

氧化剂是一些含不稳定结合态氧的化合物，如过氧化氢、过氧乙酸、臭氧等，其杀菌机理是氧化剂放出游离氧作用于微生物蛋白质的活性基团（氨基、羟基和其他化学基团），造成代谢障碍而死亡。因其氧化能力较强，直接添加到食品会影响食品品质，目前仅作杀菌剂或消毒剂使用，用于生产环境、设备、管道或水的消毒或杀菌。

（1）过氧化氢

过氧化氢又称为双氧水，化学性质活泼，易分解成水和新生态氧。3% 浓度的过氧化氢只需要几分钟即可使细菌繁殖体灭活；0.1% 浓度处理 1 h，可使大肠杆菌、金黄色葡萄球菌和伤寒杆菌失活，1% 浓度处理数小时可杀死芽孢。过氧化氢为无毒消毒剂，目前较普遍用于软包装饮料袋的消毒。

（2）过氧乙酸

过氧乙酸是一种高效广谱杀菌剂，有很强的氧化性，遇有机物放出新生态氧而起氧化作用，对细菌繁殖体、芽孢、病毒、丝状真菌等有作用。易溶于水，为无色液体，具有乙酸的典型气味，化学性质极不稳定，在空气中具有较强的挥发性，对空气有较好的消杀效果，但在110℃以上会爆炸。

0.01%浓度的过氧乙酸可杀死大肠杆菌、金黄色葡萄球菌等，0.05%～0.5%浓度处理可杀死枯草芽孢杆菌、嗜热脂肪芽孢杆菌等，0.5%的浓度处理15～30 min即可完全破坏HBV病毒的抗原性，0.005%～0.01%浓度处理5 min，可使产朊假丝酵母等真菌死亡。过氧乙酸有很强的腐蚀性和刺激性，故使用范围受限，但使用后几乎无残毒遗留，因此适用于各种塑料、玻璃、棉布、人造纤维、食品包装材料（如超高温灭菌乳、饮料的利乐包等）、食品表面（如水果，蔬菜和鸡蛋）、地面及墙壁等的消毒。用于手消毒时，浓度需小于0.5%，才不会造成皮肤损伤。

（3）臭氧

臭氧（O₃）是一种强氧化剂，能破坏分解细菌的细胞壁，很快扩散进入细胞，氧化葡萄糖氧化酶，也可直接破坏病原微生物的细胞、核酸、分解蛋白质、脂质和多糖等大分子，使微生物代谢和繁殖受阻。O_3是一种具有特殊臭味的淡蓝色气体，其杀菌作用不受pH影响，杀菌能力比含氯消毒剂强600～3 000倍，用0.3～2 mg·L^{-1}浓度处理0.5～1 min，即可杀死细菌。臭氧灭菌技术近年在纯净水生产中应用较广，其灭菌的效果与浓度有一定的关系，但浓度大了会使水产生异味。

3. 有机物

酚、醇、醛和酸等有机物通过使微生物细胞蛋白质变性，损伤细胞膜或破坏蛋白质氢键或氨基，达到杀菌的作用。

（1）酚类

酚类使蛋白质变性，损伤细胞膜，破坏细胞膜的通透性，使细胞内含物外溢，从而抑制和杀死大部分细菌的繁殖体。低浓度的酚有抑菌作用，高浓度时有杀菌作用。最早使用的苯酚（又称石炭酸），浓度为2%～5%时，能在短时间内杀死细菌的繁殖体，但杀死芽孢则需数小时，对真菌和病毒效果不佳。酚类消毒剂适用于医院环境消毒，不适于食品加工用具以及食品生产场所的消毒。日常生活中常用的来苏儿是用肥皂乳化的甲酚，常用浓度为2%，其杀伤力比苯酚强，细菌的繁殖体在用来苏儿处理5～15 min即可死亡。

（2）醇类

醇类杀灭微生物是通过脱水作用引起菌体新陈代谢受阻、肽键破坏使蛋白质凝固和变性实现的。使用最多的醇类是乙醇，一般70%～75%乙醇作用最强，但无水酒精杀菌力低。细菌的繁殖体对乙醇敏感，对芽孢则无效。醇的杀菌作用随着相对分子质量的增加而增强，杀菌效果丁醇＞丙醇＞乙醇＞甲醇，但分子量大的醇水溶性比较差，故醇类中常常用乙醇作消毒剂。

乙醇易挥发，应采用浸泡消毒或反复擦拭以保证其作用时间。乙醇常用于皮肤表面和实验室玻棒、玻片等用具的消毒。

（3）醛类

醛类是一种活泼的烷化剂，作用于菌体蛋白质的氨基、羧基、羟基和巯基等基团，从而破坏蛋白质分子，使微生物死亡。甲醛和戊二醛都有杀菌作用。甲醛与蛋白质的氨基结合而使微生物致死，常用的福尔马林溶液为37%～40%的甲醛水溶液，0.1%～0.2%的甲醛溶液即可杀死细菌的繁殖体，5%浓度可杀死芽孢。甲醛溶液具挥发性，可作为熏蒸消毒剂，用于空气和接种室等环境的消毒杀菌。但对人体皮肤黏膜有刺激，可引起过敏，还有致癌作用，因此不可用于食品等消毒。福尔马林溶液具有较强的杀死细菌和真菌的能力，是制作动物植物标本的防腐剂。

（4）酸类

微生物生长需要合适的pH环境，多数细菌生长在中性至微碱性环境，大多数放线菌喜欢偏碱

⊕ 知识拓展 4-4
李斯特与外科消毒法

性环境，而酵母和丝状真菌则喜欢偏酸性条件。酸对微生物的杀菌和抑菌效应，主要是通过氢离子作用的。有机酸中常见的具抑菌或杀菌作用的有甲酸、乙酸和乳酸等。甲酸对真菌有效，3%~4%乙酸可以杀死大肠杆菌，9%乙酸可杀死金黄色葡萄球菌，1 mol/L乳酸对肠杆菌（Enterobacteria）、葡萄球菌（Staphylococcus）、链球菌有杀菌作用，乳酸对细菌和病毒有很强的杀伤力。

（5）环氧乙烷

环氧乙烷至今仍为最好的冷消毒剂之一，用它杀菌是目前四大低温灭菌技术之一。环氧乙烷具有广谱性，可在常温下杀灭包括芽孢在内的细菌、病毒和真菌。环氧乙烷穿透力强，可达到被消毒物品深部，口罩、绷带、缝线及手术器具等医疗企业常选择环氧乙烷作为车间的杀菌消毒剂。

但环氧乙烷是一种中枢神经抑制剂、刺激剂和有毒致癌剂，可与蛋白质、DNA和RNA产生非特异性烷基化作用，对身体健康产生危害。

4. 重金属盐

所有重金属盐类对微生物都有毒害作用，其作用机理是金属离子容易与菌体酶蛋白的巯基结合而发生变性或沉淀，且杀菌力随温度升高而增强，温度每升高10℃，杀菌力可提高2~3倍。

（1）二氯化汞

二氯化汞，俗称升汞，具有强大的杀菌力，1:500~1:2 000的升汞溶液对大多数细菌有致死作用。有文献报告，链球菌对升汞十分敏感，升汞稀释10万倍在37℃下，2 h内可杀死供试的金黄色葡萄球菌和铜绿假单胞菌。升汞可用于木材和动植物标本的保存，还可用于非金属物品和器皿等的消毒。但要注意，升汞为剧毒化合物，对人和动物有急性毒性和慢性毒性作用，使用时应注意安全、密闭操作、局部排风。严禁将升汞用于食品工业中防腐或消毒。

（2）硫酸铜

波尔多液、铜皂液、铜铵制剂，就是用硫酸铜与生石灰、肥皂、碳酸氢铵配制而成的，对真菌及藻类效果较好。波尔多液在农业上作为杀菌剂防治柠檬、葡萄等水果发生真菌病害。

（3）硝酸银

硝酸银溶液是一种温和的消毒剂，0.1%~1%的硝酸银用于皮肤消毒，1%的硝酸银常用于预防新生婴儿传染性眼病。硝酸银的作用机制是Ag^+被带负电荷的微生物吸附于表面，当累积到一定量时，通过细胞膜与菌体内DNA碱基结合，使微生物丧失分裂和增殖能力而被抑制或杀死。此外，硝酸银还可与菌体细胞膜上巯基结合生成蛋白银，使蛋白质变性凝固，抑制了微生物呼吸酶系统的作用，导致新陈代谢受阻，菌体死亡。有研究通过比较硝酸银与传统抗生素对铜绿假单胞菌、肺炎克雷伯菌（Klebsiella Pneumoniae）、金黄色葡萄球菌、大肠杆菌、产朊假丝酵母（Canidia Albicans）等杀菌能力，发现硝酸银以较小的浓度（3~7 μg·mL^{-1}）就可以起到抑菌效果，且对细菌与真菌具有广谱抗菌作用，其作用无显著差异。

5. 表面活性剂

凡加入少量而能显著降低液体表面张力的物质，统称为表面活性剂。表面活性剂有天然的（磷脂、胆碱、蛋白质等）和人工合成的（如十八烷基硫酸钠、硬脂酸钠等）。表面活性剂杀菌剂可分为阳离子型、阴离子型、非离子型和两性型。

（1）阳离子型表面活性剂

阳离子型表面活性剂主要是含氮的有机胺衍生物，起作用的部分是阳离子，因此称为阳性皂。其特点是水溶性大，在酸性与碱性溶液中稳定，具有良好的表面活性作用和杀菌作用。常用品种有苯扎氯铵（洁尔灭）和苯扎溴铵（新洁尔灭）等。

（2）阴离子型表面活性剂

在水中电离后，起表面活性作用的部分带负电荷的表面活性剂称为阴离子型表面活性剂。常见的阴离子型表面活性剂主要包括肥皂类，硫酸化物及磺酸化物等。

（3）非离子型表面活性剂

非离子型表面活性剂是分子中含有在水溶液中无法解离的醚基为主要亲水基的表面活性剂，其表面活性由中性分子体现出来。非离子型表面活性剂主要包括脂肪酸甘油酯、多元醇、聚氧乙烯型和聚氧乙烯 – 聚氧丙烯共聚物等。

（4）两性型

两性型表面活性剂是在同一分子中既含有阴离子亲水基又含有阳离子亲水基的表面活性剂。在碱性水溶液中呈阴离子表面活性剂的性质，具有很好的起泡、去污作用；在酸性溶液中则呈阳离子表面活性剂的性质，具有很强的杀菌能力，主要包括卵磷脂、氨基酸型和甜菜碱型。

6. 染料

染料，在低浓度下能抑制微生物的生长，其抑菌作用主要是通过与蛋白质的羧基结合，使其失活变性。碱性染料孔雀绿和煌绿可抑制 G^+ 菌和大肠杆菌，复合染料伊红美蓝能有效抑制 G^+ 菌，而有利于大肠菌群的分离。

（1）结晶紫

2%～4% 的龙胆紫（甲紫溶液，俗称紫药水），常用于小型伤口上外涂，其作用原理是能与细菌蛋白质的羧基结合，影响细菌代谢而达到抑菌作用。紫药水对葡萄球菌、白喉棒状杆菌（*Corynebacterium diphtheriae*）等 G^+ 菌效果较好，对产朊假丝酵母也有较强的抗菌作用。但国家药监局发布《国家药监局关于修订甲紫溶液药品说明书的公告（2020 年第 138 号）》中明确要求说明书中应添加警示语："有实验报告表明动物全身性（或系统性）吸收甲紫可致癌，故本品只能用于局部未破损皮肤，严禁内服。"

（2）孔雀石绿

孔雀石绿，作为杀菌剂和杀虫剂，曾经大量用于鱼类或鱼卵的寄生虫、真菌或细菌感染的防治，对鱼的水霉病有特效，还可治疗鳃霉病、小瓜虫病、车轮虫病等。但孔雀石绿为高毒、高残留及"三致"物质，国外很多国家已将孔雀石绿列为水产养殖禁用药物，我国在 2005 年农业部公告 193 号《食品动物禁用的兽药及其化合物清单》中，将孔雀石绿列入食品动物中禁止使用的药品及其他化合物清单。

4.3.3.2　食品防腐剂

食品防腐剂（preservative）是能防止由微生物引起的腐败变质、延长食品保质期的添加剂。因兼有防止微生物繁殖引起食物中毒的作用，又称抗微生物剂。防腐剂通过抑制微生物酶系统的活性，破坏微生物细胞壁和细胞膜的正常功能，使微生物生长变缓或停止，从而延长微生物繁殖代时。

防腐剂按来源可分为合成类化学防腐剂和天然防腐剂。化学防腐剂，如苯甲酸等，其使用必须按我国《食品安全国家标准 食品添加剂使用卫生标准》（GB2760–2014）中的规定限量添加使用。天然防腐剂通常是从生物体内提取，如乳酸链球菌素等，安全性高，无毒副作用。

1. 苯甲酸及其钠盐

苯甲酸及其钠盐在酸性食品中（pH 4.6 以下）能抑制酵母和丝状真菌生长，最高允许量不超过 0.1%。苯甲酸及其钠盐的大鼠口服 LD_{50} 为 2 530 mg/kg 体重，ADI 为 0～5 mg/kg 体重（苯甲酸及其盐的总量，以苯甲酸计）。

2. 山梨酸及其钠盐或钾盐

山梨酸对细菌的作用较弱，在 pH 4.5 以下时，对酵母菌才显示出较好的抑菌效果，但对丝状真菌却有更好的抑制效果。山梨酸的大鼠口服 LD_{50} 为 7 360 mg/kg 体重，ADI 为 0～25 mg/kg 体重（山梨酸及其盐的总量，以山梨酸）。

3. 丙酸及其钙盐或钠盐

丙酸在酸性条件下抑制丝状真菌生长，对酵母无效，最高允许量为0.32%。丙酸及其钙盐或钠盐在美国被认为是安全的食品防腐剂，广泛用于面包和干酪加工。丙酸大鼠口服LD_{50}为2.6 mg/kg体重，ADI为$0\sim10$ mg/kg体重（丙酸钠、钙、钾盐之和，以丙酸计）。

4. 脱氢醋酸及其钠盐

脱氢醋酸及其钠盐是一种广谱防腐剂，对食品中的细菌、丝状真菌和酵母菌有较强的抑制作用，抑菌效果随酸度的增高而加强，可应用于炼乳、鱼肉、果蔬、糕点等的防腐保鲜。

5. 乳酸链球菌素

乳酸链球菌素已成功添加在奶制品、罐头、饮料、肉类、鱼类以及酒精饮料等中。鼠经口服LD_{50}约为7 000 mg/kg体重，ADI值为$0\sim0.875$ mg/kg体重。

表4-13 常见食品防腐剂

名称	使用范围	最大用量 g/kg	备注
苯甲酸	碳酸饮料	0.2	以苯甲酸计，塑料桶装浓缩果蔬汁不得超过2 g/kg。苯甲酸和苯甲酸钠同时使用时，以苯甲酸计，不得超过最大使用量
	低盐酱菜、酱类、蜜饯	0.5	
	葡萄酒、果酒、软糖	0.8	
苯甲酸钠	酱油、食醋、果酱（不包括罐头）、果汁（味）型饮料	1.0	
山梨酸	鱼、肉、蛋、禽类制品	0.075	以山梨酸计，塑料桶装浓缩果汁不得超过2 g/kg。山梨酸和山梨酸钾同时使用时，以山梨酸计，不得超过最大使用量
	果蔬类保鲜、碳酸饮料	0.2	
	低盐酱菜、蜜饯、果汁（味）型饮料、果冻	0.5	
山梨酸钾	葡萄酒、果酒	0.6	
	酱油、食醋、果酱、氢化植物油、鱼干制品、软糖、面包、蛋糕、月饼、即食海蜇	1.0	
对羟基苯甲酸乙酯和对羟基苯甲酸丙酯	果蔬保鲜	0.012	以对羟基苯甲酸计
	食醋	0.1	
	碳酸饮料	0.2	
	果味（汁）型饮料、果酱（不包括罐头）、酱油	0.25	

4.3.3.3 抗代谢物

抗代谢物（antimetabolite）是一些结构与生物体必需的代谢物很相似，可以和特定的酶结合阻碍酶的功能，从而阻断代谢正常进行的物质。抗代谢物与正常代谢物结构类似，共同竞争相应的酶的活性中心，因此可以用于抑制微生物生长，治疗由病原微生物引起的疾病。

磺胺类药物是典型的抗代谢物，它与叶酸是结构类似物，能抑制大多数G^+菌和某些G^-菌的生长繁殖，是青霉素发明前用得最多的化学治疗剂，能治疗由链球菌和葡萄球菌引起的呼吸道感染，由志贺菌属（*Shigella*）引起的痢疾等多种传染病。磺胺类药物的作用机理（图4-17）是由于它属于氨基苯磺胺的衍生物，分子中含一个苯环、一个对位氨基和一个磺酰氨基，结构和对氨基苯甲酸极为相似，共同竞争二氢蝶酸合成酶，磺胺药物夺取对氨基苯甲酸在叶酸中的位置，从而中断细菌细胞重要成分叶酸的合成，使细菌不能生长。而三甲基苄二氨嘧啶（TMP）因能抑制二

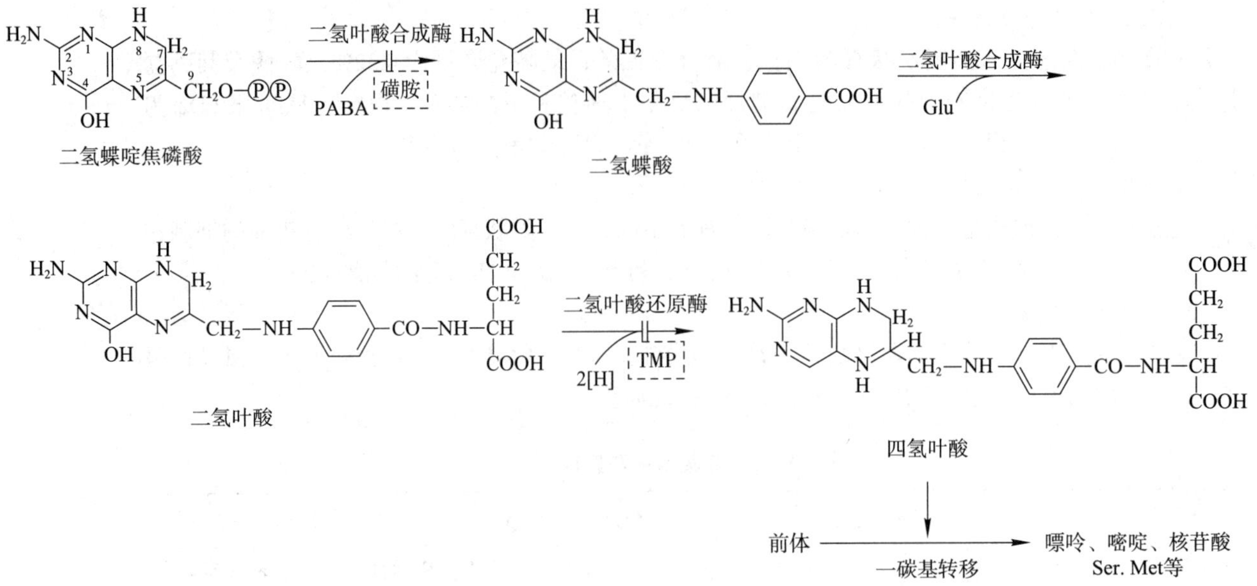

二氢蝶啶焦磷酸

二氢蝶酸

二氢叶酸

四氢叶酸

前体 → 嘌呤、嘧啶、核苷酸 Ser. Met等

一碳基转移

图 4-17   磺胺类药物作用机理

氢叶酸还原酶，使二氢叶酸无法还原成四氢叶酸，增强了磺胺的抑制作用。而叶酸作为辅酶，在氨基酸和维生素合成中起重要作用。磺胺对人体无毒，是由于人无法自己合成叶酸，人体没有叶酸合成相关酶，需从食物中获取叶酸，故人体细胞新陈代谢不受磺胺药物的影响。

抗代谢产物还有对氟苯丙氨酸是苯丙氨酸的结构类似物，5-氟尿嘧啶是尿嘧啶的结构类似物，5-溴胸腺嘧啶是胸腺嘧啶的结构类似物，这些结构类似物会取代正常成分造成核酸合成的障碍，常被用来治疗由病毒和真菌引起的疾病。此外，异烟肼是吡哆醇的抗代谢物，能进入机体细胞，作用于结核分枝杆菌（*Mycobacterium tuberculosis*），是最有效的抗结核病药物之一。

4.3.3.4 抗生素

抗生素（antibiotics）是一类由微生物或其他生物生命活动过程中合成的次级代谢产物或其人工衍生物，在很低浓度时就能抑制或干扰其他生物（包括细菌、真菌、病毒、癌细胞等）的生命活动，因而可用作优良的化学治疗剂。

实验室常用药敏片法检测抗生素抑菌作用。操作时，将滤纸片浸泡在抗生素溶液中，用无菌镊子取出纸片放在接种于涂布有敏感菌的琼脂平板，培养16～18 h后，测量抑菌圈（zone of inhibition）的直径，抑菌圈的大小表示细菌对抗生素的敏感或抗性。抗生素的敏感性模式称为抗菌谱（antibiogram）。通过与已知敏感菌的抑菌圈大小比较，可以确定抗菌谱（图 4-18）。

抗生素主要是通过5种途径抑制微生物的生长：①抑制细菌细胞壁合成：如青霉素、头孢菌素、万古霉素、杆菌肽、环丝氨酸等。②破坏细胞质膜，如多黏菌素、短杆菌肽等。③作用于能量代谢系统，特别是干扰氧化磷酸化，如抗霉素A、短杆菌肽S、寡霉素等。④抑制蛋白质合成，如氯霉素、链霉素、卡那霉素、四环素、红霉素、林可霉素等。⑤抑制核酸合成，如丝裂霉素、利福平、利福霉素、放线菌素D、灰黄霉素等。

抗生素抗药性的产生是由于：①产生使抗生素失去

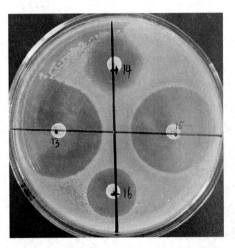

图 4-18   药敏片法检测抗生素抑菌作用

活性的酶，如青霉素或头孢霉素的抗药性菌株就是由于产生 β- 内酰胺酶，从这两类抗生素的核心结构 β- 内酰胺环上的内酰胺键断裂而药物无效。②改变抗生素的靶部位，如链霉素抗性菌种，就是把药物作用的靶位 30 S 核糖体上的 P10 蛋白组分加以修饰，使链霉素无法与变更的 30S 亚单位结合而失效。③产生新的抗药"救护途径"，如一些肠道菌的耐磺胺度异菌株，改变了代谢途径，自己不合成叶酸，而从环境中摄取叶酸，使磺胺药物失效。④改变细胞膜的通透性，使药物不能进入细胞，如委内瑞拉链霉菌（Streptomyces tenezuelae）因改变细胞膜的透性而使四环素进入细胞受阻，但易于排出细胞。⑤通过主动外排系统把进入细胞内的药物泵出细胞外，如铜绿假单胞菌的多重耐药菌株，除外膜的通透性差外，还能主动外排药物。

🌐 **知识拓展 4-5**
青霉素——"二战中最伟大的发明之一"

【习题】

名词解释：

同步培养　生长曲线　最适生长温度　分批培养　连续培养　灭菌　F 值　抗代谢物　平板计数法　恒化器　恒浊器　高密度培养　代时　热力致死时间　指数递减时间　Z 值　消毒　防腐　化疗　商业灭菌　抗生素　巴氏消毒法　干热灭菌法　湿热灭菌法　消毒剂　防腐剂　MPN 法　过滤除菌法　无菌操作　纯培养物　超高温瞬时灭菌法

简答题：

1. 如何获得微生物的纯培养？

2. 何为抗生素？抗药性产生的原因有哪些？

3. 简述温度对微生物生长有哪些影响，具体表现在哪些方面。

4. 以磺胺类药物及其增效剂 TMF 为例，阐述化学治疗剂的作用机制。

5. 试分析在 −196～160℃的温度范围内，对微生物生长、繁殖、抑制影响较大的温度有哪些？

6. 封闭系统中微生物的生长经历哪几个生长期？以图表示并指明各期的特点。如何利用微生物的生长规律来指导工业生产？

7. 控制微生物生长繁殖的主要方法及原理是什么？

【开放讨论题】

文献阅读与讨论：

J.P. 哈雷. 图解微生物实验指南［M］. 谢建平, 译. 北京：科学出版社, 2019.

推荐意见： 本书以图片形式说明和演示了微生物学基本概念和原理，每个实验包括了安全注意事项、实验材料、学习目标、原理、实验步骤、以及警示与警告和复习题等，可作为教学的补充材料，增加微生物学习的趣味性与挑战性，体现了"纸上得来终觉浅，绝知此事要躬行。"

案例分析、实验设计与讨论：

1. 在液态饮料生产过程中，采用哪些措施可消除微生物对产品质量的影响？

2. 嗜热微生物和嗜冷微生物如何筛选获得？它们的研究对食品工艺有何促进作用？

3. 在微生物实验室进行实验操作时，你用到哪些消毒灭菌方法？

【参考资料】

1. J. P. 哈雷. 图解微生物实验指南［M］. 谢建平, 译. 北京：科学出版社, 2019.

2. 斯拉瓦·S·爱泼斯坦, 刘巍峰, 陈冠军等. 未培养微生物［M］. 山东：山东大学出版社, 2010.

3. 韦革宏, 史鹏. 发酵工程［M］. 北京：科学出版社, 2021.

附录 大肠菌群最可能数（MPN）检索表

每 g（mL）检样中大肠菌群最可能数（MPN）的检索见表 4-14。

表 4-14 大肠菌群最可能数（MPN）检索表

阳性管数			MPN	95% 可信限		阳性管数			MPN	95% 可信限	
0.10	0.01	0.001		下限	上限	0.10	0.01	0.001		下限	上限
0	0	0	< 3.0	—	9.5	2	2	0	21	4.5	42
0	0	1	3.0	0.15	9.6	2	2	1	28	8.7	94
0	1	0	3.0	0.15	11	2	2	2	35	8.7	94
0	1	1	6.1	1.2	18	2	3	0	29	8.7	94
0	2	0	6.2	1.2	18	2	3	1	36	8.7	94
0	3	0	9.4	3.6	38	3	0	0	23	4.6	94
1	0	0	3.6	0.17	18	3	0	1	38	8.7	110
1	0	1	7.2	1.3	18	3	0	2	64	17	180
1	0	2	11	3.6	38	3	1	0	43	9	180
1	1	0	7.4	1.3	20	3	1	1	75	17	200
1	1	1	11	3.6	38	3	1	2	120	37	420
1	2	0	11	3.6	42	3	1	3	160	40	420
1	2	1	15	4.5	42	3	2	0	93	18	420
1	3	0	16	4.5	42	3	2	1	150	37	420
2	0	0	9.2	1.4	38	3	2	2	210	40	430
2	0	1	14	3.6	42	3	2	3	290	90	1 000
2	0	2	20	4.5	42	3	3	0	240	42	1 000
2	1	0	15	3.7	42	3	3	1	460	90	2 000
2	1	1	20	4.5	42	3	3	2	1 100	180	4 100
2	1	2	27	8.7	94	3	3	3	>1 100	420	—

注 1：本表采用 3 个稀释度 [0.1 g（mL）、0.01 g（mL）、0.001 g（mL）]，每个稀释度接种 3 管。

注 2：表内所列检样量如改用 1 g（mL）、0.1 g（mL）和 0.01 g（mL）时，表内数字应相应降低 10 倍；如改用 0.01 g（mL）、0.001 g（mL）和 0.000 1 g（mL）时，则表内数字应相应增高 10 倍，其余类推。

第5章
微生物遗传变异与菌种选育

遗传（heredity，inheritance），指的是亲代表达相应性状的基因通过无性繁殖或有性繁殖传递给后代，从而使后代获得其亲代遗传信息的现象，它具有极其稳定（保守）的特性。变异（variation）指生物体在某种外因或内因的作用下所引起的遗传物质结构或数量的改变，进而导致生物体子代与亲代或子代个体之间出现差异的现象。

微生物由于其独特的生物学特性，在生物化学、分子生物学及现代遗传学等生物学基础研究中，已成为最热门的模式生物（model organism）。此外，对微生物遗传规律的深入研究，也为实践生产提供了丰富的理论基础。在应用微生物加工制造和发酵生产各种食品的过程中，要想有效地大幅度提高产品的产量、质量和花色品种，选育优良的生产菌种是关键之一，而优良菌种的选育是在微生物遗传变异的基础上进行的。遗传和变异是相互关联，同时又相互对立的统一体，在一定条件下，二者是相互转化的。

通过本章学习，可以掌握以下知识：
1. 微生物遗传变异的物质基础。
2. 微生物基因突变和基因重组的基本原理。
3. 几种微生物育种方法的原理及基本步骤。
4. 微生物菌种复壮及保藏的必要性和常规方法。

在开始学习前，先思考下列问题：
1. 核酸的种类、分布、化学组成及功能。
2. 简述遗传学中心法则。

【思维导图】

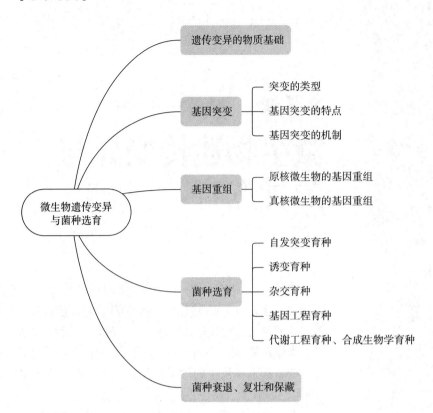

5.1 遗传变异的物质基础

5.1.1 三个经典实验

很久以前，人们就知道所有生命体都具备代代相传的本领。然而，生物遗传的物质基础是什么？20世纪50年代之前，许多学者认为蛋白质对遗传变异起着决定性作用，后来通过对染色体的化学分析发现，染色体是由核酸和蛋白质共同组成的。但对于遗传物质是蛋白质还是核酸，科学界对此争论不休，直到20世纪50年代，人们以微生物为研究对象，通过生物学上的三大经典实验，证明了核酸，尤其是DNA才是一切生物遗传变异的物质基础。

1. 肺炎双球菌转化实验

1928年，英国军医弗雷德里克·格里菲斯（Frederick Griffith）在研究小鼠肺炎链球菌（*Streptococcus pneumoniae*，旧称肺炎双球菌）感染时首次发现了细菌转化现象。肺炎链球菌是人类肺炎的病原体之一，它存在光滑型（S型，smooth）和粗糙型（R型，rough）两种类型，S型是致病菌株，可使人体患上肺炎，也可使小鼠患败血症并导致死亡，而R型是非致病菌株。格里菲斯开展了如图5-1a所示的动物实验，实验（1）和（2）的结果是可预测的，而实验（3）的结果出乎意料：①注射了活的R型肺炎链球菌的小鼠没有患病；②注射了活的S型肺炎链球菌的小鼠死亡，血液中分离出大量S型菌株；③注射了活的R型和经加热失活的S型肺炎链球菌混合物的小鼠死亡，血液中分离大量S型菌株。

1944年，科学家埃弗雷（Avery）、麦克利奥特（Macleod）及麦克卡蒂（Mccarty）等人在格里菲斯工作的基础上，对肺炎链球菌转化进行了更为深入的体外转化实验。实验从S型活菌细胞内提取DNA、RNA、蛋白质和荚膜多糖，将它们分别和R型活菌混合均匀后注射入小鼠体内，结果只有注射混合了S型菌株DNA和R型活菌的小鼠死亡，且血液中分离到大量S型菌株（图5-1b）。体外转化实验证明了当初格里菲斯发现的转化因子就是DNA，即DNA是遗传物质。

2. 噬菌体感染大肠杆菌实验

1952年，美国长岛冷泉港实验室噬菌体小组的赫尔希（Hershey）和蔡斯（Chase）利用同位素标记法进行T2噬菌体感染大肠杆菌实验，实验结果有力地证明了DNA是遗传物质。

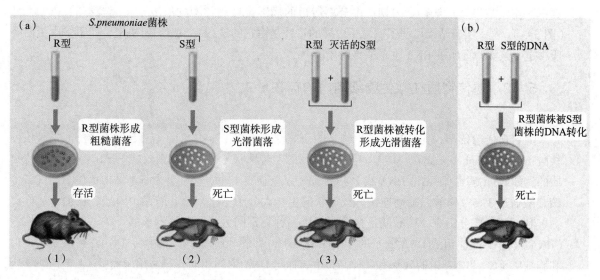

图5-1 肺炎链球菌转化实验示意图

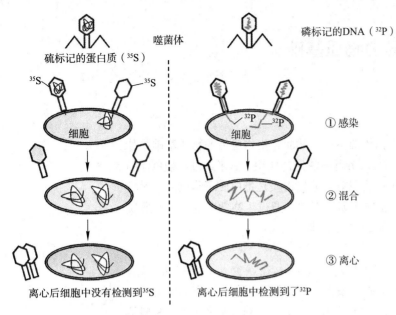

图 5-2　噬菌体感染大肠杆菌实验示意图

实验将 T2 噬菌体的头部 DNA 用 ^{32}P 标记，蛋白质衣壳用 ^{35}S 标记，标记后的 T2 噬菌体感染大肠杆菌，经短时间的保温后，T2 噬菌体仅仅完成了吸附和侵入的过程；将被感染的大肠杆菌用组织捣碎器强烈搅拌并进一步离心，使大肠杆菌细胞和 T2 噬菌体的蛋白外壳分离，然后分别测定沉淀物和上清液中标记的同位素；结果发现大部分的 ^{35}S（75%）存在上清液中，大部分的 ^{32}P（85%）存在于沉淀物中；实验结果可以说明在感染过程中，T2 噬菌体的大部分 DNA 进入大肠杆菌细胞中，并利用大肠杆菌自身的 DNA 聚合酶及核糖体复制组装大量 T2 噬菌体，而蛋白质外壳留在菌体外，该研究又一次证明了 DNA 是遗传物质（图 5-2）。

3. 烟草花叶病毒重建实验

1965 年，美国的法朗克－康勒特（Fraenkel-Conrat）将烟草花叶病毒（详见本书 2.3.1.1）拆成蛋白质和 RNA 两部分，分别对烟草进行感染实验。结果发现只有 RNA 能感染烟草，并在感染后的寄主中分离到完整的具有蛋白质衣壳和 RNA 核心的烟草花叶病毒。TMV 有不同的变种，各个变种的蛋白质的氨基酸组成有细微而明显的区别，在此基础上，法朗克－康勒特又针对 TMV 的不同变种开展实验。将甲、乙两种变种的 TMV 拆开，在体外分别将甲病毒的蛋白质和乙病毒的 RNA 结合，或将甲病毒的 RNA 和乙病毒的蛋白质结合进行重建，并用这些经过重建的杂种病毒分别感染

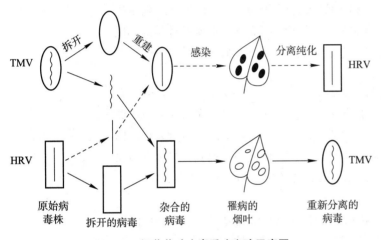

图 5-3　烟草花叶病毒重建实验示意图

烟草，实验结果显示从感染的烟草中分离所得的病毒蛋白质类型均取决于相应病毒的 RNA 类型（图 5-3）。这一实验结果说明了病毒蛋白质的特性是由它的核酸（RNA）所决定，而不是由蛋白质所决定，该实验证明了 RNA 也是遗传物质。

5.1.2　遗传物质在微生物细胞内的存在形式

1. 核酸

随着现代遗传学，尤其是分子生物学的研究证实（详见本书 5.1.1 三个经典实验），脱氧核糖核酸（deoxyribonucleic acid，DNA）控制了生物的遗传性状（也有以核糖核酸——RNA 作为遗传物质的，如 RNA 病毒）。无论 DNA 或 RNA，都是以核苷酸（nucleotide）为基本结构单位，由许多个核苷酸通过 3',5'- 磷酸二酯键连接形成链状的生物大分子。每个核苷酸又由磷酸、核糖（又称戊糖）和碱基 3 部分组成。核酸就是根据所含核糖种类不同分为脱氧核糖核酸（DNA）和核糖核酸（RNA）（图 5-4）。组成 DNA 分子的碱基只有 4 种，即腺嘌呤（A）、鸟嘌呤（G）、胸腺嘧啶（T）和胞嘧啶（C）。RNA 中的碱基有 4 种，其中 3 种与 DNA 中的相同，只是用尿嘧啶（U）代替了胸腺嘧啶（T）。

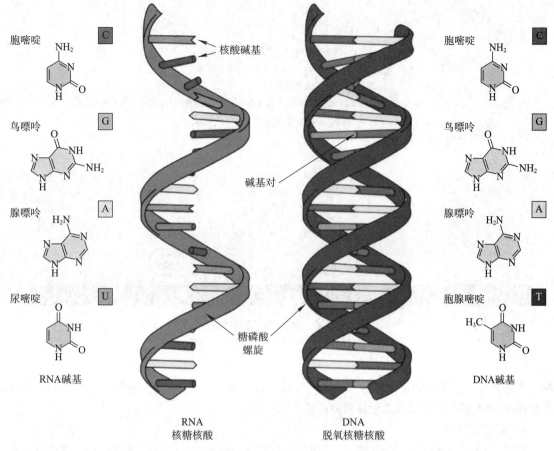

胞嘧啶 C

鸟嘌呤 G

腺嘌呤 A

尿嘧啶 U

RNA碱基

RNA
核糖核酸

核酸碱基

碱基对

糖磷酸
螺旋

DNA
脱氧核糖核酸

胞嘧啶 C

鸟嘌呤 G

腺嘌呤 A

胞腺嘧啶 T

DNA碱基

图 5-4　核酸的结构

2. 染色体

由于亲代能够将自己的遗传物质 DNA 以染色体（chromosome）的形式传给子代，保持了物种的稳定性和延续性，因此，人们普遍认为染色体在遗传上起着主要作用。染色体包括 DNA 和蛋白质两个部分。同一物种内每条染色体所带的 DNA 量是一定的，但不同染色体或不同物种之间变化很大，从上百万到几亿个核苷酸不等。此外，组成染色体的蛋白质（组蛋白和非组蛋白）种类和含量也是十分稳定的。由于细胞内的 DNA 主要在染色体上，所以说遗传物质的主要载体是染色体。

真核生物细胞的染色体位于核仁内。真核细胞都有明显的核结构，除了性细胞以外，真核细胞的染色体都是二倍体，而性细胞即生殖细胞的染色体数目是体细胞的一半，故称为单倍体。

原核生物没有真正的细胞核，DNA 一般位于拟核上（详见本书 2.2.1.3）。细菌 DNA 是一条相对分子质量在 10^9 左右的共价、闭合双链分子，通常也称为染色体。虽然快速生长期内的大肠杆菌可以有几条染色体，但一般情况下只含有一条染色体。因此，大肠杆菌和其他原核生物细胞的 DNA 都是单倍体。

除了染色体，细菌的质粒、真核生物的线粒体、高等植物的叶绿体等也含有 DNA，这些 DNA 被称为染色体外遗传因子。以下我们详细介绍一下质粒。

3. 质粒

质粒是在细菌和其他细胞中发现的一种小型、环状 DNA 分子。质粒 DNA 与细菌染色体分开并独立复制，天然存在的质粒通常只携带少量基因，特别是一些与环境适应性有关的基因，可以在不同的细菌细胞之间传递。19 世纪 70 年代，随着限制性内切酶、DNA 连接酶和凝胶电泳技术的发展，人们通过优化或改造一些天然存在的质粒，构建能够高效装载外源 DNA 片段的重组质

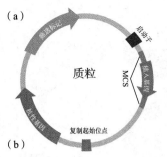

质粒元件

复制起始位点（ori）：在质粒内启动复制

启动子（promoter）：开启目的基因的转录

抗性基因：抗生素筛选标记

多克隆位点（MCS）：包含数个限制性内切酶位点，用于目的基因的插入

插入基因:所研究的目的基因

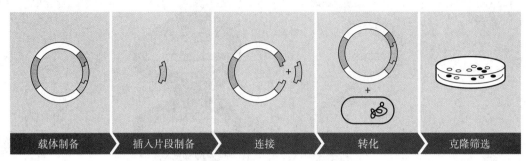

| 载体制备 | 插入片段制备 | 连接 | 转化 | 克隆筛选 |

图 5-5　质粒的构建与转化

（a）质粒模式图；（b）质粒的构建与转化

粒，并将其转化到相应的宿主细胞中，成功实现了目标 DNA 片段的转移和重组（图 5-5）。可见，质粒作为 DNA 的载体是基因工程技术中最基本的工具。

4. 基因与基因组

基因（gene）是原核、真核生物以及病毒的 DNA 和 RNA 分子中具有遗传效应的核苷酸序列，是遗传的基本单位和突变单位及控制性状的功能单位。基因包括了编码蛋白质、tRNA 和 rRNA 的结构基因以及具有调节控制作用的调控基因。基因可以通过复制、转录和翻译合成蛋白质以及不同水平上的调控机制，实现对生物遗传性状发育的控制。基因还可以发生突变和重组，导致产生有利、中性、有害或致死的变异。

基因组（genome）是指生物体或细胞中一套完整单体的遗传物质的总和；或指原核生物染色体、质粒、真核生物的单倍染色体组、细胞器以及病毒中，所含有的一整套基因，包括构成基因和基因之间区域的所有 DNA。一般以 DNA 的长度和序列表示基因组及基因，不同生物基因组大小及复杂性不同。生物的复杂性与基因组内的基因数量有关（表 5-1）。绝大多数生物的基因组越复杂，进化程度则越高。

下面，我们重点学习一些模式微生物的基因组，以及这些基因组为我们带来的信息。

（1）大肠杆菌基因组

大肠杆菌（*Escherichia coli*）是生物中功能研究得最为透彻的生命体，也是人类基因组计划中的一种模式生物。基因组全序列测定于 1997 年由美国威

表 5-1　微生物与几种代表生物的基因组

生物	基因数	基因组大小 /bp
MS2 噬菌体	3	3.0×10^3
λ 噬菌体	50	5.0×10^4
T4 噬菌体	150	2.0×10^5
生殖道支原体	473	5.8×10^5
沙眼衣原体	894	1.0×10^6
普氏立克次体	834	1.1×10^6
幽门螺杆菌	1 590	1.0×10^6
流感嗜血杆菌	1 760	1.8×10^6
枯草芽孢杆菌	4 100	4.2×10^6
大肠杆菌	4 288	4.7×10^6
天蓝色放线菌	7 846	8.6×10^6
酿酒酵母	5 800	1.4×10^7
果蝇	13 601	1.6×10^8
烟草	43 000	4.5×10^9
人	~30 000	3.0×10^9

斯康星大学完成。大肠杆菌染色体基因组为双链环状的 DNA 分子，在细胞中以拟核形式存在，其上结合有类组蛋白的蛋白质和少量 RNA 分子，使其压缩成一种脚手架（scaffold）形的（scaffold）致密结构（大肠杆菌 DNA 分子长度是其菌体长度的 1 000 倍，所以必须以一定的形式压缩进细胞中）。

大肠杆菌基因组中还包含染色体外的其他可自我复制的遗传元件，例如转座子和质粒等。转座子和质粒是微生物种内及种间实现基因水平转移（horizontal gene transfer）的重要基因元件。通过基因水平转移，一些来自其他株系的较大区域的 DNA 也会出现在不同宿主的基因组上，被称为基因岛（gene island）。这段区域往往不稳定，在细胞复制时容易丢掉。

以大肠杆菌为代表的原核生物基因组的特点包括：染色体为双链环状的 DNA 分子（单倍体），基因组上遗传信息具有连续性，功能相关的结构基因组成操纵子结构；结构基因的单拷贝及 rRNA 基因的多拷贝；基因组的重复序列少而短；DNA 绝大部分用来编码蛋白质，或用作复制起点、启动子、终止子和一些由调节蛋白识别和结合的位点等信号序列。

（2）酿酒酵母基因组

酿酒酵母（Saccharomyces cerevisiae）是单细胞真核微生物，1996 年，由欧洲、美国、加拿大和日本共 96 个实验室的 633 位科学家共同完成了全基因组的测序工作，是第一个完成测序的真核生物基因组。酿酒酵母的基因组包含大约 1 200 万碱基对，分成 16 组染色体，共有 6 275 个基因，其中约有 5 800 个真正具有功能。据估计其基因约有 23% 与人类同源。

以酿酒酵母为代表的真核生物基因组的特点包括：基因组 DNA 与蛋白质结合形成染色体，储存于细胞核内；基因转录产物为单顺反子，一个结构基因经过转录和翻译生成一个 mRNA 分子和一条多肽链；存在重复序列，重复次数可达百万次以上；基因组中不编码的区域多于编码区域；大部分基因含有内含子，基因是不连续的；基因组远远大于原核生物的基因组，具有许多复制起点，而每个复制子的长度较小。

（3）RNA 病毒基因组

RNA 病毒是病毒的一种，它们的遗传物质是 RNA。通常其核酸是单链的，也有双链的。常见的 RNA 病毒有：艾滋病病毒（为逆转录病毒）、丙型肝炎病毒、乙型脑炎病毒、脊髓灰质炎病毒、全部流感病毒、一小部分噬菌体（大部分噬菌体都是 DNA 病毒）和大部分植物病毒（除少数如花椰菜花叶病毒例外，植物病毒几乎都是 RNA 病毒）。

以 2019 新型冠状病毒（Corona virus，2019-nCoV）为例，该病毒为单链 RNA 病毒，基因组约为 30 kb，是基因组较大的 RNA 病毒。2019-nCoV 基因组具有典型的冠状病毒结构（图 5-6），含有 29 891 个核苷酸，核苷酸 G 与 C 占比约 40%，编码 9 860 个氨基酸。基因组 5′ 端有帽状结构，3′ 端有多聚 A 尾，包含两个侧翼非翻译区（untranslated regions，UTR）和整段编码多聚蛋白的开放读码框架（open reading frame，ORF）。

病毒的全基因组测序以及对应的生物信息学分析方法是研究病毒进化、毒力因子变异、疫病爆发之间的关系、疫病传播途径、不同遗传变异的分布模式、疫病发生地理区域的基础。

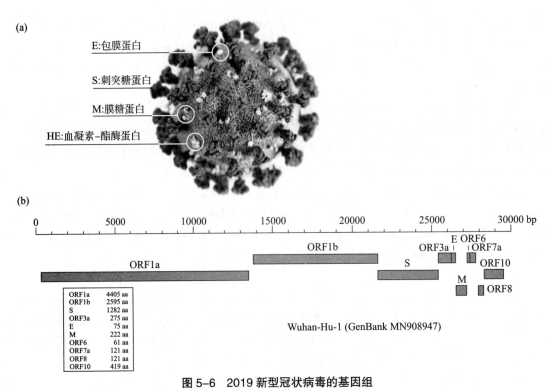

图 5-6 2019 新型冠状病毒的基因组
（a）冠状病毒形态；（b）2019-nCoV 基因组

5.2 基 因 突 变

微生物的遗传变异是由突变（mutation）引起的。突变指遗传物质突然发生稳定的可遗传的变化。微生物的突变是经常发生的，在微生物纯种群体或混合群体中，都可能偶尔出现个别微生物在形态、生理生化或其他方面的性状发生改变。改变了的性状可以遗传，这时的微生物发生变异，成了变种或变株。

5.2.1 突变的类型

5.2.1.1 从突变涉及的范围划分

从突变涉及的范围，可以把突变分为基因突变和染色体畸变。

基因突变又称点突变。是发生于一个基因座位内部的遗传物质结构变异。往往只涉及一对碱基或少数几个碱基对。点突变可以是碱基对的替代，也可以是碱基对的增减。

染色体畸变是一些不发生染色体数目变化而在染色体上有较大范围结构改变的变异。发生染色体畸变的微生物往往易致死，所以微生物中突变类型的研究主要是在基因突变方面。

5.2.1.2 从突变所带来的表型改变划分

从突变所带来的表型改变来讲，突变的类型可以分为以下几类。

1. 形态突变型

形态突变型指细胞形态结构发生变化或引起菌落形态改变的那些突变类型。例如细菌的鞭毛、芽孢或荚膜的有无；细菌、放线菌或酵母菌落的大小，外形的光滑或粗糙及颜色的变异；放线菌或真菌产孢子的多少，外形及颜色的变异；噬菌斑的大小和清晰程度的变异等。

2. 致死突变型

致死突变型指由于基因突变而造成个体死亡的突变类型。

3. 条件致死突变型

条件致死突变型这类突变型的个体只是在特定条件，即限定条件下表达突变性状或致死效应，而在许可条件下的表型是正常的，例如温度敏感突变型。

4. 营养缺陷突变型

营养缺陷突变型是一类重要的突变型，是指因突变引起的微生物代谢过程中某些酶合成能力丧失的突变型，它们必须在原有培养基中添加相应的营养成分才能正常生长繁殖。这种突变型在微生物遗传学研究中应用非常广泛，它们在科研和生产中也有着重要的应用价值。

5. 抗性突变型

抗性突变型是指一类能抵抗有害理化因素的突变型，微生物能在某种抑制生长的因素（如抗生素或代谢活性物质的结构类似物）存在时继续生长与繁殖。根据其抵抗的对象分抗药性、抗紫外线、抗噬菌体等突变类型。这些突变类型在遗传学基本理论的研究中非常有用。

6. 抗原突变型

抗原突变型是指细胞成分特别是细胞表面成分如细胞壁、荚膜、鞭毛的细致变异而引起抗原性变化的突变型。

7. 其他突变型

其他突变型是指如毒力、糖发酵能力、代谢产物的种类和数量以及对某种药物的依赖性等的突变型。

微生物的突变型并不是彼此排斥的。营养缺陷型也可以认为是一种条件致死突变型，因为在没有补充给它们所需要的物质的培养基上它们不能生长。某些营养缺陷型也具有明显的形态改变，例如粗糙脉孢菌和酵母菌的某些腺嘌呤缺陷型分泌红色色素。

5.2.1.3 按突变的条件和原因划分

按突变的条件和原因划分，突变可以分为自发突变和诱发突变。

1. 自发突变

自发突变是指某种微生物在自然条件下，没有人工参与而发生的基因突变。绝大多数的自发突变起源于细胞内部的一些生命活动过程，如遗传重组的差错和 DNA 复制的差错。另有一些自发突变是由于自然界中存在的辐射因素和环境诱变剂所引起的。

2. 诱发突变

诱发突变是利用物理的或化学的因素处理微生物群体，促使少数个体细胞的 DNA 分子结构发生改变，基因内部碱基配对发生错误，引起微生物的遗传性状发生突变。凡能显著提高突变率的因素都称诱发因素或诱变剂。

（1）物理诱变

利用物理因素引起基因突变的称物理诱变。物理诱变因素有紫外线、X 射线、γ 射线、快中子、β 射线、激光和等离子等。

（2）化学诱变

利用化学物质对微生物进行诱变，引起基因突变或真核生物染色体的畸变称为化学诱变。化学诱变的物质很多，但只有少数几种效果明显，如烷化剂、吖啶类化合物等。

（3）复合处理及其协同效应

诱变剂的复合处理常有一定的协同效应，增强诱变效果，其突变率普遍比单独处理的高，这对育种很有意义。复合处理分为以下几类：同一种诱变剂的重复使用；两种或多种诱变剂先后使用；两种或多种诱变剂同时使用。

5.2.2 突变的机制

DNA 分子中碱基对的变化可以在自然条件下自发地发生，也可以人为地应用物理、化学因素诱导发生，它们的变化机制主要有以下几类。

5.2.2.1 自发突变机制

虽然自发突变是指微生物在没有人工参与的条件下发生的突变，但是必然存在诱发其突变的原因。下面讨论了几种自发突变的可能机制。

1. 多因素低剂量的诱变效应

宇宙中各种短波辐射可能是自发突变的原因之一，例如 X 射线。热也是一种可能的诱发自发突变的因素，例如 T4 噬菌体在 37℃中每天每一 GC 碱基对以 4×10^{-8} 这一频率发生变化。

2. 微生物自身代谢产物的诱变效应

一些微生物的自身代谢产物具有诱变作用，例如过氧化氢、咖啡碱、硫氰化合物、二硫化二丙烯、重氮丝氨酸等。

3. DNA 互变异构效应和环状突变效应

DNA 分子中的 A、T、G、C 4 种碱基可能发生的互变异构作用和环状突变效应，也是近些年报道的引起自发突变的原因。

5.2.2.2 诱发突变机制

诱发突变的机制主要有以下几类。

1. 碱基对的置换

碱基对的置换涉及一对碱基被另一对碱基所置换，包括转换和颠换两类。碱基对的置换绝大多数是由化学诱变剂引起的，可以把置换的机制分为直接方式和间接方式两种。

直接引起置换的诱变剂是一类可直接与核酸碱基发生化学反应的诱变剂，不论在生物体内或离体条件下均有作用。这类诱变剂的种类很多，常用的主要有各种烷化剂、亚硝酸和羟胺。它们可以与一个或几个核苷酸发生化学反应，从而引起 DNA 复制时碱基对的转换，并进一步使微生物发生变异。

烷化剂是诱变育种极其重要的一类诱变剂，它们的化学结构都带有一个或多个活性烷基，并能转移到其他分子中电子密度极高的位置上去。常见的烷化剂有硫酸二乙酯（DES）、甲基磺酸乙酯（EMS）、N- 甲基 –N′– 硝基 –N– 亚硝基胍（NG）、N– 亚硝基 –N– 甲基 – 氨基甲酸乙酯（NMU）、乙烯亚胺（EI）、环氧乙酸（EO）、氮芥（NM）等。烷化剂对于点突变的诱变作用可能主要是由于引起碱基的错误配对。

亚硝酸常用于诱发真菌突变，是一种对含有氨基的碱基对直接作用而诱发碱基对转换的诱变剂。

羟胺几乎只和胞嘧啶 C 发生反应，故几乎只引起 GC → AT 的转换。羟胺还能和细胞中的其他一些物质发生反应而产生具有诱变性的过氧化氢等。

间接引起置换的诱变剂是一些碱基结构类似物，例如 5- 溴尿嘧啶（5–BU）、5- 氨基尿嘧啶（5–AU）、8- 氮鸟嘌呤（8–NG）、2- 氨基嘌呤（2–AP）及 6- 氮嘌呤（6–NP）等。当机体缺乏天然碱基时，易通过活化细胞的代谢活动掺入到 DNA 分子中去，引起碱基配对发生错误。在这些碱基类似物中，最常被应用的是 5- 溴尿嘧啶（5–BU）和 2- 氨基嘌呤（2–AP）。

2. 移码突变

移码突变是由于 DNA 分子中一对或少数几对核苷酸的增加或缺失而造成的基因突变（图 5-7）。由于遗传信息是以 3 对核苷酸为一组的密码形式表达的，所以一对或少数几对核苷酸的

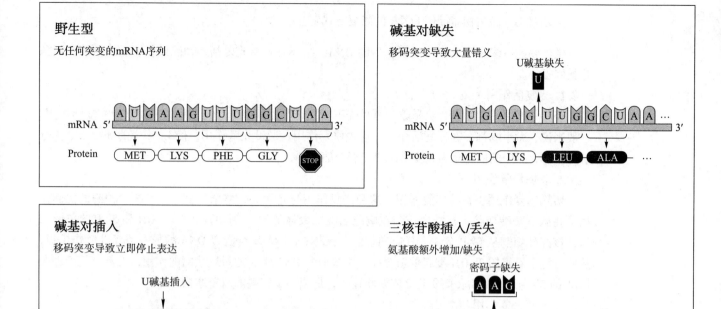

图 5-7　移码突变原理示意图

增加或缺失往往造成增加或缺失位置后面的密码意义全部发生错误。与染色体畸变相比，移码突变属于 DNA 分子中的微小损伤。吖啶类染料及其化合物是有效的移码突变诱变剂，例如吖啶、吖啶黄、吖啶橙、5- 氨基吖啶。

　　3. 诱发染色体畸变

　　染色体畸变是由 DNA（或 RNA）的片段缺失、重复或重排而造成染色体异常的突变，包括染色体结构上的易位、倒位、缺失、重复等（图 5-8）。紫外线、X 射线、γ 射线等射线、亚硝酸及烷化剂等均是引起染色体畸变的有效诱变剂。它们能引起 DNA 分子多处较大的损伤，如 DNA 链的断裂，DNA 分子内两条单链的交联、胞嘧啶和尿嘧啶的水合作用以及嘧啶二聚体的形成等。

　　烷化剂根据其烷化作用分单功能、双功能、三功能的烷化剂，其中一些单功能烷化剂（如 NG、EMS 等）常被称为超诱变剂，它们虽然杀伤力较低但却有较强的诱变作用。烷化剂分子能烷化 DNA 分子上的碱基，造成一条单链的断裂或两条单链的交联等，引起染色体畸变。

　　X 射线和 γ 射线属于能量很高的电离辐射，能产生电离作用，直接或间接地使 DNA 结构发生改变。直接的效应是碱基的化学键、脱氧核糖的化学键和糖酸相连接的化学键断裂；间接的效应是电离辐射使水或有机分子产生自由基，这些自由基作用于 DNA 分子，引起缺失和损伤。此外还能引起染色体畸变，导致染色体结构上的缺失、插入、倒位和易位等。

　　紫外线作用的主要机制是：在同链或互补双链 DNA 的相邻嘧啶间形成以共价键结合的嘧啶二聚体，其中胸腺嘧啶最易形成。这些二聚体的存在使正常的碱基配对难以发生，进而导致 DNA 局部变形，产生破坏复制与转录的大块损伤，从而引起突变或死亡。

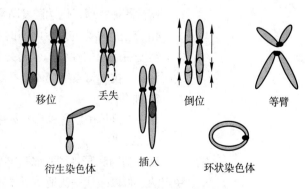

图 5-8　染色体畸变示意图

5.2.2.3 微生物对损伤DNA的修复方式

微生物能以多种形式去修复损伤后的DNA，主要方式有光复活、切除修复、重组修复、紧急呼救修复等。

1. 光复活作用

经紫外线照射后的微生物暴露于可见光下时，可明显地降低其死亡率的现象称为光复活作用。一般来说，微生物都存在光复活作用。这种修复作用是通过光解作用，使DNA中的嘧啶二聚体分解为单体，其中的催化酶为光复活酶或光裂合酶。

2. 切除修复作用

切除修复作用也称暗修复作用，这种修复作用与光无关，整个修复过程是在4种酶的协同作用下将胸腺嘧啶切除。核酸内切酶在胸腺嘧啶二聚体的5′一侧切开一个3′-OH和5′-P的单链缺口；核酸外切酶从5′-P至3′-OH方向切除二聚体；cDNA聚合酶以DNA的另一条互补链作模板，从原有链上暴露的3′-OH端起重新合成一段缺损的DNA链；通过连接酶的作用，把新合成的那段DNA的3′-OH末端与原来的5′-P末端相连接，形成一个完整的双链结构。

3. 重组修复作用

重组修复作用又称复制后修复，必须在DNA进行复制的情况下进行。重组修复可以在不切除胸腺嘧啶二聚体的情况下，以带有二聚体的这一单链为模板合成互补单链，可以在每一个二聚体附近留下一个空隙。一般认为通过染色体交换，空隙部位就不再面对着胸腺嘧啶二聚体而是面对着正常的单链，在这种情况下DNA多聚酶和连接酶便能起作用而把空隙部分进行修复。

4. 紧急呼救（SOS）修复系统

这是细胞经诱导产生的一种修复系统。它的修复功能依赖于某些蛋白质的诱导合成，而且这些蛋白质是不稳定的。SOS修复功能和细菌的一系列生理活动有关，如细胞的分裂抑制、λ噬菌体的诱导释放，以及引起DNA损伤的因素和抑制DNA复制的许多因素都能引起SOS反应。

5.2.3 基因突变的特点

在生物界中由于遗传变异的物质基础是相同的，因此显示在遗传变异的本质上也具有相同的规律，这在基因突变的水平上尤其显得突出。

1. 自发性

由于自然界环境因素的影响和微生物内在的生理生化特点，在没有人为诱发因素的情况下，各种遗传性状的改变可以自发地产生。

2. 稀有性

自发突变虽然不可避免，并可能随时发生，但是突变的频率极低，一般在$10^{-9} \sim 10^{-6}$。

3. 诱变性

通过各种物理、化学诱发因素的作用，可以提高突变率，一般可提高$10 \sim 10^{6}$倍。

4. 突变的结果与原因之间的不对应性

突变后表现的性状与引起突变的原因之间无直接对应关系。例如抗紫外线突变体不是由紫外线而引起，抗青霉素突变体也不是由于接触青霉素所引起。

5. 独立性

在一个群体中，各种形状都可能发生突变，但彼此之间独立进行。

6. 稳定性

突变基因和野生型基因一样，是一个相对稳定的结构，由此而产生的新的遗传性状也是相对稳定的，可以一代一代地传下去。

7. 可逆性

原始的野生型基因可以通过变异成为突变型基因，此过程称为正向突变；相反，突变型基因也可以恢复到原来的野生型基因，称回复突变。实验证明任何突变既有可能正向突变，也可发生回复突变，二者发生的频率基本相同。

5.3 基因重组

凡把两个不同性状生物体的遗传信息通过一定的方法转移到一起，经过遗传分子的重新组合后，形成新的遗传个体的方式，称为基因重组（gene recombination）。

5.3.1 原核微生物的基因重组

在原核微生物中，基因重组的方式主要有转化、转导、接合和原生质体融合等几种形式。

1. 转化

转化（transformation）指将质粒或其他外源 DNA 导入处于感受态的宿主细胞，并使其获得新的表型的过程（图 5-9）。在转化过程中，转化的 DNA 片段称为转化因子（transforming factor），转化因子可以是双链 DNA 或单链 DNA，也可以是质粒 DNA。受体菌只有处在感受态时才能够摄取转化因子。感受态（competence）是细胞的一种特殊生理状态，处于感受态的细胞可以从周围环境中摄取 DNA 分子，且摄取的 DNA 分子不易被细胞内的限制性核酸内切酶分解。获得了供体菌转化因子的受体菌称为转化子（transformant）。动物细胞的转化又被称为转染（transfection）。

2. 转导

转导（transduction）是由噬菌体介导的遗传信息转移过程，是指一个细胞的 DNA 或 RNA 通过噬菌体的感染转移到另一个细胞中（图 5-10）。由转导作用而获得部分新性状的重组细胞称为转导子（transductant）。

当噬菌体在细菌中增殖并裂解细菌时，某些 DNA 噬菌体（称为普遍性转导噬菌体）可在罕见的情况下（约 $10^5 \sim 10^7$ 次包装中发生一次），将细菌的 DNA 误作为噬菌体本身的 DNA 包入头部蛋白衣壳内。当裂解细菌后，释放出来的噬菌体通过感染易感细菌则可将供体菌的 DNA 携带

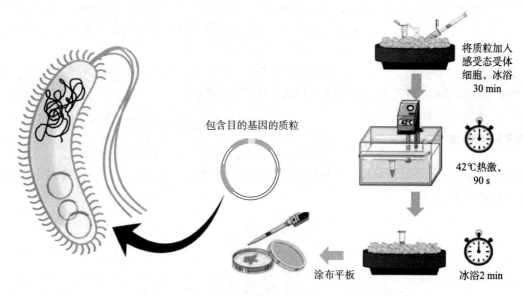

包含目的基因的质粒

将质粒加入感受态受体细胞，冰浴 30 min

42℃热激，90 s

冰浴 2 min

涂布平板

图 5-9　细菌转化示意图

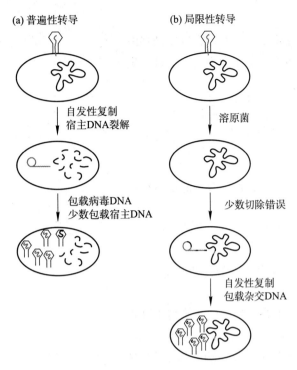

(a) 普遍性转导   (b) 局限性转导

自发性复制
宿主DNA裂解

溶原菌

包载病毒DNA
少数包载宿主DNA

少数切除错误

自发性复制
包载杂交DNA

图5-10　普遍性转导（a）和局限性转导（b）示意图

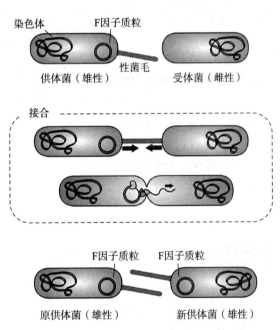

染色体　F因子质粒

性菌毛

供体菌（雄性）　　受体菌（雌性）

接合

F因子质粒　　F因子质粒

原供体菌（雄性）　　新供体菌（雄性）

图5-11　大肠杆菌的接合示意图

进入受体菌内。若发生基因重组，则受体菌获得了噬菌体介导转移的供体菌DNA片段，这一过程称为普遍性转导（generalized transduction，GT）。质粒也有可能被误包入衣壳进行转导。质粒的转导可转移比转化更大片段的DNA，且转移效率较转化高。

只有温和噬菌体（详见本书2.3.1.3）可进行局限性转导（specialized transduction，ST）。当温和噬菌体进入溶原期时，则以前噬菌体形式整合于细菌染色体的一个部位。当其受激活或自发进入裂解期时，如果该噬菌体DNA在脱离细菌染色体时发生偏离，则仅为与前噬菌体邻近的细菌染色体DNA有可能被包装入噬菌体蛋白质衣壳内。因此局限性转导噬菌体所携带的细菌基因只限于插入部位附近的基因。由于局限性转导的噬菌体常缺少噬菌体正常转导所需的基因，因此常需与野生型噬菌体共同感染细菌后在细菌中复制，这样才能将携带的基因转移至受体菌并使其得到表达。

3. 接合

接合（conjugation）是发生于原核微生物间的现象，在接合现象发生时，两个细胞直接接合或者通过类似于桥一样的通道接合，并且发生基因的转移。

接合属于细菌有性生殖的一个重要阶段。接合的供体细胞被定义为雄性，受体细胞被定义为雌性。接合过程中转移DNA的能力是由接合质粒提供的，又称为致育因子（fertility factor）。

细菌的接合最早在大肠杆菌中发现，以后在其他菌中也观察到，主要见于革兰氏阴性菌。在电镜下可观察到细菌间借伸长的性菌毛进行接合。接合现象研究最清楚的是大肠杆菌F质粒（F因子），见图5-11。

4. 原生质体融合

通过人为方法使遗传性状不同的两细胞的原生质体发生融合，以此获得兼有双亲遗传性状并能稳定遗传的过程，称为原生质体融合或细胞融合。这种重组子称为融合子（fusant）。原生质体融合技术是20世纪70年代继转化、转导和接合之后才发现的转移遗传物质的又一重要手段。

能进行原生质体融合的生物极为广泛，微生物、植物、动物细胞都可以进行原生质体融合。

5.3.2　真核微生物的基因重组

真核微生物的基因重组机制比原核微生物复杂，除了具有遗传转化、原生质体融合这两种类似于原核微生物的基因重组方式外，还可进行有性杂交和准性杂交，详见本书2.2.2.3。

5.4 菌 种 选 育

5.4.1 自发突变育种

自发突变育种是筛选微生物因自发突变（10^{-6}左右的突变率）而随机产生的具有新的优良性状突变株的育种方法。例如，在污染噬菌体的发酵液中分离到抗噬菌体的自发突变株；在乙醇工厂糖化酶产生菌中筛选到糖化力强的菌种等。

定向培育（directive breeding）也是一种利用自发突变的育种方法，是指人为用某一特定环境条件长期处理某一微生物群体，同时将它们不断进行接种传代，以达到累积和选择合适的自发突变体的一种古老的育种方法。这种育种方式耗时长、结果具有随机性和不确定性，因此已被现代育种技术所取代。

5.4.2 诱变育种

诱变育种是利用物理、化学等诱变剂处理均匀而分散的微生物细胞群，促使其突变率显著提高，并采用简便、快速和高效的筛选方法，从中筛选目的突变株的育种方法。诱变育种是诱发突变与定向筛选相结合的一项简单、快速和高效育种技术，在工业和生产实践中都具有极其重要的实践意义。

诱变育种的步骤和方法示意图如图5-12，主要包括以下五个步骤。

1. 出发菌株选择

用来进行诱变育种处理的起始菌株称为出发菌株。生产上应当挑选对诱变剂敏感性大、变异幅度广、产量高的出发菌株。例如，出发菌株可以选取自然界新分离的野生型菌株，它们对诱变因素敏感，容易发生变异；选取生产中由于自发突变或长期在生产条件下驯化而筛选得到的菌株，它们与野生型菌株比较相像，容易达到较好的诱变效果；选取每次诱变处理后性能都有一定提高的菌株，往往多次诱变可能效果叠加；出发菌株还可以同时选取数株，在处理比较后，将更适合的菌株留着继续诱变。

2. 同步培养及单细胞（或单孢子）悬液的制备

在诱变育种中，处理材料一般采用生理状态一致的单倍体、单核细胞，即菌悬液的细胞应尽可能达到同步生长状态，这称为同步培养。同步培养使得微生物细胞群体生长状态较为一致，比较容易变异，且重复性较好。制备一定浓度分散均匀的单细胞或单孢子悬液是关键步骤。

3. 诱变处理

生产上经常使用的诱变剂列表如下（表5-2），各种诱变剂的诱变机制详见5.2.3.2。下文简单叙述一些常见诱变剂在生产使用中的注意事项。

紫外线由于不需要特殊贵重设备，只要普通灭菌紫外灯管即能做到，而

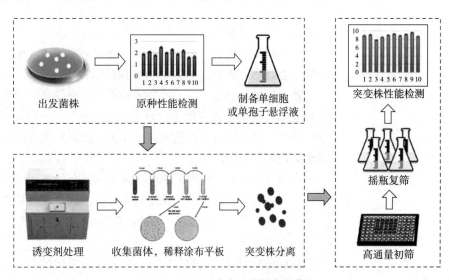

出发菌株　　　原种性能检测　　　制备单细胞
　　　　　　　　　　　　　　或单孢子悬浮液

诱变剂处理　　收集菌体，稀释涂布平板　突变株分离

突变株性能检测

摇瓶复筛

高通量初筛

图5-12　诱变育种的基本环节

且诱变效果也很显著，因此被广泛应用于工业育种。值得注意的是，紫外诱变实验时，为了避免光复活现象，处理过程应在暗室的红光下操作，处理完毕后，将盛菌悬液的器皿用黑布包起来培养，然后再进行分离筛选。

^{60}Co 属 γ 射线，是一种高能电磁波，其诱发的突变率和射线剂量直接相关，而与时间长短无关。电离辐射是造成染色体巨大损伤的最好诱变剂，它能造成不可回复的缺失突变，但可能影响邻近基因的性能。不同微生物对 ^{60}Co 的辐射敏感程度差异很大，可以相差几倍，引起最高变异的剂量也随菌种而有所不同。

离子束诱变是一种电磁辐射方法，它不同于传统的电磁辐射，具有质量、能量双重诱变效应。离子束诱变可根据注入离子的不同电荷数、质量数、能量、剂量组合成多样化的诱变条件，该方法变异幅度大，突变率高，突变谱广，而且遗传性能比较稳定，回复突变率低。

表 5-2　若干化学和物理诱变剂及其作用机制

诱变剂名称	作用机制	结果
辐射		
紫外线（UV）	形成嘧啶二聚体	修复时可导致错误或缺失
电离辐射（X 射线等）	形成自由基，使 DNA 链断裂	修复时可导致错误或缺失
烷化剂		
单功能（如 EMS）	在 G 上加甲基，与 T 误配	GC → AT
双功能（如氮芥、NTG、丝裂霉素）	DNA 链交联，DNA 酶切除误配区	引起点突变和缺失
与 DNA 反应的化合物		
HNO$_2$	使 A 和 C 脱氨	AT → GC，GC → AT
NH$_2$OH	与 C 发生反应	GC → AT
碱基类似物		
5- 溴尿嘧啶	以 T 形式掺入，偶与 G 误配	AT → GC，偶 GC → AT
2- 氨基嘌呤	以 A 形式掺入，偶与 C 误配	AT → GC，偶 GC → AT
嵌入性染料		
吖啶类，溴化乙锭	插入于两对碱基中	微小插入和微小缺失

决定化学诱变剂剂量的因素主要有诱变剂浓度、作用温度和作用时间。一种化学诱变剂处理浓度对不同微生物有一个大致范围，通常是将处理浓度、处理温度确定后，测定不同时间的致死率确定适宜诱变剂量。在处理到预定时间后，通过稀释、解毒剂或改变 pH 等终止反应。

就一般微生物而言，一定范围内诱变频率往往随剂量增高而增高。根据对紫外线、X 射线及乙烯亚胺等诱变剂诱变效应的研究，发现正突变（具目标性能突变株）较多出现在较低剂量中，而负突变（具相反目标性能的突变株）则较多出现在高剂量中。因此，目前较倾向于采用较低剂量诱变剂进行诱变育种。

在诱变育种时，有时采用多种诱变剂复合处理，例如两种或多种诱变剂先后使用，同一种诱变剂重复使用，两种或多种诱变剂同时使用。诱变剂复合处理常呈现一定协同效应，使用不同作用机制诱变剂进行复合处理，可能会取得更好诱变效果。

4. 中间培养

刚经诱变剂处理过的菌株有一个表现迟滞的过程，即生理延迟，需 3 代以上繁殖才能将突变性状表现出来。据此，应让变异处理后细胞在液体培养基中培养几小时。若不经液体培养基的中间培养而直接在平皿上分离，就会出现变异和不变异细胞同时存在于一个菌落内的可能，形成混杂菌落，造成筛选结果不稳定和将来菌株退化。

5. 分离和筛选

经中间培养可分离出大量较纯单菌落，从中筛选出性能良好的正突变菌株是育种成功的关键。筛选手段包括利用形态突变直接淘汰低产变异菌株，或利用平皿反应直接挑取高产变异菌株等。平皿反应是指变异菌落产生的代谢产物与培养基内指示物在培养基平板上作用后表现出一定生理效应，如变色圈、透明圈、生长圈、抑菌圈等，效应大小表示变异菌株性能改变程度的高低，作为筛选标志。以下列出 3 种具代表性的突变株筛选方法。

（1）产量突变株的筛选

提高微生物的某种代谢物产量是最常见的育种目标。通过筛选获得代谢产物的高产突变株，不仅可以提高代谢产物的产量，还可在减少产品杂质，提升产品质量，扩大品种，简化生产工艺等方面取得满意的效果。最突出的例子莫过于青霉素生产菌株产黄青霉（*Penicillium chrysogenum*）的选育历史和卓越成果了（表 5-3）。

表 5-3　通过育种等措施提高了产黄青霉的青霉素产量

时间 / 年	菌株	来源	发酵单位 /U·mL⁻¹	其他
1943	NRRL-1951	自发霉甜瓜中筛到	120	培养基中需加玉米浆
1943	NRRL-1951-B25	1951 的自发突变株	250	需加玉米浆和乳糖
1943	NRRL-1951-B25-X1612	B25 的 X 射线诱变株	500	正式用于工业生产，但产黄色素
1945	NRRL-Q176	X1612 的紫外线诱变株	900	1945 年起用于生产
1947	WIS-47-1564	Q176 的紫外线诱变株	1 357	不产生讨厌的黄色水溶性色素
1948	48-1372	47-1564 的 UV 诱变株	1 343	
1949	49-133	47-1564 的氮芥诱变株	2 230	
1951	51-20	49-133 的氮芥诱变株	2 521	
1953	53-844	48-1372 的 UV 诱变株	1 864	
1953	53-414	51-20 的自发突变分离株	2 580	
1955	进一步变异株		～ 8 000	
1971	进一步变异株		～ 2 万	
1977	进一步变异株		～ 5 万	
目前	进一步变异株		5 万～ 10 万	

（2）抗性突变株的筛选

这包括对抗生素、金属离子、温度、噬菌体等的抗性（或敏感）突变株的筛选，这些突变型也常用来提高某些代谢产物的产量。

① 抗生素抗性突变。各种抗生素对微生物代谢的抑制机制各不相同，利用这些不同的机制改变微生物的代谢，可使某些产物过量积累。在抗生素产生菌的选育中，筛选抗生素抗性突变株，可明显提高抗生素的产量。例如，解烃棒杆菌（*Corynebacterium hydrocarbolastus*）产生的棒杆菌素是氯霉素的类似物，抗氯霉素的解烃棒杆菌突变株比亲本株产生的棒杆菌素要高出 3 倍；衣霉素可改变细胞的分泌能力，有助于胞内物质分泌到胞外，是因为它可以抑制细胞膜糖蛋白的合成，

筛选枯草芽孢杆菌的衣霉素抗性突变株，使 α- 淀粉酶的产量比亲本株提高了 5 倍；蜡状芽孢杆菌的抗利福平无芽孢突变株的 β- 淀粉酶产量提高了 7 倍，这主要是因为利福平可抑制芽孢的形成，使芽孢形成的时间延迟，有利于 β- 淀粉酶的分泌。

② 抗噬菌体菌株的选育。噬菌体的污染常给发酵工业造成巨大的损失，而且噬菌体很容易发生变异，使对噬菌体具有抗性的菌株失去抗性，所以需要不断选育抗性菌株。有研究表明，细菌对噬菌体的抗性是基因突变的结果，这种抗性可以发生在接触噬菌体以前，与噬菌体的存在与否无关。抗噬菌体菌株的筛选可采用自然选育和诱发突变选育两种方法。自发突变是以噬菌体为筛子，在不经任何诱变的敏感菌株中筛选抗性菌株，但抗性突变的频率很低。为了提高效率，可先进行诱变处理，再用高浓度的噬菌体平板筛选抗性菌株。噬菌体感染的筛选过程也可以反复多次，使敏感菌株裂解，从中筛选出抗性菌株。

③ 条件抗性突变。条件抗性突变也称为条件致死突变，其中温度敏感突变常可提高产物的产量，如适于在中温条件下（如 37℃）生长的细菌，经诱变后获得的温度敏感突变株只能在低于 37℃的温度下生长，这主要是因某一酶蛋白结构改变后，在高温条件下丧失了活力。若此酶是某蛋白质、核苷酸合成途径中所需的酶，该突变株在高温下的表型就是营养缺陷型。谷氨酸产生菌——乳糖发酵短杆菌 2256 经诱变后获得的温度敏感突变，在 30℃条件下培养能正常生长，40℃温度下死亡，能在富含生物素的培养基中积累谷氨酸，而野生型菌的谷氨酸合成却受生物素的反馈抑制。

（3）营养缺陷型突变株的筛选

在诱变育种工作中，营养缺陷型突变株的筛选及应用有着十分重要的意义。营养缺陷型菌株是指通过诱变野生菌株（变异前的菌株）而丧失或部分丧失合成某些物质（如氨基酸、维生素、嘌呤和嘧啶碱基等）的能力，必须在其基本培养基中加入相应缺陷的营养物质才能正常生长繁殖的变异菌株。

在筛选营养缺陷型突变株的工作中，常用三种培养基：一是基本培养基，它是仅能满足微生物野生型菌株生长要求的培养基。第二种是完全培养基，它是能满足某微生物所有营养缺陷型菌株营养要求的天然或半合成培养基。第三种是补充培养基，它是在基本培养基中有针对性地加入某一种或某几种自身不能合成的有机营养成分，以满足相应的营养缺陷型菌株生长的培养基。营养缺陷型菌株的筛选一般包括诱发变变、后培养、淘汰野生型、检出缺陷型和鉴别缺陷型、生产能力测试等主要步骤（图 5-13）。

营养缺陷型菌株不论在科学实验中还是在生产实践中都有广泛用途。营养缺陷型菌株可作为研究转化、转导、接合等遗传规律的标记菌种和微生物杂交育种的标记。由于微生物经杂交育种（详见本章 5.4.3）后形成的杂种在形态上往往与亲本难以区别，选择不同的营养缺陷型菌株进行标记，通过测定后代营养特性可以判断杂交属性。利用营养缺陷型菌株解析微生物代谢途径，并通过有意识地控制代谢途径，实现目的代谢产物高产，从而成为发酵生产氨基酸、核苷酸和各种维生素等的生产菌种，例如利用丝氨酸营养缺陷型可以高产赖氨酸，利用腺苷酸营养缺陷型菌株可高产肌苷酸。

5.4.3 杂交育种

杂交育种一般是指人为利用真核微生物的有性生殖或准性生殖，或原核微生物的接合、F 因子转导、转导和转化等过程，促使两个具不同遗传性状的菌株发生基因重组，以获得性能优良的生产菌株。尽管一些优良菌种的选育主要是采用诱变育种的方法，但是某

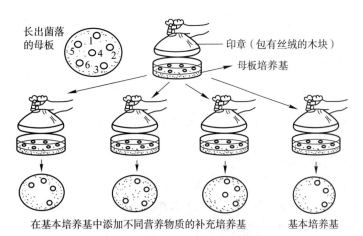

长出菌落的母板

印章（包有丝绒的木块）

母板培养基

在基本培养基中添加不同营养物质的补充培养基　　　　基本培养基

图 5-13　营养缺陷型突变体的筛选

一菌株长期使用诱变剂处理后，其生活能力一般会逐渐下降，如生长周期延长、孢子量减少、代谢减慢、产量增加缓慢、诱变因素对产量基因影响的有效性降低等。因此，常采用杂交育种的方法继续优化菌株。另外，由于杂交育种是选用已知性状的供体和受体菌种作为亲本，因此不论在方向性还是自觉性方面，都比诱变育种前进了一大步，所以它是微生物菌种选育的另一重要途径。但由于杂交育种的方法复杂，工作进度慢，因此还很难像诱变育种那样得到普遍的推广和应用。

微生物杂交育种的一般程序为选择原始亲本、诱变筛选直接亲本、直接亲本之间亲和力鉴定、杂交、分离到基本培养基或选择性培养基、筛选重组体、重合组体分析鉴定。

大部分发酵工业中具有重要经济价值的微生物是准性生殖方式杂交重组。原核微生物杂交仅转移部分基因，然后形成部分结合子，最终实现染色体交换和基因重组。丝状真核微生物通过接合、染色体交换，然后分离形成重组体。常规杂交主要包括接合、转化、转导、溶原转换和转染等技术，它们的特点见表5-4。

表5-4 微生物常规杂交形式

微生物类别	杂交方式	供体与受体细胞的关系	参与交换的遗传物质
原核微生物	接合	体细胞间暂时沟通	部分染色体杂合
	转化	细胞不接触，吸收游离的DNA片段	个别或少数基因杂合
	转导	细胞间不接触，质粒、噬菌体介导	个别或少数基因杂合
真核微生物	有性生殖	生殖细胞融合或接合	整套染色体高频率重组
	准性生殖	体细胞接合	整套染色体高频率重组

5.4.4 基因工程育种

基因工程是用人为的方法将所需的某一供体生物的遗传物质DNA分子提取出来，在离体条件下切割后，把它与作为载体的DNA分子连接起来，然后导入某一受体细胞中，让外来的遗传物质在其中进行正常的复制和表达，从而获得新物种的一种崭新的育种技术。基因工程的操作步骤主要包括目的基因的获得、DNA重组及转化和目的基因表达几个方面（图5-14）。

目的基因的获得一般有四条途径：①从生物细胞中提取、纯化染色体DNA并经适当的限制性内切酶部分酶切。②经逆转录酶的作用由mRNA在体外合成互补DNA（cDNA），此方法主要用于真核微生物及动、植物细胞中特定基因的克隆。③化学合成，主要用于那些结构简单、核苷酸顺序清楚的基因克隆。④从基因库中筛选、扩增获得，目前认为是取得任何目的基因的最好和最有效的方法。

将目标基因的两端和载体DNA的两端用特定的核酸内切酶切后，让它们连接成环状的重组DNA。因为这是在细胞外进行的基因重组过程，所以，有人将基因工程又称为体外重组DNA技术。

基因工程中所用的载体系统主要有细菌质粒、黏性质粒、酵母菌质粒、λ噬菌体、动物病毒等。以质粒为载体的重组DNA可以通过转化进入受体细胞，而用噬菌体为载体的重组DNA可以通过转导或转染进入受体细胞大量复制和表达。

利用基因工程技术，不仅可以在基因水平上对微生物自身的目的基因进行精确修饰，改变微生物的遗传性状，还可以通过分离供体生物中目的基因，并将该基因导入受体菌中，使外源目的基因在受体菌中进行正常复制和表达，从而使受

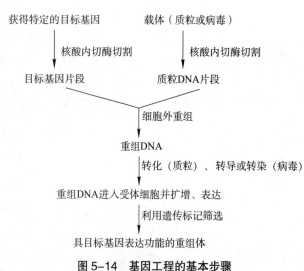

获得特定的目标基因　　载体（质粒或病毒）

↓核酸内切酶切割　　↓核酸内切酶切割

目标基因片段　　质粒DNA片段

细胞外重组

重组DNA

↓转化（质粒）、转导或转染（病毒）

重组DNA进入受体细胞并扩增、表达

利用遗传标记筛选

具目标基因表达功能的重组体

图5-14 基因工程的基本步骤

体菌生产出自身本来不能合成的新物质。与前几种菌种改良技术相比,基因工程技术是人们在分子生物学指导下的一种自觉的、可控制的菌种改良新技术,它克服了传统菌种改良技术的随机性和盲目性,能有目的地改良菌种,又被称为定位育种技术,是工业菌种改良最具魅力、最有潜力的技术。

基因工程已经并还在改变人类生活。通过基因工程方法生产的药物、疫苗、单克隆抗体及诊断试剂等几十种产品已批准上市;通过基因工程方法已获得包括氨基酸类(苏氨酸、精氨酸、蛋氨酸、脯氨酸、组氨酸、色氨酸、苯丙氨酸、赖氨酸、缬氨酸等)、工业用酶制剂(脂肪酶、纤维素酶、乙酰乳酸脱羧酶及淀粉酶等)以及头孢菌素C等的工程菌,大幅度提高了生产能力;通过基因工程方法改造传统食品生产也获得了巨大进展,例如培养优质、高产、抗性好的农作物及畜、禽新品种。此外,通过制造新的固氮菌可减少化学肥料的使用和使农作物产量增加,基因工程还为无污染能源的实现提供了可能。

5.4.5 代谢工程育种

代谢工程(metabolic engineering)又称途径工程,自20世纪初90年代诞生,经典的代谢工程旨在利用基因重组技术对细胞现有的代谢途径进行修饰、改造,以达到细胞性能改善,目标产物增加的目的。自代谢工程诞生以来的30年,生命科学蓬勃发展,基因组学、系统生物学、合成生物学等新学科不断涌现,为代谢工程的发展注入了新的内涵与活力。经典代谢工程研究已进入系统代谢工程阶段。组学技术、基因组代谢模型、元件组装、回路设计、动态控制、基因组编辑等合成生物学工具与策略的应用,大大提升了复杂代谢的设计与合成能力;机器学习的介入以及进化工程与代谢工程的结合,为系统代谢工程的未来开辟了新的方向。不同策略在代谢工程中的应用详见表5-5。

表 5-5 不同策略在代谢工程中的应用

	宿主	产物 / 目的	方法 / 工具
代谢通路设计	大肠杆菌	番茄枝碱	从不同宿主中选择酶
	酿酒酵母	青蒿酸	提高前体物供应
	恶臭假单胞菌	顺,顺 – 黏康酸	合成启动子
	烟草	秋水仙碱	共表达 / 截断
通路优化	大肠杆菌	紫杉烯	通路模块化
	大肠杆菌	白藜芦醇	基因抑制 / 沉默
	大肠杆菌	邻氨基苯甲酸盐	代谢物成瘾
	黑曲霉	衣康酸	低 pH 诱导启动子
	大肠杆菌	5- 氨基乙酰丙酸	甘氨酸核糖开关
进化工程	酿酒酵母	异戊二烯	定向进化
	酿酒酵母	游离脂肪酸	适应性实验室进化
	大肠杆菌	L- 丝氨酸	适应性实验室进化
	大肠杆菌	生长	适应性实验室进化
机器学习	大肠杆菌	dxs 基因表达	神经网络
	大肠杆菌	柠檬烯	支持向量机
	大肠杆菌	番茄红素	高斯过程

宿主	产物/目的	方法/工具
酿酒酵母	色氨酸	组合模型
尼泊尔德巴利酵母	木糖醇	人工神经网络

虽然在植物、昆虫和动物细胞中也开始进行代谢工程研究，但微生物由于其代谢途径相对简单、遗传操作比较容易，因而仍是目前代谢工程的主要研究对象。例如，大肠杆菌与酿酒酵母等代谢相对清晰、遗传操作技术成熟的模式生物被广泛地用作代谢工程宿主。此外，谷氨酸棒杆菌（*Corynebacterium glutamicum*）适合生产氨基酸；而梭状芽孢杆菌（*Clostridium* sp.）用于生产丁醇；红球菌（*Rhodococcus opacus*）与解脂耶氏酵母（*Yarrowia lipolytica*）油脂合成能力突出；而琥珀酸曼氏杆菌（*Mannheimia succiniciproducens*）高产琥珀酸等。

5.4.6 合成生物技术育种

2003年美国伯克利大学凯斯林（Keasling）教授成功利用酵母细胞表达天然植物药青蒿素分子，标志着运用合成生物学（synthetic biology）进行微生物育种时代的开始。与代谢工程育种不同，合成生物学育种更着力于集成其他细胞的代谢网络，在宿主细胞中"从头构建"新的代谢途径，创造性地生产目标产物。

合成生物学是基因工程中一个刚刚出现的分支学科，它吸引了大批的生物学家和信息工程师致力于此项研究。2010年，世界上第一个由纯人工合成创造的物种"Synthia"（意译"人造儿"）诞生了，它是由美国生物学家文特尔（Venter）研究团队通过重塑丝状支原体丝状亚种（*Mycoplasma mycoides*）的DNA，并将新DNA植入另一种山羊支原体（*M. capricolum*）中成功培育的。支原体是最小原核细胞型微生物，具有最小基因组。Synthia的成功合成，为科学家合成新的更大、更复杂的且更有实践意义的微生物提供了可能，如可生产生物燃料、药物和可降解其他污染物的微生物。2021年我国科学家马延和团队报道了一种基于合成生物学的淀粉制备方法，通过在约7 000个生化反应中，构建形成了11步主反应，以CO_2、电解产生的H_2为原料，人工合成淀粉（图5-15）。合成生物学的发展正从优化基因元件与模块走向从头设计复杂代谢线路，已逐步在医药、食品、化工、环境及能源等领域发挥重要作用。

5.5 菌种衰退、复壮和保藏

5.5.1 菌种衰退

菌种衰退（degeneration）指当菌种经历长时间的保藏、重复传代培养或连续培养时，菌种的一个或多个遗传性状不能维持原样甚至消失的现象。在生产实践中经常会遇到菌种衰退的问题，有的是菌种的生长活力或繁殖能力下降，有的是菌种产物代谢速率降低，这些都给生产带来很多不利。

菌种衰退的原因有两种：一是菌种保藏方法不合适；二是菌种生长的条件没有得到满足，或是遇到某些不利条件，或是失去某些需要的条件。此外，还有经诱变得来的新菌株因回复突变而丧失新的特性。

要防止菌种衰退，①要做好菌种的保藏工作，使菌种的优良特性得以保存。②应提供菌种适当的生长条件，既要根据微生物生长、发育的特性，尽可能满足其营养条件，避免有害因素的影

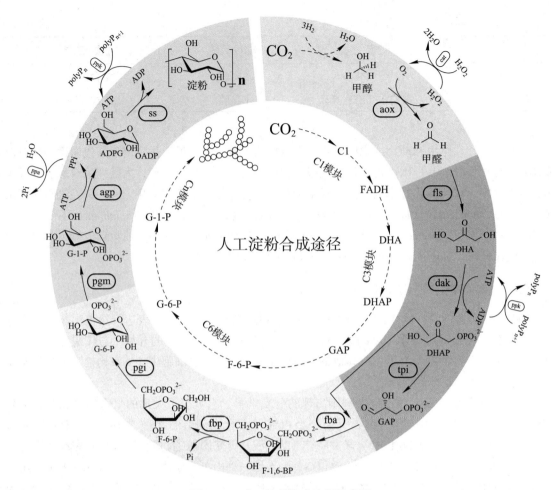

图 5-15 人工淀粉合成途径示意图

响，又要尽量减少传代的次数。③为防止诱变菌种的退化，一方面要使用一些高效的诱变剂，另一方面要做好菌种纯化工作，将初筛得到的高产菌株纯化后再进行复筛。

5.5.2 菌种复壮

菌种复壮（rejuvenation）指采取一些措施，在整体衰退的菌种中筛选尚未衰退的个体细胞生长、繁殖，最终恢复原菌种性状的过程。

常见的菌种复壮的方法有：

（1）纯种分离。使用平板划线、平板涂布、单细胞或单孢子分离法，在平板上获得单菌落，分离出仍保有典型性状的菌种富集培养。

（2）寄主复壮。对于寄生性微生物，可将其接种到相应寄主体内以恢复甚至提高菌种活力。

（3）改善培养条件。不合适的培养条件往往会导致菌种衰退，若及时更换成合适的培养条件，则可提高菌种活力，使菌种复壮。

（4）遗传育种。对已衰退的菌种进行遗传育种，从中筛选出具有典型性状、不易衰退的菌种。

5.5.3 菌种保藏

5.5.3.1 菌种保藏方法

微生物菌种的保藏方法多样，采用何种方法，要根据被保藏菌株的种类、需要保藏的时间及实验室的设备条件等多因素确定。首先应挑选典型菌种或典型培养物的优良纯种，最好保藏它们的分生孢子、芽孢等休眠体；其次，还要创造一个有利于它长期休眠的良好环境条件，诸如干燥、低温、缺氧、避光、缺乏营养以及添加保护剂或酸度中和剂等。干燥和低温是菌种保藏中的最重要因素。以下介绍几种常用的菌种保藏方法。

1. 传代培养保藏法

传代培养保藏法（periodic subculture preservation）又称斜面培养、穿刺培养、疱肉培养基培养等（后者用作保藏厌氧细菌），是将菌种定期在新鲜琼脂斜面培养基上、液体培养基中培养或穿刺培养，然后在低温条件下保存。它可用于实验室中各类微生物保藏，简单易行，且不要求任何特殊设备。但此方法易发生培养基干枯、菌体自溶、菌种退化、菌株污染等不良现象。此方法一般保存时间为 3~6 个月，不适宜用作工业菌种的长期保藏。

2. 冷冻保藏法

冷冻保藏法（freeze-drying preservation）是指将菌种于 –20℃ 以下保藏。冷冻使微生物代谢活动停止，冷冻温度越低则保藏效果越好。为防止菌种在冻结和脱水过程中损伤或死亡，通常需要在菌种培养物中加入冷冻保护剂。冷冻保藏的缺点是保藏后的菌种运输较困难。目前，被各大菌种保藏单位普遍选用的就是冷冻保藏法中的以下两种：

（1）冷冻干燥保藏法

该方法是一种有效的长期保藏菌种的方法，一般保藏期为 5~15 年。通常包括以下主要操作：将微生物细胞或孢子混悬于适当的保护剂（如 20% 脱脂牛奶或血清）中，使成 10^8/mL 浓度，取 0.1 mL 至灭菌安瓿管中，随即放在干冰乙醇溶液（–70℃）中速冻，然后在加有强力干燥剂（PO_5 或无水 $CaCl_2$）的容器中用真空泵抽 1 d 左右，使其中冰水升华，最后熔封管口，置 4℃ 左右长期保藏。本法适用的菌种多、保藏期长且存活率高，但缺点是设备较贵，操作较烦琐。

（2）液氮冷冻保藏法

该方法的主要操作是把微生物细胞混悬于含保护剂（20% 甘油，10% DMSO 等）的液体培养基中（也可把含菌琼脂块直接浸入含保护剂的培养液中），分装入耐低温的安瓿管中，缓慢预冷后，移至液相（–196℃）或气相（–156℃）的液氮罐中作长期超低温保藏。本法保藏期长（15 年以上）且适合保藏各类微生物，尤其适宜于保存难以用冷冻干燥保藏法保藏的微生物，如支原体、衣原体、不产孢子的真菌、微藻和原生动物等，但缺点是需要液氮罐等特殊设备，操作较复杂。

3. 矿物油浸没保藏法

该方法简便有效，特别对难以冷冻干燥的丝状真菌和难以在固体培养基上形成孢子的担子菌等的保藏更为有效。主要操作是首先让待保藏菌种在适宜的培养基上生长，然后注入经 160℃ 干热灭菌 1~2 h 或湿热灭菌后 120℃ 烘干水分的矿物油，矿物油的用量以高出培养物约 1 cm 为宜，橡皮塞封口，该方法可保藏菌种 1~2 年。

4. 载体保藏法

该方法是将微生物吸附在适当的载体，如土壤、沙子、硅胶、滤纸上，而后进行干燥的保藏法，例如沙土保藏法和滤纸保藏法应用相当广泛。此法多用于能产生孢子的微生物如真菌、放线菌，因此在抗生素工业生产中应用最广，效果亦好，可保存 2 年左右，但应用于营养细胞效果不佳。

5. 寄主保藏法

该方法用于目前尚不能在人工培养基上生长的微生物，如病毒、立克次氏体、螺旋体等，它们必须在生活的动物、昆虫、鸡胚内感染并传代。

6. 基因工程菌保藏

该方法针对基因工程菌的保藏。基因工程菌遗传性状不稳定，携带的载体质粒容易丢失，因此需要提供一定的生长选择压力。如保藏携带含抗性质粒的基因工程菌时，通常在培养基中添加适当抗生素以帮助维持质粒复制与菌体染色体复制的协调。

关于微生物菌种保藏的新方法不断涌现，需要根据菌种的不同特性进行选择。科研人员也在积极努力探索找寻更有利于推广的保藏技术，在保证菌种特性稳定的基础上探索更经济更便捷的保藏方法。

5.5.3.2 菌种保藏机构

菌种保藏机构的任务是在广泛收集实验室和生产用菌种、菌株、病毒毒株（有时还包括动、植物的细胞株和微生物质粒等）的基础上，将它们长期保藏，使之不死、不衰、不乱，以达到便于研究、交换和使用等目的。现将一些国内外具代表性的菌种保藏机构列出。

美国典型菌种保藏中心（ATCC）

荷兰霉菌中心保藏所（CBS）

法国里昂巴斯德研究所（IPL）

俄罗斯科学院微生物生化、生理研究所菌种保藏中心（VKM）

英国国家典型菌种保藏中心（NCTC）

日本大阪发酵研究所（IFO）

中国微生物菌种保藏管理委员会（CCCCM）

中国科学院微生物研究所微生物资源中心（IMCAS–BRC）

中国典型培养物保藏中心（CCTCC）

中国普通微生物菌种保藏管理中心（CGMCC）

中国农业微生物菌种保藏管理中心（ACCC）

中国工业微生物菌种保藏管理中心（CICC）

中国医学细菌保藏管理中心（CMCC）

【习题】

名词解释：

基因组　核酸　质粒突变　移码突变　诱发突变　诱变剂　突变株　突变　自发突变　转导　转化　接合　营养缺陷型　基因工程　代谢工程　菌种衰退

简答题：

1. 突变和突变株的区别是什么？

2. 筛选和选择的区别是什么？

3. 营养缺陷型与原养型微生物的区别是什么？

4. 诱变剂如何导致基因突变？

5. 转化中感受态是如何定义的？

6. 转导粒子与感染性噬菌体有何不同？

7. 普遍转导和转化的主要区别是什么？

8. 供体和受体细胞如何完成接合过程？

9. 转座子如何被用于细菌的遗传学研究？

10. 为什么 CRISPR 系统被称为原核生物的"免疫系统"？

11. 基因工程的基本操作过程是怎样的？试用简图表示并简要说明。

12. 菌种衰退的原因是什么？如何对衰退的菌种进行复壮？如何区别菌种究竟是衰退，还是发生污染？

【开放讨论题】

文章阅读与讨论：

Cai T., Sun H., Qiao J., *et al*. (2018) Cell-free chemoenzymatic starch synthesis from carbon dioxide. Science. 373 (6562), 1523-1527, doi: 10.1126/science.abh4049.

推荐意见： 在该研究中，科学家从头设计出 11 步主反应的非自然二氧化碳固定与人工合成淀粉新途径，在实验室中首次实现从二氧化碳到淀粉分子的全合成。这一人工途径的淀粉合成速率是玉米淀粉合成速率的 8.5 倍，向设计自然、超越自然目标的实现迈进一大步，为创建新功能的生物系统提供了新科学基础。

案例分析、实验设计与讨论：

1. 淋病奈瑟菌（*Neisseria gonorrhoeae*）的基因组是包含 2 220 kbp 碱基对的双链 DNA 分子。如果这个 DNA 分子的 85% 是由编码蛋白质基因的开放阅读框组成，并且平均蛋白质有 300 个氨基酸长，那么奈瑟菌有多少个编码蛋白质的基因？其他 15% 的 DNA 中存在什么样的遗传信息？

2. 现已知大量致突变的化学物质，但没有一种可诱导单个基因突变（基因特异性突变）。根据你对诱变剂的了解，解释为什么不太可能找到基因特异性化学诱变剂。那么，如何实现位点特异性突变呢？

【参考资料】

1. 朱玉贤，李毅，郑晓峰，等. 现代分子生物学［M］. 5 版. 北京：高等教育出版社，2019.
2. 夏启中. 基因工程［M］. 北京：高等教育出版社，2017.

第6章
微生物生态

许多人终其一生都对微生物的存在毫无意识，但即便如此，每个人每一天每一秒都直接或间接地与微生物发生着联系。事实上，正是微生物造就了地球生命：它们使物质循环得以实现、提供了食物链的基础，并对地球大气的构成起主要作用。为了弄清微生物与其环境间的相互作用规律，微生物生态学应运而生，它是以微生物为对象，研究其自身及其与周围生物和非生物环境间的相互作用规律的科学。

本章主要介绍微生物在自然界中的分布、微生物与生物环境间及其群体内的关系、微生物分类鉴定的方法、微生物群落分析以及微生物在地球物质转化中的作用等方面的内容。

微生物生态研究具有重要的理论意义和实践价值。例如，研究微生物的分布有利于发掘更丰富的菌种资源，推动进化、分类研究和微生物的开发利用及防治；研究微生物和他种生物、非生物因素间的相互作用关系，有利于阐明食品发酵的生物学过程，为高附加值食品的生产奠定理论基础；同时，促进肠道菌群和食品安全研究，推动食品营养学发展，助力国家的大健康战略。

通过本章学习，可以掌握以下知识：

1. 微生物在自然界的分布。
2. 微生物个体与生物环境间的相互关系。
3. 微生物群体的交流方式：群体感应。
4. 微生物分类鉴定的方法及其命名。
5. 微生物群落分析及从自然界筛选微生物的方法。

在开始学习前，先思考下列问题：

1. 微生物的营养需求有哪些？
2. 微生物能产生哪些物质，这些物质有什么用途？
3. 你能说出哪些微生物名字，这些微生物与其他微生物的区别是什么？

【思维导图】

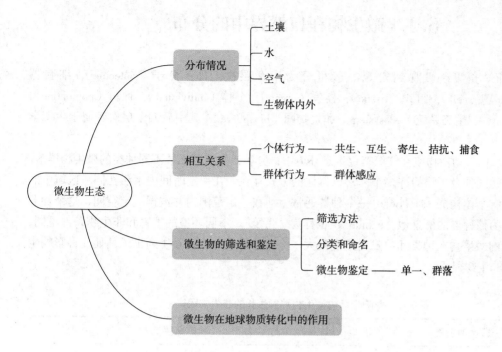

6.1　微生物在自然界中的分布

从生命科学角度，微观到宏观一般可分为十个层次，即：分子（molecule）、细胞器（organelle）、细胞（cell）、组织（tissue）、器官（organ）、个体（individual）、种群（population）、群落（community）、生态系统（ecosystem）和生物圈（biosphere），其中后四个层次都属于生态学的范畴。

在土壤、水体、动植物或空气等特定生态环境中，分布或生活着无数不同种类的微生物群落。在自然环境中，同种微生物的许多个体常以群体的方式存在。在一定时间内生活在同一区域中的同种生物的所有个体构成一个种群。一个种群通常生活在一定范围内并占据一定空间，这个种群生活的环境称为该种群的栖息地（habitat），也称为"生境"。不同环境的生物和非生物条件不同，导致其中栖息的微生物在种类和数量上差别巨大。除营养物质外，表6-1列出了其他几种影响生境中微生物的非生物因素。

表 6-1　影响生境内微生物种群生长的非生物因素

非生物因素	状态范围
氧气含量	无氧 – 微氧 – 有氧
含盐量	高盐 – 海水 – 淡水
湿度	干旱 – 不干 / 微湿 – 潮湿
pH	酸性 – 中性 – 碱性
温度	炎热 – 温暖 – 寒冷
光照强度	无光 – 低亮度 – 明亮 –UV

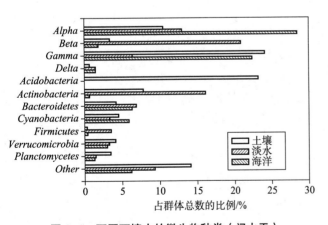

图 6-1　不同环境中的微生物种类（门水平）

不同的生境因其非生物因素和生物因素各不相同，因此微生物的分布也不尽相同。虽然不同类型的微生物在地球主要栖息地的分布情况还不完全清楚，但人们已经认识到栖息在土壤、湖泊和海洋的微生物之间存在门水平、甚至更高系统发育水平上的差异。

在自然界中已知的超过90个细菌门中，只有少数细菌在任何特定环境中都大量存在（微生物分类学相关知识请参见6.6）。例如，海洋中的细菌群落大约有10个门，其中相对丰度至少占总丰度5%的门有5个。一些门的细菌在许多环境中都有发现，而它们的丰度在生物圈的主要生境中有所不同（图6-1）。变形菌门随处可见，但不同的变形菌纲支配着淡水、海洋和土壤。淡水中，β变形菌（Betaproteobacteria）最多，其次是γ变形菌（Gammaproteobacteria）和α变形菌（Alphaproteobacteria）。在海水中，通常α变形菌最丰富，而β变形菌门则少得多。土壤中也有这三种变形菌纲，其中γ变形菌纲最为丰富。

很多自然或加工过的食品中都存在着多种微生物，这些微生物与食品环境相互作用构成了一个具有特定功能的生态系统。食品的种类和加工方式的不同导致其含有的微生物数量可从零到数不胜数，种类可以单一也可能繁多。微生物通过自身活动既能使食品具有独特的风味或营养，也可能造成食物中毒事件的发生。

6.1.1 土壤中的微生物

土壤具有绝大多数微生物生长所需的条件：矿物质可提供矿质元素；有机物可作为良好的碳源、氮源和能源；酸碱度接近中性，是一般微生物最适合生长的范围；良好的保水性、渗透压和保温性等特性，使土壤成为微生物的天然培养基，因此土壤中的微生物种类和数量最多。可以说，土壤是微生物的"大本营"；而且，不同土壤中的微生物种类和数量也不尽相同。因此，对人类来说，土壤是最丰富的"菌种资源库"。

尽管土壤中各种微生物含量的变动很大，但每克土壤的含菌量大体上有一个 10 倍比例的递减规律：细菌（~10^8）>放线菌（~10^7）>真菌（~10^6）>酵母菌（~10^5）>藻类（~10^4）>原生动物（~10^3）（单位：CFU/g）。

可见，土壤中所含的微生物数量很大，尤以细菌最多。据估计，每亩耕作层土壤中，细菌湿重有 90~225 kg。以土壤有机质含量为 2% 计算，则所含细菌干重为土壤有机质的 1% 左右。通过土壤微生物的代谢活动，可改变土壤的理化性质。因此，土壤微生物是构成土壤肥力的重要因素。一般雨后的空气比较清新，有时还有一股淡淡的泥土味，这种泥土味其实就是放线菌在土壤中大量生长，其生成孢子的过程中所产生的代谢物质——土臭素（geosmin）的味道，土臭素在降雨过程中飞溅到空中，进而伴随着空气被吸入我们的鼻腔。因为放线菌在世界各地都普遍存在，所以各地的雨后空气都比较怡人。当然，下雨后的空气中除了泥土的气息，往往还会混杂着其他的味道。包括，弱酸性的雨水和地表的物质反应可能产生的芳香气味，以及雨后植物挥发的精油产生的气味等，一起组成了雨后空气中特有的味道。

 知识拓展 6-2
土臭素（geosmin）

不同类型土壤中的各种微生物含量差异巨大，在有机物含量丰富的黑土、草甸土、磷质石灰土和植被茂盛的暗棕壤中，微生物含量较高；而在西北干旱地区的棕钙土，华中、华南地区的红壤和砖红壤，以及沿海地区的滨海盐土中，微生物的含量相对较少。

食品中的很多微生物都来源于土壤，土壤微生物可通过动植物或与食品接触等途径进入食品。土壤微生物的多少决定了该环境下生长的食品及其原料的初始含菌量。

6.1.2 水中的微生物

水生环境包括海洋、湖泊、河流、小溪甚至温泉等。大约 71% 的地球表面被水占据，其中 97% 的水存在于海洋中，为咸水；只有不到 1% 的淡水存在于陆地上的溪涧、河流和湖泊中，它们通过水循环不断更新。水生环境的大小和多样性暗示了水生生境对微生物的重要性。不同水生环境的物理化学条件差别迥异：小溪和河流中的水流动速度很快，而湖泊中的水流动速度相对较慢；风给海洋表层水的运动提供了动力，进一步形成洋流和上升流区域，将营养物质、生物体、氧气和热量带到世界各地。水环境的各种特性都随水的运动而不断变化：如 pH、溶氧浓度、含盐量、渗透压以及宏量和微量养分的可及性等。水生环境中的主要微生物包括对初级生产至关重要的光养菌和参与水生环境碳循环的异养菌等。

水中微生物主要来自土壤、空气、动物排泄物及工厂、生活的污物等。由于水中有机质的存在，有些微生物能够在水中大量存在并繁殖。微生物在水中的分布受水体类型、有机质含量、温度、酸碱度、含盐量、溶氧浓度、深浅度等诸多因素的影响。水体受到土壤和人畜排泄物污染后，肠道菌和病原菌的数量增加。而在海洋中

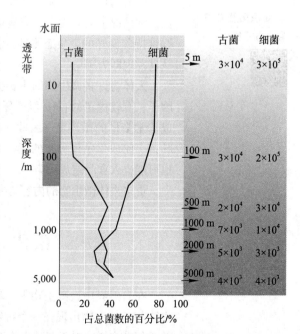

图 6-2　古菌和细菌在水中随深度的分布情况

生活的微生物主要是细菌，它们具有嗜盐的特性，能够引起海产动植物的腐败，有些种类还可引起食物中毒。而矿泉水、深井水中的含菌量很少。

水作为食品生产中不可缺少的原料之一，也是引起食品微生物污染的重要媒介。生产食品的过程中，如果使用了未经净化消毒的天然水，尤其是地面水，则会使食品污染较多的微生物，同时还可能将其他污染物和毒物带入食品。因此，很多食品都将肠道菌群的存在作为食品受到污染的指标进行检测。在原料清洗过程中，特别是在畜禽屠宰加工中，即使应用洁净自来水，若方法或程序不当，自来水仍可能成为污染的媒介。

6.1.3 空气中的微生物

空气是多种气体的混合物，其中没有可被微生物直接利用的营养物质，且空气中的水分多数情况下也不适合微生物的生长繁殖。因此，空气中没有固定的微生物种类。空气中的微生物主要以真菌、放线菌的孢子和细菌的芽孢及酵母等抗逆性较强的形式存在。

空气中的微生物一般来自于周围的环境，主要包括土壤、水、人和动植物体表的脱落物以及呼吸道、消化道的排泄物等。扬尘天气时无疑会把土壤带入空中，使空气中漂浮着土壤微生物；一个不戴口罩且不采取任何遮挡措施的人在地铁车厢内的一个喷嚏就可以将其喷嚏中的微生物迅速布满整节车厢。不同环境空气中微生物的数量和种类有很大差异，其中公共场所、街道、畜舍、屠宰场及通风不良处的空气中微生物数量较高。空气中的尘埃越多，所含微生物的数量也就越多，空气中的微生物随尘埃的飞扬还可能会沉降到食品上进而污染食品。室内污染严重的空气中微生物数量可达 $10^6 CFU/m^3$，海洋、高山等空气清新的地方微生物的数量较少。因此，一般而言，食品厂不宜建立在闹市区或交通主干线旁。

6.1.4 生物体内外的微生物

人和动物是微生物来源不容忽视的一个方面。健康人体的皮肤、头发、口腔、消化道、呼吸道、泌尿生殖道等均带有许多微生物，由病原微生物引起疾病的患者体内会有大量的病原微生物，它们可通过呼吸道和消化道向体外排出。人体接触食品，特别是人的手造成的食品污染最为常见，因此在食品生产过程中都要进行手部的消毒灭菌。

🌐 知识拓展 6-3
微生态平衡

以人为例，人体微生态学研究表明，人的体表及与外界相通的腔道中都有一层微生物附着，在正常情况下对人无害，有些还是有益或不可或缺的，称为正常菌群（normal flora），这些正常菌群维持着良好的微生态平衡。但是，在器官内部以及血液和淋巴系统内部是没有微生物存在的，一旦发现即为感染。

人体为许多微生物的生长提供了适宜的环境，有异养型微生物生长所需的丰富有机物和生长因子；有较稳定的 pH、渗透压和恒温条件。但是，由于人体各部位生境条件不是均一的，而是形成非常多样的微环境，因此，不同的微生物通常有选择性地生长，所以在皮肤、口腔、鼻咽腔、肠道、泌尿生殖道分布的正常菌群种类和数量也各不相同。这些不同种类的微生物在某些条件下也可能进入食品造成污染。

更多人体微生物的内容请参见第 12 章益生菌的相关章节。

6.2 微生物与生物环境之间的生态

在自然界中，微生物很少单独存在，总是很多种群聚集在一起。当不同种类的微生物或者微生物与其他生物出现在一个特定的空间内，它们之间互为环境，相互影响。生物之间的相互作用关系复杂多样。对于两种生物而言，理论上它们之间可以有以下几种关系：

1. 对两方都有利；

2. 有利于一方，同时不损害另一方；

3. 有利于一方，但损害另一方；

4. 对两方都无利无害；

5. 损害一方，不损害另一方；

6. 对两方都有害等。

下面挑选几种典型的微生物之间的生态关系进行简要介绍。

6.2.1 共生

多年来，"共生"一词被用来描述不同物种生活在一起的多种情况，有"共同生活"的意思。在最宽泛的定义中，共生被用来描述生物之间的多种相互作用，如互利共栖（mutualism）和共生（symbiosis）。在狭义的定义中，共生指两个物种从相互作用中都受益的关系，在这种情况下，它也可以被称为互利共生。本书中的共生特指狭义范畴，指两种生物共同生活在一起，相互分工合作，甚至形成独特结构、难舍难分、合二为一的一种相互关系。

共生的种类 ⎰ 微生物间的共生：地衣

⎱ 微生物与植物间的共生：根瘤菌、菌根

⎱ 微生物与动物间的共生：反刍动物的瘤胃微生物

在旧墙壁、树干或岩石上，常见到呈灰绿色、黄褐色等不同颜色、硬壳状的斑块，这就是有着"拓荒先锋"之称的地衣。是真菌与藻类或蓝细菌共生所形成的共生关系的典型代表，藻类或蓝细菌通过光合作用向真菌提供有机养料，真菌则产生有机酸分解岩石，为藻类或蓝细菌提供矿质养料及某些生长素和在基质上牢固附着的条件，这一共生关系使地衣具有极强的适应性和生命力。

各式各样美丽的珊瑚是珊瑚虫纲（Anthozoa）动物和绿藻（green algae）、黄藻（yellow algae）之间共生的产物，其中珊瑚虫

图 6-3 真菌与藻类或蓝细菌的共生体——地衣

为藻类提供营养素，藻类则提供各种复杂的光合作用产物，藻类分布在珊瑚虫的组织内，因此很难分辨藻类个体。这种共生的结果是在浅海处的珊瑚靠光合作用的帮助产生了巨大的珊瑚礁，礁体是珊瑚虫分泌的巨大碳酸钙岩石，石灰石，热带海边的白色沙石，甚至石灰质的山峰和岛屿都是他们的杰作。

6.2.2 互生

互生（metabiosis），也叫代谢共栖，是指两种可单独生活的生物，当它们共同生活时有利于对方，或偏利于一方的相互关系，也就是"可分可合、合比分好"的关系。

拉曼毛霉（*Mucor ramannianus*）与深红酵母（*Rhodotorula rubra*）独自生活时各自只能合成硫胺素分子的一半结构，均需从外界获取维生素 B_1；二者共栖时，能互相吸收对方的分泌物，从而无需从外界额外获取维生素 B_1。此外，肠道正常菌群与人也是互生关系，如人类消化道中的大肠杆菌在利用人体温暖环境的同时，通过消化食物残渣产生维生素 B 族复合物和维生素 K 等人体需

🌐 知识拓展 6-4

天麻与蜜环菌

要的微量物质，从而与人体表现为互生关系。更多有关肠道菌群与人体关系的内容可查看后续益生菌章节。

切叶蚁是世界上最早的"农夫"，我们人类种植作物的历史才不过 1.2 万年，而切叶蚁种植真菌则有超过 5 000 万年了！切叶蚁通过与真菌互生，为真菌提供生长所需的树叶，而真菌的生长则为切叶蚁提供了美味的菌丝。

6.2.3　寄生

寄生（parasitism）指一种生物为了生长繁殖从另一种生物获取营养，同时使后者蒙受损失或者被杀死的一种相互关系。就微生物而言，最普遍的例子就是病毒攻击特定细胞。病毒是高度特化的细胞内寄生生物，通过寄生在细胞内，利用细胞内的物质合成自身需要的成分，再组装成新的病毒进一步引发感染，新一代病毒的释放通常通过杀死宿主细胞实现。所有类型的微生物（即细菌、真菌、一些小型的原生动物和显微藻类）都有病毒。有观点认为：某些病毒可能在形成细菌多样性方面发挥重要作用。也有观点认为：噬菌体通过捕食丰度最高的细菌物种，使得优势种群不会失去控制。这种现象保证了更大的遗传多样性，因为劣势生物不会被优势物种竞争性地排除在栖息地之外。

寄生微生物与寄主之间的相互作用：它既可以杀死寄主，也可以在不使寄主死亡的情况下维持稳定的关系。在溶原性寄生关系中，原病毒整合在宿主细胞的染色体上，对宿主没有明显的伤害，而致病性细菌或真菌可能攻击并杀死宿主。在其他情况下，寄生生物的侵染可能会被宿主控制，并产生长期的关系。寄生微生物可以采用胞内寄生或胞外寄生的方式危害宿主。宿主依赖的寄生微生物，如梅毒病原体梅毒螺旋体（*Treponema pallidum*）、导致落基山斑疹热的立克次氏体（*Rickettsia rickettsii*），都是专一性的寄生微生物，除非有适当的宿主细胞，否则不会生长。

6.2.4　拮抗

拮抗（antagonism）指一种微生物抑制或杀死另一种微生物的现象。竞争排斥在生物学中的存在早就被人们所熟知，达尔文（Darwin）曾描述道："由于同一属的物种通常在习惯和结构上有很多相似之处，如果它们相互竞争，它们之间的竞争通常会比不同属的物种之间的竞争更激烈。"由有害产物或活动引起的物种之间的竞争通常被称为拮抗作用，这是某种生物产生的特定的代谢终产物，如：抗生素、细菌素等抑制了他种生物的生长甚至杀死他种生物的一种生态关系。拮抗通常侧重于排除某一生物在特定位置的生长，其目的不是因为优势细菌需要空间，而是为了排除其他细菌利用有限的营养。

有些细菌和真菌能产生一些化学物质来抑制其他微生物的生长，如抗生素，这是最典型的、与人类关系最密切的拮抗作用。在拮抗作用中，抗生素抑制了易感微生物的生长，阻止其成为优势菌，从而使产生抗生素的微生物获得了生长的竞争优势。与抗生素类似，许多细菌种群会产生细菌素。细菌素具有很高的特异性，它们只会杀死与细菌素产生者密切相关的细菌菌株，而不会伤害产生该细菌素的细胞。最常见的情况是，细菌素在敏感细菌的质膜上产生孔洞，导致细菌细胞被杀死。产细菌素的细菌可以以此消除栖息地的敏感细菌，从而能更大限度地利用该栖息地的营养。

● 知识拓展 6-5

细菌素

6.2.5　捕食

捕食（predation）是一种生物直接捕捉、吞食另一种生物而获取营养的现象。捕食性微生物以其他特定微生物为目标，获取生存物质。对于真核生物，通常是大的动物捕食小的动物。这种情况在微生物中同样存在。一类情况是原生动物（例如草履虫）捕食细菌和藻类，另一类情况是捕食性真菌（例如少孢节丛孢菌 *Arthrobotrys oligospora*）利用菌套、菌环等捕食线虫。以黏性网捕

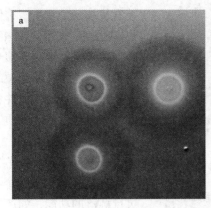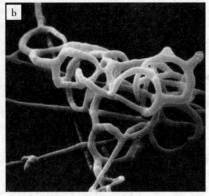

图6-4　微生物之间的拮抗（a）和捕食用的菌网（b）

食线虫的真菌为例，其整个捕食过程可分为4个阶段，即菌网形成阶段、捕捉阶段、侵入阶段和吸收阶段。

菌网的形成是菌丝分枝、弯曲、融合的结果。在菌丝体的某一段上先产生瘤状突起包，然后突起包延伸，长出弯曲的菌丝并与原菌丝体融合形成第一个菌环。此菌环又产生突起，继而形成第二个菌环。以同样的方式从各个方向形成菌环，共同构成三维立体的复杂黏性网。菌网每个环的内外均分泌有黏性物质，形成黏性立体三维结构的黏性网。

黏性网形成后，当线虫经过菌网时或从菌网边缘经过接触到菌网时，就会被菌网上的黏性物质黏住，线虫不断挣扎导致线虫的其他部位又会被菌网黏住。被黏住部位的菌网上的细胞往往膨大、突起，最后形成不规则的附着胞。

附着胞形成后，接着就开始侵入阶段，由附着胞所在的线虫体壁的某个部位产生侵入钉，穿破线虫体壁，侵入到线虫体内。

侵入钉穿破线虫体壁后，在线虫体腔内，侵入钉前端逐渐膨大，最后变为球状吸器。此球状吸器上再产生营养菌丝，以吸收线虫体腔里的内含物，最后使线虫解体。

此外，在微生物世界，捕食者还可能比猎物要小。捕食性细菌来自多个分类种属，这些特殊的原核生物在自然界中广泛存在，如土壤和水生环境。

6.3　群体感应

上一节介绍了微生物以个体形式与其他微生物或外界环境之间的生态关系，本节将介绍一种微生物群体交换信息、协调种群行为、调节基因表达的方式和机制，这属于微生物如何以群体方式来应对周围环境的范畴。

微生物虽小，但不能忽略其巨大的种群数量优势。"大量细菌比少量细菌强大，它们可以联合起来克服对于少量细菌难以克服的障碍"。微生物个体之间也可能有相互交流的语言，以协调整个群体的行动。1970年，人们发现生物发光性的海洋细菌费氏弧菌（*Vibrio fischeri*）在种群密度很低时，不合成荧光素酶，因此无法发光，而当种群密度达到一定程度时，所有的费氏弧菌又开始同时发光。1994年，人们阐述了细胞密度响应（cell density responsive）的基因调控系统，它能够探测种群密度并且只有当细胞群体达到一定数量时才会做出反应，"群体感应（quorum sensing，QS）"的概念被正式提出。一般认为，QS指微生物群体在其生长过程中，由于群体密度的增加，导致其生理和生化特性的变化，显示出少量菌体或单个菌体所不具备的特征。

研究表明细菌能够同步基因表达，在复杂的环境中协调一致并调节它们的行为。QS改变了人

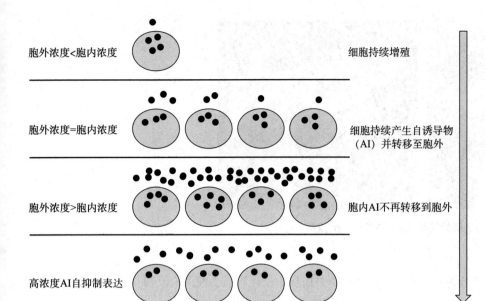

胞外浓度<胞内浓度   细胞持续增殖

胞外浓度=胞内浓度   细胞持续产生自诱导物（AI）并转移至胞外

胞外浓度>胞内浓度   胞内AI不再转移到胞外

高浓度AI自抑制表达

图 6-5   细菌中群体感应的作用方式

类看待细菌的视角，它们不仅可以独立存在，也可以互相联合起来，通过"细胞对细胞的信号"调控微生物群体的生理特征。细菌之间的交流依赖于它们合成并释放的化学信号分子"自诱导物质（也称细菌信息素，autoinducer，AI）"，这种分子在 QS 过程中调节细菌基因表达。QS 让菌群内的单个细菌协调并执行群落的功能，如产生孢子、生物发光、细菌毒力、形成生物膜、诱发感染、抵御抗生素等。

就像人类之间的语言一样，AI 信号也因物种而异。一些细菌可以解读许多不同的信号，而另一些细菌则只能对一些特定的信号做出反应。最常见的种类包含存在于革兰氏阴性菌的 N- 酰基高丝氨酸内酯（AHL）类分子、革兰氏阳性菌中的寡肽（自诱导肽，autoinducing peptide，AIP）类分子，以及同时存在于革兰氏阳性菌与阴性菌的 AI-2 信号因子。在细菌的繁殖周期中，单个细菌合成 AI。革兰氏阴性菌产生的 AHLs，可被动扩散通过其薄的细胞壁；相反，革兰氏阳性细菌合成的 AIPs，必须通过 ATP 结合盒（ATP-binding cassette，ABC）转运系统通过其肽聚糖细胞壁。在这两种情况下，AI 在产生时从单个细胞内转运到胞外。由于细菌不断繁殖，越来越多的单个细胞产生 AI，胞外 AI 浓度也随之增加，最终达到"临界浓度"。这个阈值在能量上不利于细胞内的 AI 继续离开细胞，从而导致其胞内浓度增加。一旦细胞内浓度增加到一定程度，AI 与它们的受体结合，触发信号级联，改变转录因子的活性，从而改变基因表达（图 6-5）。对许多细菌来说，基因表达的变化包括负反馈回路中下调 AI 的合成。

6.3.1   革兰氏阴性菌的 QS 系统

革兰氏阴性菌主要利用两类 AI，即 AHL（也称为 AI-1）和 AI-2（革兰氏阳性菌也使用）。随着 QS 研究的不断深入，人们也不断发现新的 QS 信号，如 AI-3、喹诺酮类信号（PQS）和扩散信号因子（DSF）等。

（1）AHL 类 QS 信号

AHL 是 QS 系统最常见的信号分子，它只介导革兰氏阴性细菌以及革兰氏阴性细菌与其宿主之间的通信。AHLs 是一种小分子，具有高丝氨酸内酯环与脂肪酸链相连的化学结构，其长度、β 位的氧化态和饱和程度不尽相同（图 6-6）。通常，AHLs 是由 LuxI 型 AHL 合成酶催化 S- 腺苷蛋氨酸（SAM）和酰基化的酰基载体蛋白（acyl-ACP）缩合而成。

在细胞密度较高，AHL 达到临界浓度时，它与胞内的 LuxR 型受体结合形成转录调控复合体，

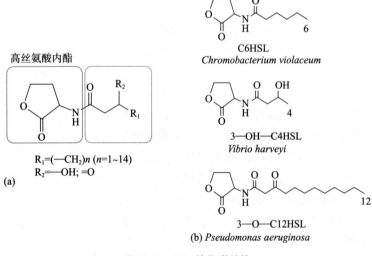

高丝氨酸内酯

R_1=(—CH$_2$)n (n=1~14)
R_2=—OH; =O

(a)

C6HSL
Chromobacterium violaceum

3—OH—C4HSL
Vibrio harveyi

3—O—C12HSL
(b) *Pseudomonas aeruginosa*

图 6-6   AHL 的化学结构

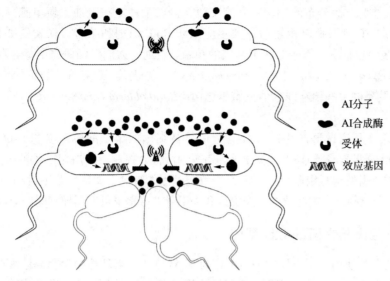

图 6-7　革兰氏阴性菌的 QS 系统

图例：
- ● AI 分子
- ◖ AI 合成酶
- ◗ 受体
- 〰 效应基因

LuxR-AHL 复合体能进一步与特定的启动子序列结合，影响上游的 QS 调控基因的表达（图 6-7）。例如，*Chromobacterium violaceum* 含有一个典型的 LuxI/LuxR QS 系统，包含 CviI（LuxI 型 AHL 合成酶）、CviR（LuxR 型 AHL 受体）和 AHL 类分子 *N*- 己酰 -L- 高丝氨酸内酯（C6-HSL），来调控紫色杆菌素的产生。除了胞内的 LuxR 受体，一些整合在细胞膜上的感应激酶也能够与 AHL 配体发生相互作用。例如，在细胞高密度时，费氏弧菌（*Vibrio harvey*）的 LuxN 感应激酶能识别 *N*-（3- 羟基丁酰）-L- 高丝氨酸内酯（3-OH-C4HSL），催化 LuxU 的去磷酸化，从而调控转录调节因子 LuxO。

值得注意的是，AHL 受体在识别和招募 AHL 时都具有一定的选择性，这与配体的脂肪酸链的长度、氧化和不饱和度等密切相关。细菌具有同源的合成酶 / 受体 QS 系统，能够产生并响应特定的 AHL 信号，这已经成为一种范式。但是，除了这一普遍的规则也有一些例外。例如，铜绿假单胞菌（*Pseudomonas aeruginosa*）的 QS 系统存在多个合成酶 / 受体对，可以同时合成和响应多个不同化学信号，并按层次等级协调作用，形成复杂的调节回路。

（2）AI-2 信号的 QS 系统

AI-2 是一类以环呋喃酮（cyclic furanone）为代表的 QS 信号分子。一般来说，AI-2 型信号分子的生物合成有两个主要步骤。首先，核苷酶 MTAN 裂解 *S*- 腺苷 -L- 高半胱氨酸（SRH），通过去除腺嘌呤生成 SRH；随后，SRH 被金属酶 LuxS 转化为高半胱氨酸和 AI-2 前体 4,5- 二羟基 -2,3- 戊二酮（DPD）。DPD 不稳定，自发进行环化和重排，产生不同的环呋喃酮类化合物。

在 *V. harvey* 和 *V. cholerae* 中，当 AI-2 信号分子达到高浓度时，能扩散穿过细胞被膜，与整合在细胞膜上的 LuxP/LuxQ 受体 / 感应激酶复合物发生作用，最终抑制调节性小 RNA 合成，开启毒力决定因子的表达。在 *E. coli* 和 *S. typhimurium* 中，AI-2 通过另一种方式介导 QS 回路。AI-2 通过转运蛋白 LsrB 进入细胞内，然后被激酶 LsrK 磷酸化，磷酸化 AI-2 可以结合阻遏因子 LsrR，解除对 lsr 操纵子的抑制并激活靶基因，如大肠杆菌中参与生物膜形成的基因等。

（3）其他信号分子的 QS 系统

4- 羟基 -2- 烷基喹啉（HAQs）是另一类 QS 信号，在几种假单胞菌（*Pseudomonas*）和伯克霍尔德菌（*Burkholderia*）中已有报道。这类信号分子包括 4- 羟基 -2- 庚基喹啉（HHQ）衍生物及相应的二羟基衍生物，如 2- 庚基 -3,4- 二羟基喹啉（也就是假单胞菌喹诺酮信号，PQS）。HHQ 和 PQS 都激活多重毒力因子调节因子 PqsR（也称为 MvfR），驱动 QS 分子和绿脓菌素的合成以及生物膜的形成。

扩散信号因子（DSF）家族包括具有不同链长和分支的 cis-2- 不饱和脂肪酸。在革兰氏阴性菌中，DSF 信号是广泛分布的细胞 – 细胞交流机制的信使。在野油菜黄单胞菌（*Xanthomonas campestris*）中，DSF 在细胞内积累后，被感应激酶 RpfC 识别和结合，触发磷酸化级联机制激活 RpfG，最终激活包括毒力因子等多个基因的转录。目前，人们已经研究了苛养木杆菌（*Xylella fastidiosa*）、产酶溶杆菌（*Lysobacter enzymogenes*）、嗜麦芽寡养单胞菌（*Stenotrophomonas maltophilia*）以及条件致病菌新洋葱伯克霍尔德菌（*Burkholderia cenocepacia*）等微生物中这种类型的 QS 系统。

AI–3 是由人体肠道菌群产生的。AI–3 型信号被细菌的组氨酸感应激酶 QseC 识别和结合。QseC 调节三种反应调节因子 QseB、QseF 和 KdpE 的活性，控制毒力决定因子的表达。QseC 使反应调节因子磷酸化引发信号级联反应，从而导致靶基因的转录，如负责鞭毛运动的基因和志贺毒素等。另外，细菌检测到宿主释放的肾上腺素和去甲肾上腺素也可以诱导相同的 QseC 机制。

6.3.2 革兰氏阳性菌的 QS 系统

革兰氏阳性菌常使用自诱导肽（AIPs）作为其 AI 分子。当环境中存在高浓度的 AIP 时，AIP 与革兰氏阳性菌膜上的 AIP 信号识别系统结合，激活组氨酸蛋白激酶，进而使转录因子磷酸化，调控基因表达。另一种可能的机制是 AIP 转运至细胞质，直接与转录因子结合，从而启动或抑制基因转录。

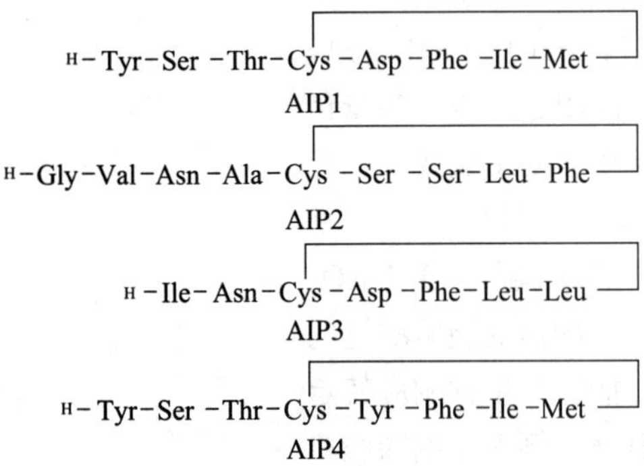

H–Tyr–Ser –Thr–Cys –Asp –Phe –Ile –Met
AIP1

H–Gly–Val–Asn –Ala–Cys –Ser – Ser –Leu–Phe
AIP2

H –Ile–Asn –Cys –Asp –Phe –Leu–Leu
AIP3

H –Tyr–Ser –Thr–Cys –Tyr –Phe –Ile –Met
AIP4

图 6-8　AIP1–AIP4 的化学结构

人体致病菌金黄色葡萄球菌（*Staphylococcus aureus*）使用基于 AIP 的 QS 系统来"感知"其种群密度。*S. aureus* 的 AIP QS 系统包含一个由 agrBDCA 基因编码的典型自激活回路。包含四个基因的 agrBDCA 操纵子编码一个经典的双组分信号系统：感应激酶 AgrC 在与其同源的 AIP 结合时，发生自磷酸化；磷酸基团转移给细胞质转录反应调节因子 AgrA，导致构象改变，增强 AgrA 与特定 DNA 启动子元件的结合。*S. aureus* 的 agr 有四种类型（Ⅰ–Ⅳ），分别编码四种 AIPs（图 6–8）。

群体感应调控在微生物中广泛存在，其作用高效性和机制独特性使其成为近年来微生物领域中的研究热点。明悉群体感应系统在食品保鲜、食品发酵、益生菌生产、绿色生物合成和微生物防腐剂等领域中的应用，有助于推动食品微生物的学科进步和生产应用。例如，希瓦氏菌（*Shewanella* spp.）是冷藏水产品中主要的特异性腐败菌，其群体感应信号活性在贮藏期间显著增加，与冷藏水产品腐败直接相关。干预特定微生物的群体感应，已成腐败微生物防控的新策略。除了控制食品腐败，群体感应还在微生物高密度发酵、活性物质生物合成与绿色生产等方面具有广阔的应用前景。

6.4　微生物在地球物质转化中的作用

微生物造就了地球生命：它们使物质循环得以实现、提供了食物链的基础，并对地球大气的构成起主要作用。微生物是地球最基本的生命支持系统，无论是微生物群体内部个体之间还是不同微生物之间都存在着非常复杂微妙的关系，这构成了我们这个五彩斑斓的地球。

我们一直在学习有关微生物世界的新知识。但直到最近，科学家才意识到微生物在地球生命的建立和延续中的重要性。地球基本上是一个封闭的系统（虽然偶尔会有陨石）。为了让生命继续下去，死亡的生物必须被分解成它们的组成部分，以提供生长新生物所需的成分。微生物是地球上生物量的主要回收者。它们将死去的生物量降解为其组成部分，然后供活的生物体使用。如果没有微生物的循环活动，地球上的生命将很快停止。

因此，微生物主要扮演着分解者的角色，并且微生物并不总是局限于回收死去的生物材料

（图 6-9）。通过利用金属的能力，一些微生物还可以回收非生物物质（如人们曾以为，在泰坦尼克号沉船的深度，氧含量应该低得足以延缓铁的自然生锈，即使过了 90 年，船体也会保存得相当好。但当试图打捞沉船上来时，人们震惊了，因为船身上布满了长长的氧化铁锈迹，船体破坏非常广泛，可能很快船体就会崩溃了。这很显然是微生物一直在起作用。有些细菌和古细菌可以通过氧和铁结合形成铁的氧化物来获得能量。这些铁氧化微生物喜欢低氧环境，因为在正常氧浓度下，他们不能与自然形成的铁锈很好地竞争。但泰坦尼克号的深度使它们处于一种特别利于微生物攻击的环境。尽管泰坦尼克号的粉丝可能认为微生物对这艘船的破坏扮演了无情的掠夺者角色，但事实上，泰坦尼克号的解体恰恰是地球健康的表现，这是一个重生的开始，而不是死亡的结束。从船体上生成的铁锈进入海洋沉积物中，可能被其他微生物利用，从而重新进入地球，成为其他生物体的一部分，加入地球整体的生死轮回。）

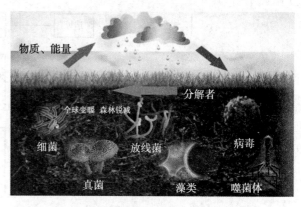

图 6-9　微生物是地球物质转化的分解者

此外，微生物还提供其他生物用于食物的生物量，扮演着生产者。微生物是地球所有食物链的基础。在海洋中，被称为浮游植物的光合微生物直接或间接地为所有海洋动物提供食物。在陆地上，土壤中的微生物为植物提供氮源和其他支持。例如，树木受益于它们的根和微生物之间的密切联系。微生物从树根中获取营养，并分泌化学物质，使树根产生更多的小分枝，从而提高树木根系的吸收能力。其他植物，如紫花苜蓿和大豆，则能将微生物整合到它们的根细胞中（根瘤）。在这些细胞内，细菌将大气中的氮气转化为可供植物使用的氮化合物。微生物可以在没有动植物的情况下生存，但动植物完全依赖于微生物世界继续生存。

甚至大气的成分也受到微生物的影响，这些微生物产生并消耗甲烷、二氧化碳、氧气和氮气等大气气体。直到最近，在进化的时间轴上，植物和动物才开始做出自己的贡献（尽管这一贡献并不总是令人愉悦的，详见碳中和扩展知识点）。但微生物仍然是控制大气成分的主导力量。每一次呼吸，你都在与微生物世界互动。

在没有动植物的情况下，微生物可以而且确实存在了数十亿年。它们在地球的化学元素循环中扮演了极其重要的角色，无论是碳素循环、氮素循环、硫素循环还是磷素循环，都离不开微生物的重要作用。有关微生物在这些元素循环中扮演的角色，可参考《微生物学教程》第 4 版 "微生物的地球化学作用" 相关章节。

◉ 知识拓展 6-6
碳中和

6.5　自然界中微生物的筛选

自然界中存在丰富的微生物，但是要从中筛选出理想菌株并非特别容易。食品工业中最初使用的菌种均是从自然界中分离筛选得到的。对于自然界中数量较多的菌株，通常的筛选过程包括采样、纯种分离和性能测定三步；如果是自然界中含量极低的菌株，在开始筛选之前，需要在采样后加上富集培养，达到增加菌株数量的目的，再进行后续的操作流程。以下针对采样、富集、分离和性能测定四个步骤进行介绍。

6.5.1　采样

自然界的空气、水、土壤等环境中存在丰富多样的微生物，它们均可作为采样标本。通常情况下，土壤样品中微生物含量最高，土壤中几乎可以分离出任何所需菌株，而空气和水中的菌株也均来源于土壤。如 6.1.1 所述，土壤中菌种数量按照细菌、放线菌、真菌、酵母菌、藻类、原生

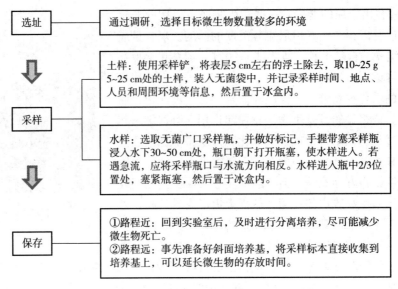

图6-10　采样流程图

动物这一顺序呈递减变化。具体采样流程见图6-10。

采样时，通过分析目标微生物的营养类型和生理特性等特点，在相应的生长环境中进行筛选。简单举例如下：

1. 纤维素酶产生菌：适宜从富含纤维素的枯枝落叶和腐烂的木头上筛选；

2. 蛋白酶和脂肪酶产生菌：适宜到存在大量腐肉、豆类、脂肪类的地方采样，比如肉类加工厂附近和饭店排水沟等；

3. 合成某种化合物的微生物：在大量使用、生产或处理该化合物的工厂附近采样，更容易得到目标微生物；

4. 耐高温酶产生菌：适宜到温泉、火山爆发处或堆肥等温度较高的环境中采样；

5. 低温酶产生菌：适宜到南北极、冰窖、深海等温度低的地方采样；

6. 酵母菌：适宜到高糖、偏酸的环境中采样；

7. 放线菌：适宜到土壤中筛选。

6.5.2　富集

通常情况下，采集样品中微生物含量较高，可直接进入下一步分离培养。如果采集样品中目标菌株含量较少，而杂菌含量较多，则需要通过适宜的选择性培养基、培养条件、抑制非目标菌株生长等方式达到对目标菌株富集培养的目的。

6.5.2.1　选择性培养基

微生物的代谢类型多种多样，在不同的环境中分离得到的微生物代谢类型也各不相同。为了得到目标菌株，需要先了解该微生物的营养类型，在培养基中加相应的底物作为唯一碳源或氮源，促使目标菌株的生长，同时，抑制不能利用该碳源或氮源的微生物的生长。该方法的选择性富集培养是相对的，只能分离得到营养类型相同的微生物群，而非单一菌株。例如：

1. 碳源限制的选择性培养基：将糖、淀粉、纤维素或石油作为唯一碳源，可培养出仅利用该碳源的微生物，而其他微生物则被淘汰。

2. 革兰氏阳性菌的选择性培养基：含有5%～10%天然提取物的结晶紫营养培养基和黄绿胆汁琼脂培养基等，较适宜用于富集革兰氏阳性菌。

6.5.2.2 适宜的培养条件

除了目标菌株适宜的营养成分以外，还可通过控制培养条件，如 pH、温度和通气量等因素，使之有利于所需微生物生长，而不利于其他微生物生长。例如：

1. pH：细菌和放线菌适宜在 pH 7.0 ~ 7.5 的偏碱环境下生长，霉菌和酵母菌适宜在 pH 4.5 ~ 6.0 的偏酸环境下生长。

2. 温度：放线菌适宜的培养温度是 25 ~ 30℃，在培养前将放线菌在 40℃ 条件下预处理 20 min，促使孢子萌芽，有利于放线菌生长。嗜热菌适宜的培养温度是 45 ~ 55℃，嗜冷菌适宜的培养温度是 4 ~ 10℃。

3. 通气量：自然界中大多数微生物是好氧型，那么，若分离厌氧型微生物，如双歧杆菌，则需要限制氧气，通入氮气，保证无氧环境。

6.5.2.3 抑制非目标菌株生长

为了进一步抑制非目标菌株的生长，还需通过加入抗生素的方法，抑制其他微生物的生长，进而达到对目标菌株富集培养的目的。例如：

1. 细菌的富集培养：在培养基中添加 50 μg/mL 的抗真菌剂，如放线菌酮和制霉素，达到抑制放线菌和霉菌生长的目的。

2. 真菌的富集培养：低 C/N 的培养基可促使真菌菌落分散生长，便于计数、分离和鉴定；此外，在选择性培养基中加入氯霉素、四环素、卡那霉素、青霉素、链霉素等抗生素，达到抑制细菌生长的目的。

6.5.3 分离

富集培养的微生物，并非单一菌种，还需要进一步分离进行纯化。常见的分离方法主要包括倾注平板法、涂布法和划线分离法等，详见本书 4.1.1。

6.5.4 筛选

通过观察分离平板上微生物的菌落形态，挑选目标菌株，转移至液体培养基中，传代两次以后，再进行划线分离，挑取单菌落的一半，进行菌种鉴定，另一半进行保藏。以下简单介绍几种工业中重要微生物的筛选方式：

1. 高产淀粉酶菌：利用淀粉水解圈进行高通量筛选；

2. 抗生素产生菌：将目标菌株培养在含有试验菌的平板上，通过抑菌圈，观察试验菌的抑制效果，确定目标菌株能否产生抗生素。

3. 乳酸菌：由于乳酸菌发酵产酸，可以利用培养基添加 $CaCO_3$ 进行高通量筛选。

6.5.5 毒性试验

自然界的一些微生物在一定条件下产生毒素，应十分慎重地将其直接应用于工业生产。在工业生产中，除了酿酒酵母、脆壁克鲁维酵母、黑曲霉、米曲霉和枯草芽孢杆菌无须做毒性试验外，其他微生物必须通过两年以上的毒性试验，才能应用于生产。

菌种的安全等级分为四种：免做毒理学试验的菌种、需做急性经口毒性试验的菌种、需做致病性试验的菌种和禁用菌种。对于免做毒理学试验的菌种，也需要通过分析和确认该菌株的基因组是否存在毒素、溶血素、抗生素等安全风险的基因及基因簇结构，评估产生有毒有害物质的可能性及其安全风险。

6.6 微生物的分类和鉴定方法

6.6.1 微生物分类系统和三域分类学说

6.6.1.1 微生物分类系统的演变

自公元前到十九世纪中叶的几千年间，人们将生物分成植物与动物两类。西周时期的《周礼·地官》中记录了不同生境条件中适宜生活和生长的动植物类型，例如："一曰山林，其动物宜毛物（兽类），其植物宜皂物（柞栗之属）"。这是我国文献中首次出现"动物""植物"两词，并沿用至今。按照亚里士多德（Aristotle）的定义，植物为所有根植于土壤、没有非常固定的形状、可以将无机质转化为有机质（光合作用）的所有生物；动物为除植物外其他所有生物，能自由移动、形状固定，而且需要从其他生物获取有机质维生（异养生物）。这是人类在只能以肉眼观察的情况下，对陆地生物所作的分类。林奈（Linnaeus）在创立生物的系统分类系统时，将生物分成植物界（kingdom plantae）与动物界（kingdom animalia）二个界。随着光学显微镜的发明和应用，人们陆续发现许多微小生物，并不能归类于原来的植物动物两界中。

海格尔（Haeckel）于1866年提出生物的三界系统，即植物界、动物界，和一个新的原生生物界（kingdom protista）。海格尔对原生生物的定义是，所有组织没有明显分化的生物，包括所有的单细胞生物及一些多细胞生物。海格尔并没有重点关注它们是否具有细胞核。

赫伯特·科普兰（Herbert Copeland）于1938年提出生物的四界系统，植物界、动物界、原生生物界，以及新的原核生物界（Kingdom monera）。多出一个新的原核生物界包括所有不具有细胞核的单细胞生物，即原核生物（prokaryotes），如细菌与蓝细菌。原生生物界则包括所有无法归于植物界与动物界的真核生物。

罗伯特·魏泰克（Robert Whittaker）于1969年提出了生物的五界系统，将真菌从原生生物界中独立出来，五界为原核生物界（包括所有原核生物）、原生生物界（为单细胞的真核生物）、植物界、真菌界（kingdom fungi）和动物界，如图6-11。五界分类学说既包含从原核生物到真核生物再到真核多细胞生物的进化阶段，也显示了腐生、自养和异养的生态功能和进化方向。多细胞的真核生物依营养方式分为真菌界（腐生作用）、植物界（自养作用）和动物界（异养作用）。

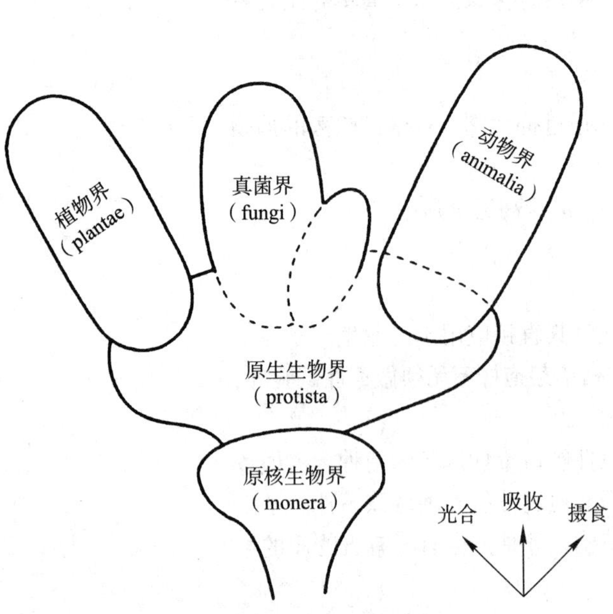

6.6.1.2 三域分类学说

1977年，沃斯（Woese）比较了大量微生物的核糖体内的核糖核酸(rRNA)序列，认为原核生物应该再细分为二个不同的域，即真细菌域（domain eubacteria，后更名为细菌域domain bacteria）和古菌域（domain archaea）。实际上在沃斯的工作之前，微生物学家就知道古菌有很特别的新陈代谢，这似乎有利于早期地球上的生命。因此，沃斯将这些微生物称为"古细菌"（archaebacteria），派生自地质术语"太古代"（archaean，前寒武纪的早期阶段，大约在20亿至40亿年前）。后来，为了强调古菌和细菌之间的巨大差异，"古细菌（archaebacteria）"改名为"古菌（archaea）"。我们现在知道

图 6-11 五界分类学说图示

古菌并不比细菌更古老，但这个名字还是被沿用了下来。这两个域一起构成了"原核生物"，即没有细胞核的生物，但是"原核生物"没有分类学上的意义。

目前，三域学说（three domain system）是广被学术界接受的分类系统，如图 6-12。"域"（domain）是比界（kingdom）更高的阶级分类单元，也是最高的分类单元。三个域是细菌域、古菌域和真核生物域（Domain Eukarya）。三域学说综合了琳·马古利斯（Lynn Margulis）提出的关于真核生

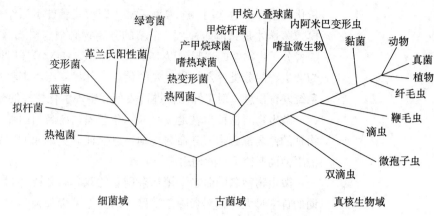

图 6-12　Olsen 和 Woese (1993) 绘制的系统进化树

物起源的连续共生学说（successive endosymbiotic theory）的观点，认为一切生物都是由一个共同远祖（last universal common ancestor, LUCA）进化而来。古菌域是三域学说中新建立的一个大类。古菌没有细胞核，在细胞结构和代谢的方面接近其他原核生物，然而它的基因转录和翻译这两个分子生物学过程上更接近真核生物。另外，古菌还具有一些其他特征。例如，它们只有一层细胞膜而缺少肽聚糖细胞壁，其细胞膜脂结构由醚键而非酯键连接。古菌包括一些产甲烷的厌氧细菌、嗜盐菌和嗜热菌等。近年来，随着基因组学等知识和技术的进步，三域学说也受到了新的挑战。例如，有学者质疑 16S rRNA 和 18S rRNA 的分子进化不能代表整个基因组的分组进化，另外也已知有许多真核生物的基因组和它们表达的功能蛋白质更接近于细菌而不是古菌等。

《伯杰氏手册》（Bergey's Manual）是原核微生物分类学的一个重要依据，它是对细菌和古菌多样性最完整和最权威的描述。1923 年，美国细菌学会（即现在的美国微生物学会）组织 David H. Bergey 等科学家编写出版了第一版《伯杰氏细菌学鉴定手册》（Bergey's Manual of Determinative Bacteriology）。《伯杰氏手册》先后更新出版了第 2 至第 9 版，并于 1984 年更名为《伯杰氏系统细菌学手册》（Bergey's Manual of Systematic Bacteriology）。2001 年，它又更名为《伯杰氏古细菌和细菌系统手册》（Bergey's Manual of Systematic of Archaea and Bacteria）。随着微生物分类不断取得巨大进展，以及核酸杂交和 16S rRNA 核苷酸序列测定等分子生物学技术和新指标的引入，原核生物分类已经从以实用性、表型鉴定等指标为主的传统体系逐渐转向以基于遗传信息的系统进化分类新体系。现在，大家可以在线查阅最新的手册内容，它提供了所有已命名的原核生物类群的分类、系统学、生态学、生理学和其他生物学特性的描述（http://www.bergeys.org/）。

真菌分类系统是关于真菌的科学分类法。19 世纪至今，各学者对真菌的分类不尽相同，其中最常用的是安斯沃斯（Ainsworth）作出的分类系统，并载于《安·贝氏菌物词典》（Ainsworth and Bisby's Dictionary of the Fungi）。在 2009 年修订出版的第十版《安·贝氏菌物词典》共有超过 21 000 个条目，并提供了最完整的真菌名单、分类信息、属性和描述。

6.6.2　微生物的命名

微生物分类与动植物一样采用七级分类单元（taxon），即由上到下依次为界（Kingdom）、门（Phylum）、纲（Class）、目（Order）、科（Family）、属（Genus）、种（Species）。必要时，可以在这些主要级别中补充"亚"（sub-）或"超"（super-）等辅助单元，例如介于科与属之间的亚科（Subfamily）、门与纲之间的超纲（Superclass）等。

种是最基本的分类等级单元，在微生物尤其是原核生物中，通常认为种是一大群性状极其相似，亲缘关系高度接近，与同属内其他物种有着明显差异的一大群菌株的总称。微生物的"种"是一个非常抽象的概念，因为微生物不具有高等生物中可用于定义种的主要性状。这个定义没有

量化的指标，通常用一个典型菌株（即模式菌株）当作一个种的具体代表，具有该种典型性状的模式菌株才是具体的种。一个新的分离物必须与模式菌株比较，才能确定是否可以归为这个种。随着分子生物学的兴起，以 16S rRNA（18S rRNA）和 ITS 基因序列为基础的系统发育分析结果可为微生物的分类界定提供重要的信息。其优缺点本书将在后续的微生物物种鉴定章节解释。结合系统发育信息，对未知菌株进行表型和生理生化特性的分析，是微生物种、属确定的主要途径。

微生物的物种学名是按照国际命名规则命名的国际学术界公认的通用正式名称。任何一个新物种的命名都必须遵守命名规则，以保证分类单元的正确命名。物种的学名是用拉丁语单词或其他语种词汇拉丁化的词组成。

微生物种名的命名采用林奈创立的双名制系统，即由属名和种名加词两部分构成。属名拉丁词的首字母大写，属名除首字母外的其他字母和种名加词全部小写。当同属的两个或两个以上微生物学名连排出现时，除第一个属名需要全称外，其他可以缩写为单个或几个字母表示，印刷体为斜体，书写时在名称下划线。种名加词代表一个物种的次要特征，通常是表示形态、生理或生态特征的形容词，也可以是人名、地名或其他名词。例如，芽孢杆菌属（*Bacillus*）的枯草芽孢杆菌（*B. subtilis*）、蜡状芽孢杆菌（*B. cerens*）和嗜热脂肪芽孢杆菌（*B. stearothermophilus*），它们的种名加词分别表示"细长的""蜡质的"和"嗜热的"。种名后面可以附有命名人的姓氏和命名年代，如果该菌的学名曾被修订过，则把原命名人的姓氏写在括号内，例如 *B. subtilis*（Ehrenberg）Cohn 1872，它表示 Ehrenberg 是该菌的原命名人，而 1872 年 Cohn 修改此菌的学名为现在的名称。如果某一细菌没有种名，或不特指某一个种时，可在属名后加 sp. 或 spp. 表示，它们分别代表 species 缩写的单数或复数，sp. 或 spp. 在书写时不斜体。例如 *Pseudomonas* sp. 表示某一种假单胞菌，*Micrococcus* spp. 表示微球菌属的一些种。在发表新的分类单元名称时，要在学名后加相应新分类单元缩写词，例如新属加 gen. nov.，新种加 sp. nov. 等。

按照国际命名规则，新的微生物分类单元（学名）必须在国际公认的刊物发表才能生效，例如细菌新分类单元必须在 International Journal of Systematic and Evolutionary Microbiology 杂志发表，才被学术界承认。新的分类单元在发表时要指定新分类单元的模式，如发表新属时要有模式种，发表新种时要有模式菌株，分类单元的模式培养物需要存放在国际公认的菌种保藏机构，以便科学界的交流使用。

在种的分类单元的等级以下，在微生物尤其是细菌分类中还常使用一些种以下的分类单元。

（1）亚种（subspecies，subsp.，ssp.）或变种（variety，var.）

一个种内的不同菌株具有某一明显的稳定的与模式种不同的特征，但这种差别不足以区分成新种时，可以将它们进一步细分成更小的分类单元"亚种"或"变种"。

微生物亚种的学名按三名法命名，即：学名 = 属名 + 种名加词 + subsp. 符号 + 亚种的加词。属名、种名加词和亚种加词排斜体，subsp. 符号排正体（可省略）。例如，干酪乳杆菌干酪亚种的学名为 *Lactobacillus casei*（subsp.）*casei*。

（2）型（type）

亚种以下的细分类别，常指具有相同或相似特性的一个或一组菌株。例如，根据菌株的抗原特征的差异分为不同的血清型（serovar）。大肠杆菌（*Escherichia coli*）具有 O、K、H 等表面抗原，*E. coli* O157 血清型菌株是重要的全球食源性病原菌，引发新生儿脑膜炎的肠外致病性大肠杆菌血清型主要为 *E. coli* O18：K1。常用的分型还包括噬菌型、培养型、生物型、化学型等。

（3）菌株（strain）

从自然界或某一特定生境中分离纯化得到的微生物纯培养后代称为菌株。从不同环境中分离获得的属于同一物种的微生物，由于生活环境不同，它们之间会出现一些性状的微小差异，因此称为不同的菌株。与亚种、型的分类不同，菌株之间不需要存在鉴别性特征的差别，命名不同的菌株无需分类学依据。菌株的名称可以自由命名，一般用字母加编号表示，字母通常表示保藏中心、实验室、产地、分离者或其他特征的名词，编号则表示序号。例如，短双歧杆菌 *Bifidobacterium breve* CGMCC 1.3001，CGMCC 为中国普通微生物菌种保藏管理中心（China General Microbiological Culture Collection Center）的缩写，1.3001 为编号。

6.6.3 经典的微生物分类鉴定方法

微生物的分类鉴定是微生物学研究的一项重要基础性工作。近年来随着研究的深入和技术的进步，特别是测序技术、生物信息学等手段的迅速发展，微生物分类方法和分类系统发生了巨大变化，现代分类系统和分类技术揭示了微生物基于遗传基础的更本质的区别和联系，将微生物分类学推向以系统发育进化关系为基础的阶段。

微生物的分类特征是对其进行分类鉴定的基础。根据分类特征，我们简单把微生物的分类鉴定方法分为 4 个水平：①微生物的细胞形态和习性水平。②细胞的化学组分水平，包括细胞壁成分，脂质和醌类等成分。③蛋白质水平。④核酸水平。传统的经典分类鉴定方法主要基于第一水平的相关特征，而新兴的分子分类鉴定方法则以其他水平的指标为主要依据。

传统的微生物分类鉴定方法是相对于现代方法而言的。传统的分类鉴定一般采用经典的研究技术手段，描述微生物形态、生理和生化等性状指标，经过主观判断和性状选择判定其分类属性。该方法通常包含 3 个步骤：①获得微生物的纯培养物。②测定相关鉴定指标。③查找权威的菌种鉴定手册。在选择鉴定指标时，不同的微生物通常各有侧重点，例如，在鉴定细菌时，常检测较多的生理、生化和遗传指标；在鉴定真菌时，由于其形态特征较丰富，所以常以其形态作为主要区分特征；在鉴定酵母菌和放线菌时，则兼用生理和形态特征。

经典的微生物研究方法鉴定微生物的形态、运动性、营养性、生长条件、代谢特性、抗原性、生态学特性等方面的指标，具体的常用表型指标很多，如：

（1）个体形态：细胞形态、大小、排列、运动性、特殊构造、细胞内含物和染色反应等；

（2）群体形态：菌落形态，在半固体或液体培养基中的生长状态；

（3）营养要求：能源、碳源、氮源、生长因子等；

（4）酶：产酶种类和反应特性等；

（5）代谢产物：种类、产量、颜色和显色反应等；

（6）对药物的敏感性；

（7）生态特性：生长湿度，与氧、pH、渗透压的关系，宿主种类，与宿主的关系等；

（8）生活史，有无性生殖情况；

（9）血清学反应；

（10）对噬菌体的敏感性等。

6.6.4 基于生化反应的微生物分类鉴定方法

微生物鉴定的经典方法主要依据微生物的形态、生理和生化反应、生态特性、生活史、血清学反应等表型指标，若采用常规方法对某一未知菌株进行鉴定，不仅工作量巨大，也对技术掌握的熟练度具有较高要求。针对这样的情况，国内外科研人员和企业开发了系列化、标准化、商品化、自动化的鉴定系统，例如 API 系统和 BIOLOG 系统。

（1）Analytical Profile Index 细菌鉴定系统（API system）

API 是一种基于生化测试的细菌分类方法，它是在 20 世纪 70 年代由 Pierre Janin 发明的。目前，API 测试系统由法国 BIOMÉRIEUX 公司生产。

API 系统能同时测定 20 项及以上生化指标，因而可用作细菌的快速鉴定。通常，一份 API 测试卡包含 20 个塑料小管，管内含有适量无菌的糖类等生化反应底物的干粉和反应产物的显色剂，通常与接种生物发酵糖类或分解代谢蛋白质或氨基酸有关。使用时，首先使用液体无菌基本培养基稀释待鉴定的纯菌落或菌苔，再将浓度适中的细菌悬液加入每个小管中。在相应的温度等培养条件下经过一定时间的培养后，即可看出每个小管内是否发生显色反应。在孵育期间，新陈代谢产生的颜色变化可以是自发的，也可能是通过添加试剂显示的。例如，当糖类发酵时，小管内的 pH 下降，这种变化可以通过 pH 指示剂的颜色变化来显示。将所有阳性和阴性的检测结果进行汇编，就可按规定对结果进行编码、查检索表，最后获得该菌种的鉴定结果。因此，只有已知的细菌才能被识别出来。

多年来，此系统已为国内外实验室普遍使用。根据适用鉴定的菌株不同，API 鉴定系统提供多种不同的解决方案。使用前应根据鉴定对象选择相应系列的系统。例如，API 20E 用于鉴定肠杆菌科和其他非苛养的革兰氏阴性菌，API 20A 适用于厌氧微生物的鉴定，API 20C AUX 适用于鉴定酵母等。

（2）Biolog

Biolog 技术由美国 BIOLOG 公司于 1989 年开发。目前，Biolog 系统可以快速、准确地鉴定超过 2900 种不同的细菌和真菌。和 API 系统类似，Biolog 技术也是基于微生物的生化反应指标。Biolog 系统采用 96 孔板检验待鉴定微生物对大量唯一碳源的利用能力以及对多种化学物质的敏感性，从而建立待鉴定微生物的特征"代谢指纹图谱"或"表型指纹图谱"。将该指纹图谱对比数据库，可以阐述该微生物的生化特性，鉴定其分类种属。Biolog 系统除了可以用于微生物纯培养菌株的鉴定，也可以用于微生物群落代谢特征的研究。Biolog 提供分别针对需氧菌、厌氧菌、酵母和丝状真菌等的不同测试系统。

例如，Biolog GEN Ⅲ 标准化微孔板用于分析和识别需氧菌，分析了微生物的 94 种生化表型，其中包括对 71 种碳源的利用能力（图 6-13，第 1～9 列）以及对 23 种化学物质敏感性（图 6-13，第 10～12 列）进行试验。所有必需的营养和生化物质都被预先干燥并填充到 96 孔微孔板中，四唑类染料用于表明微生物对碳源的利用或对化学物质的抗性。测试时，将细胞悬液接种到 96 孔板中孵育以形成"表型指纹图谱"。在刚接种微生物时，所有的孔都是无色的；在孵育期间，细胞可以利用孔内的碳源生长并导致呼吸增加，并使四唑类染料被还原成紫色。将孵育后的"表型指纹"

A1 阴性对照	A2 糊精	A3 D-麦芽糖	A4 D-海藻糖	A5 D-纤维二糖	A6 龙胆二糖	A7 蔗糖	A8 D-松二糖	A9 水苏糖	A10 阳性对照	A11 pH 6	A12 pH 5
B1 D-棉子糖	B2 α-D-乳糖	B3 D-蜜二糖	B4 β-甲基-D-葡萄糖苷	B5 D-水杨苷	B6 N-乙酰-D-氨基葡萄糖	B7 N-乙酰-β-D-甘露糖胺	B8 N-乙酰-D-半乳糖胺	B9 N-乙酰神经氨酸	B10 1% NaCl	B11 4% NaCl	B12 8% NaCl
C1 α-D-葡萄糖	C2 D-甘露糖	C3 D-果糖	C4 D-半乳糖	C5 3-甲基葡萄糖	C6 D-岩藻糖	C7 L-岩藻糖	C8 L-鼠李糖	C9 肌苷	C10 1% 乳酸钠	C11 夫西地酸	C12 D-丝氨酸
D1 D-山梨糖醇	D2 D-甘露糖醇	D3 D-阿拉伯糖醇	D4 肌醇	D5 甘油	D6 6-磷酸-D-葡萄糖	D7 6-磷酸-D-果糖	D8 D-天冬氨酸	D9 D-丝氨酸	D10 醋竹桃霉素	D11 利福霉素	D12 米诺环素
E1 明胶	E2 甘氨酰-L-脯氨酸	E3 L-丙氨酸	E4 L-精氨酸	E5 L-天冬氨酸	E6 L-谷氨酸	E7 L-组氨酸	E8 L-焦谷氨酸	E9 L-丝氨酸	E10 林可霉素	E11 盐酸胍	E12 十四烷基磺酸钠
F1 果胶	F2 D-半乳糖醛酸	F3 L-半乳糖醛酸内酯	F4 D-葡萄糖醛酸	F5 D-葡萄糖醛酸	F6 葡萄糖醛酸酰胺	F7 粘液酸	F8 奎宁酸	F9 D-糖二酸	F10 万古霉素	F11 四氮唑紫	F12 四氮唑蓝
G1 对羟基苯乙酸	G2 丙酮酸甲酯	G3 D-乳酸甲酯	G4 L-乳酸	G5 柠檬酸	G6 α-酮戊二酸	G7 D-苹果酸	G8 L-苹果酸	G9 溴代丁二酸	G10 萘啶酮酸	G11 氯化锂	G12 亚碲酸钾
H1 吐温 40	H2 γ-氨基丁酸	H3 α-羟基丁酸	H4 β-羟基-D,L-丁酸	H5 α-酮丁酸	H6 乙酰乙酸	H7 丙酸	H8 乙酸	H9 甲酸	H10 氨曲南	H11 丁酸钠	H12 溴酸钠

图 6-13　Biolog GEN Ⅲ 微孔板的试验分布

比对 Biolog 物种数据库，如果找到匹配，则完成了对该分离物的物种鉴定。

6.6.5 基于特定化学成分的微生物分类鉴定方法

微生物含有的一些特定的化学物质的含量和结构，与其种属或分类地位密切相关，因此可以利用微生物细胞的化学组分进行分类鉴定。随着色谱、质谱等分析技术和仪器设备的发展，化学分类法在微生物分类鉴定中表现出强大的功能。化学分类法能够解决一些传统方法无法分析的问题，对于原核微生物尤其是古菌的分类非常重要。

这些化学分析法检测的能够代表某种或某一类微生物的化合物被称为生物标志物（biomarker）。这些用于微生物分类鉴定的生物标记物可以是细胞膜、细胞壁或全细胞成分，也可以是微生物代谢产物。例如，脂肪酸是细胞中含量较高、结构较稳定的化学成分，存在于细胞膜系统以及糖脂、脂蛋白等生物分子中。目前细菌中已经发现超过 300 种脂肪酸及脂肪酸衍生物，脂肪酸的种类和含量在不同种类的细菌中具有一定差别，可以依次与数据库对比，对微生物进行鉴定。再例如，放线菌的全细胞水解液可以分为四种主要类型，可以依次进行放线菌的初步分类鉴定。这四种主要糖型包括：①阿拉伯糖和半乳糖，如诺卡菌（Nocardia）。②阿拉伯糖和木糖，如小单孢菌（Micromonospora）。③马杜拉糖，如马杜拉放线菌（Actinomadura）。④无糖，如高温放线菌（Thermoactinomyces）。

6.6.6 基于分子生物学的现代微生物分类鉴定方法

API 和 Biolog 等技术是基于微生物的生理和生化特性的鉴定，需要经过培养的步骤。随着分子生物学技术的迅速发展，以微生物的遗传信息为特征的分类鉴定方法应运而生，它基于微生物的核酸和蛋白质序列的信息，采用分子技术进行微生物的分类鉴定。这些方法不需要进行微生物培养，节省了孵育的时间，也可以用来鉴定"不可培养"微生物和死去的微生物，显示出强大的优越性，日渐受到广泛采用。

基于遗传信息的分子生物学技术用于微生物物种鉴定的方法主要包括 G+C 摩尔百分比分析、分子杂交分析（DNA–DNA 杂交、DNA–rRNA 杂交、核酸探针等）、基因组 DNA 多态性分析、rRNA/rDNA 序列分析和全基因组信息等。目前，rRNA/rDNA 序列以及多种蛋白质的基因和氨基酸序列分析已经成为微生物分类鉴定的必要内容。

（1）基于 G+C 摩尔百分比和基因组 DNA 多态性分析的分类鉴定方法

各类微生物基因组 DNA 之间 G+C 含量的摩尔百分比变化范围很大，可以用于微生物亲缘关系远近的判别，因此测定 G+C 含量对于微生物的分类鉴定具有重要意义。亲缘关系相近的微生物，其基因组的核苷酸序列相近，所以 G+C 含量相同或者相近。一般认为，同一物种内不同菌株的 G+C 含量差别应低于 4%~5%，同一属内不同种的差别应低于 10%，超过则认为分属于不同分类单元。但是，菌株的 G+C 含量相同或近似并不表示其亲缘关系相近，因为 G+C 含量只反映基因组核苷酸组成的差异，并不能反映核苷酸的排列顺序。过去，形态学分类研究认为微球菌属（Micrococcus）和葡萄球菌属（Staphylococcus）的亲缘关系接近，它们长期被归于一个科，但后来测定二者的 G+C 含量（分别为 30%~38% 和 64%~75%），发现它们的亲缘关系很远，现已将上述两个属分在不同的门。

DNA 多态性是指某一特定的 DNA 序列存在两种或两种以上的序列，这种变异可以是单个碱基对的变化（单核苷酸多态性，SNP）也可以是多个碱基对的变化。DNA 多态性广泛存在于生物体中，这种基因组序列的差异可以发生在不同物种间，也可以存在于同一物种不同个体间。DNA 多态性会导致同一段序列的不同变体在同种限制性内切酶的消化下产生不同的消化片段，或者在相同的引物序列下扩增出不同的产物片段。DNA 多态性反映了物种形成、选择、迁移、重组和交配体系等的进化过程，可以比较微生物个体间的差异性，识别微生物的种水平，甚至亚种和菌株水平的差异。常用的 DNA 多态性的分析方法包括限制性片段长度多态性（restricted fragment length polymorphism，RFLP）、扩增核糖体 DNA 限制性分析（amplified ribosomal DNA restriction analysis，ARDRA）、随机扩增多态性 DNA 分析（random amplification polymorphic DNA，RAPD）、扩增片段长度多态性（amplified fragment length polymorphism，AFLP）等。DNA 多态性分析技术在食品微生物，包括微生物的类型分析、菌群的变异变迁、致病菌的基因分型、致病性研究等方面具有重要的应用价值。

（2）基于核酸序列的微生物分类鉴定方法

分子钟（molecular clock）理论认为物种之间遗传差异（DNA 或者蛋白质序列）的进化速度与分化的时间保持相对稳定，系统发育标记基因序列之间的差异可以解释为：两种生物从一个共同祖先分化出来所经过的时间。具有相似遗传信息的生物比具有不同遗传信息的生物之间的亲缘关系更近。根据这样的规律，我们可以利用基因组的全部或者特定区域的 DNA 序列的相似性来判断所有生物的分类学和系统发育关系。如，线粒体细胞色素 c 氧化酶亚基 1（cytochrome c oxidase subunit 1，COI）的基因序列常被用作无脊椎和有脊椎动物的鉴定和区分。在微生物研究中，最常用的基因序列是原核生物的 16S rRNA（图 6-14）和真核微生物的 18S rRNA 基因，它们都是小亚基（SSU）RNA 基因。另一个很受欢迎的目标序列是内转录间隔区（internal transcribed spacer，ITS）。原核生物 ITS 位于 16S rRNA 和 23S rRNA 基因之间，而真核生物有两个 ITS 区域，ITS1 位于 18S 和 5.8S rRNA 基因之间，ITS2 位于 5.8S 和 28S rRNA 基因之间（植物为 26S）。无论是对于"不可培养"微生物还是可以轻松培养的微生物，这些基因序列对于解析物种分类和系统发育都非常重要和有效。

16S rRNA 用于物种分类和系统发育分析具有以下优势：① 16S rRNA 基因存在于所有的细菌和古菌中，甚至在真核生物线粒体和叶绿体中也有。② 16S rRNA 基因的不同区域有不同程度的可变性，有些区域高度保守，在所有生物体中都非常相似，称为保守区；有些区域则高度可变，且远亲生物体之间差异很大，称为高变区。对于物种分类和系统发育分析来说，这两种类型的区域都是需要的。保守区域利于在复杂样本中找到所有 16S rRNA 基因，而高变区域对于区分不同的微生物类群至关重要。③基于 16S rRNA 基因的系统发育分析与来自其他保守基因的系统发育分析完全一致，因此很可能代表整个生物体的进化史。

利用聚合酶链式反应（PCR），针对 16S rRNA 分子的保守区域设计引物，可以扩增得到大量的目标样本的 16S rRNA 基因（扩增子），再利用 DNA 测序技术即可得到完整的 16S rRNA 基因序列。

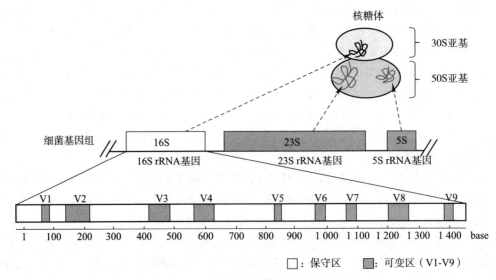

图 6-14 16S rRNA 基因结构示意图

如果两种细菌或两种古菌的 16S rRNA 基因的同源性≥97%，即认为两者属于同一物种。将阈值设为 97%，主要是基于比较纯培养细菌 16S rRNA 相似性与基因组 DNA 的相似性。数据表明，如果两种生物的基因组 DNA 相似度至少为 70%，且 16S rRNA 基因相似度≥97%，则两种生物属于同一物种。但值得注意的是，即使 16S rRNA 基因的相似度为 97%，两个生物体也可能属于不同物种。例如，三种芽孢杆菌（Bacillus）：炭疽杆菌（B. anthracis）、苏云金杆菌（B. thuringiensis）和枯草杆菌（B. subtilis），它们的 16S rRNA 基因相似度为 99%，但它们的关键生理特征却大不相同，这就是为什么它们被视为不同物种。使用更高的阈值（如 99% 甚至 100%）也不能完全解决问题。

目前，我们可以测序微生物的整个基因组，使得物种分类鉴定的准确性大大提高。全基因组测序是掌握某微生物全部遗传信息的最重要的途径，对全面了解一个物种的分子进化、基因组成和基因调控等方面具有非常重要的意义，也为现代微生物分类鉴定提供了更全面、更细致和更精确的遗传性状指标。

（3）蛋白质序列基质辅助激光解析电离飞行时间质谱（matrix-assisted laser desorption ionization time-of-flight mass spectrometry，MALDI-TOF MS）

MALDI-TOF MS 是新兴的微生物快速鉴定方法，也是目前国内外微生物快速鉴定的研究热点，广泛应用于生命科学等多学科领域。物种的遗传特性决定了微生物都是由区别于其他物种的蛋白质组成，因而拥有其特有的"蛋白质指纹图谱"。未经处理的微生物菌苔（如固体培养基上的菌落）直接涂于靶板上，待干燥后加上小分子基质混合，全细菌可溶性蛋白与基质形成共结晶体，用激光照射后，基质分子吸收能量与样品解吸附并使其电离，经离子化后通过真空飞行时间管获取不同质量／电荷比（m/z）的蛋白质分子质谱指纹图谱即为全微生物蛋白质指纹图谱（microbial protein fingerprint）。将 MALDI-TOF MS 采集的数据与已知微生物菌种蛋白质指纹图谱库对照，即可快速鉴定出微生物的分类种属。本方法可以快速鉴定微生物的种属，适用于各类从事微生物检验和研究相关工作的实验室对样品中的微生物进行鉴定。MALDI-TOF MS 已经成为微生物菌种鉴定的标准方法之一。国家标准化管理委员会和国家质量监督检验检疫总局以及美国临床和实验室标准协会都发布了 MALDI-TOF MS 鉴别微生物的方法标准。

值得注意的是，基于 16S rRNA 测序和 MALDI-TOF 的分子技术不能像基于微生物培养的方法那样提供菌株的生理特征信息。

6.7 微生物群落的分析

在自然界中，微生物一般不会以单一物种或菌株的形式存在，总是很多种群聚集在一起。我们常常需要研究某一特定生境中微生物群落的组成和功能。这时候，我们需要微生物群落分析和鉴定的技术和方法。

6.7.1 基于微生物培养的群落分析方法

在本章 6.6.4 节，我们介绍了 Biolog 培养板在微生物分类鉴定中的作用，Biolog 法也可以用于微生物的群落分析。

1991 年，J. Garland 和 A. Mills 首先使用 Biolog 微板进行微生物群落分析，他们将混合微生物种群接种至 Biolog 微板，测量随着时间推移的群落代谢，确定该群落的特征。专用于微生物群落分析的 Biolog 微孔板（Biolog EcoPlate™）包含 31 种对群落分析有用的碳源（每种碳源 3 个复孔）。将微生物种群接种在 Biolog 微孔板上，通常孵育 2~5 天后，检测各孔的显色情况。所有孔的结果构成了该群落的特有反应模式，被称为"代谢指纹"，可以用来描述该群落的特征。Biolog 微孔板可以反映微生物群落的活性、多样性和不同群落间的相似性。常采用主成分分析（PCA）等统计方法对代谢指纹进行比较，为描述不同微生物群落的差异提供了有用的数据。

这种方法被称为"群落水平的生理图谱（community-level physiological profiling，CLPP）"，已经被证明是研究微生物群落结构和功能的有效手段。目前，已有大量文献利用 Biolog 微孔板研究土壤、水样、活性污泥、堆肥、废弃物、污染物、生物修复等多种生境下的微生物群落，在区分微生物群落的时空变化、测定正常种群的稳定性、检测和评估环境变量发生后的微生物区系变化等方面发挥了重要作用。

6.7.2　基于 DNA 序列的群落分析法

微生物的群落结构可以用基于 DNA 序列的 PCR- 变性梯度凝胶电泳（DGGE）和 PCR- 温度梯度凝胶电泳（TGGE）技术、单链构象多态性分析（SSCP）、限制性片段长度多态性（RFLP）和末端限制性片段长度多样性（T-RFLP）等进行研究。

目前最常用的基于 DNA 序列的群落分析方法是使用高通量测序技术。在使用 16S rRNA 基因序列进行纯菌株的鉴定时，一般采用 Sanger 测序（一代测序技术），可以测定较长的基因序列。在进行微生物群落分析时，由于样本包含的微生物种类众多，一代测序技术不能满足分析要求，通常采用高通量测序技术（high-throughput sequencing，又称二代测序，next generation sequencing，NGS）测定微生物样本信息。由于当前主流的高通量测序仪的平均读取长度较短，只有几百个碱基，因此只能对较短的部分进行测定，远远低于完整 16S rRNA 基因的大约 1 500 个碱基对。所以，常常采用测定 16S rRNA 基因 9 个可变区中的一个或多个的序列，而不是测定 16S rRNA 基因全部序列的方式进行微生物的群落分析。针对 16S rRNA 基因的特定区域（如 V3 区，V4 区，V3 ~ V4 区或 V4 ~ V5 区等）设计通用引物，PCR 扩增样本中所有微生物的目标区域序列，再对 PCR 扩增子进行直接测序。随着测序技术的不断发展，读取长度一直在增加。将该方法应用于微生物群落时，PCR 扩增子的测序会产生一系列不同的序列，每个序列都来自不同的生物体。一个序列出现在列表中的次数被认为反映了该序列生物在样本中的丰度。这种短序列测序可以轻松地获得关于复杂群落中几乎所有微生物的大量信息。

本章 6.6.6 节中介绍了使用细菌 16S rRNA 序列进行物种鉴定的局限性，而基于 16S rRNA 可变区序列的微生物群落分析方法仍然存在这种缺点，甚至由于仅采用部分可变区序列还放大了这种缺点。宏基因组研究以环境中所有微生物的基因组为研究对象，通过对环境样品中的全基因组 DNA 进行高通量测序，基于从头组装进行微生物群落结构多样性、微生物群体基因组成及功能以及特定环境相关的代谢通路等分析，从而进一步发掘和研究环境中微生物群落内部、微生物与环境间的相互关系以及具有应用价值的基因。构建的环境微生物基因集，可为环境中微生物的研究、开发和利用提供基因资源库。但是，由于从 DNA 分离到测序的每个步骤都存在一定的问题，这种不依赖培养的分析方法得到的结果与真实的微生物群落之间可能存在一定的误差。但是，尽管存在这些问题，基于 PCR 和高通量测序的方法在揭示微生物群落结构和多样性的许多基本特性方面已经非常强大和富有成效。

【习题】

名词解释：
共生　互生　寄生　拮抗　捕食　群体感应
简答题：
1. 微生物分类鉴定有哪些方法？
2. 如何从自然环境中分离想要的微生物？请举例说明。

【开放讨论题】

1. 假如你是一个微生物，你想生活在自然界的何种生态环境中？遇到困难和不利环境，你将如何应对？如果你是微生物群体的带头人，你将如何使你的同伴知晓你的意图？

2. 从微生物分类鉴定技术的发展历史谈谈人类认识自然的方法和局限性。

3. 假设市面上有一种很好的微生物菌肥，有没有可能知道其中有哪些微生物种类？

4. 学习微生物在自然界的分布有什么用处？

5. 微生物看似微小，但其实很多方面令我们人类感到惊奇，谈谈你的看法。

第7章
微生物酿酒

　　酿酒是人类最早掌握的发酵技术。公元前 7000 年，人类已开始简单机械地模仿自然酿酒。随着农业发展和陶器的出现，人工酿酒成为可能。我国是世界上最早通过富集微生物进行酿酒的国家之一，酿酒技艺已成为中华文明的重要组成部分。数千年来，酿酒技艺是神秘的，但随着科技的发展，人们开始探索酿酒的微生物"密码"，逐步揭开了酿酒过程的神秘面纱。

通过本章学习，可以掌握以下知识：
1. 酒的定义和类型。
2. 酿酒的基本原理。
3. 果酒发酵工艺及参与的主要微生物。
4. 白酒酿造工艺及参与的主要微生物。

在开始学习前，先思考下列问题：
1. 简述糖酵解途径。
2. 简述微生物群落的分析方法。

【思维导图】

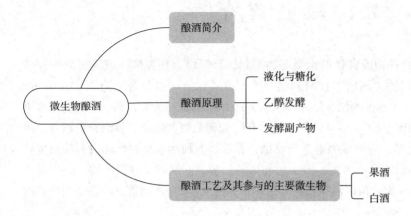

7.1 酿酒简介

知识拓展 7-1
发酵的定义

知识拓展 7-2
酿酒的历史

酒（liquor）是以含淀粉的谷物或含糖的水果等为原料，经酵母直接发酵，或通过微生物或酶糖化后再经酵母发酵而得到的含酒精的饮料。根据生产方式，酒可以分为酿造酒（fermented liquor）、蒸馏酒（distilled liquor）和配制酒（blended liquor）。酿造酒也称为原汁酒，是谷物或水果等经过发酵、过滤而得到的酒度一般为 4~18° 的酒精饮料，如葡萄酒、啤酒、黄酒和清酒等。蒸馏酒是将微生物发酵而成的酒醅、酒醪或酒液进行蒸馏，提取其酒精和风味物质而得到的酒度一般为 38~65° 的酒精饮料，如白酒、白兰地、威士忌和伏特加等。配制酒又称混配酒，通常是以蒸馏酒或酿造酒为基酒，配入一定比例的甜味辅料、果汁、香料或 / 和中药材等并经陈酿而得到的酒，如味美思、比特酒等。

不同类型的酒生产时，发酵原理、发酵工艺及参与其发酵的微生物可能不同，因篇幅限制，本章仅就酿酒基本原理，酿酒工艺及参与的主要微生物进行阐述。

7.2 酿酒的基本原理

在以谷物为原料酿酒时，首先通过微生物或其所产酶将淀粉转化为可发酵性糖，再经酵母将糖转化为酒精（乙醇发酵）；在以水果为原料酿酒时，水果中可发酵糖可直接被酵母转化为酒精。谷物或水果发酵后的液体原酒可经陈酿、过滤和调配等系列处理成为成品的酿造酒，而酿造后固体醅或液体酒可经蒸馏、陈酿、勾兑等系列处理成为成品的蒸馏酒（图 7-1）。同时，酿造过程也可产生多种影响酒风味品质的代谢产物，如有机酸、高级醇、酯类、醛酮类等物质。

7.2.1 液化和糖化

以谷物为原料酿酒时，谷物中的淀粉首先被转化为葡萄糖才可被酵母利用。该过程包含两个步骤：①原料淀粉经蒸煮糊化后，在微生物或其淀粉酶作用下，被分解成可溶于水的糊精等小分子物质，这个过程被称为液化。②在微生物或其糖化酶的作用下，糊精等小分子物质被水解为葡萄糖，这个过程被称为糖化。实际上，可在糊化后的淀粉中加入含多种微生物和酶的曲，液化和糖化的同时也完成了乙醇发酵，即边糖化边发酵（又名"双边"发酵）。

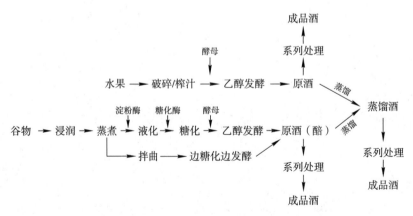

图 7-1 酿酒的基本过程

7.2.2 乙醇发酵

葡萄糖经糖酵解途径转化为丙酮酸（反应式1）。酵母利用果糖时，需通过己糖激酶将果糖转化为果糖 –6– 磷酸，再进入糖酵解途径。酵母利用蔗糖时，需将蔗糖水解为葡萄糖和果糖，葡萄糖和果糖再经磷酸化进入糖酵解途径。

$$\text{葡萄糖} + 2Pi + 2ADP + 2NAD^+ \longrightarrow 2\text{丙酮酸} + 2ATP + 2NADH + 2H^+ + 2H_2O \quad (\text{反应式 1})$$

在有氧条件下，丙酮酸脱羧转化为乙酰 CoA（反应式2），乙酰 CoA 进入三羧酸循环，经一系列氧化、脱羧、最终生成 CO_2 和水，并产生能量（反应式3）。三羧酸循环与呼吸链相偶联，为生物代谢提供能量，此时的酵母以生长为主（有氧呼吸）。1 mol 葡萄糖经有氧呼吸可生成 6 mol CO_2 和 6 mol H_2O，释放大量能量，大部分能量转移到 ATP 高能键中，作为酵母繁殖所需能源，少量以热能的形式散发（反应式4）。

$$\text{丙酮酸} + CoA + NAD^+ \longrightarrow \text{乙酰 CoA} + CO_2 + NADH_2 \quad (\text{反应式 2})$$

$$\text{乙酰 CoA} + 2NAD^+ + NAD(P^+) + FAD + GDP(ADP) + Pi + 2H_2O \longrightarrow$$
$$2CO_2 + 2NADH_2 + FADH_2 + NAD(P)H_2 + CoA + GTP(ATP) \quad (\text{反应式 3})$$

$$C_6H_{12}O_6 + 6O_2 + 38ADP + 38Pi \longrightarrow 6CO_2 + 6H_2O + 38ATP + Q \quad (\text{反应式 4})$$

在无氧条件下，经丙酮酸脱羧酶催化，丙酮酸脱羧而生成乙醛并释放 CO_2，乙醛经乙醇脱氢酶催化而生成乙醇，即丙酮酸被转化为乙醇和 CO_2。1 mol 葡萄糖无氧发酵释放 167.4 kJ 热量，其中 61.1 kJ 热量转移到 ATP 中，其余以热能的形式散发（反应式5），因此乙醇发酵是放热反应。

$$C_6H_{12}O_6 + 2ADP + 2Pi + 2H^+ \longrightarrow 2C_2H_5OH + 2CO_2 + 2ATP + 2H_2O + Q \quad (\text{反应式 5})$$

7.2.3 发酵副产物

酒类发酵时，微生物也可代谢产生有机酸、高级醇、酯类、多元醇（甘油）、醛酮类、萜烯类和硫化物等副产物，这些代谢副产物对酒的风味和品质具有重要影响。

7.2.3.1 有机酸

有机酸呈酸味，是酯类形成的前体物。酒中的有机酸包括挥发性有机酸和非挥发性有机酸。挥发性有机酸主要包括甲酸、乙酸、丙酸、丁酸、己酸、辛酸、异丁酸和异戊酸等，非挥发性有机酸主要包括乳酸、柠檬酸、苹果酸和酒石酸等。

挥发性有机酸中，短链酸有尖锐的酸味，但随碳链长度增加，其酸味减弱。甲酸在酒中含量极少，乙酸具有重要风味，丙酸、丁酸、戊酸、己酸、辛酸、异丁酸和异戊酸均呈不愉悦的风味，但其风味阈值（人体能感受到该风味物质的最低浓度）均很高，如在 12% 的酒精溶液中，丁酸和己酸的风味阈值达 10 mg/L 和 3 mg/L，因此对酒的风味影响不大。十二酸、十四酸等长链有机酸无风味。

非挥发性有机酸在酒中呈酸味，但无风味。微生物产生有机酸的途径主要包括：①甘油三酯经脂肪酶水解产生游离脂肪酸，脂肪酸可进一步氧化或分解产生新的有机酸。②脂肪酸合成酶催化乙酰辅酶 A 和丙二酰辅酶 A 聚合而生成 4 ~ 18 个碳原子的偶数饱和脂肪酸。③氨基酸的脱氨反应会形成脂肪族和芳香族的有机酸。④醇和醛氧化形成。如乙醇和乙醛氧化为乙酸、异丁醇氧化为异丁酸、异戊醇氧化为异戊酸等。⑤糖类发酵中，糖酵解和三羧酸循环过程也可形成乳酸、柠檬酸和苹果酸等有机酸。

7.2.3.2 高级醇

高级醇（$C_nH_{2n+1}OH$）是指含 2 个以上碳原子的挥发性一元醇类，主要包括（正、异）丙醇、（异）丁醇、（异）戊醇、活性戊醇和苯乙醇等。高级醇可溶于高浓度乙醇，但是不溶于低浓度乙醇和水，并呈油状，故名杂醇油。适量高级醇可使酒体丰满、圆润、柔和协调，过量则使酒体苦涩，甚至引起饮酒者不适。高级醇也是形成酯类的前体物质。酒中高级醇形成途径包括：①以糖为基质的 Harris 途径。当氨基酸缺乏时，糖代谢生成的丙酮酸与氨基酸反应，生成丙氨酸和对应的酮酸（反应式1），酮酸经酮酸脱羧酶催化脱羧生成比酮酸少一个碳原子的醛（反应式3），醛经脱氢酶催化生成对应的高级醇（反应式4）。②以氨基酸为基质的埃利希（Ehrlich）途径。当氨基酸充足时，亮氨酸、异亮氨酸、缬氨酸和 L- 苯丙氨酸经 Ehrlich 途径分别生成异戊醇、2- 甲基戊醇、异丁醇和苯乙醇。首先氨基酸在氨基酸转移酶（转氨酶）作用下脱氨产生酮酸（反应式2），再在酮酸脱羧酶作用下失去一个碳原子而生成比酮酸少一个碳原子的醛（反应式3），醛经脱氢酶催化生成对应的高级醇（反应式4）。

$$\text{丙酮酸} + \text{氨基酸} \longrightarrow \text{丙氨酸} + \text{酮酸} \qquad （\text{反应式}1）$$

$$\text{氨基酸} \longrightarrow \text{酮酸} \qquad （\text{反应式}2）$$

$$\text{酮酸} \longrightarrow \text{醛类} \qquad （\text{反应式}3）$$

$$\text{醛类} \longrightarrow \text{醇类} \qquad （\text{反应式}4）$$

7.2.3.3 酯类

酯类是酒的重要风味化合物，适量酯类有助于改善酒的风味，使酒呈果香和花香。酒类发酵和陈酿过程中，通过羧酸和醇发生酯化反应而形成，也有少部分来自原料，主要包括乙酸酯类、脂肪酸乙酯类和其他酯类。乙酸酯类是乙酰 CoA 和高级醇经乙酰转移酶催化而形成，通用分子式是 CH_3COOR（反应式1）。脂肪酸乙酯是脂酰 CoA 与乙醇经酰基转移酶催化而形成（反应式2）。白酒中已检测到 430 余种酯类，其中己酸乙酯、乙酸乙酯、乳酸乙酯、丁酸乙酯是白酒主要香气物质，其中己酸乙酯是浓香型白酒的主体风味物质，乙酸乙酯是清香型白酒的主体风味物质，丁酸乙酯也是清香型白酒的风味物质，乳酸乙酯存在于多数白酒中，含量比其他三种酯类高，适量可增加酒的厚重感，但过量则不利于酒的风味品质。

$$\text{乙酰 CoA} + \text{醇} \longrightarrow \text{乙酸酯} \qquad （\text{反应式}1）$$

$$\text{脂酰 CoA} + \text{乙醇} \longrightarrow \text{脂肪酸乙酯} \qquad （\text{反应式}2）$$

7.2.3.4 多元醇

多元醇是指羟基数大于一的醇类，包括丙三醇（甘油）、2,3- 丁二醇、丁四醇（赤藓醇）、戊五醇（阿拉伯醇）、己六醇（甘露醇）和环己六醇（肌醇）等。多元醇挥发性差，对酒的风味影响不大，但可使酒的口感绵柔醇厚。不同多元醇的合成途径不同，以下是甘油的合成途径：葡萄糖经糖酵解产生 1,6-2P- 果糖；果糖二磷酸醛缩酶催化 1,6-2P- 果糖生成磷酸二羟丙酮和 3-P- 甘油醛；磷酸二羟丙酮和 3-P- 甘油醛在磷酸丙糖异构酶催化下进行异构互换；3-P- 甘油脱氢酶催化磷酸二羟丙酮生成 3-P- 甘油；3-P- 甘油酯酶催化 3-P- 甘油生成甘油（图 7-2）。

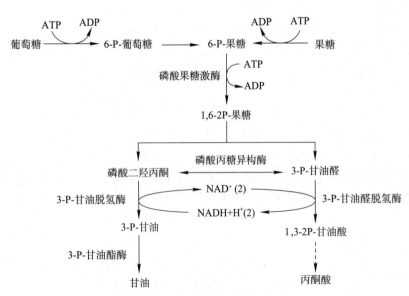

图 7-2　酵母细胞内甘油产生途径

7.2.3.5 醛酮类

酒中醛类包括甲醛、乙醛、丙醛、丙烯

醛、异丁醛、异戊醛、戊醛、糠醛、缩醛等，酒的醛含量过高，呈鼠尿、青草味或脂肪臭等不悦风味。随醛的碳原子增加，其脂肪臭的风味增加。醛是发酵微生物的中间代谢产物，可经醇氧化、酮酸脱羧、氨基酸脱氨和脱羧等生成。

酒中的酮类不仅包括 2- 丁酮、2- 戊酮、2- 己酮、2- 庚酮、2- 辛酮、2- 壬酮等，而且也包括 2,3- 丁二酮（俗称双乙酰）、2,3- 戊二酮、2,3- 己二酮、2,3- 庚二酮和 2,3- 辛二酮等邻二酮化合物。其中，2,3- 丁二酮具有较低的风味阈值，是主要酮类风味物质。1.0 ~ 4.0 mg/L 的2,3- 丁二酮可使葡萄酒呈愉悦的黄油味或奶酪味，增加其感官复杂性，但当其含量超过 5.0 ~ 7.0 mg/L，即呈现不良的"馊饭味"。不同的酮类物质，其合成途径不同，以下是 2,3- 丁二酮的代谢通路：合成缬氨酸过程中，酵母细胞内的 α- 乙酰乳酸合成酶催化丙酮酸和活性乙醛形成无臭无味的 α- 乙酰乳酸，α- 乙酰乳酸极不稳定，可经非酶水解为 2,3- 丁二酮。另外，乙酰辅酶 A 和活性乙醛缩合也可形成2,3- 丁二酮。2,3- 丁二酮不稳定，可脱羧形成乙偶姻，乙偶姻在乙偶姻还原酶（又称 2,3- 丁二醇脱氢酶）催化下形成 2,3- 丁二醇（图 7-3）。乙偶姻和2,3- 丁二醇的风味阈值很高，分别为 150.0 mg/L 和600.0 mg/L，因此对酒的风味影响不大。2,3- 丁二酮合成和分解伴随着酒的发酵过程，在主发酵前期，发酵液中可发酵性糖和氧含量高，2,3- 丁二酮合成速度大于其分解速度，2,3- 丁二酮含量逐渐增加。随着发酵液中可发酵性糖和氧含量减少，2,3- 丁二酮合成速度小于其分解速度，2,3- 丁二酮含量逐渐降低。

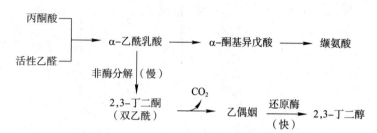

图 7-3　酵母细胞内 2,3- 丁二酮的代谢途径

7.2.3.6 萜烯类

萜烯类化合物以聚异戊二烯为碳骨架。根据"异戊二烯"单元的数量，可将其分为单萜烯、倍半萜烯、双萜烯和降异戊二烯类。酒类发酵中，酿酒酵母（*Saccharomyces cerevisiae*）可从头合成萜烯类或其前体物质，其合成过程如下：三个乙酰 -CoA 分子缩合形成 3- 羟基 -3- 甲基戊二酰基 -CoA（3-hydroxy-3-methylglutaryl-CoA，HMG-CoA）。HMG-CoA 被还原为甲瓦龙酸（mevalonic acid），甲瓦龙酸被磷酸化，脱羧基而形成二磷酸异戊烯（isopentenyl diphosphate，IPP）。IPP 也可通过非甲瓦龙酸途径而合成（图 7-4）。IPP 单元之间结合可形成香叶基二磷酸（geranyl diphosphate，GPP）、法呢基二磷酸（farnesyl diphosphate）、香叶基香叶基二磷酸（geranylgeranyl diphosphate，GGPP），这些化合物又是形成单萜、倍半萜和双萜等的前体物（图 7-5）。一些微生物不能从头合成萜烯类物质，

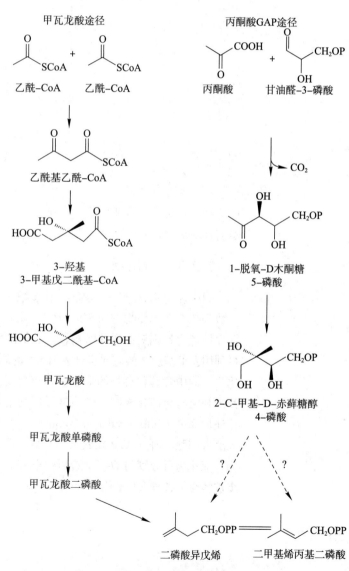

图 7-4　二磷酸异戊烯基的生物合成途径

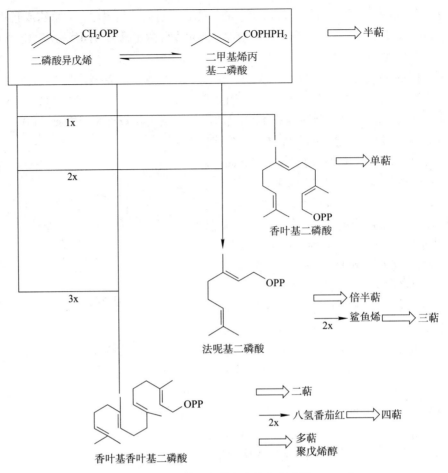

二磷酸异戊烯　　　二甲基烯丙基二磷酸　　　⇒半萜

1x

2x
香叶基二磷酸　　　⇒单萜

3x
法呢基二磷酸　　　⇒倍半萜
　　　　　　　　　2x　鲨鱼烯　⇒三萜

香叶基香叶基二磷酸　　　⇒二萜
　　　　　　　　　2x　八氢番茄红　⇒四萜
　　　　　　　　　⇒多萜
　　　　　　　　　聚戊烯醇

图 7-5　萜烯类化合物的合成途径

但可利用其前体物质进行转化，例如，水果中的萜烯类物质常以非挥发性无风味的糖苷形式存在，经糖苷酶水解后可释放出可挥发的有风味的萜烯类物质。

7.2.3.7　硫化物

　　酒中硫化物含量一般较低，且多数为不挥发性硫化物，如硫酸根、含硫氨基酸和蛋白质等，少数为挥发性硫化物，如 SO_2、H_2S、硫醇、硫醚和硫酯等。不挥发性硫化物对酒风味无影响，而挥发性硫化物则对酒风味影响较大，低浓度对酒风味起积极贡献，高浓度则使酒呈硫臭味。酵母可利用发酵基质中的硫元素合成 H_2S，进而合成含硫氨基酸，含硫氨基酸也可进一步转化为其他硫化物。酒中含硫化合物的形成机制较为复杂，这里仅简单阐述 H_2S 和含硫氨基酸的形成过程。果汁中缺乏有机硫化物时，酿酒酵母可利用无机硫化物合成一系列有机硫化物，此途径被称为硫酸盐还原系列（sulfate reduction sequence，SRS）途径。首先，硫酸盐通过硫酸盐透酶从培养基进入酵母细胞，通过 ATP 硫酸化酶、APS 激酶、PAPS 还原酶、亚硫酸还原酶的系列催化，形成硫化物，硫化物再分别与 O- 乙酰高丝氨酸和 O- 乙酰丝氨酸生成高半胱氨酸和半胱氨酸，二者再进一步被转化为各种含硫化合物（图 7-6）。

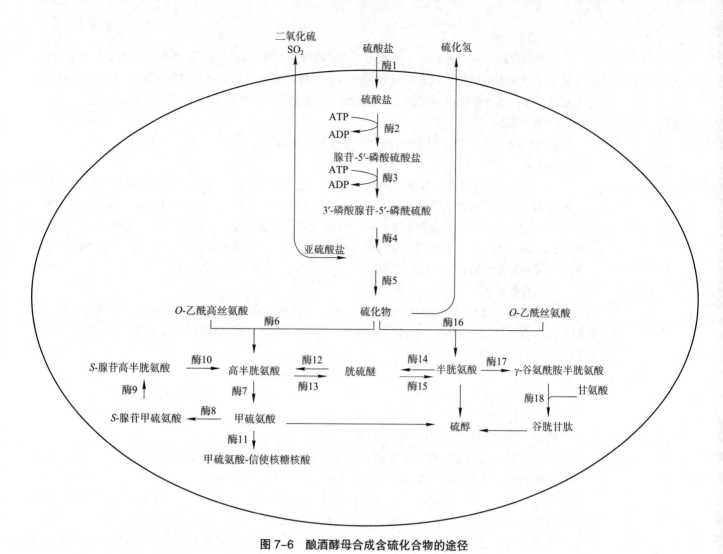

图 7-6 酿酒酵母合成含硫化合物的途径

酶1：硫酸盐渗透酶；酶2：ATP硫酸化酶；酶3：APS激酶；酶4：PAPS还原酶；酶5：亚硫酸还原酶；酶6：O-乙酰丝氨酸和
O-乙酰高丝氨酸硫氢化酶；酶7：高半胱氨酸甲基转移酶；酶8：S-腺苷甲硫氨酸合成酶；酶9：S-腺苷甲硫氨酸去甲基化酶；
酶10：腺苷高半胱氨酸酶；酶11：甲硫氨酸–tRNA合成酶；酶12：β-胱硫醚酶；酶13：β-胱硫醚合成酶；酶14：γ-胱硫醚合成酶；
酶15：γ-胱硫醚酶；酶16：半胱氨酸合成酶；酶17：γ-谷氨酰胺半胱氨酸合成酶；酶18：谷胱甘肽合成酶

7.3 酿酒工艺及参与的主要微生物

不同类型的酒，其酿造工艺不同，参与发酵的微生物也不同。以下将以果酒和白酒生产为例，
简述其生产工艺及其参与的主要微生物。

7.3.1 果酒发酵工艺及参与的主要微生物

7.3.1.1 果酒发酵工艺及操作要点

通常选用含汁多的葡萄、草莓和黑加仑等浆果为原
料进行果酒发酵。果酒发酵的一般工艺如图 7-7 所示。
操作要点如下：

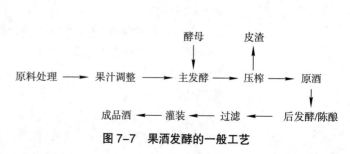

图 7-7 果酒发酵的一般工艺

1. 原料处理

原料需进行分选、破碎榨汁等处理。水果经分选以除去枝、叶、生青果、霉烂果和其他杂物；分选后水果经充分破碎，以利于果汁流出。水果破碎榨汁时应防止压破种子和碾碎果梗，避免与铜和铁接触。破碎榨汁后一般会添加果胶酶以提高出汁率，增加果汁澄清度和果酒色泽。

2. 果汁调整

破碎后的果汁一般要进行 SO_2 添加、糖度和酸度的调整。

（1）SO_2 添加

SO_2 具有选择性杀菌或抑菌、护色、增酸、抗氧化和澄清等作用，所以水果破碎后，立即加入适量 H_2SO_3 溶液或偏重亚硫酸钾（$K_2S_2O_5$）或液体 SO_2 并混匀。SO_2 用量取决于水果的完整度、霉变度、酸度和糖度。红葡萄酒生产时，原料无破损、无霉变、成熟度适中，含酸量高时需添加 $30 \sim 50$ mg/L SO_2；原料无破损、无霉变、成熟度适中，含酸量低时需添加 $50 \sim 80$ mg/L SO_2；原料破损、霉变时需添加 $80 \sim 100$ mg/L SO_2。

（2）糖度调整

酿酒用果汁含糖量较低时，需在果汁中加入糖或浓缩果汁，以提高果酒的酒精度。理论上，17.0 g/L 蔗糖可使酒液的酒度提高 1°，因此可依据下式计算果汁中加蔗糖和浓缩果汁的量，但实际加糖量应稍大于 17.0 g/L。

$$X = KW（1.7A–B）/100$$

式中，X：应加糖量；K：出汁率；W：果重；A：要求酒度；B：果汁含糖量（%）。

（3）酸度调整

化学法、生物法和物理法均可降低果汁酸度。

化学降酸就是用盐中和果汁中过多的有机酸，从而降低果汁和果酒的酸度，常用的盐有酒石酸钾、$CaCO_3$、$KHCO_3$ 等，其中以 $CaCO_3$ 最有效且最便宜。化学降酸最好在乙醇发酵结束时进行。对于红葡萄酒等带皮发酵的果酒，可结合倒罐添加降酸剂。对于白葡萄酒等榨汁发酵果酒，可先在部分葡萄汁中溶解降酸剂，待起泡结束后注入发酵罐，并进行 1 次封闭式倒罐，以混匀降酸剂。

生物降酸是利用乳酸菌和粟酒裂殖酵母（*Schizosaccharomyces pombe*）等微生物转化苹果酸等有机酸，以降低果酒酸度，改善其口感。在适宜条件下，乳酸菌转化苹果酸为乳酸和 CO_2，即苹果酸 – 乳酸发酵。粟酒裂殖酵母转化苹果酸为乙醇和 CO_2，即苹果酸 – 乙醇发酵。若苹果酸 – 乳酸发酵在含残糖的葡萄酒中进行，乳酸菌会利用糖进行乳酸发酵，进而引发葡萄酒酸败，因此苹果酸 – 乳酸发酵必须在乙醇发酵结束后进行。苹果酸 – 乳酸发酵的适宜条件：残糖 < 2.0 g/L，pH 3.2，总 SO_2 浓度 < 60.0 mg/L，发酵温度 $18 \sim 20$℃，厌氧等。苹果酸 – 乙醇发酵则可以在发酵前或发酵过程中进行，但高产乙醛、乙酸和 H_2S 等不良风味物质，因此仍未在生产中应用。

物理降酸常用冷冻处理和离子交换降酸。冷冻处理可使酒石（酒石酸氢钾）析出而降酸。强酸型阳离子交换树脂去除阳离子，用强碱型阴离子交换树脂去除酒中的酸。

关于果汁增酸，一般在乙醇发酵开始时，用乳酸、苹果酸、酒石酸等增酸剂进行增酸，对葡萄汁的直接增酸只能用酒石酸，其用量最多不能超过 1.50 g/L。其他果酒酿造过程中可以加柠檬酸。也可采用增酸酵母或离子交换树脂进行增酸。

3. 主发酵

主发酵是指从接种酵母到大部分糖被转化为酒精的过程。一般地，红葡萄酒发酵温度为 $26 \sim 30$℃，白葡萄酒发酵温度为 $18 \sim 20$℃。一般在温度回落到发酵前温度，糖度小于1%，酒度达要求，或酒液比重接近1.0，即为发酵终点。一般发酵周期为 $7 \sim 10$ d，有时为 $12 \sim 15$ d。发酵过程需倒罐 $3 \sim 4$ 次。

4. 后发酵／陈酿

原酒中的糖继续被转化的过程即为后发酵。后发酵的温度为 $20 \sim 22$℃，周期为 $20 \sim 30$ d。后发酵结束后的果酒一般被放于贮酒室（10~20℃）陈酿2~3年。陈酿期间，果酒需进行倒罐（转桶或换桶）、添罐（桶）、下胶和过滤等操作。

5. 无菌过滤和灌装

果酒是否采用无菌过滤和灌装，主要基于：①果酒固有的化学和微生物学特性。灌装后微生物稳定性好的果酒可不采用无菌过滤与灌装，而微生物稳定性差的果酒则需要。②无菌过滤和灌装是否会对果酒的风味品质产生影响。一些酿酒厂进行果酒的无菌过滤和灌装，另一些酿酒厂则认为无菌过滤和灌装会降低果酒的风味品质，因此不采用。

7.3.1.2　参与果酒发酵的主要微生物

酵母是参与果酒发酵的主要微生物，不仅可转化葡萄糖为酒精与CO_2，也可代谢产生酸、醇、酯、醛和酮等影响果酒风味的代谢产物。

成熟水果表皮有大量的野生酵母，它们可在果汁中生长繁殖并完成乙醇发酵，这种果酒生产方法被称为自然发酵。自然发酵果酒的风味一般较好，但发酵过程难控制，果酒品质难统一，且可能存在安全隐患。

为了克服自然发酵的缺点，工业化生产果酒时，常在果汁中接入纯培养的活性干酵母以进行乙醇发酵，这种果酒生产方法被称为纯种发酵。纯种发酵果酒的风味比自然发酵果酒的稍差，但发酵过程容易控制，果酒品质较统一，降低果酒的安全隐患。纯种发酵过程中，果汁中的野生酵母在较低SO_2浓度下可诱发自然发酵，影响纯种活性干酵母的生长繁殖和发酵，因此为了保证活性干酵母在纯种发酵中占主导优势，应减少原料中野生酵母数量，尽早添加商业活性干酵母，且添加量大于10^6 CFU/mL。目前，商业化酿酒酵母因具有良好性能而成为工业化生产果酒的常用菌种。纯种果酒发酵用酿酒酵母应具备如下性能：完全降解果汁中的糖，使果酒残糖含量小于4 g/L；较高的发酵能力，使果酒酒精含量达16%以上；较好的糖、乙醇和SO_2耐受性；较好的絮凝能力和较快的沉降速率；能在低温（15℃）或酒液适宜温度下发酵，以保持果香和新鲜清爽的口感；较好的耐酸性（酒石酸耐性）；较低的乙酸产量。

存在自然发酵果酒前期的柠檬形酵母和结膜酵母（被统称为非酿酒酵母）一直被认为是果酒的腐败酵母。最新研究发现，一些非酿酒酵母可高产对果酒风味改善具有重要作用的各种酶，如β-D-葡萄糖苷酶，α-L-阿拉伯呋喃糖苷酶，α-L-鼠李糖苷酶，β-D-木糖苷酶和碳–硫裂解酶（表7-1）。β-D-葡萄糖苷酶广泛存在于非酿酒酵母中，已从出芽短梗霉（*Aureobasidium pullulans*）、异型酒香酵母（*Brettanomyces anomalus*）、季也蒙假丝酵母（*Candida guilliermondii*）、莫利支假丝酵母（*Candida molischiana*）、星形假丝酵母（*Candida stellata*）、卡氏德巴利酵母（*Debaryomyces castellii*）、汉逊德巴利酵母（*Debaryomyces hansenii*）、多形德巴利酵母（*Debaryomyces polymorphus*）、假多型德巴利酵母（*Debaryomyces pseudopolymorphus*）、有孢汉逊酵母属（*Hanseniaspora*）、季也蒙有孢汉逊酵母（*Hanseniaspora guilliermondii*）、高渗有孢汉逊酵母（*Hanseniaspora osmophila*）、葡萄酒有孢汉逊酵母（*Hanseniaspora vineae*）、葡萄汁有孢汉逊酵母（*Hanseniaspora uvarum*）、陆生伊萨酵母（*Issatchenkia terricola*）、耐热克鲁维酵母（*Kluyveromyces thermotolerans*）、美极梅奇酵母（*Metschnikowia pulcherrima*）、异常毕氏酵母（*Pichia anomala*）、膜醭毕氏酵母（*Pichia membranifaciens*）、路德类酵母（*Saccharomycodes ludwigii*）、粟酒裂殖酵母（*Schizosaccharomyces pombe*）、拟粉红掷孢酵母（*Sporobolomyces pararoseus*）、戴尔有孢圆酵母（*Torulaspora delbrueckii*）、阿萨希毛孢子菌（*Trichosporon asahii*）、异常威克汉姆酵母（*Wickerhamomyces anomalus*）、拜耳接合酵母（*Zygosaccharomyces bailii*）等中分离到。然而，α-L-阿拉伯呋喃糖苷酶，α-L-鼠李糖苷酶，β-D-木糖苷酶比较少见，仅从出芽短梗霉、季也蒙假丝酵母、星形假丝酵母、葡萄酒有孢汉逊酵母、葡萄汁有孢汉逊酵母、安格斯毕氏酵母（*Pichia angusta*）、异常毕氏酵母、荚膜毕氏酵母（*Pichia capsulata*）、季也蒙毕氏酵母

表 7-1 来自非酿酒酵母的与果酒风味物质释放相关的酶

酵母类型	β-D-葡萄糖苷酶	α-L-阿拉伯呋喃糖苷酶	α-L-鼠李糖苷酶	β-D-木糖苷酶	碳-硫裂解酶
出芽短梗霉	×	×	×		
异型酒香酵母	×				
季也蒙假丝酵母	×		×	×	
莫利支假丝酵母	×				
星形假丝酵母	×		×	×	
产朊假丝酵母				×	
泽普林假丝酵母					×
卡氏德巴利酵母	×				
汉逊德巴利酵母	×				
多形德巴利酵母	×				
假多型德巴利酵母	×				
有孢汉逊酵母属	×			×	
季也蒙有孢汉逊酵母	×				
高渗有孢汉逊酵母	×				×
葡萄酒有孢汉逊酵母	×	×	×	×	
葡萄汁有孢汉逊酵母	×	×	×	×	
陆生伊萨酵母	×				
耐热克鲁维酵母	×				×
美极梅奇酵母	×			×	×
安格斯毕氏酵母			×		
异常毕氏酵母	×	×	×	×	
荚膜毕氏酵母		×			
季也蒙毕氏酵母			×		
克鲁维毕氏酵母					×
膜醭毕氏酵母	×			×	
路德类酵母	×				
粟酒裂殖酵母	×				
拟粉红掷孢酵母	×				
戴尔有孢圆酵母	×				×
阿萨希毛孢子菌	×				
异常威克汉姆酵母	×	×		×	
拜耳接合酵母	×				

（*Pichia guilliermondii*）、膜醭毕氏酵母或异常威克汉姆酵母等中分离到。碳－硫裂解酶也较为少见，仅在泽普林假丝酵母（*Candida zemplinina*）、高渗有孢汉逊酵母、耐热克鲁维酵母、美极梅奇酵母、克鲁维毕氏酵母（*Pichia kluyvery*）等中分离到。另外，一些非酿酒酵母可同时产生多种糖苷酶，如出芽短梗霉可产 β-D- 葡萄糖苷酶，α-L- 阿拉伯呋喃糖苷酶，α-L- 鼠李糖苷酶；葡萄酒有孢汉逊酵母、葡萄汁有孢汉逊酵母、异常毕氏酵母等均可产 β-D- 葡萄糖苷酶，α-L- 阿拉伯呋喃糖苷酶，α-L- 鼠李糖苷酶和 β-D- 木糖苷酶。

葡萄等水果的品种香气化合物，如萜烯醇、萜烯二醇、苯乙醇、苯甲醇、C_{13} 降异戊二烯类等，可与糖结合成糖苷，且多以单糖苷或二糖苷形式存在。二糖苷主要包括 6-*O*-α-L- 呋喃阿拉伯糖 -β-D- 吡喃葡萄糖苷，6-*O*-α-L- 吡喃鼠李糖基 -β-D- 吡喃葡萄糖苷，6-*O*-β-D- 呋喃芹糖 -β-D- 吡喃葡萄糖苷。糖苷化合物无挥发性无风味，但可经糖苷酶水解而释放出可挥发的有风味的化合物。二糖苷需先经 α-L- 阿拉伯呋喃糖苷酶，α-L- 鼠李糖苷酶和 β-D- 木糖苷酶水解而成为单糖苷，单糖苷再经 β-D- 葡萄糖苷酶水解而释放品种香气化合物。

一些贡献葡萄酒风味的硫醇来自葡萄酒浆果。果香硫醇，如 4- 巯基 -4- 甲基 -2- 戊酮（4-mercapto-4-methylpentan-2-one，4-MMP）、3- 巯基 -1- 己醇（3-mercapto-1-hexanol，3-MH）和乙酸 -3- 巯基己酯（3-mercaptohexyl acetate，3-MHA），具有令人愉悦的柑橘、热带水果等风味，对特定葡萄品种尤为重要。4-MMP 是长相思、赤霞珠、雷司令、美乐等所酿葡萄酒的重要风味物质，呈现类似黄杨、西潘莲、金雀花和黑醋栗芽等风味；3-MH 和 3-MHA 有助于形成西番莲、葡萄柚和柑橘等水果的风味。葡萄中的 4-MMP 和 3-MH 常与半胱氨酸和谷胱甘肽结合形成不挥发前体物质，发酵过程中，来自酵母的碳－硫裂解酶可水解半胱氨酰化的 4-MMP（cys-4-MMP）和 3-MH（cys-3-MH），释放出挥发性含硫化合物，进而呈现果酒特有的风味。由此看出，非酿酒酵母所产糖苷酶和碳－硫裂解酶有利于果酒品种香气化合物释放，提高果酒风味复杂性和典型性。

一些非酿酒酵母产生的胞外酶和代谢产物对果酒风味品质具有积极贡献，但多数非酿酒酵母对高浓度葡萄糖和乙醇的耐受性较差，不能很好地完成乙醇发酵。一些选育的非酿酒酵母与酿酒酵母混合发酵不仅可很好地完成乙醇发酵，提高果酒中萜烯、高级醇、酯、甘油或硫醇等风味物质含量，降低乙酸和乙醛等的含量（表 7-2），改善果酒的风味品质，而且发酵过程可控。然而，不同非酿酒酵母菌株与酿酒酵母混合发酵可产生不同的代谢产物，产生不同风味品质的果酒。实际上，酵母对果酒风味品质的改善效果不仅与所用酵母菌株有关，也与果汁种类及其发酵工艺有关。目前，商业化非酿酒酵母菌株偏少，因此需加强非酿酒酵母菌株选育及其在果酒发酵中的应用研究，从而为高品质果酒生产提供菌株和方法。

表 7-2　非酿酒酵母与酿酒酵母混合发酵对果酒风味物质的贡献

酵母	对果酒风味物质的贡献
酿酒酵母 / 戴尔有孢圆酵母	提高苯乙醇和酯类含量
酿酒酵母 / 葡萄汁有孢汉逊酵母	提高中链脂肪酸乙酯含量
酿酒酵母 / 仙人掌有孢汉逊酵母（*Hanseniaspora opuntiae*）	提高大马酮、萜品醇含量，降低乙酸含量
酿酒酵母 / 泽普林假丝酵母	提高甘油和酯含量
酿酒酵母 / 耐热克鲁维酵母	提高橙花醇、松油醇、苯乙醇等含量；增加乳酸和甘油含量
酿酒酵母 / 克鲁维毕赤酵母	增加萜烯类化合物和硫醇含量
酿酒酵母 / 梅奇酵母	提高高级醇和酯的含量

酵母	对果酒风味物质的贡献
酿酒酵母 / 高渗有孢汉逊酵母	提高苯乙醇、苯乙醛含量
酿酒酵母 / *Starmerella bacillaris*	提高甘油含量，降低 SO_2 和乙醛浓度
酿酒酵母 / 库德毕赤酵母（*Pichia kudriavzevii*）	提高异戊醇、乙酸乙酯、乙酸异戊酯含量
酿酒酵母 / 陆生伊萨酵母（*Issatchenkia terricola*）	提高酯含量
酿酒酵母 / 路德类酵母	增加乙酯类含量，减少乙酸含量

7.3.2 白酒酿造工艺及参与的主要微生物

我国白酒种类繁多，产品各具特色，目前尚无统一的分类方法。可根据发酵物料状态不同，将白酒生产分为固态法、半固态法和液态法。根据糖化用曲的种类不同，将白酒分为大曲酒、小曲酒和麸曲酒。大曲酒是以大曲为糖化发酵剂生产的白酒。小曲酒是以小曲为糖化发酵剂生产的白酒。麸曲酒是以麸曲为糖化剂，以纯种酵母培养制成酒母作为发酵剂生产的白酒。大曲是以小麦、大麦、豌豆等为原料，经粉碎、加水混合并压成曲坯，一般呈 2~3 kg 的砖形。经培养，来自原料和环境的微生物在曲坯上生长繁殖而成的糖化发酵剂。根据曲坯培养过程达到的最高温度将大曲分为高温大曲（60~65℃）、中高温大曲（50~60℃）和中温大曲（45~50℃）。小曲是用米粉或米糠为原料，或添加少量中草药或辣蓼草为辅料，或添加少量白土为填料，接入一定量种曲（上批次培养的微生物活性高的小曲）和适量水并混匀，人工控温控湿培养而成的糖化发酵剂。麸曲是以麸皮为主要原料，蒸熟后接入纯种霉菌，人工控温控湿培养而成的糖化剂。我国的名优白酒多属于固态发酵大曲酒。根据香气特征，可将其分为浓香型、清香型、酱香型等香型大曲酒。

根据生产过程中是否续渣（生原料），大曲酒生产方法可分为续渣法和清渣法。续渣法是将粉碎后的生料和酒醅（糟）混合，在甑桶（蒸馏白酒的容器）内同时进行蒸酒和蒸料。蒸酒蒸料后，取出醅子，扬冷后加入大曲继续发酵和蒸馏。生产过程中一直加入新料和曲，继续发酵和蒸酒。续渣法的原料经多次发酵，有利于提高原料利用率，积累风味物质及其前体物。清渣法是将原料粉碎后一次性投料，单独蒸煮后放入地缸（埋在地下的缸）发酵，酒醅蒸酒后再加曲发酵，蒸馏后成为扔糟。

传统固态法酿造白酒过程是一个开放式"多微共酵"过程，多种微生物驱动发酵过程，微生物互相之间存在拮抗、共生、共栖等相互作用，形成复杂的群落结构。酿造原料、工艺和环境共同决定了白酒发酵过程的微生物群落及其演替规律，最终决定了不同风味特点的白酒。解析白酒发酵过程中微生物的种类、群落结构及其演替规律将促进人类对白酒固态发酵过程中"微生物密码"认识，便于定向调控白酒的发酵过程，为白酒传统工艺的现代化提供借鉴。微生物多样性研究可采用传统培养方法，也可采用免培养方法。传统微生物培养方法是利用微生物生长特性和选择性培养基分离培养微生物，并根据其形态、生理生化或遗传学特征进行鉴定。该方法费时费力，在微生物多样性研究中有局限性，因为自然环境中有大量不可培养的微生物，微生物培养方法并不能完全反映微生物的群落全貌。免培养方法为从全局揭示白酒发酵过程中微生物的群落结构及其演替规律提供了方法。目前，变性梯度凝胶电泳（Denaturing gradient gel electrophoresis，DGGE）、磷脂脂肪酸（Phospholipid fatty acid，PLFA）、单链构象多态性（Single strand conformation polymorphism，SSCP）、核糖体基因间隔区分析（Ribosomal intergenic spacer analysis，RISA）和高通量测序（High-throughput sequencing，HTS）等均有应用，关于免培养的方法，本章不再赘述。

不同类型的白酒，其生产工艺和参与的微生物不同。这里仅简要阐述浓香型、清香型和酱香型大曲酒的生产工艺及参与的主要微生物。

7.3.2.1 浓香型大曲酒的生产工艺及参与的主要微生物

浓香型大曲酒，又名泸型酒，具有窖香浓郁，绵软甘冽，香味协调，尾净余长等酒体特征。它以高粱为酿酒原料，以优质小麦、豌豆和大麦为原料制备的中温曲和高温曲为发酵剂，具有泥窖固态发酵，续糟配料，混蒸混烧的独特发酵工艺。泥窖固态发酵是指在用黄泥制作的窖池内完成酒醅发酵。续糟配料是指在每轮出窖糟醅中均投入一定量的新原料和辅料，混合均匀并蒸煮的反复操作的过程。每次的续糟配料均在窖内糟醅中添入部分新料，排出部分旧料，又循环利用部分旧料，形成"万年糟"。混蒸混烧是在待蒸馏的糟醅中加入部分新原料和辅料后放入甑桶，进行"先缓火蒸馏，后大火糊化"的先蒸酒后蒸粮的工艺过程。以泸州老窖大曲酒生产工艺为例，阐述浓香型大曲酒的生产工艺及其参与的主要微生物。

1. 浓香型大曲酒的生产工艺及操作要点

以泸州老窖生产工艺为例，浓香型大曲酒的生产工艺流程如图 7-8 所示。

操作要点如下：

（1）原料处理

酿酒原料粉碎时，20 目以下颗粒占 70% 左右为宜。大曲粉碎时，20 目以上颗粒占 70% 为宜，利于淀粉吸水膨胀、糊化、液化和糖化。稻壳要清蒸 20 ~ 30 min 以去除异杂味及其他有害物质，蒸后晾干备用。

（2）出窖取醅

出窖时，应按剥窖皮、起面糟、起上层母糟、滴窖、起下层母糟的顺序进行。出糟醅时见黄浆水即停止，在窖内剩余母糟中央或一侧挖一个 70 ~ 100 cm 坑，深至窖底，将坑内黄浆水舀净，以后滴多少舀多少，每窖最少舀 4 ~ 6 次，即"滴窖勤舀"。黄浆水（又名黄水）是指窖内酒醅向下渗漏的黄颜色水，一般含酒精、有机酸、糖、含氮物质、腐殖质和菌体自溶物等，还有经驯化的乳酸菌、己酸菌和丁酸菌等有益微生物，以及多种香气物质的前体物。

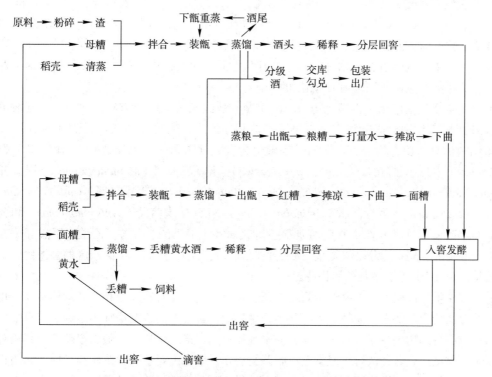

图 7-8 浓香型大曲酒生产工艺流程（以泸州老窖为例）

（3）配料和润粮

糟醅中按比例投入新粮粉和蒸熟稻壳以调节酒醅酸度和淀粉含量，稻壳添加量为原料量的17%～22%。蒸粮前50～60 min，将新粮粉和糟醅按1∶4～1∶5混合均匀后，在粮糟表面覆盖原料量17%～22%的稻壳并润料。上甑前10～15 min再次混匀原料。上甑前10～20 min混匀红糟（糟醅配粮和稻壳后多出的物料）和稻壳（每甑配10～20 kg）。

（4）蒸酒蒸粮

锅底洗净并加水和黄浆水并蒸面糟，收集的酒为"丢糟黄浆水酒"。底锅洗干净并加水，配料和润粮后的母糟上甑蒸酒，取酒头0.5 kg单独存放，接酒中45 min左右后摘酒尾。酒尾单独存放、回窖或重蒸均可。蒸酒后继续蒸粮60～70 min。粮食要蒸到熟而不黏，内无生心。红糟和稻壳混匀后上甑蒸酒。

（5）打量水（泼浆）

蒸酒蒸粮后的粮糟出甑后，加原料量80%～90%的85℃以上的热水，即打量水或泼浆，使粮糟入窖水分为53%～58%，便于进一步糊化。红糟蒸酒后不需打量水。

（6）摊凉（扬冷）和下曲

用凉糟机或扬凉机使打量水后的粮糟迅速冷却至入窖温度，并按粮粉量18%～22%加入大曲并拌匀。每甑蒸酒后的红糟中拌入6～7.5 kg大曲并拌匀后作面糟。

（7）入窖发酵

拌了大曲的粮糟入泥窖进行发酵时，先在窖底撒1～1.5 kg大曲粉，第一批入窖的粮糟（约2～3甑）铺在窖底，品温为20～21℃；其他粮糟品温为18～19℃；红糟品温比粮糟的高5～8℃。每入一甑即扒平踩紧，粮糟平地面后，在面上放隔箅或撒稻壳一层，以区分母糟和面糟。装完面糟后用黄泥封窖（泥厚8～10 cm）并盖塑料布，发酵20～90 d。

（8）贮存、勾兑

贮存又叫"老熟"或"陈酿"。品质较好的酒一般贮存三年，一般品质的酒也要贮存半年以上。白酒在灌装前须经勾兑调配以提高白酒质量。

2. 浓香型大曲酒生产用窖泥中的微生物

窖泥作为浓香型白酒生产的基础，其独特的理化环境既能为酿造微生物提供良好的生存环境，也是合成己酸乙酯、丁酸、己酸等多种关键风味物质微生物的重要来源。不同窖池生产的浓香型白酒存在品质差异。随着窖龄增加，窖泥的理化性质（如氮、磷、钾、含水量、pH等）发生变化，促进了窖泥功能菌的富集和白酒品质的提升。

窖泥微生物包括细菌、古菌、霉菌、酵母菌和放线菌等，以细菌和古菌为主，其数量、结构以及种间相互作用会影响窖泥和白酒品质。目前，通过免培养方法已得到大量窖泥微生物的群落结构信息和菌种资源。窖泥的优势微生物有乳杆菌属（*Lactobacillus*）、佩特里单胞菌属（*Petrimonas*）、甲烷短杆菌属（*Methanobrevibacter*）、甲烷囊菌属（*Methanoculleus*）、甲烷杆菌属（*Methanobacterium*）、*Candidatus methanoplasma*、*Ampullimonas*、己酸菌属（*Caproiciproducens*）、梭菌属（*Clostridium*）、氨杆菌属（*Aminobacterium*）、互营单胞菌属（*Syntrophomonas*）和沉积菌属（*Sedimentibacter*）等（图7-9）。窖泥微生物代谢产生的己酸、乳酸、乙酸、丁酸等短链脂肪酸，以及醇、醛、酮和酯等是浓香型白酒的重要香气化合物。然而，不同产区的窖泥优势微生物具有独特性，进而形成其独特的风格特点。

另外，在生产过程中由于窖池不断地被开窖和封窖、窖泥营养成分和含氧量等不断变化，微生物的群落结构也不断发生演替。窖泥微生物种类随窖龄增加而逐渐增加，达到一定窖龄后，窖泥中微生物群落结构保持相对稳定。新窖泥中乳杆菌属占绝对优势，但随着窖龄增加其相对丰度逐渐降低；梭菌属、氨杆菌属、佩特里单胞菌属、互营单胞菌属、沉积菌属和己酸菌属的相对丰度则随着窖龄增加而逐渐增加，进而成为窖泥的优势微生物。目前，已成功解析了窖泥微生物群落结构，建立了窖泥中梭菌、乳酸菌、芽孢杆菌、甲烷菌的定量分析方法。目前，以己酸菌为核心的窖泥微生物菌剂的研制是重要的研究方向。

7.3.2.2 清香型大曲酒的生产工艺及参与的主要微生物

清香型大曲酒以其清雅纯正而得名，又因该香型的代表产品为汾酒而被称为汾型酒。清香型大曲酒的风味特点为清香纯正，余味爽净。其工艺特点为"清蒸清楂，地缸发酵、清蒸二次清"，即原料高粱粉碎后一次性投料，单独蒸煮，放入地缸（埋入地下的缸，口与地平，用石板盖好缸口）发酵，酒醅蒸酒后再加曲发酵，蒸馏后即成为扔糟。两次蒸馏的酒陈酿勾兑后即为汾酒。以汾酒工艺为例，阐述清香型大曲酒生产工艺及参与的主要微生物。

1. 清香型大曲酒的生产工艺及操作要点

以汾酒生产工艺为例，清香型大曲酒的生产工艺流程如图 7-10 所示。

操作要点如下：

（1）原料粉碎

粉碎高粱（被称为红糁）的细粉（通过 1.2 mm 筛孔）占 25%~35%，整粒高粱≤0.3%。第一次发酵用大曲粉应大者如豌豆，小者如绿豆，细粉占比≤55%；第二次发酵用大曲粉应大者如绿豆，小者如小米，细粉占比≤70%~75%。

（2）润糁

红糁中加原料量 55%~62% 的 75~90℃热水，堆料上加覆盖物。浸润 18~20 h，品温可升至 42~52℃，期间翻料 2~3 次。红糁应润透，不淋浆，无异味，无疙瘩，手搓成面。

（3）蒸糁

浸润后的红糁入甑桶，蒸汽上匀到料面时（俗称圆汽），料层表面泼原料量 1.4%~2.9% 的水后再覆盖谷糠清蒸，圆汽后蒸 80 min。蒸后红糁熟而不黏，内无生心，有高粱糁香味，无异味。

（4）扬冷、加曲

加原料量 30%~40% 的 18~20℃的水并拌匀，蒸后红糁冷却至 20~30℃后加入原料量 9%~10% 的大曲粉并拌匀。

（5）发酵

多用地缸发酵。第一次入缸发酵时，发酵前期的品温应缓慢升至 28~30℃，需 7~8 d，以减少产酸菌活动，发酵中期应维持品温 28~30℃，需 10 d，利于乙醇发酵。发酵后期的品温逐渐下降，下降幅度<0.5℃/日，达 23~24℃后保持 10 d，即"前缓、中挺、后缓落"的发酵策略。

（6）出缸、蒸馏

第一次发酵糟醅中加入投料量 22%~25% 的稻壳或谷糠或二者混合物，拌匀并装甑蒸馏，掐

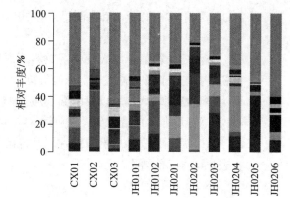

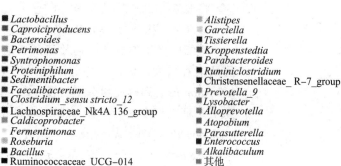

图 7-9　不同窖泥样品中细菌种属水平多样性

- Lactobacillus
- Caproiciproducens
- Bacteroides
- Petrimonas
- Syntrophomonas
- Proteiniphilum
- Sedimentibacter
- Faecalibacterium
- Clostridium_sensu stricto_12
- Lachnospiraceae_Nk4A 136_group
- Caldicoprobacter
- Fermentimonas
- Roseburia
- Bacillus
- Ruminococcaceae_UCG–014
- Pedobacter
- Alistipes
- Garciella
- Tissierella
- Kroppenstedtia
- Parabacteroides
- Ruminiclostridium
- Christensenellaceae_ R–7_group
- Prevotella_9
- Lysobacter
- Alloprevotella
- Atopobium
- Parasutterella
- Enterococcus
- Alkalibaculum
- 其他

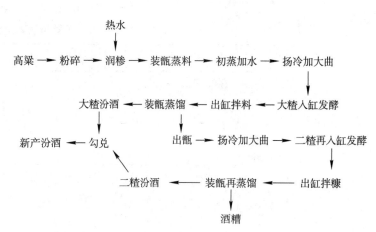

图 7-10　清香型大曲酒发酵工艺流程（以汾酒为例）

1.0 kg 酒头（75°以上）和去酒尾（30°以下）后，收集大楂酒。

（7）入缸再发酵与蒸馏

蒸酒后的糟醅中加入投料量 2%～4% 的水后出甑，扬冷至 30℃ 以上，加入投料量 10% 的大曲粉并拌匀，再次入缸发酵。入缸温度为 18～28℃，入缸水分 59%～61%。醅子压紧，发酵 28 d。因为酒醅酸度较大，所以发酵温度应遵循"前紧、中挺、后缓落"的原则。"前紧"指入缸后第 4 d 酒醅温度即达顶温 32℃，也可达 33～34℃，但不宜超 35℃；"中挺"指酒醅达到顶温后应保持 2～3 d；"后缓落"指中挺结束后，酒醅温度开始缓慢下降至 24～26℃。发酵后的酒醅蒸馏时，掐头去尾即得二楂酒。

（8）贮存、勾兑

将大楂和二楂酒贴签入库，贮存一年以上，再根据不同质量要求勾兑成品酒。

2. 清香型大曲酒酒醅中的主要微生物

酒醅中微生物群落结构及其演替决定着清香型白酒风格特点的形成。通过传统的培养方法从清香型大曲酒酒醅中分离到了枯草芽孢杆菌（*Bacillus subtilis*）、地衣芽孢杆菌（*Bacillus licheniformis*）和解淀粉芽孢杆菌（*Bacillus amyloliquefaciens*）等，以地衣芽孢杆菌为主；分离到了果糖乳杆菌（*Lactobacillus fuchuensis*）、布氏乳杆菌（*Lactobacillus buchneri*）、植物乳杆菌（*Lactobacillus plantarum*）等乳杆菌菌株；分离到了异常毕氏酵母（*Pichia anomala*），扣囊复膜孢酵母（*Saccharomycopsis fibuligera*）、酿酒酵母、东方伊萨酵母（*Issatchenkia orientalis*）和膜醭毕氏酵母（*Pichia membranaefaciens*）等酵母菌株，其中酿酒酵母数量最多，其次为异常毕氏酵母和东方伊萨酵母（表 7-3）。

表 7-3　清香型酒醅中分离到的微生物种类和菌株数量

类群	菌种	菌株数量
芽孢杆菌	枯草芽孢杆菌	3
	地衣芽孢杆菌	15
	环状芽孢杆菌	2
	解淀粉芽孢杆菌	4
乳酸菌	果糖乳杆菌	10
	布氏乳杆菌	5
	植物乳杆菌	11
酵母	异常毕氏酵母	6
	扣囊复膜孢酵母	2
	酿酒酵母	9
	东方伊萨酵母	5
	发酵毕氏酵母	1
	膜醭毕氏酵母	1
其他细菌	木糖葡萄球菌	2
放线菌	血色高温放线菌（*Thermoactinomyces sanguinis*）	2

通过 PCR-DGGE 从不同发酵时间（1 d，2 d，3 d，4 d，5 d，6 d，7 d，8 d）的酒醅中鉴定到的细菌包括乳杆菌属、芽孢杆菌属（*Bacillus*）、魏斯氏菌属（*Weissella*）、葡萄球菌属（*Staphylococcus*）、假单胞菌属（*Pseudomonas*）、枝芽孢杆菌属（*Virgibacillus*）和高温放线菌属

（*Thermoactinomyces*），其中乳酸菌和芽孢杆菌属与传统培养法所得结果一致。鉴定到酵母包括扣囊复膜孢酵母、异常毕氏酵母、东方伊萨酵母、酿酒酵母、粉末毕氏酵母（*Pichia farinosa*）、戴尔有孢圆酵母、布拉迪酿酒酵母（*Saccharomyces cerevisiae* var. *boulardii*）、黏红假丝酵母（*Rhodotorula glutinis*）和 *Candida allociferri*，其中扣囊复膜孢酵母、异常毕氏酵母、东方伊萨酵母和酿酒酵母与传统培养法所得结果一致。鉴定到的丝状真菌包括米曲霉（*Aspergillus oryzae*）、米根霉（*Rhizopus oryzae*）、布氏犁头霉（*Absidia blakesleeana*）和土曲霉（*Aspergillus terreus*），其中米根霉、米曲霉和布氏犁头霉是优势的丝状真菌（图7-11）。

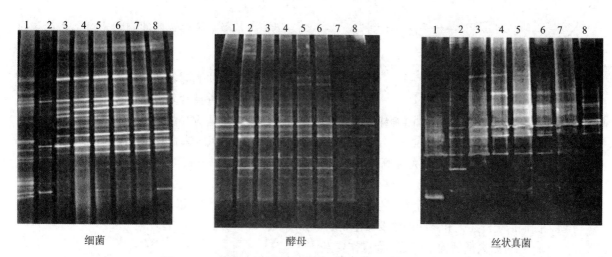

图7-11　清香型白酒酒醅发酵过程中微生物的多样性分析

通过高通量测序，在清香型酒醅中共鉴定到263个细菌属和201个真菌属，其中优势细菌主要包括乳杆菌属、芽孢杆菌属、假单胞菌属、克罗彭斯特菌属（*Kroppenstedtia*）、魏斯氏菌属和不动杆菌属（*Acinetobacter*）。发酵开始（0 d），假单胞菌属的相对丰度最大，其次是克罗彭斯特菌属、乳杆菌属、魏斯氏菌属、芽孢杆菌属及片球菌属。发酵4 d时，假单胞菌属、克罗彭斯特菌属及芽孢杆菌属相对丰度均降低，而乳杆菌属、魏斯氏菌属和明串珠菌属均上升。发酵15 d，乳杆菌属成为优势细菌，而魏斯氏菌属及明串珠菌属均下降。由此看出，酒醅细菌种群结构在发酵前期有差异，但发酵后期乳杆菌属成了优势细菌。酒醅中的优势真菌主要包括毕氏酵母属（*Pichia*）、假丝酵母属（*Candida*）、*Kazachstania*、复膜孢酵母属（*Saccharomycopsis*）、酿酒酵母属（*Saccharomyces*）、威克汉姆酵母属（*Wickerhamomyces*）和曲霉属（*Aspergillus*）等。发酵4 d后，酒醅中曲霉属及复孢酵母属相对丰度降低，而假丝酵母属与 *Kazachstania* 升高。发酵终点（27 d），曲霉属、复孢酵母属继续降低，而假丝酵母属和毕氏酵母属成为优势真菌。另外，*Kazachstania* 在发酵8d时相对丰度达最大，随后逐渐降低。同时，不同位置（上、中、下）的发酵酒醅中，其微生物种群及其丰度存在差异（图7-12）。由此看出，芽孢杆菌、乳酸菌和酵母是清香型白酒酿造过程中的优势微生物。

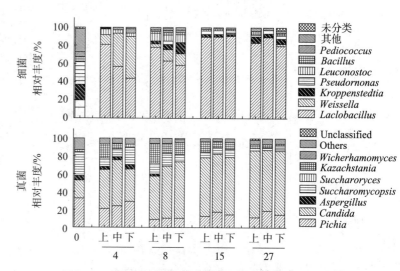

图7-12　酒醅发酵过程中细菌和真菌种群结构（属水平）

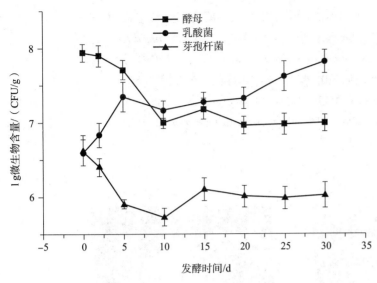

图 7-13 清香型酒醅发酵过程中酵母菌、乳酸菌和芽孢杆菌的变化

对酒醅发酵过程芽孢杆菌、乳酸菌和酵母进行细胞计数，结果显示：发酵起始，酒醅中酵母生物量大于芽孢杆菌和乳酸菌的总和，发酵前期（1~10 d），酵母菌和芽孢杆菌生物量逐渐减少，发酵后期（15~30 d）二者均保持稳定。然而，乳酸菌生物量持续上升（图 7-13）。乳酸菌生物量持续增加与酒醅酸度升高、酵母和芽孢杆菌生物量减少有关。

7.3.2.3 酱香型大曲酒的生产工艺及参与的主要微生物

酱香型大曲酒有酱香突出，优雅细腻，酒体醇厚，空杯留香持久等风味特点，茅台酒是其代表性产品，故酱香型大曲酒也称茅台酒。酱香型大曲酒的独特风味来自其"四高两长，一大一多"的独特酿酒工艺。"四高"是指高温大曲、高温堆积、高温发酵和高温蒸酒；"两长"是指发酵时间长（1年）和陈酿时间长（≥3年）；"一大"是指大曲用量大，占高粱量的85%~90%；"一多"是指多轮次发酵取酒，一个发酵生产周期需8次发酵和7次取酒。以茅台酒工艺为例，阐述酱香型大曲酒的生产工艺和参与的主要微生物。

1. 酱香型大曲酒的生产工艺及操作要点

以茅台酒生产工艺为例，酱香型大曲酒生产工艺流程如图7-14所示。

操作要点如下：

（1）下沙操作

高粱被称为"沙"。第一次投料被称为下沙。下沙用高粱占其总量的50%，其中80%为整粒、20%为粉碎粒。向高粱中加原料量42%~48%的90℃以上的热水，润粮4~5 h，使淀粉吸水膨胀。加入原料量5%~7%的上一批发酵至第8轮的酒醅并拌匀。装甑蒸粮至七成熟（约1 h）即出甑，再加原料量10%~12%的90℃以上热水并拌匀，摊晾至30℃~35℃。加投料量3%~5%的尾酒和10%~12%的大曲粉并拌匀，堆积4~5 d，待堆顶温度达45℃~50℃，酒醅有甜味和酒香时，即可入窖发酵。酒醅入窖时再浇酒约3%的尾酒，入窖温度35℃左右，封窖并发酵30 d。

（2）糙沙操作

第二次投料被称为糙沙。糙沙用高粱占其总量的50%，其中70%为整粒，30%为粉碎粒。润料过程同"下沙操作"。糙沙原料与下沙操作后的酒醅混匀并装甑进行蒸酒和蒸粮。首次蒸馏得到的酒即为生沙酒。生沙酒全部被撒回蒸酒蒸粮后的糟醅中，再加入大曲并混匀后进行堆积培养，入窖发酵30d。堆积和入窖发酵同"下沙操作"。第二轮发酵酒醅经蒸馏并量质摘酒，得到第一次原酒，入库贮藏即为糙沙酒。糙沙酒甜味好，但味冲，生涩味和酸味重。

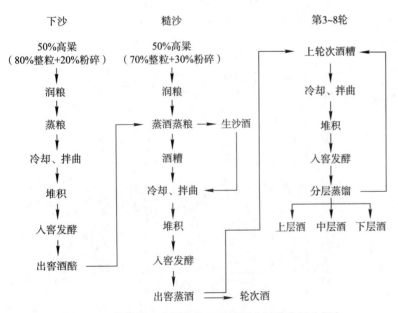

图 7-14 酱香型大曲酒生产工艺流程（以茅台酒为例）

（3）第3~8轮操作

糙沙操作后的酒糟摊晾、加酒尾和大曲粉并拌匀，堆积培养后再入窖发酵30 d，出窖蒸馏即得回沙酒。以后每轮次操作如上，第3、4、5次分别发酵蒸馏得到的原酒，统称为大回沙。大回沙酒香浓、味醇、酒体较丰满。第6次发酵蒸馏得到的原酒即为小回酒。小回酒醇和、糊香好、味长。第7次发酵蒸馏得到的原酒称为追糟酒。追糟酒醇和、有糊香，但微苦，糟味较大。经8次发酵和7次取酒即完成一个发酵生产周期，酒醅才作扔糟处理。

2. 酱香型大曲酒酒醅中的主要微生物

采用WLN（Wallerstein laboratory nutrient）培养基从酱香型白酒酿造过程鉴定到拜氏接合酵母（Zygosaccharomyces bailii）、膜醭毕氏酵母、粟酒裂殖酵母、黏红假丝酵母、汉逊德巴利酵母和少孢哈萨克斯坦酵母（Kazachstania exigua）等。后又从酱香型白酒酿造二至七轮次环境、大曲及酒醅中新发现弗比恩毕氏酵母（Pichia fabianii）、班图酒香酵母（Brettanomyces custersianus）、西弗射盾子囊霉（Stephanoascus ciferrii）、新型隐球菌（Cyptococcus neoformans）、蜜生假丝酵母（Candida apicola）、阿萨希丝孢酵母（Trichosporon asahii）、耶氏毛孢子菌（Trichosporon jiroveci）等，以及甲基营养型芽孢杆菌（Bacillus methylotrophicus）、波茨坦短芽孢杆菌（Brevibacillus borstelensis）、缓慢葡萄球菌（Staphylococcus lentus）、纺锤形赖氨酸芽孢杆菌（Lysinibacillus fusiformis）、米氏解硫胺素芽孢杆菌（Aneurinibacillus migulanus）、里拉微球菌（Micrococcus lylae）、玫瑰色库克菌（Kocuria rosea）、类芽孢杆菌属（Paenibacillus）和节细菌属（Arthrobacter）等细菌。

采用传统可培养技术，从堆积酒醅中分离到的酵母和细菌包括拜氏接合酵母、粟酒裂殖酵母、酿酒酵母、地衣芽孢杆菌、解淀粉芽孢杆菌。采用平板分离和PCR-DGGE，在堆积和发酵酒醅中检测到的微生物包括土曲霉、米曲霉、宛氏拟青霉（Paecilomyces varioti）、Penicllum namyslowski、小孢根霉（Rhizopus microsporus）、卷毛小囊菌（Microascus cirrosus）、紫红曲霉（Monascus purpureus）、产黄青霉（Penicillium chrysogenum），其中米曲霉和宛氏拟青霉是发酵过程中的优势丝状真菌（图7-15）。

采用高通量测序技术，酱香型大曲酒发酵酒醅的微生物群落以厚壁菌门（占细菌的90%）和子囊菌门（占真菌的95%）为主，细菌主要包括乳杆菌属、克罗彭斯特菌属、硫杆菌属（Thiobacillus）、醋杆菌属（Acetobacter）和片球菌属（Pediococcus）等；真菌主要包括毕氏酵母属、曲霉属、复膜孢酵母属、青霉属（Penicllum）和接合酵母属（Zygosaccharomyces）等。

酱香型白酒酿造过程中，微生物群落呈如下演替规律：①堆积发酵阶段，温度可达50~55℃，其优势微生物为曲霉和芽孢杆菌。霉菌呈先迅速增加后缓慢下降趋势，生物量优先达最大值，霉菌大量繁殖为酿造体系提供淀粉酶和糖化酶等酶系；芽孢杆菌生物量也呈先增加后下降趋势，芽孢杆菌大量繁殖可促进各类风味前体物质的生成。②发酵前期（产醇阶段），酵母大量繁殖，生成较多乙醇，其核心功能微生物为裂殖酵母属。③发酵后

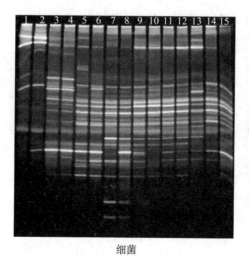
细菌

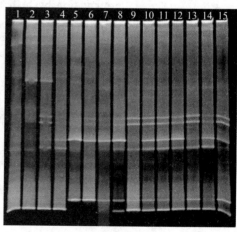
真菌

图7-15 酱香型白酒糟醅堆积过程微生物的多样性分析

标号1~15表示不同的样本

期（产酸阶段），乳酸菌大量繁殖，基质的乳酸含量增加直至发酵结束，其核心功能微生物为乳杆菌属。

【文献阅读与讨论】

1. 徐岩 . 现代白酒酿造微生物学 [M] . 北京：科学出版社，2019.

推荐意见： 该书系统阐述了白酒酿造微生物学的最新基础理论与应用研究进展，利于深入了解白酒酿造的生物学机制，促进对白酒酿造微生物功能的认识。

2. 李华，王华，袁春龙，等 . 葡萄酒工艺学 [M] . 北京：科学出版社，2021.

推荐意见： 该书通过原料的改良、酵母菌与乙醇发酵及酿造的基本工艺等基础内容介绍了多种葡萄酒的酿造。

【参考资料】

1. 徐岩 . 现代白酒酿造微生物学 [M] . 北京：科学出版社，2019.

2. 王柏文，吴群，徐岩，等 . 中国白酒酒曲微生物组研究进展及趋势 [J] . 微生物学通报，2021，48（5）：1737-1746.

3. 陈福生 . 食品发酵设备与工艺 [M] . 北京：化学工业出版社，2011.

4. 李华，王华，袁春龙，等 . 葡萄酒工艺学 [M] . 北京：科学出版社，2021.

5. 张清玫，赵鑫锐，李江华，等 . 不同香型白酒大曲微生物群落及其与风味的相关性 [J] . 食品与发酵工业，2022，48（10）：1-8.

6. 张应刚，许涛，郑蕾 . 窖泥群落结构及功能微生物研究进展 [J] . 微生物学通报，2021，48（11）：4327-4343.

7. 张双梅 . 产 β- 葡萄糖苷酶酵母及其粗提物改善葡萄酒风味品质的研究 [D] . 武汉：华中农业大学，2021.

8. 王雪山，杜海，徐岩 . 清香型白酒发酵过程中微生物种群空间分布 [J] . 食品与发酵工业，2018，44（09）：1-8.

9. Wu Q，Xu Y and Chen L. Diversity of yeast species during fermentative process contributing to Chinese *Maotai*-flavour liquor making [J] . Letters in Applied Micribiology，2012，55（4）：301-307.

10. Song ZW，Du H，Xu，Y.Unraveling core functional microbiota in traditional solid-state fermentation by high-throughput amplicons and metatranscriptomics sequencing [J] . Frontiers in Microbiology，2017，8：1294.

第8章
微生物生产调味品

发酵调味品具有香味浓郁、营养丰富、价格低廉等优点，深受我国人民群众的喜爱，是我国传统饮食文化的重要载体。我国有很多具有地域特色和独特酿造工艺的调味品，如酱油、食醋、料酒、酱类、腐乳、豆豉和鱼露等。发酵调味品的传统生产存在生产效率低，劳动强度大和产品质量不稳定等不足。随着基因工程、合成生物学、神经生物学等前沿生物技术应用于发酵调味品的生产中，现代化技术生产的发酵调味品将更美味、更营养、更安全。

通过本章学习，可以掌握以下知识：

1. 发酵调味品的定义和种类。
2. 参与食醋和酱油酿造的主要微生物。
3. 食醋和酱油酿造的主要原理。
4. 山西老陈醋的酿造工艺。
5. 酱油的低盐固态发酵工艺。

【思维导图】

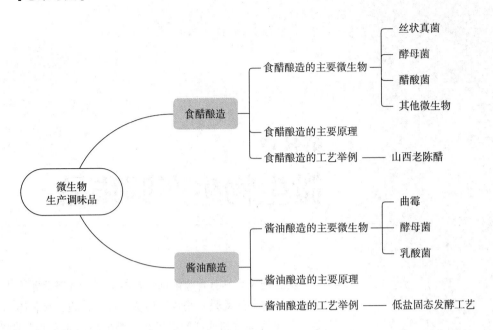

8.1 发酵调味品的概述

调味品，也称调料或佐料，是在饮食、烹饪和食品加工中广泛应用的，用于调和滋味和气味并具有去腥、除膻、解腻、增香、增鲜等作用的产品。它的主要功能是增进菜品质量，满足消费者的感官需要，从而刺激食欲，增进人体健康。调味品的种类繁多，通常可分为发酵调味品（由谷类和豆类经微生物发酵而成）、酱腌菜类（经酱、糖、糖醋、糟、盐等腌渍的产品）、香辛料类（辣椒、胡椒、茴香、八角、和香菜、葱、姜、蒜等）、复合调味品类（包括开胃、增加风味、增鲜等种类）、其他调味品（盐、糖、调味油等）和一些具有调味作用的食品添加剂等。

发酵调味品是采用微生物发酵的方法，生产的具有食品调味和佐餐功能的一类食品。我国常见的发酵调味品主要有酱油（soy sauce）、食醋（vinegar）、腐乳（fermented soybean curd）、酱（fermented sauce）、豆豉（fermented soybean）等，国外常见的发酵调味品有意大利的香醋（balsamic vinegar）和日本的纳豆（natto）等。酱油、腐乳、豆酱、豆豉和纳豆等均以豆类为主要原料，经过微生物制曲、发酵产生氨基酸等鲜、香味物质而成。食醋、甜面酱分别以淀粉质原料为主，郫县豆瓣以蚕豆为主要原料，经微生物制曲发酵而成。实际上，即使制醋所用的原料以淀粉质为主，也仍含较高的蛋白质。在我国发酵调味品中，食醋和酱油是产量较大，应用广泛的品种，本章主要对食醋、酱油的酿造微生物和工艺进行介绍。

8.2 食 醋 酿 造

8.2.1 食醋的历史

食醋是以粮食、果实、酒类等含有淀粉、糖类、酒精的物质为原料，经微生物发酵酿制而成的一种酸性调味品。据资料显示，果醋诞生于公元前 5000 年，在巴比伦利亚（Babylonia），人们发现葡萄酒暴露于空气中放置一段时间后，就变酸成了醋。醋的英文名称 vinegar，来源于法文 vinaigre，意思是酒（vin）发酸（aigre）了。早在 3000 多年前周公所著《周礼》一书中，记载了"醯人主作醯"。在周朝，食醋酿造不单是一种民间的生产活动，还在朝廷内设有管理醋政的"醯人"之官，专门负责酿醋生产。公元 6 世纪中叶，贾思勰著书《齐民要术》，谈及酿醋方面的知识，这是我国现存史料中，最早关于粮食酿造食醋的记载，这也表明中国是世界上最早使用谷物酿醋的国家。据有关文献记载，唐朝有"桃花醋"，元朝有"杏花酸"，明朝有"正阳伏陈醋"。明朝以后，醋的品种日益增多。李时珍在《本草纲目》中记载有"米醋""糯米醋""粟料醋""小麦醋""大麦醋""糟糠醋"等以谷物为原料的多种食醋。

8.2.2 食醋的分类

食醋是一种国际性的重要调味品。中国和日本等亚洲国家的食醋通常以大米、高粱、小麦等谷物为原料，所以又称为谷物醋。而西方一些国家的食醋一般以葡萄等水果为原料，所以又称为果醋。

在中国，自古以来就有酿醋和食醋的传统。我国地域辽阔、物产丰富、南北气候差异较大，各地人们在长期的酿醋生产过程中按照本地历史、地理、物产和生活习惯，创造了多种富有特色的制醋工艺，形成了众多不同风味的食醋品种，如山西老陈醋（shanxi aged vinegar）、镇江香醋（zhenjiang aromatic vinegar）、四川保宁麸皮醋（sichun bran vinegar）和福建永春红曲醋（fujian monascus vinegar）等比较著名，被称为四大名醋。

山西老陈醋是指产自山西老陈醋地理标志产品保护范围内的一种风味独特的酿造食醋，以高粱、麸皮为主要原料，以稻壳和谷壳为辅料，以大麦、豌豆为原料制作的大曲作为糖化发酵剂，经乙醇发酵后采用固态醋酸发酵，再经熏醅、陈酿等工艺酿制而成。产品色泽黑紫、质地浓稠、酸味醇厚、回味绵长，有熏香味。

镇江香醋是以籼糯米或粳糯米为主要原料，以小曲、麦曲为发酵剂，采用固态发酵工艺，经陈酿而成的一种香醋。产品具有酸而不涩、香而微甜、有炒米香的特点。

四川保宁麸皮醋是以麸皮、小麦、大米为主要原料，并以陈皮、甘草、苍术、川芎等多种中药材制得的药曲为发酵剂，经固态发酵酿制而成的一种食醋，又称药醋。产品色泽黑褐，酸味浓厚，有麸皮和中药香味，具保健功能。

福建永春红曲醋以优质糯米、红曲等为原料，采用液态深层发酵，再经多年陈酿而成，其品质优良、性温热，具有酸中带甜、醇香爽口、久藏不腐等特点。

● 知识拓展 8-1
意大利传统香醋

果醋在西方国家也很受欢迎，比较著名的果醋有意大利的香醋（balsamic vinegar）和传统香醋（traditional balsamic vinegar），英国的麦芽醋（malt vinegar），西班牙的雪利醋（sherry vinegar）等。

传统的意大利香醋以葡萄作为原料，葡萄汁浓缩液历经若干年发酵而成，在木桶中香气逐渐被强化，醋液逐渐变甜、变浓稠。

英国的麦芽醋以大麦发芽后产生的糖化酶将大麦、小麦、裸麦、玉米等谷物糖化，再添加酵母进行乙醇发酵，然后在醋酸菌的作用下，将酒精转化成醋酸酿成醋。

西班牙雪利醋以葡萄为原料，呈红褐色，芳香气浓郁，是西班牙特产，产于西班牙南部安达卢西亚的赫雷斯，该地区是雪利酒的产地。本品的生产是将发酵木桶按上下有一定高低落差的顺序堆放，最下层的木桶发酵液生成醋充分成熟后，装瓶；上层木桶中的发酵液会自动利用落差，流入下层的木桶中。

8.2.3 食醋的主要成分

食醋的主要成分有有机酸、糖类、氨基酸、醇类等，此外还有醛类、酮类、酯类、酚类、维生素、矿物质等成分。

8.2.3.1 有机酸

食醋中的有机酸可分为挥发性酸和不挥发性酸两类。挥发性酸以醋酸为主，还有甲酸、丙酸、丁酸、戊酸、辛酸等，约占有机酸总量的 90%，构成食醋香气的中心，酸味直接影响着醋的风味。不挥发性酸约占 10%，主要有乳酸、琥珀酸、苹果酸、柠檬酸、酒石酸、丙酮酸、α- 酮戊二酸等。

8.2.3.2 氨基酸

食醋原料中的蛋白质以及菌体蛋白在经蛋白酶分解后生成不同种类的氨基酸，因此，所用原料不同，食醋中氨基酸的种类和组成也各不相同。酿造食醋中存在 18 种以上的氨基酸，这些氨基酸对食醋的营养、色泽和风味的形成有重要的作用。首先，氨基酸是人体必需的营养元素，尤其是必需氨基酸不能在人体内合成，必须从食物中摄取，食醋对补充营养元素起到了一定的作用。其次，在酿造过程中，氨基酸可与糖类物质发生美拉德反应，生成类黑精色素，增加食醋的色泽。除此之外，氨基酸是重要的呈味成分，如甘氨酸、丙氨酸、脯氨酸等具有甜味，亮氨酸、缬氨酸、甲硫氨酸、色氨酸等是苦味氨基酸，天冬氨酸和谷氨酸呈现酸味，天冬氨酸钠和谷氨酸钠则呈现鲜味。

8.2.3.3 糖类

食醋中的糖类来自酿醋的原料，淀粉质原料进行糖化，变成可发酵性糖，大部分被醋酸菌代谢变成醋酸等发酵产物，但总有一部分糖残留下来，进入成品醋中。糖分构成食醋的甜味，减少了酸的刺激，对提高醋的稠厚度有重要关系。糖分含量的高低对于食醋的色泽也有一定影响，一般糖分高时色泽易于变深。食醋中糖分含量最多的是葡萄糖，其次是果糖，此外还有蔗糖、甘露糖、木糖、阿拉伯糖、核糖等，这些糖所占比例甚少，但都构成了食醋的甜味。

8.2.3.4 矿物质

食醋中含有丰富的矿物质 K、Ca、Na、Mg、P、Cu、Zn、Se、Fe 等，这些矿物质对构成人体骨骼和血液、调节人体酸碱平衡、保持正常生理运转、防治多种疾病等功能都有一定关系。食醋中矿物质主要来源于酿造时所选用的水、原料，以及酿造所用工具、容器等。

8.2.3.5 挥发性风味物质

食醋中的香气成分比呈味成分能更好地表现出食醋的特征，食醋的香气成分来源于原料及发酵过程中产生的各种酯类、醇类、醛类和酸类等。气味物质的官能团与气味间存在某些相关性。通常将这类影响物质呈香的基团称之为发香基团，如羟基（—OH）、羧基（—COOH）、醛基（—CHO）、醚基（—R—O—R—）、酯基（—COOR—）、羰基（—CO—）、酰胺基（—CONH$_2$）等。

8.2.4 食醋酿造的主要微生物

传统食醋的酿造过程是多种微生物在不同发酵阶段参与发酵、产生各种酶类协同作用，从而完成一系列的生化反应的过程。以果实为原料的食醋发酵过程中酵母菌和醋酸菌分别参与了乙醇发酵和醋酸发酵过程，而谷物醋的酿造过程中微生物参与了淀粉糖化、乙醇发酵和醋酸发酵 3 个过程，其中丝状真菌、酵母菌和醋酸菌及其代谢产生的各种酶类分别发挥着不同的作用。丝状真菌能使淀粉水解成糊精和可发酵性糖，使蛋白质水解成肽、氨基酸；酵母菌主要是将葡萄糖分解为酒精与 CO$_2$，为醋酸发酵创造条件；醋酸菌主要将酒精或糖类氧化成乙酸等有机酸。

8.2.4.1 食醋酿造中的丝状真菌

我国食醋酿造用到的糖化剂中存在着大量丝状真菌，主要有曲霉和根霉，其中曲霉应用更多，毛霉属的微生物很少作为食醋酿造的主要发酵菌种。食醋酿造中主要的功能菌有根霉属的米根霉（*Rhizopus oryzae*）、黑根霉（*Rhizopus nigricans*）和华根霉（*Rhizopus chinensis*）；曲霉属的黑曲霉（*Aspergillus niger*）、米曲霉（*Aspergillus oryzae*）、泡盛曲霉（*Aspergillus fumigatus*）、黄曲霉（*Aspergillus flavus*）、甘薯曲霉（*Aspergillus batatae*）、河内曲霉（*Aspergillus kawachii*）和宇佐美曲霉（*Aspergillus usamii*）；毛霉属的鲁氏毛霉（*Mucor rouxianus*）、总状毛霉（*Mucor racemosus*）和高大毛霉（*Mucor mucedo*）。与其他丝状真菌相比，根霉有两个优点：第一，含有丰富的淀粉酶，一般包括液化型和糖化型两种，比例约为 1 : 3.3，它能将 α-1,4 糖苷键和 α-1,6 糖苷键切断，最终将淀粉比较完全地转化为可发酵糖；第二，根霉细胞中还有酒化酶，可以实现边糖化边发酵。

1. 曲霉

曲霉属（*Aspergillus*）中有些种含有丰富的淀粉酶、糖化酶、蛋白酶等酶系，因此常用作糖化曲。该属可分为黑曲霉和黄曲霉两大类，从酶系特征来看，黑曲霉的淀粉糖化酶活力强，而其淀粉液化酶和蛋白酶的活力较弱，有较强的单宁酶活力。黄曲霉的淀粉糖化酶活力弱，而其淀粉液化酶和蛋白酶的活力较强，无单宁酶活力。黑曲霉更适合于酿醋工业中的制曲。

（1）黑曲霉

广泛分布于世界各地的粮食、植物性产品和土壤中，是重要的发酵工业菌种。生长最适宜温度37℃，最适 pH 4.5～5。分生孢子穗呈黑色或紫褐色，菌丛呈黑褐色，顶囊大，球形，有二层小梗，着生球形分生孢子。除分泌较高活力的糖化酶、液化酶、蛋白酶、单宁酶外，还有果胶酶、纤维素酶、脂肪酶和氧化酶的活力。常用于酿醋的优良菌株有下列几种：①甘薯曲霉 AS3.324：因适用于甘薯原料的糖化而得名。该菌生长适应性好，易培养，有较强单宁酶活力，适合于甘薯及野生植物酿醋。②宇佐美曲霉（A. Usami）：又称乌沙米曲霉，为日本选育的糖化力较强的菌株，我国常用的菌株为 AS.3.758。菌丛黑色至褐色，生酸能力较强。富含糖化型淀粉酶、糖化力较强，且耐酸性也较强。还含有较强的单宁酶，对生产原料的适应性较广。③黑曲霉 AS.3.4309，又称UV-11，是中国科学院微生物研究所复合诱变得到的优良菌种，其特点是酶系较纯，糖化酶活力很强，耐酸，但液化力不高，适于固体和液体法制曲。在食醋工业上使用黑曲霉 AS.3.4309，可减少食醋生产中的用曲量，降低成本，提高产量，但产品风味稍有逊色。

（2）黄曲霉

多见于发霉的粮食、粮油制品及其他霉腐的有机物上。菌落生长较快，结构疏松，表面灰绿色，背面无色或略呈褐色。菌体由许多复杂的分枝菌丝构成。营养菌丝具有分隔，气生菌丝的一部分形成长而粗糙的分生孢子梗，顶端产生烧瓶形或近球形顶囊，表面产生许多小梗（一般为双层），小梗上着生成串的表面粗糙的球形分生孢子。黄曲霉的分生孢子穗呈黄绿色，发育过程中菌丛由白色转为黄色，最后变成黄绿色，衰老的菌落则呈黄褐色。分生孢子梗、顶囊、小梗和分生孢子合成孢子头，可用于产生淀粉酶、蛋白酶和磷酸二酯酶等。黄曲霉群的菌株还有纤维素酶、转化酶、脂肪酶、氧化酶等，是酿造工业中的常见菌种。黄曲霉群包括黄曲霉和米曲霉。它们的主要区别是前者小梗多为双层，而后者小梗多数是一层，很少有双层的。黄曲霉中某些菌株在一定条件下能产生致癌的黄曲霉毒素，为安全起见，必须对黄曲霉菌株进行严格检测确证无黄曲霉毒素时才能使用。工业上常用的米曲霉菌株有沪酿 3.040、沪酿 3.042，AS.3.863 等，黄曲霉菌株有 AS.3.800、AS.3.384 等。

2. 根霉

（1）米根霉

该菌的生长温度为 30～35℃，最适生长温度为 37℃，具有耐高温能力，41℃仍能生长，能糖化淀粉及生成少量的乙醇，具有较强的乳酸生成能力。

（2）黑根霉

该菌在一些生霉的物质上可以找到，瓜果、蔬菜的腐烂及甘薯的软腐与此菌相关，其最适生长温度为30℃，超过37℃时停止生长。该菌有一定的乙醇发酵和产生果胶酶的能力。

（3）华根霉

该菌具有较强的耐高温能力，发育温度为 15～45℃，最适生长温度为 30℃，糖化力较强，能产生乙醇、芳香酯类等物质。

3. 红曲霉

红曲霉属（Monascus）中应用最广泛的菌种为紫色红曲菌（Monascus purpureus），菌落初期为白色，老熟后变为淡粉色、紫红色或灰黑色，通常都能形成红色色素。红曲霉生长温度为26～42℃，最适温度为 32～35℃，最适 pH 为 3.5～5.0，能耐最低 pH 为 2.5，耐10% 乙醇，产淀粉酶、麦芽糖酶、蛋白酶、柠檬酸、琥珀酸和乙醇等物质，不产葡萄糖转移酶，糖化液中不生成寡糖。我国福建永春、浙江温州等地传统上用红曲酿醋。

8.2.4.2　食醋酿造中的酵母菌

酵母菌（yeast）在食醋酿造中的作用主要是将葡萄糖分解为酒精与 CO_2，为醋酸发酵创造条件。因此要求酵母菌有强的酒化酶系，耐酒精能力强，耐酸，耐高温，繁殖速度快，具有较强的繁殖能力，生产性能稳定，变异性小，抗杂菌能力强，并能产生一定香气。目前我国食醋工业上常用的酵母菌与酒精、白酒、黄酒生产所用的酵母菌种类基本相同，但不同酵母菌种的发酵能力和产生的风味物质不尽相同，使用范围也有所区别。例如，来自德国的拉斯 2 号（Rasse Ⅱ）和拉斯 12 号（Rasse Ⅻ）酵母适用于以淀粉质为原料酿制食醋的乙醇发酵；从日本引进的 K 字酵母适用于高粱、大米、薯干等淀粉原料生产酒精；酵母菌 AS2.1189 和 AS2.1190 适用于以糖蜜为原料酿制食醋的乙醇发酵；异常汉逊氏酵母 AS2.300 能产生乙酸乙酯等呈香物质，属于增香酵母。

8.2.4.3 食醋酿造中的醋酸菌

1. 醋酸菌的分类

醋酸菌（acetic acid bacteria，AAB）是一类严格的好氧微生物，革兰氏染色阴性或革兰氏染色可变，可将醇类或糖类氧化成醋酸等有机酸。AAB 主要是从含糖、酸和酒精的栖息地，如花或水果，或从它们栖息的发酵食品，如醋、啤酒、康普茶和可可豆中分离出来的，AAB 也可以和昆虫共生。AAB 在显微镜下呈椭圆或杆状，一般为单个、成对或短链形式。AAB 属中温微生物，最适生长温度在 25～30℃，生长的最适 pH 是 5.0～6.5，也可以在较低的 pH 下生长。AAB 属变形菌门（Protebacteria）、α- 变形杆菌纲（α-Protebacteria）、红螺菌目（Rhodospirillales）、醋酸菌科（Acetobacteraceae）。醋酸菌科可分为嗜酸细菌（acidiphilic bacteria）和醋酸细菌，AAB 属于后者。

知识拓展 8-2
醋酸菌的代谢产物

醋酸菌最早的分类研究可追溯至 17 世纪。1898 年，Beijerinck 提出建立醋杆菌属（Acetobacter），当时该属只有醋化醋杆菌（Acetobacter aceti）一个种。1935 年 Asai 根据氧化葡萄糖生成葡糖酸能力的强弱，将醋酸菌分为葡糖杆菌属（Gluconobacter）和醋杆菌属（Acetobacter）。进一步研究发现，根据辅酶 Q（广泛存在于生物体的醌类化合物）可将 AAB 分为 Q-9 和 Q-10 两种类型，1997 年，Yamada 等通过将 16S rRNA 基因序列和辅酶 Q 相结合，提出了 AAB 的第三个属——葡糖醋杆菌属（Gluconacetobacter）。

关于 AAB 的分类，早期主要采取表型方法（菌落形态和生理生化特征）和化学分类法（辅酶 Q 和脂肪酸）进行 AAB 鉴定。目前通常将表型、化学分类法与基因分型法相结合，采用多项分类法综合比较分析进行 AAB 分类鉴定。随着分子生物学技术水平的不断进步，多种基因分型方法运用于 AAB 分类鉴定。其中，16S rRNA 基因序列不仅具有高度保守序列还有相对可变区域，且片段大小合适，易于实验操作，所以是最常用于 AAB 分类的方法。与 16S rRNA 相比，16S-23S rRNA 转录间隔区（internal transcribed spacer，ITS）具有更高的变异性，16S-23S rRNA 的 ITS 的 PCR-RFLP（polymerase chain reaction-restriction fragment length polymorphism）能够区分亲缘关系较近的物种。多位点序列分型（multilocus sequence typing，MLST）也可用于 AAB 系统发育分析，该方法是对来自单拷贝、管家基因（dnaK、rpoB 和 groEL）的串联序列进行物种分析，这些基因比 rRNA 进化速度更快。近年来基质辅助激光解吸电离飞行时间质谱分析（matrix-assisted laser desorption ionization-time of flight mass spectrometry，MALDI-TOF-MS）方法被应用于 AAB 等微生物鉴定，该方法具有快速、高效和高通量等特点。MALDI-TOF-MS 方法进行 AAB 鉴定时得到一系列质谱数据，这些质谱对应于菌株中可溶性蛋白，主要是核糖体蛋白和胞质蛋白，这些蛋白是细菌特有的，并且不同的物种之间蛋白组成存在差异。随着分类方法的不断发展和更新，AAB 的分类日趋完善，截至 2019 年，AAB 被分为 18 个属，99 个种。详细分类信息如表 8-1 所示。

2. 食醋酿造的主要醋酸菌

一般食醋酿造中所用的醋酸菌要求耐酒精与耐酸性好，繁殖快，氧化酒精能力强，生酸速度快，能在较高温度下进行繁殖和发酵，抵抗杂菌能力强，并能产生食醋特有的香气和风味，且分解醋酸和其他有机酸的能力弱。目前，食醋酿造的优良菌株分为醋酸杆菌属（Acetobacteria）和葡萄糖杆菌属（Gluconbateria）两个属。常用的酿造用醋酸菌还有奥尔兰醋杆菌（A.orleanense）、许

表 8-1 AAB 的分类

属名		属名缩写	种的数量
Acetobacter	醋酸杆菌属	*A.*	31
Komagataeibacter	驹形杆菌属	*K.*	17
Gluconobacter	葡糖杆菌属	*G.*	15
Gluconacetobacter	葡糖醋杆菌属	*Ga.*	12
Asaia	朝井杆菌属	*As.*	8
Tanticharoenia	塔堤查仁杆菌属	*T.*	2
Neokomagataea	新驹形杆菌属	*Ne.*	2
Bombella	熊蜂属	*B.*	2
Acidomonas	酸单胞菌属	*Ac.*	1
Kozakia	公崎杆菌属	*Ka.*	1
Swaminathania	斯瓦米纳坦杆菌属	*Sa.*	1
Saccharibacter	糖杆菌属	*S.*	1
Neoasaia	新朝井杆菌属	*N.*	1
Granulibacter	颗粒杆菌属	*Gr.*	1
Ameyamaea	雨山杆菌属	*Am.*	1
Nguyenibacter	阮杆菌属	*Ng.*	1
Swingsia	斯温斯杆菌属	*Si.*	1
Endobacter	内杆菌属	*E.*	1

氏醋杆菌（*A.schuegenbachii*）、巴氏醋杆菌（*A.pasteurianus*）、弯曲醋杆菌（*A.curvum*）、纹膜醋杆菌（*A.aceti*）、恶臭醋酸杆菌（*A.rancens*）等。我国酿醋用的主要菌种为沪酿 1.01 醋杆菌和巴氏醋杆菌 AS1.41 等。

（1）巴氏醋杆菌 AS1.41

该菌细胞呈杆形，常呈链状排列，不运动，无芽孢。平板培养时菌落隆起，表面平滑，菌落呈灰白色，液体培养时形成菌膜。适宜生长温度为 28～30℃，生成醋酸的最适温度 28～33℃，最适 pH 为 3.5～6.0，能耐酒精 8% 以下，最高产酸 7%～9%，能氧化醋酸为 CO_2 和 H_2O，耐食盐浓度为 1%～1.5%。

（2）沪酿 1.01 醋杆菌

沪酿 1.01 醋杆菌是上海酿造科学研究所和上海醋厂从丹东速酿醋中分离出的菌株，现已被全国许多醋厂用于液体醋生产。主要作用是氧化酒精为醋酸，可氧化葡萄糖形成少量葡萄糖酸，并氧化醋酸为二氧化碳和水。产酸最适温度为 30℃，发酵温度为 32～35℃。沪酿 1.01 醋杆菌的扫描电子显微镜照片如图 8-1 所示。

（3）奥尔兰醋酸杆菌

它是法国奥尔兰地区由葡萄酒生产醋酸的主要菌株，能产生少量酯，有较强的耐酸能力，最适生长温度 30℃，最高温度 39℃，最低 7～8℃。

（4）许氏醋酸杆菌

它是德国有名的速酿醋酸菌株，产酸最高可达 11.5%，但耐酸能

图 8-1 沪酿 1.01 醋杆菌
（编者拍摄于农业微生物国家重点实验室）

力较弱，最适生长温度为 25 ～ 27℃，在 37℃ 即不再形成醋酸，对醋酸不能进一步氧化。

3. 醋酸菌的选育

醋酸菌的选育对食醋酿造工业的发展非常关键，醋酸菌的选育方法有多种，主要包括自然选育法、物理选育法、化学选育法及生物选育法等。

自然选育法，又被称作自然分离，一般是通过多次传代或者长期保存，在自然环境条件或压力下，对菌株进行分离培养、筛选、纯化从而获得相对优势的自发突变体。自然选育法选育周期长且正向突变的概率很低，一般用来纯化和复壮菌株。

物理诱变选育方法主要包括电磁辐射诱变选育、粒子辐射诱变选育和电子束、激光和离子注入等。在物理诱变方法中，最常用的是紫外诱变选育。

化学诱变选育一般是通过采用不同的化学诱变剂来实现的，化学诱变剂是一类能够与微生物的 DNA 起作用，且可以导致其 DNA 发生变异的物质，包括烷化剂（如亚硝基胍、甲基磺酸乙酯、硫酸二乙酯、乙烯亚胺、亚硝基乙基脲及氮芥等）、天然碱基类似物、金属盐类（如硫酸锰及氯化锂）和脱氨剂如亚硝酸、移码诱变剂、羟化剂等。对于醋酸菌选育来说，多是采用化学诱变与物理诱变选育相结合的方法。

生物选育法主要是通过基因工程的手段定向对微生物进行改造的方法，国内外学者已经将基因工程育种方法运用到醋酸菌上，主要目的是获得耐高温菌和产高酸菌，可降低能源消耗和提高食醋生产效率。

8.2.4.4　食醋酿造中的其他微生物

乳酸菌（lactic acid bacteria）：食醋生产过程中，乳酸菌主要是在谷物醋的生产过程中发挥重要作用，而果醋生产中，乳酸菌对乙醇发酵和醋酸发酵阶段的影响较小。在谷物醋生产过程中，乳酸菌代谢所产乳酸构成了食醋中不挥发酸的主要成分，乳酸的存在不仅减弱了挥发性醋酸的刺激性口味、使食醋的口感变得醇香柔和，同时也调节了乙醇发酵阶段中料液的 pH，从而抑制了其他杂菌的生长，保证了糖化过程达到工艺要求。此外，乳酸菌的发酵过程中，在菌体酯化酶的作用下，乳酸以及乙酸与乙醇发生酯化反应生成乳酸乙酯、乙酸乙酯等赋予食醋浓郁的香味主要香气成分。食醋生产中常见的乳酸菌是德氏乳杆菌（*Lactobacillus delbrueckii*）、嗜盐片球菌（*Pediococcus halophilus*）等。

芽孢杆菌（bacillus）：在酿醋中应用的芽孢杆菌主要是 BF7658 枯草芽孢杆菌，它能产生活性很强的 α- 淀粉酶，有利于淀粉质原料的液化与糖化。芽孢杆菌在食醋风味物质及功能性成分形成过程中也有重要作用。有研究表明食醋中吡嗪类、黄酮类及多酚类物质的形成与芽孢杆菌有关。

8.2.5　食醋酿造的主要原理

8.2.5.1　食醋酿造的主要生化过程

食醋的主要成分是醋酸，除此之外，还含有多种氨基酸、有机酸、糖类、矿物质，风味成分和功能性成分等。食醋中各种物质是在酿造过程中，由原料、微生物及其分泌的酶，经过一系列生物化学反应形成的。以谷物等淀粉质原料为例，大致可以分为三个阶段：①淀粉降解为糖的糖化阶段。②酵母发酵糖类生成乙醇。③醋酸菌将乙醇转化为醋酸。参与第一阶段的发酵剂常称为糖化剂，如大曲、小曲、红曲、麸曲、酶制剂等；参与第二阶段的发酵剂为酵母菌，参与第三阶段的发酵剂为醋酸菌。食醋酿造这三个阶段的反应过程并不能截然分开，尤其是在传统的酿醋工艺中，存在着双边发酵或三边发酵，双边发酵是边糖化边发酵，三边发酵即边糖化、边酒化、边醋化。在食醋酿造中，存在着多种生物化学反应，这些复杂的反应共同作用，形成了食醋的特有的色、香、味和体态。

1. 淀粉糖化

淀粉水解又称糖化（saccharification），通过添加酶制剂或糖化曲来完成。糖化曲中含有的并起作用的淀粉酶类包括 α-淀粉酶、β-淀粉酶、葡萄糖淀粉酶（糖化酶）和异淀粉酶（脱支酶）。当 α-淀粉酶作用于淀粉糊时，能使其黏度迅速下降，流动性增大，故又称液化酶。直链淀粉经该酶水解的最终产物为葡萄糖和麦芽糖，支链淀粉的水解产物除葡萄糖、麦芽糖外，还有具有 α-1,6 键的极限糊精和含有 4 个或更多葡萄糖残基的低聚糖。β-葡萄糖淀粉酶能从淀粉的非还原末端逐个切下麦芽糖单位，但不能水解 α-1,6 糖苷键，也不能越过 α-1,6 糖苷键水解 α-1,4 糖苷键，所以该酶水解支链淀粉时留下分子量较大的极限糊精。葡萄糖淀粉酶能从淀粉的非还原末端逐个切下葡萄糖，它既能水解 α-1,6 糖苷键，又能水解 α-1,4 糖苷键。由于形成的产物几乎都是葡萄糖，因此该酶又称为糖化酶，糖化酶是淀粉糖化极为重要的酶，在根霉、曲霉中普遍存在，是大曲、小曲、红曲、麸曲中的主要酶。异淀粉酶专一水解 α-1,6 糖苷键，因此能切开支链淀粉的分支，产物是糊精。淀粉水解所得糖分，大部分供给酵母进行乙醇发酵，继而进行醋酸发酵；一部分糖分发酵生产其他有机酸；还有一些则残留在醋醅内，作为食醋中一部分色香味的基础。

糖化过程除发生糖化作用外，还有下列作用：①制醋原料中的蛋白质经蒸熟后，经蛋白酶的作用变成各种氨基酸、胨、肽等。这些氨基酸部分留在食醋中成为食醋的营养成分和主要鲜味成分；部分被酵母菌、醋酸菌等微生物作为氮源利用，部分氨基酸还可在发酵过程中生成高级醇、有机酸，进而生成酯类，氨基酸还可与糖发生美拉德反应，生成色素成分等。②果胶质和半纤维素的水解。在曲霉中含有一定量的果胶酶和半纤维素酶，促进果胶质和半纤维素发生水解。③酸度的增加。糖化过程中酸度逐渐增加，主要成分为琥珀酸、苹果酸、柠檬酸等。这是由于含磷化合物与糖分子分解形成的，也可能是曲霉在生长中生成的。④单宁的降解。在高粱和一些野生植物果实中含有较多的单宁，单宁有涩味，遇铁呈蓝黑色，能凝固蛋白质，单宁还能与铁离子缩合生成鞣酸铁黑色沉淀，从而引起食醋浑浊。所以，在用含有单宁的原料酿醋时，一般采用产单宁酶的曲霉菌作为糖化剂，以分解单宁。

2. 乙醇发酵

酵母菌在厌氧条件下可发酵己糖（主要是葡萄糖）形成乙醇，其生化过程主要由两个阶段组成，第一阶段己糖通过糖酵解途径（EMP 途径）分解成丙酮酸；第二阶段丙酮酸由脱羧酶催化生成乙醛和二氧化碳，乙醛进一步被还原成乙醇，其反应的过程如下：

$$C_6H_{12}O_6 + 2NAD + 2H_3PO_4 + 2ADP \longrightarrow 2CH_3COCOOH + 2NADH_2 + 2ATP$$

$$CH_3COCOOH \longrightarrow CH_3CHO + CO_2$$

$$CH_3CHO \longrightarrow CH_3CH_2OH$$

葡萄糖发酵成乙醇的总反应式为：

$$C_6H_{12}O_6 + 2ADP + 2H_3PO_4 \longrightarrow 2CH_3CH_2OH + 2CO_2 + 2ATP$$

发酵过程中除主要生成乙醇外，还生成少量的其他副产物，包括甘油、有机酸（主要是琥珀酸）、杂醇油（高级醇）、醛类、酯类等。理论上 1 mol 葡萄糖可产生 2 mol 乙醇；即 180 克葡萄糖产生 92 克乙醇，理论产率为 51.5%，可是实际得率没有这么高。因酵母菌体的积累约需 2% 的葡萄糖，另外约 2% 的葡萄糖用于形成甘油，约 0.5% 用于形成有机酸，约 0.2% 用于形成杂醇油，因此实际上只有约 47% 的葡萄糖转化成乙醇。乙醇发酵中大部分能量仍储存于乙醇之中，所释放的 226 kJ 自由能中除 67 kJ（29%）用于形成 ATP 外，其余能量以热能的形式散发掉。

乙醇发酵过程可分为前发酵期、主发酵期和后发酵期三个阶段。前发酵期，酵母细胞数量不多，酵母菌迅速进行繁殖，发酵作用不强，酒精和二氧化碳产生量少，糖分消耗比较慢，酒醅表面比较平静。发酵温度一般控制在 26～28℃，不超过 30℃。此阶段应十分注意防止杂菌污染。主发酵期，酵母细胞已大量形成，酵母菌基本停止繁殖而主要进行乙醇发酵作用。糖分迅速下降，酒精量逐渐增多，产生大量的二氧化碳，此期间酒醅温度上升快，生产上应加强温度控制，最好将温度控制在 30~34℃。经过主发酵期,酒醅中糖分大部分已被消耗掉,进入后发酵期,发酵性糖浓度持续降低,发酵作用缓慢,酒精和 CO_2 的生成量少,产生热量也少,酒醅温度逐渐下降,应控制发酵温度在 30~32℃。如果发酵温度过高,超过 32℃,酵母的发酵作用受限,酒醅中残糖增加,利于产酸菌的繁殖,严重影响产品质量。因此,发酵阶段应严格控制温度。

固态双边发酵的特点是采用比较低的温度,让糖化和乙醇发酵同时进行,即采用边糖化边发酵工艺。由于高粱颗粒组织紧密,糖化较为困难,更因采用固态发酵,淀粉不容易被充分利用,故残余淀粉较多,淀粉出酒率低。

3. 醋酸发酵

醋酸发酵是食醋生产工艺中的关键工序,它的好坏直接影响产品质量及风味。醋酸发酵为氧化发酵过程,就是利用醋酸菌分泌的乙醇脱氢酶和乙醛脱氢酶,在氧气充足的状态下将酒精氧化成醋酸的过程。乙醇氧化过程反应如下:

$$CH_3CH_2OH + [O] \longrightarrow CH_3CHO + H_2O$$
$$CH_3CHO + H_2O \longrightarrow CH_3CH(OH)_2$$
$$CH_3CH(OH)_2 + [O] \longrightarrow CH_3COOH + H_2O$$

总反应式为:

$$CH_3CH_2OH + O_2 = CH_3COOH + H_2O + 481.5J$$

醋酸发酵时 1 分子酒精能生成 1 分子醋酸,并放出 481.5 J 的热量。理论上,100 g 酒精产纯醋酸 130.4 g,但由于发酵过程中醋酸的挥发、再氧化以及形成酯等原因,实际上仅能产约 100 g 醋酸。有些醋酸菌能将醋酸分解为 CO_2 和水,它们有乙酰辅酶 A 合成酶活力,该酶能催化醋酸生成乙酰辅酶 A,然后进入三羧酸(TCA)循环,经呼吸链氧化,进一步生成 CO_2 和水。

8.2.5.2 食醋色、香、味和体的形成

酿醋过程中发生着复杂的生物和化学反应,采用纯种曲霉菌、酵母菌和醋酸菌的发酵过程如此,而传统固态发酵工艺的菌种和原料更为多样复杂,这些反应都与食醋的主体成分及色、香、味和体的形成有密切关系。

1. 色素的形成

食醋的色素来源于原料色素和发酵过程以及陈酿过程形成的色素。①原料本身的色素带入醋中;②原料预处理时发生化学反应而产生有色物质进入食醋中;如炒米色赋予食醋黑褐色;③发酵过程中由化学反应、酶反应而生成的色素;④微生物的有色代谢产物;如用红曲作糖化剂,红曲能赋予食醋红色;⑤熏醅时产生的色素,糖类与氨基酸经过美拉德反应生成类黑素。

2. 食醋的香气

食醋中香味物质含量很少,但种类很多。只有当各种组分含量适当时,才能赋予食醋以特殊的芳香。食醋的香气成分主要来源于食醋酿造过程中产生的酯类、醇类、醛类、酚类等物质。有的食醋还添加香辛料如芝麻、茴香、桂皮、陈皮等。酯类以乙酸乙酯为主;食醋中的醇类物质除乙醇外,还含有甲醇、丙醇、异丁醇、戊醇等;醛类有乙醛、糠醛、乙缩醛、香草醛、甘油醛、异丁醛、异戊醛等;酚类有 4-乙基愈创木酚等;双乙酰、3-羟基丁酮的过量存在会使食醋香气变劣。

3. 食醋的味

酸味:食醋是一种酸性调味品,其主体酸味是醋酸。醋酸是挥发性酸,酸味强,尖酸突出,有刺激气味。除醋酸外,食醋中还含有乳酸、延胡索酸、琥珀酸、苹果酸、柠檬酸、酒石酸、α-酮戊二酸等不挥发性酸。这些酸能使食醋的滋味更加柔和、醇厚。因此,优质食醋一般含不挥发性酸高。甜味:来自残存在醋液中的由淀粉水解产生出的但未被微生物利用完的糖。发酵过程中形成的甘油、二酮等也有甜味。咸味:酿醋过程中添加食盐,可以使食醋具有适当的咸味,从

而使醋的酸味得到缓冲，口感更好。鲜味：食醋中因存在氨基酸、核苷酸的钠盐而呈鲜味，其中氨基酸是由蛋白质水解产生的；酵母菌、细菌的菌体自溶后产生出各种核苷酸，如：5'-鸟苷酸、5'-肌苷酸，它们也是强烈助鲜剂。

4. 食醋的体态

食醋的体态是由固形物含量决定的。固形物包括：有机酸、酯类、糖分、氨基酸、蛋白质、糊精、色素、盐类等等。用淀粉质原料酿制的醋因固形物含量高，所以体态好。

8.2.6 食醋酿造的工艺举例——山西老陈醋

山西老陈醋是我国传统的四大名醋之一，其独特生产工艺的确立已有 300 多年的历史，被列为国家级非物质文化遗产，产品具有有机酸组成丰富、氨基酸含量高、品质和风味优良等特点。

8.2.6.1 工艺流程与操作要点

山西老陈醋的工艺流程如图 8-2 所示，操作要点如下。

1. 原料处理与乙醇发酵

将高粱粒粉碎为 6~8 瓣，要求无完整粒存在，且细粉不超过 1/4，然后加水润胀，加水量为高粱量的 0.55~0.6 倍，拌匀堆放，使高粱粒充分吸水。润料时间依据气温、水温条件而定，冷水一般润水 12 h 以上，若为 30~40℃的温水润水，则一般为 4~6 h。将润水后的料打散蒸料，上汽后蒸 1.5~2 h，停蒸后焖料 15 min 以上。要求蒸熟、蒸透、无夹生心、不粘手为宜。将熟料取出放入冷散池，用 70~80℃热水浸焖，加水量为生料量的 0.5 倍，浸焖至呈稀粥状。向冷却至 35℃以下的稀粥状物料中均匀撒入生原料量 0.4~0.6 倍的大曲粉，翻拌均匀后，再加入生原料量 0.5~0.6 倍量的水，制成稀态酒醪，要求品温 25℃以下。每天搅拌 2 次，发酵时间约 3 d。品温升至 28~30℃时，前发酵完成。然后密封酒醪进行后发酵，酒醪品温下降，在品温不高于 24℃的条件下发酵 12~15 d。成熟酒醪应呈黄色，醪汁澄清，酒精含量（以容量计）5% 以上，总酸（以醋酸计）含量不超过 2 g/100 mL。

2. 醋酸发酵

将成熟酒醪搅拌均匀后，以生原料计拌入麸皮、谷糠，三者比例为 1 :（0.5~0.7）:（0.8~1），要求醋醅的含水量为 60%~65%，酒精含量 4~5 mL/100 g。然后取上批经醋酸发酵 3~4 d，且发酵旺盛的优良醋醅为种醋，按 5%~10% 的接种量接入醋醅中。具体接法是一般将种醋埋放于醋醅的中上部，接种后经 24 h，醅的上层品温达 38℃以上时，开始翻醅，以后每天翻醅一次。一般发酵 3~4 d 后，上层品温可达到 43℃左右（可作下批醋种），6~7 d 后品温逐渐下降。当醋汁总酸不再上升时，加入食盐，加盐量为生原料的 4%~5%。醋酸发酵的总时间约 8~9 d。

3. 熏醋和淋醋

取约一半的成熟醋醅，装入熏醅缸内，用间接火加热，每天倒缸一次，品温掌握在 70~80℃，熏制 4~5 d 后，取剩下的约一半醋醅，先加入上一次淋醋产生的二淋或三淋淡醋，再补足冷水至醋醅质量的两倍，浸泡 12 h 后得到的浸泡液称为一淋醋。用煮沸的一淋醋浸泡熏醅约 10 h 后，得到的浸泡液为半成品醋，也称为原醋。半成品醋要求总酸（以醋酸计）含量不低于 5.5 g/100 mL，浓度为 7 °Bé 以上。剩下的醋渣以

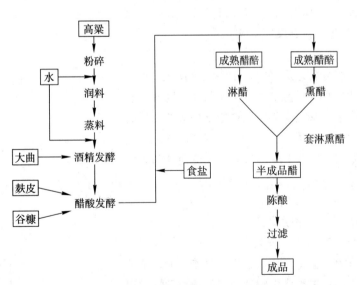

图 8-2 山西老陈醋酿制的工艺流程
（摘引自宋安东《调味品发酵工艺学》，2009）

水浸泡两次分别得到二次和三次浸泡液,即二淋和三淋醋。

4. 陈酿

半成品醋输入陶瓷缸后,按"夏日晒、冬捞冰"的要求,置于室外晒露9个月以上,称为陈酿(aging)。过滤除去杂质后,即可按不同的产品质量要求配兑为产品。

8.2.6.2 山西老陈醋的工艺特点

山西老陈醋的传统生产工艺,以高粱为主料,以大曲为糖化发酵剂,大曲用量达高粱的62.5%。大曲的作用:(1)糖化发酵剂,大曲中的各种酶系对糖化与酒化起着重要作用;(2)为食醋风味的形成提供前体物质(大曲的制备过程中,微生物分解原料成分产生的糖、脂肪酸与氨基酸等代谢产物是食醋风味成分的前体);(3)大曲是食醋功能性成分的来源,多酚,黄酮,酚酸,γ-氨基丁酸等。乙醇发酵采用20~25℃低温,发酵时间长;醋酸发酵温度高达43~45℃,对香味成分和不挥发有机酸的生成有利;熏醅是传统山西老陈醋生产中一道特有的工序,在这一过程中醋醅由黄色变为深褐色,能增加醋的色泽和焦香味,对传统山西老陈醋色、香、味的形成具有重要的作用。醋醅中的残余淀粉、半纤维素、蛋白质、菌体等物质在弱酸性热环境中,缓慢发生水解反应,产生还原糖及氨基酸。而还原糖和氨基酸会发生美拉德反应,最终生成棕色甚至是黑色的大分子物质。醋醅中部分辅料发生炭化,进入后续淋醋环节能吸附杂质,使食醋体态澄清透亮。陈酿采用"夏日晒、冬捞冰"的醋液陈酿工艺,新醋至少陈酿9个月,陈酿时间可长达8年。山西老陈醋的色、香、味,除在发酵过程中形成外,很大一部分还与陈酿有关,陈酿不仅起浓缩的作用,可能还发生了复杂的生物化学变化,有些物质消失了,有些物质生成了。新醋经过长期陈酿后,品质大为改善,色泽黑紫、质地浓稠、酸味醇厚,并具有特殊的醋香味。

山西老陈醋含有丰富的有机酸、氨基酸、糖类和风味成分等呈味和呈香物质,可以作为人们日常生活中的酸性调味品;除此之外,传统工艺酿造的山西老陈醋中还含有川芎嗪、多酚和黄酮等功能成分,说明传统山西老陈醋具有一定的营养保健功能。

8.2.6.3 山西老陈醋发酵过程中的微生物

对山西老陈醋的乙醇发酵过程研究发现,大曲中的葡萄球菌属(*Staphylococcus*)、糖多孢菌属(*Saccharopolyspora*)、芽孢杆菌属(*Bacillus*)、海洋杆菌属(*Oceanobacillus*)、肠杆菌属(*Enterobacter*)、链霉菌属(*Streptomyces*)、散囊菌属(*Eurotium*)、红曲霉属(*Monascus*)和毕氏酵母属(*Pichia*)微生物在乙醇发酵过程中消亡。在整个乙醇发酵阶段,参与的真菌有酿酒酵母(*Saccharomyces cerevisiae*)、扣囊覆膜酵母(*Saccharomycopsis fibuligera*)、贝酵母(*Saccharomyces bayanus*)和黑曲霉(*A. niger*)等;参与的细菌有发酵乳杆菌(*Lactobacillus fermentum*)、食窦魏斯氏乳酸菌(*Weissella cibaria*)、融合魏斯氏乳酸菌(*Weissella confusa*)、戴耳布吕克氏乳酸菌(*Lactobacillus delbrueck*)、解没食子酸链球菌(*Streptococcus gallisepticus*)、同型腐酒乳杆菌(*Lactobacillus homohiochii*)、卷曲乳杆菌(*Lactobacillus crimpus*)、面包乳杆菌(*Lactobacillus panis*)和乳酸片球菌(*Pediococcus acidilactici*)等。

山西老陈醋在醋酸发酵过程中,主要的菌群是醋酸菌,其他菌群的数量较少。通过生理生化鉴定和16S rDNA序列分析,山西老陈醋醋酸发酵阶段分离得到的醋酸菌主要是巴氏醋杆菌(*Acetobacter pasteurianus*)、葡糖氧化杆菌(*Gluconobacter oxydans*)、非洲醋杆菌(*A. senegalensis*)、苹果醋杆菌(*A. malorum*)、印尼醋杆菌(*A. indonesiensis*)和东方醋杆菌(*A. orientalis*)等。醋酸发酵阶段后期醋酸杆菌属(*Acetobacter*)、乳杆菌属(*Lactobacillus*)、覆膜泡酵母属(*Saccharomycopsis*)和链格孢属(*Alternaria*)成为优势菌群。醋酸发酵阶段参与发酵的芽孢杆菌主要是巨大芽孢杆菌(*Bacillus megaterium*)、凝结芽孢杆菌(*Bacillus coagulans*)等。

8.3 酱油酿造

8.3.1 酱油的历史和分类

酱油（soyce sauce）是烹饪中的一种亚洲特色的调味料，一般使用豆类为主要原料，经过制曲和发酵，再在各种微生物繁殖分泌的各种酶的作用下，酿造出来的一种具有特殊色、香、味的液体。

酱油起源于中国，迄今已有 2000 多年的历史。贾思勰的《齐民要术》一书，称作"酱清""豆酱清""酱汁""清酱"。中国历史上最早使用"酱油"名称是在宋朝，林洪著《山家清供》中有"韭叶嫩者，用姜丝、酱油、滴醋拌食"的记述。此外，从古至今，酱油还有其他名称，如酱清、豆酱清、酱汁、酱料、豉油、豉汁、淋油、晒油、座油、伏油、秋油、母油、套油等。公元 755 年后，酱油生产技术随鉴真大师传至日本。后又相继传入朝鲜、越南、泰国、马来西亚、菲律宾等国。

根据国标规定，我国酱油特指酿造酱油（fermented soy sauce），定义为以大豆和 / 或脱脂大豆、小麦和 / 或小麦粉和 / 或麦麸为主要原料，经微生物发酵制成的具有特殊色、香、味的液体调味品。根据发酵工艺分，酱油可分为低盐固态发酵酱油：以脱脂大豆及麦麸为原料，经蒸煮、曲霉菌制曲后与盐水混合成固态酱醅，再经发酵制成的酱油；高盐稀态发酵酱油：用大豆和 / 或脱脂大豆、小麦和 / 或麸皮为原料，经蒸煮、曲霉菌制曲后与盐水混合成稀醪，再经发酵制成的酱油；固稀发酵酱油：用大豆和 / 或脱脂大豆、小麦和 / 或麸皮为原料，经蒸煮、曲霉菌制曲后，在发酵阶段先以高盐度、小水量固态制醅，然后在适当条件下再稀释成醪，再经发酵制成的酱油。

8.3.2 酱油酿造的主要微生物

酱油酿造离不开微生物，在生产过程中对原料发酵成熟的快慢，产品黑色的浓淡以及味道的鲜美有直接关系的微生物是米曲霉（*Aspergillus oryzae*）和酱油曲霉（*Aspergillus sojae*），对酱油风味有直接关系的微生物是酵母菌（yeast）和乳酸菌（lactic acid bacteria）。

酱油是利用有关的微生物和酶类，分解蛋白质、脂肪、糖类得到的酿造产品，除富含营养物质外，还含有许多小分子的呈味物质和香气成分。在影响酱油质量的诸多因素中，参与发酵的微生物是至关重要的，主要微生物有丝状真菌、酵母菌和细菌。制曲和酱醅（酱醪）发酵是酱油生产中的 2 个重要阶段。在这 2 个阶段都有微生物的参与，并起着极为重要的作用：在制曲过程中米曲霉分泌和积累的酶对酱醅发酵的快慢、色素和鲜味成分的生成以及原料利用率的高低有直接的关系；在酱醅发酵阶段酵母菌和乳酸菌的发酵产物对酱油风味的形成有重要作用。酱油的酿造实际上是巧妙地利用了微生物的结果。

酱油酿造是一个开放式的混菌发酵过程，微生物体系对酱油的品质具有重要的影响。一直以来人们对酱油微生物组成持续研究，从传统微生物培养法到磷脂脂肪酸分析法，再到变性梯度凝胶电泳技术、宏基因组测序技术，越来越多先进技术用于酱油中微生物多样性研究。随着分子生物学技术和分析技术的发展，利用现代生物技术，如宏基因组学（metagenomics）、GC–MS、代谢组学（metabonomics）、电子鼻和电子舌联用技术等手段，来研究酿造酱油中微生物群落的多样性、微生物相互作用机理及调控技术、风味菌以及酱油风味形成机理，优化酿造酱油的发酵菌种以及风味菌的种类和比例，筛选出更优质的酱油生产新菌株。

🌐 **知识拓展 8-3**
宏基因组学

8.3.2.1　酱油酿造的曲霉

酱油发酵的动力来源于曲霉，曲霉是决定酱油品质的重要因素，而且会影响酱油的色、香、味、体，以及原料的利用率等。我国酱油生产主要用的菌种是曲霉，有很多变种。从食品安全和酶活性等方面考虑，酿造酱油的曲霉要满足如下要求：不产黄曲霉毒素、蛋白酶和淀粉酶活力高、有谷氨酰酶活力、生长快速、培养条件粗放；抗杂菌能力强、不产异味、酿造酱油香气好。

1. 米曲霉

米曲霉（A. oryzae）是曲霉的一种，属半知菌亚门，丝孢纲，丝孢目，从梗孢科，曲霉属丝状真菌。由于它与黄曲霉（A. flavus）十分近似，同属于黄曲霉群，但米曲霉不产生黄曲霉毒素和其他真菌毒素。

米曲霉的菌丝有隔膜、无色、多分枝，营养菌丝、基质菌丝，直立菌丝是子实体，从基质菌丝分化成粗大而厚壁的足细胞，上面分生出分生孢子梗（conidiophore），分生孢子梗尖端膨大成顶囊，呈圆形或椭圆形，一般称分生孢子头。上面着生小梗和分生孢子，小梗有色或无色，多单层，上面有成串的分生孢子。米曲霉菌落生长很快，初为白色，渐变黄色。分生孢子成熟后，呈黄绿色。米曲霉的形态见图8-3。米曲霉能利用单糖、双糖、有机酸、醇类、淀粉等多种碳源。在生长过程中，需要一些氮源，好氧。最适生长温度约在35℃左右，pH为6.0左右。

米曲霉有复杂的酶系统，主要有蛋白酶，分解原料中的蛋白质；谷氨酰胺酶，分解谷氨酰胺直接生成谷氨酸、增加酱油的鲜味。淀粉酶，分解淀粉生产糊精和葡萄糖。此外还分泌果胶酶、半纤维素酶和酯酶等，但最重要的还是蛋白酶、淀粉酶和谷氨酰胺酶，它们决定了原料的利用率、酱醪发酵成熟的时间及产品酱油的风味和色泽。

常用的米曲霉菌株有：① AS 3.951（沪酿3.042）：生长繁殖快，制曲时间短。生产的酱油香气好。该菌种在察氏培养基上菌落生长很快，其直径3天可达5~6 cm，由白色转为黄色，孢子成熟呈黄绿色，反面无色。分生孢子头放射状，直径150~300 μm，分生孢子梗一般2 mm左右。近顶囊处直径可达12~25 μm，壁较厚，粗糙，顶囊近球形，通常40~50 μm，小梗一般为单层，偶有双层。分生孢子幼时呈梨形，老熟呈近球形，一般4.5~7 μm。该菌株正常成曲的pH通常为7.0，酶系较全，具有强大的蛋白酶水解酶系，能生成较多的氨基酸，用于酱油生产蛋白质利用率可达75%，但该菌株的酸性蛋白酶活力偏低。具有适量的糖化酶，可水解淀粉生成葡萄糖；生长旺盛，制曲后的菌体量较多；产生孢子能力极强，容易制作种曲；对杂菌抵抗力强，遗传稳定性强；氧化褐变性强。② AS 3.863：蛋白酶、糖化酶活力强，生长繁殖快速，制曲后生产的酱油香气好。③ UE328、UE336：酶活力比AS 3.951高。UE328适用于液体培养，UE336适用于固体培养。UE336的蛋白质利用率较高，但制曲时孢子发芽较慢；制曲时间延长。④渝3.811：孢子发芽率高，菌丝生长快速旺盛、孢子多，适应性强，制曲易管理，酶活力高。

2. 酱油曲霉

酱油曲霉（A. sojae）是20世纪30年代日本学者从酱曲中分离出来的，其分生孢子表面有小突起，孢子柄表面平滑，培养老熟的菌落呈茶色、茶褐色、茶绿色。酱油曲霉碱性蛋白酶活力比米曲霉强，通常产生酸，α-淀粉酶、酸性蛋白酶、酸性羧基肽酶，活性较米曲霉低；成曲pH高于米曲霉成曲，通常为7.0以上，柠檬酸等有机酸含量少，制曲过程中糖类消耗量少；酱醪黏度低；生酱油中残留的

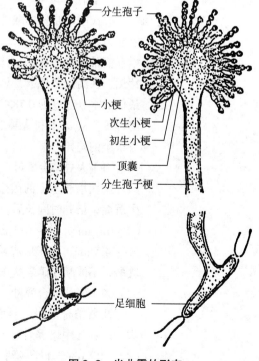

分生孢子
小梗
次生小梗
初生小梗
顶囊
分生孢子梗
足细胞

图8-3　米曲霉的形态
（引自包启安《酱油科学与酿造技术》, 2011）

各种酶系酶量少，加热后沉淀物少。

3. 黑曲霉

黑曲霉是曲霉属黑曲霉群的丝状真菌。黑曲霉含有较高的酸性蛋白酶，可以弥补米曲霉或酱油曲霉酸性蛋白酶的不足。通常是联合应用，可以明显提高蛋白质的利用率，同时黑曲霉较高的其他酶系（纤维素酶和半纤维素酶等）也能提高原料的利用率。常用的黑曲霉菌株如下。

（1）黑曲霉 AS3.350

属黑曲霉群，菌丝初为白色，继而产生鲜黄色，厚绒状，其分生孢子壁具有明显的小突起，呈黑褐色。在麸皮培养基上生长迅速，初生孢子为嫩黄色，2～3天后全部变成黑色孢子。具有较强的酸性蛋白酶活力。其糖化酶、单宁酶及果胶酶、纤维素酶活力均很强，淀粉利用率高。能分解有机质生成多种有机酸，其抑制细菌能力强于米曲霉。应用于生产酱油时，能有效提高氨基酸生成率及谷氨酸生成率，提升酱油风味。黑曲霉 AS3.350 的生长温度为 25～32℃，适宜 pH为 4.5～6.0，生长需充足氧气。产酶适宜 pH 5.5～6.0。上海市酿造研究所在酱醪发酵时，添加一定量的 AS3.350 成曲，能使酱油氨基酸提高 30% 以上。在沪酿 3.042 米曲霉固体制曲中，添加一定量 AS3.350 黑曲霉种曲，混合制曲，实验结果显示：酱油鲜味增加，谷氨酸含量提高 20%以上。

（2）甘薯曲霉 AS3.324

具有较强的淀粉酶和单宁酶活力，应用于糖化效果好。该菌的菌丝呈白色，初生孢子呈嫩黄色，继而转变为黑褐色，老熟后，呈乌暗的褐色。生长温度 30～37℃。

8.3.2.2 酱油酿造的酵母菌

在低盐固态发酵中食盐含量一般在 7%～8%，氮的含量比较高，活跃在这样的环境中的酵母是一些耐盐性较强的鲁氏酵母（Zygosaccharomyces rouxii）、球拟酵母（Torulopsis glabrat）等。酵母菌在酱油酿造中，与乙醇发酵作用、酸类发酵作用及酯化作用等有直接或间接的关系，对酱油的香气影响最大。

1. 鲁氏酵母

鲁氏酵母是酱油酿造中的主要酵母菌，耐高渗，能在 18% 的食盐溶液中生长繁殖，有乙醇发酵能力，能形成酯类，增加酱油的香味；能产生琥珀酸等有机酸，增加酱油的风味；能产生糠醛，增加酱油的酱香味。菌体自溶后可促进球拟酵母生长。鲁氏酵母在无盐条件下，发酵葡萄糖和麦芽糖，在高盐条件下，只发酵葡萄糖，而不能发酵麦芽糖。鲁氏酵母具有高耐盐性（24%～26%），最低的水分活度为 0.78～0.81。鲁氏酵母又被称为主发酵酵母菌。其中的两个典型菌株为大豆结合酵母（Z. sojae）和酱醪结合酵母（Z. major）。这是两株非常近缘的种属，在形态学和生理学上只有很小的差异。

（1）大豆结合酵母

斜面培养基上的菌落呈淡褐色，湿润，有皱褶，中央凸起，边缘有凹口。麦芽汁中培养后产生沉淀，培养时间长后，四壁及液面接触处形成酵母环。在麦芽汁中培养后，细胞圆形或卵圆形，（2～6）μm×（6～10）μm。细胞结合后产生子囊，内有 1～4 个子囊孢子，表面光滑，大小为 2.7～4.5 μm，孢子形成较为困难。大豆结合酵母能发酵葡萄糖、麦芽糖及果糖，不能发酵蔗糖及乳酸，不能利用硝酸盐作为氮源。

（2）酱醪结合酵母

酱醪结合酵母，斜面培养基上菌落呈黄褐色，湿润，有光泽，带细皱褶，边缘有平行的小沟。麦芽汁中培养后产生沉淀及酵母环。在麦芽汁中培养后细胞卵圆形，大小约为（3～5）μm×（4.5～8）μm，单个或两个相连。子囊孢子球形，3～4.5 μm。能发酵葡萄糖、麦芽糖、果糖、蔗糖及棉子糖，不能发酵乳糖，不能利用硝酸盐作为氮源。

2. 球拟酵母

球拟酵母，耐高渗，某些种类能产生甘油、赤鲜醇、D-阿拉伯糖醇和甘露醇，是酱油中常见氧化型酵母之一，可把酱油中的阿魏酸转化为4-乙基愈创木酚，增加酱油风味。为了提高酱油的风味，有些工厂人工添加鲁氏酵母和球拟酵母，收到良好的效果。

球拟酵母在高盐条件下，也能缓慢持续地发酵。在发酵初期必须有良好的球拟酵母菌群，到后熟期，主发酵酵母减少，在低残糖、低 pH 环境中生存的球拟酵母正好发挥作用。酱醪中分离出了易变球拟酵母（T. versatilis）、埃契氏球拟酵母（T. etchellsii）和蒙奇球拟酵母（T. mogii）。这些菌株都属于酯香型，使酱醪生成烷基苯酚，形成酱油特殊的风味。

（1）易变球拟酵母

易变球拟酵母细胞呈圆形或卵圆形，大小约为（2~8）μm×（3~10）μm，无菌丝，无假菌丝，多边芽殖。生长最适温度为 25~30℃，40℃不生长。生长最适 pH 为 4.0~4.5。耐盐，在酱醪中大量存在，食盐浓度 12% 以下生长良好，18% 能生长，但需要生物素、维生素 B1、肌醇及胆碱。易变球拟酵母在无盐情况下，能发酵麦芽糖及乳糖，在 18% 食盐下，只能发酵麦芽糖。

（2）埃契氏球拟酵母

埃契氏球拟酵母细胞呈圆形或卵圆形，多边芽殖。生长最适温度 25~30℃，37℃不生长。生长最适 pH 为 4.0~4.5。食盐浓度在 8%~12% 生长良好，18% 能生长，但需要生物素等作为生长因子。在无盐情况下，能发酵麦芽糖及乳糖，在 18% 食盐下，只能发酵麦芽糖。

（3）蒙奇球拟酵母

蒙奇球拟酵母细胞为圆形，极少数呈卵圆形，大小一般为 4.2 μm×8.4 μm。多边芽殖。在麦芽汁琼脂斜面培养基上菌落呈乳白色，表面光滑，有光泽，边缘整齐。具有很强的乙醇发酵能力，条件适宜时乙醇含量可达 7% 以上，能在 18% 食盐基质中生长，在 10% 左右的食盐中发酵旺盛，为耐高渗透压酵母。最适生长温度为 30~35℃。

8.3.2.3 酱油酿造的乳酸菌

乳酸菌是一类能利用可发酵糖生成乳酸的细菌的总称。乳酸菌的最大作用是利用糖生成乳酸，抑制腐败菌、致病菌等有害微生物的生长，提高酱油生产的安全性，延长产品的保质期。特别是利用其降低 pH 的作用，促进鲁氏酵母的乙醇发酵，使产品味道柔和、芳香绵长，风味提高。适量的乳酸，也是构成酱油风味的重要因素之一，不仅乳酸本身具有特殊香气而对酱油有调味和增香作用，而且与乙醇生成的乳酸乙酯也是一种重要的香气成分。

从酱醪中分离出的细菌有的对酱油酿造是有益的，有的则是有害的。和酱油发酵关系最密切的细菌是乳酸菌，其中酱油片球菌（Pediococcus halophilus）和酱油四联球菌（Tetracoccus sojae）是形成酱油良好风味的因素。在发酵前期以片球菌为多，在发酵后期以四联球菌为多，尽管都产生乳酸，但当 pH 低于 5 时候，则停止产酸。但乳酸菌若在酱醪发酵的早期大量繁殖、产酸，则对发酵过程有不利影响，因为 pH 过早降低，破坏了蛋白酶的活性，影响蛋白质的利用率。

1. 酱油片球菌

酱油片球菌也称酱油足球菌，嗜盐片球菌的变种。单细胞、无芽孢、无荚膜。细胞球形，大小约为 0.7 μm，以单个、成对、四联球状排列。革兰氏染色阳性，无运动性。生长最适温度 30~35℃，生长 pH 5.5~9.0，最适 pH 7.0~7.2，在 18% 的食盐浓度中繁殖良好，培养基食盐含量 24%~26% 还可生长。

酱油片球菌发酵葡萄糖产生乳酸，不生成吲哚、氨、硫化氢和气体。在 50% 葡萄糖或 60% 蔗糖溶液中能生长。不还原硝酸盐，不产生过氧化氢酶，不液化明胶，在石蕊牛乳培养基中不能生长。一般来自制曲、发酵的环境及器具，在优良的成曲中每克菌数只有数百个，当发酵时物料内部均匀地渗透食盐，一般能使酱醪的食盐含量达到 18%，嗜盐性乳酸菌就开始繁殖而起作用。在中性酱醪中能迅速生长繁殖，到发酵中期，1 mL酱醪中菌数可达数亿个，占乳酸菌数的90%。这些乳酸菌的耐酸性不强，当醪液pH下降至5以下时，发生反馈抑制，使其不能繁殖，不会因大量繁殖而造成产酸过多使酱油发酸。而这时的酸度正好适宜酵母繁殖。

2. 酱油四联球菌

酱油四联球菌能同型发酵葡萄糖，产生外消旋乳酸。细胞球形，平均直径约0.7 μm，无运动性。革兰氏染色阳性，不生成吲哚、氨、硫化氢和气体。能还原硝酸盐。产生过氧化氢酶。可少量液化明胶，在石蕊牛乳培养基中稍能生长。生长pH 5.5~9.0，最适pH 7.0~7.2，生长最适温度为30~35℃。在发酵后期，酱油四联球菌旺盛繁殖，约占总乳酸菌数的10%。

8.3.3 酱油酿造的主要原理

8.3.3.1 酱油酿造过程中的物质转变

酱油酿造过程中制曲的目的，是培养米曲霉在原料上生长繁殖，以便在发酵时，利用它所分泌的多种酶，其中最重要的有蛋白酶和淀粉酶。蛋白酶水解蛋白质为氨基酸，淀粉酶将淀粉水解成单糖。同时在制曲及发酵过程中，从空气中落入的酵母和细菌也进行繁殖并分泌多种酶，例如由酵母发酵成酒精，由乳酸菌发酵成乳酸。所以发酵是利用这些酶在一定的条件下作用，分解合成酱油的色香味成分。酱油是曲霉、酵母和细菌等微生物综合作用的产品。

1. 蛋白质及淀粉的水解

酱醪中的蛋白酶以中性和碱性蛋白酶为主，发酵初期，酱醪pH 6.5~6.8，醪温42~45℃，中性蛋白酶、碱性蛋白酶和谷氨酰胺酶充分发挥作用，使蛋白质逐渐转化为多肽和氨基酸，谷氨酰胺转化为谷氨酸。随着发酵的进行，耐盐乳酸菌繁殖，酱醪的pH逐渐下降，蛋白质的水解作用逐渐变弱。成熟酱醪除含氨基酸外，还存在蛋白胨和多肽等，成品酱油中氨基氮的含量应达到全氮的50%以上。

淀粉在淀粉酶的作用下，被水解为糊精和葡萄糖，这是酱醪发酵的糖化作用。生成的单糖一部分构成了酱油的甜味，另一部分被耐盐酵母及乳酸菌发酵生成醇和有机酸，成为酱油的风味成分。由于曲霉菌中有其他水解酶存在，糖化作用生成的单糖，除葡萄糖之外还有果糖及五碳糖。

2. 乙醇发酵作用和高级醇生成

乙醇主要是酵母菌对还原糖（葡萄糖）进行乙醇发酵而来。酵母菌的生长适宜温度25~28℃，发酵适宜温度30℃，温度低于10℃，发酵困难；温度高于40℃，不利于酵母生存和发酵。所以低温发酵周期长；高温无盐固态发酵，酱油香气不足。

一般酵母菌的耐盐力弱，在含盐6%~8%的基质中，繁殖、发酵减弱，在含盐15%时，生长发酵基本停止，但鲁式酵母能在含盐18%的酱醪中发酵葡萄糖生成酒精，易变球拟酵母能发酵麦芽糖生成酒精。所以有些厂在发酵中后期接入扩大培养的鲁氏酵母，多数工厂则采用低盐固态发酵，以适应酵母菌生长发酵。酱油中还有戊醇、异戊醇、丁醇、异丁醇等高级醇类，统称杂醇油，它们主要是氨基酸脱氨、脱羧而来，高级醇类具有一定呈味性，更是酯化反应的基础物质。

3. 有机酸的形成

酱油中含有多种有机酸，其中以乳酸、琥珀酸、醋酸较多，另外还有甲酸、丙酸、丁酸等。适量的有机酸对酱油呈味、增香均有重要作用。如乳酸具有鲜、香味；琥珀酸适量、味爽口；醋酸、丁酸也具有特殊香气；同时它们更是酯化反应的基础物质。但有机酸过多会严重影响酱油的风味。在发酵过程中，用具消毒不严，发酵温度过高，均会产酸过多。

8.3.3.2 酱油色香味体的形成

发酵时，利用米曲霉在制曲过程中分泌的酶系，其中最重要的是蛋白酶和淀粉酶，分解蛋白质为氨基酸，淀粉为糖类物质，同时利用制曲和发酵环境中带入的有益乳酸菌和酵母菌，发酵生成酒精、乳酸等，最后形成酱油的色泽、香气、风味和体态。

1. 色素的形成

酱油的颜色来源于两部分，其一是发酵过程中产生的，其二是酱油配兑过程中添加的。以前者为主，主要是在酿造过程中通过系列的化学变化产生的。酱油色素的生成属于食品褐变反应的范围。按其变色原因不同分为酶促褐变（enzymatic browning）和非酶褐变反应（non-enzymatic browning），其中非酶褐变反应又包括美拉德反应（Maillard reaction）和焦糖化反应（caramelization），以美拉德反应为主。

酱油在发酵过程中，蛋白质经酶分解生成氨基酸，其中的氨基酸在有氧时，在酚羟基酶和多酚氧化酶的催化作用下，经过氧化、环合、重排及聚合等一系列反应，最终生成黑色素，呈棕色。

非酶褐变反应主要是美拉德反应，即羰基－氨基反应，酱油酿造过程中，蛋白质逐渐分解成胨、肽和氨基酸；淀粉则水解成葡萄糖。葡萄糖的第二个碳原子上的羟基被氨基酸中的氨基置换，生成氨基糖，经过一系列化学反应，最终生成棕红色的类黑素。通常情况下，氨基化合物的分子量越小，褐变速度越快，温度愈高，褐变愈深；水分愈少，褐变加速；原料中五碳糖愈多，类黑素也愈多。

🌐 知识拓展 8-4
美拉德反应

2. 香气的形成

酱油香气对酱油的风味影响很大，是评定酱油质量好坏的标准之一。酱油香气成分是由原料中的蛋白质、糖类、脂肪等成分经米曲霉酶系及耐盐酵母菌、耐盐乳酸菌等微生物的发酵作用和化学反应生成的，其组成十分复杂，包括醇类、醛类、酯类、酚类、有机酸、缩醛酸等。

（1）醇类物质

乙醇、丙醇、丁醇、异戊醇、苯乙醇、甲醇等。醇类物质主要是由酵母菌发酵产生的，而甲醇则来源于原料中果胶质的分解。

（2）酯类物质

是酱油香气的主体，其形成有 2 个途径：a. 发酵过程中由酵母酯化酶催化生成。b. 由有机酸和醇通过非酶催化的酯化反应生成。酱油中高沸点酯的量较多，而低沸点酯的含量少。挥发性酯有：乙酸乙酯、己酸乙酯、异戊酸乙酯、辛酸乙酯等。不挥发性酯有：乳酸乙酯、琥珀酸乙酯、丙二酸乙酯、草酸乙酯、马来酸乙酯、香草酸乙酯、苯甲酸乙酯、亚油酸乙酯、油酸乙酯、软脂酸乙酯等。

（3）羰基化合物

含量甚微，其来源多为加热时由化学反应生成，或由相应的醇、酚氧化生成，如甲醛、异戊醛、苯甲醛、香草醛、双乙酸、糠醛、羟甲基糠醛等。酱油成分中的缩醛有：α-羟基-异乙基-二乙缩醛、异戊醛-二乙缩醛，它们是酵母菌以氨基酸为底物的发酵产物，在酱油加热过程中由它们生成重要的芳香成分。

（4）酚类物质

有 4-乙基愈创木酚、4-乙基苯酚、4-丙烯酸愈创木酚等，是酱香的重要组分。它们是由小麦中的配糖体、木质素等为前体物经曲霉菌、球拟酵母的发酵作用生成，虽然含量极低，但作为香气成分作用十分明显，含量达到 0.5 mg/kg 时就能为感官察觉。酱油在加热过程中酚类和醛类物质含量有所增加，因此加热有助于改善酱油的香气。

（5）含硫化合物

主要来源于含硫氨基酸的分解，如甲硫醇是由蛋氨酸经酵母发酵生成的。此外，还有乙硫醇、甲硫基丁醇、缩硫醛等，这些含硫化合物大多有不良气味。

3. 酱油的味道形成

酱油的味是衡量酱油质量重要指标之一。凡是优质酱油都必须具有鲜美、醇厚、调和的滋味，无明显酸味、苦味和涩味。酱油味的来源,主要是呈鲜味的氨基酸和核酸类物质的钠盐,呈甜味的糖类和呈酸味的有机酸,呈咸味的氯化钠以及有助于滋味的香气成分。

（1）鲜味的形成

酱油的呈味中,鲜味是最重要的。在酱油的发酵过程中,由于酶的催化作用使蛋白质水解成近 20 种氨基酸。这些氨基酸占酱油全氮的 40% ~ 60%。其中谷氨酸及其钠盐具有鲜美的滋味。此外,丝状真菌、酵母菌和细菌菌体中的核酸水解后生成四种核苷酸,鸟苷酸和肌苷酸具有特殊的鲜味,并与谷氨酸的钠盐相协调,赋予酱油更鲜的美味。为了使酱醅含有足够的谷氨酸,既要防止酿造过程中由于焦谷氨酸的生成而使谷氨酸含量下降,又要防止产膜酵母污染,避免谷氨酸被产膜酵母分解。

（2）咸味的形成

来自所含的食盐,其含量一般为 18% 左右。由于酱油中的肽、氨基酸、有机酸和糖类缓冲了食盐的咸味,从而使酱油的咸味比较柔和。

（3）酸味的形成

酱油中有机酸的种类、数量较多,其中以乳酸的含量最高,约占酱油 1.6% 左右,另外还有乙酸、丙酮酸、琥珀酸、柠檬酸、α- 酮戊二酸、己酸和丙酸等。乳酸的酸味较为和缓,使酱油的味柔且长。琥珀酸是影响酱油风味的另一种不挥发酸,其味感柔和,在酱油中含量约 0.1% 左右。

（4）甜味的形成

酱油中的甜味,主要来源于糖类。酱油中含有葡萄糖、果糖、麦芽糖、蔗糖等,另外还有木糖、阿拉伯糖等五碳糖和糊精等。另外,甘氨酸、丙氨酸、丝氨酸、脯氨酸等甜味氨基酸和甘油、环己六醇等多元醇也赋予酱油甜味。使用淀粉含量丰富的原料,可提高酱油的甜味。

（5）苦味的形成

酱油一般不会感觉到苦味,但酱油中确有苦味物质存在。微量的苦味给酱油以醇厚感,是酱油特有风味的基础之一。酱油苦味的来源有两个,一是食盐中所含氯化镁、硫酸镁及硫酸钠;二是具有苦味的氨基酸如酪氨酸、亮氨酸、精氨酸、甲硫氨酸、苯丙氨酸及一些含硫氨基酸残基的肽类。

4. 酱油体态的形成

酱油的浓稠度,俗称为酱油的体态,它是由各种可溶性固形物构成的。酱油固形物是指酱油水分蒸发后留下的不挥发性固体物质,主要有:食盐、可溶性蛋白质、氨基酸、糖、酸等。除食盐外,其余固形物称为无盐固形物。一般酱油的质量越高,无盐固形物浓度越大。原因是在酱油生产过程中,若原料配比适当,其分解率就越高,浓稠度也就越好。优质酱油无盐固形物含量可达 20 g/100 mL 以上。

8.3.4 酱油酿造的工艺举例——低盐固态发酵工艺

发酵在酱油生产中是重要的关键工序。发酵方法及操作的好坏,直接影响酱油的质量与原料利用率。发酵时成曲拌入较大量的盐水,使其呈浓稠的半流动状态的混合物,称为酱醪。成曲拌入少量的盐水,使其呈不流动状态的混合物,称为酱醅。然后装入发酵容器内,保温或不保温,利用制曲过程中微生物分泌的酶及生产环境中落入的有益酵母菌、乳酸菌的协同作用,在特定的发酵条件下发生一系列复杂的生化反应,最后形成酱油的色香味体,包括淀粉糖化,蛋白质水解、乙醇发酵,有机酸形成,褐变反应等。我国酱油发酵工艺大致可分为低盐固态发酵及高盐稀态发酵两大类,并在此基础上衍生出前固后稀的第三类工艺。

低盐固态发酵是以脱脂大豆和麦麸为原料,经蒸煮、曲霉菌制曲后与 11 ~ 13 °Bé 盐水混合后制成固态酱醅,经微生物分泌的酶分解,形成酱油色、香、味、体的过程。酱醅中 10% 左右的食盐既对杂菌有抑制作用,又不影响蛋白酶和淀粉酶等酶系的水解作用。低盐固态发酵工艺流程如

图 8-4 所示。下面将对其操作要点进行介绍。

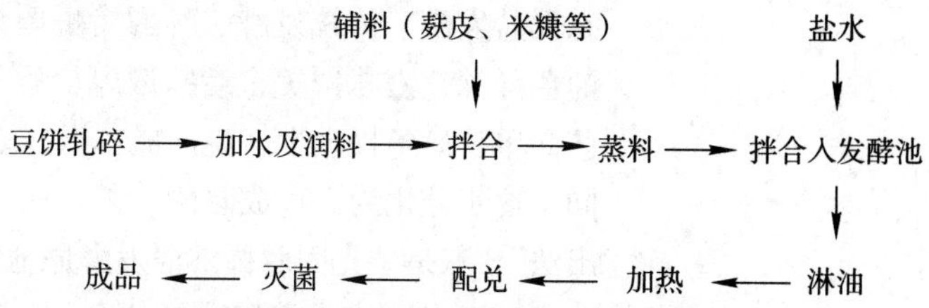

8.3.4.1 原料处理

原料处理的主要目的：使大豆蛋白质适度变性，使原料中的淀粉糊化，同时把附着在原料上的微生物杀死，以利于米曲霉的生长及原料分解。原料处理包括原料的粉碎、加水和润水、蒸煮。

1. 粉碎

豆饼要先经过粉碎，以利于扩大豆饼的表面积，为吸足水分、蒸煮熟透创造条件。豆饼颗粒大小一般应为 2～3 mm，粉末量以不超过 20% 为宜。如果豆饼颗粒过大，颗粒内部不易吸足水分，蒸料不能熟透，同时影响制曲时菌丝繁殖，减少了米曲霉繁殖的总面积和酶的分泌量。如果颗粒过细，麸皮比例又少，则润水时容易结块，蒸后容易产生夹心，导致制曲通风不畅，发酵时酱醅发黏，淋油困难，影响酱油质量和原料利用率。如果粗细颗粒相差悬殊，会使吸水及蒸煮程度不一致，影响蛋白质的变性程度和原料利用率。豆粕颗粒虽不太大，但也不符合要求，也要适当破碎。

2. 润水

豆粕或经粉碎的豆饼与大豆不同，因其颗粒已被破坏，如用大量的水浸泡，会使其中的营养成分浸出而损失，因此必须有加水与润水的工序。即加入所需的水量，并设法使其均匀而完全为豆饼吸收，加水后需要维持一定的吸收时间，称此为润水或叫润胀。润水的目的：①使原料中蛋白质结合适量的水分，以便在蒸料时受热均匀，迅速达到蛋白质的适度变性；②使原料中的淀粉吸水膨胀，易于糊化，以便溶解出米曲霉生长所需要的营养物质；③供给米曲霉生长繁殖所需要的水分。

3. 蒸料

原料蒸煮是否适度，对酱油质量和原料利用率的影响极为明显。蛋白质原料在蒸煮时必须达到适度变性。蒸煮目的：①使蛋白质适度变性，利于米曲霉生长，并为以后酶分解提供基础；②使淀粉糊化，产生少量糖类，利于米曲霉生长，且易被酶分解；③消灭附着在原料上的微生物，以提高制曲的安全性，给米曲霉正常生长繁殖创造有利条件。一般适度蒸熟的物料外观呈黄褐色，具有豆香味，无糊味及其他不良气味，松散、柔软、有弹性、无硬心、无浮水、不黏，同时水分在 45%～50%，蛋白消化率在 80% 以上。目前国内蒸煮设备有三种类型，即常压蒸煮锅、加压蒸煮锅和连续管道蒸煮设备。目前国内酱油厂大多使用旋转式加压蒸煮锅。

8.3.4.2 制曲

制曲（koji making）是酿造酱油的主要工序，其实质是创造米曲霉生长的适宜条件，保证米曲霉等有益微生物充分繁殖（同时尽可能减少有害微生物的繁殖），分泌酿造酱油需要的各种酶类，如蛋白酶、淀粉酶、脂肪酶、纤维素酶、果胶酶、谷氨酰胺酶等。这些酶不仅使原料成分发生变化，而且也是以后发酵期间发生变化的前提。

传统的浅层（1 cm）制曲是用竹匾、竹帘和木盒制曲，目前大规模的酱油制曲都采用厚层通风制曲工艺，从而使制曲时间由原来的 2～3 d，缩短为 24～28 h。厚层通风制曲工艺就是将接种后的曲料置于曲池内，厚度一般为 25～30 cm。利用通风机供给空气，调节温湿度，促使米曲霉在较厚的曲料上生长繁殖和积累代谢产物，完成制曲过程。

8.3.4.3 发酵、淋油

国内现行酱油工艺中，低盐固态发酵工艺酱油是我国独创的、特有的酱油工艺，在融合了固

辅料（麸皮、米糠等）　　　　盐水

豆饼轧碎 ⟶ 加水及润料 ⟶ 拌合 ⟶ 蒸料 ⟶ 拌合入发酵池

成品 ⟵ 灭菌 ⟵ 配兑 ⟵ 加热 ⟵ 淋油

图 8-4　酱油低盐固态发酵工艺流程
（摘引自何国庆《食品发酵与酿造工艺学》第二版，2011）

态无盐发酵、传统发酵、稀醪发酵等多种工艺优点的基础上衍生而来。该工艺具有以下优点：酱油色泽深，滋味鲜美，后味浓厚，香气比固态无盐法显著提高；蛋白质利用率高，得率稳定；工艺简单，设备投入少，生产成本低；发酵周期仅需 2~3 周，时间短。依据其发酵与取油方式的不同，逐步分化为三种成熟的工艺：一是"低盐固态发酵移池浸出法"，二是"低盐固态发酵原池浸出法"，三是"先固后稀淋浇发酵原池浸出法"。

1. 低盐固态发酵移池浸出法

该法是将发酵后成熟酱醅移入浸出池（俗称淋油池）淋油的发酵方法。发酵池不设假底，发酵结束，把酱醅移至淋油池淋油。操作方法是：制曲结束，成曲及时拌入盐水制醅，以免成曲堆积升温过度，使酶活力显著下降，拌曲盐水 12~13 °Bé，夏季水温 45~50 ℃，冬季水温 50~55 ℃，使入池品温控制在 40~45 ℃。拌曲盐水量控制在制曲原料总重量的 65% 左右。

倒池是将酱醅从一个发酵池移入另一个发酵池的操作。倒池的作用主要是：使酱醅各部分的温度、盐分、水分以及酶的浓度均匀一致；排除酱醅内部因生物化学反应而产生的有害气体、有害挥发性杂质；增加酱醅的含氧量，防止厌氧菌生长，促进有益微生物的繁殖和色素生成等。有些工厂由于设备条件的限制，发酵周期多在 20 d 左右。一般发酵周期 20 d 左右时只需在第 9~10 d 倒池 1 次。如发酵周期在 25~30 d 可倒池 2 次。

2. 低盐固态发酵原池浸出法

不另建淋油池，发酵池下面有假底并留有阀门，发酵结束，打入冲淋盐水浸泡后，打开阀门即可淋油。其优点在于，省去倒醅工序，可采用大水量制醅，产品全氮水解率、氨基酸生成率高，酱油风味好，不易焦化产生焦糊气味。但是发酵池需要留出适当添加盐水浸淋的空间，并需要增加原池淋油流出的管道，因而发酵设备利用率比移池淋油法低。此外，原池淋油法利于前后发酵工艺的实施，从前发酵转入后发酵时的加盐、降温、添加发酵微生物及补加糖化液的操作方便。

3. 低盐固态淋浇发酵浸出法

将累积在发酵池底部的酱汁，用泵抽回浇于酱醅表面，使酱汁布满酱醅整个表面均匀下渗，即淋浇。发酵过程中不断淋浇，直至 35 d 酱醪成熟后淋油。此法改变了厚层发酵法中酱醅中的酶不易浸出、品温上升快、不易控制等不足之处。但淋浇发酵法需要增加一些淋浇设备和淋浇操作，在工艺上带来不方便。淋浇时一般采用自循环淋浇较好，可以减少酱汁中的热量损失和动力消耗，设备比较简单。

该工艺的操作方法是：成曲入池后，拌入 30~35 ℃、15~16 °Bé 盐水，为投料量的 150%。发酵前期约 10 d，保持品温 38~43 ℃，每日淋浇一次；转入发酵后期，补加浓盐水、乳酸菌和酵母菌，保持品温在 35~40 ℃，前 10 d 隔日浇一次，后 15 d 隔两日浇一次，后发酵约 25 d，酱醅成熟。发酵完成后的酱醅即可用浸提液浸泡后抽取酱油，此为原油，原油要抽提干净，原油入储油池，发酵池中剩余一次酱渣。原油抽取干净后，往一次酱渣中加入盐水，浓度要求为 9~11 °Bé，温度 90 ℃以上，浸泡 12 h 以后可以抽取二油，剩余二次酱渣；往二次酱渣中加入 90 ℃以上的水浸泡 12 h 后提取三油，三油抽净后即可出渣。使用二油、三油对原油进行配兑，化验室根据产品质量标准以氨基酸态氮、食盐为主要考核指标进行检测，指导车间进行配兑生产。

所谓淋油就是将发酵后的酱醅中所含有的可溶性物质溶解到浸出液中，形成酱油的半成品。在浸出过程中涉及溶解、萃取、过滤、重力沉降等物理现象。

8.3.4.4 酱油的加热、配制、防腐、贮藏和包装

从酱醅中淋出的头油称生酱油，还需经过加热及配制等工序才能成为各个等级的成品。加热的作用有：①杀灭酱油中的残存微生物，延长酱油的保质期；②破坏微生物所产生的酶，特别是脱羧酶（decarboxylase）和磷酸酯酶（phosphatase），避免继续分解氨基酸而降低酱油的质量，保

持酱油组分；③调和芳香气味，生酱油经过加热后，其中成分有所变化，能使香气醇和且圆熟，可改善风味；④增加色泽，生酱油的颜色较浅，经过加热后，部分水分蒸发，部分糖分转化成色素，增加了酱油的色泽；⑤除去悬浮物和杂质，加热使蛋白质形成絮状沉淀，可带动悬浮物及其他杂质一起下沉，使酱油澄清。

一般采用蒸汽加热法，方法有：夹层锅加热、盘管加热、直接通入蒸汽加热和列管式热交换器加热等。加热酱油的温度，因酱油品种不同而异。高等级酱油具有浓厚风味，且固形物含量高，加热会使某些风味成分挥发，甚至产生焦糊味而影响质量，加热温度应低些。而对于固形物含量低，香味差的生酱油，加热温度可适当提高。一般酱油加热温度为 65～70℃，时间为 30 min，或采用 80℃连续灭菌。如果酱油中添加了核酸类调味料以增加鲜味，则必须要破坏酱油中存在的核酸分解酶——磷酸酯酶，这时应把加热温度提高到 90～95℃以上，维持 15～20 min。

由于每批酱油的品质不一致，因此在出厂前，要经过配制，使之达到标准，产品一致。酱油配制得当，不仅可保证质量，而且还可起到降低成本、节约原材料和提高出品率的作用。将每批生产中的头油和二淋油或质量不等的原油，按统一的质量标准进行配兑，使成品达到感官特性、理化指标要求。

在气温较高的地区和季节，成品酱油表面往往会产生白色的斑点，随着时间的延长，逐渐形成白色的皮膜，继而加厚，变皱，颜色也逐渐变成黄褐色，这种现象称为酱油生霉或生白花，主要是由好氧的耐盐性产膜酵母、粉状毕氏酵母（*Pichia farinosa*）和盐生接合酵母（*Zygosaccharomyces alsus*）等引起的。一般添加 0.05%～0.1% 的山梨酸或 0.08～0.09% 的苯甲酸钠以防止酱油在贮存和销售过程中发生腐败现象。

酱油的贮存是将酱油放在一个由不锈钢或内涂环氧树脂的钢材制成的圆筒形桶，其底呈锥形并设有阀门，使贮存过程中因加热凝固的蛋白质沉淀集中，便于取出。澄清的酱油可进行包装，有瓶装和散装两种。优质酱油用绿色玻璃瓶装，散装酱油多采用木桶或塑料桶包装，适于当地销售。包装后的酱油需经检验，合格后方可出厂。

【习题】

名词解释：

食醋　山西老陈醋　镇江香醋　四川保宁麸皮醋　福建永春红曲醋　酿造酱油　低盐固态发酵酱油　淋油

简答题：

1. 谷物醋酿造过程共经历了哪三个阶段，各个阶段的作用是什么？
2. 简述食醋酿造的主要微生物及其作用。
3. 简述山西老陈醋酿造的工艺流程及特点。
4. 简述参与酱油酿造的主要微生物及其作用。
5. 简述酱油色、香、味、体的形成机理。
6. 简述酱油低盐固态发酵工艺的工艺流程及特点。

【开放讨论题】

文献阅读与讨论：

1. Gomes RJ, Borges MF, Rosa MF, et al. Acetic acid bacteria in the food industry: systematics, characteristics and applications [J]. Food Technology and Biotechnology, 2018, 56（2）: 139-151.

推荐意见：这篇文献综述了在食品工业有重要应用的醋酸菌的分类、生物化学特性、代谢产物、分离、鉴定和定量方法，值得对醋酸菌感兴趣的师生参考。

2. 李幼筠.酱油生产实用技术［M］.北京：化学工业出版社，2015.

推荐意见：此书介绍了酱油产品分类、生产菌种、制曲管理、发酵工艺和酿造机理等。值得对酱油酿造感兴趣的师生参考。

案例分析、实验设计与讨论：

1. 查阅资料，写一篇新技术、新方法应用于食醋和酱油研究和生产的读书报告。

2. 熏醅是传统山西老陈醋生产中一道特有的工序，请设计一套现代化的熏醅设备。

【参考资料】

［1］陈福生.食品发酵设备与工艺［M］.北京：化学工业出版社，2011.

［2］徐清萍.食醋生产技术［M］.北京：化学工业出版社，2008.

［3］张宝善.食醋酿造学［M］.北京：科学出版社，2014.

［4］许正宏，陆震鸣，史劲松.食醋酿造原理与技术［M］.北京：科学出版社，2019.

［5］宋安东.调味品发酵工艺学［M］.北京：化学工业出版社，2009.

［6］何国庆.食品发酵与酿造工艺学［M］.第二版.北京：中国农业出版社，2011.

［7］包启安.酱油科学与酿造技术［M］.北京：中国轻工业出版社，2011.

［8］李幼筠.酱油生产实用技术［M］.北京：化学工业出版社，2015.

［9］侯红萍.发酵食品工艺学［M］.北京：中国农业出版社，2016.

［10］张兰威.发酵食品工艺学［M］.北京：中国轻工业出版社，2018.

［11］葛向阳.酿造学［M］.北京：高等教育出版社，2005.

［12］王斌，陈福生.醋酸菌的分类进展［J］.中国酿造，2014，33（12）：1-10.

［13］杨雁霞，张文洪，杨云娟，等.宏基因组学应用于耐盐酶类及耐盐基因研究的进展［J］.微生物学通报，2019，46（4）：900-912.

［14］张翼鹏，段焰青，刘自单，等.美拉德反应在食品和生物医药产业中的应用研究进展［J］.云南大学学报（自然科学版），2022，44（1）：203-212.

［15］Mamlouk D，Gullo M. Acetic acid bacteria：physiology and carbon sources oxidation［J］. Indian Journal of Microbiology，2013，53：377-384.

［16］Huang C，Guo H J，Xiong L，et al. Using wastewater after lipid fermentation as substrate for bacterial cellulose production by *Gluconacetobacter xylinus*［J］. Carbohydrate Polymers，2016，136：198-202.

［17］Lynch K M，Zannini E，Wilkinson S，et al. Physiology of acetic acid bacteria and their role in vinegar and fermented beverages［J］. Comprehensive Reviews in Food Science and Food Safety，2019，18：587-625.

［18］Yang H R，Chen T，Wang M，et al. Molecular biology：Fantastic toolkits to improve knowledge and application of acetic acid bacteria［J］. Biotechnology Advances，2022，107911. Doi：10.1016/j.biotechadv.2022.107911.

第 9 章
微生物与有机酸

天然有机酸广泛存在于水果中，如葡萄、苹果、桃等。原始的萃取法提取有机酸是将未成熟的果汁煮沸，加入石灰水，生成钙盐沉淀，再通过酸化处理即可制得有机酸。目前商业上有机酸的生产方法主要有化学合成法、酶转化法和微生物发酵法。有机酸作为生物细胞的中间代谢物，经过多年的研究已成为成熟的生物技术商品，被广泛应用于食品、制药、化妆品、洗涤剂、聚合物和纺织品等行业。其中，乙酸和柠檬酸的第一次生产过程可分别追溯到 1823 年和 1913 年。

通过本章学习，可以掌握以下知识：
1. 发酵产有机酸的菌株。
2. 微生物产有机酸的途径。
3. 乳酸、柠檬酸、苹果酸发酵工艺。
4. 有机酸生产的代谢调控。

在开始学习前，先思考下列问题：
1. 哪些代谢途径可能会积累有机酸？
2. 有机酸生产菌株需要具备哪些特性？

【思维导图】

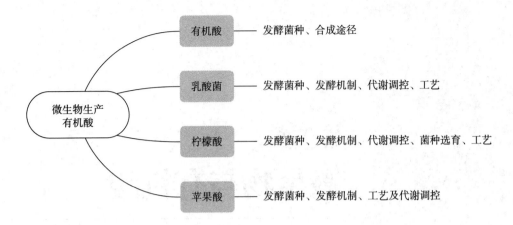

9.1 有机酸发酵

有机酸（organic acids），通常是指分子中具有羧基（不包括氨基酸）的一类酸性化合物。除甲酸外，有机酸都是由烃基和羧基两部分组成，根据羧基数目可以分为：一元羧酸、二元羧酸、三元羧酸等。根据烃基不同又可以分为：脂肪族羧酸、脂环族羧酸、芳香族羧酸、饱和羧酸、不饱和羧酸等。分类如图9-1所示。

有机酸被广泛应用于食品、化妆品、医药和化工等行业。柠檬酸、苹果酸、乳酸、酒石酸以及醋酸等是食品行业中常见的酸味剂，不仅可以增进饮料风味，还能起到防腐作用。苹果酸、柠檬酸、乳酸、酒石酸、乙醇酸、扁桃酸（又称杏仁酸）等有机酸浓度小于3%时有保湿效果，浓度超过4%时，可以破坏角质层细胞间的连结，达到去除多余角质的作用。柠檬酸及其盐类广泛用作口服药液和悬浮液，以缓冲并保持药物活性成分的稳定性。绿

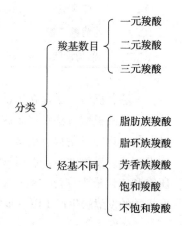

图 9-1 有机酸的分类

原酸是许多中草药的有效成分，具有抗菌、利胆、升高白细胞等作用。乙酸常被用于制造醋酸纤维、金属醋酸盐等产品，也可以用于制造工业溶剂和原料，同时在印染、橡胶工业中也有广泛应用。苹果酸、富马酸和琥珀酸作为四碳二羧酸被美国能源部列为潜在的可用于缓解石油危机的生物基原料。具有代表性的有机酸应用如表9-1所示。

表 9-1 具有代表性的有机酸分类与应用

碳原子数	有机酸	年产量 /t	发酵法年生产量 /t	预计市场总量 /t	应用
C_2	乙酸	7 000 000	190 000		合成乙酸乙烯酯用于高分子聚合物，乙酸乙酯作为"绿色"溶剂
C_2	草酸	124 000			合成中间体，配位体
C_3	丙烯酸	4 200 000			聚合物生产
C_3	3-羟基丙酸			360 000	丙烯酸的潜在替代品和可生物降解聚合物的生产
C_3	乳酸	150 000	150 000		食品饮料，可生物降解聚合物生产
C_3	丙酸	130 000			食品和饲料
C_4	丁酸	50 000			治疗，芳香剂
C_4	富马酸	12 000		> 200 000	食品和饲料，聚酯树脂
C_4	苹果酸	10 000		> 200 000	具有取代马来酸酐的潜力
C_4	琥珀酸	16 000		> 270 000	潜力取代马来酸酐，制造四氢呋喃，聚合物
C_5	衣康酸	15 000	15 000		特殊单体
C_5	乙酰丙酸	450		高	散装化学品可能的前体
C_6	己二酸	2 500 000			生产的尼龙6,6酯用作增塑剂和润滑剂
C_6	抗坏血酸	80 000			食品添加剂

碳原子数	有机酸	年产量 /t	发酵法 年生产量 /t	预计市场 总量 /t	应用
C_6	柠檬酸	1 600 000	1 600 000		食品添加剂
C_6	葡萄糖二酸			高	生产新尼龙，新积木
C_6	葡萄糖酸	87 000	87 000		食品添加剂，金属螯合剂

天然有机酸广泛存在于植物界，主要存在于植物的叶、花、茎、果实、种子和根等部分。原始的有机酸提取方法是将未成熟的植物提取物煮沸，加入石灰水，生成有机酸的钙盐沉淀，再通过酸化处理即可制得有机酸。目前商业上有机酸的生产方法主要有化学合成法、酶转化法和微生物发酵法。发酵法生产有机酸具有原料来源丰富、生产工艺经济、产品安全性高等优点，是目前研究和应用最为广泛、最有发展前景的生物制造方法。近年来随着诸多工程和组学技术的发展，有机酸的发酵法生产（以一步发酵法为主）已经成了相关产业研究的热门。

9.1.1 有机酸发酵菌种

由微生物发酵产生的有机酸约 60 余种，主要包括醋酸、乳酸、丙酮酸、苹果酸、衣康酸、α- 酮戊二酸、柠檬酸 2- 酮基 -L- 古龙酸。

1. 自然界中的有机酸发酵菌种

现已经发现多种类型的微生物可以用于生产有机酸，常见的如曲霉、酵母和细菌等（见表 9-2）。某些菌株对于特定有机酸的生产具有天然的优势，如土曲霉（*Aspergillus terreus*）能够发酵高产衣康酸，琥珀酸放线菌（*Actinobacillus succinogenes*）和琥珀酸厌氧螺菌（*Anaerobiospirillum succiniciproducens*）能够高产琥珀酸，黑曲霉（*Aspergillus niger*）是柠檬酸的工业生产菌。

表 9-2 常见有机酸的生物法生产

有机酸	生产菌株 / 酶	底物	产量 / (g·L⁻¹)	转化率 / (g·g⁻¹)
乙酸	醋化醋杆菌	干酪乳清	42.00 ~ 28.00	0.98 ~ 0.82
	酿酒酵母和醋酸菌	葡萄糖	66.00	0.31
乳酸	乳酸片球菌	玉米秸秆	104.50	0.72
	植物乳杆菌	甘蔗汁	106.00	0.96
丙酸	丙酸杆菌	甘油	106.00	0.54 ~ 0.71
	费氏丙酸杆菌	葡萄糖	25.20	0.48
	詹氏丙酸杆菌	甘油	39.43	0.65
3- 羟基丙酸	弗里德兰氏杆菌	甘油	83.80	0.54
	谷氨酸棒状杆菌	葡萄糖、木糖	62.60	0.51
	大肠杆菌	甘油	40.51	0.97
丙酮酸	光滑球拟酵母	葡萄糖	94.30	0.64
	大肠杆菌	葡萄糖，乙酸	90.00	ND
	假单胞菌，NAD- 依赖型的乳酸脱氢酶	乳酸	17.44	0.94
	大肠杆菌，L- 氨基酸脱氨酶	D/L- 丙氨酸	14.57	0.29

有机酸	生产菌株／酶	底物	产量/（g·L⁻¹）	转化率/（g·g⁻¹）
衣康酸	土曲霉	葡萄糖	86.80	0.67
	大肠杆菌	甘油	43.00	0.60
	黑粉菌	甘油	34.70	0.18
	土曲霉	小麦麸皮水解液	49.65	ND
琥珀酸	产琥珀酸厌氧螺菌	葡萄糖	83.00	0.88
	大肠杆菌	葡萄糖，木糖	83.00	0.87
	解脂耶氏酵母	甘油	110.70	0.53
	产琥珀酸巴斯夫菌	蔗糖	45.00	0.66
	类芽孢杆菌，β-葡萄糖苷酶	甘蔗渣水解液	26.50	ND
富马酸	米根霉	葡萄糖	78.00	0.78
	大肠杆菌	甘油	41.50	0.54
	嗜热栖热菌，富马酸酶	L-苹果酸	126.90	0.47
	米根霉	酿酒废水	43.67	ND
L-苹果酸	黄曲霉	葡萄糖	113.00	0.94
	鲁氏接合酵母	葡萄糖	74.90	0.33
	酿酒酵母	葡萄糖	59.00	0.31
	戴尔根霉	玉米秸秆水解液	120.00	0.96
	稗黑粉菌	甘油	196.00	0.82
	米曲霉	葡萄糖	165.00	0.68
柠檬酸	解脂耶氏酵母	蔗糖	140.00	0.82
	黑曲霉	玉米粉水解物	187.50	ND
	黑曲霉	木薯酶解液	141.50	ND
	解脂耶氏酵母	菊粉	84.00	0.84
	解脂耶氏酵母	葡萄糖	101.00	0.89

2. 基因工程构建的有机酸发酵菌种

随着全基因组测序技术、系统生物学和合成生物学策略的发展，一些食品安全级的基因工程菌株也逐渐被开发和利用（见表 9-3），它们作为"微生物细胞工厂"生产有机酸，必须具备食品级表达系统的基本条件。

表 9-3　食品安全级基因工程菌的应用

食品安全级的基因工程菌株	产物	应用
里氏木霉菌 DP-Nzs51	α,α-海藻糖葡萄糖水解酶	生产蒸馏酒精
大肠杆菌 BLASC	葡聚糖 1,4-α-麦芽糖淀粉酶	烘焙、酿造和生产葡萄糖浆
重组枯草芽孢杆菌	N-氨基葡萄糖	降低骨关节炎症药品前体
黑曲霉 NZYM-FP	酶磷脂酶 A1	油脂脱胶
粟酒裂殖酵母	PHYZYME® XP 植酸酶	禽类和猪的饲料添加剂

食品安全级的基因工程菌株	产物	应用
毕氏酵母	APSA PHYTAFEED® 植酸酶	鸡的饲料添加剂
大肠杆菌 KCCM 80135	L- 色氨酸	动物饲料添加剂
大肠杆菌 NITE BP-02351	L- 亮氨酸	动物饲料添加剂
谷氨酸棒状杆菌 KCCM 80182	L- 精氨酸	动物饲料添加剂
谷氨酸棒状杆菌 KCCM 10227	L- 赖氨酸	动物饲料添加剂
枯草芽孢杆菌 10035	葡聚糖水解酶	烘焙
大肠杆菌 CGMCC 5585	N- 乙酰神经氨酸	燕窝酸
枯草芽孢杆菌 168/pMA0911-8BMP	鲜味肽 8 BMP	食品肽类鲜味剂
毕氏酵母 GS115	谷胱甘肽	保护和调节细胞内氧化还原平衡
谷氨酸棒杆菌	α- 酮戊二酸	蛋白质合成、骨骼肌的发育和代谢
谷氨酸棒杆菌 Ile903	L- 苏氨酸	人体和动物体必不可少的氨基酸种类之一
黑曲霉菌株 PEP2	脯氨酰内肽酶	对胶原合成和细胞生长过程中脯氨酸的再循环起重要作用

酵母菌是最简单的单细胞真核食品级表达系统，能够耐受高渗透压和低 pH 环境，且遗传背景清晰、基因操作工具成熟，是理想的有机酸生产宿主，如多营养缺陷型的光滑球拟酵母菌（*Torulopsis glabrata*）用于生产丙酮酸已有 10 多年的历史。尽管酵母菌作为生产宿主具有诸多优势，但也仅适用于部分有机酸的生产，因其往往产量较低或生产强度远达不到工业化的需求。

以食品安全级的米曲霉（*Aspergillus oryzae*）、黑曲霉为例，可以生产大肠杆菌等原核细菌不能表达的真核生物活性蛋白，包括蛋白酶、淀粉酶、糖化酶、纤维素酶、植酸酶等，在食品级产品的生产中有悠久的历史，同时也是天然的有机酸高产菌株。但是与单细胞的细菌或酵母发酵相比，丝状真菌因其独特的形态学特点，在不同的搅拌、通气条件下具有复杂的菌丝体形态，影响溶氧、传质等，进而影响产酸。为了有效地生产所需的化学物质，这些微生物中有许多经历了相当大的代谢工程改造。未来传统的发酵工业将由基因重组菌种取代。

9.1.2　有机酸合成途径

微生物可以利用可再生物质为原料生产有机酸，具有发酵效率高、成本低廉等优点。通过代谢工程途径生产有机酸，不仅有助于实现资源替代，同时可以为有机酸产业的发展和提升提供技术支撑。微生物的有机酸发酵途径从发生位置上分为以下两类：①位于胞质的糖酵解途径（EMP）和还原三羧酸循环（rTCA）途径；②位于线粒体内的氧化三羧酸循环途径（TCA）和乙醛酸分流途径（图 9-2）。

9.1.2.1　胞质内糖酵解途径

葡萄糖是最容易被微生物代谢利用的碳源。微生物通过细胞膜上的糖转运系统进入细胞，经过糖酵解途径合成二羧酸和三羧酸代谢的中间物——丙酮酸。丙酮酸通过异型发酵途径形成乙酰磷酸，经乙酸激酶催化生成乙酸。在辅酶 A 存在下，乙酰磷酸也可以形成乙醛，在多种脱氢酶作用下，经厌氧乙酰辅酶 A 途径（Wood-Ljungdahl 途径）再次生成乙酸。另一方面，丙酮酸也可以在 L- 乳酸脱氢酶（L-lactate dehydrogenase，L-LDH）和其他修饰酶的作用下，生成 L- 乳酸。

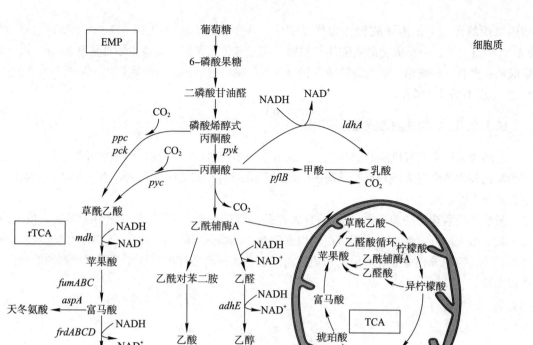

图 9-2 · 有机酸合成相关的中心代谢途径

9.1.2.2 线粒体内氧化三羧酸循环途径

在有氧条件下，糖酵解产生的丙酮酸经过氧化三羧酸循环的系列反应最终生成草酰乙酸，在该途径中，草酰乙酸和乙酰辅酶 A 在柠檬酸合酶的作用下被转化成柠檬酸，随后在好氧条件下在线粒体中发生两次氧化反应，生成琥珀酸，继而通过琥珀酸脱氢酶和富马酸酶（fumaric acid，FUM）的作用生成富马酸和苹果酸。

知识拓展 9-1
富马酸酶的基本性质

因为 TCA 循环有 CO_2 的排放，所以富马酸的最高理论产率为 1 mol/mol 葡萄糖。因为 TCA 循环中的富马酸酶，催化富马酸到苹果酸方向的酶活性高，所以 TCA 循环通常难以高效积累富马酸，富马酸更容易被进一步地转化为苹果酸。在此循环的系列反应中，多种有机酸中间体被合成，例如柠檬酸、琥珀酸、富马酸和苹果酸。

9.1.2.3 胞质内还原三羧酸循环途径

在多种微生物的胞质内还存在还原三羧酸循环。在该途径中，丙酮酸首先在 ATP 和 CO_2 的参与下通过位于胞质中的丙酮酸羧化酶（pyruvate carboxylase，PYC）转化为草酰乙酸。随后，草酰乙酸在苹果酸脱氢酶（malate dehydrogenases，MDH）、富马酸酶和富马酸还原酶（Fumaratereductase，FRD）的作用下被依次转化为苹果酸、富马酸和琥珀酸。

由于第一步中丙酮酸的羧化固定了一分子的 CO_2，该途径的最大理论产率为 2 mol/mol 葡萄糖，产物的转化率高。另一方面，相比于 TCA 循环，rTCA 途径由于是定位于胞质的线性的代谢途径，丙酮酸通过固碳作用，经草酰乙酸直接转化成苹果酸、富马酸和琥珀酸，副产物有机酸的积累量更少。因此，rTCA 被认为是最高效合成四碳二羧酸的途径。

通过在大肠杆菌和酿酒酵母等多种模式微生物中引入来源于天然四碳有机酸生产菌株中的 rTCA 途径的相关基因，已经实现了各种四碳有机酸的异源生产。除了在丙酮酸羧化酶和苹果酸脱氢酶的作用下由丙酮酸转化为苹果酸外，苹果酸酶（ME）可以在 NADP⁺/NADPH 或 NAD⁺/NADH 的参与下，一步催化丙酮酸和苹果酸的相互转化。大多数的微生物都具有 NADP⁺ 依赖的苹果酸酶；也有一些细菌，如大肠杆菌、枯草芽孢杆菌、根瘤菌、假单胞菌等，同时具有 NADP⁺ 和 NAD⁺ 依赖型的苹果酸酶。

9.1.2.4 线粒体内乙醛酸分流途径

乙醛酸途径生产有机酸的潜在途径。在该途径中，通过 TCA 循环形成的异柠檬酸在异柠檬酸裂解酶的催化下分解为琥珀酸和乙醛酸。随后乙醛酸与乙酰辅酶 A 结合，在苹果酸合成酶的催化下合成苹果酸。

虽然乙醛酸途径的理论收率不如 rTCA 途径，但乙醛酸旁路的代谢途径相对较短，反应简单，因而具有很大的开发潜力。然而，由于以葡萄糖为底物时形成的中间体磷酸烯醇式丙酮酸会抑制该途径中关键酶异柠檬酸裂解酶的作用，乙醛酸途径在高糖环境中往往会受到强烈的抑制作用而难以激活。

9.2 乳 酸 发 酵

乳酸（Lactic acid），学名 α- 羟基丙酸，分子式为 C₃H₆O₃。由于乳酸分子结构中含有一个不对称碳原子，因此它具有旋光异构现象。根据构型及旋光性的不同，乳酸可分为 D- 乳酸、L- 乳酸和 DL- 乳酸，其中 L- 乳酸为左旋型乳酸，是人体唯一可以分解利用的乳酸类型。L- 乳酸在食品行业用于延长食品保质期、保持食品色泽、改进食品品质、调整食品 pH 等；在医药领域可用于蒸汽消毒、药物制剂、防腐剂等，乳酸聚合得到的聚乳酸是良好的手术缝线，免除拆线的麻烦；乳酸还可作防腐剂应用于饲料，作为保湿剂应用于化妆品行业等。特别是高光学纯度的 L- 乳酸，因其可作为生物降解材料 L- 聚乳酸的前体，市场需求量巨大。

9.2.1 乳酸发酵菌种

目前 L- 乳酸主要通过微生物发酵法获得。自然界中可产乳酸的微生物很多，但是产乳酸能力强、具有工业应用价值的，只有真菌中的根霉属（*Rhizopus*）和细菌中的乳杆菌属（*Lactobacillus*）。

根霉发酵所使用的菌株主要以米根霉（*Rhizopus oryzae*）为主。米根霉菌落疏松或稠密，最初为白色，后变为灰褐色至黑褐色，匍匐枝爬行，无色，假根发达，指状或根状分枝、多呈褐色（图 9-3）。孢囊梗直立或稍弯曲，2~4 根群生，与假根对生，有时膨大或分枝。囊托楔形，菌丝形成厚垣孢子，不生成接合孢子。适合生长温度 37~41℃。米根霉有淀粉糖化能力，发酵生产乳酸最适温度为 30℃，可利用无机氮，如尿素、硝酸铵、硫酸铵等。在氧气充足的条件下，米根霉可以直接利用淀粉质原料产生 L- 乳酸。理想状态下根据根霉代谢产乳酸的途径计算得出的产率低，根霉发酵产乳酸的理论产率较低；根霉的菌体形态易发生变化，这会导致乳酸的生产速率下降；根霉发酵产乳酸的过程需要不断通风搅拌，动力消耗较大。因此，根霉发酵正逐步被细菌厌氧发酵所取代。

工业生产大多数采用厌氧细菌生产 DL- 乳酸，少数工厂采用乳酸细菌生产 L- 乳酸。乳杆菌属是最早应用于乳酸生产的一类细菌，因其具有产酸量高、产酸快等特点，一直是乳酸发酵生产中研究最多的乳酸菌类型，如德式乳杆菌、鼠李糖乳杆菌、嗜酸乳杆菌、干酪乳杆菌

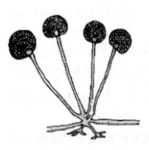

图 9-3 米根霉

等。其中，德氏乳杆菌是国内外乳酸生产中常用的生产菌种。此外，链球菌属的嗜热链球菌、乳脂链球菌、唾液链球菌等和芽孢杆菌属的凝结芽孢杆菌也可以生产乳酸。表 9-4 中列举了一些国内外比较有代表性的乳酸生产菌株以及生产情况。

表 9-4　国内外代表性乳酸生产菌株及其生产情况表

菌株	L-乳酸/(g·L)	生产速率/(g·L·h)	文献
干酪乳杆菌 LA-04-1	180	2.1	Ding and Tan，2006
乳酸乳球菌 BME5-18M	210	2.2	Bai et al，2003
德氏乳杆菌 NCIM2356	189	1.9	Anuradha et al，1999
粪肠球菌 RKYI	144	5.1	Yun et al，2003
乳明串珠菌 17C5	55	0.3	Patel et al，2004
大肠杆菌 AL S974	138	6.3	Zhu et al，2007
酿酒酵母 OC-2T TI65R	122	2.5	Saitoh et al，2005

1. 德氏乳杆菌保加利亚亚种

德氏乳杆菌（*Lactobacillus delbrueckii* subsp. *bulgaricus*）是一种革兰氏阳性菌，单个或短链杆状，无鞭毛、芽孢，菌落圆形，乳白色，边缘整齐，化能异养性，兼性厌氧，能利用麦芽糖、蔗糖、葡萄糖、果糖、半乳糖、糊精等碳源，能发酵产生 D-乳酸或 DL-乳酸。其最佳的发酵温度为 37℃。当培养温度达到 40℃左右时，D-乳酸的产率显著降低（图 9-4）。

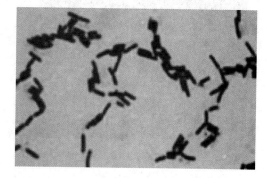

图 9-4　德氏乳杆菌，杆状，革兰氏阳性

2. 德氏乳杆菌乳亚种

德氏乳杆菌乳亚种（*Lactobacillus delbrueckii* subsp. *lactis*）又称莱士曼氏乳杆菌，是革兰氏阳性无芽孢杆菌，不运动，休眠期短，稳定期长，产酸适中兼性厌氧（图 9-5）。能利用麦芽糖、蔗糖、葡萄糖、果糖和海藻糖产酸；利用半乳糖、甘露醇和 α-甲基配糖体生成微量酸；不发酵乳糖、棉子糖、阿拉伯糖、鼠李糖、糊精和菊芋糖。能耐受 13 g/L 的乳酸，最适生长温度为 36℃。

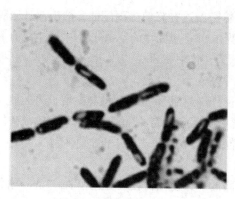

光学显微镜

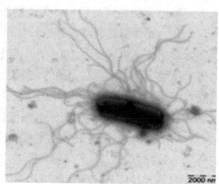

电子显微镜

图 9-5　德氏乳杆菌亚种，杆状，革兰氏阳性

9.2　乳　酸　发　酵

3. 植物乳杆菌

植物乳杆菌（*Lactiplantibacillus*）又称阿拉伯糖乳杆菌，是革兰氏阳性菌，细胞呈杆状，大小（3 ~ 8）μm ×（0.7 ~ 1）μm，单个或呈短链，末端变圆。通常缺乏鞭毛，但能运动（图 9-6）。革兰氏阳性，不生芽孢。兼性厌氧，表面菌落直径约 3 mm，凸起，呈圆形，表面光滑，细密，色白，偶尔呈浅黄或深黄色。在琼脂斜面培养基上生长不旺盛，硝酸盐还原试验阴性。能利用麦芽糖、蔗糖、葡萄糖、果糖、半乳糖、阿拉伯糖、乳糖和棉子糖产酸；利用甘露醇、山梨醇、甘油、木糖和糊精生成微量酸；不发酵鼠李糖、淀粉和菊芋糖。一般产 DL- 乳酸，能耐受 13 g/L 的乳酸，最适生长温度为 30℃。

4. 凝结芽孢杆菌

凝结芽孢杆菌（*Bacillus coagulans*）分类学上属于厚壁菌门芽孢杆菌属，细胞呈杆状，革兰氏阳性菌，端生芽孢，无鞭毛（图 9-7）。分解糖类生成 L- 乳酸，为同型乳酸发酵菌。最适生长温度为 45 ~ 50℃，最适 pH 为 6.6 ~ 7.0。与其他乳酸菌相比，凝结芽孢杆菌对乳酸有较好的耐受性，可积累较高浓度的 L- 乳酸。此外，其发酵温度一般高于 50℃，发酵过程不易染菌。

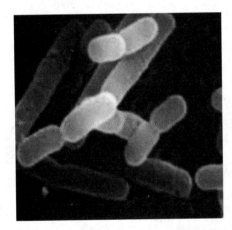

图 9-6　植物乳杆菌，杆状，革兰氏阳性

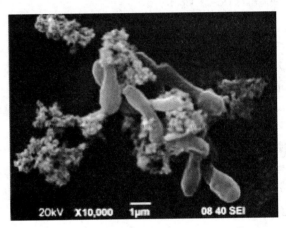

图 9-7　凝结芽孢杆菌，杆状，革兰氏阳性

9.2.2　乳酸发酵机制

1. 细菌发酵乳酸

按细菌生产乳酸的代谢类型的不同，可以分为同型乳酸发酵细菌、异型乳酸发酵细菌和双歧乳酸发酵细菌。工业生产上除生产干酪、香肠、腌泡菜等发酵食品需要一些异型发酵菌外，单纯生产乳酸都采用同型乳酸发酵菌。

同型乳酸发酵细菌在发酵过程中，葡萄糖经糖酵解途径降解为丙酮酸，然后在乳酸脱氢酶的催化下还原为乳酸，葡萄糖对乳酸的理论转化率为 100%。但是由于发酵过程中微生物有其他生理活动存在，实际转化率不可能达到 100%，一般认为转化率在 80% 以上者，即视为同型乳酸发酵。工业上采用德氏乳酸杆菌的乳糖对糖的转化率达到 96%。

异型乳酸发酵是某些乳酸菌利用戊糖磷酸途径分解葡萄糖为 5- 磷酸核酮酸，再经差向异构酶作用变成 5- 磷酸木酮糖，然后经磷酸酮解酶催化裂解反应生成甘油醛 -3- 磷酸和乙酰磷酸、甘油醛 -3- 磷酸，进一步经 EMP 途径转化为乳酸。异型乳酸发酵每消耗 1 mol 葡萄糖产生 1 mol 乳酸，乳糖对糖的转化率只有 50%。

双歧乳酸发酵是双歧杆菌发酵葡萄糖产生乳酸的一条途径，在发酵过程中，2 mol 葡萄糖产生 2 mol 乳酸及 3 mol 乙酸，乳酸转化率为 50%。因此，目前细菌发酵生产 L- 乳酸的研究主要以同型发酵细菌为主，其乳酸代谢途径如图 9-8 所示。在乳酸菌的代谢过程中，乳酸脱氢酶（LDH）是催化丙酮酸转化为乳酸的关键酶。在微生物体内一般含有两种乳酸脱氢酶基因，分别调控产生 L- 乳酸脱氢酶和 D- 乳酸脱氢酶，催化丙酮酸产生 L- 乳酸和 D- 乳酸。因此，对大部分乳酸菌而言，其发酵产物乳酸多为 L- 乳酸和 D- 乳酸的混合物。

2. 真菌发酵乳酸

米根霉是乳酸发酵过程中的代表菌种，因此真菌发酵乳酸的机制以米根霉为例讲解。米根霉在发酵过程中，葡萄糖经糖酵解途径生成丙酮酸，在米根霉细胞内，存在两个独立调控的丙酮酸库：在细胞质丙酮酸库中，丙酮酸可以在乳酸脱氢酶的作用下生成乳酸，也可以进入乙醇、草酰乙酸、苹果酸和富马酸合成途径；在线粒体丙酮酸库中，丙酮酸生成草酰乙酸进 TCA 循环。因此米根霉的理论转化率较低（图 9-9）。

9.2.3 乳酸发酵代谢调控

9.2.3.1 乳酸生产菌种的选育

菌株的生产特性与发酵工业生产关系密切。一般来说，生产菌株应该具备如下特征：①发酵时间短，但产率高。②发酵过程中应不产或少产生副产物。③菌株生长旺盛。④发酵过程中能高效地把原料转为产品。⑤对发酵原料化学组成的波动敏感度低。⑥对添加的前体物质具有较高的耐受性。⑦遗传特性稳定。

乳酸高产菌株，除了具备上述生产菌株的特性外，更需要具备以下特征：①高效的乳酸脱氢酶活力，弱化丙酮酸脱氢酶系。②耐受较高浓度的乳酸或乳酸盐。③不具有以乳酸为唯一碳源的生长能力，不能利用丙酮酸作为碳源生长。基于此，通过诱变、原生质体融合与基因工程等技术进行育种，可以提高菌种产乳酸的能力。

乳酸生产菌株的基因诱变育种是乳酸工业生产菌株重要来源。一般而言，产乳酸菌种的诱变育种流程主要包括：乳酸菌的活化、菌悬液的制备、诱变处理、富集培养、初筛和复筛等步骤。具体方法如下：

活化：将保存于冰箱的植物乳杆菌接种于 MRS 肉汤液体培养基进行活化，并制备菌悬液。

诱变：在无菌条件下吸取培养至对数期的出发菌株的菌液，经离心去掉上清后，吸取适量放于载片上，进行 ARTP 诱变处理。经诱变处理后利用旋涡混合器进行振荡，使诱变菌全部洗脱。菌液梯度稀释 $10^{-6} \sim 10^{-8}$ 后，涂布于 MRS 固体培养基上，在 37℃ 条件下避光培养 48 h。

初筛：挑选培养后的诱变单菌落点接于筛选培养基上，点接出发菌株作为对照。37℃ 培养 48 h 后，测定诱

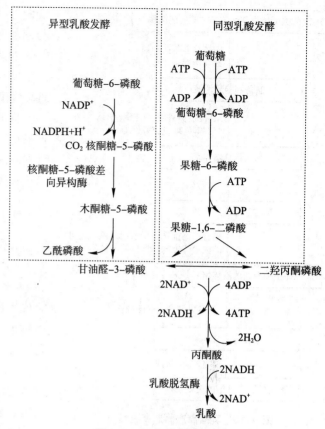

图 9-8 细菌乳酸代谢途径

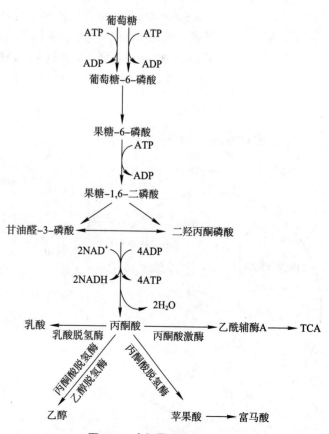

图 9-9 米根霉乳酸代谢途径

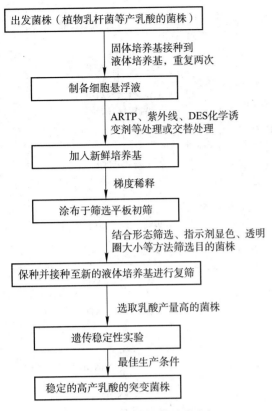

图 9-10　乳酸高产菌选育流程

变菌株的溶钙圈直径（H）和菌落直径（C），计算菌株溶钙圈直径与菌落直径的比值，即 HC 值，挑选其中 HC 值相比于原始 HC 值大 30% 的菌株以进行下一步复发酵筛选。

复筛：将经初筛得到的菌株进行活化、培养，通过酸度的测定选取发酵酸度较高的菌株为高产酸菌株，并进行保存。

将突变乳酸菌菌株连续传代培养 5 次，测定每一代突变菌株的产酸能力，从而验证菌株的突变性能是否能够稳定遗传。将突变菌株在不同温度与 pH 条件下进行培养，通过测定吸光度值来确定其最适生长温度与 pH。

9.2.3.2　乳酸生产菌种的代谢工程改造

在微生物体内，L- 乳酸生物合成的前体为丙酮酸，丙酮酸可以在 L- 乳酸脱氢酶（L-lactate dehydrogenase，LDH；编码该酶的基因为 *ldh*）和其他修饰酶的作用下，生成 L- 乳酸。近年来，基于构建合成生物学的微生物细胞工厂，将外源的 L- 乳酸合成途径引入到微生物内，辅以加强前体供给、限速步骤调控等策略，使得微生物具备了异源高效生产 L- 乳酸的能力。由于酿酒酵母自身的特殊优势如食品安全性、遗传背景清晰、环境耐受能力较强等特点，成为目前学者首选的改造宿主（图 9-10）。

1. LDH 在酿酒酵母内的表达

酿酒酵母自身不含特定的 L- 乳酸生物合成途径，需要首先引入相应的 LDH。1994 年，Dequin 利用乙醇脱氢酶基因 *adh*1 启动子 P_{adh1} 调控源于干酪乳杆菌（*Lacticaseibacillus casei*）的 *ldh*，使其在酿酒酵母内表达，构建了一株能混合发酵乙醇和乳酸的突变株。该菌株在以葡萄糖为碳源的培养基中发酵，证实有 20% 的葡萄糖转化为 L- 乳酸，L- 乳酸产量为 10 g/L。有研究者通过在酿酒酵母中表达牛来源的 *ldh*，将 L- 乳酸产量提高至 20 g/L。此外，为提高 LDH 在菌体中的稳定性，还有研究者把植物乳杆菌（*Lactiplantibacillus plantarum*）来源的 *ldh* 整合到酿酒酵母基因组中，发现有 27% 的葡萄糖转化为 L- 乳酸，最终积累 50 g/L 的 L- 乳酸。以上结果说明，不同来源的 LDH 以及其在酿酒酵母内的表达方式对 L- 乳酸产率有较大影响。但是，仅在酿酒酵母中表达外源 *ldh* 得到的 L- 乳酸积累量都不高，需要通过代谢工程手段进一步提高产率（图 9-11）。

2. 丙酮酸旁路代谢途径改造

酿酒酵母主要有三条丙酮酸代谢途径：①在丙酮酸羧化酶途径中，丙酮酸在丙酮酸羧化酶（PYC）的催化下，转化为草酰乙酸（OAA），进入三羧酸循环（TCA）；②在丙酮酸脱氢酶途径中，丙酮酸在线粒体蛋白酶丙酮酸脱氢酶（PDH）的催化下，转化为线粒体乙酰辅酶 A（acetyl-CoA），进入 TCA；③在丙酮酸脱羧酶途径中，丙酮酸在丙酮酸脱羧酶（PDC）的作用下转化为乙醛，后者在乙醇脱氢酶（ADH）的进一步作用下

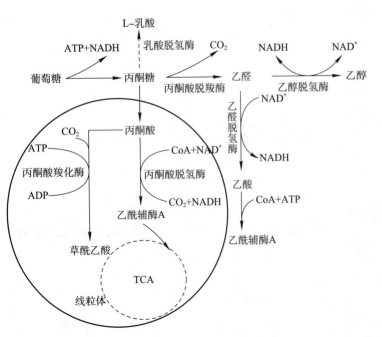

图 9-11　酿酒酵母改造菌株的丙酮酸代谢及 L- 乳酸合成途径

生成乙醇或者在乙醛脱氢酶（ALD）的进一步作用下生成乙酸（acetate）。L-乳酸是丙酮酸在 LDH 的作用下生成的，因此，要提高 L-乳酸的产率，多位研究者采用了降低丙酮酸旁路代谢通量的策略。

（1）丙酮酸脱羧酶（PDC）途径的改造

为降低副产物乙醇的积累量，在酿酒酵母中导入外源 *ldh* 的基础上敲除丙酮酸脱羧酶基因 *pdc*，使葡萄糖对乳酸的转化率提高而对副产物乙醇的转化率降低。为进一步提高 L-乳酸的转化率，通过同源重组的方式用牛来源的 *ldh* 替换掉酿酒酵母的 *pdc*，构建了 *ldh* 双拷贝并缺失 *pdc*1 的突变株，结果发现 62.2% 的葡萄糖转化为 L-乳酸，乳酸积累量达到 55.6 g/L，副产物乙醇为 16.9 g/L。随后，该研究小组还分别构建了 4 拷贝和 6 拷贝的 *ldh* 基因工程菌，结果表明，L-乳酸的积累量与 *ldh* 拷贝数呈正相关，其中 6 个拷贝基因工程菌的 L-乳酸积累量可达到 122 g/L，但副产物乙醇的产量也超过 40 g/L。此时，乙醇成了制约 L-乳酸积累量进一步提高的关键因素，若将乙醇合成途径完全切断，乙醇将不再积累，但此时丙酮酸是否会顺利流向目的产物 L-乳酸尚需验证。在前期构建的双拷贝 *ldh* 并缺失 *pdc*1 菌株的基础上又敲除了一个 *pdc*5，副产物乙醇积累量降低到 5 g/L 以下，L-乳酸的积累量达到 82.3 g/L，葡萄糖对 L-乳酸的转化率提高到 81.5%。

（2）乙醇脱氢酶（ADH）途径的改造

乙醇脱氢酶基因 *adh* 是酿酒酵母乙醇发酵中最主要的同工酶。在酿酒酵母中导入真菌来源的 *ldh* 的基础上敲除了自身的 *adh*，改造后的菌株在无氧条件下无法生长，在有氧条件下 L-乳酸积累量虽然能达到 20 g/L，但同时有近 40 g/L 的甘油生成，这对提高 L-乳酸的产量是不利的。为此，研究者通过同源重组方式用 *ldh* 替换掉 *adh*，构建了 4 拷贝 *ldh* 并同时缺失 *pdc*1 和 *adh* 的突变株，乳酸积累量可达到 74.1 g/L，而副产物乙醇约 7 g/L。可见，在弱化某条途径的代谢通量时，必须要保证上游中间代谢产物的积累不会对菌体的生长产生抑制。

（3）丙酮酸脱氢酶（PDH）途径的改造

酿酒酵母的 PDH 能够催化丙酮酸转化形成线粒体乙酰辅酶 A。有研究者在乳酸克鲁维酵母（*Kluyeromyces lactis*）中导入外源 *ldh* 的基础上敲除 PDH 的 E1α 亚基基因，构建含有 LDH 并缺失 PDH 活性的突变株，L-乳酸的转化率比含有 LDH 活性并缺失 PDC 活性的突变株高。该研究结果可为酿酒酵母 PDH 途径的改造提供参考。

3. 辅因子工程

利用酿酒酵母生产 L-乳酸所面临的主要问题是如何能获得较高的 L-乳酸产量和较高的产率，并缩短菌体的发酵周期。通过改变菌体代谢通量达到目的产物积累最大化时，势必也会造成某些中间代谢产物合成的不足以及目的产物的过量积累而造成菌体生长受抑制。因此，增加目的产物积累量的同时必须补偿必需中间代谢产物的供给以及减轻对目的产物的抑制。

NADH/NAD$^+$ 在细胞中的比例影响酿酒酵母的代谢途径方向，NADH 积累，甘油合成也会相应提高。在酿酒酵母中表达乳球菌 NADH 氧化酶基因，NADH 浓度降低 5 倍，NADH/NAD$^+$ 降低 6 倍，乙醇、甘油、琥珀酸、羟戊二酸产率明显降低，乙醛、乙酸、羟基丁酮产率则增加。表达酿酒酵母 NADH 氧化酶，可以降低甘油产率。将来源于乳酸菌的 NADH 氧化酶基因（NOXE）和大肠杆菌可溶解的吡啶核苷酸转氢酶基因（UDHA）表达于酿酒酵母中，丙酮酸产量提高 21%。在酿酒酵母中表达 *L. Lactis* NADH 氧化酶基因，构建一株乙醇发酵突变株，在以木糖为碳源的培养基中发酵，木糖醇、甘油产率分别降低 60% 和 83%，同时提高了乙醇产率。因此，降低 NADH/NAD$^+$ 在胞质中的比例将有利于葡萄糖向 L-乳酸方向转化。

4. 胞外运输

代谢生成的乳酸会在工程菌中积累，降低胞内 pH 并增加酿酒酵母菌体负荷，LDH 酶活性受到抑制，L-乳酸合成降低。将乳酸转运蛋白 JEN1 表达于乳酸-质子同向转运缺陷的酿酒酵母菌株中，菌株恢复乳酸转运。酿酒酵母的乳酸胞外运输消耗 ATP，在酿酒酵母工程菌内表达

JEN1 及乙酸转运蛋白 ADY2 后，乳酸产量提高 15%，但是研究仅证实 JEN1 参与乳酸的转胞内运输。

9.2.4 乳酸发酵工艺

乳酸可以通过发酵单糖或者含糖物质的水解物获得，还可以直接利用淀粉质原料通过解淀粉微生物或同步糖化发酵进行直接乳酸发酵获得。以淀粉、淀粉质为主要原料大规模生产乳酸的方法已经被世界各国广泛采用。从降低成本考虑，我国各大乳酸厂普遍采用玉米、大米、红薯等淀粉含量高的原料进行乳酸生产。

用淀粉质原料（如：大米、玉米、薯干粉等）生产乳酸的工艺流程，如图 9-12 所示。

将大米粉碎（粒径 < 0.25 mm），先在糊化罐内放一定量的底水，开始搅动，将大米粉与米糠按 10：1 比例送入罐内，按淀粉计加入 5～10 U/g 耐高温淀粉酶。加水调成米：糠：水 = 10：1：12.5（质量比）的醪液。搅拌均匀后，直接通入蒸汽，排尽冷空气，罐压 0.1～0.2 MPa，温度 120℃，维持 15～20 min。糊化醪的要求是大米充分膨胀，无夹生。糊化完毕，降罐压至 0 MPa，放出多余蒸汽，夹套中通入冷却水。使糊化醪液温度降至 60℃以下，放入发酵罐（池）中。

发酵罐中先放入一定量的底水，水温在 50～55℃，放入糊化醪并加水至规定容积。发酵培养基的总糖浓度为 100 g/L 左右，往罐中通入压缩空气，使料液翻匀。同时加乳酸调 pH 至 4.8～5.0。温度在 50～52℃时，以淀粉计加入糖化酶 120 U/g，再接入 10% 菌种培养物，搅匀。

乳酸菌的酸度耐受性较低，因此在发酵过程中应保持 pH 在 4.0 以上。发酵开始后约 6 h，开始加入 $CaCO_3$ 进行中和，必须要通入压缩空气翻匀。发酵过程中醪温维持在（50±1）℃，每 2 h

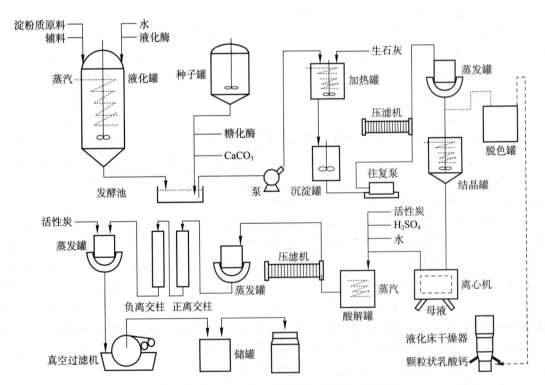

图 9-12　以淀粉质原料发酵生产乳酸的工艺流程

检测调节一次。当残糖量降至 1 g/L 以下时，表明发酵已经结束，总发酵时间约 70 h。

9.3　柠檬酸发酵

柠檬酸，又名枸橼酸，是一种三元羧酸，分子式为 $C_6H_8O_7$，是有机酸生产中的大宗产品，由于其具有良好的口感、低毒性、功能多元等特点被广泛应用于食品、饮料、制药、清洁等方面。我国是柠檬酸第一生产大国，柠檬酸年产值在百万吨以上，占据国民经济很大比重。2019 年我国柠檬酸行业产量约 139 万吨，市场规模达到 19.18 亿元。化学法合成柠檬酸具有污染性强、工艺繁琐、成本高等缺点，目前多采用微生物发酵法生产柠檬酸。

9.3.1　柠檬酸生产菌种

多种微生物都可用于生产柠檬酸，如曲霉类、黑曲霉和青霉菌；酵母类，有解脂耶氏酵母（*Yarrowia lipolytica*），热带假丝酵母（*Candida tropicalis*）等；及细菌类，有地衣芽孢杆菌（*Bacillus licheniformis*）和棒状杆菌（*Corynebacterium* sp.）等。

柠檬酸是能量代谢产物，仅在代谢不平衡条件下才能大量积累，虽然文献报道多种类型微生物可以生产柠檬酸，但是仅曲霉类与酵母类可用于工业化生产。一些菌株会在柠檬酸积累过程中产生异柠檬酸等副产物，黑曲霉因耐酸性强及可以积累大量柠檬酸，成为发酵产柠檬酸的主要菌种，微生物发酵产生的柠檬酸中大约 80% 来自黑曲霉。此外，酵母类可以利用不同类型碳源生产柠檬酸，其中解脂耶氏酵母已经广泛应用于生产。表 9-5 中列举了一些国内外比较有代表性的柠檬酸生产菌株以及生产情况。

表 9-5　国内外代表性柠檬酸生产菌株及其生产情况表

菌株	柠檬酸产量	发酵方式	文献
黑曲霉 NRRL567	123.9 g/kg	固态发酵	Barrington et al，2009
解脂耶氏酵母 Y-1095	9.8 g/L	液态深层发酵	Crolla et al，2011
黑曲霉 ATCC 10577	96 g/kg	固态发酵	Roukas，2000
解脂耶氏酵母 SWJ-1b	31.7 g/L	液态发酵	Liu et al，2015
涎沫假丝酵母	91 g/L	液态深层发酵	Kim et al，2015
黑曲霉 ATCC9142	137.6 g/kg	固态发酵	Khosravi-Darani et al，2008
黑曲霉 GCMC-7	106.65 g/L	液态深层发酵	Ul-Haq et al，2002

9.3.1.1　黑曲霉

黑曲霉菌丛呈黑褐色，直径 15~20 pm，长约 1~3 mm，壁厚而光滑。分生孢子为球形，呈黑或黑褐色，平滑或粗糙。菌丝发达，有隔膜和多分枝顶部形成球形顶囊，其上全面覆盖一层梗基和一层小梗，小梗上长有成串褐黑色的球状，直径 2.5~4.0 μm。分生孢子为球状，直径 700~800 μm，蔓延迅速，初为白色，后变成鲜黄色直至黑色厚绒状，背面无色或中央略带黄褐色，孢子梗长短不一（图 9-13）。黑曲霉生长适温为 28℃，其最低相对湿度为 88%，能引起水分较高的粮食及其他工业器材等产生霉变。黑曲霉可以利用糖蜜、玉米粉等营养成分生长，在氧气充足的条件下利用碳源生产柠檬酸。

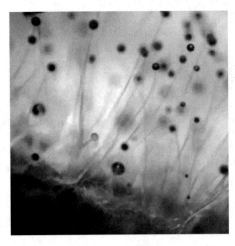
图 9-13　黑曲霉

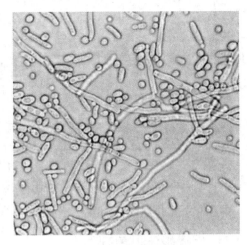
图 9-14　解脂耶氏酵母

9.3.1.2　解脂耶氏酵母

解脂耶氏酵母，菌落圆形，米黄色、褶皱、边缘毛状、4.0~6.0 mm。细胞单个、球形、卵形、腊肠形，菌丝包括真菌丝和假菌丝，无性繁殖方式为多边芽殖（图 9-14）。解脂耶氏酵母可利用石油发酵制得柠檬酸及异柠檬酸。

9.3.2　柠檬酸发酵机制

黑曲霉是发酵产柠檬酸的主要工业菌种。黑曲霉利用木薯、玉米、马铃薯、葡萄糖、淀粉等碳源，通过糖酵解或磷酸戊糖途径得到磷酸烯醇式丙酮酸或丙酮酸，再经过不完整的 TCA 途径以及 rTCA 途径积累柠檬酸（图 9-15）。细胞吸收外界的碳源物质转化为葡萄糖进入细胞内部，首先进行磷酸化作用变为 6-磷酸-葡萄糖，之后分为两步，一部分进入己糖磷酸旁路，大部分进入 EMP 途径。而糖酵解途径中，6-磷酸葡萄糖分解为丙酮酸，其中一部分丙酮酸进入线粒体转变为乙酰辅酶 A，剩下的则通过固定 CO_2 变为草酰乙酸，其中部分草酰乙酸可被苹果酸脱氢酶催化生成苹果酸，再通过苹果酸-柠檬酸反向进入线粒体中。

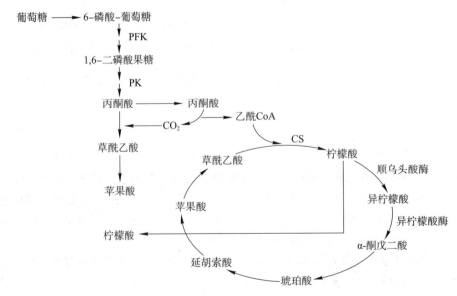

图 9-15　黑曲霉积累柠檬的途径

9.3.3 柠檬酸发酵代谢调控

柠檬酸是 TCA 循环中重要的中间物，它可以作为碳循环中间物合成各种重要有机酸并产生代谢能量，是代谢调控中重要的调控因子。因为细胞中调控机制的精密性，胞内柠檬酸含量会控制在一定范围内，若需要大量积累柠檬酸则应改变菌株胞内代谢调控机制。

9.3.3.1 代谢关键酶调节

1. 磷酸果糖激酶（PFK）的代谢调控

磷酸果糖激酶（PFK）是糖酵解途径中的第一个关键酶。PEK 将果糖 -6- 磷酸催化生成 1,6- 二磷酸果糖并吸收能量生成 ADP。可以通过提高 PEK 对应基因拷贝数或通过提高 AMP、Pi、NH_4^+ 等含量提高 PFK 活力。在一定浓度范围内，柠檬酸和 ATP 会影响 PFK 的活力，但在正常 NH_4^+ 浓度下，PFK 对柠檬酸无敏感反应，而由于 Mn^{2+} 对 NH_4^+ 浓度有较大影响，因此 Mn^{2+} 对 PFK 活力也会产生相应影响。

2. 丙酮酸激酶（PK）的代谢调控

丙酮酸激酶（PK）是糖酵解途径中的关键酶。PK 可将 PEP 催化生成丙酮酸并生成 ATP，因此可通过提高 PK 对应基因的拷贝数或通过 NH_4^+、K^+ 激活 PK 的活力，从而提高 PK 代谢通量，使碳代谢流向丙酮酸。

3. 丙酮酸羧化酶（PYC）的代谢调控

丙酮酸羧化酶（PYC）是丙酮酸转化为乙酰辅酶 A 的关键酶，经 CO_2 固定生成草酰乙酸，这一环节是三羧酸循环中供给草酰乙酸的主要反应步骤。PYC 以生物素和乙酰辅酶 A 作为辅酶进行催化，其活性不受乙酰辅酶 A 的抑制，但 α- 酮戊二酸对 PYC 有微弱的抑制效果。

4. 柠檬酸合酶（CS）的代谢调控

CS 是三羧酸循环过程的第一个关键酶，可以催化乙酰辅酶 A 和草酰乙酸生成柠檬酸。可以从基因层面增加基因拷贝数或通过 C_oA 和 ATP 来提高 CS 的活力。柠檬酸浓度高于正常值时，提高草酰乙酸浓度可以提高 CS 对乙酰辅酶 A 的作用亲和力。

5. 顺乌头酸酶、异柠檬酸脱氢酶的代谢调控

顺乌头酸酶以及异柠檬酸脱氢酶是 TCA 循环内消耗柠檬酸的关键酶。柠檬酸本身不易氧化，在顺乌头酸酶作用下，柠檬酸通过脱水与加水反应，使羟基由 β 碳原子转移到 α 碳原子上，生成易于脱氢氧化的异柠檬酸，在异柠檬酸脱氢酶的催化下，进一步氧化脱羧形成 α- 酮戊二酸。当菌株内柠檬酸积累到一定水平，胞内 pH 下降，从而抑制顺乌头酸酶、异柠檬酸脱氢酶的活性，防止柠檬酸在 TCA 中进一步分解。在 Cu^{2+} 0.3 mg/L、Fe^{2+} 2 mg/L、和 pH 2.0 的情况下，两个关键步骤受抑制影响从而导致柠檬酸积累。

9.3.3.2 金属离子的代谢调控

高浓度 Mn^{2+} 会刺激乙酰辅酶 A，造成草酰乙酸浓度下降，不利于柠檬酸的合成；Fe^{2+} 对柠檬酸发酵有着微妙的作用，它主要是乌头酸水合酶及异柠檬酸脱氢酶的激活剂，以前认为 Fe^{2+} 缺乏是柠檬酸积累的必要条件，但现在证实在柠檬酸发酵初期，需要少量 Fe^{2+} 存在以促进菌体生长，随后控制 Fe^{2+} 浓度才能开始大量积累柠檬酸。国外对于原料中 Fe^{2+} 处理的报道很多，而我国采用诱变方法改良的菌种对 Fe^{2+} 具有强耐受性，因此利用微生物发酵生产柠檬酸时，不用考虑原料中 Fe^{2+} 的影响；Cu^{2+} 能抑制柠檬酸裂解酶的活力，在培养基中添加适量 Cu^{2+} 有利于得到较高产量的柠檬酸。几种常见的金属离子对柠檬酸合成酶的抑制作用大小为 $Ca^{2+} > Mg^{2+} > Na^+ > K^+$，当然还与离子强度有关。不同的菌种以及不同的原料生产柠檬酸时，金属离子的数量和种类的变化将起到不同的作用。

综上所述，高产柠檬酸黑曲霉大量积累柠檬酸的机制可归纳如下：

（1）严格限制供给锰离子等金属离子，或筛选耐高浓度 Mn^{2+}、Zn^{2+}、Fe^{2+} 等金属离子的菌体，降低菌体中糖代谢转向合成蛋白质、脂肪酸、核酸的可能，使细胞中形成高水平的 Fe^{2+}，达到解除柠檬酸和 ATP 对 PFK 酶的反馈抑制，使 EMP 途径的代谢流增大的目的。

（2）菌体细胞中存在一条呼吸活动性强的侧系呼吸链，对氧敏感，但不产生 ATP，促使细胞内的 ATP 浓度下降，由此减轻了 ATP 对 PFK 酶、CS 酶的反馈抑制，促进 EMP 途径的畅通，增加柠檬酸的合成。

（3）丙酮酸羧化酶是组成型酶，不受代谢调节控制，可不断提供草酰乙酸，平衡丙酮酸氧化脱羧生成乙酰辅酶 A 和 CO_2 固定反应，保证前体物乙酰 CoA 和草酰乙酸的提供，柠檬酸合成酶基本不受调节作用影响或影响极微弱，由此可以增强柠檬酸的合成能力。

（4）α- 酮戊二酸脱氢酶受葡萄糖和铁离子抑制作用，减弱黑曲霉中的 TCA 循环，降低细胞内 ATP 浓度，使 α- 酮戊二酸浓度升高，同时对柠檬酸脱氢酶反馈抑制，降低柠檬酸的自身分解。

（5）顺乌头酸水合酶催化时建立柠檬酸：顺乌头酸：异柠檬酸 = 90：3：7 的平衡，顺乌头酸水合酶的作用总是趋向于合成柠檬酸，即柠檬酸分解活力低。当柠檬酸浓度升高到某一水平，会抑制异柠檬酸脱氢酶活力，从而进一步促进柠檬酸自身积累；pH 降至 2.0 以下时，顺乌头酸水合酶和异柠檬酸脱氢酶失活，此时更有利于柠檬酸积累并排出体外。

9.3.4 柠檬酸生产菌种选育和改造

9.3.4.1 柠檬酸高产菌种的选育

与传统的有机酸高产菌种的选育方法类似，柠檬酸高产菌株诱变育种方法分为以下几个步骤：选择出发菌株、制备孢子菌悬液、诱变处理菌悬液、高产柠檬酸菌株筛选。

高产柠檬酸菌株选育实例：

微生物发酵生产柠檬酸历史悠久，我国柠檬酸高产菌株研究近年来层出不穷，下面将介绍一例诱变选育柠檬酸高产菌株实例：黑曲霉 zs-10-5 的选育。

黑曲霉 zs-10 首先通过 ^{60}Co 和亚硝基胍单独诱变确定最适的诱变剂量，进行 ^{60}Co 与亚硝基胍复合诱变黑曲霉孢子。通过挑选圈径比大的菌株进行初筛，初筛后得到 30 株然后进行了两轮复筛再传代培养最后得到平均产酸为 155 g/L 的菌株 zs-10-5。诱变流程：

$$黑曲霉 zs-10 \longrightarrow {}^{60}Co\gamma \text{ 射线诱变} \longrightarrow 亚硝基胍诱变 \longrightarrow 黑曲霉 zs-10-5$$

9.3.4.2 柠檬酸生产菌株的代谢工程改造

高产菌种是发酵生产的基础，因此很多研究集中于菌种的改良，通过诱变筛选和代谢工程改造来促进柠檬酸合成的研究一直是个热点问题，特别是代谢工程改造可以通过理性设计有针对性地改造菌种。

1. 对糖酵解和 TCA 循环的改造

中心代谢途径具有严格的蛋白水平调控，因此过表达糖酵解和 TCA 途径的限速酶对柠檬酸合成产率起到促进效果。研究发现过表达丙酮酸激酶和磷酸果糖激酶没有增加柠檬酸产量，胞内代谢物水平以及酶活性也没有明显的变化。尽管磷酸果糖激酶的表达量有所提高，但酶活性因其激活因子果糖 -2,6- 二磷酸浓度的减少而降低，最终重组菌的柠檬酸产量为 55 g/L，转化率 64%，与对照菌没有明显差别。同样地，过表达柠檬酸合酶也不能提高柠檬酸产量。但在黑曲霉中表达 FPK1 的突变体（该突变体的 C 端截短以解除柠檬酸的结合，并且 T89E 位点突变去除了磷酸化位点）可以提高柠檬酸的产量，产量提高率高达 70%。

2. 抑制因子及副产物的去除

敲除 6- 磷酸海藻糖合成酶 A 可以减少 6- 磷酸海藻糖的含量，减轻其对己糖激酶的抑制，更早激发柠檬酸的积累。Brsa-25 与 Mn^{2+} 的应答相关，对其基因的反义 mRNA 进行表达以达到在 mRNA 水平弱化该基因的目的，发现可以促进菌球的形成并在 Mn^{2+} 存在的条件下提高柠檬酸的产量。草酸是黑曲霉在 pH 高于 3 时生产的有机酸，草酰乙酸乙酰基水解酶（OAH）主导草酸的形成。缺失葡萄糖氧化酶和草酰乙酸乙酰基水解的重组菌可以在 pH 为 5 以及 Mn^{2+} 存在时生产柠檬酸。

3. 回补途径的加强

对 rTCA 途径对柠檬酸合成的影响也进行了研究。分别在黑曲霉中单独表达和共表达富马酸酶（Fum1s 和 FumRs）、富马酸还原酶（Frds1）和苹果酸脱氢酶（Mdh2）。与出发菌株相比，所有的基因工程菌均有更高的柠檬酸转化率和产率。过量表达 Mdh2 可以促使柠檬酸合成提前，这一结果支持了细胞质的苹果酸激发柠檬酸的合成这一推测。过量表达富马酸酶促使延胡索酸向苹果酸转化，这给线粒体的苹果酸 - 柠檬酸反向转运蛋白提供更多底物，从而增加了柠檬酸的分泌，但与此同时也会合成大量草酸。Frds1 过量表达菌株有更高的柠檬酸产率，该基因催化琥珀酸转化为富马酸，细胞质的琥珀酸合成与柠檬酸合成间的关系暗示了琥珀酸也可以作为线粒体的柠檬酸反向转运蛋白的底物。共表达 FumRs 和 Frds1 得到最高的柠檬酸产量，在该工程菌中重构细胞质的 rTCA 循环，可以促使苹果酸向琥珀酸转化。

4. 乙酰 -CoA 的调节

乙酰 -CoA 是细胞内重要的分子，在多个细胞器内产生，主要用于生产能量，合成多种分子以及蛋白的乙酰化。真核细胞有 4 个部位可以合成乙酰 -CoA：丙酮酸脱氢酶合成乙酰 CoA，主要用于 TCA 循环；过氧化物酶体中的乙酰 -CoA 通过氧化脂肪酸形成，随后进入线粒体进行氧化；细胞质中，乙酰 -CoA 合成酶（ACS）和 ATP- 柠檬酸裂解酶（ACL）转化乙酸和柠檬酸从而形成乙酰 -CoA；此外，ACS 和 ACL 在细胞核中也能合成乙酰 -CoA，为组氨酸乙酰化提供乙酰基。在黑曲霉中敲除 Acl1 和 Acl2 两个编码 ATP- 柠檬酸裂解酶亚基的基因，可以促使乙酰 -CoA 和柠檬酸含量下降，伴随着营养生长的减弱、色素减少、产孢能力下降及孢子萌发迟缓等。外源添加乙酸可以使基因工程菌的生长和孢子萌发能力恢复，但不会改善产色素和产孢能力。过表达这两个基因可以增加柠檬酸的产量。但另一项研究基于模型预测对 ATP- 柠檬酸裂解酶进行敲除，实现了琥珀酸产量的提高，同时增加了柠檬酸产量。目前对于乙酰 -CoA 在柠檬酸合成中的调节作用机制还不明确，因此需要更多实验证实。

9.3.5 柠檬酸发酵工艺

9.3.5.1 柠檬酸发酵工艺

柠檬酸发酵生产的主要技术包括表面（浅盘）发酵法、深层液体发酵法、固体发酵法等。随着我国选育的耐糖、耐酸并具备抗金属离子的黑曲霉高产柠檬酸菌株被成功应用与深层液体发酵生产，采用黑曲霉高产柠檬酸菌株进行深层液体发酵成为主流技术（图 9-16）。

在发酵原料选择方面，我国表面发酵法通常采用甜菜糖蜜或者甘蔗糖蜜，深层发酵法的工厂不仅能够利用糖蜜，还可以利用较高纯度的原料，例如水解淀粉、经一定工艺加工的葡萄糖和纯化的葡萄糖、精制蔗糖或粗蔗糖等。采用纯化的原料可以促进产量增加，减少发酵时间。

9.3.5.2 柠檬酸发酵条件控制

柠檬酸发酵生产过程一般分为两个生理状态：生长发育过程和发酵产酸过程。当菌株生长发育时，胞内各种生理活动途径活跃，能量代谢旺盛，胞内能量和物质都流向细胞生长发育方向，

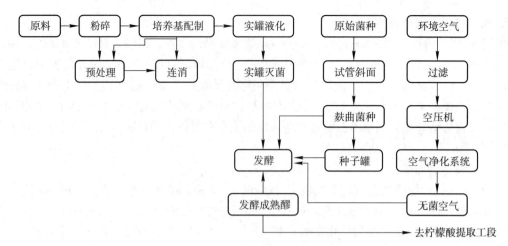

图9-16　柠檬酸深层发酵工艺

抑制发酵产酸。在菌株转化进入产酸阶段时菌株生长发育增殖受抑制，代谢平衡被破坏，各种代谢途径阻断或者破坏。两个阶段的好氧需氧情况、罐内pH、温度控制和营养因子等都不相同，需要相应条件优化。

1. 营养要素

（1）碳源

多糖能否被黑曲霉利用合成柠檬酸曾引起争议，研究发现多糖水解酶在酸性环境中活性降低，不能及时降解多糖为葡萄糖进入EMP途径，因此通常用作柠檬酸发酵的碳源是单糖或双糖。其中蔗糖被认为比葡萄糖和果糖更利于合成柠檬酸。碳源的种类和浓度对柠檬酸发酵都重要。柠檬酸的产量一般随初始糖浓度的提高而增加，初始糖浓度为14%~22%时可以得到最高产率。初始糖浓度低于2.5%时，不产生柠檬酸，这可能与高糖浓度下α-酮戊二酸脱氢酶被抑制有关。

（2）氮源

黑曲霉发酵柠檬酸过程中氮源来源广泛，包括有机氮源和无机氮源，无机氮源优先被利用，特别是$(NH_4)_2CO_3$，其形成的色素和黏稠物少，便于发酵后期处理工作，同时能抑制草酸的形成。NH_4^+对柠檬酸的产生有重要的作用，可以合成胞内营养物质调节代谢途径。氮源过剩会导致菌体生长过猛，产酸量低；而不足则又会使得菌体长势滞弱，因此应该对培养基中的C、N进行适宜配比。

（3）无机盐

无机盐作为六大营养因素之一，是微生物生长发育以及发酵过程中必不可少的物质，它对柠檬酸发酵菌株的生长及发酵产物的产出具有重要作用。

① Cu^{2+}对柠檬酸生产的影响

过量的Cu^{2+}对黑曲霉有毒害作用；而Cu^{2+}缺乏时会影响黑曲霉的发育。在柠檬酸的发酵过程中，必须加入适宜的浓度的Cu^{2+}。

② Fe^{2+}对柠檬酸生产的影响

在柠檬酸发酵工艺中，常采用控制培养基中金属元素的含量进而来探讨对生产柠檬酸含量的影响作用。长期培养微生物后，废水培养基往往对发酵带来困难。在具体培养中需要考虑多种金属离子的混合作用，这样可达到优化培养基成分的目的。经过实验探究得到，Fe^{2+}主要影响柠檬酸生产时培养基的pH以及进一步影响其他离子，通过间接的作用影响柠檬酸发酵。

③ Zn^{2+}对柠檬酸的生产的影响

当Fe^{2+}和一定量的Zn^{2+}同时存在时可以提高柠檬酸产量，但是单纯加入Zn^{2+}并不会提高产量，控制Zn^{2+}浓度可以调控菌株从生长阶段转化为产酸阶段。

④ Mn²⁺ 对柠檬酸生产的影响

Mn^{2+} 影响柠檬酸发酵的诸多方面。Mn^{2+} 影响菌体的形态，这可能与其浓度影响菌丝形态相关基因的表达有关。Mn^{2+} 还会对菌体蛋白质、核酸等大分子物质的合成产生影响，缺乏 Mn^{2+} 时，菌体内蛋白质合成受阻，胞内外氨基酸浓度升高，菌体内 DNA 合成受抑制，同时会引起细胞壁成分的变化而影响细胞壁的通透性。Mn^{2+} 是柠檬酸发酵生产过程中乌头酸酶、异柠檬酸脱氢酶等酶的激活剂，还会影响黑曲霉体内正常呼吸链的活性，调节菌体能量代谢。

2. 发酵条件

（1）温度

黑曲霉最适生长温度为 33~37℃，发酵产酸的最佳温度是 29±2℃，温度过高则会使得杂菌滋生，而过低则其生长受限。

（2）pH

黑曲霉是一种嗜酸性微生物，pH 对柠檬酸发酵有两方面的影响。第一：黑曲霉生长时期，适宜黑曲霉生长的最适 pH 范围是 3~7。在柠檬酸发酵时期，不同的发酵原料使得其初始 pH 存在差异，但对于柠檬酸积累来说需要控制 pH 低于 3。因为该 pH 可以抑制杂菌生长和杂酸产生。

（3）接种量和接种方式

柠檬酸发酵接种量取决于孢子接种量，黑曲霉发酵最适接种量是在 50 mL 培养液中加入 10^8 个孢子。实验证明，孢子接种（斜面孢子，麸曲孢子）产酸高于菌丝接种。其主要原因是接种孢子数量大于斜面孢子。

（4）溶氧的控制

柠檬酸产生菌黑曲霉是严格的好氧微生物，其产酸速率与溶氧分压呈正比。当溶氧分压下降到 10 kPa 时，产酸速率下降不大；当溶氧分压下降到 3.2 kPa 时，产酸能力基本降至 1.8 kPa（即临界溶氧分压）时，产酸能力完全丧失。这种低溶氧下产酸能力的丧失，很少能重新恢复。因此，柠檬酸发酵时必须供给充足的氧，在生长期溶氧分压不得低于 1.8 kPa。

黑曲霉产酸期由于菌丝体浓度大，发酵液黏度增加，因此增加了氧的传递阻力，这就需要加大通气量，尤其是刚进入产酸期的细胞对溶氧十分敏感，若中途终止氧的供应，尽管时间很短，也会对后期产酸造成严重的影响，甚至可能完全停止产酸。

3. 各种添加剂

（1）低级醇类

研究发现，黑曲霉只有在菌丝体生长阶段才生产柠檬酸，在形成孢子阶段基本不产酸。适量添加 1%~5% 的低级醇可以有效抵消痕量金属元素存在时对柠檬酸发酵的不良影响。目前，最常用的低级醇是甲醇。在研究黑曲霉95以玉米淀粉为原料生产柠檬酸时，发现向发酵培养基外源添加 3% 甲醇时，柠檬酸的产量有明显提高。甲醇的主要作用可能是抑制了 α- 酮戊二酸脱氢酶的活力，提高了丙酮酸羧化酶的活力。此外，外源添加甲醇还可以提高菌体对环境中微量金属离子的耐受性和影响细胞的通透性，有利于产物扩散到发酵体系中，降低胞内柠檬酸的浓度。但是，高浓度甲醇对细胞有毒害作用，因此要根据需要控制甲醇的添加量。

（2）络合剂

由于柠檬酸发酵对微量元素如 Fe^{2+}、Zn^{2+}、Mn^{2+}、Cu^{2+} 等相当敏感，加入金属离子络合剂对柠檬酸发酵有不同程度的影响。黄血盐是最常用的糖蜜培养基处理剂，据报道，在 80~100℃ 下其可以在 15 min 内将大量 Fe^{2+}、Mn^{2+} 盐沉淀。在糖蜜培养基中被检出的 21 种微量元素中，有 18 种可被黄血盐不同程度地沉淀下来。乙二胺四乙酸（EDTA）是一种金属离子络合剂。研究发现，在传统的糖蜜培养基中用黑曲霉发酵时，加入 EDTA 钠盐可以增加柠檬酸产率。除上述络合剂外，在培养基中加入少量 1,2- 二氨基环己烷一氮、氮一四乙酸、二亚乙基三胺五乙酸等时，也能促进黑曲霉合成柠檬酸。

（3）脂质

脂类在发酵过程中作消泡剂，但很多脂质还具有改良发酵条件、增加产酸率和提高发酵速率等作用。柠檬酸产率与菌体内合成的总脂及某些脂质的相对比例失调有关，特别与总脂中存在的磷脂与不饱和脂肪酸有关。添加一些不饱和脂肪酸及富含这些脂的天然油类可使柠檬酸产率增加约1倍。促进柠檬酸生产的添加剂其优劣次序为：大豆油 > 花生油 > 磷脂 > 亚麻籽油和油酸，而硬脂酸、麦角固醇和棉籽油无效。研究人员在研究不同脂质对黑曲霉 MNNG-115 产柠檬酸的影响时发现，椰子油对产酸有明显的促进效果。

（4）酰胺和胺类

添加季铵化合物或胺肟类化合物可以促进柠檬酸的生产。这些化合物可能起着金属拮抗剂的作用，用量约 20 mg/L。效果较好的有：氯化十六烷基吡啶铵、氯化十八烷基二甲基苄基铵、丙氧基铵乙基硫酸酯等。

（5）抗生素类

抗生素除了具有抗菌作用，用于防治发酵污染之外，有些还能促进柠檬酸发酵，但有些对柠檬酸的生产和产酸均有影响。

（6）表面活性剂

表面活性剂在柠檬酸生产过程中有不同作用，包括降低溶液表面引力、吸附在分生孢子和菌体表面改变细胞膜渗透性、破坏细胞内酶系配位。它还能提供真菌细胞结构成分、改善底物与酶的接触、调节 pH 等。这些效应的协同作用可以抑制菌体生命活动、调节代谢和刺激柠檬酸的积累。

（7）天然高分子化合物

微量明胶及其他胶体物质（如甲基纤维素、蛋白质、琼脂等）可以缩短柠檬酸发酵时间，具有增产效果的还有黑曲霉菌体本身的自溶液、酒花浸出汁、面包酵母、米糠等，而小麦麸皮及其浸出汁只能产生大量菌体。

9.4　苹果酸发酵

9.4.1　苹果酸发酵菌种

微生物发酵法生产 L-苹果酸，目前主要有三种方法，一种是一步发酵法，一般采用糖类为原料，用真菌直接发酵生产 L-苹果酸；一种是两步发酵法，即先用根霉菌将糖类发酵成富马酸（或富马酸与苹果酸混合物），再由酵母或细菌发酵成 L-苹果酸的工艺；另一种是酶转化法，即用微生物产生的延胡索酸酶将底物富马酸转化为 L-苹果酸。

不同的苹果酸发酵工艺采用不同的微生物。可以进行直接发酵的微生物有黄曲霉（*Aspergillus flavus*）、米曲霉（*A. oryzae*）、寄生曲霉（*A. parasiticus*）等，黄曲霉可以利用糖质原料直接发酵生产 L-苹果酸，产量可达到 113 g/L，产率可达到 1.26 mol/mol 葡萄糖，生产强度为 0.59 g/L/h，但是该菌株在发酵过程中会产生黄曲霉毒素，因而限制了其应用。黑曲霉（*A.niger*）和米曲霉也可以积累 L-苹果酸，产量分别为 17 g/L 和 30 g/L。鲁氏酵母（*Saccharomyces rouxii*）的 L-苹果酸产量为 75 g/L，糖酸转化率为 0.52 mol/mol 葡萄糖，生产强度为 0.54 g/L/h，该菌株耐受 300 g/L 葡萄糖。此外，已经报道的可大量积累苹果酸的常见微生物还有裂褶菌（*Schizophyllum commune*）、株网状红曲霉（*Monascus araneosus*）、少根根霉（*R. arrhizus*）和拟青霉（*Paecilomyces varioti*）等。两步发酵法中著名的富马酸发酵微生物主要有华根霉（*R. sinensis*）、无根根霉（*R. rootless*）、黑根霉（*R. nigra*）等，有转化能力的微生物也很多，如膜醭毕氏酵母（*Pichia pastoris*）、普通变形杆菌（*Proteus vulgaris*）、宛氏拟青霉（*Paecilomyces vannamei*），可将富马酸转化为 L- 苹果酸。表 9-6 中列举了一些国内外比较有代表性的苹果酸生产菌株以及生产情况。

表 9-6　代表性的 L- 苹果酸发酵菌株及生产发酵情况表

菌株	L- 苹果酸（g/L）	发酵周期（h）
寄生曲霉 CICC40365	55.47	192
黄曲霉 HA5800	72	120
米根霉 ME-M15	18.3	96
黄曲霉 ATCC13697	113	190
米曲霉 NRRL3488	30.27	78
黑曲霉 ATCC 12486	23	192
鲁氏接合酵母 *V19*	74.90	360

9.4.2　苹果酸发酵机制

L- 苹果酸是生物代谢过程中所产生的重要有机酸。在微生物中，它的产生与多条代谢途径相关，不仅出现于三羧酸循环及其支路乙醛酸循环中，也是 CO_2 固定反应的产物。由于 L- 苹果酸在一般生物中只参加循环而不会大量积累，否则会造成代谢流的阻塞，用葡萄糖直接发酵法生产 L- 苹果酸时，只有存在其他补充四碳酸的途径，才可能积累苹果酸。补充四碳酸的途径有乙醛酸循环和丙酮酸羧化支路两条，因而，生产 L- 苹果酸的途径可能存在三条。

第一种途径是不通过其他途径补充四碳酸，葡萄糖先经过糖酵解合成丙酮酸，然后经过三羧酸循环合成 L- 苹果酸（图 9-17）。此途径总反应式为：

$$C_6H_{12}O_6 + 3O_2 \longrightarrow C_4H_6O_5 + 2CO_2 + 3H_2O$$

由于 1 分子葡萄糖只能生成 1 分子苹果酸，并放出 2 分子 CO_2，因此，该途径理论转化率仅为 74%。

第二种途径是通过乙醛酸循环补充四碳酸，葡萄糖先经过糖酵解途径合成丙酮酸，然后经过三羧酸循环和乙醛酸循环合成苹果酸（图 9-18）。此途径的总反应式为：

$$1.5C_6H_{12}O_6 + 3O_2 \longrightarrow 2C_4H_6O_5 + CO_2 + 3H_2O$$

3 分子葡萄糖可生物转化成 4 分子 L 苹果酸，并放出 2 分子 CO_2。所以，该途径理论转化率为 99%。

第三种代谢途径是葡萄糖先经酵解途径形成磷酸烯醇式丙酮酸，再利用 CO_2 固定反应补充四碳酸。在磷酸烯醇式丙酮酸羧基转磷酸酶或磷酸烯醇式丙酮酸羧激酶的催化下，磷酸烯醇式丙酮酸结合外源 CO_2 合成草酰乙酸，草酰乙酸再还原为苹果酸（图 9-19）。

此途径的总反应式为：

$$C_6H_{12}O_6 + 2CO_2 \longrightarrow 2C_4H_6O_5$$

丙酮酸羧化的 CO_2 来源于发酵液中加入的 $CaCO_3$，因此，1 分子葡萄糖可以生成 2 分子苹果酸（钙），理论转化率为 148.8%，且该途径不需要氧的存在。但是 CO_2 固定反应在各种菌的发酵中占多大比例还未见报道。毫无疑问，提高丙酮酸羧化的比例能提高碳源的利用率，即能提高苹果酸的产率。

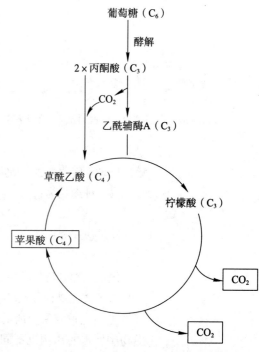

图 9-17　经 TCA 合成 L- 苹果酸途径

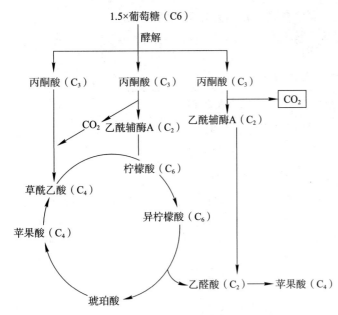

图 9-18　经 TCA 和乙醛酸循环合成 L–苹果酸途径

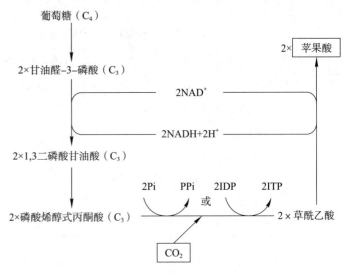

图 9-19　由 CO_2 固定合成 L–苹果酸途径

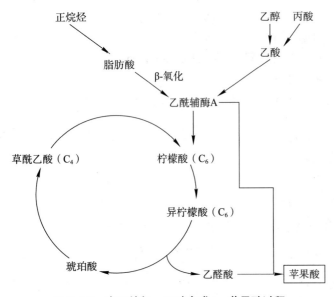

图 9-20　由正烷烃、乙酸合成 L–苹果酸过程

除采用葡萄糖直接发酵生产 L–苹果酸外，还有些微生物能利用正烷烃进行生物转化。即正烷烃先氧化为相应的脂肪酸，然后经 β–氧化生成乙酰辅酶 A，再经过三羧酸循环合成苹果酸。而以丙酸或乙醇为碳源时，底物先转化为乙酸，然后同样经三羧酸循环合成苹果酸（图 9-20）。

按此途径由乙酸合成苹果酸的总反应式为：

$$2C_2H_4O_2 + O_2 \longrightarrow C_4H_6O_5 + H_2O$$

该反应理论转化率为 117%。由正烷烃氧化为乙酸时需要大量外源氧分子，如由 $C_{16}H_{34}$ 合成苹果酸的总反应式为：

$$C_{16}H_{34} + 8.5O_2 \longrightarrow 8C_2H_4O_2 + H_2O$$

该反应理论转化率为 237%。

同样由乙醇生物合成亦可生成 L–苹果酸，由乙醇合成苹果酸的途径有两种，一种是将其氧化成乙酸，再经三羧酸循环合成，总反应式为：

$$2C_2H_5OH + 3O_2 \longrightarrow C_4H_6O_5 + 3H_2O$$

该反应理论转化率为 145%。

另一种途径为：

$$乙醇 \xrightarrow{CO_2} C_3 中间代谢物 \xrightarrow{CO_2} 苹果酸$$

总反应式为：

$$C_2H_5OH + 2CO_2 \longrightarrow C_4H_6O_5$$

该反应理论转化率为 291%。实验研究表明裂褶菌中可能存在这两种途径。

由于微生物种群及环境条件的差异，导致代谢途径不同。而且微生物发酵不仅要提供产酸发酵微生物生长与繁殖所需要的能量，还要保证氧化还原过程的内平衡，各种代谢途径在不同微生物中所占的比例也不同，各产物的转化率也不尽相同。微生物种类不同，特别是产酸发酵微生物对能量需求和氧化还原内平衡的要求不同，会产生不同的发酵途径，形成多种特定的末端产物。

rTCA 途径参与 L- 苹果酸的合成最早在黄曲霉胞内被证实，为代谢工程改造微生物合成苹果酸奠定了基础；采用同位素标记法，以 $1-^{13}C$ 标记的葡萄糖为碳源，然后经核磁共振进行代谢通量分析。随后，应用类似的方法证实了该途径也存在于黑曲霉、酿酒酵母和米曲霉中。rTCA 途径存在于细胞质，以丙酮酸为起点包含两步反应，第一步反应是 ATP 依赖的在丙酮酸羧化酶（Pyc）的催化作用下将丙酮酸和二氧化碳（CO_2）缩合形成草酰乙酸，然后草酰乙酸在 NAD（P）H 依赖的苹果酸脱氢酶（Mdh）的作用下还原为苹果酸，且该反应是可逆的。rTCA 途径起始于丙酮酸，若丙酮酸完全来自糖酵解（EMP）途径，那么合成苹果酸的整个过程 ATP 和 NADH 的供需是平衡的。且每 1 mol 葡萄糖经糖酵解途径可产生 2 mol 丙酮酸，而每摩尔丙酮酸羧化时固定 1 mol CO_2，故经 rTCA 途径合成苹果酸的理论最大转化率相对葡萄糖是 2 mol/mol。由于该合成途径反应步骤少且理论产量高，在酵母和丝状真菌中被普遍作为代谢工程改造的靶标途径用于研究苹果酸的发酵生产。

9.4.3 苹果酸发酵工艺及代谢调控

9.4.3.1 一步发酵法生产 L- 苹果酸

一步发酵法又称直接发酵法，即采用一种微生物直接发酵糖质原料或非糖质原料（如正构烷烃）生成 L- 苹果酸的方法。近年来，直接发酵法生产 L- 苹果酸的研究进展很快，利用淀粉质原料生产 L- 苹果酸的微生物主要有：黄曲霉、末曲霉、寄生曲霉等，这些微生物最大的特点就是三羧酸循环中苹果酸到草酰乙酸这一步的苹果酸脱氢酶缺失或处于低水平使得苹果酸得以积累。这些菌株大多具有糖化淀粉的能力，可以直接利用淀粉质原料，原料来源十分丰富，发酵工艺条件温和。

9.4.3.2 代谢工程改造菌种生产 L- 苹果酸

苹果酸的性质和应用与柠檬酸相似，但苹果酸发酵与柠檬酸发酵相比，产酸、发酵周期、转化率等指标均相差甚远（表 9-7）。这就限制了利用直接发酵法实现工业化的进程。

表 9-7　国内外直接发酵 L- 苹果酸水平

菌种	碳源	发酵周期	产酸或转化率
根霉	10% 葡萄糖	5 d（通气）	25% ~ 30%
		10 ~ 14 d（静置）	4% ~ 5%
黑曲霉	67% 粗甘油	8 d	92.6 g/L
顶青霉	10% 木糖	6 d	5.2 g/L
拟青霉	3% ~ 5% 丙酸	2 ~ 3 d	40% ~ 50%
布伦假丝酵母	4% 正烷烃	6 ~ 8 d	80%

近年来，随着代谢工程和合成生物学的发展，通过基因改造提高微生物发酵生产苹果酸得以快速发展。目前，代谢工程改造涉及的 L- 苹果酸合成途径主要有还原性 TCA（rTCA）途径、磷酸烯醇式丙酮酸转化为苹果酸途径、TCA 循环途径、乙醛酸途径和一步合成途径（丙酮酸直接转化为苹果酸）（图 9-21）。

加强 rTCA 合成途径与强化苹果酸转运策略 rTCA 途径（图 9-21a）参与 L- 苹果酸的合成最早在黄曲霉胞内被证实，为代谢工程改造微生物合成苹果酸奠定了基础；采用同位素标记法，以

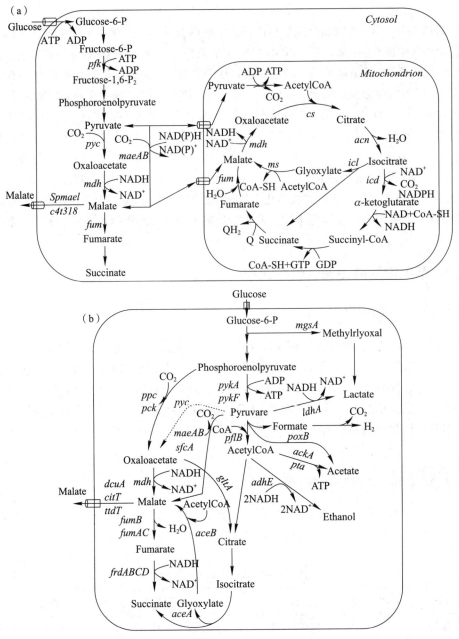

图9-21　微生物细胞内L-苹果酸的合成途径

（a）真核微生物；（b）原核生物

pfk：磷酸果糖激酶基因；pyc：丙酮酸羧化酶基因；mdh：苹果酸脱氢酶基因；fum/fumB/fumAC：富马酸酶基因；maeAB/sfcA：苹果酸酶基因；Spmae1：裂殖酵母苹果酸转运蛋白基因；c4t318：米曲霉苹果酸转运蛋白基因；cs/gltA：柠檬酸合成酶基因；acn：头酸酶水合酶基因；icd：异柠檬酸脱氢酶基因；icl/ aceA：异柠檬酸裂解酶基因；ms/aceB：苹果酸合成基因；mgsA：甲基乙二醛合成酶基因；pykA/pykF：丙酮酸激酶基因；pflB：甲酸乙酰转移酶基因；ppc：磷酸烯醇丙酮酸羧化酶基因；pck：磷酸烯醇丙酮酸羧激酶基因；dcuA/citT/ttdT：大肠杆菌中二元羧酸转运相关基因；frdABCD：富马酸还原酶基因；ldhA：乳酸脱氢酶基因；poxB：丙酮酸脱氢酶基因；ackA：乙酸激酶基因；pta：磷酸转乙酰酶基因；adhE：乙醛乙醇脱氢酶基因。

1-^{13}C 标记的葡萄糖为碳源，然后经核磁共振进行代谢通量分析。随后，应用类似的方法证实了该途径也存在于黑曲霉、酿酒酵母和米曲霉中。rTCA途径存在于细胞质，以丙酮酸为起点包含两步反应，第一步反应是ATP依赖的在丙酮酸羧化酶（Pyc）的催化作用下将丙酮酸和二氧化碳（CO_2）

缩合形成草酰乙酸，然后草酰乙酸在 NAD（P）H 依赖的苹果酸脱氢酶（Mdh，EC 1.1.1.37）的作用下还原为苹果酸，且该反应是可逆的。rTCA 途径起始于丙酮酸，若丙酮酸完全来自糖酵解（EMP）途径，那么合成苹果酸的整个过程 ATP 和 NADH 的供需是平衡的。且每 1 mol 葡萄糖经糖酵解途径可产生 2 mol 丙酮酸，而每摩尔丙酮酸羧化时固定 1 mol CO_2，故经 rTCA 途径合成苹果酸的理论最大转化率相对葡萄糖是 2 mol/mol。由于该合成途径反应步骤少且理论产量高，在酵母和丝状真菌中被普遍作为代谢工程改造的靶标途径用于研究苹果酸的发酵生产。

加强非氧化合成途径并阻断副产物合成策略。与代谢工程改造酵母和丝状真菌用于发酵生产苹果酸不同，在大肠杆菌等诸多细菌中不存在丙酮酸羧化酶，故不存在以丙酮酸为起点的 rTCA 途径。但普遍存在磷酸烯醇式丙酮酸羧化酶（PPC）和磷酸烯醇式丙酮酸激酶（PCK），该两个酶可以催化磷酸烯醇式丙酮酸（PEP）转化为草酰乙酸，故针对大肠杆菌的代谢工程策略常以强化磷酸烯醇式丙酮酸向草酰乙酸的转化为靶点并结合删除诸多副产物途径（图 9-21b）。大肠杆菌在胞外不能天然积累苹果酸，且在利用葡萄糖的发酵过程当中常伴以高浓度的乙酸、乳酸、乙醇或者甲酸。因此，删除碳源竞争性利用途径使碳代谢更多用于生物合成苹果酸，对遗传改造大肠杆菌生产高水平苹果酸至关重要。

强化乙醛酸支路合成途径策略。乙醛酸合成途径有两种形式即循环的和非循环的乙醛酸途径，该途径中的两个关键酶：异柠檬酸裂解酶（ICL）和苹果酸合酶（MS）（图 9-21）。来自 TCA 循环的异柠檬酸在 ICL 作用下分解形成乙醛酸，然后在 MS 的作用下与乙酰辅酶 A 缩合形成苹果酸，属于不可逆反应。由于乙酰辅酶 A 来自丙酮酸脱羧反应该过程伴随二氧化碳的释放导致碳损失，故乙醛酸循环合成苹果酸的理论转化率是 1 mol/mol。非循环乙醛酸支路以丙酮酸羧化反应补充草酰乙酸，最大理论转化率为 1.33 mol/mol。

当前代谢改造乙醛酸途径提高苹果酸产量的研究相对较少。研究发现在黑曲霉中过表达异柠檬酸裂解酶不会导致苹果酸产量增加。而在米曲霉中过表达异柠檬酸裂解酶和苹果酸合酶，苹果酸产量由 95.1 g/L 提高至 99.8 g/L。探索大肠杆菌细胞内乙醛酸旁路依赖的苹果酸合成途径，以期实现好氧发酵生产苹果酸。对过表达丙酮酸羧化酶、柠檬酸合酶、顺乌头酸酶、异柠檬酸裂解酶和苹果酸合酶采用胞外模块化设计与胞内 CRISPRi 多重调控重建乙醛酸代谢途径，得到大肠杆菌工程菌株 B0013-47，经补料分批发酵苹果酸产量达到 36 g/L，相对葡萄糖转化率为 0.74 mol/mol。该策略的优势在于通过引入 CRISPRi 调节柠檬酸和 α- 酮戊二酸在不同胞质空间的平衡分布从而优化代谢过程。

重构一步合成途径策略。一步合成途径是指以 NAD^+/$NADP^+$ 为氧化还原辅因子，由苹果酸酶催化丙酮酸和 CO_2 缩合生成苹果酸（图 9-21b）。由于没有其他中间反应过程，理论上碳损失极低，提高底物传输速率有望最大化碳代谢合成苹果酸。若丙酮酸来自糖酵解过程，该一步合成途径合成苹果酸最高理论转化率是 2 mol/mol。事实上，苹果酸酶催化可逆的氧化脱羧反应，且由于该酶对丙酮酸的亲和力较低，因此在热力学上更利于正向反应的发生即催化苹果酸脱羧生成丙酮酸。故强化逆反应是应用该途径高效合成苹果酸的关键。

【习题】

名词解释：

发酵工业　生物工程　鞭毛　质粒　同型乳酸发酵　菌种保藏　菌种选育　诱变育种　糖酵解　分解代谢产物阻遏　同位素标记　分批发酵　二级发酵　发酵培养基　比生长速率　一步合成　碳代谢　热力学　逆反应　代谢通量　分生孢子　EMP 途径　二级培养　表面活性剂　代谢流的阻塞　乙醛酸分流途径　氧化三羧酸循环（TCA）　还原三羧酸循环（rTCA）　异型乳酸发酵　双歧乳酸发酵　深层液体发酵法

简答:

1. 菌株选育的特点有哪些?

2. 微生物发酵条件及影响有哪些?

3. 有机酸的合成途径有哪些?

4. 乳酸代谢调控机制的方法有哪些?

5. 补料分批发酵技术的特点,与分批发酵,连续发酵的区别是什么?

6. 发酵工程的概念是什么?发酵工程基本可分为哪两个大部分,包括哪些内容?

7. 大规模微生物发酵工程生产,选择菌种应遵循的原则是什么?(微生物发酵工程对微生物菌种的要求主要包括哪些内容?)

8. 简述搅拌对发酵过程的意义。

9. 工业化菌种的要求是什么?

10. 常用的碳源有哪些?各有何特点?常见的有机酸有哪些?

11. 常用的无机氮源和有机氮源有哪些?有机氮源在发酵培养基中的作用?

12. 什么是一次发酵?二次发酵?

13. pH 对发酵的影响表现在哪些方面?

14. 发酵培养基由哪些组分组成?

15. 影响丝状真菌产酸的原因是什么?如何提高丝状真菌的产酸?

16. 介绍下有机酸发酵途径。

17. 乳酸生产菌株应该具备的基础条件是什么?高产乳酸菌株具备的特殊条件是什么?

18. 乳酸菌种的诱变选育流程有哪些?

19. 为提高 L- 乳酸的产率,采用了哪些降低丙酮酸旁路代谢通量的策略?

20. 根据相关亚基的排列,对金属离子依赖性及其热稳定性,富马酸酶被分为两大类,试简要说明。

21. 柠檬酸是 TCA 循环中重要的中间物,若需要大量积累柠檬酸,则菌株胞内代谢调控机制需要怎样的改变?

22. 由于在苹果酸积累的过程中补充四碳酸的途径有乙醛酸循环和丙酮酸羧化支路两条,因而,生产 L- 苹果酸的途径可能存在三条,请简要说明。

【开放讨论题】

文献阅读与讨论:

1. Becker, J., Lang, A., Fabarius, J. & Wittmann, C. Top value platform chemicals: bio-based production of organic acids [J]. Curr Opin Biotechnol, 2015, 08 (36): 168-175. Doi: 10.106/j. copbio. 2015.08.022 (2015).

推荐意见: 文章总结了代谢工程和工业市场的最新进展,特别提到有机酸通过发酵和生物转化获得的方式。阅读本文,对于掌握本章内容具有重要意义。

2. Henrik M. Roager, Tine R. Licht, et al. Bifidobacterium species associated with breastfeeding produce aromatic lactic acids in the infant gut [J]. Nature Microbiology, 2021, 6: 1367 - 1382. DOI: 10.1038/s41564-021-00970-4.

推荐意见: 文章通过小鼠活体验证,并对婴儿粪便进行微生物群和代谢组分析,从而证实母乳促进的双歧杆菌会在婴儿肠道中产生芳香乳酸。这一研究为微生物产有机酸提供了新的科学理论,研究内容贴近生活,通过阅读本文,可以更好地理解本章节内容。

【参考资料】

［1］Silano V，Baviera J，Bolognesi C，et al. Safety evaluation of the food enzyme lysophospholipase from the genetically modified *Aspergillus niger* strain NZYM-LP［J］. EFSA Journal, 2020, 18（5）.

［2］欧盟评估一种麦芽糖淀粉酶的安全性［J］. 食品与生物技术学报, 2019, 38（07）: 25.

［3］Zhang H, Li X, Liu Q, et al. Construction of a Super-Folder Fluorescent Protein-Guided Secretory Expression System for the Production of Phospholipase D in *Bacillus subtilis*［J］. Journal of Agricultural and Food Chemistry, 2021, 69（24）: 6842-6849.

［4］Silano V, Baviera J M B, Bolognesi C, et al. Safety evaluation of the food enzyme lysophospholipase from the genetically modified *Aspergillus niger* strain NZYM-LP［J］. Efsa Journal, 2020, 18（5）.

［5］Ciofalo V, Barton N, Kretz K, et al. Safety evaluation of a phytase, expressed in *Schizosaccharomyces pombe*, intended for use in animal feed［J］. Regulatory Toxicology and Pharmacology, 2003, 37（2）: 286-292.

［6］姚斌, 张春义, 王建华, 等. 高效表达具有生物学活性的植酸酶的毕赤酵母［J］. 中国科学 C 辑: 生命科学, 1998,（03）: 237-243.

［7］Liu S, Xu J Z, Zhang W G. Advances and prospects in metabolic engineering of *Escherichia coli* for L-tryptophan production［J］. World Journal of Microbiology and Biotechnology, 2022, 38（2）.

［8］张伟国, 程功. 微生物发酵法生产 L-亮氨酸的研究进展［J］. 食品与生物技术学报, 2015, 34（02）: 113-120.

［9］Bampidis V, Azimonti G, Bastos M, et al. Safety and efficacy of a feed additive consisting of l-ysine sulfate produced by *Corynebacterium glutamicum* KCCM 80227 for all animal species（Daesang Europe BV）［J］. EFSA Journal, 2021, 19（7）.

［10］艾雨晴, 陈松骏, 秦娟, 等. 微生物产蛋白酶的研究进展［J］. 食品工业科技, 2021, 42（19）: 451-458.

［11］侯正杰. 大肠杆菌 N-乙酰神经氨酸合成途径的构建与优化［D］. 天津科技大学, 2020.

［12］伍圆明. 鲜味肽的微生物表达及高密度发酵优化［D］. 西华大学, 2020.

［13］Fei L, Yan W, Chen S. Improved glutathione production by gene expression in *Pichia pastoris*［J］. Bioprocess and Biosystems Engineering, 2009, 32（6）: 729-735.

［14］孙兰超. α-酮戊二酸工程菌构建及发酵条件控制［D］. 天津科技大学, 2016.

［15］谭海, 顾阳, 卢南巡, 等. 代谢工程改造谷氨酸棒状杆菌促进 L-异亮氨酸发酵合成的研究进展［J］. 中国酿造, 2021, 40（09）: 1-6.

［16］王欣, 刘天奇, 徐莹, 等. 高产高纯度脯氨酰内肽酶黑曲霉工程菌的构建［J］. 食品工业科技, 2021, 42（04）: 92-97.

第10章
微生物生产氨基酸

氨基酸是构成生物蛋白质的基本单位，几乎一切生命活动都与它密切相关。氨基酸作为重要的食品添加剂和营养补充剂在食品、医药等领域具有广泛的应用价值。微生物以其独特的优点成为氨基酸生产的理想细胞工厂，发酵法生产氨基酸也是微生物工业中的重要应用领域，本章将介绍主要的氨基酸生产菌株、微生物合成氨基酸的代谢途径与发酵工艺。

通过本章学习，可以掌握以下知识：
1. 熟悉微生物发酵产氨基酸的菌种类型。
2. 掌握微生物中主要的氨基酸合成途径。
3. 了解谷氨酸、鸟氨酸发酵工艺和常用代谢调控手段。

在开始学习前，先思考下列问题：
1. 氨基酸种类有哪些？
2. 微生物中与氨基酸合成有关的代谢途径有哪些？

【思维导图】

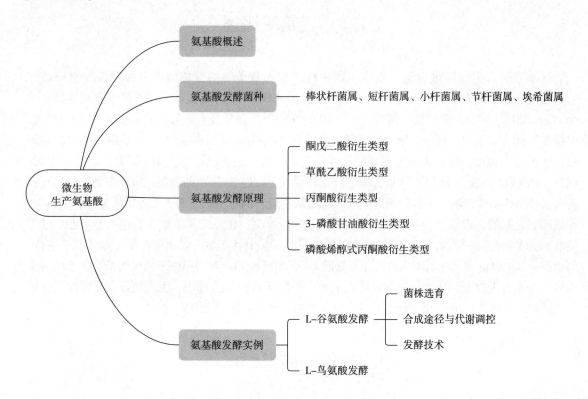

微生物生产氨基酸
├─ 氨基酸概述
├─ 氨基酸发酵菌种 —— 棒状杆菌属、短杆菌属、小杆菌属、节杆菌属、埃希菌属
├─ 氨基酸发酵原理
│   ├─ 酮戊二酸衍生类型
│   ├─ 草酰乙酸衍生类型
│   ├─ 丙酮酸衍生类型
│   ├─ 3-磷酸甘油酸衍生类型
│   └─ 磷酸烯醇式丙酮酸衍生类型
└─ 氨基酸发酵实例
    ├─ L-谷氨酸发酵
    │   ├─ 菌株选育
    │   ├─ 合成途径与代谢调控
    │   └─ 发酵技术
    └─ L-鸟氨酸发酵

10.1　氨基酸概述

氨基酸作为生命体蛋白质的基本组成单位，在人和动物的营养健康方面发挥着重要的作用。氨基酸分子结构中含有氨基（–NH₂）和羧基（–COOH），并且氨基和羧基都是直接连接在一个 –CH– 结构上的有机化合物，通式是 $H_2NCHRCOOH$。蛋白质经水解后，即生成 20 多种氨基酸，根据其结合基团不同，可分为脂肪族氨基酸、芳香族氨基酸、杂环氨基酸、含硫氨基酸等。根据对人体的需要程度，可分为必需氨基酸和非必需氨基酸，目前已广泛应用于医药、食品、保健、饲料、化妆品、农药、肥料、制革、科学研究等领域。经过 30 多年的发展，全球市场已经培育出两大支柱型氨基酸市场：饲料型氨基酸和食品型氨基酸。饲料型氨基酸主要包括赖氨酸、蛋氨酸、苏氨酸和色氨酸，占据整个氨基酸市场份额的 50%～60%；食品型氨基酸主要包括谷氨酸、苯丙氨酸和天冬氨酸，约占氨基酸市场份额的 30% 左右，其中谷氨酸主要用于味精（谷氨酸单钠盐）的生产，苯丙氨酸和天冬氨酸主要用作甜味肽 L– 天冬氨酸 –L– 苯丙氨酸甲酯（阿斯巴甜）的合成原料。其他的蛋白氨基酸如精氨酸、苏氨酸多用于医药和化妆品行业，也有些是合成手性活性成分的原料。据统计，2022 年全球氨基酸市场份额将达到 250 亿美元。

● 知识拓展 10–1
二肽甜味剂——阿斯巴甜

10.2　氨基酸发酵菌种

氨基酸生产菌主要是棒状杆菌属、短杆菌属、小杆菌属、节杆菌属和埃希菌属中的细菌。前四个属在细菌的分类系统中彼此比较接近，其中短杆菌属属于丁短杆菌科（*Brevibacteriaceae*），而棒状杆菌属、小杆菌属和节杆菌属则属于棒状杆菌科（*Corynebacteriaceae*）。短杆菌科和棒状杆菌科均属于真细菌目中的革兰染色阳性、无芽孢杆菌及有芽孢杆菌的一大类。埃希菌属隶属于肠杆菌科（*Enterobacteriaceae*），为肠杆菌目中的革兰染色阴性、无芽孢的一类。

10.2.1　棒状杆菌属（*Corynebacterium* sp.）

细胞为直到微弯的杆菌，常呈一端膨大的棒状，折断分裂形成"八"字形或栅状排列。不运动，但少数植物致病菌能运动。革兰氏染色阳性，菌体内常着色不均一，常有横条纹或串珠状颗粒。胞壁染色表明菌体由多细胞组成，抗酸染色阴性，好氧或厌氧。以葡萄糖为底物发酵产酸，少数以乳糖为底物发酵产酸。

10.2.2　短杆菌属（*Brevibacterium* sp.）

细胞为短的、不分枝的直杆菌，细胞大小为（0.5～1）μm×（1～5）μm，革兰氏染色阳性，大多数不运动，而运动的种具有周生鞭毛或端生鞭毛。在普通肉汁蛋白胨培养基中生长良好，多数以葡萄糖为底物发酵产酸，不能以乳糖为底物。有时产非水溶性色素，色素呈红、橙红、黄、褐色。多数能液化明胶和还原石蕊并陈化牛乳，极少数能使牛乳变酸。可以糖类为底物产生乳酸、丙酸、丁酸或乙醇，接触酶阳性。菌体形态较规则，非抗酸性菌，除分裂时菌体内形成隔壁外，菌体细胞内不具有隔壁。

10.2.3　小杆菌属（*Microbacterium* sp.）

细胞为杆菌，形态和排列均与棒状杆菌相似，细胞大小为（0.5～0.8）μm×（1～3）μm，有时呈球杆菌状。美蓝染色呈现颗粒，革兰氏染色阳性，不抗酸，无芽孢。在普通肉汁蛋白胨培养基上生长，补加牛乳或酵母膏则生长更好，产生带灰色或微黄色的菌落。发酵糖产弱酸，主要产乳酸，不产气，接触酶阳性。

10.2.4　节杆菌属（*Arthrobacterium* sp.）

该属细菌为好氧菌，其突出的特点是在培养过程中出现细胞形态由球菌变杆菌，由杆菌变球菌，革兰氏染色由阳性变阴性，又由阴性变阳性的变化过程。有的种细胞大小均匀，与小球菌在形态上无明显区别，而有的种大小不均一，大的球状细胞可比小的大几倍，称之为孢囊。当接种到新鲜培养基上时，球状细胞萌发出杆状细胞，若有一个以上萌发点则形成分枝形态。新形成的杆菌延长并分裂，由分裂点又向外伸长，与原来的杆菌形成角度，好像是分枝，实际上并没有分枝，这时革兰氏染色呈阴性或不定。杆状细胞随培养时间的延长而缩短，最后变为球状细胞，革兰氏染色也可以转变为阳性。一般不运动，固体培养基上菌苔软或黏，液体培养生长旺盛。大部分的种能液化明胶，以糖类为底物时产酸极少或不产酸，可还原硝酸盐，但不产吲哚。大部分的菌种在37℃不生长或微弱生长，20～25℃为适温。表现为典型的土壤微生物。

10.2.5　埃希菌属（*Escherichia* sp.）

细胞为直杆状，细胞大小为（1.1～1.5）μm×（2.0～6.0）μm，单个或成对排列。许多菌株有荚膜和微荚膜，革兰氏染色呈阴性，以周生鞭毛运动或不运动。兼性厌氧，具有呼吸和发酵两种代谢类型。最适生长温度37℃，在营养琼脂上的菌落可能是光滑（S）、低凸、湿润、灰色、表面有光泽、全缘，在生理盐水中容易分散。菌落也可能是粗糙（R）、干燥、在生理盐水中难以分散。在这两种极端类型之间有中间型，也出现不黏和产黏液类型。埃希菌属属于化能有机营养型微生物，氧化酶呈阴性，乙酸盐可作为唯一碳源利用，但不能利用柠檬酸盐。发酵葡萄糖和其他糖类产生丙酮酸，再进一步转化为乳酸、乙酸和甲酸，甲酸部分可被甲酸脱氢酶分解为等量的 CO_2 和 H_2。有的菌株是厌氧的，绝大多数菌株发酵乳糖，但也可以延迟或不发酵。模式种为大肠埃希菌（*E. coli*）。

目前工业上用于氨基酸生产的菌株主要是谷氨酸棒杆菌（*C. glutamicum*）、大肠杆菌（*E. coli*）及其衍生菌株。

10.3　氨基酸发酵原理

不同微生物合成氨基酸的能力不同，能够合成氨基酸的种类也不完全相同。从合成原料来看，二氧化碳、有机酸、单糖都可以作为原料利用；从合成氨基酸的种类来看，有的微生物可以合成构成蛋白质的全部氨基酸，有的则不能合成机体所需的氨基酸，必须从其他生物中获得。凡是机体不能自己合成的，必须从其他生物中获取，称为必需氨基酸；凡机体能自己合成的氨基酸称为非必需氨基酸。

在氨基酸的工业化生产中，微生物发酵因其原料来源广泛、菌株易于培养、代谢效率高等特点被公认为氨基酸的绿色生产方法，此外应用遗传突变和基因工程改造技术可获得在合成氨基酸方面具有各种特点的突变株。但是，不同微生物合成氨基酸的能力有很大差异，例如大肠杆菌可合成全部所需氨基酸，而乳酸菌却需要从外界获取某些氨基酸。虽然生物合成氨基酸的能力有所差异，但仍可总结出氨基酸生物合成的某些共性。本节介绍构成蛋白质20种氨基酸的合成途径及氨基酸生物合成的调节模式。

不同氨基酸的生物合成途径虽各异，但许多氨基酸的生物合成都与机体的几个中心代谢环节有密切联系，例如糖酵解途径（EMP）、磷酸戊糖途径（HMP）、三羧酸循环（TCA）等，如图10-1所示。因此可将这些代谢环节中的几个与氨基酸生物合成有密切关联的物质，看作氨基酸

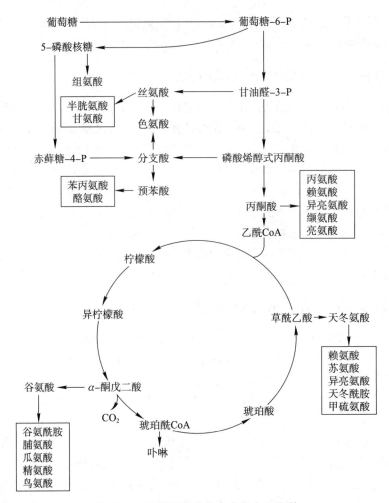

图 10-1　氨基酸的生物合成与中心代谢

生物合成的起始物，并以这些起始物作为氨基酸生物合成途径的分类依据。如可将氨基酸生物合成分为谷氨酸族氨基酸、天冬氨酸族氨基酸、苯环和杂环类氨基酸、分支链氨基酸、丝氨酸族氨基酸等若干类型。

10.3.1　酮戊二酸衍生类型（谷氨酸族氨基酸）

谷氨酸族氨基酸是指某些氨基酸是由三羧酸循环的中间产物 α- 酮戊二酸衍生而来。由 α- 酮戊二酸衍生的氨基酸又可称为 α- 酮戊二酸衍生类型，属于这种类型的氨基酸有谷氨酸、谷氨酰胺、脯氨酸和精氨酸等。

10.3.1.1　谷氨酸的生物合成

谷氨酸的生物合成包括糖酵解作用、磷酸戊糖途径、三羧酸循环、乙醛酸循环和丙酮酸羧化支路（CO_2 固定反应）等。在谷氨酸发酵中，生成谷氨酸的主要酶反应有以下 3 种。

1. 谷氨酸脱氢酶催化的还原氨基化反应，α- 酮戊二酸与游离氨经谷氨酸脱氢酶催化的反应，称为还原氨基化反应。可用下式表示。

$$\alpha\text{- 酮戊二酸} + NADPH + NH_4^+ \xrightarrow{\text{谷氨酸脱氢酶}} \text{谷氨酸} + H_2O + NADP^+$$

2. 转氨酶催化的转氨基反应，转氨基反应由转氨酶（或氨基移换酶）催化，将已存在的其他氨基酸的氨基，转移给 α- 酮戊二酸，形成谷氨酸。转氨酶既催化氨基酸脱氨基又催化 α- 酮酸氨基化，可用下式表示。

$$\alpha- 酮戊二酸 + 氨基酸 \xrightarrow{\text{转氨酶}} 谷氨酸 + \alpha - 酮酸$$

3. 谷氨酸合成酶催化的反应，由谷氨酸合成酶催化的 α– 酮戊二酸接收谷氨酰胺的酰胺基形成谷氨酸的反应。在这个反应中实际上形成了两个谷氨酸分子，可用下式表示。

$$\alpha- 酮戊二酸 +NADPH + H^+ + 谷氨酰胺 \xrightarrow{\text{谷氨酸合成酶}} 谷氨酸 + NADP^+$$

以上 3 个反应中，由于在谷氨酸生产菌中谷氨酸脱氢酶的活力很强，因此还原氨基化是主导性反应。

10.3.1.2　谷氨酰胺的生物合成

谷氨酰胺的生物合成步骤如图 10-2 所示。先由葡萄糖经 α– 酮戊二酸先形成谷氨酸。因谷氨酰胺产生菌的谷氨酰胺合酶活力增加，而催化谷氨酰胺分解为谷氨酸的谷氨酰胺酶活力受到抑制，从而使谷氨酰胺大量积累生成，谷氨酸的生成量减少。

10.3.1.3　脯氨酸的生物合成

脯氨酸的生物合成步骤如图 10-2 所示。谷氨酸的 γ– 羧基还原形成谷氨酸 –γ– 半醛，然后自发环化形成五元环化合物 $\triangle^1$– 二氢吡咯 –5– 羧酸，再由 $\triangle^1$– 二氢吡咯 –5– 羧酸还原酶催化还原形成脯氨酸。

10.3.1.4　精氨酸的生物合成

精氨酸也是由谷氨酸经过多步反应形成，其生物合成如图 10-2 所示。谷氨酸先由谷氨酸转乙酰基酶催化乙酰化，形成 N– 乙酰谷氨酸，再经乙酰谷氨酸激酶作用由 ATP 上转移一个高能磷酸基团，形成 N– 乙酰 –γ– 谷氨酰磷酸，再经 N– 乙酰 –γ– 谷氨酰磷酸还原酶以 NADPH 为辅酶的作用形成 N– 乙酰谷氨酸 –γ– 半醛，又经 N– 乙酰鸟氨酸转氨酶的作用，自谷氨酸分子转移一个 α– 氨基，形成 α–N– 乙酰鸟氨酸，经酶促脱去乙酰基（脱乙酰基作用或转乙酰基作用），形成鸟氨酸。鸟氨酸接收由转氨甲酰酶催化，自氨甲酰磷酸转移的氨甲酰基形成瓜氨酸。瓜氨酸在精氨琥珀酸合酶的催化下，与天冬氨酸结合形成精氨琥珀酸。精氨琥珀酸在裂解酶的作用下，形成精氨酸，同时产生延胡索酸。

谷氨酸 α– 氨基的乙酰化，可使氨基受到保护，以利于羧基的活化和还原，并防止发生环化作用，使反应向形成精氨酸的方向进行。乙酰基团可通过谷氨酸转乙酰基酶的作用，在全部合成反应中得到保证。

10.3.2　草酰乙酸衍生类型（天冬氨酸族氨基酸）

天冬氨酸族氨基酸是指由草酰乙酸衍生而来的某些氨基酸，这种氨基酸又被称为草酰乙酸衍生类型，包括天冬氨酸、天冬酰胺、赖氨酸、甲硫氨酸、苏氨酸、高丝氨酸和异亮氨酸。其中异亮氨酸将在分支链氨基酸部分详述。

10.3.2.1　天冬氨酸的生物合成

葡萄糖经糖酵解途径生成丙酮酸，丙酮酸经 CO_2 固定反应生成草酰乙酸，草酰乙酸接收由谷氨酸转来的氨基形成天冬氨酸。催化这一反应的酶称为谷 – 草转氨酶或称天冬氨酸 – 谷氨酸转氨酶，天冬氨酸的合成反应可用下式表示。

$$草酰乙酸 +谷氨酸 \xrightarrow{\text{谷–草转氨酶}} \alpha- 酮戊二酸 + 天冬氨酸$$

10.3.2.2　天冬酰胺的生物合成

在细菌中天冬酰胺由天冬酰胺合酶催化 NH_4^+ 与天冬氨酸合成，该酶需 ATP 参与作用，ATP 在

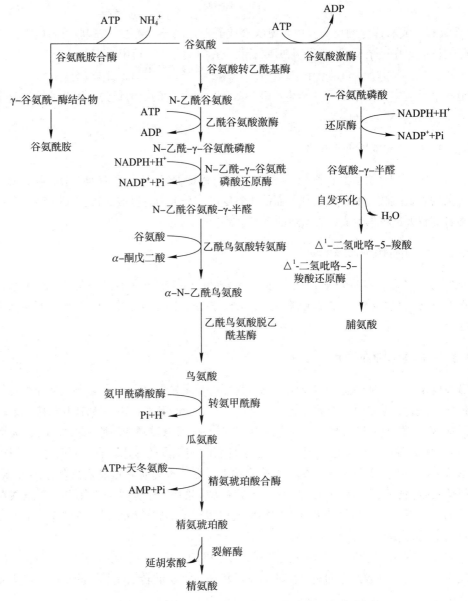

图 10-2　由谷氨酸生成其他谷氨酸族氨基酸的生物合成途径

反应中降解为 AMP 和 PPi。在这个反应中，也可能包括一个形成与酶结合的 β-天冬氨酰腺苷酸中间物的步骤（图 10-3）。

　　天冬酰胺和谷氨酰胺生物合成的机制有许多类似之处，不同之处是在谷氨酰胺生物合成反应中 ATP 转变成 ADP 和 Pi，而在天冬酰胺生物合成反应中 ATP 则形成 AMP 和 PPi。在机体内有催化 PPi 水解为 2Pi 的焦磷酸酶，这一水解反应可释放约 34 kJ 能量。因此，天冬酰胺的生物合成反应比谷氨酰胺的生物合成反应更易于进行。

10.3.2.3　赖氨酸的生物合成

　　在已知的具有赖氨酸生物合成途径的微生物中，可以将赖氨酸生物合成途径划分为两个完全不同的途径，即氨基己二酸途径和二氨基庚二酸途径，至今还没有证据表明两者之间存在必然的进化关系。

1. 氨基己二酸途径

氨基己二酸途径是谷氨酸族氨基酸生物合成途径中的一部分。在这一途径中有 8 个步骤涉及

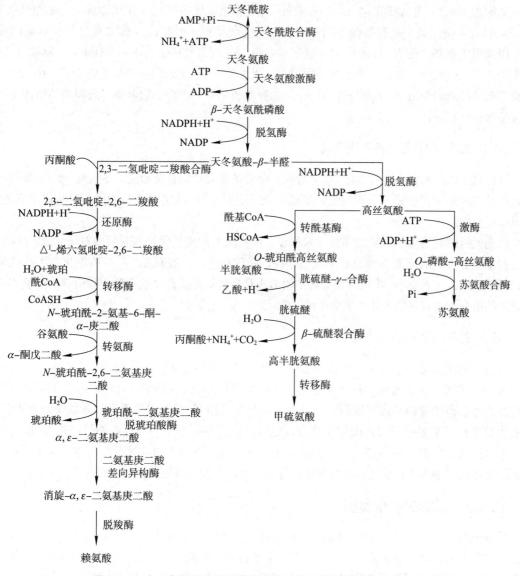

图 10-3　由天冬氨酸生成其他天冬氨酸族氨基酸的生物合成途径

赖氨酸的合成，并且需要耦合 α- 酮戊二酸和乙酰 CoA 形成 α- 氨基乙二酸和酵母氨酸作为中间产物。氨基己二酸途径指首先利用高异柠檬酸盐合成酶、顺高乌头酸酶 / 高乌头酸合成酶和异柠檬酸脱氢酶催化 α- 酮戊二酸生成 α- 氨基乙二酸，再经过 α- 氨基乙二酸还原酶、酵母氨酸还原酶和酵母氨酸脱氢酶催化生成赖氨酸。该途径主要存在于高等真菌（如酵母菌和霉菌）及古细菌中，途径中的部分酶还涉及精氨酸和亮氨酸的生物合成。

　　2. 二氨基庚二酸途径

　　二氨基庚二酸途径是天冬氨酸族氨基酸生物合成途径中的一部分，由天冬氨酸作为起始物的赖氨酸生物合成途径如图 10-3 所示。首先要使天冬氨酸的 β- 羧基还原，该反应需 ATP 活化羧基，催化此反应的酶为天冬氨酸激酶。这一还原反应和谷氨酸羧基的还原以及 3- 磷酸甘油酸还原为甘油醛 -3- 磷酸的情况都很相似，羧基活化后，形成 3- 天冬氨酰磷酸，再由天冬氨酸半醛脱氢酶催化还原。参与天冬氨酸还原反应的辅酶是 NADPH，还原的产物是天冬氨酸 -β- 半醛。天冬氨酸 -β- 半醛与丙酮酸缩合形成一个环化合物，称为 2,3- 二氢吡啶 -2,6- 二羧酸。催化天冬氨酸 -β- 半醛和丙酮酸缩合的酶称为 2，3- 二氢吡啶 -2,6- 二羧酸合酶，该酶受赖氨酸抑制。2,3- 二氢吡啶 -2,6- 二羧酸又以 NADPH 为辅酶的还原酶还原为 Δ¹- 烯六氢吡啶 -2,6- 二羧酸（又称 2,3,4,5- 四氢吡啶 -2,6- 二羧酸），该二羧酸与琥珀酰 CoA 作用形成 *N*- 琥珀酰 -2- 氨基 -6- 酮 -α- 庚二酸，在有些微生物中则由乙酰基代替琥珀酰基。ε- 酮基通过与谷氨酸的转氨基作用而形成氨基，使 *N*- 琥珀酰 -2- 氨基 -6- 酮 -α- 庚二酸转变为 *N*- 琥珀酰 - 二氨基庚二酸。在琥珀酰 - 二氨基庚二酸脱琥珀酸酶的作用下，脱去琥珀酸形成 α,ε- 二氨基庚二酸。在二氨基庚二酸差向异构酶的作用下，形成消旋的 α,ε- 二氨基庚二酸，再经二氨基庚二酸脱羧酶的作用，脱去羧基形成赖氨酸。

10.3.2.4 甲硫氨酸的生物合成

甲硫氨酸的生物合成途径如图 10-3 所示。由天冬氨酸开始直至形成天冬氨酰 -β- 半醛的过程和合成赖氨酸的一段过程完全相同。天冬氨酰 -β- 半醛在以 NADPH 为辅酶的脱氢酶作用下还原，形成高丝氨酸。

由高丝氨酸转变为甲硫氨酸不只一条途径。高丝氨酸的酰基化过程有很多不同方式，*O*- 琥珀酰高丝氨酸转变为高半胱氨酸也有不同的途径。在细菌中，由胱硫醚 -γ- 合酶催化与半胱氨酸作用先形成胱硫醚，再由 β- 胱硫醚裂合酶作用形成高半胱氨酸，高半胱氨酸接收由 N^5- 甲基四氢叶酸转来的甲基（由转移酶催化）形成甲硫氨酸。

10.3.2.5 苏氨酸的生物合成

苏氨酸的生物合成过程中，从天冬氨酸开始直到形成高丝氨酸的步骤是完全相同的，高丝氨酸在其激酶作用下在羟基位置转移 ATP 上一个磷酸基团形成 *O*- 磷酸 - 高丝氨酸，再经苏氨酸合酶作用，水解磷酸基团形成苏氨酸（图 10-3）。纵观上述赖氨酸、甲硫氨酸和苏氨酸的生物合成，可看出这 3 种氨基酸有一段共同的生物合成途径，由天冬氨酸为共同起点都需经过 β- 羧基的还原，形成的天冬氨酸 -β- 半醛是一个分支点化合物，赖氨酸的生物合成即由此物质分成两路，甲硫氨酸和苏氨酸的生物合成经过高丝氨酸再分道进行，高丝氨酸也是分支点化合物。

10.3.3 丙酮酸衍生类型

异亮氨酸、亮氨酸和缬氨酸的分子中都具有甲基侧链所形成的分支结构，故称上述 3 种氨基酸为支链氨基酸。异亮氨酸的 6 个碳原子有 4 个来自天冬氨酸，2 个来自丙酮酸，因此一般将异亮氨酸的生物合成列入天冬氨酸类型。在异亮氨酸生物合成过程中有 4 种酶与缬氨酸合成中的酶相同，而缬氨酸的生物合成属于丙酮酸衍生类型，因此异亮氨酸的生物合成也可视为丙酮酸衍生类型。鉴于异亮氨酸和缬氨酸生物合成中有 4 种酶相同，因此异亮氨酸的生物合成途径将和缬氨酸共同讨论（图 10-4）。

10.3.3.1 缬氨酸和异亮氨酸的生物合成

缬氨酸和异亮氨酸的生物合成途径如图 10-4 所示。葡萄糖经酵解途径生成磷酸烯醇式丙酮酸，磷酸烯醇式丙酮酸经二氧化碳固定反应生成草酰乙酸，再经氨基化反应生成天冬氨酸；天冬氨酸在天冬氨酸激酶催化作用下，生成天冬氨酸半醛；天冬氨酸半醛在高丝氨酸脱氢酶的催化下生成高丝氨酸；高丝氨酸在高丝氨酸激酶的催化下生成苏氨酸，苏氨酸是异亮氨酸生物合成的前体物质。苏氨酸经苏氨酸脱氨酶作用生成 α- 酮基丁酸。生成异亮氨酸的第一步是由乙酰羟基酸合成酶催化 α- 酮基丁酸与活性乙醛基缩合。活性乙醛基可能是乙醛基与 α- 羟乙基硫胺素焦磷酸结合的产物。醛基是由丙酮酸脱羧而成。缩合后所形成的产物是 α- 乙酰 -α- 羟基丁酸。α- 乙酰 -α- 羟基丁酸进行甲基、乙基的自动位移，产物经二羟酸脱水酶催化脱水后形成 α- 酮基 -β- 甲基戊酸，再经支链氨基酸谷氨酸转氨酶的转氨作用形成异亮氨酸。

丙酮酸是缬氨酸生物合成的前体物质。丙酮酸在乙酰羟基酸合成酶的催化下形成 α- 乙酰乳

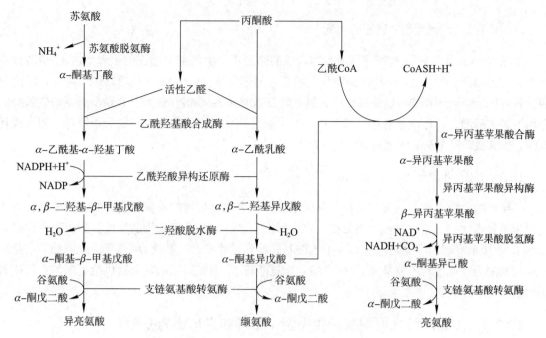

图 10-4　支链氨基酸的生物合成途径

酸，α- 乙酰乳酸在乙酰羟酸（同分）异构还原酶的催化下发生甲基自动移位，形成 α,β- 二羟基异戊酸。该产物经二羟酸脱水酶催化脱水后形成 α- 酮基异戊酸，α- 酮基异戊酸在转氨酶的作用下形成 L- 缬氨酸。每生成 1 mol 缬氨酸需 1 mol 丙酮酸、1 mol 谷氨酸和 1 mol 还原态 NADPH（主要来自 HMP 途径）。

10.3.3.2　亮氨酸的生物合成

亮氨酸的生物合成途径从丙酮酸开始直至形成 α- 酮基异戊酸和缬氨酸的生物合成途径完全相同（图 10-4）。α- 酮基异戊酸在 α- 异丙基苹果酸合酶作用下，由乙酰 CoA 转来酰基形成 α- 异丙基苹果酸，后者在 α- 异丙基苹果酸（同分）异构酶作用下形成 β- 异丙基苹果酸。再经以 NAD$^+$ 为辅助因子的 β- 异丙基苹果酸脱氢酶作用形成 α- 酮基异己酸，后者再由转氨酶催化与谷氨酸转氨形成亮氨酸。缬氨酸、异亮氨酸和亮氨酸生物合成途径中的最后一步转氨基反应，都是由同一种转氨酶催化完成的。

10.3.3.3　丙氨酸的生物合成

丙氨酸是丙酮酸与谷氨酸在谷丙转氨酶的作用下形成的，可用下式表示，丙氨酸的生物合成没有反馈抑制效应。机体细胞内可找到许多丙氨酸库。又因转氨酶的作用是可逆的，因此丙酮酸和丙氨酸可根据需要而互相转换。

$$\text{丙酮酸 + 谷氨酸} \underset{}{\overset{\text{谷丙转氨酶}}{\rightleftharpoons}} \text{α- 酮戊二酸 + 丙氨酸}$$

10.3.4　3- 磷酸甘油酸衍生类型（丝氨酸族氨基酸）

属于丝氨酸族氨基酸类型的氨基酸有丝氨酸、半胱氨酸和甘氨酸，这些氨基酸又称为 α- 磷酸甘油酸衍生类型。丝氨酸又可看作甘氨酸的前体，因此将丝氨酸和甘氨酸的生物合成放在一起讨论。

10.3.4.1 丝氨酸和甘氨酸的生物合成

如图 10-5 所示，丝氨酸和甘氨酸生物合成的第一步是由糖酵解过程的中间产物 3- 磷酸甘油酸作为起始物质，它的 α- 羟基在磷酸甘油酸脱氢酶催化下，由 NAD⁺ 脱氢形成 3- 磷酸羟基丙酮酸，后者再经磷酸丝氨酸转氨酶催化由谷氨酸转氨基形成 3- 磷酸丝氨酸，在磷酸丝氨酸磷酸酶的作用下脱去磷酸，即形成丝氨酸。丝氨酸在丝氨酸转羟甲基酶的作用下，脱去羟甲基，即形成甘氨酸，丝氨酸转羟甲基酶的辅酶是四氢叶酸。

10.3.4.2 半胱氨酸的生物合成

半胱氨酸生物合成中的关键是硫氢基的来源，大多数微生物的硫氢基主要来源于硫酸，可能还原为某种硫化物，这一过程相当复杂，迄今了解很少。大多数微生物的半胱氨酸生物合成途径如图 10-5 所示。起始步骤是乙酰 CoA 的乙酰基转移到丝氨酸上，形成 O- 乙酰 - 丝氨酸，催化这一反应的酶为丝氨酸转乙酰基酶。O- 乙酰 - 丝氨酸将 β- 丙氨酸基团部分提供给予酶结合的硫氢基团而形成半胱氨酸。

10.3.5 磷酸烯醇式丙酮酸衍生类型（苯环和杂环类氨基酸）

在合成蛋白质过程中有 3 种含苯环氨基酸称为芳香族氨基酸，即苯丙氨酸、酪氨酸和色氨酸以及比较特殊的杂环类氨基酸——组氨酸。在所有微生物中，芳香族氨基酸的生物合成都开始于糖酵解途径的中间物磷酸烯醇式丙酮酸（PEP）和磷酸戊糖途径的中间物赤藓糖 -4- 磷酸的合成，经过莽草酸途径形成分支酸，进而由分支酸通过分支途径形成色氨酸、苯丙氨酸、酪氨酸。色氨酸除需要赤藓糖 -4- 磷酸和磷酸烯醇式丙酮酸外，还需要 5- 磷酸核糖 -1- 焦磷酸，以及丝氨酸。

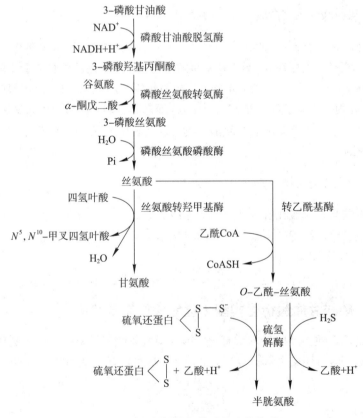

图 10-5 丝氨酸族氨基酸的生物合成

10.3.5.1 芳香族氨基酸合成的共同途径（莽草酸途径）

芳香族氨基酸的生物合成途径有 7 步是共同的，合成的起始物是赤藓糖 -4- 磷酸和磷酸烯醇式丙酮酸。二者缩合形成 3- 脱氧 -α- 阿拉伯庚酮糖酸 -7- 磷酸（DAHP）（图 10-6）。在大肠杆菌和谷氨酸棒状杆菌中，催化此反应的酶是 3- 脱氧 -D- 阿拉伯庚酮糖 -7- 磷酸合成酶。在大肠杆菌中，由 3 个基因 aroG、aroF 及 aroH 编码 DAHP 合成酶的同工酶，且这 3 个基因分别对苯丙氨酸、酪氨酸和色氨酸敏感。

第二步反应是脱氢奎尼酸合成酶催化 DAHP 生成 3- 脱氢奎尼酸。大肠杆菌的脱氢奎尼酸合成酶需要二价阳离子，这个反应是中性条件下的氧化还原反应，此外还生成了大量的 NAD^+。下一步的反应是 3- 脱氢奎尼酸脱去水分子生成 3- 脱氢莽草酸，这一反应由脱氢奎尼酸脱水酶催化，同时向环中引入第一个双键。随后，3- 脱氢莽草酸由莽草酸脱氢酶催化生成莽草酸。在大肠杆菌中，莽草酸激酶催化莽草酸磷酸化生成 3- 磷酸莽草酸。

第二个 PEP 分子是在第六步反应时参与芳香族氨基酸合成的。5- 烯醇式丙酮酰 - 莽草酸 -3- 磷酸（EPSP）合成酶催化磷酸烯醇式丙酮酸和 3- 磷酸莽草酸缩合生成 EPSP。磷酸烯醇式丙酮酸提供了 3 个碳原子，生成了苯丙氨酸和酪氨酸的侧链，而在色氨酸生物合成中这 3 个碳原子将会被代替。最后一步反应是由分支酸合成酶催化 EPSP 生成分支酸。这步反应引入了第二个双键，形成环己二烯环状结构。

可以把莽草酸看作合成此 3 种芳香族氨基酸的共同前体，因此可将芳香族氨基酸合成相同的一段过程称为莽草酸途径。这一途径指的是以莽草酸为起始物直至形成分支酸的一段过程，具体步骤如图 10-6 所示。分支酸是芳香族氨基酸衍生物合成途径的分支点，在分支酸以后即分为两条途径。其中一条是形成苯丙氨酸和酪氨酸，另一条是形成色氨酸。

10.3.5.2 由分支酸形成苯丙氨酸和酪氨酸

如图 10-6 所示，分支酸在分支酸变位酶作用下，转变为预苯酸。虽然苯丙氨酸和酪氨酸都以预苯酸作为由分支酸转变的第一步反应，但它们的生物合成却是通过两条不同的途径。

1. 分支酸形成苯丙酮酸经过两个步骤，都是由一个酶催化的，称为分支酸变位酶 P- 预苯酸脱水酶，该酶先将分支酸转变为预苯酸。酶蛋白和预苯酸结合在一起，由同一个酶脱水、脱羧，将预苯酸转变为苯丙酮酸。苯丙酮酸在转氨酶作用下，与谷氨酸进行转氨形成苯丙氨酸。

2. NAD 分支酸变位酶 T - 预苯酸脱氢酶催化分支酸形成对 - 羟苯丙酮酸，是先形成与它结合在一起的预苯酸中间产物再脱氢、脱羧，然后形成对 - 羟苯丙酮酸。对 - 羟基苯丙酮酸再与谷氨酸进行转氨即形成酪氨酸。预苯酸无论转变为苯丙酮酸或对 - 羟苯丙酮酸都需脱去羧基同时脱水或脱氢。这一步骤也可视为"成环"即形成芳香环的最后步骤。酪氨酸的生物合成除上述途径外，还可由苯丙氨酸羟基化而形成。催化此反应的酶称为苯丙氨酸羟化酶，又称苯丙氨酸 -4- 单加氧酶。

10.3.5.3 由分支酸形成色氨酸

大肠杆菌中色氨酸的生物合成途径如图 10-6 所示。色氨酸分支途径的第一步反应是经邻氨基苯甲酸合成酶催化，分支酸通过氨基化和芳香化生成邻氨基苯甲酸，同时伴随着通过 β- 消除作用以丙酮酸形式脱去分支酸的烯醇式丙酮酸侧链，其中氨或谷氨酰胺可以作为邻氨基苯甲酸合成酶的氨供体。第二步是邻 - 氨基苯甲酸在邻 - 氨基苯甲酸磷酸核糖转移酶作用下，将 5′- 磷酸核糖 -1′- 焦磷酸（PRPP）的 5- 磷酸核糖部分转移到邻 - 氨基苯甲酸的氨基上，同时脱掉一个焦磷酸分子，形成 N-（5′- 磷酸核糖）- 氨基苯甲酸。核糖的 C_1 和 C_2 为吲哚环的形成提供两个碳原子。第三步是在同分异构酶作用下，核糖的呋喃环被打开进行互变异构，转变为烯醇式 1-（O- 羧基

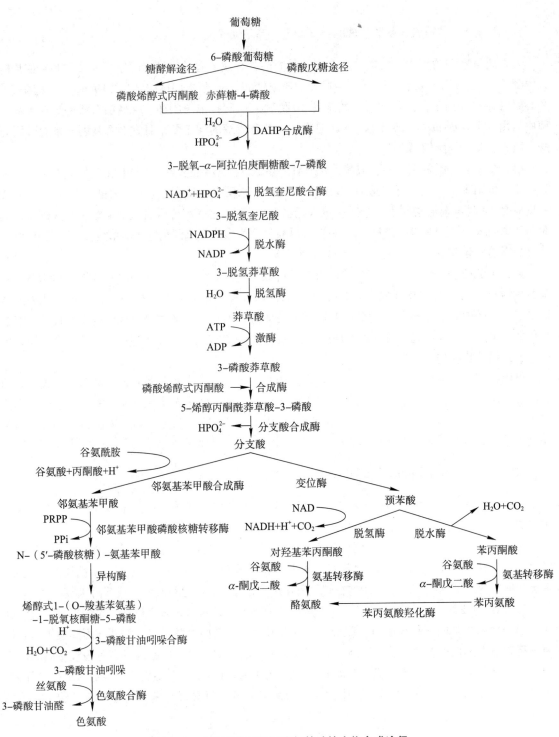

图 10-6 大肠杆菌中芳香族氨基酸的生物合成途径

苯氨基）–1– 脱氧核酮糖 –5– 磷酸。又在 3– 磷酸甘油吲哚合酶作用下环化，形成 3– 磷酸甘油吲哚。最后一步是 3– 磷酸甘油吲哚在色氨酸合酶作用下借助辅酶磷酸吡哆醛与丝氨酸加合，同时除去 3– 磷酸甘油醛形成色氨酸。

在其他微生物中，色氨酸的生物合成途径及其编码基因的序列可能略有不同，但是整体的合成途径是保守的。通过上述的合成反应，从色氨酸碳原子和氮原子的来源可看出，吲哚环上苯环的 C_1 和 C_6 来源于磷酸烯醇式丙酮酸；C_2、C_3、C_4、C_5，来源于赤藓糖 –4– 磷酸。色氨酸吲哚环的氮原子来源于谷氨酰胺的酰胺氮，吲哚环的 C_7 和 C_8 来源于 PRPP，色氨酸的侧链部分来源于丝氨酸。

10.3.5.4　组氨酸的生物合成

组氨酸的生物合成从 5′- 磷酸核糖 -1′- 焦磷酸开始有 9 种酶参与催化，共经过 10 步特殊反应，如图 10-7 所示。合成的第 1 步是 5′- 磷酸核糖 -1′- 焦磷酸的 5′- 磷酸核糖部分转移到 ATP 分子上，与 ATP 嘌呤环的第一个氮原子形成以 $N-$ 糖苷键相连的化合物 $N-1-$（5′- 磷酸核糖）-ATP。第 2 步，上述化合物的 ATP 部分水解除掉一个焦磷酸分子形成 $N-1-$（5′- 磷酸核糖）-AMP。第 3 步，在磷酸核糖 -AMP 解环酶作用下，上述 $N-1-$（5′- 磷酸核糖）-AMP 的嘌呤环在 C_6 和 N_1 之间被打开，形成 $N-1-$（5′- 磷酸核糖亚氨甲基）-5- 氨基咪唑 -4- 羧酰胺 -1- 核苷酸。第 4 步，由磷酸核糖亚氨甲基 -5- 氨基咪唑羧酰胺核苷酸同分异构酶打开核糖的呋喃环，将其转变为酮糖，形成 $N-1-$（5′- 磷酸核酮糖亚氨甲基）-5- 氨基咪唑 -4- 羧酰胺核苷酸。第 5 步，由谷氨酰胺酰胺基转移酶催化形成咪唑甘油磷酸和 5- 氨基咪唑 -4- 羧酰胺核苷酸。在第 5 步中，谷氨酰胺的酰胺基使亚氨甲基键断裂，并紧接着环化形成咪唑环，谷氨酰胺的酰胺氮即进入了组氨酸咪唑环 N_1 的位置，咪唑环的 N_2、C_5 来源于起始步骤中 ATP 的嘌呤环，咪唑甘油磷酸其余的 5 个碳原子都来源于 PRPP。第 6 步，咪唑甘油磷酸脱水酶催化脱水，生成的烯醇式产物互变异构形成咪唑丙酮醇磷酸。第 7 步，需谷氨酸的 L- 组氨醇磷酸 - 谷氨酸氨基转移酶将谷氨酸的氨基转移到咪唑丙酮醇磷酸上，形成 L- 组氨醇磷酸。第 8 步，组氨醇磷酸水解酶将上述磷酸酯水解生成组氨醇。第 9 步和第 10 步都是由需 NAD^+ 的组氨醇脱氢酶将组氨醇连续脱氢，第一次脱氢形成组氨醛，第二次则生成组氨酸。

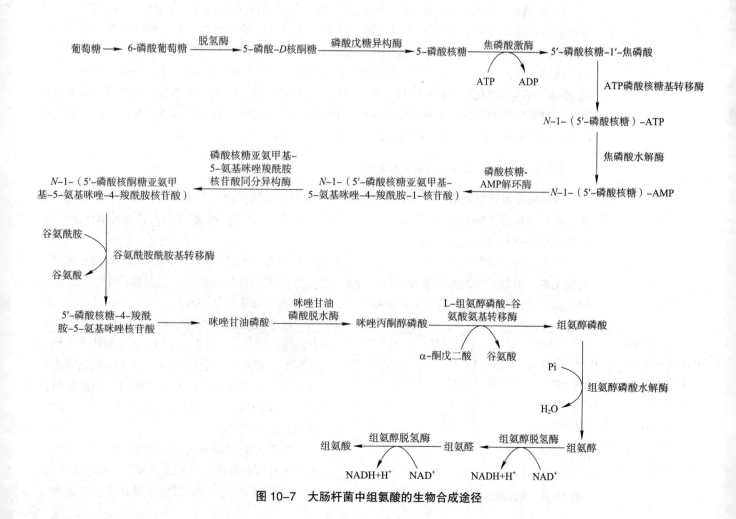

图 10-7　大肠杆菌中组氨酸的生物合成途径

10.4 氨基酸发酵实例

10.4.1 L–谷氨酸发酵

1861年，德国的 H. Ritthausen 博士从小麦面筋硫酸分解物中最先分离出谷氨酸，依据原料的取材，将此氨基酸命名为谷氨酸（glutamic acid）。1908年，日本东京大学的池田菊苗（Kilunae Ikeda）教授在分析水煮海带汁时，发现有一些呈现特殊酸味的结晶体，然后他将氢氧化钠加入该溶液中再尝其味道，令人惊奇的是酸味变为鲜味，这就是谷氨酸钠，俗称味精。随后的实验发现把味精加入各种食物中，食物味道明显改善，味精在日本很受欢迎。1909年池田与铃木合作获得了蛋白质酸水解法生产谷氨酸的专利权，并进行了工业化生产，日本味之素公司率先把味精作为商品推出，从此诞生了味精工业。然而蛋白质水解法中，谷氨酸必须从水解产物的氨基酸混合物中分离出来，因此该方法耗资很大。而化学合成法的成本也很昂贵，因为产物是 D 型和 L 型谷氨酸的混合物，D– 谷氨酸没有增味作用，需要除去此 D 型异构体。

⊕ 知识拓展 10–2
谷氨酸棒杆菌——氨基酸合成的超级细胞工厂

日本协和发酵公司木下视郎分离培育出一种新的细菌—谷氨酸棒杆菌，可以利用葡萄糖并积累一定量的 L– 谷氨酸，这是味精生产史上的重大变革。由此发展出一项新的工业技术：氨基酸发酵，即利用微生物生产氨基酸。1957年协和发酵公司开始通过发酵法生产谷氨酸。发酵法生产谷氨酸的成功，是整个发酵工业的伟大创举，同时也推动了其他发酵产品的研究与生产。

L– 谷氨酸，化学名称为 L–2– 氨基戊二酸，分子式为 $C_5H_9NO_4$，分子量为 147.13。L– 谷氨酸是非必需氨基酸，由于分子内含两个羧基，所以是一种酸性氨基酸，解离常数分别为 pK_1（COO^-）= 2.19，pK_2（COO^-）= 4.25，pK_3（NH_4^+）= 9.67。谷氨酸分子具有旋光性，在 25℃ 条件下 L– 谷氨酸旋光度为 + 37 ~ + 38.9。根据旋光性的不同，分为 L 型、D 型和 DL 型三种，其结构式如图 10-8。在生物有机体中存在的谷氨酸，都属于 L 型谷氨酸。L– 谷氨酸与氢氧化钠反应形成谷氨酸钠，具有很浓的鲜味，主要用作调味剂。味精被食用后，还可以转化为谷氨酸，然后经消化吸收参与蛋白质的合成，并通过转氨基作用合成其他氨基酸，营养价值较高。

10.4.1.1 L– 谷氨酸发酵菌株选育

谷氨酸是极性氨基酸，较难分泌到细胞外，如果谷氨酸在胞内大量积累，对谷氨酸的生物合成会存在明显的抑制作用。必须通过各种手段使细胞膜破坏，使谷氨酸由胞内较容易地分泌出来，实现发酵液中 L– 谷氨酸的大量积累。

目前，谷氨酸产生菌主要有两类，生物素缺陷型菌株和温度敏感型菌株。对于生物素缺陷型菌株来说，关键是控制发酵培养中的生物素亚适量，只够菌体生长所需，当发酵液中生物素被耗尽，菌体再繁殖一倍，细胞膜结构就被破坏，L– 谷氨酸能够顺利分泌出来。

对于温度敏感型菌株来说，菌体生长阶段控制温度在较低水平（32 ~ 34℃），当菌体生长到一定浓度，提高发酵温度。由于该菌株控制细胞膜合成的基因发生突变，对温度敏感，当温度升高后，菌体翻倍后生长停止，细胞膜结构不完整，造成谷氨酸的大量积累。

对于工业发酵来说，决定发酵生产水平的因素主要有菌种性能、发酵工艺及下游提取工艺等。菌种的产酸水平是决定发酵成败的关键。国外一

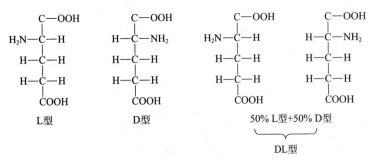

图 10-8　谷氨酸结构式

一般采用青霉素等强制发酵法生产谷氨酸，产酸较高（120~160 g/L）；而国内味精厂采用生物素亚适量方法，该方法产酸低，转化率低，原料利用率低，因此开展菌种选育工作是谷氨酸工业化发酵的重要内容之一。

微生物细胞内各种代谢产物的积累，都是受到菌体自我调节机制的影响。正常情况下，菌种不会过量合成某种代谢产物，当通过育种手段解除其自我调节机制时，某种产物就会过量积累。谷氨酸棒杆菌各代谢途径及其调节机制的深入了解，使得通过代谢控制发酵原理进行育种更加理性化。

通过诱变育种对菌种进行定向筛选，可达到解除微生物细胞内的自我调节机制，达到过量积累目的产物的目的。常见的方法包括选育具有结构类似物抗性、营养缺陷型、目的产物分解能力缺陷型等遗传标记的突变株。通过诱变育种能够扩大原料利用范围，提高菌株的生产能力，简化生产工艺和提取工艺。如郑善良等采用亚硝基胍对黄色短杆菌（*Brevibacterium flavum*）FM820-7菌株进行诱变处理，筛得菌株 FM84-415，该菌株产酸高达 119.2 g/L，糖酸转化率达到 59.5%。云逢霖与周婉冰利用紫外线、亚硝基胍诱变以及原生质体等诱变方法对菌株 *B. flavum* T_{6-13} 进行处理，经过多次筛选，育得 S9114 菌株。该菌株能抗高糖（25%~30%）、抗高浓度谷氨酸（20%），并且不分解利用谷氨酸。王岁楼等采用 Co-γ 射线、紫外线和硫酸二乙酯等诱变育种技术对 *B. flavum* T_{6-13} 进行复合处理，并经耐高温驯化，获得突变株 Tz310，该菌株具有琥珀酸和生物素双重营养缺陷，并且该菌能耐高温。

近年来，基因工程育种技术也取得了长足的进步，张克旭等对钝齿棒杆菌 B9 和天津短杆菌TG-866 进行原生质体融合育种，成功获得融合子 F263 和 F288，兼具双亲遗传性状，细胞个体大、产酸高。陈宁等以天津短杆菌 TG961 和温敏型菌株 TMG0106 为亲株，采用原生质体融合育种技术，筛选出产酸较高的温敏型菌株 CN1021。但由于工业发酵生产规模较大，需菌量多，随菌种的逐级扩大培养极易引起质粒失活甚至丢失，从而使重组基因难以表达，因此通过分子手段进行菌种选育难度依然较大。

10.4.1.2 L-谷氨酸的生物合成途径及关键酶

L-谷氨酸的生物合成主要包括糖酵解途径（EMP）、三羧酸循环（TCA）、乙醛酸循环、磷酸戊糖途径（HMP）、回补反应等途径。糖代谢分 EMP 和 HMP 两个途径进行，以 EMP 途径为主，然后生成丙酮酸。再经 TCA 循环合成 α-酮戊二酸，然后经还原氨基化反应合成谷氨酸。

1. 葡萄糖代谢

葡萄糖的吸收是通过磷酸烯醇式丙酮酸磷酸转移酶系统（PTS）进行的，每当一分子葡萄糖被细胞吸收，就有一分子 PEP 转化成一分子丙酮酸。

$$Glc + PEP \longrightarrow G6P + Pyr$$

2. 糖酵解途径（EMP）和磷酸戊糖途径（HMP）

EMP 途径就是把葡萄糖降解为丙酮酸的过程。HMP 途径主要为后面代谢途径的一些酶提供辅酶 NADPH。并且在谷氨酸合成阶段，HMP 途径流量减少。控制恰当的 HMP/EMP 比例在谷氨酸的合成过程中非常重要。

3. 回补途径

在谷氨酸棒杆菌内，由丙酮酸到四碳二羧酸的碳流非常复杂，其中有很多酶存在。已经报道的有磷酸烯醇式丙酮酸羧化酶（PEPC）、磷酸烯醇式丙酮酸羧激酶（PEPCk）、丙酮酸羧化酶（PC）、苹果酸合酶（ME）和乙醛酸途径中的关键酶。磷酸烯醇式丙酮酸羧化酶在合成草酰乙酸的过程中起着重要作用，它的活性受天冬氨酸、α-酮戊二酸抑制，受乙酰 CoA、果糖 1,6-二磷酸激活。应用生物素缺陷型发酵，发现 CO_2 固定反应主要通过磷酸烯醇式丙酮酸羧化酶作用（70%左右），丙酮酸羧化酶作用较小，原因是丙酮酸羧化酶以生物素为辅酶，对生物素缺陷型菌株来说，在谷氨酸大量合成阶段，发酵培养基中已几乎不存在生物素，该酶的活性无法表达出来。

通过乙醛酸循环也可实现由丙酮酸到四碳二羧酸的合成。在长菌阶段，需要乙醛酸循环合成菌体生长所需的能量和各种代谢产物。在产酸阶段，为了提高糖酸转化率，最好封闭乙醛酸循环。

4. 三羧酸（TCA）循环

一般来说，柠檬酸合成酶是催化三羧酸循环第一个反应的酶，是三羧酸循环的限速酶。通过过量表达控制柠檬酸合成酶的基因（gltA），产酸水平并未增加。研究发现，该酶活性与底物浓度和细胞生长状态无关，也不受 NADH 和 α- 酮戊二酸影响，只有 ATP 对它有微弱的抑制作用。

不同于大肠杆菌，谷氨酸棒杆菌中的异柠檬酸脱氢酶和谷氨酸脱氢酶以 NADPH 为辅酶，这两种酶与谷氨酸合成直接相关，所以非常重要。对异柠檬酸脱氢酶进行生物化学分析表明，该酶是单体，草酰乙酸、α- 酮戊二酸和柠檬酸对该酶有微弱的抑制作用。

α- 酮戊二酸脱氢酶是控制谷氨酸合成和 TCA 循环流量分配的重要节点。采用代谢流量分析，研究了 α- 酮戊二酸脱氢酶（ODHC）和谷氨酸合成之间的关系。结果发现，在生物素亚适量条件下，当谷氨酸大量合成时，α- 酮戊二酸脱氢酶活性下降，代谢流量被认为是流向谷氨酸合成。因此，目前 α- 酮戊二酸脱氢酶被认为是谷氨酸合成途径中的限速酶。

在谷氨酸棒杆菌中，有三个途径合成谷氨酸。当氨浓度高时是由谷氨酸脱氢酶催化的还原氨基化反应合成谷氨酸；当氨浓度低时，由谷氨酸合酶催化 α- 酮戊二酸和谷氨酰胺合成谷氨酸；然后还可以通过转氨酶催化的转氨反应合成谷氨酸。其中，还原氨基化反应是合成谷氨酸的主要途径。

10.4.1.3　L- 谷氨酸的发酵技术

谷氨酸发酵是一个复杂的生化代谢过程，其发酵工艺流程（图 10-9）主要有以下几点。

1. 培养基

谷氨酸生产菌为异养型微生物，主要以有机化合物作为碳源。由于谷氨酸生产菌不能分泌淀粉酶，只能利用葡萄糖、果糖、蔗糖、麦芽糖等，工业上常用淀粉水解糖、甘蔗糖蜜等作为发酵碳源。谷氨酸的发酵需要足够的 NH_4^+ 存在，而且一部分氨用来调节 pH，形成谷氨酸铵，因此谷氨酸发酵需要较多的氮源。目前，工业上常采用玉米浆、尿素作为氮源，而碳氮比对谷氨酸发酵也有较大的影响，谷氨酸发酵需要较高的碳氮比，为 100：（15～21）。当碳氮比在 100：（0.5～2.0）时，只繁殖菌体，几乎不产氨基酸；当碳氮比在 100：11 以上时，才开始积累谷氨酸。对于无机盐离子，谷氨酸发酵培养基中 $MgSO_4 \cdot 7H_2O$ 的用量一般为 0.025%～0.1%，钾盐的用量约 0.2%～0.1%。

2. 种子的扩大培养

谷氨酸发酵的种子普遍采用二级种子培养的流程，首先是斜面种子的培养。一般使用细菌肉汤培养基：葡萄糖 0.1%，蛋白胨 1.0%，牛肉膏 1.0%，氯化钠 0.5%，琼脂 1.5～2.0%，pH 7.0～7.2。其次是种子的扩大培养，一般接种量为 1%，培养时间以 7～8 h 为宜。

3. 温度

由于不同的微生物种类所具有的酶系及性质不同，所要求的温度范围也不同。谷氨酸产生菌的最适温度为 30～32℃，合成谷氨酸的温度比一般生长要高，为 34～37℃。

4. 谷氨酸的提取

谷氨酸的提取有等电点法、离子交换法、金属盐沉

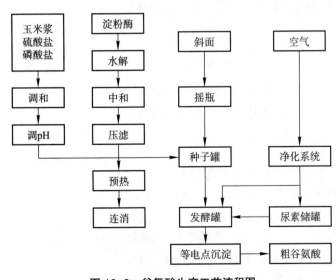

图 10-9　谷氨酸生产工艺流程图

淀法、盐酸盐法和电渗析法。目前国内多用国产 732 型强酸性阳离子交换树脂来提取氨基酸，一般在 65℃ 左右，用 NaOH 溶液洗脱，pH 3.0 ~ 7.0 的洗脱液返回等电点法提取。

10.4.2　L-鸟氨酸发酵

L-鸟氨酸是生物体内普遍存在的氨基酸之一。1877 年杰弗等人在喂养过苯甲酸的鸟尿液的水解产物中鉴定到这种物质，故将其命名为鸟氨酸。鸟氨酸存在于生物体内的组织和细胞中，是人体生化反应中不可或缺的中间代谢产物，也是 L-精氨酸、L-瓜氨酸等的代谢前体。它参与的生化反应主要是尿素循环（Krebs-Henseleit 循环），正常情况下体内的氨主要在肝中通过此循环合成尿素而解毒，对于生物体内氨态氮的排出具有重要意义。

鸟氨酸具有治疗肝病、刺激脑垂体并促进生长激素分泌、促进体内蛋白质的合成及脂肪的分解、促进体内聚乙烯胺的合成和促进细胞增殖等众多功能，可作为药物、膳食补充剂及食品调料销售。近年来，鸟氨酸在功能食品领域的产品开发引起了市场的广泛关注。

10.4.2.1　L-鸟氨酸的生产菌种选育

微生物发酵法是 L-鸟氨酸的主要生产方法，为了能够大量积累 L-鸟氨酸，生产菌株以营养缺陷型为主，如：①谷氨酸棒杆菌的瓜氨酸缺陷或精氨酸缺陷突变株；②乳酸发酵短杆菌、川崎短杆菌（*Brevibacterium kanwasaki*）、柠檬酸节杆菌（*Arthrobacter citreus*）等的精氨酸缺陷突变株；③大肠杆菌、枯草杆菌、产气节杆菌、帕特介里变形杆菌（*Proteus retigeri*）的精氨酸缺陷突变株；④石蜡节杆菌（*Arthrobacter paraffineus*）的精氨酸缺陷突变株。

通常以谷氨酸棒杆菌为出发菌经紫外线诱变选育出精氨酸或瓜氨酸营养缺陷型的菌株，如 Oishi 和 Ando 对帕特介里变形杆菌（*Proteus retigeri* ATCC NO.21116）经紫外线诱变得到一株精氨酸缺陷型的突变株，在培养基中添加 5% 葡萄糖，1.5% 硫酸铵，0.4% 玉米浆和 0.012% 的精氨酸，并添加碳酸钙调节 pH，在 30℃ 下摇瓶培养三天，L-鸟氨酸产量达到 15 g/L。Shinji 等研究人员选育柠檬酸节杆菌 23-2A 的精氨酸或瓜氨酸营养缺陷型突变株，对其发酵条件进行优化，在 31℃ 条件下，摇瓶通风培养 72 h，L-鸟氨酸产量可达 35.2 g/L。

分别以柠檬酸节杆菌、乳酸发酵短杆菌、谷氨酸棒杆菌为出发菌株，经过诱变定向选育出不同的突变株。经优化培养，柠檬酸节杆菌（AJ12441）的精氨酸营养缺陷型（Arg⁻）或瓜氨酸缺陷型（Cit⁻）突变株可积累 L-鸟氨酸达 35 g/L，柠檬酸节杆菌（AJ12442）的精氨酸营养缺陷型（Arg⁻）或瓜氨酸营养缺陷型（Cit⁻）加霉酚酸抗性的突变株可积累 L-鸟氨酸达 50 g/L，而乳酸发酵短杆菌（AJ12443）的精氨酸营养缺陷型（Arg⁻）或瓜氨酸营养缺陷型（Cit⁻）突变株可积累 L-鸟氨酸达 47 g/L，乳酸发酵短杆菌（AJ12444）的精氨酸营养缺陷型（Arg⁻）或瓜氨酸营养缺陷型（Cit⁻）加鸟氨酸抗性的突变株可积累 L-鸟氨酸达 55 g/L；以谷氨酸棒杆菌（AJ11589）的精氨酸营养缺陷型（Arg⁻）或瓜氨酸营养缺陷型（Cit⁻）加 Vp 抗性的突变株可积累 L-鸟氨酸达 46 g/L，谷氨酸棒杆菌（AJ12445）的精氨酸营养缺陷型（Arg⁻）或瓜氨酸营养缺陷型（Cit⁻）加霉酚酸抗性、鸟氨酸抗性和 Vp 抗性的突变株可积累 L-鸟氨酸达 53 g/L。

10.4.2.2　L-鸟氨酸的生物合成途径及代谢调节机制

不同菌株生物合成鸟氨酸的代谢途径有所差异。谷氨酸棒杆菌发酵生成 L-鸟氨酸的生物合成如图 10-10 所示，葡萄糖经 EMP 途径和三羧酸循环合成 α-酮戊二酸，α-酮戊二酸在谷氨酸脱氢酶的作用下生成谷氨酸，再由谷氨酸经多个步骤形成 L-鸟氨酸。谷氨酸先由转乙酰基酶催化乙酰化，形成 N-乙酰谷氨酸，再经乙酰谷氨酸激酶作用由 ATP 上转移一个高能磷酸基团，形成 N-乙酰-γ-谷氨酰磷酸，再经还原酶作用形成 N-乙酰谷氨酸-γ-半醛，又经转氨酶的作用，自谷氨酸分子转移一个 α-氨基，形成 α-N-乙酰鸟氨酸，经酶促脱去乙酰基（脱乙酰基作用或转乙酰基作

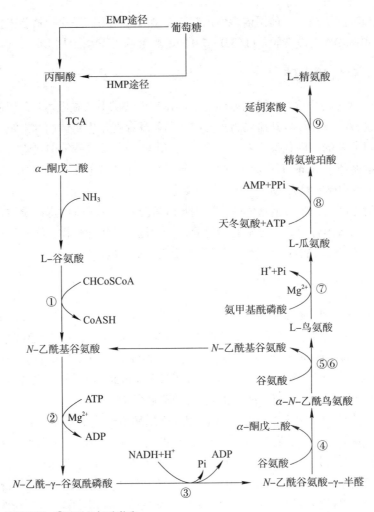

反馈抑制：②乙酰谷氨酸激酶
反馈阻遏：①乙酰谷氨酸激酶 ③N-乙酰-γ-谷氨酰磷酸还原酶 ④乙酰鸟氨酸转氨酶
⑤乙酰鸟氨酸脱乙酰基酶 ⑥谷氨酸转乙酰基酶 ⑦转氨甲酰酶
⑧精氨酸琥珀酸合酶 ⑨裂解酶

图 10-10 谷氨酸棒杆菌 L- 鸟氨酸生物合成途径及其调节机制

用），形成 L- 鸟氨酸。菌株在细胞内生物合成 L- 鸟氨酸后并不会在体内积累，而是在鸟氨酸转氨甲酰基酶的作用下继续合成瓜氨酸，进而合成精氨酸。

谷氨酸棒杆菌发酵生成 L- 鸟氨酸的途径中，其生物合成的第二个酶，即 N- 乙酰谷氨酸激酶受精氨酸的反馈抑制。其合成途径各步酶的活力，大部分受精氨酸的反馈阻遏。

提高生产菌株的 L- 鸟氨酸产量主要包括两个方面：①代谢控制机制被解除和解除的程度，从微生物代谢循环机理的角度，使制备过程向着鸟氨酸高产的方向发展。②改善发酵产鸟氨酸的环境，优化突变菌株发酵时的培养条件，提高鸟氨酸产量。这两者亦不相互独立，通常需要统筹综合考虑。

10.4.2.3 L- 鸟氨酸的发酵技术

除不同生产菌株以外，影响产酸的主要因素包括营养物浓度，如碳氮源，无机盐及生长因子等，及发酵条件如温度、pH、溶氧水平等。

1. 碳源和氮源的影响

碳源是构成菌体和合成鸟氨酸的碳架及能量来源。氮源不仅是构成菌体蛋白质、核酸等含氮物质的来源，而且是合成鸟氨酸氨基的来源。L-鸟氨酸发酵的常用碳源为葡萄糖、蔗糖、淀粉水解液、废糖浆水解液等，有机氮源可采用酵母膏、蛋白胨、玉米浆等。无机氮源常采用硫酸铵、硝酸铵。培养基中糖浓度对L-鸟氨酸的发酵有很大影响。在一定浓度范围内，L-鸟氨酸的产量随糖浓度增加而增加，但达到一定限度，糖浓度过高，由于渗透压增大，对菌体生长和发酵均不利。

2. 发酵培养基中限量添加的缺陷营养物及其他添加物的影响

由于L-鸟氨酸生产菌株多为精氨酸缺陷型或者瓜氨酸缺陷型，即菌体自身无法合成L-精氨酸和瓜氨酸，我们需要在培养基中加入L-精氨酸或者瓜氨酸菌体才能生长。由于精氨酸的价格较瓜氨酸低，因此用精氨酸更有利。可以用含有精氨酸的天然物质来代替纯的精氨酸使用，例如：蛋白胨，肉汁浸出膏，玉米浆和蛋白质水解液，需要注意的是其用量要稍低于最佳生长所需的纯精氨酸的用量。

3. 无机盐及生长因子对产酸的影响

无机盐是微生物生命活动所不可缺少的物质。一般微生物所需要的无机盐为硫酸盐、磷酸盐和含钾、钠、镁、铁的化合物。微生物对无机盐的需要量很少，但无机盐含量对菌体生长和代谢产物的生成影响很大。在配制培养基时，可通过加入富含生长因子的原料，如酵母膏、玉米浆、麦芽汁、豆饼水解液等来提高产酸量。

4. 培养条件对产酸的影响

温度、pH、溶氧水平等因素对发酵产L-鸟氨酸的过程具有很大的影响，所以选择适当的温度、pH、溶氧水平亦为提高L-鸟氨酸的关键。一般而言，L-鸟氨酸的培养条件因菌种而异，在30℃左右，pH 7.0～7.2，通风培养保证合适的溶氧水平有利于L-鸟氨酸的积累。

【习题】

简答题：

1. 氨基酸生物合成途径主要分哪几类？

2. L-鸟氨酸代谢调控的方法有哪些？

3. 试述营养缺陷型筛选策略在氨基酸生产菌株选育中的作用。

第 11 章
微生物生产酶制剂

酶制剂是从生物（包括动物、植物、微生物）中提取的具有生物催化能力的物质，作为一种高效生物催化剂，越来越广泛地应用在食品加工业等诸多领域，成为当今食品原料开发、品质改良和工艺改造的重要环节，在淀粉、酿造、果汁、饮料、调味品、油脂加工等领域具有广泛的应用。本章将从产酶微生物菌种选育、发酵生产技术和应用法规等方面介绍微生物酶制剂的研究与生产概况。

通过本章学习，可以掌握以下知识：
1. 熟悉产酶微生物的菌种类型。
2. 掌握产酶微生物菌株的选育方法和发酵技术。
3. 了解食品酶制剂应用法规。

在开始学习前，先思考下列问题：
1. 酶的化学本质是什么，有什么特性？
2. 与天然酶相比，固定化酶有哪些优点？

【思维导图】

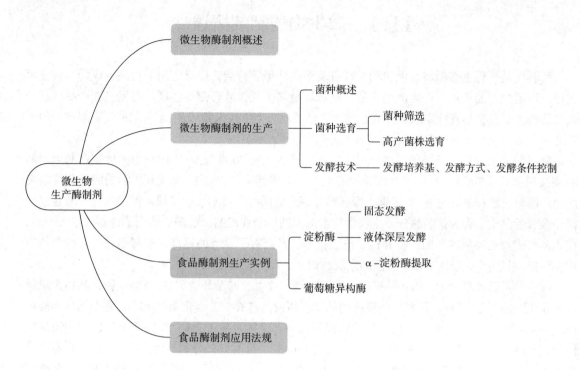

11.1 微生物酶制剂概述

酶制剂是一种生态型高效催化剂，具有安全、环保等特点，广泛应用于食品、医药、农业等领域，可增加产品产量、提高产品质量、降低原材料消耗、减轻劳动强度。对促进新产品、新工艺和新技术的发展具有重要意义。酶制剂产业已经成为生物技术领域在21世纪最具发展前景的产业之一。

酶制剂的工业化生产经历了3个迅速发展阶段：一是20世纪60年代利用碱性蛋白酶生产加酶洗涤剂；二是70年代利用葡萄糖异构酶生产高果葡糖浆；三是80年代利用淀粉酶糖化淀粉发酵生产酒精、味精等。过去10年里，国际酶制剂产业的生产技术发生了根本性的变化，随着以基因工程和蛋白质工程为代表的分子生物学技术的不断进步和成熟，市场上涌现了许多重组酶产品，在成品得率及成品酶的活力、特异性、抗逆性等特性上有了显著的提高，酶制剂在各大行业的应用实践把酶制剂产业带入了一个全新的发展时期。

在生物界已发现的近3 000种酶中，目前已经工业生产的商品酶类仅50~60种，其中大规模工业化生产的不足20种，按照市场量排列如下：蛋白酶占59%、糖化酶占13%、葡萄糖异构酶占6%、α-淀粉酶占5%、果胶酶占3%、脂肪酶占3%、纤维素酶占1%。2020年全球酶制剂市场规模接近60亿美元，其中食品酶制剂占比三分之一以上。我国酶制剂生产企业约200家，现有生产能力40多万吨。已实现工业化生产的酶品种以糖化酶、α-淀粉酶、蛋白酶三大类为主，此外还有果胶酶、β-葡聚糖酶、纤维素酶、碱性脂肪酶、木聚糖酶、α-乙酰乳酸脱羧酶、植酸酶等。酶制剂的应用范围主要是洗涤剂、淀粉加工、食品饮料、饲料、造纸和纺织等工业。

酶制剂在食品工业中具有广泛的应用（表11-1），主要用于果蔬加工、焙烤、乳制品加工等方面。在果蔬汁加工中果胶酶对果胶物质的解聚作用明显改善了加工过程，蛋白酶可以抵抗面包的老化作用，延长面包的货架期；葡萄糖氧化酶应用于面包生产烘烤后，可使面包体积膨大、气孔均匀、有韧性。在乳制品工业中，原料乳通过凝乳酶作用可以制得干酪，牛乳中加入乳糖酶，可使乳糖水解生成葡萄糖和半乳糖，大大改善加工性能，从而更有利于乳糖发酵生产酸奶，提高乳糖消化吸收率，改善制品口味。本章介绍微生物酶制剂的研究与生产概况。

⚙ 知识拓展 11-1
乳糖酶与乳糖不耐症

表 11-1　微生物酶制剂在食品工业中的应用

酶	来源	作用方式	应用领域
α-淀粉酶	枯草芽孢杆菌，地衣芽孢杆菌，米曲霉	内切水解 α-1，4 糖苷键	淀粉加工
葡萄糖淀粉酶	米曲霉，黑曲霉，米根霉	从淀粉的非还原末端去除葡萄糖，在分支点也裂解 α-1,6 糖苷键，但较慢	淀粉加工；酿酒工业
支链淀粉酶	产气克雷伯氏菌	裂解普鲁兰和支链淀粉的 α-1,6 糖苷键	淀粉加工
葡萄糖异构酶	凝结芽孢杆菌，白色链霉菌	将葡萄糖异构为果糖，又称木糖异构酶，可转化 D-木糖为 D-木酮糖	生产高果葡糖浆
β-葡聚糖酶	枯草芽孢杆菌，黑曲霉	通过断裂 β-1,3（4）糖苷键而降解 β-葡聚糖	啤酒酿造
转化酶	酿酒酵母	又称蔗糖酶，分解蔗糖为葡萄糖和果糖	糖果制造业；焙烤

酶	来源	作用方式	应用领域
乳糖酶	乳酸酵母，米曲霉，黑曲霉，米根霉	分解乳糖为葡萄糖和半乳糖	乳品工业
果胶酶	米曲霉，黑曲霉，米根霉	降解果胶，其中无水半乳糖醛酸和其羧甲基酯以 $\alpha-1,4$ 键连接	果汁和葡萄酒澄清
中性蛋白酶	枯草芽孢杆菌，米曲霉	水解蛋白质肽键	肉和干酪的风味强化，焙烤
凝乳酶	米赫毛菌	水解 k- 酪蛋白的特定肽键，导致牛乳蛋白的凝聚	干酪制造
脂肪酶	米曲霉，黑曲霉，米根霉	水解脂肪的酯键	乳制品工业；洗涤剂

11.2　微生物酶制剂的生产

11.2.1　产酶微生物的菌种概述

早期的酶都是从动物内脏以及植物的组织、种子、果实中提取的，但是由于动植物资源受到地域、气候的限制，不易扩大生产。而大多数细菌生长迅速（20～30 min 便可以繁殖一代），种类繁多（约 20 万种），几乎所有的动植物酶都可以由微生物得到，且微生物易发生变异，通过菌种改良，可以进一步提高酶的产量、改善酶的生产和性质。产酶性能优良的菌种以农副产品，例如玉米、豆粕、麸皮、废糖蜜等为培养基的主要原料，在发酵设备中通过数天的培养，便可以得到相当于数千、数万只动物或成千上万亩植物所能提供的酶，因此工业酶制剂几乎都是采用微生物发酵法大规模生产。

任何生物都能在一定条件下合成某些酶，但是并不是所有的微生物细胞都能用于酶的发酵生产。一般来说，选择菌种时应该考虑以下因素。

① 酶的产量高。优良的产酶菌种首先要具有高产的特性，才有较好的开发应用价值，还应能够利用廉价的原料、简单的培养基，大量而高效率地生物合成所需的酶。高产菌种可以通过筛选、诱变、或采用基因工程、细胞工程等技术来获得。

② 易于培养和管理。产酶的菌种应易于培养，并且适应性强，易于控制，便于管理。

③ 产酶稳定性好。在通常的生产条件下，能够稳定地用于生产，遗传性能稳定，容易保藏，不易退化，也不易遭受噬菌体的感染。一旦菌种退化，能够经过复壮处理，使其恢复产酶性能。

④ 利于酶的分离纯化。发酵完成后，需经过分离纯化过程，才能得到所需的酶。这就要求产酶的菌种本身和其他杂质易于在培养液中与酶分离，所分泌的酶能用简单方法高效地从培养物中提取出来。

⑤ 安全可靠。要求使用的菌种应是非致病性的（包括动植物致病性），其代谢物安全无毒，不会影响生产人员和环境，也不会对酶的应用产生其他不良影响。

现在工业生产的酶制剂大约 80% 是由微生物来制造的，主要是细菌（如芽孢杆菌）、真菌（如曲霉、青霉、担子菌、酵母菌等）、放线菌等。微生物具有种类多、繁殖快、容易培养、代谢能力强等特点，有不少性能优良的产酶菌株已经在酶的发酵生产中广泛应用。常用的产酶微生物简介如下。

1. 枯草芽孢杆菌

枯草芽孢杆菌（*Bacillus subtilis*）是应用最广泛的产酶微生物之一。它属于芽孢杆菌属细菌，细胞呈杆状，大小为（0.7~0.8）μm×（2~3）μm，无荚膜，周生鞭毛，能运动。革兰阳性菌，菌落粗糙，不透明，灰白色或微带黄色。

枯草芽孢杆菌可以用于生产 α- 淀粉酶、蛋白酶、β- 葡萄糖酶、碱性磷酸酶等。例如，枯草杆菌 BF 7658 是国内用于生产 α- 淀粉酶的主要菌株，枯草杆菌 AS 1.398 可用于生产中性蛋白酶和碱性磷酸酶。枯草杆菌生产的 α- 淀粉酶和蛋白酶都是胞外酶，而碱性磷酸酶存在于细胞间质之中。

2. 大肠杆菌

大肠杆菌（*Escherichia coli*）细胞呈杆状，大小为 0.5 μm×（1.0~3.0）μm，革兰阴性菌，无芽孢，菌落从白色到乳白色，表面光滑，菌落在平板上生长能扩展开来。

大肠杆菌可以生产多种多样的酶，一般都属于胞内酶，需要经过细胞破碎才能分离得到。例如谷氨酸脱羧酶用于测定谷氨酸含量或生产 γ- 氨基丁酸；天冬氨酸酶催化延胡索酸加氨生成 L- 天冬氨酸；氨苄青霉素酰化酶用于生产新的半合成青霉素或头孢霉素；β- 半乳糖苷酶用于分解乳糖；限制性核酸内切酶、DNA 聚合酶、DNA 连接酶、核酸外切酶等应用于基因工程领域。

3. 黑曲霉

黑曲霉（*Aspergillus niger*）是曲霉属黑曲霉群霉菌，菌丝体由具有横隔的分枝菌丝构成，菌丛黑褐色，顶囊球形，小梗双层，分生孢子球形，平滑或粗糙。

黑曲霉可用于生产多种酶，有胞外酶也有胞内酶，例如，糖化酶、α- 淀粉酶、酸性蛋白酶、果胶酶、葡萄糖氧化酶、过氧化氢酶、核糖核酸酶、脂肪酶、纤维素酶、橙皮苷酶、柚苷酶等。

4. 米曲霉

米曲霉（*Aspergillus oryzae*）是曲霉属黄曲霉群霉菌。菌落一般开始为黄绿色，后变为黄褐色，分生孢子头呈放射形，顶囊呈球形或瓶形，小梗一般为单层，分生孢子呈球形，平滑、少数有刺，分生孢子梗长 2 μm 左右，粗糙。

米曲霉可用于生产糖化酶和蛋白酶，这在我国传统的酒曲和酱油曲中得到了广泛的应用。此外米曲霉还可以生产氨基酰化酶、磷酸二酯酶、核酸酶 P1、果胶酶等。

5. 青霉

青霉（*Pecicillium* sp.）属半知菌纲。营养菌丝无色或淡色，有横隔，分生孢子梗亦有横隔，顶端形成扫帚状的分枝，小梗顶端串生分生孢子，分生孢子呈球形、椭圆形或短柱形，光滑或粗糙，大部分在生长时呈蓝绿色。

青霉菌分布广泛，种类很多。其中特异青霉（*Penicillium notatum*）用于生产葡萄糖氧化酶、苯氧甲基青霉素酰化酶（主要作用于青霉素 V）、果胶酶、纤维素酶 Cx 等；橘青霉（*Penicillium citrinum*）用于生产 5′- 磷酸二酯酶、脂肪酶、葡萄糖氧化酶、凝乳蛋白酶、核酸酶 S_1、核酸酶 P1 等。

6. 根霉

根霉（*Rhizopus* sp.）生长时，由营养菌丝产生匍匐枝，匍匐枝的末端生出假根，在有假根的匍匐枝上生出成群的孢子囊梗，梗的顶端膨大形成孢子囊，囊内生成孢子囊孢子，孢子呈球形、卵形或不规则形。

根霉用于生产糖化酶、α- 淀粉酶、转化酶、酸性蛋白酶、核糖核酸酶、脂肪酶、果胶酶、纤维素酶、半纤维素酶等。

7. 毛霉

毛霉（*Mucor* sp.）的菌丝体在基质上或基质内广泛蔓延，菌丝体上直接生出孢子囊梗，分枝较小或单生，孢子囊梗顶端有膨大成球形的孢子囊，囊壁上常带有针状的草酸钙结晶。

毛霉用于生产蛋白酶、糖化酶、α-淀粉酶、脂肪酶、果胶酶、凝乳酶等。

8. 链霉菌

链霉菌（Streptomyces sp.）是一种放线菌，形成分枝的菌丝体，有气生菌丝和基内菌丝之分，基内菌丝不断裂，只有气生菌丝形成孢子链。

链霉菌是生产葡萄糖异构酶的主要菌株，还可以用于生产青霉素酰化酶、纤维素酶、碱性蛋白酶、中性蛋白酶、几丁质酶等。

9. 酿酒酵母

酿酒酵母（Saccharomyces cerevisiae）是工业上广泛应用的酵母，酵母细胞有圆形、卵形、椭圆形、腊肠形。在麦芽汁琼脂培养基上，菌落为白色，有光泽，平滑，边缘整齐。营养细胞可以直接变为子囊，每个子囊含有 1～4 个圆形光亮的子囊孢子。

酿酒酵母主要用于酿造啤酒、酒精、饮料酒和制造面包等。在酶的生产方面，用于转化酶、丙酮酸脱羧酶、醇脱氢酶等的生产。

10. 假丝酵母

假丝酵母（Candida sp.）的细胞为圆形、卵形或长形。其无性繁殖方式为多边芽殖，形成假菌丝，可生成厚孢子、无节孢子、子囊孢子，不产生色素。在麦芽汁琼脂培养基上菌落呈乳白色或奶油色。

假丝酵母是单细胞蛋白的主要生产菌。在酶工程方面可用于生产脂肪酶、尿酸酶、尿囊素酶、转化酶、醇脱氢酶。

往往有些微生物可以生产有价值的酶，可是菌种本身有致病性。例如铜绿假单胞菌的一些菌株能生产大量的蛋白酶，有些梭状芽孢杆菌可产生医学上有价值的胶原酶，溶血性链球菌的某些菌株可生产治疗血栓的溶栓酶，但是这些菌种有可能危害操作者的健康，因此对于菌种的选择必须十分谨慎。

11.2.2　产酶微生物的菌种选育

11.2.2.1　微生物菌种的筛选

通常根据微生物生态的特点，从自然界中取样，分离所需菌种。例如，可以从堆积和腐烂纤维素的地方取样，分离产纤维素酶的菌；也可以从发酵生产材料中分离，如我国的小曲就是产生糖化酶能力很强的根霉的来源。如果预先不了解某种产酶微生物的具体来源，一般可从土壤中分离。

收集到的样品，如果含所需要的菌较多，可直接进行分离，否则就需要经过富集培养，使需要的菌大量生长，以便于筛选。控制温度、pH 或营养成分即可达到目的。有时以能分解的底物作生长和产酶的主要成分，使所需要的菌快速生长，有利于进一步的分离。例如，土壤中的根霉数目较少，而且还有许多其他不需要的菌存在，可采用米饭或馒头等淀粉原料作为碳源，使根霉迅速生长，而其他菌不宜生长或生长较慢，起到使根霉增殖的作用，便于进一步分离纯化。

微生物在自然条件下通常是各种类型的菌混杂地生活在一起，通过分离纯化可以获得纯种，一般用稀释分离法或划线分离法。以土壤样品为例，称取处理后的土样 1 g，放入装有 99 mL 无菌水的三角瓶中，摇动数分钟，静置，待土壤颗粒沉降后，取适量上清液作为样品原液，用十倍稀释法，依次将样品稀释到 1/100、1/1 000、1/10 000 等稀释度。再吸取 0.1～1 mL 稀释液，注入无菌培养皿内，然后倒入已熔化且冷却至 40～45℃ 的琼脂培养基，摇动混匀。或者先把无菌培养基倒入培养皿中制成平板，再加入不同稀释度的样品溶液 0.1 mL 在平板上涂布均匀（图 11-1 所示）。若采用划线法分离，则用接种环蘸取样品稀释液，在培养基平板上分区顺序划线，连续操作几次，使其分离。将稀释或划线分离的培养皿，在适宜温度的培养箱中，培养一定时间（1～4 天），如果

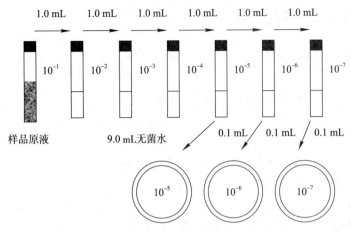

图 11-1　稀释分离法流程示意图

稀释度合适，就会有单菌落出现。

筛选产酶微生物的方法多种多样，将大批的单菌落微生物作粗略的比较称为初筛，将获得的少量可能性大的菌，再作细致比较称为复筛。工业生产用的产酶菌种，最初都是从自然界中分离筛选，或由现有保藏菌种中筛选获得的，然后再进行进一步的遗传育种。

11.2.2.2　酶制剂高产菌株的选育

从自然界直接分离到的菌种，都不能立即适应实际生产的需要。只有通过诱变选育，才能使产量成倍地提高。酶制剂生产菌种的选育方法基本上可分为随机选择突变体和根据代谢的调节机理选择各种突变体。

1. 随机选择法

随机选择法的一般步骤如图 11-2 所示：诱变处理微生物；培养后稀释涂布，然后随机选择部分或全部单菌落，逐个测定它们的酶活性；最后挑选出产量或其他性能比亲代菌株优秀的突变株。目前，我国普遍采用的 α- 淀粉酶生产菌 BF 7658 就是通过这种方法使得发酵液酶活性大幅提高。随机选择突变体的方法为酶制剂的生产提供了许多优良菌种，尽管这种方法有很大的盲目性，它仍是目前和今后微生物育种中行之有效的方法之一。

诱变处理微生物时，通常采用化学诱变和物理诱变的方法。一般地说，不同微生物或者同一种的不同处理材料，如孢子或营养体，对各种诱变剂的反应不一样，但是并不存在能够特异地诱发高产的诱变剂。所以，选择诱变剂的基本依据是微生物本身。例如，对于处在旺盛生长期的营养细胞，一般物理、化学诱变剂都可以。另外，由于诱变剂的作用效果和菌体的基因型、亲缘谱系及控制代谢物合成机理的特殊性有关，一般认为不断变换诱变剂比使用单一诱变剂处理的效果好，几种诱变剂复合处理比常用一种诱变剂的效果要好。诱变效应的致死率对于不同的诱变剂来说各不相同，例如，亚硝基胍（NTG）是一种高效而致死率较低（低于 50%）的诱变剂。UV 或电离辐射，一般在较高的致死率情况下才有较好的诱变效果。但是，目前对于诱变育种中诱变剂的剂量、剂量强度以及作用时间还没有确定的、规律性的结论。以辐射诱变为例，随着诱变剂量的递增，致死和突变效应也随之有规律地上升。以菌数致死率或突变效应相对诱变剂剂量作图就可以得到剂量效应曲线。只有严格控制实验条件才能使曲线重复性好、可靠。最后，应当指出致死

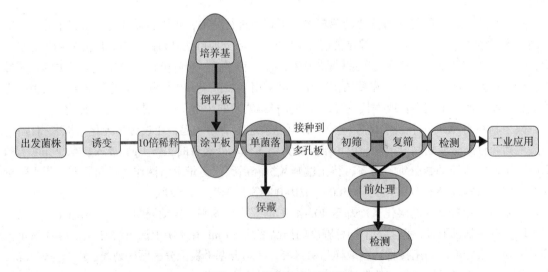

图 11-2　诱变育种流程图

和突变并非同一的过程，诱变处理中并不存在统一的最适剂量，必须因物、因地制宜地具体处理。

2. 代谢调节选择酶的高产突变体

微生物产生的各种酶均受到诱导、终产物阻遏和分解代谢物阻遏等控制机理的调节，因此，产量有很大的变动。比如，分解代谢酶产量的变动幅度可达数千倍，生物合成的酶也可达数百倍。另外，各种调控机理又都受环境条件的影响。一般应从温度、pH、培养基组分、通气条件以及菌种的生理时期这些常见的因素考虑对酶产量的影响。

总体来说，从环境因素考虑有添加诱导物、降低阻遏物浓度两条途径。从遗传学角度考虑有将生产菌种诱发突变成为组成型、增加基因拷贝两条途径来达到分离高产菌株提高酶产量的目的。

（1）添加诱导物

许多酶，特别是分解代谢酶，一般都处于受阻遏状态，只有在培养基中加入诱导物或者通过代谢合成了诱导物才能解除阻遏。一般而言，诱导物即酶的底物，但是，也有一些诱导物是不能被代谢的底物类似物，如诱导 β- 半乳糖苷酶的异丙基 -β-D 硫代半乳糖苷，可使大肠杆菌的 β- 半乳糖苷酶的活性提高 1 000 倍。

（2）降低阻遏物浓度

多种酶，尤其是生物合成酶，如果有终产物阻遏物或分解代谢物阻遏物存在，这种酶的产生就受到阻遏。因此，对于这类受阻遏的酶而言，培养基成分尤为重要。生长培养基应采用尽可能少的阻遏化合物，避免采用丰富的、复杂的或者葡萄糖这一类能够快速利用的原料。例如，以丙酮酸盐代替葡萄糖作为大肠杆菌的碳源，可使磷酸烯醇式丙酮酸羧基活化酶的量增加 40 倍。

（3）利用营养缺陷型突变体的生长可以受限制的特性

限制必须生长因素的数量常常可以使酶合成去阻遏。例如，限制供给组氨酸营养缺陷型菌株的组氨酸量，可以使组氨酸合成途径的 10 种酶的合成去阻遏，结果使得相关的酶量增加约 25 倍。

有些营养缺陷型只是部分地需要生长因素，它们在基本培养基中生长非常缓慢，因而使有关途径的酶去阻遏，这些就是所谓的"渗漏缺陷型"。如果让渗漏的嘧啶缺陷型生长在基础培养基中，就可以使天冬氨酸转氨酰胺酶产量提高 500 倍。另外，在原养型微生物的培养基中，添加终产物的类似物，也可以降低阻遏物的产生。比如加入 2- 噻唑丙氨酸可使组氨酸途径的全部 10 种酶去阻遏并使产量提高 30 倍。

（4）抗终产物阻遏

利用毒性的抗代谢物选择抗性突变体，往往可以从中分离到正常代谢物途径终端酶的去阻遏突变体。例如，利用三氟亮氨酸生物合成酶阻遏突变体，其产酶水平比非突变体高 10 倍；又如，某些抗刀豆氨酸突变体能产生比敏感菌株高 30 倍以上的精氨酸途径中的酶。

（5）抗分解代谢物阻遏

当人们需要从生长在复合培养基的培养物中得到某种酶，或者在工业发酵中采用非阻遏碳源成本太高的情况下，可以选用抗分解代谢物阻遏突变体以提高酶的产量。例如，一种酵母的抗分解代谢物阻遏突变体，能形成几乎占细胞蛋白质 2% 的蔗糖酶。迄今得到的许多突变体显然都在葡萄糖分解代谢途径上发生改变，因而它们产生的许多酶不再受葡萄糖的阻遏。但是，也有些突变体只是专一性抗某种酶的分解代谢物阻遏。获得这类突变体的方法通常是让受阻遏的底物作为唯一碳源，或在含葡萄糖和不含葡萄糖的培养基中交替培养。

用酶的抑制剂促进酶的形成也是目前研究的课题之一。据报道，在多黏芽孢杆菌的培养基中添加淀粉酶抑制剂，能增加 β- 淀粉酶的产量。若把蛋白酶抑制剂乙酰缬氨酰 -4- 氨基 -3- 羧基 -6- 甲基庚酸添加到枝孢霉的培养液中，则酸性蛋白酶的产量可增加约 2 倍。此外，在某些酶的生产中有时加入适量表面活性剂，也能提高酶制剂的产量，用得较多的是吐温 80 和曲通 X-100。

11.2.3 产酶微生物的发酵技术

11.2.3.1 产酶微生物的发酵培养基

培养基的营养成分对微生物发酵产酶具有重要的影响，碳源、氮源是影响产酶效果的主要因素，其次是无机盐、生长因子和产酶促进剂等。

1. 碳源。当前酶制剂的生产使用的菌种大都是只能利用有机碳的异养型微生物。有机碳的主要来源是农副产品中如甘薯、麸皮、玉米、米糠等淀粉质原料，在配制培养基时要根据不同细胞的不同要求而选择合适的碳源。必须考虑营养要求、酶生物合成的诱导作用和是否存在分解代谢物阻遏作用。尽量选用具有诱导作用的碳源，尽量不用或少用有分解代谢物阻遏作用的碳源。

2. 氮源。氮是生物体内各种含氮物质，如氨基酸、蛋白质、核苷酸、核酸等的组成成分。酶制剂生产中的氮源主要有有机氮源和无机氮源两种，常用的有机氮源有豆饼、花生饼、菜籽饼、鱼粉、蛋白胨、牛肉膏、酵母膏、多肽、氨基酸等；无机氮源包括各种铵盐、硝酸盐和氨水等。不同的细胞对各种氮源的要求各不相同，应根据要求进行选择和配制，一般情况下将有机氮源和无机氮源配合使用能取得较好的效果。

3. 碳氮比。在微生物产酶培养基中，碳源与氮源的比例是随生产的酶类、生产菌株的性质和培养阶段的不同而改变的。一般蛋白酶的生产采用碳氮比低的培养基，淀粉酶生产的碳氮比通常比蛋白酶生产略高，而在淀粉酶生产中糖化酶生产培养基的碳氮比是最高的。在微生物酶的生产过程中，培养基的碳氮比也因培养过程不同而异。此外不同发酵阶段要求的碳氮比也是不同的。

4. 无机盐。微生物酶制剂和其他微生物产品的生产一样，培养基中需要有磷酸盐及硫、钾、钠、钙、镁等元素。在产酶培养基中常以磷酸二氢钾、磷酸氢二钾等磷酸盐作为磷源，以硫酸镁为硫源和镁源。钙离子对淀粉酶、蛋白酶、脂肪酶等多种酶的活性有十分重要的稳定作用。在天然培养基中，一般微量元素不必另外加入，但也有例外。

5. 生长因子。一些微生物还需添加微量的生长因子才能正常生长，包括某些氨基酸、维生素、嘌呤或嘧啶等。酶制剂生产中所需的生长因子大多是由天然原料提供，如玉米浆、麦芽汁、豆芽汁酵母膏、麸皮、米糠等。

6. 产酶促进剂。产酶促进剂是指在培养基中少量添加某种物质，能显著提高酶的产率，这类物质称为产酶促进剂。产酶促进剂大体上分为两种：诱导物和表面活性剂。表面活性剂能增加细胞的通透性，还可以保护酶的活性。生产上常采用非离子型表面活性剂，如聚乙二醇、聚乙烯醇衍生物、植酸类、焦糖、羧甲基纤维素、苯乙醇等。用于食品、医药酶的生产中所用的表面活性剂还需对人畜无害。此外，各种产酶促进剂的效果还受到菌种、种龄、培养基组成的影响。

11.2.3.2 产酶微生物的发酵方式

利用微生物生产酶制剂的方法主要包括固态发酵法和液态发酵法两种。

1. 固态发酵法

固态发酵法又称固体培养法或麸曲培养法，它起源于我国传统的制曲技术，近年来又有了新的发展。该法以麸皮、稻草、米糠等农副产品为主要原料，添加一些氮源和金属离子等，加适量水制成固态培养基，灭菌后接种并在适合的温度下培养，使菌体生长并产生酶。例如在筛选根霉淀粉葡萄糖苷酶时，采用了固体麸皮培养基法。在固态发酵中，微生物附着于培养基颗粒的表面生长或菌丝体穿透固体颗粒基质，进入颗粒深层生长，其是在接近于自然条件的状况下生长的，有可能产生通常在液体培养中不产生的酶和其他代谢产物。固态发酵由于具有节水、节能、污染低的优势而引起人们的重视。目前我国仍在使用固态发酵法生产糖化酶、蛋白酶、纤维素酶等酶制剂。

按照固态发酵的设备及通风供气方法可将固态发酵分为以下几种。

（1）浅盘法　接种后将固体培养基平铺在浅盘或竹匾内，进行微生物培养和产酶。固体堆积的厚度约为 3～5 cm，放在能够控制温度的曲房或设备内进行发酵。该法占地面积大，曲盘数量大，而且全部是手工操作，劳动强度大，卫生条件比较差，曲盘的维修灭菌等耗用蒸汽和材料也很多，且产量和质量不易稳定，现代工业生产已很少应用。

（2）转桶法　将固体培养基接入菌种后，放在可旋转的转桶内，当桶慢慢转动时，培养基即在转桶内翻动，通气及温湿度调节较为均匀，有利于控制微生物生长和产酶的适宜条件。本法的机械化程度较前法稍高，劳动强度也有所减轻，但转桶的清洗灭菌操作较困难。

（3）厚层通气法　本法是在浅盘法生产实践的基础上改进而来，将固体培养基经过蒸煮灭菌拌入菌种后，平铺在水泥制的具有多孔假底的大池内，培养基厚度一般在 20～30 cm。据报道，近年来国外已经采用厚度达到数米的培养基去发酵产酶。培养基铺好后，微生物慢慢开始生长、曲温逐渐升高，可从假底下方通入一定温度和湿度的空气，室内同时保持一定温度和湿度进行培养，使微生物能在比较适宜的环境中进行生长繁殖和产酶。与前两种方法相比较，该方法设备利用率大大提高，发酵中途也不必人工经常翻曲，劳动强度减轻，是固体发酵法中较好的一种办法。

固态发酵法的一般工艺如图 11-3 所示：

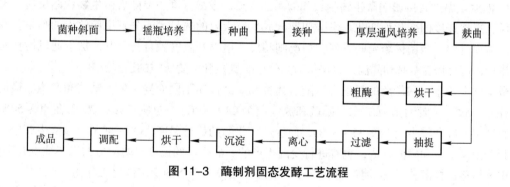

图 11-3　酶制剂固态发酵工艺流程

2. 液态发酵法

液态发酵法是指利用液体培养对微生物进行增殖和产酶的方法。所用主要生物反应器（发酵罐）是一个具有搅拌桨叶和通气系统的密闭容器，从培养基灭菌、冷却到接种后的发酵都在同一罐内进行。根据通气方式的不同可将液态发酵分为液态表面发酵法和液态深层发酵法两种，其中液态深层通气发酵是现代发酵工业普遍采用的方法。

液体发酵法与固体发酵法相比较而言，液体的流动性大，工艺条件（如温度、溶氧、pH 及营养成分等）容易控制，有利于自动化操作。由于采用了纯菌种发酵，发酵过程不易染菌，所得产品纯度高、质量稳定，该方法机械化程度高，劳动强度小，设备利用率高。对于一种产品是用固体发酵还是用液体发酵，主要是根据微生物的特点和实际需求而定。目前酶制剂工业的液体发酵主要是采用间歇发酵法，国外正在尝试连续发酵和其他方法，一旦成功将会推动酶制剂工业再上一个新台阶。

液体发酵法的一般工艺流程如图 11-4 所示：

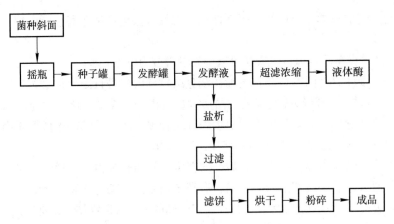

图 11-4　酶制剂液态发酵工艺流程

11.2.3.3　产酶微生物的发酵条件控制

发酵条件的控制对微生物发酵产酶至关重要。例如，酶生产的培养温度随菌种而不同，有时为了利于菌体生长和酶的合成，需进行变温生产。酶生产的合适 pH 通常和酶反应的最适 pH 接近，当然也有例外，pH 也可能影响微生物分泌的酶系，而通气搅拌需随菌种和生产阶段及时变化。

1. 温度。温度直接影响微生物生长和酶系的合成，发酵温度主要随着微生物代谢反应、发酵中通风、搅拌速度的变化而变化。发酵初期合成反应吸收的热量大于分解反应放出的热量，发酵培养基需要升温。当菌体繁殖旺盛时，情况则相反，培养基温度就自行上升，加上通风搅拌所带来的热量，这时培养基必须降温，以保持微生物生长繁殖和产酶所需的适宜温度。

微生物生长繁殖和产酶的最适温度随着菌种和酶的性质不同而异，生长繁殖和产酶的最适温度往往不一致。一般细菌为 37℃，霉菌和放线菌为 28 ~ 30℃，一些嗜热微生物需在 40 ~ 50℃下生长繁殖，如红曲霉生长温度 35 ~ 37℃，而生产糖化酶的最适温度为 37 ~ 40℃。在酶生产中，为了有利于菌体生长和酶的合成，也有进行变温生产的。酶生产的温度对酶活力的稳定性也有影响，例如用嗜热芽孢杆菌进行 α- 淀粉酶生产时，在 55℃培养所产酶的稳定性比 35℃好。

2. pH。培养基的 pH 必须控制在一定的范围内，以满足不同类型微生物的生长繁殖或产生代谢产物。种子培养基和发酵培养基的 pH 直接影响酶的产量和质量。在发酵过程中，微生物不断分解和同化营养物质，同时排出代谢产物。由于这些产物都与 pH 有直接关系，因此发酵培养基 pH 在不断发生变化。pH 的变化常常引起细胞生长和产酶环境的变化，对产酶带来不利的影响。因此生产中常采用 pH 过程控制的方法来维持特定的 pH 环境。

3. 溶氧。对于好氧微生物来说溶氧对其生长和代谢具有重要的影响，一般从通风量和搅拌两个方面进行调控。首先在发酵初期，相对通风量可以小些，菌体生长繁殖旺盛期时，要求增大通风量，产酶旺盛时的通风量因菌种和酶种而异，一般需要强烈通风，但也有通风量过大反而抑制酶生成的情况。因此，菌种、酶种、培养时期、培养基和设备性能都能影响通风量，从而影响酶的产量。

对于液体深层发酵来说，除了需要通气外还需要搅拌，搅拌有利于热交换、营养物质与菌体均匀接触，从而有利于新陈代谢，同时可打破空气泡，从而提高溶氧量，增加空气利用。但搅拌速度主要因菌体大小而异，由于搅拌产生剪切力，易使细胞受损，同时搅拌也带来一定机械热，易使发酵液温度发生变化。

4. 泡沫。液体发酵过程中，培养基中蛋白质原料如蛋白胨、玉米浆、酵母粉等是主要的发泡剂，另一方面泡沫的形成也与搅拌和通风有关。泡沫的存在阻碍了 CO_2 的排除，影响溶氧量，同时泡沫过多影响补料，也易使发酵液溢出罐外造成跑料，增加了染菌的概率。因此，控制泡沫是确保正常发酵的基本要求，生产上一般采用机械消泡或使用消泡剂。

11.3 食品酶制剂生产实例

11.3.1 淀粉酶

α-淀粉酶（α-amylase，E.C.3.2.1.1）是一种内切酶，其相对分子量约为 50 000，作用于淀粉时，不能切开 α-1,6 糖苷键以及与 α-1,6 糖苷键相连的 α-1,4 糖苷键，但能越过支点切开内部的 α-1,4 糖苷键，从而降低淀粉的黏度，因此 α-淀粉酶又称液化酶。α-淀粉酶不能水解麦芽糖，但可以水解含有 3 个及 3 个以上 α-1,4 糖苷键的低聚糖。α-淀粉酶的水解终产物中除含葡萄糖、麦芽糖等外，还含有具有 α-1,6 糖苷键的极限糊精和含 α-1,6 糖苷键的具葡萄糖残基的低聚糖。因其产物的还原性末端葡萄糖残基 C1 碳原子为 α-构型的，因此将该作用方式的酶称作 α-淀粉酶。

α-淀粉酶可由微生物发酵产生，也可从植物和动物中提取。目前，工业生产上都以微生物发酵法进行大规模生产。主要的 α-淀粉酶生产菌种有细菌和曲霉，生产上有实用价值的菌株包括枯草芽孢杆菌（*Bacillus subtilis*）、地衣芽孢杆菌（*Bacillus licheniformis*）、嗜热脂肪芽孢杆菌（*Bacillus stearothermophilus*）、凝结芽孢杆菌（*Bacillus coagulans*）、嗜碱芽孢杆菌（*Bacillus alcalophilus*）、米曲霉（*Aspergillus oryzae*）、黑曲霉（*Aspergillus niger*）等。不同菌株所产 α-淀粉酶在耐热、耐酸碱、耐盐等方面各有差别。对于最适反应温度在 60℃以上的命名为中温型 α-淀粉酶；最适反应温度在 90℃以上的命名为高温型 α-淀粉酶；酸性 α-淀粉酶的最适反应 pH 为 5；而碱性 α-淀粉酶的最适反应 pH 为 9.0。

11.3.1.1 α-淀粉酶的生产概要

霉菌的 α-淀粉酶大多采用固体曲法生产，细菌的 α-淀粉酶则以液体深层发酵为主。固体培养法以麸皮为主要原料，添加少量米糠或豆饼的碱水浸出液作为补充氮源。在相对湿度 90% 以上，芽孢杆菌用 37℃，曲霉用 32～35℃培养 36～48 小时后，立即在 40℃左右烘干或风干即得工业用的粗酶。

液体培养多以麸皮、豆饼、米糠和玉米浆等作为主料，添加氯化铵等无机氮作为补充氮源，此外还要添加镁盐、磷酸盐和钙盐等。发酵液中固形物的含量为 5%～6%，最高可达 15%，为了降低发酵液的黏度，利于氧的溶解和菌体的生长，可以加入适量 α-淀粉酶进行液化，豆饼可以用豆饼碱水浸出液代替。以霉菌作为生产菌种时，可控制微酸性，细菌生产时可控制中性或微碱性；温度方面霉菌生产时控制温度在 32℃，细菌控制在 37℃，通气搅拌培养 24～48 小时。当酶活性达到高峰时结束发酵，离心或以硅藻土作为助滤剂滤去菌体和不溶物。在有 Ca^{2+} 存在下低温真空浓缩后，加入防腐剂（苯甲酸钠等）、稳定剂（山梨酸钾等）以及缓冲剂后即得成品。可在成品中加入一定量的硼酸盐，以提高它的耐热性，这种细菌 α-淀粉酶产品呈暗褐色，带不愉快的臭味，在室温下可以放置数月。

为了得到高活性且利于运输的 α-淀粉酶，可把发酵液用硫酸盐析或其他溶剂沉淀制成固态粉状。如在有 Ca^{2+} 存在下将浓缩发酵液调 pH 至 6.0 左右，加入 40% 左右的硫酸铵进行盐析沉淀，移去上清液后，加助滤剂硅藻土，收集沉淀于 40℃下风干，在沉淀的酶泥中可加入大量硫酸钠。粉碎后加入淀粉、$CaCl_2$ 等作为稳定剂填充剂后即为成品。采用固态麸曲法生产的酶，也可用水浸提后进行盐析，在浸提前可将麸曲风干，以减少色素溶出，若浸提液色素过多，可添加 $CaCl_2$、

Na_2HPO_4 等形成沉淀而得以除去。若用溶剂法进行沉淀，则宜在低温下（15℃）进行操作，在沉淀时务必加入 $CaCl_2$、糊精等，加入溶剂使其最终浓度在 70% 左右进行沉淀，收集所得的沉淀用无水乙醇脱水后，在 40℃ 以下烘干或风干即可。

11.3.1.2　微生物 α- 淀粉酶的固态培养生产法

现以枯草杆菌 B.S.796 生产 α- 淀粉酶为例进行介绍。

1. 培养基

（1）活化培养基（%）：麸皮 5、豆饼粉 3，蛋白胨 0.25，琼脂 2，溶解过滤后分装试管，0.1 MPa 蒸汽压力下灭菌 20 分钟。

（2）种子培养基（%）：豆饼 1、蛋白胨 0.4、酵母膏 0.4、氯化钠 0.05，溶解后调 pH 7.1 ～ 7.2，0.1 MPa 蒸汽压力下灭菌 20 ～ 30 分钟。

（3）麸曲培养基（%）：麸皮 70、米糠 20、木薯粉或豆饼粉 10、氢氧化钠 0.5，加水使含水量达 60% 左右，常压蒸汽蒸煮 1 小时即可。

2. 厚层通风培养：麸曲培养基冷却到 38 ～ 40℃ 接入 0.5% 左右种子液，拌匀后在厚层通风培养室内 38℃ 培养 20 小时左右，出曲风干即得粗品。

3. 精制：麸曲用 1% 食盐水浸泡 3 小时，过滤后调滤液 pH 至 5.5 ～ 6.0，加入预冷至 10℃ 的乙醇使最终醇浓度为 70% 以用于沉淀酶，沉淀经离心、无水乙醇洗涤脱水后，在 25℃ 下烘干粉碎，加入填充料等即为精制酶制剂。

11.3.1.3　液体深层发酵生产法

目前我国液体深层发酵生产淀粉酶的菌株主要是枯草杆菌 BF7658 的突变菌株，如 B.S.209、K22、B.S.796 等。下面以 B.S.209 生产法为例进行介绍。

1. 种子培养基及培养方法

培养基组成（%）：麦芽糖 6、豆粕水解液 6、$Na_2HPO_4 \cdot 12H_2O$ 0.8、$(NH_4)_2SO_4$ 0.4、$CaCl_2$ 0.2、NH_4Cl 0.15，pH 6.5 ～ 7.0，500 mL 三角瓶内装培养基 50 mL，0.1 MPa 蒸汽压力下灭菌 20 ～ 30 分钟，培养基接种后置旋转式摇床上，37℃ 培养 28 小时即可进入种子罐扩大培养。采用 500 L 种子培养罐，转速 360 r/min，通风比 1 : 1.3 ～ 1.4，32℃ 培养 12 ～ 14 小时。

2. 10 M^3 发酵罐发酵

发酵罐培养基的配置与培养条件如下：

（1）麦芽糖液的制备：取玉米粉或甘薯粉加水 2 ～ 2.5 份，调 pH 至 6.2，加 $CaCl_2$ 0.1%，升温至 80℃，添加 α- 淀粉酶 5 ～ 10 U/g，液化后迅速在高压 1 ～ 2 kg/cm^2 下糊化 30 分钟，冷却至 55 ～ 60℃，pH 5.0 时添加异淀粉酶 20 ～ 50 U/g 原料和 β- 淀粉酶 100 ～ 200 U/g 原料，糖化 4 ～ 6 小时，加热至 90℃，趁热过滤即为麦芽糖液。

（2）豆粕水解液的制备：取豆粕粉加水 10 份浸泡 2 小时，然后在 1 kg/cm^2 压力下蒸煮 30 分钟，冷却至 55℃，调 pH 7.5，加蛋白酶 50 ～ 100 U/g 原料，作用 2 小时，过滤后浓缩至蛋白质含量为 50%，即得豆粕水解液。

发酵罐培养基（%）的配制：用上述麦芽糖液配制成含麦芽糖 6、豆粕水解液 6 ～ 7、$Na_2HPO_4 \cdot 12H_2O$ 0.8、$(NH_4)_2SO_4$ 0.4、$CaCl_2$ 0.2、NH_4Cl 0.15、消泡剂适量，调 pH 6.5 ～ 7.0。

发酵罐培养基经灭菌，冷却后接入 3% ～ 5% 种子培养成熟液。在 37 ± 1℃ 下，罐压 0.5 kg/cm^2，风量 0 ～ 20 小时为 1 : 0.48，20 小时后 1 : 0.67，培养时间 28 ～ 36 小时。发酵前期为细菌生长繁殖阶段，采用调节空气流量的方法使 pH 在 7.0 ～ 7.5 之间，有利于细胞大量繁殖。发酵产酶期 pH 应控制在 6.0 ～ 6.5 之间为宜，有利于 α- 淀粉酶的形成。在发酵罐搅拌转速不能改变的情况下，操作时采用调节风量的办法来控制菌体的生长、pH 范围、碳氮消耗幅度等因素，使产酶速度按每小时

15 ~ 25 U/mL 稳定增长，当 pH 升至 7.5 以上，温度不再上升，酶活性测定不再上升，一般可认为发酵结束。

3. α- 淀粉酶的提取

食品级 α- 淀粉酶采取酒精沉淀与和淀粉吸附相结合的方式。在发酵结束时，在发酵罐内添加 2% Na_2HPO_4、2% $CaCl_2$ 调节 pH 至 6.3，升温至 60 ~ 65℃，30 分钟后降温至 40℃，将料液放入絮凝罐，维持一定时间进行预处理后，打入板框过滤机进行过滤，并用水洗涤滤饼 2 ~ 3 次，收集滤液及洗涤液（或经浓缩）放入沉淀罐内加入适量淀粉，边搅拌边加入酒精进行沉淀，再打入板框压滤机进行压滤，过滤结束后，用压缩热空气将酶泥吹干，然后放入烘房干燥，也可以将湿酶经真空干燥，即为成品酶。

11.3.2 葡萄糖异构酶

葡萄糖异构酶又称木糖异构酶（EC5.3.1.5），它可以催化 D- 木糖，D- 葡萄糖，D- 核糖等醛糖转化为相应的酮糖。由于葡萄糖异构化为果糖具有重要的经济意义，因此工业上习惯将 D- 木糖异构酶称为葡萄糖异构酶。葡萄糖异构酶一般只能催化 C2 与 C4 羟基为顺式的戊糖和己糖异构化，即只能催化 D- 木糖、D- 核糖和 D- 葡萄糖异构化为对应的酮糖，而不能作用于 L- 木糖、D、L- 阿拉伯糖、D- 来苏糖、D- 甘露糖和 D- 半乳糖等。

1957 年最早在嗜水假单胞菌中发现葡萄糖异构酶活性，后来有近百种细菌和放线菌被鉴定为产该酶的菌株。细菌中产生葡萄糖异构酶的主要是乳酸杆菌，如短乳杆菌、发酵乳杆菌、盖氏乳杆菌、李氏乳杆菌、甘露醇乳杆菌等，此外，还有果聚糖气杆菌、凝结芽孢杆菌和嗜热脂肪芽孢杆菌等。在放线菌中主要以链霉菌和诺卡氏菌为主，如白色链霉菌、包氏链霉菌、多毛链霉菌、黄微绿链霉菌、橄榄色链霉菌、锈红链霉菌、委内瑞拉链霉菌等，此外米曲霉、酵母也可产该酶。

大多数微生物产的葡萄糖异构酶是胞内酶，因此可以利用细胞或固定化细胞进行葡萄糖的异构化反应。但也有一些微生物可以分泌葡萄糖异构酶至胞外，其比例因菌种、菌龄及培养条件而异。例如密苏里游动放线菌胞内酶活力可达 95% 以上，嗜热放线菌 M1033 的胞外异构酶活力达 99%。我国 7 号淀粉酶链霉菌 M1033 菌株也可以产生胞外葡萄糖异构酶。

生产葡萄糖异构酶的微生物可分为诱导型和组成型两种。短乳杆菌、凝结芽孢杆菌、链霉菌等大多数野生型菌株属于诱导型菌株，培养基中需要木糖作为诱导剂，葡萄糖只能促进菌体生长而抑制产酶。密苏里游动放线菌、节杆菌、巨大芽孢杆菌等微生物生产组成型酶，培养基中不添加木糖，利用葡萄糖等作为碳源即可生产该酶。组成型酶生产菌株也可以通过人工诱变获得，用组成型酶生产菌株生产葡萄糖异构酶是工业生产发展的方向。现在工业上使用的菌种有暗色产色链霉菌（Gist Brocades 公司、Nagase 公司）、凝结芽孢杆菌（NOVO 公司）、橄榄色链霉菌（Milis 公司）、密苏里游动放线菌（Gist Brocades 公司）、节杆菌（ICI，Americas 公司）等。

11.3.2.1 葡萄糖异构酶生产概要

1. 葡萄糖异构酶的菌种选育

多数微生物的葡萄糖异构酶为诱导型，需要木糖的诱导，当有葡萄糖时异构酶的产生受到抑制，可诱变选育抗葡萄糖分解代谢阻遏物的突变株获得组成型突变株，以提高酶产量。天蓝色链霉菌 ATCC21666 孢子经甲基磺酸乙酯处理，得到一株突变株 NRRL15398，不论有无木糖存在，其异构酶活力都比母株高得多。D- 来苏糖是 D- 木糖的一种代谢类似物，不能被暗色产色链霉菌 NRRLB3559 利用，将该菌的孢子用紫外线处理后，涂在以来苏糖为碳源的培养基上，根据在来苏糖培养基上的生长能力，筛选出生产组成型酶的突变菌株，在葡萄糖为碳源的培养基中，葡萄糖异构酶的活性是出发菌株的 10 倍。以葡萄糖的抗代谢类似物 2- 脱氧葡萄糖的抗性标记来筛选凝结芽孢杆菌自发突变株，得到组成型突变株 NRRL5656，其葡萄糖异构酶活力是母株的二倍。热紫链霉菌（S. thermoviolaceus）ATCC19283 用甲基磺酸乙酯处理，选育得到突变株 NRRL15615，在用葡萄糖作碳源时，其葡萄糖异构酶活力达到母株的 150 倍（1 500 U/mL）。

2. 葡萄糖异构酶生产菌株的发酵条件

葡萄糖是组成型酶生产菌株常用的碳源，但是葡萄糖异构酶的产生也受到葡萄糖分解代谢阻遏物的调节，一般是在葡萄糖耗尽之后开始产酶（如凝结芽孢杆菌），因此碳源可采用流加法添加，使其始终保持在低浓度下可以促进酶的生产。密苏里游动放线菌除了可以利用葡萄糖、果糖、蔗糖外也可以利用甜菜糖蜜、淀粉作为碳源。阿拉伯糖是玫瑰红链霉菌 336 的最佳碳源。山梨糖与甘油也可以作为链霉菌生产异构酶的碳源。树枝状黄杆菌的最佳碳源是乳糖。

蛋白胨、玉米浆、酪蛋白水解物、大豆粉、肉粉等有机氮均是生产葡萄糖异构酶良好的氮源。用麸皮为碳源时，玉米浆、酪蛋白水解物是某些链霉菌的最佳氮源，玉米浆和大豆粉是密苏里游动放线菌的优良氮源，蛋白胨、酵母膏、铵盐是凝结芽孢杆菌的良好氮源，但尿素与硝酸盐则不适用。

不同菌株对金属离子的依赖性不同，野生型链霉菌的培养基中必须添加 Co^{2+}，但对有些菌株并非必要，如 Co^{2+} 对密苏里游动放线菌、凝结芽孢杆菌产酶反而有毒害作用。Mg^{2+} 对产酶有明显促进作用，尤其是与 Co^{2+} 共存时对链霉菌产酶具有明显的促进作用。一般情况下 Cu^{2+}、Ni^{2+}、Zn^{2+}、Fe^{2+}、Mn^{2+}、Al^{3+} 等金属离子对各种链霉菌产酶有明显的抑制作用，但微量的 Fe^{2+}、Cu^{2+} 对密苏里游动放线菌异构酶的生成有刺激作用。

生产异构酶的培养基初始 pH 在中性附近，短乳杆菌最适 pH 6.5 ~ 6.7，放线菌最适 pH 7.0 ~ 7.5，例如发酵过程中始终保持 pH 在 7.0 左右，可以提高密苏里游动放线菌的产酶。

生产葡萄糖异构酶的最适温度因菌种而异，链霉菌为 24 ~ 30℃、密苏里游动放线菌为 29 ~ 33℃，而高温放线菌要求 45℃培养，嗜热芽孢杆菌、凝结芽孢杆菌需在 50 ~ 60℃培养。中温菌一般培养 24 ~ 48 小时可达到产酶高峰，嗜热菌则在较短时间就可达到峰值。然而 50℃下培养凝结芽孢杆菌需要 40 小时，耐热型放线菌 42℃下培养 72 小时才能达到产酶高峰。

通常葡萄糖异构酶可以在低温保存，链霉菌 Kc–13–575 含酶菌泥在 0 ~ 5℃保存一个月而酶活性无损，但是 –20℃冰冻可使之顷刻失活。将发酵液 55 ~ 60℃浓缩 10 倍，即使在 30℃保藏一个月残存活性仍在 90%。向发酵液添加 10% ~ 20% 乙醇或食盐，或加入食盐后将发酵液 pH 调节到 9.0 以上，可防止酶液的污染与失活，使用抗生素、羟基苯甲酸酯、阳离子型表面活性剂，对酶的保存也有良好的效果。

11.3.2.2 葡萄糖异构酶生产工艺

目前用于葡萄糖异构酶生产的菌株主要是链霉菌、密苏里游动放线菌、凝结芽孢杆菌、节杆菌、嗜热放线菌等，下面将主要生产菌种的发酵工艺举例介绍。

1. 密苏里游动放线菌葡萄糖异构酶生产

密苏里游动放线菌产生的葡萄糖异构酶为组成型酶，不需要木糖诱导，在蔗糖、葡萄糖、淀粉或甜菜糖蜜作为碳源时即可产生大量的葡萄糖异构酶；酶活力高且细胞容易从发酵液中分离，胞内酶占 90% 以上，适合于固定化异构酶的生产。

（1）培养基

斜面培养基（%）：胰蛋白胨 1.7，豆胨 0.3，葡萄糖 0.25，K_2HPO_4 0.25，琼脂 2，pH 7.2；种子 / 发酵培养基（%）：甜菜糖蜜 1.5，黄豆饼粉 2.0，Na_2HPO_4 0.25，$MgSO_4 \cdot 7H_2O$ 0.05，pH 7.2，121℃灭菌 30 分钟。

（2）发酵工艺

斜面菌种培养：斜面菌种于 30℃下培养 3 天，菌落呈橙红色，4℃下保存，每周转接一次；一级种子培养：200 mL 种子培养基装于 1 000 mL 三角瓶中灭菌、冷却后接斜面菌种 1 环，30℃

摇床培养72小时作为一级种子；二级种子培养：将培养好的一级种子液按照1%~5%（v/v）的接种量接入50 L发酵罐中（装料量70%~80%），发酵温度30℃，通风量为0.3 vvm，搅拌转速380 r/min，培养24小时为二级种子。

500 L发酵罐发酵：将培养好的二级种子接种于500 L发酵罐（装料量70%~80%）中，同上培养条件培养42小时后发酵结束，此时酶活力为600~700 U/mL，其中90%以上是胞内酶。

为防止细胞发生自溶并将异构酶固定在细胞之外，应将发酵液在70℃下加热10分钟，以破坏自溶酶，趁热用板框压滤机压滤，得到酶活力大于1 000 U/g，含水量60%的菌泥。将菌泥用交联剂处理，或包埋于凝胶、醋酸纤维中，作为固定化细胞，用于葡萄糖的异构化，其转化能力可达1∶2 500~5 000。也可将菌泥直接用于葡萄糖的分批异构化反应，但其转化能力仅为1∶250。

2. 链霉菌葡萄糖异构酶的生产

生产链霉菌葡萄糖异构酶的特点之一是碳源中必须要有D-木糖存在。在实际生产中可使用富含木聚糖的物质，例如麸皮、玉米壳等，菌株所产生的木聚糖酶将其分解成木糖，进而起到诱导葡萄糖异构酶生产的作用。若将主要原料用α-淀粉酶、蛋白酶处理，取其抽提液添加无机盐制备培养基，则胞外酶比例可降到10%~20%。此外培养基的其他组成、通风量对胞内外酶的比例也有一定影响。

（1）培养基

以链霉菌B6T208葡萄糖异构酶生产为例介绍，斜面培养基：高氏一号培养基；种子培养基（%）：麸皮4，豆饼粉1.2，玉米粉0.5，$MgSO_4 \cdot 7H_2O$ 0.1，K_2HPO_4 0.1，$CoCl_2$ 0.02，pH 7.2~7.4，121℃灭菌35分钟后冷却至30℃；发酵培养基（%）：麸皮5，豆饼粉1.4，玉米粉1.2，$MgSO_4 \cdot 7H_2O$ 0.1，K_2HPO_4 0.1，$CoCl_2$ 0.02，pH 7.2~7.4，植物油0.016，121℃灭菌35分钟。

（2）发酵条件

液体种子培养：50 L发酵罐（装料量50%）培养基接种1%~5%的摇瓶种子液（培养基为种子培养基，30℃摇床培养48小时），通风量0.2 vvm、搅拌转速180 r/min，培养24小时；

500 L发酵罐发酵：500 L发酵罐（装料量60%）培养基按照8%~10%的接种量接入种子液，搅拌转速180 r/min，通气量0~24小时保持0.2 vvm，24~52小时控制在0.4 vvm，培养52小时后发酵液酶活力达到388 U/mL，其中胞内酶占比70%~80%。

3. 乳酸杆菌葡萄糖异构酶的生产

异型乳酸杆菌需木糖诱导才能生产葡萄糖异构酶，Mn^{2+} 是生产酶所必须的。菌体细胞产量少，酶的活性低，但是它的发酵周期短，不必大量通风搅拌，也不易染菌，菌体容易沉降收集。

（1）培养基

斜面培养基（%）：葡萄糖1，蛋白胨1，牛肉膏1，酵母膏0.5，琼脂2，另外添加Tween 80 0.5 mL，西红柿汁200 mL，水补足1 000 mL，pH自然；一级种子培养基（%）：葡萄糖2，蛋白胨2，酵母膏1.2，醋酸钠1，硫酸锰0.017，pH自然。葡萄糖、蛋白胨、酵母膏、无机盐分别灭菌（0.6 kg/cm² 蒸汽灭菌40分钟），接种时混合；二级种子培养基（%）：葡萄糖2，玉米浆1，酵母粉1，豆饼粉0.5，氯化钠0.2，醋酸钠1，硫酸锰0.017，无机盐与其他成分分开灭菌（0.8~1 kg/cm² 蒸汽灭菌30分钟）；三级种子培养基（%）：葡萄糖1、玉米芯水解液0.5、玉米浆0.5、酵母粉0.5、Na_2HPO_4 0.2、醋酸钠1、$MgSO_4$ 0.01，后两种盐液一起灭菌，Na_2HPO_4 单独灭菌，其余成分煮沸灭菌30 min，接种前合并；发酵培养基：将米糠与麸皮按4∶0.8混合后加水，用枯草杆菌1.398蛋白酶，在pH 7.5，40~45℃水解5~6小时，过滤后按照1.2%体积比加入玉米芯水解液，接种前加入另行灭菌的$MgSO_4$ 0.01%。

（2）发酵条件

斜面菌种的培养：菌种转接于新鲜斜面后，在30~32℃培养2~3天，立即使用；一级种子培养：接种后于 32~34℃静止培养约 24 小时，pH 降到 4.1 左右成熟；二级种子培养：按接种量 4.0% 接入一级种子，在 36~37℃微弱通风下每小时搅拌 1~2 分钟，培养约 16 小时，pH 降到 4.0~4.1 时成熟；三级种子培养：按接种量 7.5% 接种二级种子，37℃适量通风培养 12 小时，pH 降到 4.0~4.1 时成熟。

发酵培养：接种 10% 三级种子，在 36~37℃下微弱通风，每小时搅拌一次，培养初期培养液用 NaOH 调节 pH 至 4.8~5.0，10~14 小时左右结束发酵，此时 pH 降到 4 左右。结束发酵后，降温使菌体静止沉淀 5 小时，倾去上清液，用水洗涤沉淀后离心，收集菌体即可用于异构酶糖浆的制备。

11.4 食品酶制剂应用法规

食品生产加工过程中使用的酶制剂应该符合国家卫生健康委员会食品添加剂公告规定的食品用酶制剂及其来源名单，该名单规定了允许使用的酶制剂的名称、来源（用于提取酶制剂的动物、植物或微生物）、供体（为酶制剂的生物技术来源提供基因片段的动物、植物或微生物）。按照该名单规定，允许使用的酶制剂包括 151 种来源（其中 9 种动物来源、5 种植物来源、137 种微生物来源，137 种微生物来源中 42 种为转基因微生物来源）的 56 种酶制剂。如果所使用的酶制剂未列入该名单或者酶制剂名称列入该名单但其来源或供体发生变化的，均需要按照新的酶制剂的审批程序进行申报，经批准列入该名单后才能使用。批准使用的酶制剂主要应用于焙烤、啤酒、乳制品、果蔬汁、植物提取、蛋白水解、油脂加工和淀粉糖加工等领域。

用于生产食品工业用酶的细菌和真菌不足 50 种，最常见的微生物有芽孢杆菌如枯草芽孢杆菌（Bacillus subtilis）和地衣芽孢杆菌（Bacillus licheniformis），酵母菌如酿酒酵母（Saccharomyces cerevisiae），丝状真菌如黑曲霉（Aspergillus niger）和米曲霉（Aspergillus oryzae）。这些微生物是非致病性的，不产生已知的毒素，有充分的安全纪录。乳杆菌和乳酸链球菌，以及它们产生的某些酶已长期用于乳品工业，生产发酵性食品和饮品，也是安全的。

食品酶制剂的产品要求其酶活力在标示值的 85%~115%，污染物限量要求铅（Pb）≤ 5.0 mg/kg，总砷（以 As 计）≤ 3.0 mg/kg。微生物指标要求菌落总数 ≤ 50 000 CFU/g 或 CFU/mL，大肠菌群 ≤ 30 CFU/g 或 CFU/mL，大肠埃希氏菌 < 10 CFU/g 或 CFU/mL，以 MPN 法计算要求 ≤ 3.0 MPN/g 或 MPN/mL，沙门氏菌要求 25 g 或 25 mL 产品中不得检出。微生物来源的酶制剂不得检出抗菌活性，经基因重组技术得到的微生物生产的酶制剂不得检出生产菌。

如果一种生物体不在法规认定的"GRAS"（公认为安全）清单中，一般需要花费数年时间来获取应用此来源酶的许可证。申请许可证一般包括以下资料：①酶及其来源生物的描述；②酶制备方法，包括培养基的组成、生产设备、发酵条件（例如通气、搅拌、温度和 pH）；③酶制剂的组成，如单一酶、复合酶或是整个细胞、杂质如重金属、溶剂痕迹或来源于生产过程中的其他化学物质（例如在酶固定化过程中常用的交联试剂戊二醛），以及用于分析组成和杂质浓度的分析方法的细节；④酶或微生物的毒理数据，主要包括微生物必须是非致病性的，微生物一定不能产生真菌毒素、抗生素或其他毒性化合物。

重组酶在食品工业中的应用开发可以加速申请审批过程，重组 DNA 技术应用一系列有限的微生物和质粒生产各种各样的酶，因而，每次申请审批新重组酶时，不必再考察宿主和质粒系统的安全性。

【习题】

简答题:

1. 常用的食品酶制剂有哪些?

2. 试分析固态发酵与液态发酵的优缺点。

3. 简述淀粉糖工业主要产品生产过程中涉及的酶制剂有哪些?

4. 简述现代基因工程技术在酶制剂性能优化方面的作用。

第12章
益生菌及其制品

    益生菌（probiotics）的英文源于希腊语"for life"，意思是对生命有益，与 antibiotics 意思相对立。一般认为，参与酸奶发酵的益生菌可能是人类最早食用的益生菌。据记载，公元前 3000 多年，居住在土耳其高原的古代游牧民族可能就开始制作和饮用酸奶。公元前 2000 多年，在希腊东北部和保加利亚的色雷斯人也掌握制作酸奶的技术，随后酸奶技术被古希腊人传到欧洲的其他地方。20 世纪初，俄国科学家、诺贝尔奖获得者梅契尼可夫（Metchnikoff）发现保加利亚的长寿人群都爱喝酸奶，提出发酵乳制品中的乳酸菌有益人体健康的观点。梅契尼可夫的理论促进了酸奶等发酵乳制品的发展。人们不断筛选以乳杆菌和双歧杆菌为代表的益生菌，进行相关科学研究并应用于产业。

    进入 21 世纪之后，新技术发展促进了肠道菌群和人体微生物组的研究，人类对益生菌的内涵、健康功效和作用机制有了更深入和全面的理解。

通过本章学习，可以掌握以下知识：
1. 益生菌和其他相关概念的内涵和差异。
2. 益生菌在食品产业中的应用。
3. 益生菌与人体健康的关系。

在开始学习前，先思考下列问题：
1. 你知道哪些益生菌发酵食品？
2. 为什么酸奶这么受欢迎，你知道它有什么好处吗？

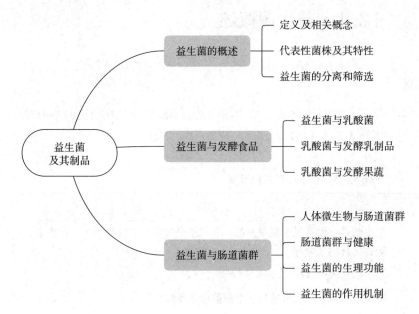

12.1 益生菌概述

12.1.1 益生菌的定义

随着科学的进步和人类对益生菌认知的不断加深，益生菌的概念不断更迭。在历史的不同时期，人们对益生菌的概念有不同的阐释（见表 12-1）。

表 12-1　益生菌定义的沿革

概念来源	定义
Kollath（1953）	益生菌是一种常见于蔬菜食品，且与生命过程有关的物质（如维生素、芳香化合物、酶等）
Vergin（1954）	益生菌是抗生素的反义词
Kolb（1955）	抗生素的不利影响可通过益生菌治疗来预防
Lilly and Stillwell（1965）	一种微生物分泌的物质，用来刺激另一种微生物的生长
Sperti（1971）	用于刺激微生物生长的组织提取物
Fuji and Cook（1973）	一类在宿主体内可对抗感染，但在体外不会抑制微生物生长的化合物
Parker（1974）	有助于肠道微生物平衡的有机体和物质
Fuller（1992）	通过改善微生物平衡对宿主动物产生益处的活体微生物饲料
Havenaar and Huis in't Veld（1992）	应用于动物或人的单一或混合活菌培养物，可通过改善宿主菌群对宿主产生益处
Salminen（1996）	对宿主健康和营养有益的活菌培养物或乳制品
Schaafsma（1996）	一种摄入一定量后，能发挥固有基本营养以外健康益处的活性微生物
Salminen（1999）	由微生物或其细胞组成成分构成，且对宿主健康具有益处的制剂
Schrezenmeir and de Vrese（2001）	一种含有一定数量的特定活性微生物的制剂或产品，该制剂或产品（可通过植入或定植）改变宿主共生菌群，发挥有益的健康作用
FAO/WHO（2001）	当摄入足够数量时，对宿主产生健康益处的活的微生物

目前主流的益生菌（probiotics）的定义是联合国粮食与农业组织和世界卫生组织（FAO/WHO）于 2001 年提出的：当摄入量足够时，对宿主产生健康益处的活的微生物。

知识拓展 12-1
国际益生菌和益生元科学协会

国际益生菌和益生元科学协会（ISAPP）于 2014 年发表的科学共识基本沿用了 FAO/WHO 的益生菌定义，并给出了更清晰的界定和更系统的阐释。益生菌必须有有益健康的明确证据，但可以有不同的产品形式（益生菌药品、益生菌食品、益生菌膳食补充剂、非口服益生菌、益生菌动物饲料等）、宿主（人和动物）、目标群体、靶点（肠道和肠道以外的位置）、效用终点和调控策略。含有未明确微生物成分的发酵食品、不明确的微生物混合体（如移植的粪便中的微生物）以及死亡的微生物、微生物产品和微生物成分则不属于益生菌的范畴。双歧杆菌和乳杆菌是被广为接受的典型益生菌，而脆弱拟杆菌、嗜黏蛋白阿克曼氏菌（*Akkermania muciniphila*，简称 AKK 菌）等有可能成为新一代益生菌（通常称为二代益生菌）。

12.1.2 与益生菌相关的几个概念

与益生菌密切相关的还有其他几个重要概念，包括益生元、合生元和后生元等。以下均采用 ISAPP 的最新定义对上述概念简单介绍。

益生元（prebiotics）是能够被宿主体内的菌群选择利用，并转化为有益宿主健康的物质。最新的定义拓宽了益生元的范围，包括可能的非糖类物质，可应用于消化道以外的身体其他部位（如阴道和皮肤），并且益生元的类型不再局限于食物。值得注意的是，膳食益生元不能被宿主体内的酶降解。根据不同水平的研究证据，图 12-1 罗列了目前公认的和潜在的益生元。

合生元（synbiotics）是由活的微生物和能被宿主微生物（包括宿主原有的和补充的）选择性利用底物组成的混合物，可以为宿主带来有益健康的作用。合生元包括两种类型，一种是益生菌和益生元的组合，是互补型合生元；另一种是协同型合生元，它包含一种能够被共同施用的微生物选择性地利用的底物，以增强其功能，并共同带来健康益处（图 12-2）。目前为止，几乎所有在已发表的临床试验中使用的或市售的合生元都是互补型的。

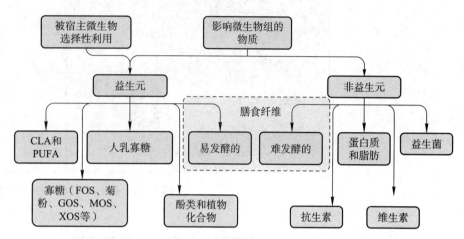

图 12-1　益生元与非益生元

注：CLA：共轭亚油酸（conjugated linoleic acid）；PUFA：多不饱和脂肪酸（polyunsaturated fatty acids）；FOS：低聚果糖（fructooligosaccharides）；GOS：低聚半乳糖（galactooligosaccharides）；MOS：低聚甘露糖（mannooligosaccharides）；XOS：低聚木糖（xylooligosaccharide）。

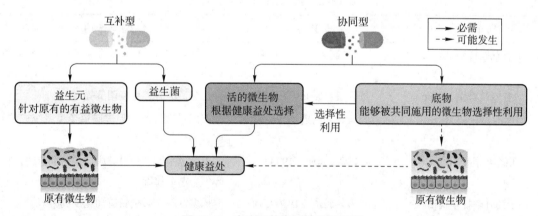

图 12-2　合生元的类型和作用机制

后生元（postbiotic）是指对宿主健康有益的无生命微生物和 / 或其成分的制剂。例如，巴氏杀菌灭活的 AKK 菌具有减少小鼠脂肪量、胰岛素抵抗和血脂异常的能力。后生元不是纯化的微生物代谢物和疫苗，但也不限于灭活益生菌。后生元的作用机制包括调节常驻菌群、增强上皮屏障功能、调节局部和全身免疫、调节系统代谢和通过神经系统发出信号等。它们的作用靶点可以是肠道，也可以是口腔、皮肤、泌尿生殖道和鼻咽等，但是不能用注射给药的方式评价后生元的功能。

由于益生菌、益生元、合生元和后生元这些概念密切相关又容易混淆，现将各者之间的关系用图 12-3 作简单描述。

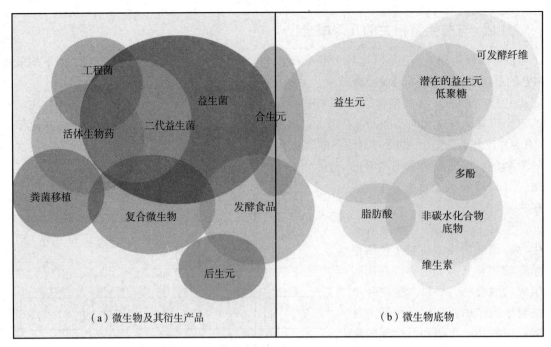

（a）微生物及其衍生产品	（b）微生物底物

图 12-3　益生菌及其相关概念之间的关系

12.1.3　代表性益生菌菌株及其特性

传统益生菌的研发主要集中在双歧杆菌属、乳杆菌属、乳酪杆菌属、粘液乳杆菌属等，表 12-2 列出了一些代表性益生菌菌株。

表 12-2　具代表性的益生菌菌株

菌株*	来源	功能与应用
乳双歧杆菌 BB-12	乳制品（1983 年）	研究最多的双歧杆菌属益生菌，维持肠道健康、免疫调节等
长双歧杆菌 BB536	母乳喂养婴儿（1969 年）	维持肠道健康、免疫调节等
短双歧杆菌 M-16V	健康婴儿肠道（1963 年）	改善肠道微环境、促进肠道免疫系统成熟、改善早产儿健康等
鼠李糖乳酪杆菌 GG	健康人粪便（1983 年）	改善肠道平展和肠道健康、预防和改善胃肠感染、调节免疫等
干酪乳酪杆菌代田株	人体肠道（1930 年）	养乐多饮料，影响肠道和免疫健康等
罗伊氏粘液乳杆菌 DSM 17938	母乳（2008 年）	改善儿童肠道健康等
植物乳植杆菌 299V	健康人肠粘膜（1993 年）	改善肠粘膜和炎症、促进铁吸收等
嗜酸乳杆菌 NCFM	健康人肠道（1970 年）	改善肠道健康和免疫功能等
干酪乳酪杆菌 Zhang	自然发酵酸马奶（2002 年）	改善肠道菌群、调节免疫、减少上呼吸道感染、抗氧化等
植物乳植杆菌 P-8	自然发酵酸牛奶（2005 年）	改善脂代谢、增强免疫、调节肠道菌群、舒缓压力和焦虑等

注：* 表中所有菌株均已进入我国《可用于食品的菌种名单》，部分菌株已进入我国《可用于保健食品的益生菌菌种名单》（菌种名单见本章附件）。

12.1.4　益生菌的分离与筛选

健康人体肠道和传统发酵食品是分离益生菌的主要来源。各类益生菌可以通过适当的选择性培养基或富集培养基，从人和动物的口腔、肠道和粪便以及发酵食品中分离得到。常用的培养基如下表（表 12-3）所示。

表 12-3　常用的益生菌分离和培养条件

目标菌种	培养基*	培养条件
乳杆菌	MRS 培养基、SL 培养基	厌氧
双歧杆菌	MRS 培养基、TPY 培养基	厌氧
链球菌	链球菌基础培养基、TYC 培养基	5% CO_2，好氧培养
肠球菌	BHI 培养基、KAA 培养基	>3% CO_2，好氧培养

*注：可根据不同目标菌种的生理特性，向培养基中添加以下几种特殊物质，以提高筛选的特异性。①环己酰亚胺，主要作用是抑制酵母的生长。②半胱氨酸，主要用于分离厌氧的乳杆菌。③生长因子，主要用于分离特定生活环境中的乳杆菌，可添加酵母提取物、麦芽汁、乙醇、肉浸出汁、番茄汁等。④其他糖类，在分离异型发酵乳杆菌时，可用麦芽糖、果糖、蔗糖、阿拉伯糖等替代葡萄糖。⑤在部分情况下，添加卡那霉素、新霉素、巴龙霉素、丙酸钠、氯化锂、抗坏血酸、叠氮化钠等可以提高分离的选择性。

益生菌的筛选是益生菌研制过程中的重要环节，必须符合安全性、功能性和加工特性等重要要求。理想的益生菌应符合下图（图 12-4）的要求。

安全性是益生菌的最重要的标准，益生菌不应给机体健康带来危害或潜在威胁。益生菌的安全性评价包括菌株的病原性、毒性、代谢活性和内在特性等。菌株的病原性和毒性通常采用无特定病原菌（SPF）和无菌（GF）动物模型研究。菌株代谢活性的安全性主要关注其是否能够产生氨、胺、苯酚、吲哚、黏膜降解酶以及致癌亚胆酸等。另外，在评价益生菌菌株安全性时还必须考察其抗生素抗性基因的携带情况。在申报我国益生菌类保健食品时，必须提交菌种的安全性评价资料。

功能性是益生菌的重要特征。鉴定菌株的种属可以从一定程度上了解分离得到的菌株功能，例如唾液链球菌嗜热亚种（原名嗜热链球菌）和德氏乳杆菌保加利亚亚种（俗称保加利亚乳杆菌）通常具有促进乳糖不耐受个体水解乳糖的能力。但是，更多证据表明，益生菌的功能性具有菌株特异性。因此，需要从菌株水平研究益生菌的特定健康影响，其健康功效常采用体外和体内多种评价模型研究（图 12-5）。

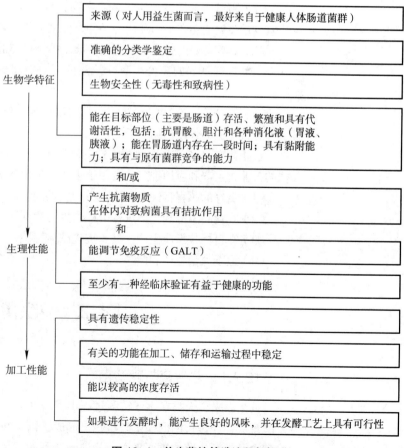

图 12-4　益生菌的筛选流程与标准

12.1　益生菌概述

293

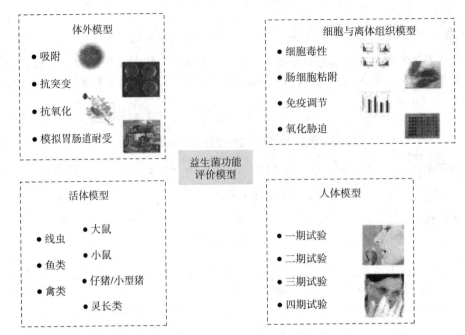

图 12-5　益生菌的功能评价模型

在开发益生菌时，既要考虑菌株在理论上是否具有一定的功效，还需要探究菌株在进入机体后是否仍然能够发挥功效。例如，在人体肠道发挥作用的益生菌株应该具有以下特点：

（1）能够耐胃酸和消化酶的降解，能够有足够数量的活菌到达机体肠道；

（2）肠道中的胆汁酸对很多微生物具有毒性，会影响益生菌的生长和功能发挥，因此，耐胆汁酸也是益生菌能在小肠存活的必要条件之一；

（3）具有良好的肠道粘附性，能够定植于机体肠道，充分发挥其益生功能；

（4）具有良好的免疫刺激性，并且不会引起炎症反应或产生健康威胁，对病原菌具有拮抗活性；

（5）可分泌具有特定功能的活性物质，如短链脂肪酸（SCFA）、消化酶、维生素、促生长因子等有益宿主的代谢产物。

益生菌在具备安全性和功能性的基础上，还应具有生产上的技术可行性，从而实现益生菌菌株的工业化生产和应用推广。应用于生产益生菌制剂的菌株应尽可能地具备以下特点：

（1）良好的感官特性和风味，不产生难闻气体；

（2）在食品发酵和生产过程中产生生物活性物质，并具有一定的稳定性；

（3）在目标位点能生产，具有抗噬菌体特性；

（4）适于大量生产和储存。

12.2　益生菌与发酵食品

12.2.1　益生菌与乳酸菌

长久以来，人类在生产实践过程中发现在乳、果蔬、肉、谷物等不同原料中存在自然的乳酸发酵现象，经过长期的摸索与实践，形成了以乳酸菌为主要特征的传统发酵食品制作工艺。传统发酵食品是益生菌的重要来源，从中筛选到的益生菌很多是乳酸菌，因此，乳酸菌是益生菌研究中的重要微生物。

乳酸菌（lactic acid bacteria，LAB）是一类利用糖类代谢产生乳酸的细菌的统称。它是一类重要的原核微生物，然而它并没有一个明确的定义，也不是一个微生物分类学术语。一般认为，乳酸菌是以革兰氏染色阳性、通常不产芽孢、不以呼吸方式产生能量、糖类代谢产物主要为乳酸为共同特征的多种异源菌群的统称。在这里，我们需要强调的是，不是所有的乳酸菌都是益生菌，因为不是所有乳酸菌都具有有益健康的功效。

在现代科学与工程技术的推动下，乳酸菌科学与应用逐渐形成了较为完整的理论和应用体系。目前认为，乳酸菌分布于40余个属，其中具有重要科学和应用价值的乳酸菌主要集中与乳杆菌属（*Lactobacillus*）、乳酪杆菌属（*Lacticaseibacillus*）、广布乳杆菌属（*Latilactobacillus*）、联合乳杆菌属（*Ligilactobacillus*）、乳植杆菌属（*Lactiplantibacillus*）、粘液乳杆菌属（*Limosilactobacillus*）、乳球菌属（*Lactococcus*）、链球菌属（*Streptococcus*）、明串珠菌属（*Leuconostoc*）、肠球菌属（*Enterococcus*）、四联球菌属（*Tetragenococcus*）、漫游球菌属（*Vagococcus*）、魏斯氏菌属（*Weissella*）、片球菌属（*Pediococcus*）、气球菌属（*Aerococcus*）、肉食杆菌属（*Carnobacterium*）和酒球菌属（*Oenococcus*）等属中。双歧杆菌属（*Bifidobacterium*）采用不同于一般乳酸菌的双歧代谢途径，通过异型乳酸发酵生成乳酸和乙酸，因此也被认为属于乳酸菌。

乳酸菌是现代生物技术的主体之一，在工业发酵食品制造和工业生化制品生产等方面有着重要作用；作为共生微生物，乳酸菌在人类、动物和植物等宿主的健康维持和疾病发生发展过程中也发挥着重要的干预和调节作用，乳酸菌在健康与医药产品开发、畜牧养殖等方面也具有广泛的应用。下文将着重介绍乳酸菌在食品领域的开发与利用，很多也是益生菌及其制品的实践范畴。

12.2.2　乳酸菌与发酵乳制品

发酵作为重要的食品保存方法，在乳制品加工和生产中被广泛应用。全球各地存在许多风味和工艺独特的发酵乳制品，例如酸奶、酸奶油、卡菲尔、奶酪等。它们的生产过程与乳酸菌有密切关系，并以其特殊的营养价值和口感风味受到消费者的青睐。为提高生产效率和产品质量，研究人员致力于具有优良特性的发酵剂的开发。目前，常用于生产发酵乳制品的乳酸菌主要有乳杆菌属、乳酪杆菌属、粘液乳杆菌属、乳植杆菌属、乳球菌属、链球菌属、双歧杆菌属、肠球菌属、片球菌属和明串珠菌属等。

发酵乳制品营养丰富，既有原料乳的营养价值，还具有其独特的优势。发酵产生的乳酸能够与乳制品中的钙、铁、磷等矿物质形成易溶于水的乳酸盐，提高这些矿质元素的利用率。发酵乳制品富含B族维生素和少量脂溶性维生素。发酵过程中，原料乳中的部分蛋白质被微生物水解产生肽和氨基酸；乳酸还会促使蛋白质变性凝乳，有利于人体的消化和吸收。另外，发酵过程中，原料乳中的部分乳糖被水解转化，发酵乳制品更适于"乳糖不耐受"的消费者食用。

酸奶（yogurt）是最具代表性的一类发酵乳制品，它是以牛乳或其他动物乳汁为原料经过乳酸菌等微生物的发酵，絮凝而成的胶状产品。发酵牛乳的起源已无法准确考证，普遍认为可能起源于15 000～10 000年以前的中东。经过长期的流传和演变，目前全世界范围内有超过400种名称不同，采用传统生产方式或工业化发酵乳制品，它们在原料乳类型、微生物类型和主要代谢产物等方面存在差异。

普通酸乳按照其物理状态可以分为凝固型和搅拌型酸乳。凝固型酸乳是将接种发酵剂后的液态乳装入销售容器中静置培养，而接种发酵剂后保温培养，再进行搅拌和分装，则生产出搅拌型酸乳。根据原料牛乳脂肪的含量，酸乳可分为全脂酸乳、低脂（半脱脂）酸乳（使用脱去部分脂肪后的牛乳为原料，乳脂肪含量0.5%～2%）、脱脂酸乳（使用全脱脂乳生产，乳脂含量低于0.5%）。另外，根据发酵菌种产生的香味类型不同，可以将酸乳分为醛香型酸乳和酮香型酸乳。醛香型酸乳是由德氏乳杆菌保加利亚亚种和唾液链球菌嗜热亚种混合发酵，产生主要香味为醛类，我国市场上出售的酸乳多属于这一类，而酮香型酸乳采用双乙酰链球菌、肠膜明串珠菌和瑞士乳杆菌等发酵而成。

20世纪以来，乳品微生物学家们研究了参与乳品发酵的微生物，及其对发酵乳风味的贡献。下表（表12-4）列举了一些从各种发酵乳中分离得到的乳酸菌。除了乳酸菌，部分酵母菌和真菌也会参与酸奶的发酵。

表12-4 参与乳制品发酵的乳酸菌及其重要代谢产物和产品

发酵菌种	重要代谢产物	主要乳制品
嗜温型		
乳酸乳球菌乳酸亚种	L（+）乳酸	发酵奶油、脱脂乳酸乳、马奶酒、斯堪的纳维亚发酵乳、奶酪（卡尔菲利奶酪、酪农奶酪等）
乳酸乳球菌乳酸亚种（双乙酰型）	L（+）乳酸、双乙酰	
乳脂乳球菌	L（+）乳酸	发酵奶油、酸乳酪、奶酪（切达奶酪、卡门贝尔奶酪、卡尔菲利奶酪等）
肠膜明串珠菌肠膜亚种	D（−）乳酸、双乙酰	
肠膜明串珠菌乳脂亚种	D（−）乳酸、双乙酰	马奶酒
肠膜明串珠菌右旋葡聚糖亚种	D（−）乳酸、双乙酰	发酵奶油、奶酪（酪农奶酪、古乌达奶酪等）
乳酸片球菌	DL乳酸	马奶酒
嗜热型		
唾液链球菌嗜热亚种	L（+）乳酸、乙醛、双乙酰	酸乳、奶酪（瑞士奶酪、林堡奶酪等）
德氏乳杆菌德氏亚种	D（−）乳酸	嗜酸乳、酸乳饮料、马奶酒
德氏乳杆菌保加利亚亚种	D（−）乳酸、乙醛	酸乳、奶酪、脱脂乳酸乳、酸乳饮料、马奶酒
德氏乳杆菌乳酸亚种	D（−）乳酸	奶酪（莫扎雷拉奶酪、格鲁耶尔奶酪等）
发酵粘液乳杆菌	DL乳酸	嗜酸乳
瑞士乳杆菌	DL乳酸	酸乳酪、酸乳、马奶酒
开菲尔乳杆菌	DL乳酸	马奶酒
马乳酒样乳杆菌	DL乳酸	开菲尔酸乳
益生型		
嗜酸乳杆菌	DL乳酸	嗜酸菌乳
副干酪乳酪杆菌副干酪亚种	L（+）乳酸	酸乳饮料、马奶酒、养乐多
副干酪乳酪杆菌（代田型）	L（+）乳酸	
鼠李糖乳酪杆菌	L（+）乳酸	酸乳饮料
罗伊氏粘液乳杆菌	DL乳酸、CO_2	
青春双歧杆菌	L（+）乳酸、乙酸	双歧杆菌发酵乳
两歧双歧杆菌	乳酸、乙酸	
短双歧杆菌	L（+）乳酸、乙酸	
长双歧杆菌婴儿亚种	乳酸、乙酸	
长双歧杆菌长亚种	L（+）乳酸、乙酸	

不同的乳酸菌发酵特性各有差别，在乳制品的发酵生产过程中，需要选择性地单独或复配使用菌株。嗜热型乳酸菌常用于生产酸乳等需要快速产酸的发酵乳制品，而不适合于需要低速率产酸、在低温下缓慢释放 CO_2 的开菲尔酸乳。唾液链球菌嗜热亚种和德氏乳杆菌保加利亚亚种是酸乳制品生产中常用的发酵剂，并且在酸乳发酵时复配使用这两种乳酸菌能提高凝固速率、改善产品品质。利用牛乳制作酸乳的过程包括原料选择和预处理、均质和灭菌、制备和添加发酵剂、发酵后熟等步骤和工艺。

12.2.3 乳酸菌与发酵果蔬

我国每年果蔬的产量巨大，品种丰富，人均消费量和出口量均居世界前列。由于我国在果蔬产品加工技术和产业化水平滞后，贮藏及加工手段单一，每年的经济损失可达数百亿元。乳酸菌作为食品发酵中的常见微生物，既能够改善产品的储藏性和风味，又具有一定的功能活性。因此，将乳酸菌应用于果蔬产品加工，不但有利于果蔬的保藏，也可增加产品附加值满足市场需求。

乳酸菌在果蔬发酵领域中最悠久、最广泛的应用是发酵蔬菜。我国大约在 3000 年前就发明了酱菜的制作工艺，乳酸菌发酵蔬菜在欧洲也有相当悠久的历史。现在，乳酸菌发酵蔬菜以其独特的风味和丰富的营养吸引着全球众多消费者。除发酵蔬菜外，乳酸菌发酵果蔬汁是近年发展起来的一类新型饮料。乳酸菌发酵果蔬汁因具有良好的风味和营养保健功能，受到消费者欢迎，其研制和开发具有广阔的前景。

在果蔬发酵过程中，乳酸菌利用原料中的可溶性物质进行代谢可产生多种氨基酸、维生素和酶。乳酸菌发酵后产生的乳酸、乙酸、丙酸等有机酸，可以促进钙、磷等吸收，可以给果蔬制品带来柔和的酸味，也可以与发酵过程中形成的醇类物质结合，所形成的乙酸乙酯、乳酸乙酯等酯类物质可以赋予产品水果香味。乳酸菌在果蔬发酵过程中不断产生与积累乳酸，造成酸性的环境有利于产品的保藏。另外，有些乳酸菌代谢过程中形成的乳酸菌素、双乙酰具有抑菌作用，可以抑制一些腐败菌和病原菌的生长。另外，乳酸菌发酵还可以降解某些水果和蔬菜含有的天然毒素和抗营养物质。

发酵蔬菜中常见的乳酸菌主要包括乳杆菌属、乳植杆菌属、乳酪杆菌属、乳球菌属、片球菌属、明串珠菌属、魏斯氏菌属等。具体来说，泡菜发酵过程中常见的乳酸菌有植物乳植杆菌、干酪乳酪杆菌、戊糖乳植杆菌、弯曲乳杆菌、肠膜明串珠菌等。发酵过程中乳酸菌的种类和数量对于产品的风味和品质具有决定性的影响。另外，随着发酵过程中氧气含量、pH 等理化因素的变化，微生物的种类和丰度处在动态变化的过程，果蔬发酵早期和晚期的微生物群落差异较大。

12.3 益生菌与肠道菌群

人和动物的肠道菌群是益生菌的另一个重要来源。下面我们将首先了解一下人体微生物组和肠道菌群。

12.3.1 人体微生物组与肠道菌群

人体的皮肤、鼻孔、口腔、肠道和生殖道等所有暴露于环境的部位上分布着大量的微生物。人体的微生物参与机体营养吸收、能量代谢、免疫应答、生长发育、疾病发生等多种生物学过程，可与人体发生直接或间接的良性互作、有害互作或在特定条件下对宿主健康产生特定影响，与人体形成共生体（symbiont）。这些定植于人体特定部位的全部微生物及其遗传信息，包括其细胞群体和数量以及全部遗传物质被称为微生物组（microbiome），包括细菌组、真核生物组、古菌组、病毒组等。诺贝尔奖获得者乔舒亚·莱德伯格（Joshua Lederberg）在 2000 年提出，人

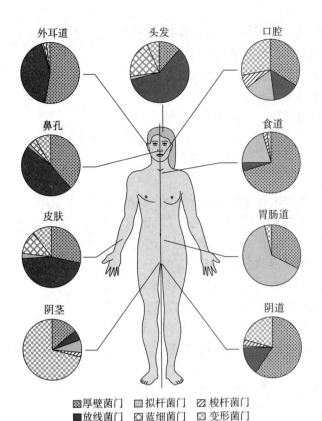

外耳道　头发　口腔

鼻孔　食道

皮肤　胃肠道

阴茎　阴道

▨ 厚壁菌门　▥ 拟杆菌门　▨ 梭杆菌门
■ 放线菌门　▦ 蓝细菌门　▨ 变形菌门

图 12-6　健康人身体各部位的微生物群落组成
注：数据来源于 4～12 个健康人样本

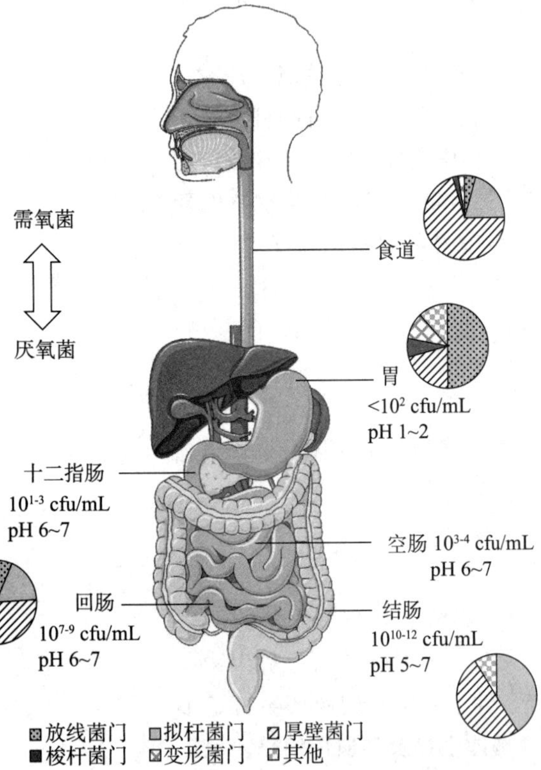

需氧菌
⇕
厌氧菌

食道

胃
$<10^2$ cfu/mL
pH 1～2

十二指肠
10^{1-3} cfu/mL
pH 6～7

空肠 10^{3-4} cfu/mL
pH 6～7

回肠
10^{7-9} cfu/mL
pH 6～7

结肠
10^{10-12} cfu/mL
pH 5～7

▨ 放线菌门　▥ 拟杆菌门　▨ 厚壁菌门
■ 梭杆菌门　▦ 变形菌门　▨ 其他

图 12-7　胃肠道不同部位的菌群分布

体是由自身细胞与人体共生微生物细胞构成的超级生物体（superorganism）。细菌是人体中数量最多的微生物，肠道是人体栖息微生物最多的部位（图 12-6）。

人们对肠道微生物的认识始于大肠杆菌、双歧杆菌等常见肠道细菌的发现和对其生理功能的探索，距今已经有 100 多年的研究历史。早在 1886 年，就有学者发现了大肠杆菌并研究其对消化的作用。1907 年，梅契尼可夫提出了著名的"梅氏假说"，认为乳酸菌能抑制肠道腐败菌生长。1965 年，法国科学家杜博斯（Dubos）等第一次获得了微生物存在于胃肠道黏膜中的显微图像。随后逐步出现了对肠道微生物与人体健康关系的初步探索，1992 年意大利科学家 Bocci 提出肠道微生物菌群有着如同虚拟器官一样的代谢功能，认为其是"被忽略的人体器官"，人们逐步意识到肠道微生物作为一个整体对宿主肠道的重要性。20 世纪末，更多的分子生物学研究手段，例如寡核苷酸探针、末端限制性长度多态性分析（T-RFLP）、变性梯度凝胶电泳（DGGE）、温度梯度凝胶电泳（TGGE）及实时定量 PCR 等手段，被应用至肠道微生物的多样性分析及定性定量研究，为进一步探索其组成、功能提供了可能。进入 21 世纪以来，随着高通量测序技术和无菌动物模型的成熟，肠道菌群研究呈现出井喷式发展。宏基因组、宏转录组、代谢组等组学技术也参与肠道微生物的研究，为深入阐明其结构和功能提供了更多手段。

人体肠道为微生物提供了良好的栖息环境，成人肠道内的微生物数量可高达 10^{14} CUF/g，是人体体细胞数量的 1~10 倍。微生物的生物量达到 1.2 kg，接近人体肝脏的质量，肠道微生物编码的基因数目约是人体自身的 100 倍，具有人体自身不具备的代谢功能。研究表明，平均每个人肠道中定植的细菌大约有 1 000 种，平均每个个体含有 160 种优势菌种，而整个人群肠道中的细菌大约有 10 000～40 000 种。目前研究发现人体肠道中的细菌属于 10 个门，分别是厚壁菌门（Firmicutes）、拟杆菌门（Bacteroidetes）、放线菌门（Actinobacteria）、变形菌门（Proteobacteria）、梭杆菌门（Fusobacteria）、疣微球菌门（Verrucomicrobia）、柔壁菌门（Tenericutes）、蓝细菌门（Cyanobacteria）、螺旋体门（Spirochaetes）和单糖菌门（Saccharibacteria，TM7）。绝大多数肠道细菌可以纳入前 6 个门，而后 4 个门的丰度很低。人体肠道菌群是一个复杂的生态系统，微生物在胃肠道中不是平均分布的，根据 pH、氧气、营养物质等条件不同，各部位的微生物的含量和种类也不尽相同，绝大部分的微生物栖息在胃肠道末段，也就是结肠部分（图 12-7）。

虽然不同人群含有相似的肠道微生物类群，但是不同个体间，各微生物类群的相对丰度和菌株存在着很大差异。人群的生物地域、年龄、生理状况、饮食习惯等因素会对肠道

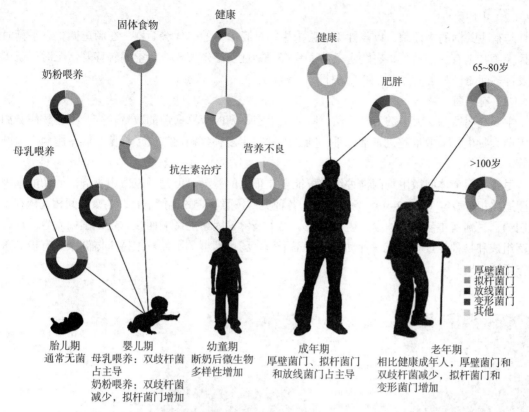

固体食物

健康

奶粉喂养

健康

肥胖

65~80岁

母乳喂养

抗生素治疗

营养不良

>100岁

厚壁菌门
拟杆菌门
放线菌门
变形菌门
其他

胎儿期
通常无菌

婴儿期
母乳喂养：双歧杆菌
占主导
奶粉喂养：双歧杆菌
减少，拟杆菌门增加

幼童期
断奶后微生物
多样性增加

成年期
厚壁菌门、拟杆菌门
和放线菌门占主导

老年期
相比健康成年人，厚壁菌门和
双歧杆菌减少，拟杆菌门和
变形菌门增加

图 12-8　不同年龄阶段人体肠道菌群的组成和变化

菌群结构造成显著影响。例如，一项关于非洲、南美和美国人群肠道菌群的研究表明，来自不同文化和地理位置的人们肠道细菌多样性上存在着显著的差异。从人的出生到长大，再到衰老的过程中，肠道菌群也处在一个不断变化的过程中（图 12-8）。在生理状况方面，孕妇怀孕的前 3 个月和后 3 个月的肠道微生物组成发生了显著改变，患病老年人肠道微生物的菌群多样性显著低于健康老人的菌群。特别值得注意的是，膳食也是影响肠道菌群的重要因素，更是最容易改变和控制的因素之一。不同人群膳食模式不同，他们对各膳食因子的摄入量有很大不同，因此肠道微生物组成、结构与功能也会存在较大差异。肠道中的主导菌群与膳食模式中蛋白、脂肪和糖类成分的含量和比例有关。例如，在长期大量摄入高脂肪和蛋白质的人群肠道菌群中，拟杆菌门拟杆菌属微生物占有主导地位，而在以高水平的复合糖类如水果和蔬菜为主要膳食成分的人群中，拟杆菌门普雷沃氏菌属则占核心地位。此外，特定的膳食成分也会对肠道菌群造成一定的影响。例如，有研究发现由于日本居民长期食用海藻，日本人群肠道中含有能够分泌藻类代谢酶的微生物，该菌株属于日本人群肠道特有微生物。

12.3.2　肠道菌群与人体健康

1. 肠道菌群的类型

人体肠道中定植的数量巨大、结构复杂又相对稳定的微生物区系，对于机体健康以及各种生命活动有着十分重要的作用和意义。按照肠道菌群对宿主的生理影响，大致可以将其分为三类。

（1）有益菌

与宿主共生的生理性细菌，是肠道的主要菌群，它们参与食物的消化，促进肠道蠕动，合成微生物等，对维持机体健康必不可少，其中部分种群已经被认为是益生菌。

（2）中性菌

与宿主共栖的中性菌，以兼性厌氧菌为主，是肠道中的非优势菌群，在肠道微生态平衡时对人体无害甚至有一定益处，在特定条件下具有侵染性、增殖失控或者空间转移等情况时，就可能引发许多问题，对宿主有害，如大肠杆菌、肠球菌等。

（3）有害菌

主要是病原菌，大多数为过路菌，肠道微生态平衡时，这些菌的数量较少，不会致病；如果有害菌大量生长，数量超过正常水平，则会引发宿主多种疾病，如变形杆菌、假单胞菌、绿脓杆菌等。

尽管不同个体间微生物的物种组成可能存在很大的差异，但是肠道微生物群落的功能基因和代谢通路相对稳定（图12-9）。肠道微生物各种类群按照一定的比例组合，各菌之间相互依存、相互制约，受到宿主年龄、饮食、生活习惯、卫生条件等因素的影响而在一定范围内发生波动，在群落组成和物种丰度上形成一种动态的生态平衡。肠道菌群的平衡对维持机体健康具有极其重要的作用和意义。

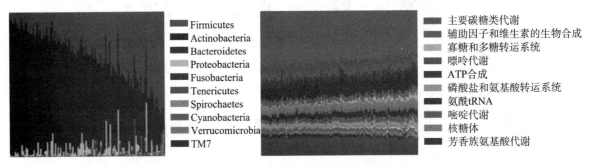

图 12-9　人体肠道菌群的结构与功能

2. 肠道菌群与物质代谢

肠道微生物在膳食和宿主之间起到了重要的桥梁作用。肠道微生物编码的基因数目约是人体自身的 100 倍，具有人体自身不具备的代谢功能。人类的代谢过程是人体基因和微生物基因联合参与的。例如，人类基因组中缺少大部分糖类代谢需要的酶，而肠道微生物在代谢膳食中这些无法被人体消化利用的糖类尤其是多糖的过程中发挥了重要作用。人类肠道微生物和宏基因组学研究已经发现了大量的糖类代谢酶，有报道在单独一个人的肠道微生物组中就发现了超过 150 种糖类代谢酶，表明数量庞大、种类丰富的肠道微生物在利用复杂糖类方面拥有巨大的潜力。多糖被肠道菌群降解为寡糖和单糖，并进一步被代谢转化为短链脂肪酸（short-chain fatty acid，SCFA）和其他产物。膳食和内源性含氮化合物，如蛋白质，除了小部分在胃和小肠被水解为氨基酸和多肽被小肠上皮吸收之外，大部分都会进入大肠被肠道微生物发酵，代谢成为 SCFA、支链脂肪酸（BCFA）、硫化氢、多胺、酚、吲哚、氨等产物。另外，肠道微生物还具有氧化、还原、水解、裂解、脱羧基、脱羟基等多样的代谢转化功能，可以代谢膳食中的多酚等植物化合物以及药物和药物前体，影响其生物活性和毒性。

3. 肠道菌群与肠道屏障

肠道不仅是消化器官和吸收营养的部位，还是重要的免疫器官，其防御/屏障作用限制有害物质和微生物移位到身体其他部位。肠道的屏障功能受损会导致"粪毒入血，百病蜂起"。肠道屏障功能损伤主要归因于上皮细胞凋亡、黏液降解以及由紧密连接蛋白（tight junction，TJ）调控的细胞旁通透性的失调。肠道微生物发酵糖类产生的 SCFA 能够作为上皮细胞和杯状细胞的能量物质，维持细胞的生长。肠道菌群及其代谢产物还可调节肠道粘液、黏蛋白、分泌型 IgA（secretory immunoglobulin A，sIgA）和抗菌肽的产生，以及 TJ 蛋白的表达。

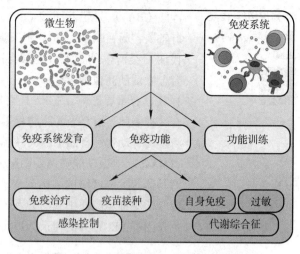

图 12-10　肠道菌群对免疫功能的重要作用

4. 肠道菌群与免疫功能

研究人员比较普通饲养小鼠和无菌小鼠的免疫特性发现，无菌小鼠存在很多免疫缺陷，而且在接种正常菌群后，小肠黏膜会出现大量免疫细胞，绒毛结构发生明显改变。肠道微生物在宿主免疫系统的诱导、训练及功能中都发挥了重要作用。人体免疫系统发育的过程和获得复杂微生物菌群的过程是同时进行的，表明宿主免疫系统与其共生微生物群之间存在共生关系。破坏定植的微生物菌群与宿主免疫系统之间的互惠共生状态可能导致慢性炎症性疾病，包括自身免疫、过敏和代谢综合征。另一方面，选择性调节肠道菌群在肿瘤免疫治疗、疫苗接种和对抗耐抗生素微生物等方面具有巨大的治疗潜力。

正常的肠道菌群在维持免疫系统的动态平衡中发挥着重要的作用。肠道菌群可以通过色氨酸衍生物、胞外多糖等产物调节 T 细胞等免疫细胞的分化和增殖。例如，新生婴儿出生一个月内，双歧杆菌的定植可以通过激活色氨酸代谢通路代谢产生吲哚 -3- 乳酸（ILA），抑制与过敏相关的辅助型 T 细胞 2（T helper 2 cell，Th2）和促炎性辅助性 T 细胞 17（Th17）的分化，促进抑炎性细胞因子的表达，并且诱导 T 细胞分泌调节性因子，从而维护肠道以及外周免疫系统稳态，抑制过度免疫反应的发生。有文献报道脆弱拟杆菌产生的多糖可以增加肠系淋巴结中的 CD4+ T 细胞的数量，抑制肠道炎症的发生。肠道菌群还能够直接刺激抗原递呈细胞促进 T 细胞分化，也可以调节肠道黏膜分泌抗菌物质。

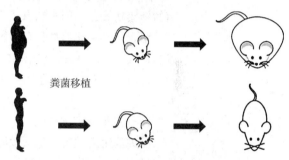

图 12-11　肠道微生物与肥胖研究示意图

注：分别将双胞胎中的胖个体和瘦个体的肠道微生物移植给无菌小鼠，接受了胖个体微生物的小鼠体重显著高于接受了瘦个体微生物的小鼠

5. 肠道菌群与代谢性疾病

全球范围内肥胖、糖尿病、非酒精性脂肪肝、动脉粥样硬化等代谢性疾病发病率激增，对公共健康和经济造成了前所未有的挑战。近年来的研究发现肠道菌群在代谢性疾病的发生、发展中起重要作用。例如，美国圣路易斯华盛顿大学的 Gordon 课题组分别将肥胖小鼠（ob/ob）和瘦小鼠（+/+）的盲肠微生物移植到无菌（germ free，GF）小鼠的肠道中，结果发现接受了肥胖小鼠盲肠微生物的小鼠的体脂增加显著高于接受了瘦小鼠微生物的小鼠；该课题组还招募了一对胖瘦不同的双胞胎（他们具有相同的遗传背景），分别将他们的肠道微生物移植到 GF 小鼠中，也发现了同样的效果（图 12-11）。这些实验结果表明肠道微生物对肥胖的发生具有重要作用。

🌐 知识拓展 12-2

无菌动物

肠道菌群可以发酵宿主不能消化的糖类，增加宿主从饮食中获取能量的能力、调节宿主的能量代谢和食欲，达到调节宿主能量平衡和能量储存的作用。肠道菌群可以调节宿主脂肪代谢基因的表达，调节脂肪酸的吸收、脂肪的合成和积累，影响宿主的肥胖。肠道菌群失调会引起慢性炎症，导致机体肥胖和胰岛素抵抗。例如，高脂饮食能显著影响肠道菌群，并使内循环中肠道菌群来源的内毒素含量上升，进一步诱发全身性慢性炎症，从而最终导致肥胖和胰岛素抵抗。将肥胖病人肠道中分离得到的一株阴沟肠杆菌（Enterobacter cloacae）接种至健康个体，也会使宿主血液中内毒素增加，并最终导致肥胖和胰岛素抵抗。

6. 肠道菌群与肠外器官的联系

虽然肠道微生物栖息在消化道中，但是它们不仅作用于消化道，也会对肠道外器官造成影响，如肝脏、肾脏、心血管、大脑等。它们在膳食等环境因素的影响下，产生脂多糖（LPS）、胆汁酸（BAs）、短链脂肪酸（SCFAs）、三甲胺（TMA）、色氨酸衍生物等信号分子，进而通过"肠 – 肝轴"、"肠 – 脑轴"和"肠 – 肺轴"等途径影响各器官的生理活动和疾病发生。例如，肠道菌群代谢糖类产生的 SCFAs 能够与肠道上皮 L 细胞的 G- 蛋白耦联受体（GPCR）GPR41、GPR43 结合，激活胰高血糖素样肽 -1（GLP-1）激素的分泌，GLP-1 能够调节食欲，对胰腺功能、胰岛素释放也有重要影响。SCFA 还可以直接和白色脂肪组织（white adipose tissue，WAT）的 GPR43 结合，抑制胰岛素介导的脂肪积累，刺激肝脏和肌肉的能量消耗。肠道菌群表达的 TMA 裂解酶能够将红肉等动物性食品中的肉碱、胆碱等物质转化为 TMA，TMA 被机体进一步氧化成为氧化三甲胺（TMAO），TMAO 能够诱发动脉粥样硬化等心血管疾病。肠道菌群及其代谢产物能够影响杏仁核、海马体等大脑区域的结构形态，也能调节血脑屏障的通透性。肠道微生物产生的色氨酸衍生物可以激活小神经胶质细胞的芳香烃受体（AHR），促进转化生长因子 TGF- α 的转录、抑制血管内皮生长因子 VEGF-B 的转录，进而抑制星形胶质细胞的炎症反应和多发性硬化症的发生。

12.3.3　益生菌的生理功能

进入 21 世纪之后，新技术发展使肠道菌群和人体微生物组的研究取得长足进步，人类对益生菌的健康功效、作用机制有了更深入和更全面的理解。ISAPP 共识（2014 年）强调，益生菌应具备活菌状态、足够数量和有益健康的核心特征。评估益生菌的有益健康的功能，需要经过科学严谨的基础研究，也需要临床试验和循证医学的评估。

目前，我们对益生菌的健康功效的最主要的认知集中在促进消化道健康和提高免疫功能两个方面。

1. 促进消化道健康

促进消化道健康，包括预防和治疗腹泻、便秘、乳糖不耐受、肠易激综合征、炎症性肠炎等消化道症状和疾病，调节肠道菌群和肠道屏障功能。目前已经有大量研究证实，益生菌能够改善人体胃肠道健康。相关荟萃研究、RCT 研究和案例研究显示，口服益生菌对抗生素和艰难梭菌相关腹泻、便秘、肠易激综合征、炎症性肠炎等具有良好的改善和缓解效果。但是，在临床病例上，益生菌应对某些胃肠道疾病如急性胃肠炎，在不同人群中是否有效还存在争议。对益生菌的适应症、适用人群、菌种选择以及作用机制还需要进一步确证。

2. 调节免疫功能

调节免疫功能，包括预防和改善机体过敏性、特应性、感染性和炎症性反应和疾病。有相关 RCT 研究表明，在孕期和婴儿期补充鼠李糖乳酪杆菌 GG 有助于降低高风险婴幼儿发生湿疹的风险，补充另一株鼠李糖乳酪杆菌 CGMCC 1.3724 可辅助增强口服免疫治疗儿童花生过敏的疗效。但是，也有报道显示某些菌株有可能会增加过敏等疾病的风险。

益生菌还有一些其他生理功能，如辅助防治儿科疾病，包括辅助早产儿护理，预防和缓解儿童腹泻和呼吸道感染，预防婴幼儿湿疹和过敏等。随着研究的深入，越来越多的益生菌潜在新功能被挖掘出来，特别是在预防和改善代谢综合征、精神和神经疾病、女性生殖道健康、心血管疾病、癌症辅助治疗、改善运动技能等方面，都取得了令人兴奋的进展。

12.3.4　益生菌的作用机制

人体是行走的"发酵罐"，肠道是亿万共生微生物的家园。在生理条件下，益生菌的摄入可以帮助维持肠道菌群的动态平衡，促进消化，清除内毒素，增强免疫力。当肠道稳态被打破，也就是所谓的肠道菌群失调（dysbiosis），它意味着肠道微生物的组成和功能的改变和失衡，各种疾病相继而来。肠道菌群失调与多种急性和慢性疾病密切相关，包括腹泻、炎症性肠病（inflammation bowel disease，IBD）、代谢综合征（metabolic syndrome，MS）、哮喘、阿尔茨海默病（Alzheimer's disease，AD）等。益生菌可能通过与肠道菌群互作、产生有机酸、定植竞争、改善肠道屏障、与

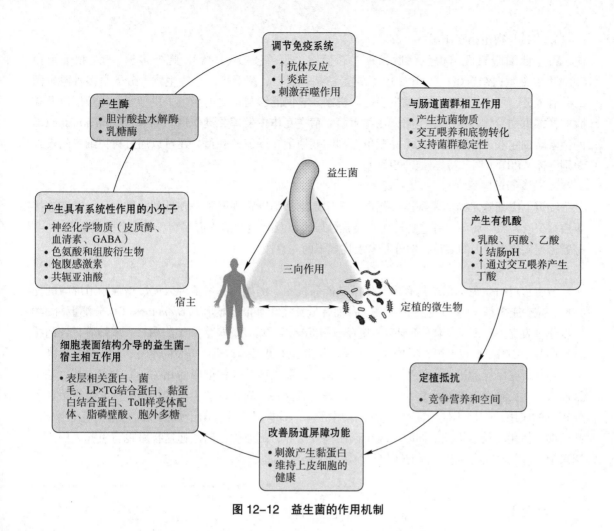

图 12-12　益生菌的作用机制

宿主互作、调节免疫系统等一系列作用方式，为人体带来健康益处。需要说明的是，本小节和上一小节主要介绍的是益生菌在消化道中发挥的作用和可能机制，而目前益生菌的定义已经拓宽，作用靶点除了肠道，也可以作用于机体其他靶点。

1. 与肠道菌群的相互作用

益生菌可以通过与肠道微生物在营养物质、信号信息和生存空间的竞争与合作，调节菌群整体向好的方向发展。这些相互作用具体包括三种主要形式：代谢拮抗、交互喂养和产生抗菌物质。例如，双歧杆菌菌株可通过糖分解代谢特性在婴幼儿肠道定植并产生抗菌性，双歧杆菌可以分解糖类与产丁酸菌交互喂养并促进丁酸的产生。益生菌可以产生细菌素、嗜酸菌素等天然抗菌物质，直接抑制病原菌的生长或为益生菌定植提供助力。此外，细菌素还可能作为群体感应分子或信号肽，达到调节肠道菌群的效果。

2. 产生有机酸

许多益生菌相较其他细菌在糖类代谢中具有优势，它们在发酵过程中产生乳酸和短链脂肪酸（主要为乙酸、丙酸和丁酸）。生成有机酸的一个直接效应是降低肠道内环境的 pH，从而抑制条件致病菌的生长。SCFAs，尤其是丁酸，能够作为能量物质供给结肠上皮细胞和黏膜的生长和增殖。SCFAs 可以与上皮黏膜细胞和内分泌细胞的 G- 蛋白耦联受体 41（GPR41）和 GPR43 结合，刺激回肠和结肠酪酪肽（PYY）和血清素（5-HT）的释放。SCFAs 还具有抑制癌细胞、调节糖脂代谢、抗炎等作用。

3. 直接与宿主相互作用

益生菌细胞表面结构包括肽聚糖、磷壁酸、脂磷壁酸（LTA）、胞外多糖、S层相关蛋白（SLAP）、黏蛋白结合蛋白（MUB）、纤连蛋白结合蛋白、菌毛等。这些生物大分子是多种益生菌的共有成分，可能提供共同的益生功能和机制，它们能够与宿主的肠道上皮细胞、黏液层以及黏膜的模式识别受体发生直接作用，在益生菌–宿主互作中发挥关键作用。例如，*L. rhamnosus* GG的菌毛帮助它在人体肠道中定植并竞争性抑制病原菌在肠道的驻留，还可以通过树突细胞的模式识别受体（PRR）调节特异性免疫反应。

4. 改善肠道屏障

肠道上皮细胞之间的紧密连接蛋白复合体是维持肠壁物理屏障完整性的关键因子，紧密连接蛋白缺失会导致"肠漏"并造成腹泻、炎症性肠炎以及其他非消化道疾病。益生菌能够上调ZO–1等紧密连接蛋白基因的表达，增强肠道上皮屏障的完整性。

5. 调节免疫功能

益生菌对宿主免疫系统具有多重调节功能和机制。例如，益生菌可以通过增强肠道屏障的完整性，减少脂多糖（LPS）进入内循环，从而降低炎症。有报道显示*L. rhamnosus* GG分泌蛋白p40可以通过表皮生长因子受体（EGFR）途径抑制促炎因子诱发的炎症和细胞凋亡。多种乳杆菌菌株能够调节Th1/Th2细胞平衡，保护肠道黏膜。益生菌还可以提高机体IgA的水平，利于抵抗感染。

随着研究手段的进步和微生物组理论的积累，益生菌与人体健康的相关研究方兴未艾。基于目前人类对肠道菌群和微生物组的认知，未来的研究将不断拓展益生菌的种类，探索益生菌在肠外靶点的应用，挖掘其生物活性及分子作用机制，不断积累益生菌干预的安全性和有效性数据，并迈向个体化和精准干预。同时，益生菌的高效培养、配方优化以及递送技术也将引起人们的广泛兴趣。这些研究将为益生菌的转化与应用打下坚实的基础。

【习题】

名词解释：

益生菌　益生元　合生元　后生元　发酵食品　肠道菌群

简答：

1. 在人体肠道中，发挥作用的益生菌菌株应该具有哪些特点？
2. 肠道菌群对宿主的生理影响有哪些？
3. 益生菌主要通过哪些方式发挥作用？

【开放讨论题】

1. 结合益生菌的作用功效，分析发酵酸奶如何对健康有益？
2. 你能设计一款具有特殊功能的益生菌制品吗？

【参考资料】

*【期刊论文】

［1］Colin Hill, Francisco Guarner, Gregor Reid, et al. The International Scientific Association for Probiotics and Prebiotics consensus statement on the scope and appropriate use of the term probiotic［J］. Nat. Rev. Gastroenterol. Hepatol, 2014, 11: 506–514. DOI: 10.1038/nrgastro.2014.66.

［2］Gibson, G R. et al. The International Scientific Association for Probiotics and Prebiotics（ISAPP）consensus statement on the definition and scope of prebiotics［J］. Nature Reviews Gastroenterology & Hepatology, 2017, 14: 491–502. DOI: 10.1038/nrgastro.2017.75.

［3］Kelly S. Swanson, Glenn R. Gibson, Robert Hutkins, et al. The International Scientific Association for Probiotics and Prebiotics（ISAPP）consensus statement on the definition and scope of synbiotics［J］. Nature Reviews Gastroenterology & Hepatology, 2020, 17: 687-701. Doi: 10.1038/s41575-020-0344-2.

［4］Seppo Salminen, Maria Carmen Collado, Akihito Endo, et al. The International Scientific Association of Probiotics and Prebiotics（ISAPP）consensus statement on the definition and scope of postbiotics［J］. Nature Reviews Gastroenterology & Hepatology, 2021. Doi: 10.1038/s41575-021-00440-6.

［5］M Cunningham, MA Azcarate-Peril, A Barnard, et al. Shaping the Future of Probiotics and Prebiotics［J］. Trends in Microbiology, 2021, 29（8）: 667-685. Doi: org/10.1016/j.tim.2021.01.003.

［6］Mary Ellen Sanders, Daniel J. Merenstein, Gregor Reid, et al. Probiotics and prebiotics in intestinal health and disease: from biology to the clinic［J］. Nature Reviews Gastroenterology & Hepatology, 2019, 16: 605-616. Doi: org/10.1038/s41575-019-0173-3.

［7］ME Sanders, A Benson, S Lebeer, et al. Shared mechanisms among probiotic taxa: implications for general probiotic claims［J］. Current Opinion in Biotechnology, 2018, 49: 207-216. Doi: 10.1016/j.copbio.2017.09.007.

［8］Maneesh Dave, Peter D. Higgins, Sumit Middha, et al. The human gut microbiome: current knowledge, challenges, and future directions［J］. Translational Research, 2012, 160: 246-257. Doi: 10.1016/j.trsl.2012.05.003.

［9］John K. Dibaise, Husen Zhang, Michael D. Crowell, et al. Gut Microbiota and Its Possible Relationship with Obesity［J］. Mayo Clin Proc. 2008; 83（4）: 460-469. Doi: 10.4065/83.4.460.

［10］Noora Ottman, Hauke Smidt, Willem M. de Vos, et al. The function of our microbiota: who is out there and what do they do［J］? Front Cell Infect Microbiol. 2012, 2: 104. Doi: 10.3389/fcimb.2012.00104.

［11］Sylvia H. Duncan, Harry J. Flint. Probiotics and prebiotics and health in ageing populations［J］. Maturitas, 2013, 75（1）: 44-50. Doi: 10.1016/j.maturitas.2013.02.004.

［12］C Huttenhower, D Gevers, R Knight, et al. The Human Microbiome Project Consortium. Structure, function and diversity of the healthy human microbiome. Nature, 2012, 486: 207-214. Doi: 10.1038/nature11234.

［13］Bethany M. Henrick, Lucie Rodriguez, Tadepally Lakshmikanth, et al. Bifidobacteria-mediated immune system imprinting early in life［J］. Cell, 2021, 184（15）: 3884-3898.

［14］Yasmine Belkaid, Oliver J. Harrison. Homeostatic Immunity and the Microbiota［J］. Immunity, 2017, 46: 562-576. Doi: 10.1016/j.immuni.2017.04.008.

［15］Veit Rothhammer, Davis M. Borucki, Emily C. Tjon, et al. Microglial control of astrocytes in response to microbial metabolites［J］. Nature, 2018, 557: 724-728.

*【专著】
［1］陈卫主. 乳酸菌科学与技术［M］. 北京: 科学出版社, 2018.
［2］赵立平. 微生物组学与精准医学［M］. 上海: 上海交通大学出版社, 2017.
［3］《乳业科学与技术》丛书编委会, 乳业生物技术国家重点实验室. 益生菌［M］. 北京: 化学工业出版社, 2015.

[附件]

可用于食品的菌种名单

编号	更新后的菌种名称		原用菌种名称	
	菌种	拉丁名称	菌种	拉丁名称
一	双歧杆菌属	*Bifidobacterium*	双歧杆菌属	*Bifidobacterium*
1	青春双歧杆菌	*Bifidobacterium adolescentis*	青春双歧杆菌	*Bifidobacterium adolescentis*
2	动物双歧杆菌动物亚种	*Bifidobacterium animalis* subsp. *animalis*	动物双歧杆菌（乳双歧杆菌）	*Bifidobacterium animalis*（*Bifidobacterium lactis*）
3	动物双歧杆菌乳亚种	*Bifidobacterium animalis* subsp. *lactis*		
4	两歧双歧杆菌	*Bifidobacterium bifidum*	两歧双歧杆菌	*Bifidobacterium bifidum*
5	短双歧杆菌	*Bifidobacterium breve*	短双歧杆菌	*Bifidobacterium breve*
6	长双歧杆菌长亚种	*Bifidobacterium longum* subsp. *longum*	长双歧杆菌	*Bifidobacterium longum*
7	长双歧杆菌婴儿亚种	*Bifidobacterium longum* subsp. *infantis*	婴儿双歧杆菌	*Bifidobacterium infantis*
二	乳杆菌属	*Lactobacillus*	乳杆菌属	*Lactobacillus*
1	嗜酸乳杆菌	*Lactobacillus acidophilus*	嗜酸乳杆菌	*Lactobacillus acidophilus*
2	卷曲乳杆菌	*Lactobacillus crispatus*	卷曲乳杆菌	*Lactobacillus crispatus*
3	德氏乳杆菌保加利亚亚种	*Lactobacillus delbrueckii* subsp. *bulgaricus*	德氏乳杆菌保加利亚亚种（保加利亚乳杆菌）	*Lactobacillus delbrueckii* subsp. *bulgaricus*
4	德氏乳杆菌乳亚种	*Lactobacillus delbrueckii* subsp. *lactis*	德氏乳杆菌乳亚种	*Lactobacillus delbrueckii* subsp. *lactis*
5	格氏乳杆菌	*Lactobacillus gasseri*	格氏乳杆菌	*Lactobacillus gasseri*
6	瑞士乳杆菌	*Lactobacillus helveticus*	瑞士乳杆菌	*Lactobacillus helveticus*
7	约氏乳杆菌	*Lactobacillus johnsonii*	约氏乳杆菌	*Lactobacillus johnsonii*
8	马乳酒样乳杆菌马乳酒样亚种	*Lactobacillus kefiranofaciens* subsp. *kefiranofaciens*	马乳酒样乳杆菌马乳酒样亚种	*Lactobacillus kefiranofaciens* subsp. *kefiranofaciens*
三	乳酪杆菌属	*Lacticaseibacillus*	乳杆菌属	*Lactobacillus*

编号	更新后的菌种名称		原用菌种名称	
	菌种	拉丁名称	菌种	拉丁名称
一	干酪乳酪杆菌	*Lacticaseibacillus casei*	干酪乳杆菌	*Lactobacillus casei*
2	副干酪乳酪杆菌	*Lacticaseibacillus paracasei*	副干酪乳杆菌	*Lactobacillus paracasei*
3	鼠李糖乳酪杆菌	*Lacticaseibacillus rhamnosus*	鼠李糖乳杆菌	*Lactobacillus rhamnosus*
四	粘液乳杆菌属	*Limosilactobacillus*	乳杆菌属	*Lactobacillus*
1	发酵粘液乳杆菌	*Limosilactobacillus fermentum*	发酵乳杆菌	*Lactobacillus fermentum*
2	罗伊氏粘液乳杆菌	*Limosilactobacillus reuteri*	罗伊氏乳杆菌	*Lactobacillus reuteri*
五	乳植杆菌属	*Lactiplantibacillus*	乳杆菌属	*Lactobacillus*
1	植物乳植杆菌	*Lactiplantibacillus plantarum*	植物乳杆菌	*Lactobacillus plantarum*
六	联合乳杆菌属	*Ligilactobacillus*	乳杆菌属	*Lactobacillus*
1	唾液联合乳杆菌	*Ligilactobacillus salivarius*	唾液乳杆菌	*Lactobacillus salivarius*
七	广布乳杆菌属	*Latilactobacillus*	乳杆菌属	*Lactobacillus*
1	弯曲广布乳杆菌	*Latilactobacillus curvatus*	弯曲乳杆菌	*Lactobacillus curvatus*
2	清酒广布乳杆菌	*Latilactobacillus sakei*	清酒乳杆菌	*Lactobacillus sakei*
八	链球菌属	*Streptococcus*	链球菌属	*Streptococcus*
1	唾液链球菌嗜热亚种	*Streptococcus salivarius* subsp. *thermophilus*	嗜热链球菌	*Streptococcus thermophilus*
九	乳球菌属	*Lactococcus*	乳球菌属	*Lactococcus*
1	乳酸乳球菌乳酸亚种	*Lactococcus lactis* subsp. *lactis*	乳酸乳球菌乳酸亚种	*Lactococcus lactis* subsp. *lactis*
2	乳酸乳球菌乳脂亚种（双乙酰型）	*Lactococcus lactis* subsp. *lactis* biovar *diacetylactis*	乳酸乳球菌乳脂双乙酰亚种	*Lactococcus lactis* subsp. *lactis* subsp. *diacetylactis*
3	乳脂乳球菌	*Lactococcus cremoris*	乳酸乳球菌乳脂亚种	*Lactococcus lactis* subsp. *cremoris*
十	丙酸杆菌属	*Propionibacterium*	丙酸杆菌属	*Propionibacterium*

【附件】

编号	更新后的菌种名称		原用菌种名称	
	菌种	拉丁名称	菌种	拉丁名称
1	费氏丙酸杆菌谢氏亚种	Propionibacterium freudenreichii subsp. shermanii	费氏丙酸杆菌谢氏亚种	Propionibacterium freudenreichii subsp. shermanii
十一	丙酸菌属	Acidipropionibacterium	丙酸杆菌属	Propionibacterium
1	产丙酸丙酸菌	Acidipropionibacterium acidipropionici	产丙酸丙酸杆菌	Propionibacterium acidipropionici
十二	明串珠菌属	Leuconostoc	明串珠菌属	Leuconostoc
1	肠膜明串珠菌肠膜亚种	Leuconostoc mesenteroides subsp. mesenteroides	肠膜明串珠菌肠膜亚种	Leuconostoc mesenteroides subsp. mesenteroides
十三	片球菌属	Pediococcus	片球菌属	Pediococcus
1	乳酸片球菌	Pediococcus acidilactici	乳酸片球菌	Pediococcus acidilactici
2	戊糖片球菌	Pediococcus pentosaceus	戊糖片球菌	Pediococcus pentosaceus
十四	魏茨曼氏菌属	Weizmannia	芽孢杆菌属	Bacillus
1	凝结魏茨曼氏菌	Weizmannia coagulans	凝结芽孢杆菌	Bacillus coagulans
十五	动物球菌属	Mammaliicoccus	葡萄球菌属	Staphylococcus
1	小牛动物球菌	Mammaliicoccus vitulinus	小牛葡萄球菌	Staphylococcus vitulinus
十六	葡萄球菌属	Staphylococcus	葡萄球菌属	Staphylococcus
1	木糖葡萄球菌	Staphylococcus xylosus	木糖葡萄球菌	Staphylococcus xylosus
2	肉葡萄球菌	Staphylococcus carnosus	肉葡萄球菌	Staphylococcus carnosus
十七	克鲁维酵母属	Kluyveromyces	克鲁维酵母属	Kluyveromyces
1	马克斯克鲁维酵母	Kluyveromyces marxianus	马克斯克鲁维酵母	Kluyveromyces marxianus

注:

1. 传统上用于食品生产加工的菌种允许继续使用。名单以外的、新菌种按照《新食品原料安全性审查管理办法》执行。
2. 用于婴幼儿食品的菌种按《可用于食品的菌种名单》执行。
3. 2010 年后公告、增补入《可用于食品的菌种名单》的菌种，使用范围即应符合原公告内容。

可用于婴幼儿食品的菌种名单

编号	更新后的菌种名称		原用菌种名称	
	菌种	拉丁名称	菌种	拉丁名称
1	嗜酸乳杆菌 NCFM*	Lactobacillus acidophilus NCFM	嗜酸乳杆菌 NCFM*	Lactobacillus acidophilus NCFM
2	动物双歧杆菌乳亚种 Bb–12	Bifidobacterium animalis subsp. lactis Bb–12	动物双歧杆菌 Bb–12	Bifidobacterium animalis Bb–12
3	动物双歧杆菌乳亚种 HN019	Bifidobacterium animalis subsp. lactis HN019	乳双歧杆菌 HN019	Bifidobacterium lactis HN019
4	动物双歧杆菌乳亚种 Bi–07	Bifidobacterium animalis subsp. lactis Bi–07	乳双歧杆菌 Bi–07	Bifidobacterium lactis Bi–07
5	鼠李糖乳酪杆菌 GG	Lacticaseibacillus rhamnosus GG	鼠李糖乳杆菌 LGG	Lactobacillus rhamnosus LGG
6	鼠李糖乳酪杆菌 HN001	Lacticaseibacillus rhamnosus HN001	鼠李糖乳杆菌 HN001	Lactobacillus rhamnosus HN001
7	鼠李糖乳酪杆菌 MP108	Lacticaseibacillus rhamnosus MP108	鼠李糖乳杆菌 MP108	Lactobacillus rhamnosus MP108
8	罗伊氏粘液乳杆菌 DSM 17938	Limosilactobacillus reuteri DSM 17938	罗伊氏乳杆菌 DSM 17938	Lactobacillus reuteri DSM 17938
9	发酵粘液乳杆菌 CECT 5716	Limosilactobacillus fermentum CECT 5716	发酵乳杆菌 CECT 5716	Lactobacillus fermentum CECT 5716
10	短双歧杆菌 M–16V	Bifidobacterium breve M–16V	短双歧杆菌 M–16V	Bifidobacterium breve M–16V
11	瑞士乳杆菌 R0052	Lactobacillus helveticus R0052	瑞士乳杆菌 R0052	Lactobacillus helveticus R0052
12	长双歧杆菌婴儿亚种 R0033	Bifidobacterium longum subsp. infantis R0033	婴儿双歧杆菌 R0033	Bifidobacterium infantis R0033
13	两歧双歧杆菌 R0071	Bifidobacterium bifidum R0071	两歧双歧杆菌 R0071	Bifidobacterium bifidum R0071
14	长双歧杆菌长亚种 BB536	Bifidobacterium longum subsp. longum BB536	长双歧杆菌长亚种 BB536	Bifidobacterium longum subsp. longum BB536

* 仅限用于 1 岁以上幼儿的食品

第13章
食用菌及其制品

  食用菌是待开发的一类食品资源，在生物学上有别于植物和动物源性食品。从生产角度讲，食用菌和发酵技术结合逐渐进入工厂化生产阶段，属于白色农业范畴；从营养角度讲，食用菌既含有传统食品的营养成分，又有自己独特的营养谱，属于健康食品；从生态角度讲，食用菌以农业废弃物为原料，延长农业产业链、改善生态环境、促进农业可持续发展，属于循环农业关键一环。

  和传统微生物概念不同，食用菌是一类肉眼可见的大型真菌，其形态结构和生活史有别于动物和植物。本章首先介绍食用菌外部形态和结构，加深对真菌的认识；接着学习食用菌营养和功能成分，了解食用菌在开发新的食品资源中的作用，进一步理解食用菌被称作"下一代健康食品"的内涵；最后学习具体食用菌生产技术，熟悉微生物营养与代谢等相关基础知识在食用菌中应用，对培养学生理论联系实际和动手操作能力具有重要的意义。

通过本章学习，可以掌握以下知识：

1. 食用菌定义与形态结构特征。
2. 食用菌生活史。
3. 食用菌营养和功能成分。
4. 食用菌生产和资源化利用技术。

思维导图

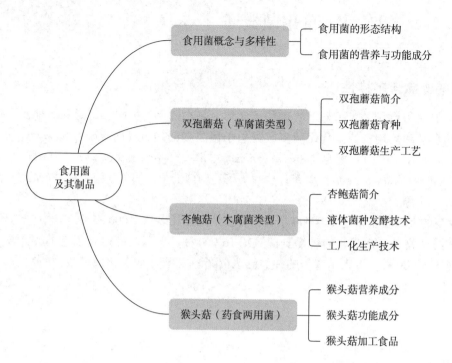

13.1 食用菌概述

13.1.1 食用菌的概念与多样性

食用菌俗称"蘑菇"，是可食用的大型丝状真菌的子实体，具有诱人的风味、口感和质地，是一类未被充分利用的食品和药用资源。食用菌多数为担子菌门真菌，如双孢蘑菇（*Agaricus bisporus*）、平菇（*Pleurotus ostreatus*）、姬菇（*Agaricus blazei*）、香菇（*Lentinus edodes*）、草菇（*Volvariella volvacea*）、牛肝菌（*Boletus edulis*）等；少数为子囊菌门真菌，如羊肚菌（*Morchella esculenta*）、块菌（*Tuber sp*）等。

目前全世界已经发现的大型真菌多达 140 000 余种，可食用真菌就多达 2 000 多种，其中包含了大约 200 种左右的野生物种。而我国的已知真菌数约 16 000 种，食用菌则达到了近 1 000 种，其中被广泛食用的约有 200 种，可人工栽培的种类已达 70 余种，已经商业化规模栽种的达到 36 种。

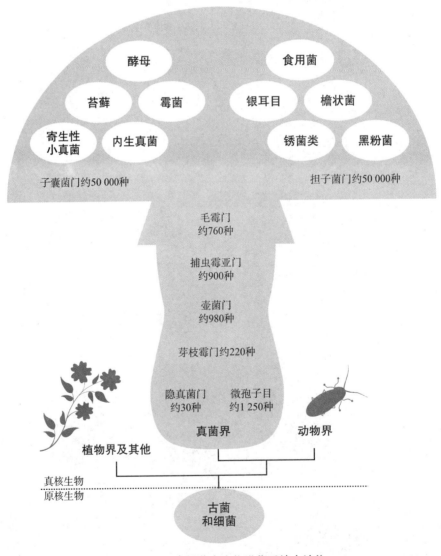

图 13-1 食用菌在生物进化系统中地位

13.1.2 食用菌的形态结构

食用菌形态多种多样，以伞状最为常见。现以伞菌（分类学上属担子菌门，伞菌亚门真菌）为例，介绍食用菌的形态结构。一般伞菌是由生长在栽培基质（土壤、木屑、稻草）里面的菌丝体（mycelium）及长出基质表面的子实体（fruit body）两个部分构成（图13-2）。前者是其营养体，后者是其有性繁殖体。

13.1.2.1 菌丝和菌丝体

菌丝（hypha）则是孢子萌发繁殖或菌体无性繁殖的结果。食用菌的菌丝都是多细胞的，每个细胞都有细胞壁、细胞质和细胞核。孢子或组织萌发后形成菌丝，菌丝通常白色，呈圆筒状，直径5～20 μm。生长在基质内或基质表面上的基质菌丝从基质中吸收水分、无机盐和有机营养物质并分泌纤维素酶、漆酶等降解木质纤维素供自身生长所需。菌丝顶端有2～10 μm的生长点，是食用菌菌丝旺盛生长的部位。生长点后面的较老熟的菌丝可产生分枝，每个新分枝的顶端也都具有生长点。菌丝前端不断进行生长、分枝，组成了菌丝团，称为菌丝体（mycelium）。

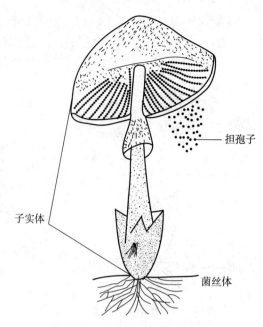

图13-2 食用菌外部形态示意图

菌丝体是由一些具分枝的菌丝扭结而成（图13-3），主要作用为吸收水分和养料，是营养器官，它相当于植物的根、茎、叶。根据发育顺序，食用菌菌丝体可分为：初生菌丝体、次生菌丝体和三生菌丝体。

（1）初生菌丝体 刚从担孢子萌发出的菌丝，叫初生菌丝，为多细胞单核菌丝，由初生菌丝形成的菌丝体叫初生菌丝体。初生菌丝体一般都不会形成子实体。

（2）次生菌丝体 单核菌丝发育到一定阶段，由可亲和的单核菌丝之间进行质配，（核不结合）使细胞双核化，形成双核菌丝。双核菌丝是担子菌类食用菌营养菌丝存在的主要形式。次生菌丝粗壮，分枝多，生长快，多以锁状联合方式分裂，生理成熟时形成子实体，生长期长，食用菌生产上使用的菌种都是双核菌丝。

（3）三生菌丝体 由二次菌丝进一步发育，菌丝体相互扭结成一定排列和结构的组织化的双核菌丝，称为三生菌丝体或三次菌丝体。

当菌丝体生长到一定数量，达到生理成熟，加上适宜的环境条件，菌丝体便纽结在一起，进而形成子实体。

13.1.2.2 子实体

子实体是食用菌产生有性孢子的肉质或胶质的大型菌丝组织体。子实体是一种有了一定分化的菌丝组织，实际上仍然是经过性结合的双核菌丝。子实体的形态、色泽、大小、质地和寿命随食用菌种类而异，但基本结构类似，一般可分为菌盖、菌柄、菌褶、菌环、菌托五部分。典型伞菌子实体结构如图13-4所示：

（1）菌盖 菌盖是食用菌子实体的帽状部分，多位于菌柄之上，是食用的主要

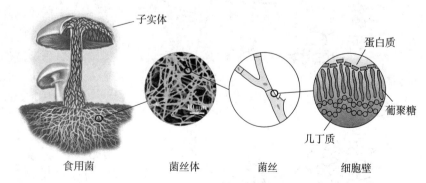

图13-3 菌丝体示意图

从左到右分别是蘑菇的结构：子实体（地面以上部分，生殖结构）和菌丝、菌丝体微观结构、由几个细胞组成的菌丝示意图、单个菌丝细胞壁的结构和组成

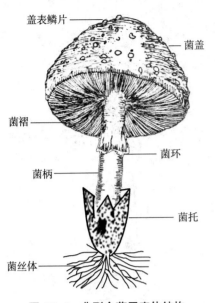

盖表鳞片

菌盖

菌褶

菌环

菌柄

菌托

菌丝体

图 13-4　典型伞菌子实体结构

部分，也是食用菌繁殖器官。由表皮、菌肉、菌褶或菌管这三部分所组成。菌盖的形态、大小、颜色等因食用菌种类、发育时期和生长环境不同而异。菌盖的特征是食用菌分类的重要依据。菌盖的质地可分为肉质，膜质、蜡质和（或）革质等、菌盖表面有的光滑，有的有纤毛或鳞片或粉状物，还有的菌盖表面有黏液或裂纹。

（2）菌柄　主要有输送水分、养料和支撑菇盖的作用，是食用菌的次要食用部位。菌柄的形状、长短、粗细、颜色、质地等因种类不同而各异。菌柄质地常为纤维质、肉质。表面有的光滑、有的有绒毛、鳞片或条纹、网纹。菌柄内部有的松软，但也有实心的，还有些随着菇体的不断生长，菌柄内部由实心变成空心。

（3）菌褶　菌褶是生长在菌盖下面的片状物，是伞菌产生担孢子的地方。菌褶常呈刀片状，由子实层、子实下层和菌髓三部分组成。

（4）菌环　子实体蕾期，菌盖内菌膜包连菌柄，随着菌盖撑开，内菌膜破裂，残留在菌柄上的部分即为菌环。

（5）菌托　有些食用菌幼年时，其菌蕾外包着一层膜。菌蕾长大，外膜破裂，留在菌柄基部的残膜称为菌托。各种食用菌的菌托、菌环的有无、大小、位置、形状、颜色等的区别，是分类鉴定的重要依据。

13.1.2.3　食用菌遗传与生活史（拓展）

食用菌具有多样的、复杂的生命周期，可以进行有性繁殖（sexually）、无性繁殖（asexually）和准性繁殖（parasexually）（结合来自不同个体的基因而不形成有性细胞和结构）。食用菌可以通过孢子或者菌丝进行繁殖。相比大多数动物和植物为二倍体细胞，许多食用菌更为复杂，它们的细胞可能是单倍体、二倍体、双核体（每个细胞两个核）或多核细胞（每个细胞有多个细胞核）。食用菌的基因组（单倍体基因组）大小范围变化较大，已报道从 27.4 Mb（*Hygrophorus russula*）到 202.2 Mb（*Chroogomphus rutilus*）。

食用菌的生活史指食用菌从孢子到孢子的整个发育过程，包括无性繁殖和有性繁殖。其生活史（图 13-5）大致如下：

（1）孢子萌发：食用菌有性生殖的第一阶段是单倍体（*n*）的担孢子萌发产生芽管或沿孢子长轴伸长（如香菇），意味着生活史的开始。

（2）单核菌丝发育：孢子萌发后一般形成单核菌丝。单核菌丝细胞中只有一个单倍的细胞核，单核菌丝体中所有的细胞核都含有相同的遗传物质，故又称同核菌丝体。单核菌丝体能独立地、无限地进行繁殖，但一般不会形成正常的子实体。有些食用菌的单核菌丝体还会产生粉孢子或厚垣孢子等来完成无性生活史。另外，有些食用菌的孢子萌发时并不都呈菌丝状，如银耳孢子能以芽殖的方式产生大量芽孢子，再由芽孢子萌发成单核菌丝。木耳的担孢子有时也不直接萌发为菌丝，而是先在担孢子中形成隔膜，隔成多个细胞，每个细胞产生钩状分生孢子，再由钩状分生孢子萌发成菌丝。

（3）双核菌丝形成：单核菌丝与其他具有亲和性的单核菌丝相互会合时，在一部分菌丝细胞上细胞壁

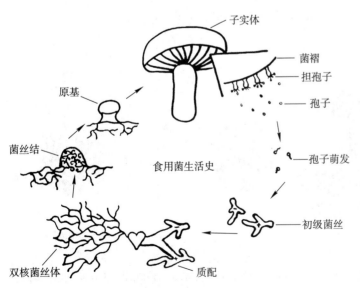

子实体

菌褶

担孢子

孢子

原基

菌丝结

食用菌生活史

孢子萌发

初级菌丝

双核菌丝体

质配

图 13-5　食用菌生活史

溶解并结合。通过结合部位，一方菌丝的核移到另一方的菌丝细胞内，在一个细胞内形成拥有两个核（不亲和性因子各不相同）的双核菌丝。像这样的遗传上不同的两个核共存于一个菌丝细胞内的复相（$n+n$）状态被称为异核现象，该交配系统叫异宗结合。担子菌的交配系统有二极性的，也有四极性的。双核菌丝细胞的两个核同步进行核分裂，进行尖端生长与分枝而发育成为菌落。因食用菌的种类而异，双核菌丝会形成菌丝束、根状菌丝束、菌核等各种构造体。接着，从双核菌丝的菌落长出子实体这一生殖器官。

（4）子实体的形成：双核菌丝在适宜的条件下进一步发育、分化，形成结实性双核菌丝，再互相扭结，形成极小的子实体原基。原基一般呈颗粒状、针头状或团块状，是子实体的胚胎组织，内部没有器官分化。原基的形成标志着菌丝体已由营养生长阶段进入生殖生长阶段。原基进一步发育形成菌蕾，菌蕾是尚未发育成熟的子实体，已有菌盖、菌柄、产孢组织等器官的分化，但未开伞成熟。菌蕾进一步发育成成熟的子实体。

（5）有性孢子的形成：在子实体上形成位于子实层托（菌褶和管孔等部分）尖端部位的担子器细胞内，2个核首次融合，形成二倍体（$2n$）核，接着通过减数分裂，分裂成4个核，各核移动到在担子器上产生的四个突起内，形成单倍体（n）的孢子细胞。另一方面，也有的食用菌是1个担孢子内的1个核随着发芽而发生核分裂，分化成具有亲和性的2个核后，再形成双核菌丝。此外，像双孢蘑菇这样，在1个担子器上形成2个孢子的，便会在1个担孢子中形成具有两个核的担孢子，此时，相互具有亲和性的2个核存在于孢子细胞内时，由于其自身就是异核体，所以此后无需通过结合来完成双核化。前者被称为同宗结合，后者被称为二极性同宗结合。现已知道异宗结合的食用菌中，还有与双核菌丝进行融合而形成单核菌丝的双核化现象。至此完成整个生活史，孢子释放后又一轮生活史重新开始。

食用菌的无性生殖史是由单核菌丝及一部分双核菌丝自发地分节形成分生孢子形成的，虽然尚不清楚分生孢子形成及其发芽所需的特种条件，但一般认为是菌丝生长的一部分。

13.2　食用菌的营养与功能成分

食用菌含有高水平的优质蛋白质、膳食纤维、维生素、矿物质和酚类化合物，脂肪和可消化糖类的浓度相对较低，被用作膳食补充剂，可作为肉类、鱼类、蔬菜、水果等的替代来源（图13-6）。此外，食用菌存在许多次级代谢物或具有药用价值的生物活性化合物，被认为是健康食品。

13.2.1　蛋白质与氨基酸

食用菌是蛋白质的绝佳来源。子实体蛋白质含量19%～64%（表13-1），几乎是西红柿和胡萝卜的4倍，橙子的6倍，苹果的12倍。食用菌总必需氨基酸组成为38.4～50.1 g氨基酸/100 g粗蛋白，接近鸡蛋必需氨基酸含量（51.3 g氨基酸/100 g），其中天冬氨酸、谷氨酸和精氨酸的含量很高，可作为动物产品的良好替代品。此外，食用菌还富含赖氨酸和色氨酸，这些氨基酸在蔬菜中通常是缺乏的。

食用菌独特的风味与高含量的游离氨基酸，特别是谷氨酸和大量的挥发性化合物有关。食用菌富含游离氨基酸（如谷氨酸和天冬氨酸）的钠盐以及5'-核苷酸，具有一种特殊的令人愉快的味道。同样，食用菌中还含有具有不同结构和长度的鲜味肽和鲜味增强肽，这些肽类拥有独特的味觉特性，是影响蘑菇感官质量的重要成分。它们在水中通常是无味的，但它们与相应的调味剂结合后可以增加咸味、甜味、酸味、苦味和鲜味等，如Glu-Glu、Glu-Asp、Glu-Asp-Glu、Glu-Gly-Ser，能增强味觉。这些肽有助于形成蘑菇的独特味道，甚至与其他挥发性化合物相互作用，影响

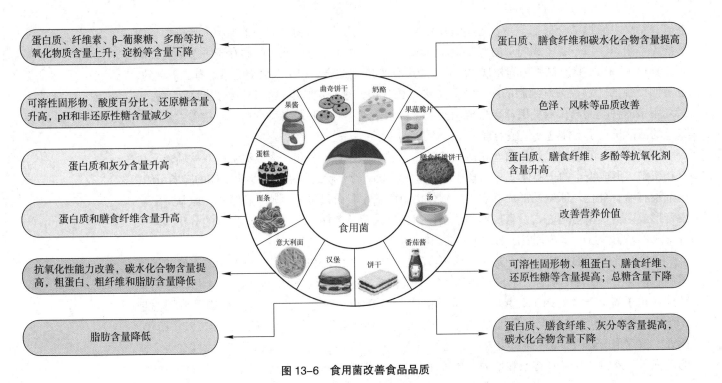

蛋白质、纤维素、β-葡聚糖、多酚等抗氧化物质含量上升；淀粉等含量下降

蛋白质、膳食纤维和碳水化合物含量提高

可溶性固形物、酸度百分比、还原糖含量升高，pH和非还原性糖含量减少

色泽、风味等品质改善

蛋白质和灰分含量升高

蛋白质、膳食纤维、多酚等抗氧化剂含量升高

蛋白质和膳食纤维含量升高

改善营养价值

抗氧化性能力改善，碳水化合物含量提高，粗蛋白、粗纤维和脂肪含量降低

可溶性固形物、粗蛋白、膳食纤维、还原性糖等含量提高；总糖含量下降

脂肪含量降低

蛋白质、膳食纤维、灰分等含量提高，碳水化合物含量下降

曲奇饼干　奶酪　果蔬脆片　膳食纤维饼干　汤　番茄酱　饼干　汉堡　意大利面　面条　蛋糕　果酱

食用菌

图 13-6　食用菌改善食品品质

食品的整体味道。从双孢菇中分离出来的味觉肽，如 Gly-Leu-Pro-Asp 和 Gly-His-Gly-Asp，是浓郁（Kokumi）味道的关键分子。Kokumi 味道被用于描述味道的特征，如适口性、复杂性和连续性。Kokumi 味觉物质本身有轻微的味道，甚至没有味道，但它们可以增强基本味道的味道，如甜味、咸味和鲜味。有趣的是，当加入空白的鸡汤中时，这些来自双孢蘑菇的肽可以引起新的味觉感受，如适口性和复杂性。

13.2.2　膳食纤维

食用菌的菌盖和菌柄富含非淀粉多糖，含量为 57.4 ~ 81.8 g/100 g，是膳食纤维的极好来源。食用菌主要由 β- 葡聚糖（β-glucan）和不溶性膳食纤维（Insoluble Dietary Fiber，IDF）组成。β-葡聚糖是食用菌主要多糖之一，主链由 β-（1→3）连接和一些 β-（1→6）分支组成，常以一种三股螺旋链的三维立体结构形式存在，易被免疫细胞表面的受体识别，被视为"生物反应调节剂"，具有抗氧化、抗炎、抗菌和降低胆固醇等各种生物活性。甲壳素、甘露聚糖、半乳聚糖和木糖等膳食纤维也大量存在于食用菌中。因此，食用菌可以用来制备具有生物活性的多糖复合物，作为食品补充剂。例如，金针菇（*Flammulina velutipes*）的菌柄含有 32% 的膳食纤维。

13.2.3　脂肪酸

脂肪酸不仅是组成生物体的重要成分，其代谢产物也有重要的生理活性。食用菌是必需脂肪酸的重要来源。脂肪含量从 1.6% 至 8.0% 不等，较许多植物性食品都高，仅次于黄豆、油菜子、芝麻和花生等油料作物。所含脂质具有两个有益于人体的突出特点：①人体必需的不饱和脂肪含量高，不饱和脂肪酸一般占脂肪酸的 70% 以上，主要以亚油酸形式存在（60% 以上），亚油酸不能在人体内直接合成，但对健康是必需的。②植物固（甾）醇，尤以麦角固醇（ergosterol）为高，麦角甾醇经紫外线照射可转变为维生素 D，这对骨骼和软骨健康可以发挥重要作用。

食用菌的低脂肪和高纤维含量可能有助于预防高血压和高胆固醇血症，并对控制体重有益。食用菌高膳食纤维和高甘露糖醇含量也被认为对糖尿病患者有益。

13.2.4　维生素和矿物质

食用菌也是维生素的良好来源。维生素 B_2、B_1、B_{12}、C 和 D、烟酸、叶酸、麦角固醇（原维生素 D_2）含量较高，维生素 C 含量与蔬菜相似。每 100 g 新鲜草菇维生素含量高达 206.27 mg，而富含维生素 C 的青椒也只有 23~192 mg/100 g。鸡油菌含有较高的维生素 A。新鲜的或加工过的食用菌的子实体都含有丰富的甾醇，通过紫外线辐射可以转化为维生素 D。维生素 B_{12} 的含量相当于鱼、牛肉和肝脏。

食用菌含有丰富的矿质元素。矿质元素不同于其他有机营养物质，它不能在体内合成，因此必须每天从食物中摄取，才能保持体内的平衡。食用菌已检测到含有钾、钠、钙、镁、磷、铁、铜、锰、锌、钼和钴等人体必需矿质元素，尤其是高钾（K）和低钠（Na）的特点（$Na^+/K^+ < 0.6$），对高血压患者有益。很多食用菌富含硒，有些高达 20 μg/g。

食用菌还含有麦角硫因（Ergothioneine）。麦角硫因是一种天然抗氧化剂，是人体内的重要活性物质，但人体不能合成麦角硫因，主要通过独特的转运系统从膳食中摄取。麦角硫因存在于有限的膳食来源：真菌、肾脏、肝脏、黑红豆、燕麦麸和少量细菌中。在美味牛肝菌、双孢菇、毛头鬼伞等食用菌中能产生合成麦角硫因所需的前体组氨酸三甲基内盐（hercynine），而且毛头鬼伞还能产生麦角硫因等稀有氨基酸。

表 13-1　常见食用菌营养成分组成（g/100 g 干重）

食用菌	蛋白	脂肪	粗纤维	灰分	碳水化合物	能量值（kcal/100 g）
Pleurotus eryngii	28.8	3.0	—	3.5	52.2	—
Termitomyces heimii	23.75	3.58	—	4.40	54.70	345
Agaricus. bisporus	29.29	2.22	24.56	7.12	20.57	—
Pleurotus sajor caju（stalk）	22.51	2.6	16.24	8.54	40.2	—
Pleurotus sajor caju（cap）	26.34	3.07	8.97	10.37	38.17	—
Pleurotus ostreatus	20.04	8.65	—	7.78	60.21	421
Grifola frondosa	21.1	3.1	10.1	7.0	58.8	—
Hericium erinaceus	22.3	3.5	7.8	9.4	57.0	—
Boletus edulis	21.07	2.45	—	5.53	70.95	423
Boletus reticulatus	22.57	2.55	—	19.72	55.16	297
Pleurotus florida	34.56	2.11	11.41	7.40	31.59	—
Pleurotus ostreatus	30.92	1.68	12.10	7.05	31.40	—
Pleurotus florida	27.83	1.54	23.18	9.41	32.08	—
Russula delica	26.25	5.38	15.42	17.92	34.88	—
Lyophyllum decastes	18.31	2.14	29.02	14.20	34.36	—
Fistulina hepatica	63.69	2.63	—	11.30	22.98	364
Laccaria laccata	62.78	3.76	—	20.69	12.77	336
Suillus mediterraneesis	24.32	2.61	—	27.64	45.42	302
Tricholoma imbricatum	50.45	1.88	—	6.45	41.21	383
Volvariella volvacea	29.5	5.7	—	10.4	60.0	374

食用菌	蛋白	脂肪	粗纤维	灰分	碳水化合物	能量值 (kcal/100 g)
Pholiota microspore	20.8	4.2	—	6.3	66.7	372
Calvatia utriformis	20.37	1.90	—	17.81	59.92	744
Lycoperdon echinatum	23.52	1.22	—	9.43	65.83	544
Volvariella volvacea	30.1	6.4	11.9	12.6	50.90	—

13.2.5 酚类化合物

酚类化合物是食用菌中重要的次级代谢产物，具有抗氧化、抗炎、抗肿瘤、抗高血糖、抗酪氨酸酶和抗菌等活性。食用菌主要酚类物质是酚酸类化合物，可分为羟基苯甲酸（Hydroxybenzoic acids）和羟基肉桂酸（Hydroxycinnamic acids）两大类（图 13-7）。

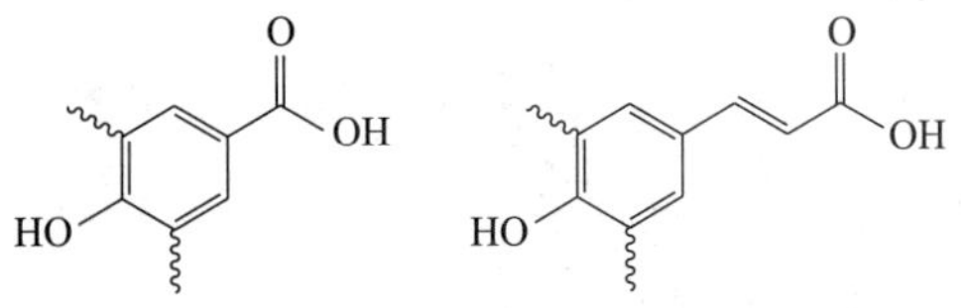

食用菌中羟基肉桂酸更常见，主要由对香豆酸、咖啡酸、阿魏酸和芥子酸等组成，通常与糖类或有机酸等以结合形式存在，或者作为木质素和单宁等复杂结构的组成部分；但在经过冷冻、杀菌或发酵的加工食品中可见游离酚酸存在。羟基肉桂酸衍生物主要以结合形式存在，与细胞壁结构组分如纤维素、木质素、蛋白质等相连或与有机酸如酒石酸或绿原酸通过酯键相连。

羟基苯甲酸　　　羟基肉桂酸

图 13-7　食用菌中酚类化合物

食用菌中常见的苯甲酸衍生物有对羟基苯甲酸、原儿茶酸、没食子酸、龙胆酸、高龙胆酸、香草酸、5- 磺基水杨酸、丁香酸、白藜芦醇和香草醛。肉桂酸衍生物绝大多数为：香豆素、咖啡酸、阿魏酸、芥子酸、咖啡酰奎宁酸类化合物等。

食用菌含有多酚氧化酶等酶系，能催化酚类化合物发生快速的酶促褐变反应，因此，在加工时易发生褐变和变色。

13.2.6 萜类化合物

食用菌兼具食用和药用功能，其中萜类化合物是其中最重要的活性成分之一。这些化合物具有抗菌、抗癌、抗胆碱酯酶、抗结核、细胞毒性等多种生物学和药理作用（图 13-8）。

萜类化合物是分子式为异戊二烯单位倍数的烃类及其衍生物，包括醛、酮、酯、羧酸和醇等。萜类化合物根据异戊二烯的数量来命名和分类，例如单萜（10 个碳），倍半萜（15 个碳），二萜（20 个碳），二倍半萜（25 个碳），三萜（30 个碳）和四萜（35 个碳）。食用菌主要是单萜、倍半萜、二萜和三萜类化合物。

单萜类化合物是一些食用菌风味 / 香味物质的组成成分之一。姬菇（*Pleurotus cornucopiae*）分离得到 5 个单萜类化合物，具有对 HeLa 和 HepG2 等肿瘤细胞的杀伤活性（图 13-9）。

倍半萜类化合物是食用菌主要次级代谢产物之一，很多栽培食用菌具有萜类生物合成酶和相关基因簇，产生了丰富的倍半萜骨架类型，表现出多种活性（表 13-2）。如：金针菇（*F. velutipes*）具有开环花侧柏烷型倍半萜类，金顶侧耳具有新甜没药烷型倍半萜衍生物等。

二萜和三萜类化合物是药食两用菌重要活性物质。肉齿菌属真菌中（*Sarcodon scabrosus* 和 *Sarcodon cyrneus*）发现了蘑菇独有的 Cyathane 二萜类化合物，这类化合物具有抗生素或抗菌活性和表现出强大的促进神经生长因子（nerve growth factor，NGF）合成的能力。灵芝酸是灵芝重要活性成分，有四环三萜和五环三萜两大类。不同种的灵芝或同一种灵芝不同生长阶段的子实体中，其灵芝酸含量是不同的。灵芝酸具有多重药理活性，可止痛、镇静、抑制组胺释放、消炎、抗过

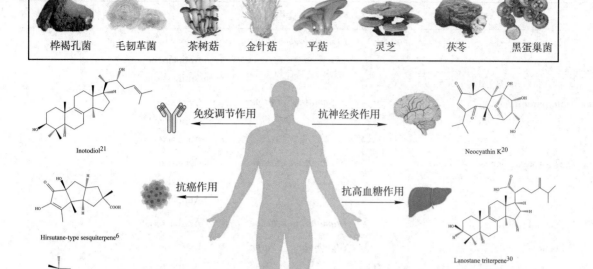

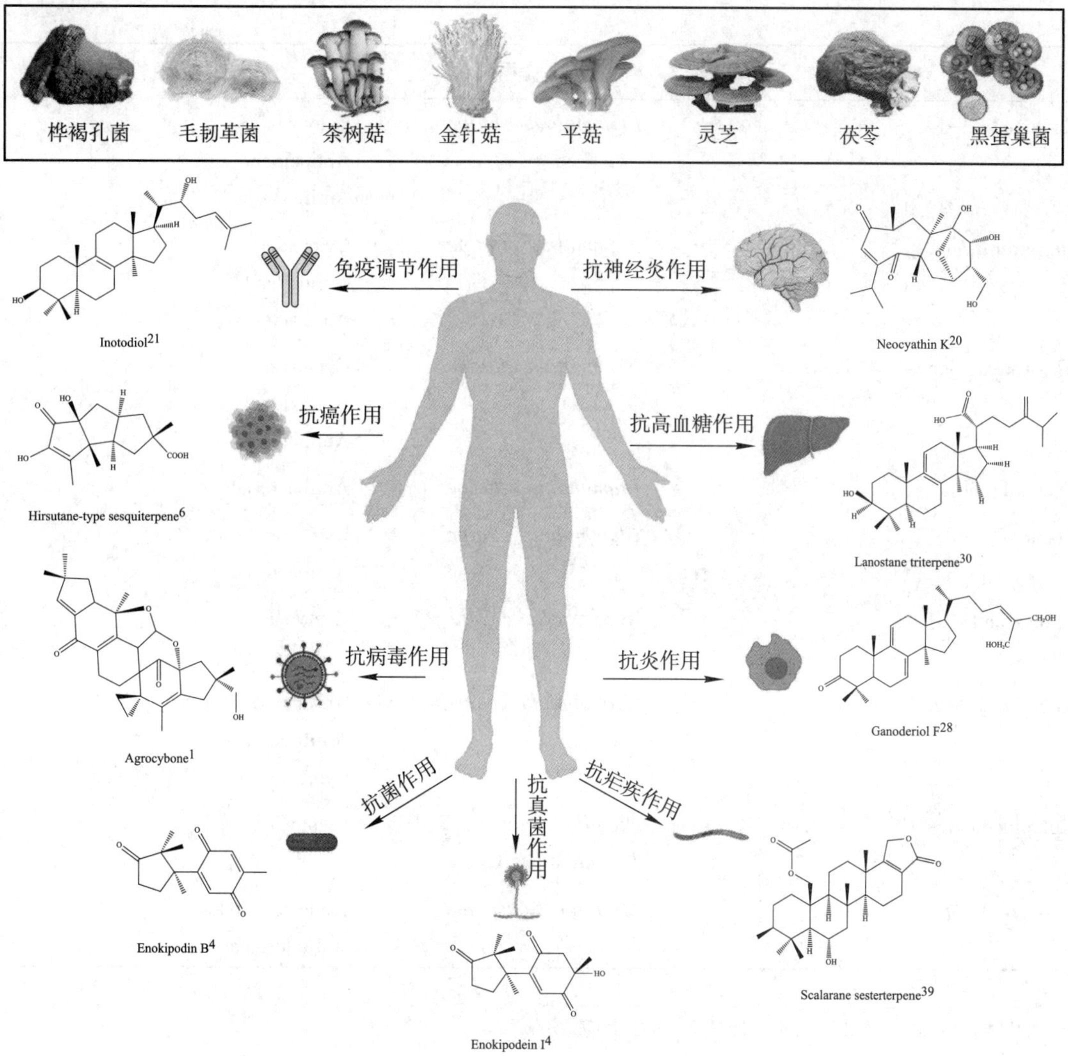

桦褐孔菌　毛韧革菌　茶树菇　金针菇　平菇　灵芝　茯苓　黑蛋巢菌

Inotodiol[21]

Neocyathin K[20]

Hirsutane-type sesquiterpene[6]

Lanostane triterpene[30]

Agrocybone[1]

Ganoderiol F[28]

Enokipodin B[4]

Scalarane sesterterpene[39]

Enokipodein I[4]

免疫调节作用　抗神经炎作用　抗癌作用　抗高血糖作用　抗病毒作用　抗炎作用　抗菌作用　抗真菌作用　抗疟疾作用

图 13-8　食用菌来源萜类化合物及生物活性

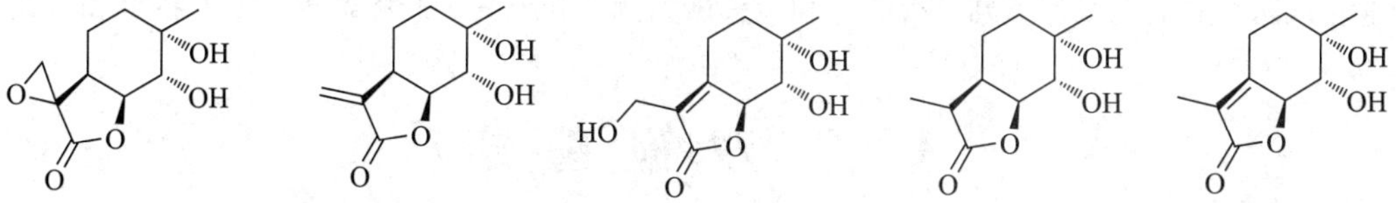

1　　2　　3　　4　　5

图 13-9　姬菇（*P.cornucopiae*）中的单萜化合物

表 13-2　食用菌中倍半萜化合物及活性

化合物	食用菌	生物活性
Hirsutenol A、B	*Stereum hirsutum*	Antimicrobial against *Escherichia coli*
Pleurospiroketal A–C	*Pleurotus cornucopiae*	NO production inhibitory Cytotoxic
Pleurospiroketal D、E (6S，7S)–6,7–dihydroxy–3,6–dimethyl–2– isovaleroyl–4,5,6,7–tetrahydrobenzofuran	*Pleurotus cornucopiae*	NO production inhibitory[NT] Cytotoxic[NTJJJ]

13.2　食用菌的营养与功能成分

化合物	食用菌	生物活性
EnokipodinA–J	*Flammulina velutipes*	Cytotoxic[NA] Antioxidant[NA] Antibacterial[NA]
Sterpurol A、B	*Flammulina velutipes*	Cytotoxic[NA] Antioxidant[NA] Antibacterial[NA]
2,5–Cuparadiene–1,4–dione	*Flammulina velutipes*	Cytotoxic Antioxidant Antibacterial
Flammulinol A	*Flammulina velutipes*	Antibacterial
Flammulinolide A–G	*Flammulina velutipes*	Cytotoxic Antibacterial
Agrocybin H–I Illudosin	*Agrocybe salicacola*	Cytotoxic
Nambinone A–D	*Neonothopanus nambi*	Antimalarial Antitubercular Cytotoxic
Rulepidadiol B、C	*Russula lepida* *Russula amarissima*	Cytotoxic
Strobilol A –D	*Strobilurus ohshimae*	Brine shrimp toxicity Antimicrobial

敏，还具有解毒、保肝、抑制肿瘤细胞生长等功效。

　　食用菌种类繁多，营养和环境需求各异，因此，不同食用菌生产和资源开发各有其特点。同时，许多食用菌品种对环境有依赖性，通过对温度、生长基质、空气和湿度的优化和调节，实现了商业化栽培。我们以双孢蘑菇、杏鲍菇和猴头菇为例，介绍其生产和资源开发的特点和方式。

13.3　双孢蘑菇

13.3.1　双孢蘑菇简介

　　双孢蘑菇 [*Agaricus bisporus*（J.E. Lange）Imbach]，俗称白蘑菇、双孢菇，国际上称之为 cultivated mushroom、button mushroom 或 champignon，在分类上隶属于担子菌门（Basidiomycota），蘑菇纲（Agaricomycetes），蘑菇目（Agaricales），蘑菇科（Agaricaceae），蘑菇属（*Agaricus* L. 1753），是世界上种植最广泛、消费量最高的食用菌之一。

　　双孢蘑菇按子实体颜色可分为白色（snow-white）、奶油色（cream）和棕色（brown）三个品系，以白色居多（图 13-10）。白色双孢蘑菇的子实体圆整，色泽纯白美观，肉质鲜嫩，适合鲜食或加工罐头。奶油色双孢蘑菇的菌盖发达，菇体呈奶油色，出菇集中，产量高，但菌盖不完整，菌肉薄，品质较差。棕色双孢蘑菇具有柄粗肉厚，菇香味浓，抗性强，产量高等优点，但菇体棕色，菌盖有棕色鳞片，颜色欠佳，菇体质地粗硬，商品性状差。

双孢菇味道鲜美、氨基酸种类丰富、蛋白质含量高，干品中蛋白含量高达42%，还含有丰富的维生素B_1、维生素B_2、维生素PP，核苷酸，烟酸，抗坏血酸和维生素D等，其营养价值是蔬菜和水果的4~12倍，享有"植物肉"和"素中之王"美称，深受国内市场，尤其是国际市场的青睐。双孢菇的保存和加工产品主要包括蘑菇汤、粉末、罐头以及冷冻蘑菇。

图 13-10　白色和棕色品系双孢菇

13.3.2　双孢菇育种

双孢菇是世界上栽培最多的蘑菇之一，菌种的质量是决定双孢菇产量和品质的关键因素，筛选出抗逆性强、产量高、品质好的双孢菇优良菌株对生产具有重要意义。双孢菇育种技术主要包括人工选择育种技术、杂交育种技术和基因编辑技术等。随着双孢菇菌种资源的收集和鉴定、分子标记的开发、连锁定位和数量性状位点（Quantitative Trait Loci，QTL）的检测等育种技术和手段的进步，将极大推动双孢蘑菇育种工作。

双孢蘑菇是一种典型的次级同宗结合，单因子控制的食用菌。它的生活史是从担孢子萌发到产生第二代担孢子的循环过程（图 13-11）。在有性孢子形成过程中，双孢蘑菇的担子绝大多数产生两个担孢子，这导致非姊妹细胞核会配对进入到同一个担孢子中（称为四分体内交配），使担孢子含有两个核，萌发后的菌丝为双核菌丝，自身发育就可形成子实体，这是双孢蘑菇正常的发育方式。双孢蘑菇的少数担子（比例＜20%）能够产生3个和4个担孢子，这些担孢子有可能只包含一个细胞核，可以萌发生成只有一种交配型的单核体，这些单核体是双孢蘑菇进行杂交育种的良好亲本材料，但是这些单核型有性孢子的比例很低（大约10%），传统分离鉴定过程比较费时、费力（图 13-12）。

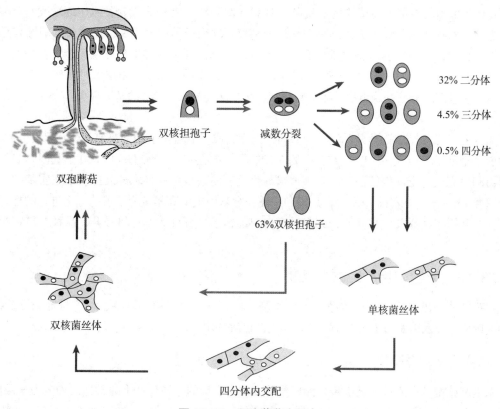

图 13-11　双孢蘑菇生活史

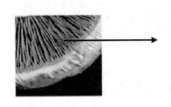

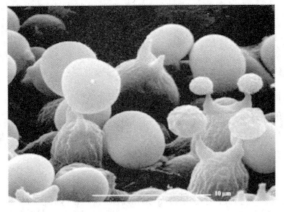

图 13-12 担子和担孢子

早期，双孢菇主要采用人工选择育种。人工选择育种是利用野生种和现有品种在生长过程中，由于自发突变而形成的新的变异类型，进行人工选择，从中分离选育出优质、高产菌株的育种过程，其核心是自发突变与人工选择。人工选择育种是食用菌发展初期选育优良品种简单而有效的方法之一，是各种育种方法的基础。双孢蘑菇栽培品种主要通过单孢子和组织培养分离技术产生，主要有三种类型的栽培品种用于蘑菇生产，即白色、棕色和奶油色三个品种。

杂交育种是一种遗传物质在细胞水平上的重组过程，通过不同遗传类型之间的交配，使遗传基因重新组合，创造出兼有双亲优点的新品种。杂交育种是目前食用菌新品种选育中使用最广泛、收效最明显的育种手段。1980 年，第一个通过杂交育种得到的双孢菇新品种上市，这些杂交种是利用蘑菇不育单孢子培养物配对、以恢复可育性为标记选育的杂交菌株。其中一个品种 Horst U1 很快成为许多国家的主要商品白品种。它是由白色品种 Somycel 53 的同核体与白色品种 Somycel 9.2 的同核体杂交产生的。1987 年，王贤樵、王泽生等提出双孢蘑菇杂种子一代与子二代遗传变异的酯酶同工酶模式，并育成杂交菌株 As2796 系列，这是我国培育的首批双孢蘑菇杂交菌株。近几年，我国通过双孢蘑菇不育菌株回交育种技术，育成高产品种 W192、W2000 等品种。杂交育种技术得到的双孢菇品种提高了产量、缩短了生产周期、改善了抗逆能力，已成为目前双孢菇工厂化菌种主要来源。

基因组编辑技术可以高精准度来改变生物体的基因组，CRISPR 编辑技术正逐渐改变双孢菇的育种方式。双孢蘑菇采后由于生理代谢和机械刮擦等原因极易产生褐变，影响蘑菇的感官品质和货架期，目前，人们主要通过改进保藏方法来延缓蘑菇的褐变。多酚氧化酶家族（AbPPO）在褐变过程中起重要作用，多个 PPO 家族成员参与了褐变的调节，CRISPR 技术对双孢菇进行了基因组编辑，通过删除蘑菇基因组中编码导致褐变的多酚氧化酶（PPO）的基因极少几个碱基，使其抗褐变。

2011 年，第一个双孢蘑菇单孢子全基因组测序完成，随后多个品种双孢菇全基因组也被报道。双孢蘑菇全基因组全长 34 Mb 左右，有约 3 500 万个碱基对，编码超过 13 000 个基因。双孢菇全基因组测序完成为全基因组选择、基因编辑等为代表的新型育种技术开展提供了坚实基础。全基因组选择（genomic selection，GS），是指利用覆盖全基因组的高密度分子遗传标记进行的标记辅助选择。全基因组选择技术将使双孢菇育种定向更加精准，育种效率加倍提升，品种按需定制正成为现实。

13.3.3 双孢菇生产工艺及原理

双孢菇是典型工厂化生产的草腐性食用菌，核心技术包括菌种制备、培养料堆肥发酵技术、播种发菌培养技术以及覆土出菇培养技术，工艺流程如图 13-13 所示。

13.3.3.1 菌种制备

双孢蘑菇菌种是通过三级逐步扩大培养的方式来生产的，在生产上通常把菌种分为一级菌种、二级菌种和三级菌种，也称为母种（culture）、原种（mother spawn）、栽培种（spawn）。一级菌种是指从孢子分离培养或组织分离培养获得的纯菌丝体，二级菌种是指由一级菌种扩大繁殖成的菌丝体，三级菌种指的是由二级菌种扩大繁殖成的菌丝体，是直接用于栽培的菌种。

双孢菇主要使用固体菌种进行接种。双孢蘑菇菌种形态主要包括麦粒菌种、小米菌种和合成培养基菌种等。前两者合称谷粒菌种，其中麦粒菌种多使用黑麦作为基质，这类菌种易混入培养料中，播种效果好。小米菌种因其单位重量所含的颗粒数目多，菌种萌发点多，因此接种后菌丝萌发速度更快。双孢蘑菇菌丝只覆盖在谷粒表面，只有极少量菌丝长入谷粒内层，谷粒中菌丝体量只占1%到2.6%，其余主要是谷粒。一般播种前1 d将谷粒菌种打散，以便受损伤的菌丝得以恢复。浸透营养成分的珍珠岩菌种，菌丝可以从其颗粒表面侵入到内部，大大增加了菌丝生物量，菌种的耐热及保存性等指标均明显提升，形态上也接近谷粒。菌种生产主要由专门菌种公司完成，基本上采用机械化生产原种和麦粒栽培种（图13-14）。

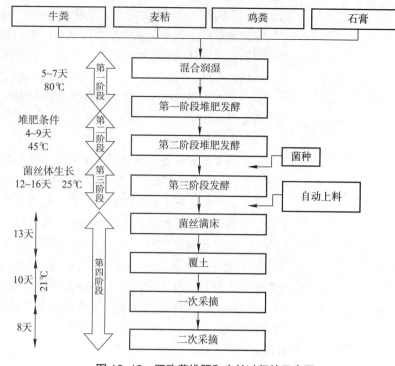

图 13-13　双孢菇堆肥和生长过程的示意图
注：一般采收两潮子实体

图 13-14　双孢菇麦粒菌种

13.3.3.2　培养料堆肥发酵

（1）双孢蘑菇营养需求

双孢蘑菇属于生长在富含腐殖质环境中的木质素降解真菌。碳源主要由玉米秸、麦秸、稻草、豆秸、玉米芯等提供。农业秸秆主要含有木质纤维素生物质等大分子有机物，包括纤维素、半纤维素、淀粉和木质素。双孢蘑菇的生产即是木质纤维素生物质的降解和转化过程，但双孢蘑菇本身降解大分子物质能力有限，需要通过培养料堆肥发酵技术生产适宜双孢菇生长的栽培料。双孢菇菌丝生长阶段主要是消耗培养料中的木质素，而出菇阶段主要是消耗纤维素和半纤维素，两个阶段对碳源的要求完全不同。

双孢菇生长能够利用多种氮源，能够利用铵态氮及多种有机氮，不能利用硝态氮。双孢菇更适于利用有机氮，在实际生产中，氮源主要由牛粪、鸡粪、尿素、饼肥提供。

双孢菇菌丝生长和子实体形成需要合适碳氮比。培养料发酵前其碳氮比应为（30～33）∶1，经过堆制发酵后其碳氮比达（17～18）∶1，正好满足双孢菇菌丝生长的要求。堆制前培养料的含氮量应该在1.5%～1.7%之间，二次发酵后1.8%～2.2%。

双孢菇生长发育所需要的矿质营养和维生素等生长因子，可以由秸秆等培养料发酵获得，一般不需要另外添加。

（2）堆肥发酵技术

堆肥的生产和制备一般分为3个阶段：第Ⅰ阶段（Phase Ⅰ）和第Ⅱ阶段（Phase Ⅱ）是好氧发酵过程，被称为堆肥阶段，第Ⅲ阶段是接种和菌丝体生长过程。

在PⅠ，堆肥温度上升到80℃，并可能持续3到7天。这一阶段主要目的和作用是软化秸秆并使之分解为利于双孢蘑菇吸收利用的营养物质，同时利用微生物活动产生高温杀死料堆中有害的杂菌、害虫及虫卵。PⅡ阶段包括巴氏消毒和控温发酵两个阶段，堆肥被调节在56℃下8小时，并保持在45℃，直到空气中几乎没有氨气，在这个阶段，微生物，特别是放线菌和真菌会生长，它们会消耗部分氨气（约40%）。在PⅡ阶段，可以在堆肥中发现嗜热的子囊菌变种（*Scytalidium thermophilum*），这种真菌在生产过程的后期阶段会提高双孢菇子实体的生长速度。在堆肥阶段（Ⅰ和Ⅱ阶段），67%的植物细胞壁多糖被堆肥微生物降解和消耗，微生物能降解50%的木聚糖和纤维素，而木质素结构没有变化（图13-15）。

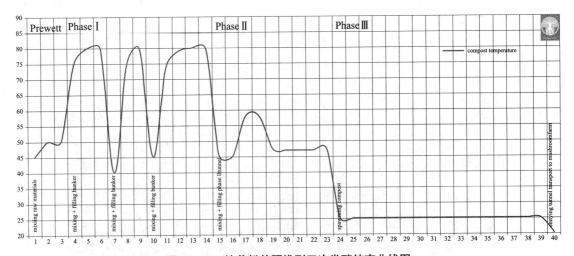

图13-15 培养料从预堆到三次发酵结束曲线图

13.3.3.3 播种发菌

在PⅡ结束时，用小米或黑麦粒菌种接种到堆肥，菌丝在堆肥中生长，一般菌丝生长12至16天后，菌丝完全定植，播种发菌阶段也被命名为第三阶段（PⅢ）。这个阶段的典型温度是20～25℃。发菌期应避光培养，一般播种后15～20天，当菌丝布满料面，并深入到料层2/3处时，就要及时覆土。在这一阶段，木质素降解率高达45%，纤维素和木聚糖仅被部分（17%左右）降解。

13.3.3.4 覆土出菇

菌丝长满堆肥表面后，在表面覆土3～4 cm，进入覆土出菇管理阶段，准备形成子实体。覆土的主要目的是刺激子实体形成。优质覆土应具有如下特征：较疏松的结构、良好的持水性、无病虫害，pH 7.2～7.5，含水量18%～20%。一般选用深层的砂壤土，表层土病菌、害虫多，不宜采用。

一般覆细土后 15～20 天，当菌丝长到覆土表面，温度降到 20℃以下，就要及时喷洒结菇水，每天喷洒 1 次，每平方米约需水 1 公斤，连续 2～3 天，并加强通风换气，抑制菌丝徒长，在喷洒结菇水后，使覆土层含水量达 19%～20%，空气相对湿度达 85%～95%，然后停水 2～3 天，减少通风量，促使原基迅速形成。

出菇阶段温度控制在 15～16℃，保持 85%～90% 的空气相对湿度，二氧化碳浓度低于 1 000 ppm。18 至 21 天后，第一潮菇进入采收阶段。7 至 8 天后采摘第二潮菇。双孢蘑菇单产 33～35 kg/m²（二潮菇）。

双孢菇商业化生产的持续成功发展有赖于提供可靠的、高品质、高产量及其纯度和质量一致的优良菌种，并配合适当的栽培基质和生产系统，从而生产优质蘑菇供给竞争激烈的消费市场。

13.4　杏 鲍 菇

13.4.1　杏鲍菇简介

杏鲍菇（*Pleurotus eryngii*）又称刺芹侧耳，隶属于担子菌纲侧耳属，是一种既能食用又能药用，集食疗于一体的食用菌新品种。

杏鲍菇子实体形态特征大致可分为保龄球形、棍棒形、鼓槌形、短柄形和菇盖灰黑色形五种类型。其中在国内较为广泛栽培的是保龄球形和棍棒形。杏鲍菇因其菌柄和菌盖的果肉肥厚、质地爽口脆滑、营养丰富、味道鲜美清香、组织致密、有杏仁香味，能烹饪出多种美味佳肴，被赋予"平菇王""干贝菇"的美称。

杏鲍菇属于高蛋白质和低脂肪含量的营养健康食物，其矿物质元素含量丰富，是典型的高钾低钠类食物。蛋白质含量为 18%～22%，多糖含量 38%～40%、膳食纤维含量 32%～35%、脂肪含量低于 5%。杏鲍菇寡糖含量丰富，与双歧杆菌共用，有改善肠胃功能和美容的效果。杏鲍菇多糖对脂肪肝、急慢性肝炎、心肌梗死、脑梗死均有良好的预防和治疗作用。

13.4.2　杏鲍菇生产工艺及原理

杏鲍菇是以木屑为主要碳源的木腐菌，工厂化生产的技术流程包括液体制种技术、配料技术、灭菌、接种、发菌培养、搔菌以及出菇培养等阶段（图 13-16）。

13.4.2.1　杏鲍菇液体菌种生产

液体菌种制备已被木腐菌工厂广泛采用。液体菌种制备技术是指在生物发酵罐中，利用液体深层培养技术生产的食用菌菌丝体作为菌种，菌种在无菌环境下用接种机高效、无菌地接入培养基质的技术。液体菌种相比传统固体菌种，具有菌种纯度高、受杂菌污染小、接种速度快和生长周期短等优势。

利用工业微生物扩培原理，传统杏鲍菇液体菌种制备工艺包括母种、摇瓶菌种、生物发酵罐菌种生产技术（栽培种）和接种机无菌接种等工序。

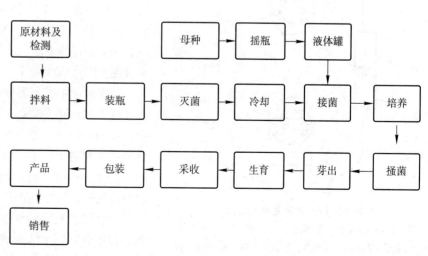

图 13-16　木腐菌工厂化工艺流程图

（1）杏鲍菇 PDA　试管斜面培养基制作和母种制备。一般生产选用 18 mm × 180 mm 的试管，杏鲍菇斜面培养基配方可选用马铃薯葡萄糖琼脂培养基（Potato Dextrose Agar，PDA）：马铃薯 200 g、葡萄糖 20 g、琼脂 20 g、水 1 000 mL、蛋白胨 5 g、KH_2PO_4 2 g、$MgSO_4$ 1.0 g、pH 自然，选择硅胶塞进行试管封口。无菌条件下接种杏鲍菇菌丝，生物培养箱 27℃ 下培养 5～7 天，菌丝长满斜面。

（2）摇瓶液体菌种生产技术。常用培养基配方为葡萄糖 10 g，蛋白胨 5 g，黄豆饼粉 40 g，磷酸二氢钾 0.5 g，硫酸镁 0.5 g，维生素 B 0.01 g。调整接种量为 10%，接种龄为培养 4 天的菌种，装液量为 100 mL/250 mL，摇瓶转速为 150 r/min、pH 为 6.0，培养 3～5 天后，菌球密度达到 $2.0～2.5 × 10^5$ 个 /L，菌球直径 0.5～0.7 mm，菌丝干重 12～15 g/L。

（3）生物发酵罐菌种生产技术

生物发酵罐菌种生产技术利用深层发酵设备进行液体菌种生产，是液体制种的关键环节（图 13-17）。发酵罐菌种生产流程包括发酵罐的清洗和检查→发酵罐空消、空气过滤器灭菌→配料→上料→灭菌→冷却→接种→培养等环节。培养环节属于全自动化过程，过程中需要检测发酵液质量。这种生产技术对基础设备要求高，除发酵罐外配套的相关设备有空气压缩机、空气过滤器、高压蒸汽灭菌锅、超净工作台、显微镜、恒温培养箱等。

发酵罐在每次使用后或再次使用之前都必须对其进行彻底的清洗之后才能投料使用。洗罐主要是除去罐壁的菌球、菌块料液及其他污物。操作时用自来水管冲洗内壁，清除表面附着物。

发酵罐清洗完成后，首先通入蒸汽进行空罐灭菌，俗称空消。空消目的是对整个罐体进行灭菌消毒，可以提高设备的利用率，利于实现连续化操作。一般维持加热温度达到 121～126℃，压力在 0.12～0.15 MPa 时，时间 30～40 min。

无菌空气是食用菌菌种培养过程中关键环节，菌种的培养、生长以及发酵液的搅拌等都涉及无菌空气。无菌空气通过空气过滤器灭菌产生，因此首先对空气过滤器和管道进行灭菌。灭菌一般温度达到 121℃，压力在 0.12～0.15 MPa 下 15 min，然后用干燥空气吹干过滤器，维持流动气体气压 0.03～0.05 MPa。

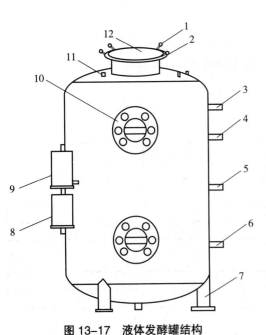

图 13-17　液体发酵罐结构

注：1. 罐盖夹紧件；2. 紧固件；3. 进气口；4. 进水口；5. 温度测量口；6. 出水口；7. 罐体支柱；8. 下过滤器；9. 上过滤器；10. 视镜；11. 压力测量口；12. 罐盖

发酵罐培养基配方为 1 000 mL 中含有葡萄糖 50 g，蛋白胨 5 g，黄豆饼粉 60 g，磷酸二氢钾 0.5 g，硫酸镁 0.5 g，维生素 B 0.01 g。将培养基加入发酵罐后，进行培养基灭菌。开启加热器对发酵罐夹层及内层加热，当压力达到 0.05 MPa 时打开接种口放冷气至接种口蒸汽变直时关闭接种口，待培养液温度升至 95℃ 时，打开气泵对发酵液进行搅拌 2 min，气泵停止通气。当压力达到 0.12～0.15 MPa、温度为 121℃ 开始计时，维持 40 min。

培养基灭菌完毕，迅速通水降温。降温过程中发酵罐要适当通气，一方面搅拌降温，另一方面加压，使发酵罐维持正压，尽快使培养液温度降至 30℃ 以下。

待发酵罐培养基温度冷却后，摇瓶菌种按照 8%～10% 接种量无菌条件下接种到发酵罐。调节发酵罐通气、温度、溶解氧和 pH 等参数开始菌种培养。空气压缩机产生的气体通过无菌过滤器将无菌空气通入发酵罐内，使内罐压力稳定在 0.01～0.03 MPa，温度控制在 27 ± 0.5℃，pH 控制在 6.0 ± 0.2，当培养 48～72 h 后即可看出小米粒状的菌丝球，培养料的香味随着培养周期的延长越来越淡，取而代之的是一种淡淡的菌液清香味，菌丝球浓度和菌液黏度逐渐增大。培养过程中要间隔 12 h 取样检测残糖、菌丝大小和密度。一般培养为 72～96 h 结束，培养好的液体取样后放置 5 min 基本不分层，且菌球大小均匀，直径在 0.5~0.7 mm，颗粒分明，菌球周边菌丝明显，菌球密度达到 2.3~2.5×10⁵ 个/L。

液体菌种发酵结束后采用液体接种机进行接种。液体接种机主要接种形式为表面接种方式、表面结合枪头插入式接种方式、表面扎孔式接种法、袋壁内喷射接种法、接种后摇动接种法及自动接种机接种法等。为适应产业化生产，企业中多采用自动接种机进行液体接种，自动接种机可连续完成自动运输、定位、启盖、压脚和喷射接种等多道工序作业，接种生产率可达7 000~10 000 瓶/h。

13.4.2.2 杏鲍菇工厂化生产技术

（1）杏鲍菇营养需求

碳源是合成氨基酸和糖类的重要营养源。杏鲍菇难以被利用碳酸盐及二氧化碳等无机碳，主要以纤维素、淀粉等有机碳作为营养源。杏鲍菇是一种木腐菌，通过胞外分泌各种水解酶分解纤维素、木质素为小分子糖后直接利用。在杏鲍菇人工栽培时，常常以木屑、玉米芯等作为栽培料的碳源。

氮源是合成蛋白质和核酸的必要营养源。蛋白质、氨基酸、铵盐、尿素等氮源都能在食用菌生长过程中被利用。工厂化生产杏鲍菇以棉籽壳、麦麸等农副产品作为碳源，可以提升菌丝活力，进而增加分生数量，确保质量，最终达到增产的目的。

杏鲍菇栽培过程中，常常添加碳酸钙。其中的 Ca^{2+} 能够维持细胞壁和细胞膜的结构，降低细胞膜透性，中和菌丝生长过程中产生的酸性物质，进而促进食用菌菌丝生长。

（2）培养料灭菌技术

灭菌技术指利用大型高压灭菌设备产生的水蒸气的穿透作用杀灭一般的细菌、真菌等微生物，是最可靠、应用最普遍的木腐菌工厂化灭菌手段，为食用菌的纯培养提供保障。一般灭菌温度达到 121~126℃，压力在 0.12~0.15 MPa 时，时间 120 min。

（3）液体接种技术

在无菌条件下，通过液体菌种自动接种机进行开盖、接种、闭盖等工序完成接菌，接种方式根据菌种特性和培养料组成，可采取表面接种，料内接种等多种方法。

（4）发菌培养技术

利用人工环境控制系统，为接种后的栽培瓶或栽培袋营造适宜的温、湿、光、气环境，让菌丝在培养料中快速生长，积累营养用于日后出菇，不同品种的积温、pH、呼吸、酶系活力、重量等变化及生殖条件作为控制食用菌菌丝发育标准指导调控。杏鲍菇接种后将菌瓶放在恒温培养室内，避光培养。温度控制在 23℃，相对湿度 70%~75%。此阶段用于栽培料中的养分完全分解和积累。发菌期管理的关键是保温、保湿，前期如果温度过低，持续时间较长，会降低菌种活力，菌丝生产速度减慢。所有菌瓶菌丝浓白后再持续培养 15 d，使养分彻底分解，菌丝达到生理成熟。整个周期大约 28~30 天（图 13-18）。

（5）搔菌技术

将发菌完毕的栽培瓶或栽培袋通过搔菌机提供机械刺激，促使食用菌菌丝扭结形成原基，再进一步形成食用菌子实体，通过搔菌去除表面老菌，刺激菌丝转化为原基，同时提高出菇整齐度。搔菌完成后将菌瓶移入出菇房，菌瓶倒置，使菌丝恢复生长。待菌丝恢复后，温度控制在 14℃~16℃，相对湿度为 90%~95%，光照 500~800 Lx，CO_2 浓度 600~1 500 ppm，待现蕾出菇。

（6）出菇培养技术

针对相同食用菌原基所需外界环境不同，针对性的利用人工气候系统提供其所需温、湿、光、气条件，从而控制食用菌的某些特定商品性状。杏鲍菇出菇温度控制在 15~18℃，空气湿度保持在 85%~90%，CO_2 浓度在 1 500~1 800 ppm 之间，子实体生长迅速。当菇盖基本展开，孢子尚未弹射时采收一潮菇。

图 13-18　杏鲍菇工厂化生产车间

（7）杏鲍菇采收加工

一般在现蕾后 15 天左右进行采收，采收标准为杏鲍菇的子实体在七成熟时较适宜，此时菇体外观致密有弹性，菌盖边缘内卷呈半球形，菌褶还没有形成，采收后不仅可以保持菇体白度，还可防止在贮运过程中菇体发黄而影响质量。若菌盖平展、菌褶形成、接近成熟时采收，会使品质下降、储存期缩短。采后控制好温湿度，继续培养 15 天左右可收二潮菇。

（8）杏鲍菇的保鲜加工技术

杏鲍菇采摘后，在 30~40 分钟内，将杏鲍菇由常温速降至低温 0~3℃，相对湿度 90%~95%，能保持杏鲍菇新鲜和优质。为延长杏鲍菇货架期，可采取气调保鲜或冷冻保鲜等技术。

杏鲍菇因口感脆，切片后制成罐头风味极好，深受消费者欢迎。制罐加工法与其他食用菌的罐头制作方法相同。

13.5　猴　头　菇

13.5.1　猴头菇简介

猴头菇（Hericium erinaceus）是一种大型食用菌和药用菌，属于担子菌纲、猴头属。新鲜的猴头菇极易辨认，子实体由众多单生的、细长悬垂的菌刺组成，为白色，随着水分的减少，子实体的颜色逐渐变为黄色甚至棕褐色（图 13-19）。猴头菇味道鲜美，鲜嫩的质感使其具有"山珍猴头、海味燕窝"的美誉。

猴头菇子实体和菌丝体含有大量结构不同的生物活性成分和潜在的生物活性成分，其中生物活性多糖在医药和功能食品上得到了广泛应用；猴头菇次级代谢产物如猴头菌素、猴头菌酮、单萜和二萜等具有抗癌、降血糖、抗疲劳、降压、降血糖、抗衰老、心肌保护、保肝、保肾、神经保护和改善记忆等促健康作用，使其成为功能食品重要的原料来源。

13.5.2　猴头菇营养成分

猴头菇子实体和菌丝体均含有丰富的营养成分，如多糖、低聚糖、蛋白质、糖蛋白、脂肪、维生素、纤维素、猴头菌素等，其中 100 g 的子实体干原料中约含有 20.8 g 蛋白质、5.1 g 脂肪以及 61.1 g 总糖。猴头菌子实体和菌丝体中含有麦角甾醇，在 UV（B）光照射下可将麦角甾醇转化为维生素 D。猴头菇子实体中脂肪酸主要成分为十六烷酸（26.0%）、亚油酸（13.1%）、苯乙醛（8.9%）、苯甲醛（2.5%）。

猴头菇子实体和菌丝体还含有大量的微量元素如钙、铬、钴、铜、铁、镁、锰、钼、磷、硒、钠、硫和锌等及氨基酸衍生生物活性化合物。

13.5.3　猴头菇功能成分

猴头菇子实体多糖因具有生物活性而备受关注，其中 β- 葡聚糖、α- 葡聚糖、糖蛋白复合物为主要的代表性多糖成分。不同地区分离的猴头菇子实体多糖在分子量、单糖组成、多糖中糖

（a）　　　　　　　（b）

图 13-19　猴头菇子实体

（a）栽培品种；（b）野生猴头菇

表 13-3　猴头菇子实体和菌丝体基本营养成分比比较

	蛋白质含量（%）	糖类（%）	脂肪（%）	灰分（%）	能量（kcal/100 g）	总游离氨基酸（mg/g）
子实体	20.8	61.1	5.1	6.8	374	14.3
菌丝体	42.5	42.9	6.3	4.4	398	30.6

表 13-4　猴头菇子实体和菌丝体氨基酸衍生生物活性化合物比较

	γ-氨基丁酸GABA（µg/g 干重）	麦角硫因（µg/g 干重）	洛伐他汀（µg/g 干重）
子实体	42.9	630.0	14.4
菌丝体	56.0	149.2	ND

苷键等方面的相似。猴头菌菌丝体多糖多由岩藻糖、半乳糖、葡萄糖、鼠李糖和木糖等单糖组成，具有抑制人胃癌细胞的生长，抗炎等多种作用，已被作为药物用于治疗胃脘疼痛，痞满，腹胀（表 13-3，13-4）。

猴头菌素（erinacines）是一组从猴头菇子实体和菌丝体中分离得到鸟巢烷型二萜化合物，具有潜在神经保护作用，猴头菌可能有助于改善人类的大脑和神经疾病。猴头菌素具有抗幽门螺杆菌活性，并抑制人白血病（K562）和人前列腺癌（LANCAP）细胞的生长（图 13-20）。

猴头菇及菌丝体特有的芳香族化合物 Hericerins，具有抗癌、降糖、抗疲劳、降压、降血糖等作用。生物碱类化合物具有心肌保护、保肝、保肾等作用。

13.5.4　猴头菇加工产品

猴头菌作为重要生物活性物质来源和抗氧化剂，在烘焙类食品、酒类、食醋和非酒精饮料中得到广泛应用。

（a）猴头菌素

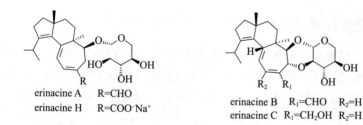

erinacine A　R=CHO
erinacine H　R=COO⁻Na⁺

erinacine B　R₁=CHO　R₂=H
erinacine C　R₁=CH₂OH　R₂=H

erinacina D

（b）生物碱类化合物

（c）芳香族类化合物

图 13-20　猴头菇中分离到的生物活性物质

13.5.4.1 猴头菇烘焙类食品

以猴头菇为原料加入烘焙类食品中，可以将猴头菇原有的功效很好地结合在食品中。常用技术路线为烘焙的配方设计、调粉工艺、面团的辊轧成型工艺、烘焙、冷却成品。烘焙原料一般含有 5%~13% 猴头菇菌丝体或子实体粉末加入糖，油脂，低筋面粉中预混调制。添加一定量的猴头菇菌丝体和子实体粉末的面包或饼干类烘焙食品，其含有大量的 γ-氨基丁酸（干物质分别为 0.23~86 mg/g 和 0.79~2.1 mg/g），可以改善睡眠；麦角硫因化合物可以改善心脏功能。

13.5.4.2 猴头菇饮品

猴头菇酒和醋因含有大量酚类化合物，已成为一种具有抗氧化能力的新饮品。一般将猴头菇子实体或菌丝体中提取多糖、猴头菌素等活性成分，得到猴头菇浸膏，添加到酒类原料中发酵得到酒类饮品。

非乙醇发酵植物饮料主要有两种，一种是由植物来源的不同乳酸菌发酵而成，添加猴头菇浸提物后发酵，饮料中含有大量 L-谷氨酸和 γ-氨基丁酸，具有明显改善口味和睡眠的作用。另一种是通过猴头菇菌丝体液体发酵，得到菌丝体和发酵液混合物，过滤除掉菌体，菌液调制灭菌，澄清后制得猴头菇饮品。

猴头菇子实体和菌丝体都含有有用的营养物质和生物活性化合物，可以同时作为一种资源用于普通食品和功能食品；由于同一种猴头菇子实体和菌丝体在组成上以及不同物种之间存在差异，可以采用不同物种的组合来优化其营养和健康促进潜力。

13.6 食用菌其他应用

食用菌栽培是将木质纤维素有机废弃物资源化利用的生物技术过程。这可能是目前唯一将生产富含蛋白质的食品与减少环境污染相结合的工艺。食用菌生产技术是排在酵母之后的第二大商业化微生物生产技术。

13.6.1 降解木质纤维素及高值化利用

木质纤维素是世界上最丰富的可再生资源，也是农林废弃物的主要成分，占据约 50% 的碳资源，缺少木质素的高效降解和资源化利用技术是限制木质纤维素产业化的主要瓶颈之一（图 13-21）。在自然界碳循环和长期进化的过程中，植物通过产生木质素结构抗性屏障以抵御外来入侵和

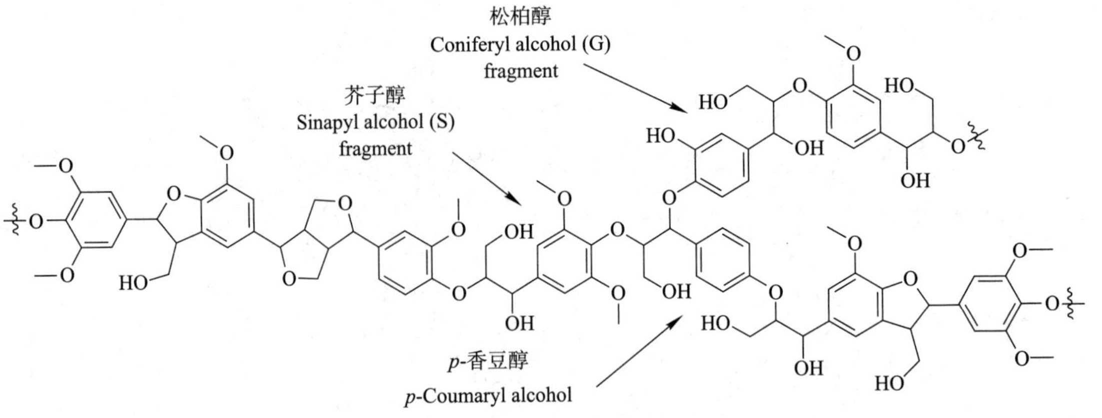

图 13-21 木质纤维素结构示意图

降解。与此同时，自然界中的微生物则通过不断进化获得解聚和转化木质素的能力和特性，从而使得木质纤维素中的碳素得到有效释放以维持自然界重要的碳循环。

食用菌具有降解木质纤维素的能力。食用菌主要通过产生漆酶（laccase）、木质素过氧化物酶（lignin peroxidase，LiP）、锰过氧化物酶（manganese peroxidase，MnP）和多功能过氧化物酶（versatile peroxidase）等多种胞外氧化还原酶及其产生自由基的辅助酶系实现对木质素的解聚。木腐类食用菌主要通过两条氧化途径对木质素结构进行解聚（图 13-22）。苯基香豆满和松脂醇降解途径是通过氧化木质素杂环结构中的呋喃结构，从而切断 C_α–C_β 键。而在 β- 芳基 - 乙醚氧化途径中，C_α–C_β 键被过氧化物酶切断，产生香兰素和苯甲基酮类物质，香兰素随后在香草酸脱氢酶作用下氧化为香草酸。经过这一系列的反应，食用菌实现了对木质素糖类结合体、苯基丙烷、木质素侧链以及芳香环结构的裂解。两条途径的本质都是以木质素降解酶系为主导的氧化还原反应，因此木质素氧化还原酶的类型及反应特征决定了木质素结构解构特征。

木质纤维素作为自然界体量最大的可再生芳香族原料，具备转化成塑料、脂质和精细化学品的巨大潜力。

聚羟基脂肪酸酯（PHA）是一类无毒且不溶于水的热塑性聚酯。聚 β- 羟基丁酸酯（PHB）是最早发现并研究最广泛的一种 PHA，在包装和医药材料等领域得到应用。用于生产 PHB 的木质素来源主要有三种，即木质纤维素酶水解后的残留木质素、制浆造纸业产生的牛皮纸木质素以及通过木质纤维素原料碱预处理获得的碱性预处理液（APL）。现阶段利用微生物生产 PHB 的原材料占生产成本的 50%，因此 PHB 商用的价格仍显著高于石油基塑料。选择廉价的木质素作为原料生产PHB，可以有效地降低成本并提高木质纤维素生物精炼厂的可持续性。

脂质可以作为生产食品和燃料的重要原料，木质素基芳香族化合物可以作为微生物合成脂质的底物。

香兰素（4- 羟基 -3- 甲氧基苯甲醛）是全球生产量最大的香精化学品，在食品和化妆品等领

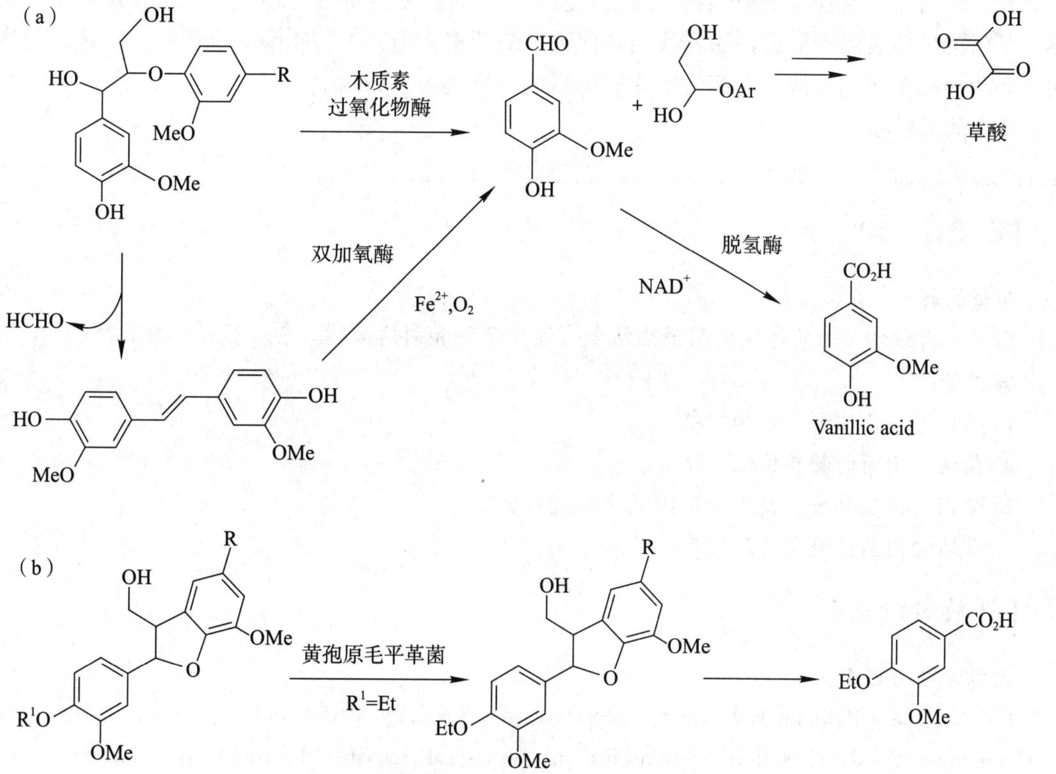

图 13-22　木质纤维素食用菌生物降解过程

域有广泛应用。利用木质素通过微生物转化合成的"天然"香兰素香气强度是石油基"合成"香兰素的 1.2 倍。

木质素的高值转化仍是一个复杂的过程，需要对上游解聚和下游转化等多个环节进行一体化设计，在对单一步骤进行强化的同时，也要注重各部分的有机偶联。

13.6.2 食用菌菌渣

食用菌菌渣（spent mushroom substrates）是食用菌栽培过程中收获子实体后剩下的废弃栽培基质。菌渣由菌丝体、木屑、棉籽壳、秸秆等组成，其中含有大量的粗纤维、木质素、多糖等成分，还含有丰富的蛋白质、氨基酸、糖类、维生素和微量元素。研究发现，每生产 1 kg 的食用菌约产生 3.25 ~ 5 kg 的菌渣，按照此比例计算，我国 2018 年可产生约 1.3 ~ 2.0 亿吨菌渣。废弃的菌渣可以作为生物质燃料、动物饲料和改良剂、作物栽培基质和肥料、其他菇类的栽培基质、生产材料、生产工业和生物化工行业所需的酶等被利用，从而实现经济循环发展。

某些食用菌品种的生物学效率只有 40% ~ 70%，如金针菇 50% ~ 100%、香菇 50% ~ 80%、杏鲍菇 40% ~ 80%，菌渣中含有大量的纤维素、木质素、半纤维素以及菌丝体等没有被利用，这些残存的纤维类物质和一些糖类物质仍可以作为肥料和栽培基质，为某些食用菌和蔬菜的生长提供充足的碳源，有利于增加土壤中有机质的含量，减少甚至替代化肥的使用。田间试验表明每公顷施用 100 t 的菌渣可以提高作物 50% 的产量，其效果与施用化肥相当，而且因为菌渣中含有丰富的有机质、较高比例的含氮量、含磷量以及多种微量元素，其含有的主要成分与化肥相似，因此，可以利用菌渣替代部分肥料施用；在施用菌渣的情况下，收获后土壤中磷含量增长了 2.3 倍，有机碳含量增加了 40%，有机氮含量增加了 28%。此外，钙、钾和镁的含量增长了 3 倍，但是施用化肥后的土壤，这些元素并没有增加。因此，菌渣能够提高作物产量和改善土壤性质，同时施用剂量也非常关键。

菌渣作为以木质纤维为主的材料，可以直接焚烧产生能量。目前，许多食用菌企业将菌渣直接造粒，作为工厂生物质锅炉燃料，通过焚烧为生产提供所需的部分热能。但是焚烧产生大量灰烬，既污染环境又浪费资源，随着我国环保政策的严格实施，生物质锅炉也逐步被淘汰，菌渣的加工利用面临更多的挑战，而菌渣中含有丰富的纤维类物质和糖类，可以通过氧化、热解、气化产生相应的燃料物质。

【习题】

名词解释：
菌丝和菌丝体　子实体　食用菌生活史　液体菌种和固体菌种　杂交育种　堆肥发酵

简答题：
1. 简述食用菌的形态结构特征。
2. 简述食用菌的营养价值。
3. 食用菌味道鲜美，简述食用菌风味形成的机理。
4. 简述食用菌菌渣定义及利用方式。

【开放讨论题】

文献阅读与讨论：

Lin S，Wang P，Lam K L，et al. Research on a Specialty Mushroom（*Pleurotus tuber-regium*）as a Functional Food：Chemical Composition and Biological Activities. Journal of Agricultural and Food Chemistry，2020，68（35）：9277-9286. DOI：10.1021/acs.jafc.0c03502

推荐意见：文章总结了虎奶菇的化学成分和生理功能，是一种很有前途的功能性食品和保健品，重点关注了其在食品和医药工业中应用的科学依据。

案例分析、实验设计与讨论：

猴头菇肉嫩味香，有"山珍猴头、海味燕窝"之称；《中华本草》认为猴头菇具有健脾养胃作用，试分析猴头菇具有上述营养功能的原因。

【参考资料】

1. 李长田，李玉．食用菌工厂化栽培学［M］．北京：科学出版社，2022．
2. 张金霞，赵永昌．食用菌种质资源学［M］．北京：科学出版社，2017．
3. 卯晓岚．中国大型真菌［M］．郑州：河南科学技术出版社，2000．
4. 郭成金．草菌生物学［M］．北京：科学出版社，2015．

第14章
微生物与食品腐败变质

　　在日常生活中，冰箱已经成为食品保鲜的"保险箱"，人们会将各种蔬菜瓜果、肉类、剩菜剩饭都放在冰箱，认为冰箱里的食物就不会变坏。但实际上，食物放在冰箱里只是在一定程度上减缓了微生物的生长繁殖、延长了食物的保质期，也是有保鲜期限的。蔬菜水果表皮腐烂、馒头包子上有霉点、肉类水产品表面发黏有腐臭味，这些都是我们在生活中常用来判断食品腐败变质的感官指标。食品腐败变质后不仅食物的营养和卫生质量降低，如果误食还会危害人体健康。

通过本章学习，可以掌握以下知识：

1. 食品腐败变质的原因及鉴定方法。
2. 不同类型食品中腐败微生物的来源、污染途径和预防措施。
3. 食品防腐保鲜技术。

【思维导图】

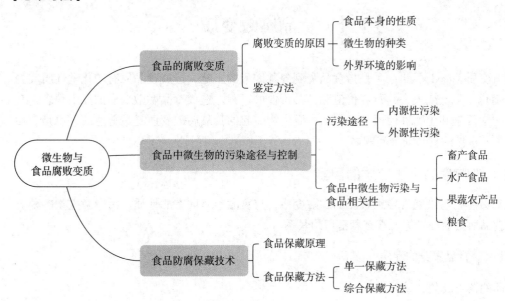

14.1 食品腐败变质

食品腐败变质（food spoilage）是指食品受到各种因素的影响，造成食品原有的化学性质或物理性质发生变化，降低或失去其营养价值和商品价值的过程。造成食品腐败变质的原因很多，有物理因素、化学因素和生物性因素，其中，由微生物引起的食品腐败变质是最普遍的，也是食品生产与经营中最常见的食品安全问题之一。

14.1.1　影响食品腐败变质的因素

食品受到微生物污染能否导致食品的腐败变质，与食品本身固有的性质、污染微生物的种类和数量以及食品所处的环境等因素有着密切的联系。

14.1.1.1　食品本身的性质

（1）食品的营养成分

乳、肉、蛋、水产、果蔬、粮食等各类食品除含有一定的水分外，还具有蛋白质、糖类、脂肪、无机盐、维生素等营养成分（表14-1），是微生物生长良好的培养基。但是不同食品中各类营养成分的含量差异较大，导致各类食品中腐败微生物的类型、增殖速度以及菌种组成差别较大。肉、蛋、奶等食品富含蛋白质，容易受到对蛋白质分解能力强的微生物污染而发生腐败；水果和蔬菜中主要成分是碳水化合物，引起其腐败变质的微生物以能分解利用碳水化合物为主要类群。

表 14-1　部分食品的平均化学组成及 pH

食品	水 /%	碳水化合物 /%	蛋白质 /%	脂肪 /%	pH
水果	85	13	0.9	0.5	一般小于 4.5
蔬菜	88	8.6	2.0	0.3	4.5 ~ 7.0
蛋白	87.6	0.8	10.9	痕量	碱性
蛋黄	51.1	0.6	16.0	30.6	6.8
猪肉	47.7 ~ 72.2	–	14.6 ~ 20.1	6.7 ~ 37.0	5.3 ~ 6.9

（2）食品的水分

微生物的生长除了需要碳源、氮源等营养物质外，水也是必不可少的。食品中的水分以游离态和结合态形式存在，微生物的生长繁殖与水分活度直接相关，水分活度（water activity，Aw）是食品中游离水的比例，表示为食品中水蒸气分压与相同温度下纯水蒸气压之比，数值为 0 ~ 1。不同微生物对水分活度的要求各不相同（表14-2），一般而言，微生物适宜生活在水分活度较高的食品基质中。大多数细菌在 Aw 低于 0.9 时几乎不能生长，大多数酵母和霉菌的最低 Aw 范围分别是

表 14-2　各种微生物生长的最低水分活度

微生物种类	生长最低的水分活度范围	微生物种类	生长最低的水分活度
大多数细菌	0.99 ~ 0.90	嗜盐细菌	0.75
大多数酵母	0.94 ~ 0.88	耐渗透压酵母	0.60
大多数霉菌	0.94 ~ 0.73	耐干燥霉菌	0.65

0.94～0.88 和 0.94～0.73。而乳、肉、蛋、水产、果蔬、粮食等各类食品的 Aw 值相差很大，因此，不同种类的食品造成腐败变质的微生物类型也不相同。新鲜食品原料的 Aw 值较高，在 0.98～0.99 之间，适合多种微生物生长，易引起食品的腐败变质。

（3）食品的 pH

食品的 pH 是影响微生物生长的重要因素之一。食品中氢离子浓度会改变微生物细胞膜所带电荷，致其细胞膜渗透性发生变化，从而影响微生物对营养物质的吸收及其正常物质的代谢活动，并引起微生物酶活性的变化，抑制细菌的生长繁殖。

不同种类微生物具有其生长最适的 pH 范围，食品的 pH 越偏向酸性或碱性，大多数细菌生长能力就越弱，可以生长的细菌种类也越少。大多数细菌的最适生长 pH 是 7.0 左右，而酵母（可以生长的 pH 范围在 2.5～8.0）和霉菌（可以生长的 pH 为 1.5～11.0）对 pH 的适应性较广，多数酵母的生长最适 pH 范围是 4.0～5.8 之间，霉菌生长的最适 pH 是 3.8～6.0。一般来说，当食品 pH 在 4.5 以下可抑制大多数腐败细菌的生长，仅有少数耐酸细菌可以生长，如乳杆菌属细菌，此时，引起食品腐败的多为霉菌或酵母。而在非酸性食品中，细菌、酵母、霉菌均可能生长，从而造成食品腐败变质。

（4）食品的渗透压

食盐和糖是食品形成不同渗透压的主要物质，一般微生物适宜在 0.85%～0.9% 的食盐溶液中生存，过高或过低的渗透压都会影响微生物的生命活动。将微生物置于低渗透压溶液中，菌体吸收水分发生膨胀，甚至破裂；而在高渗透压环境中，微生物菌体常因脱水而死亡。绝大多数微生物能在低渗透压的食品中生长，在高渗透压的食品中，各种微生物的适应情况也不同，取决于菌株的性质。多数霉菌和少数酵母可以耐受较高的渗透压，而绝大多数的细菌不能在较高渗透压的食品中生长。有些微生物对食盐和糖的耐受程度高，可将其分为嗜盐微生物、耐盐微生物和耐糖微生物，这些微生物可在较高渗透压的食品中生长，进而引起食品腐败变质。如盐杆菌属（Halobacterium）中的一些种，可以在 20%～30% 食盐浓度的食品中生活；异常汉逊酵母（Hansenula anomala）、鲁氏酵母（Saccharomyces rouxii）等能够耐受高糖，常引起糖浆、果酱、果汁等高糖食品的变质。

14.1.1.2　微生物的种类和作用

微生物污染是导致食品腐败变质的根源。微生物通过分泌相关酶系可以分解蛋白质、糖类或脂肪，从而引起不同类型食品的腐败变质。

（1）能分解蛋白质类食品的微生物

以蛋白质为主要成分的食品，导致其腐败变质的微生物多数通过分泌胞外蛋白酶水解蛋白质成为多肽，进而水解形成氨基酸，氨基酸再通过脱氨基、脱羧基、脱硫等作用进一步形成氨、胺类、有机酸类和各种碳氢化合物，食物表现出腐败特征。产生恶臭味是蛋白分解菌造成食品腐败变质的重要感官特征之一，这是由于这些微生物分解利用蛋白质时产生了胺类等碱基含氮化合物，如胺、伯胺、仲胺及叔胺等物质。

在细菌中，分解蛋白质能力较强的有芽孢杆菌属（Bacillus）、假单胞菌属（Pseudomonas），分解蛋白质能力中等的有摩根菌属（Morganella）、梭菌属（Clostridium），分解蛋白质能力较弱的有葡萄球菌属（Staphylococcus）、八叠球菌属（Sarcina）、无色杆菌属（Achromobacter）、产碱杆菌属（Alcaligens）、黄杆菌属（Flavobacterium）、埃希杆菌属（Escherichia）等。很多霉菌也具有分解蛋白质的能力，如青霉属（Penicillium）、根霉属（Rhizopus）、毛霉属（Mucor）、曲霉属（Aspergillus）等。而酵母菌能分解蛋白质的种类较少，分解能力较弱。

（2）能分解碳水化合物的微生物

能分解碳水化合物的微生物的酶系可以将这些食品组分分解成单糖、醇、醛、酮、酸、二氧化碳和水等产物，酸度升高、产气、稍带有甜味和醇类气体的产生是高糖类食品腐败变质的主要特征。

细菌中能高活性分解淀粉的种类不多，主要是芽孢杆菌属中的枯草芽孢杆菌（*Bacillus subtilis*）、马铃薯芽孢杆菌（*B. mesentericus*）等，这些是引起米饭发酵、面包产生黏液的主要菌种。而多数霉菌具有分解简单糖类的能力，如毛壳霉属（*Chaetomium*）以及曲霉属的黑曲霉（*A. niger*）、烟曲霉（*A. fumigatus*）、土曲霉（*A. terreus*）等。少数霉菌能够分解纤维素，分解能力较强的有绿色木霉（*Trichoderma viride*）和黑曲霉。通常，绝大多数酵母不能直接利用淀粉，但少数特殊的酵母，如拟内孢霉属能分解多糖，球拟酵母属（*Torulopsis*）和假丝酵母属中的一些酵母能分解蔗糖，引起果汁饮料、含糖酸性饮料变质。

（3）能分解脂肪类食品的微生物

分解脂肪类食品的微生物能生成脂肪酶，水解脂肪生成甘油和脂肪酸，这也是食品中油脂酸败的重要原因之一。脂肪类食品变质的特征是产生酸和刺激的哈喇味。

一般来讲，分解蛋白质能力强的需氧型细菌中多数能够分解脂肪。能分解脂肪的霉菌种类较多，常见的有黄曲霉（*A. flavus*）、黑曲霉、烟曲霉、灰绿青霉（*Penicillium glaucum*）、白地霉（*Geotrichum candidum*）等。能分解脂肪的酵母不多，主要是解脂假丝酵母（*Candida lipolytica*），这种酵母对糖类不发酵，但分解脂肪和蛋白质的能力较强，能引起乳制品与肉类食品中的脂肪酸败。

14.1.1.3 外界环境的影响

（1）温度

每种微生物都有适合生长的温度范围，根据微生物对温度的适应性，可将其分为嗜热、嗜冷和嗜温三大类微生物。这三类微生物所共同能适应生长的温度范围是在 20～30℃之间，在这个温度范围内，各种微生物都有可能引起食品变质。在高温条件下，少数微生物能够生长，通常将能在 45℃以上温度条件下进行代谢活动的微生物称为高温微生物，其最适生长温度可达 50～55℃，主要有链球菌属和乳杆菌属的嗜热链球菌（*Streptococcus thermophilus*）和嗜热乳杆菌、芽孢杆菌属的嗜热脂肪芽孢杆菌（*Bacillus stearothermophilus*）、凝结芽孢杆菌（*B. coagulans*）、以及梭状芽孢杆菌属的一些种。嗜热微生物体内的酶对热稳定性较中温菌强，在高温环境中，嗜热微生物引起食物变质的时间通常比嗜温菌要短。通常情况下，低温对微生物生长不利，但嗜冷微生物能在低温条件下（5℃或更低温度）生长，其最低生长温度一般在 –10～5℃，可造成食品在冷藏过程中腐败变质，如芽孢杆菌属、微球菌属、乳杆菌属，还有一部分酵母和霉菌也是嗜冷微生物。这些微生物在低温条件下生长代谢缓慢，其引起食品变质的时间也比较长。

（2）气体

食品接触的环境中 O_2 的存在与否及其浓度都会影响引起食品腐败变质的微生物的类型和变质速度。根据微生物生长对 O_2 需求量的不同，可将其分为需氧、厌氧和兼性厌氧三大类微生物。在有氧环境下，微生物进行有氧呼吸，生长代谢速度快，食品腐败变质的速度就快；在缺氧环境中，主要是由厌氧微生物引起的食品腐败变质，其速度较慢，如梭状芽孢杆菌属、拟杆菌属等。

除了 O_2，H_2、CO_2、N_2 等气体也会影响微生物的生长代谢。如在豆酱制曲过程中要及时翻曲通风，主要是由于米曲霉的呼吸作用可以提高曲料温度和释放一定的 CO_2，如不及时翻曲，高浓度 CO_2 会抑制曲霉的生长和蛋白酶的活性。在食品保鲜方面，充入一定浓度的 CO_2 可以防止由需氧性细菌和霉菌所引起的食品变质。

（3）湿度

空气湿度直接影响食品中的水分活度 Aw，进而影响微生物的生长代谢。对于未包装的食品，其表面直接与空气接触，若食品含水量低，而空气的相对湿度高，食品极易吸潮，此时如果其他条件适宜，微生物会大量繁殖而引起食品变质。如长江流域梅雨季节由于空气湿度大（相对湿度70%以上）易导致粮食发霉；要将食物置于通风干燥处保存也是由于空气湿度大易引起微生物污染，导致食品腐败变质。

除了温度、气体、湿度的影响，紫外线照射可以抑制食品表面微生物的生长，延缓食品腐败变质，同时，食品的包装方式及其完整性也会影响食品表面微生物的生长，真空包装能够隔绝氧气，减少食品表面与外界接触，可以有效防止食品腐败变质。

14.1.2 食品腐败变质的鉴定

食品受到微生物的污染，容易发生腐败变质，确定食品腐败变质的鉴定指标一般有感官、物理、化学和微生物等4个方面。

（1）感官鉴定

感官鉴定是以人的视觉、嗅觉、触觉、味觉来查验食品初期腐败变质的一种简单而灵敏的方法。食品腐败变质会导致食品表面出现霉斑或色泽发生变化、产生腐败臭味，出现组织变软、变黏等现象。

① 色泽 微生物在食品上快速生长可以形成微生物菌落，达到一定数量时就形成肉眼可见的霉斑，就是发霉现象，如干酪等蛋白质含量高的食品易受到霉菌的污染而发霉。同时，有些微生物会产生色素，分泌至细胞外，色素不断积累造成食品原有色泽的改变，如紫色色杆菌（Chromobacterium violaceum）能使奶油变为紫色。另外，由于微生物产生的代谢产物可以和食品中的一些成分发生反应，引起食品色泽的变化，如鲜肉腐败后蛋白质分解产生硫化氢，可以与肉中的血红蛋白相结合形成硫化氢血红蛋白，这种化合物可以积累在肌肉和脂肪表面，呈现暗绿色斑点。

② 气味 食品有自身的气味，当其受到微生物污染而变质时，会出现不正常的气味。通常，食品中产生的腐败臭味常是多种臭味混合而成的，蛋白质含量高的食品腐败变质后会产生氨、硫化氢、吲哚、甲基吲哚、硫醇、粪臭素等特殊臭味的气体；脂肪含量高的食品变质后，其不良味道主要是酸败味（哈喇味），这是由于油脂自身氧化过程中产生了醛、酮、酸等低分子物质，因此，产生与食品本身不同的异常气味是评定食品变质的嗅觉指标。

③ 口味 微生物造成食品腐败变质常会引起食品口味的变化，酸味和苦味是最容易分辨的口味。含糖类较多的食品在微生物体内酶的作用下，可发酵生成醇、羧酸、醛、酮、CO_2 和水，主要表现是酸度升高；含蛋白质较多的食品易在微生物的作用下产生令人不快的苦味，如苦味酵母（Torula ameri）、液化链球菌（Streptococcus liquefaciens）、乳房链球菌（S. uberis）等是干酪变苦的主要微生物，另外，枯草杆菌的某些菌株也能产生苦味。人的味觉可以大概评定食品的口味变化，精确的方法需要依赖电子舌等仪器测试。

④ 组织状态 食品变质时，随着微生物体内酶的作用，可引起食品组织细胞破坏，造成细胞内容物外溢，使食品性状发生变形、软化。发黏是肉类食品初期的腐败现象，主要是由细菌引起，具体表现为食品表面有黏液状物质产生，呈拉丝状，伴有较强的异味。肉体表面的黏液状物质主要是由腐生菌如假单胞菌、无色杆菌、变形杆菌、产碱杆菌、大肠杆菌等以及乳酸菌、酵母菌等产生，当肉体表面有发黏现象时，其表面含有的细菌数一般为 10^7 个 $/cm^2$。液态食品变质后易出现浑浊、沉淀、表面出现浮膜、变稠等现象。如鲜乳因微生物作用引起变质可出现凝块、乳清析出、变稠等现象，有时还会产气。

（2）物理指标鉴定

食品的物理指标，主要是根据蛋白质分解时低分子物质增多这一现象，先后研究食品浸出物量、浸出液电导率、折光率、冰点、黏度等指标。其中，肉浸液的黏度是反映肉类食品腐败变质程度的敏感指标。对于高脂食品来说，在油脂酸败过程中，脂肪酸分解所产生的固有碘价、凝固点（熔点）、比重、折光指数、皂化值发生变化，这些指标可以用来判断食品是否腐败变质。

（3）化学鉴定

食品在微生物的作用下发生腐败变质，进而引起食品化学组分的变化，产生腐败性产物，直接测定这些腐败产物可以作为判断食品质量的依据。蛋白质含量高的食品，其腐败变质常以挥发性盐基总氮（total volatile basic nitrogen，TVBN）作为食品新鲜度的判定指标，是指肉、鱼类样品浸液在弱碱性条件下能与水蒸气一起蒸馏出来的总氮量，主要是氨和胺类（三甲胺和二甲胺）。食品越新鲜，TVBN 值越低，当鱼类 TVBN 值达到 30 mg/100 g 时，即认为该食品变质。其中三甲胺是由季胺类含氮物经微生物还原产生，在新鲜的鱼虾或肉中是没有三甲胺的，食品腐败时，其含量开始升高。另外，K 值也是鉴定蛋白质含量高食品腐败变质的化学指标，K 值是指 ATP 分解的肌苷（HxR）和次黄嘌呤（Hx）低级产物占 ATP 系列分解产物的百分比，该指标主要适用于鉴定鱼类的早期腐败。若 K ≤ 20%，说明鱼体新鲜，若 K ≥ 40%，说明鱼体开始有腐败迹象。除上述这些指标，组胺含量和 pH 的变化也是食品腐败变质的化学指标，但是，受到食品种类、加工方式以及污染微生物种类的影响，pH 一般不作为食品初期腐败变质的指标。

（4）微生物检验

对食品进行微生物菌数测定，可以反映食品受微生物污染的程度，是判断食品卫生质量的一项重要指标。菌落总数和大肠菌群两个指标常用来判定食品卫生质量，一般食品中的活菌数达到 10^8 CFU/g 时，可认为该食品处于初期腐败阶段。详细的测定方法为《食品安全国家标准 食品微生物学检测 菌落总数测定》（GB/T 4789.2–2022）和《食品安全国家标准 食品微生物学检测 大肠菌群测定》（GB/T 4789.3–2016）。

14.2 食品微生物污染

14.2.1 微生物污染食品的途径

微生物无处不在，食品从原材料采摘、处理、加工、运输、消费等环节都可能受到微生物的污染，总体来说，微生物污染食品可以分为内源性污染和外源性污染。内源性污染主要是指作为食品原料的动植物体在生活过程中，由于本身带有的微生物而造成食品的污染称为内源性污染，也称第一次污染，如畜禽在生活期间，其消化道、上呼吸道和体表总是存在一定类群和数量的微生物。外源性污染是指食品在生产加工、运输、贮藏、销售、食用过程中，通过水、空气、人、动物、机械设备及用具等而使食品发生微生物污染称外源性污染，也称第二次污染。但是，不同类型的食品易受微生物污染的环节也有所不同。

14.2.1.1 内源性污染

作为食品原材料的动植物体本身会携带一定数量的微生物，由这些微生物所造成的食品污染为内源性污染。健康的畜禽体表和体内具有一定数量的微生物，若在屠宰、加工等过程中处理不当，会造成微生物的大量繁殖，影响最终食品品质。鲜蛋的表面有微生物的存在，即使是刚产下的蛋也可能带菌，这些微生物一方面可能来自家禽本身，在形成蛋壳之前，排泄腔内细菌向上污染至输卵管所导致。另一方面来自外界的接触，蛋从禽体排出后遇外界冷空气收缩，附在蛋壳上的微生物随着空气穿过蛋壳进入蛋内；蛋壳上有 7 000 ~ 17 000 个 4 ~ 40 μm 大小的气孔，外界的各种微生物都有可能进入，特别是储存时间长或洗涤的蛋，微生物更易侵入蛋内。粮食等植物原料表面也存在大量的微生物，经过洗涤、清洁等处理可以去除一部分微生物。

14.2.1.2 外源性污染

（1）通过土壤污染

土壤是微生物的天然培养基，土壤中含有一定量的有机物、无机物、水分、气体等各种营养物质和生长条件，是自然环境中微生物种类最多、数量最大的场所，可达 $10^7 \sim 10^9$ CFU/g。土壤中的微生物以细菌最多，占比 70% ~ 80%，依次为放线菌、霉菌、藻类和原生动物，果园土壤中酵母的数量也较多。土壤中微生物的分布是不均匀的，表层土壤受到日光照射等影响，微生物种类一般不多；在离地面 3 ~ 25 cm 的土壤中，微生物数量最多；愈往深处微生物种类愈少，在离地面 4 ~ 5 m 深的土层中几乎呈无菌状态。另外，空气、水体和人及动植物体的微生物也会进入土壤，其中也包含一些病原微生物。

土壤中的微生物一方面可以随着空气水体的活动而污染水源和空气，另一方面也会通过污染食品动植物原材料进入食品。

（2）通过水污染

自然界中的江、河、湖、海等各种淡水与咸水水域中都生存着相应的微生物，这些微生物的种类、数量与分布受到水体类型与层次、污染情况、季节等因素的影响，也与水体中有机物和无机物种类、含量、温度、酸碱度、含盐量以及含氧量等性质有关。一般来说，水体中微生物绝大多数是水中的天然寄居者，其对人类一般没有致病作用，这类微生物习惯于在洁净的湖泊和水库中生活，以自养型微生物为主，如硫细菌、铁细菌、衣细菌以及含有光合色素的蓝细菌、绿硫细菌和紫细菌等。另外，有一部分微生物是随垃圾、人、畜以及工业废弃物进入水体的，包含某些病原体，可以造成水体污染与疾病传播。其中以革兰氏阴性细菌为主，如变形杆菌属（*Proteus*）、大肠杆菌、产气肠杆菌（*Enterobacter aerogenes*）和产碱杆菌属（*Alcaligenes*）等，以及芽孢杆菌属、弧菌属（*Vibrio*）和螺菌属（*Spirillum*）中的一些种，也有一些肠道菌，如大肠杆菌（*Escherichia coli*）、粪链球菌（*Streptococcus faecalis*）、魏氏梭菌（*Clostridium welchii*）、沙门菌（*Salmonella*）等。海水中的微生物一般以嗜盐细菌为主，近海中常见的有无色杆菌属、黄杆菌属及假单胞菌属的细菌，常引起鱼体腐败，有的是海产鱼类的病原菌。海水中有些细菌则能引起人类食物中毒，如副溶血性弧菌（*Vibrio parahaemolyticus*）。

在食品的生产加工过程中，水既是很多食品的原料或配料成分，也是清洗、冷却、冷冻不可缺少的物质，食品机械设备、地面及用具的清洗也需要大量用水。自来水是天然水经净化消毒后使用的，除了水管漏洞、管道压力不足等情况可能会引起管道周边的微生物渗漏进入管道引起水体污染外，正常情况下含菌较少。但是，操作方法不当也可能造成微生物污染范围的扩大或交叉污染，如在牲畜宰杀时，动物皮毛或肠道内的微生物可通过水的散布而造成畜体之间的相互感染。生活污水的污染往往可能会带入一些病原微生物，再通过水的流动而传播，直接或间接污染各种水源。用这种水进行食品生产会造成严重的微生物污染，同时还可能造成其他有毒物质对食品的污染，引起食品安全问题。食品生产用水必须符合饮用水标准，采用自来水或深井水，循环使用的冷却水要防止被畜禽粪便及下脚料污染。

（3）通过空气污染

空气中不具备微生物直接利用的营养物质和充足的水分条件，不是微生物生长繁殖的场所。空气中的微生物主要来自于土壤、水、人和动植物体表的脱落物和呼吸道的排泄物，种类不固定，主要为霉菌、放线菌的孢子和细菌的芽孢及酵母。不同环境空气中微生物的数量与种类也有很大差异，公共场所、街道、畜舍、屠宰场及通风不良处的空气中微生物数量较多，如室内污染严重的空气中微生物数量可达 10^6 CFU/m³。空气中的微生物分布也随高度有所改变，离地面越高，微生物数量越少，在海洋、高山等空气清新的地方微生物的数量也较少。

食品，特别是未包装食品，直接与空气接触，空气中微生物会随着灰尘的飞扬和水滴的沉降落到食品表面，从而污染食品。人体的痰沫、鼻涕与唾液的小水滴中所含有的微生物包括病原微生物，当有人讲话、咳嗽或打喷嚏时均可直接或间接污染食品，这也是要求食品从业人员佩戴口罩的主要原因。因此食品暴露在空气中被微生物污染是不可避免的。

（4）通过人及动物接触污染

通常情况下，人体和各种动物的体表和体内，如健康人体的皮肤、头发、口腔、消化道、呼吸道等均有一定种类的微生物。正常情况下，这些微生物对人体无害，甚至有些是有益的或者不可缺少的。当病原微生物侵入正常人体或动物体引发疾病时，体内就会存在不同数量的病原微生物，这些微生物通过直接接触食品或通过呼吸道和消化道向体外排出而污染食品。其中，人的手未经清洁直接接触食品造成食品污染最为常见。除此之外，鼠、蝇、蟑螂等动物携带着大量的微生物，包括一些病原微生物，若在食品的加工、贮藏、运输及销售过程中，直接或间接与其接触，也会造成食品的微生物污染。

（5）通过其他途径污染

各种加工机械设备本身没有微生物所需的营养物，不适合微生物生长。但若有食品颗粒或汁液黏附在食品设备上，再加上生产结束后没有彻底消毒或灭菌，使微生物能够生长繁殖，若后续直接生产食品，就会成为食品中微生物的污染源。

食品的各种包装材料表面也有一定数量的微生物，若未经消毒直接用于消毒的食品包装，也会造成食品的重新污染。一般来说，一次性包装材料通常比循环使用的材料所携带的微生物数量少。塑料包装材料由于带有电荷，也会吸附灰尘及微生物。

14.2.2 食品微生物污染的控制

微生物能引起乳、肉、鱼、禽蛋、果蔬、粮食等各类食品的腐败变质，降低食品的营养价值，如果污染食品的微生物为能使人致病的病原菌，或者能产生毒素，可以引起食源性疾病和食品中毒，危害人体健康。同时，食品的整个供应链，从原料的处理到食品的消费，任何一个环节都有被微生物污染的可能。根据微生物的生长特性、食品的类型以及可能受到污染的微生物的种类，采取有效措施阻断微生物污染途径，控制食品污染，可以有效延长食品保质期、预防食品中毒的发生。

14.2.2.1 乳品中的微生物污染及其控制

乳及乳制品营养丰富，不论羊乳、牛乳还是马乳，其营养成分虽然略有差异，但均富含蛋白质、钙和维生素等，为人类提供了所需的各种营养物质，也使之成了适于微生物生长的天然培养基。牛乳是乳制品加工的主要原料，以其为例，说明牛乳中微生物污染的主要来源及控制措施。

1. 牛乳中微生物的来源

（1）牛体内部的微生物

从健康乳牛乳腺挤出的乳汁内仅含有少量细菌，是乳房的正常菌群，多为微球菌属和链球菌属，含量一般在 500 ~ 1 000 个 /mL。乳牛乳头前段易附着细菌，这些细菌在挤乳时被冲洗下来，因此，在最初挤出的牛乳中细菌含量较高。当乳牛乳房呈病理状态时，牛乳中的微生物数量增加，甚至有病原菌。乳房炎是乳牛的一种常见多发病，主要由某些病原微生物引起，如金黄色葡萄球菌、无乳链球菌（*Streptococcus agalactiae*）、乳房链球菌（*Streptococcus uberis*）、化脓棒状杆菌（*Corynebacterium pyogenes*）等。

（2）挤乳过程污染的微生物

挤乳过程中牛奶最易受微生物的污染，污染源包括乳牛体表、空气、挤乳器具、冷却储藏设备以及工作人员等。牛舍的洁净程度会影响空气的含菌量，牛体皮肤表面附着的尘埃、泥土、粪便及饲料屑等污染物，都有可能通过空气直接或间接影响牛乳中微生物的数量；挤乳器具的清洁、消毒不彻底或洗涤水受到污染，会造成微生物的大量增殖或交叉污染，造成牛乳中微生物含量增多；工作人员健康状况良好、工作衣帽洁净完整、操作手法正确等都有利于减少牛乳中微生物的污染状况。挤出的牛乳进行过滤并及时冷却，使其温度降低至10℃以下，若在此过程中接触的用具、冷却设备不洁净或冷却不及时，都有可能被微生物污染，影响牛乳的质量。

2. 牛乳中微生物污染的控制措施

鲜牛乳中微生物的控制要同时考虑尽量减少其中营养成分的破坏。一般情况下，鲜牛乳受到微生物污染越少，消毒的效果越好。对于牛乳中的非溶解性杂质，常采用过滤或离心净化的方式去除，而其中的微生物主要采用消毒灭菌的方法去除，特别是要杀灭全部病原菌。目前，鲜牛乳的消毒灭菌方法主要有低温长时间杀菌法和超高温瞬时杀菌法。

14.2.2.2　肉品中的微生物污染及其控制

1. 肉品中微生物的来源

除消化道、上呼吸道、身体表面、免疫器官存在一定类群和数量的微生物以外，健康牲畜的组织内部通常是没有微生物存在的。肉类中微生物的来源主要来自于牲畜宰杀过程中以及宰杀后的污染，牲畜宰杀时，放血、脱毛、去内脏、分割等环节所采用的器具、屠宰人员的健康情况及操作方式、以及屠宰用水及环境的洁净程度，都会影响肉中微生物的数量。如果肉体没有及时干燥、冷却或冷藏，因刚宰割后肉体温度较高，适于细菌繁殖，也会造成微生物的大量生长，易使肉品变质。除此之外，如果牲畜不健康，其组织内部可能还感染有病原微生物。

通常鲜肉在冷藏条件（0℃左右）下可存放10 d左右不变质，随着保藏温度上升，鲜肉表面的微生物迅速繁殖。其中，以细菌的繁殖速度最为显著，沿着结缔组织、血管周围或骨与肌肉的间隙蔓延到组织的深部，最后可使整个肉体变质。再加上牲畜宰后的肉体有酶的存在，使肉组织产生自溶作用，使蛋白质分解产生蛋白胨和氨基酸等，这样更有利于细菌的生长。

2. 肉品中微生物污染的控制措施

为了控制病原微生物污染肉品，屠宰厂必须对进厂畜禽进行宰前检查，健康并符合卫生质量和商品规格的畜禽，准予屠宰。在屠宰过程中，为了降低胴体的初始菌数，我国很多屠宰企业用蒸汽烫毛代替了传统的大池烫毛，之后再快速进行高温燎毛和用带电压的热水冲淋，极大地降低了微生物在胴体上的附着力并且杀死部分微生物。用带压的热水冲洗掉胴体表面的杂毛、粪便、血污等，也是减少胴体微生物污染的一个关键步骤。屠宰后对胴体采用两段快速冷却法（−20℃，1.5～2 h；0～4℃，12～16 h），使其中心温度快速降到4℃以下，降低酶的活性，再结合其他卫生控制措施（如良好的空气、洁净的水），可使胴体和分割产品的初始细菌总数保持在10^2～10^3 CFU/g，从而延长了肉品货架期。

14.2.2.3　禽蛋中的微生物污染及其控制

1. 禽蛋中微生物的来源

新鲜禽蛋内部一般是无菌的，鲜蛋表面有一层黏液胶质层，在蛋壳膜和蛋白中存在一定的溶菌酶等物质，可以有效阻止外界微生物的入侵或杀灭外界微生物，同时，放置一周后蛋白的pH偏碱性，也不利于微生物的生存，这些特征是鲜蛋保持无菌的重要原因。但是，在鲜蛋中经常发现有微生物，主要原因是卵巢内污染、蛋壳破坏污染以及储藏过程中造成的污染。在家禽体内没有形成蛋壳之前，如排泄腔内细菌向上污染至输卵管，可导致蛋的污染；蛋壳破损失去保护作用，储存时间长或者清洗过的蛋，微生物更易侵入，造成污染；鲜蛋冷却后的储藏温度也会直接影响鲜蛋内部微生物的数量，低温保鲜冷藏可以减缓鲜蛋微生物污染的速度。

家禽感染病原菌、或吃了含有病原菌的饲料都可能会使鲜蛋中带有病原微生物，影响禽蛋品质，若烹饪不彻底，易使人感染该种病原微生物，引起食源性疾病。

2. 禽蛋中微生物污染的控制措施

禽蛋腐败变质的主要原因是蛋中微生物所引起的，将鲜蛋置于适于微生物生长繁殖的环境中，会促进蛋的腐败变质。母鸡产蛋和鲜蛋存放环境洁净，可以减少微生物污染鲜蛋的概率。壳外膜和蛋壳是禽蛋的特殊结构，保护禽蛋的结构完整可以有效防止微生物入侵。禽蛋水洗或雨淋后，壳外膜消失或脱落后，外界的细菌、霉菌等微生物通过气孔侵入蛋内，加速蛋的腐败变质。另外，蛋壳内外的细菌多数为嗜温菌，即生长繁殖的最适温度在 20~40℃ 之间，若将禽蛋放置于微生物适宜生长的环境中，如适宜的温度和湿度，都会加速细菌的繁殖，加速蛋的腐败变质，因此，低温冷藏有利于蛋品保鲜。

14.2.2.4 水产品中的微生物污染及其控制

1. 水产品中微生物的来源

水产品的微生物污染主要分为原发性污染和继发性污染。水产品所在水体的洁净情况很大程度上决定了水产品的原发性污染状况，新捕获的健康鱼类，其组织内部和体液中一般是无菌的，只有在鱼体表面的黏液中、鱼鳃以及肠道内存在着微生物，这些部分都与所生活的淡水或海水环境直接接触。而继发性污染是指水产品从捕获后到销售过程中受到微生物的污染，如鱼捕捞、冷冻、装箱过程中渔具的洁净情况，以及在鱼体加工过程，包括剥皮、去内脏、分割、包装等环节均有受微生物污染的可能。在销售环节，市场环境、从业人员和盛放容器的卫生状况也是鱼体微生物的重要污染源。副溶血性弧菌是海产品中常见的（必检的）革兰氏阴性菌，是重要的人畜共患病原微生物，感染副溶血性弧菌的水产品若烹制不规范，可能引起严重的食源性疾病。

2. 水产品中微生物污染的控制措施

水产品中酶的作用、细菌的作用以及以氧化为主的化学作用综合起来引起水产品的腐败变质。因此，控制酶的活性和细菌的繁殖是水产品保鲜的基础理论，有效的措施包括低温保鲜贮藏、降低水分活度、隔断与空气的接触。碎冰冷却保鲜是运输途中、或批发零售最常用的方法，通过碎冰将鱼体的温度降低到鱼体液汁的冰点，按照一层冰一层鱼、薄冰薄鱼的方法装入容器，可以达到短期保鲜的目的。也可以采用冷海水冷却保鲜，即将刚捕捞的鱼浸渍在混有碎冰的冷海水中，使鱼冷却死亡，减少对鱼体的压挤损伤。冻结保鲜可以延长贮藏期，即将鱼温降低至中心温度为 −15℃ 或更低温度，是目前最佳的保藏手段。降低水分活度可以采用腌熏或干制加工，高浓度的食盐可以有效抑制鱼体表面的微生物生长，干制降低了鱼体表面和内部的水分，使细菌失去了生长繁殖的环境。鱼体表面的微生物多数为需氧型微生物，对鱼制品进行包装，可以阻断其与空气的接触，阻止需氧型芽孢细菌的生长，从而提高水产制品的贮存性。

14.2.2.5 果蔬中的微生物及其控制

1. 果蔬中微生物的来源

一般来说，正常的果蔬内部组织是无菌的，极少数可能微生物在开花期侵入果蔬致使其内部组织有微生物的存在。果蔬的共同特点是其主要成分是碳水化合物和水，水分含量在 85% 以上，适宜微生物的生长繁殖。果蔬在采摘前的微生物来源于植物病原微生物的侵害，以及通过接触外界环境附着。新鲜的果蔬表皮及表皮外覆盖的一层蜡质状物质有防止微生物侵入的作用。当果蔬表面组织受到昆虫的刺伤或其他机械损伤，即使是微小的损伤，微生物也可以侵入果蔬内部，促使果蔬腐败变质。同时，表皮组织较薄的一些蔬菜水果更易受到损伤发生腐烂变质。采摘后的果蔬存放环境是影响果蔬微生物污染的重要因素，温度高、湿度高的环境更适宜微生物的生长繁殖，促使果蔬腐烂。

2. 果蔬中微生物污染的控制措施

在采摘前可以通过控制果蔬病虫害减少植物病原微生物的侵害，如选育抗病害植株、合理喷洒农药等。在果蔬采摘后，保持果蔬表面的完整、减缓果蔬的呼吸作用是控制微生物生长的基本原则。将水果蔬菜放置在低温环境下保存，保持干燥，小心轻放，防止破皮，有助于控制腐败。低温冷藏保鲜可以抑制微生物的生长，同时，低温可以减缓果蔬的呼吸作用，减少能量消耗，延缓果蔬腐败。在冷藏保鲜时需考虑不同类型的果蔬有各自适宜的低温范围，选择不同的冷藏库，在运输过程中也要实行冷链保鲜，并在出库时注意逐渐升温。果蔬保鲜的其他方法包括气调保鲜、减压保鲜等物理方法、保鲜剂保鲜法、电子技术保鲜法等化学方法、以及辐照保鲜和保水保鲜等生物方法。

14.2.2.6 粮食中的微生物污染及其控制

1. 粮食中微生物的来源

粮食中微生物污染物的来源有两个方面，一是与粮食作物长期共生的微生物，主要存在于种子分泌物中，与作物的生长代谢息息相关；二是存在于土壤、空气中的微生物，在粮食收获、运输、加工、贮藏的环节，通过各种途径侵染粮食，其中，以霉菌的危害最为严重。粮食作物的种植离不开土壤，土壤中的很多微生物通过气流、风力、雨水、昆虫活动以及人的操作等方式，带到粮食籽粒或粮食表面，尘埃杂质多、土粒多的不干净粮食上微生物的数量也多。粮食的存放条件，特别是在湿度大、温度高、氧气充足的环境中，很适合霉菌生长并大量繁殖，其可使谷类及其制品发霉或腐败变质，并产生真菌毒素，如黄曲霉毒素，危害食品安全。粮堆内生物体呼吸作用所产生的粮食发热现象也容易加速微生物活动，引起粮食霉变，散发出强烈的霉臭味。在粮食加工或运输过程中，卫生条件差，也会滋生大量微生物，造成微生物污染。

2. 粮食中微生物污染的控制措施

粮食贮藏是导致微生物污染粮食的最主要的环节，提高粮食储藏品质、改善储藏条件可以控制粮食中微生物的污染。新收获的粮食一定要晒干扬净，利用风车和清理筛机械，清除粮食中的各种杂质、破损和不成熟颗粒，在符合国家相关标准后方可入仓保管。干燥的贮藏环境不利于微生物的生长，有利于粮食保管。通过建设防潮层、防潮墙，隔绝湿气或根据外界温度通风降温或密闭隔热，保持粮食低温，可以防止粮食吸湿返潮，抑制霉菌的生长。在粮食贮藏过程中，也要经常检查粮食的色泽、气味及粮粒的软硬程度，尽早发现粮食霉变的早期变化，及时采取措施，减少储粮损失，保证粮食安全。

不同类型的食品变质是由于不同微生物类群引起的，表 14-3 展示了引起乳品、肉品、禽蛋、水产品、果蔬、粮食变质的常见的微生物类群。

图 14-3　常见引起不同类型食品变质的微生物种类

食品类型	微生物种类
乳品	乳链球菌、乳酪链球菌、粪链球菌、液化链球菌、嗜热链球菌、乳球菌属、明串珠菌属、乳杆菌属等乳酸细菌、埃希菌、克雷伯菌、肠杆菌、柠檬酸杆菌、变形杆菌、沙雷菌属、假单胞菌属、产碱杆菌属、黄杆菌属、微球菌属、芽孢杆菌属、梭菌属、脆壁酵母、球拟酵母、中间假丝酵母、汉逊德巴利酵母、乳酪青霉、灰绿青霉、灰绿曲霉、黑曲霉、黄曲霉等腐败微生物；以及葡萄球菌属、链球菌属、弯曲杆菌属、耶尔森菌属等原料乳中的病原菌
肉品	假单胞菌属、无色杆菌属、产碱杆菌属、微球菌属、链球菌属、黄杆菌属、八叠球菌属、明串珠菌属、变形杆菌属、埃希杆菌属、芽孢杆菌属、梭状芽孢杆菌属、假丝酵母属、丝孢酵母属、芽枝霉属、卵孢霉菌、枝霉属、毛霉属、青霉属、交链孢霉属、念珠霉属等腐生微生物；结核杆菌、布氏杆菌、炭疽杆菌、沙门菌等病原微生物

食品类型	微生物种类
禽	沙门菌、沙雷菌、葡萄球菌、不动杆菌、产气单胞菌、产碱杆菌、芽孢杆菌、梭状芽孢杆菌、棒状杆菌、肠球菌、肠杆菌、埃希菌、黄杆菌、李斯特菌、微杆菌、微球菌、假单胞菌、变形菌、嗜冷杆菌、粪链球菌；白地霉、毛霉、青霉、根霉；假丝酵母、隐球酵母、毕氏酵母、红酵母、球拟酵母、丝孢酵母等
蛋	枯草杆菌、变形杆菌、大肠杆菌、产碱粪杆菌、荧光杆菌、绿脓杆菌、沙门菌、部分球菌、芽枝霉、分枝孢霉、毛霉、枝霉、葡萄孢霉、交链孢霉、青霉菌等
鱼	玫瑰色微球菌、盐沼沙雷菌、盐地假单胞菌、红皮假单胞菌、盐杆菌属等嗜盐菌以及不动细菌、产气单胞菌、产碱杆菌、芽孢杆菌、棒杆菌、肠道菌、大肠杆菌、黄杆菌、乳酸菌、李斯特菌、微杆菌、假单胞菌、嗜冷菌、弧菌等
果蔬	白边青霉、绿青霉、交链孢霉、镰孢霉属、灰绿葡萄孢霉、柑橘褐色蒂腐病菌、柑橘茎点霉、梨轮纹病菌、苹果褐腐病核盘霉、苹果枯腐病霉、扩张青霉、串珠镰刀霉、马铃薯疫霉、茄绵疫霉、番茄交链孢霉、番薯黑疤病菌、黑曲霉、蓖麻疫霉、洋葱炭疽病毛盘孢霉、黑根霉、软腐病欧氏杆菌、胡萝卜软腐病欧氏杆菌等
粮食	主要为霉菌，以曲霉属、青霉属、镰孢霉属的一些种为主

知识拓展 14-1
罐藏食品涨罐的原因

14.3　微生物生长的控制与食品保藏

14.3.1　食品保藏原理

食品保藏首先要解决的问题是微生物引起的腐败变质，这是整个食品行业在贮藏、加工、流通、销售等环节中都会遇到的重要问题。食品保藏的原理是围绕着防止微生物污染、杀灭或抑制微生物生长繁殖以及延缓食品自身酶系的活性，采用物理学、化学和生物的方法，使食品在尽可能长的时间内保持其原有的营养价值、色、香、味及良好的感官性状。为了达到控制微生物的目的，保证食品成品的品质，通常会采取以下措施来控制食品中微生物的污染：①减少微生物的数量。②除去食品中的微生物。③抑制微生物的生长繁殖。④利用微生物发酵抑制有害微生物的生长和繁殖。⑤缩短食品加工工序的时间间隔。

14.3.2　食品保藏方法

基于食品保藏原理，所采用的食品保藏方法也很多。如低温保藏食品，即在冷藏（−1 ~ 10℃）或冷冻保藏（−23 ~ −12℃，以 −18℃最为适用），因为污染食品的微生物大多为中温菌，最适生长温度在 20 ~ 40℃，在 10℃以下除了少数嗜冷微生物能活动外，大多数微生物难以生长繁殖，除此之外，低温还可以抑制食品中酶的活性，防止或减缓食品的变质。对于动物性食品，保藏温度越低越好。而新鲜的果蔬，如果保藏温度太低，则会引起果蔬的生理机能障碍而受到冷害（冻伤）；食品干燥脱水保藏就是通过干燥降低食品的含水量（水分活度），使微生物得不到充足的水而不能生长，从而达到抑制微生物的生长和繁殖。常用于食品干燥脱水的方法有：日晒、阴干、喷雾干燥、减压蒸发和冷冻干燥等；高温保藏食品是利用高温可以直接杀灭微生物或其生命体，或使食品中的酶失活的原理，常用的食品高温杀菌方法大体有以下几类：常压杀菌（巴氏消毒法）、加压杀菌、超高温瞬时杀菌、微波杀菌、远红外线加热杀菌和欧姆杀菌等。食品高温杀菌虽然是延长食品贮藏期最常用的方法之一，但是，食品经热处理后会影响食品的品质，特别是易造成食品中热敏性营养成分的损失；食品非加热杀菌保藏（冷杀菌）是相对于加热杀菌而言，无须对物料进行加热，而是利用其他灭菌机理杀灭微生物，可以避免食品成分受热而被破坏。这类杀菌方法有多种，如放射线辐照杀菌、超声波杀菌、放电杀菌、高压杀菌、紫外线杀菌、磁场杀菌、臭氧杀菌等。除此之外，气调、腌渍、发酵等单一保藏方法以及栅栏技术等综合保藏方法也广泛应用于食品的保藏。

14.3.2.1 气调保藏

食品气调保鲜技术是指在一定的封闭体系内，通过各种调节方式得到不同于正常大气组成（或浓度）的调节气体，以此来抑制食品本身引起食品变质的生理生化过程和微生物活动，从而达到延长食品保鲜或保藏期的目的。气调保藏特别适合于鲜肉、果蔬的保藏，也可用于谷物、鸡蛋、水产品等的保鲜或保藏。食品储藏的环境，特别是其中 O_2 和 CO_2 的浓度，直接或间接影响食品变质的速度和程度，气调作用的原理就是通过控制食品周围的气体组成，如增加环境气体中 CO_2、N_2 比例，降低 O_2 比例，再配合适当的温度条件，延长食品的货架期。根据气体调节原理可将气调保藏分为 MA（modified atmosphere）和 CA（controlled atmosphere）两种，前者是用改良的气体建立气调系统，后期不再调整；后者是在食品贮藏过程中，气体的浓度一直控制在某一恒定的值或范围内，无论哪种方法，必须将食品封闭在一定的容器或包装内，如气调库、气调车、气调袋、涂膜保鲜、真空包装和充气包装等。

以果蔬保藏为例，适当降低 O_2 浓度和提高 CO_2 浓度可以降低果蔬的呼吸强度，降低果蔬对乙烯的敏感性，延长叶绿素的寿命，减慢果胶的变化，减少果蔬组织在冷害温度下积累乙醛、醇等有害物质，还可以抑制微生物活动，防治虫害等。但是，过高的 CO_2 浓度也会对果蔬组织产生毒害作用，如造成正常呼吸的生理障碍，反而缩短贮藏时间。因此，需要根据果蔬的不同特性，选择适当低温和相对湿度及合适的 O_2 和 CO_2 浓度，在保持果蔬正常代谢的基础上采取综合防治措施，有效延长果蔬货架期，降低储藏腐败率。

14.3.2.2 腌渍保藏

食品腌渍是一种传统的食品保藏技术，在我国有悠久的历史，特别是在我国南部地区，每年冬天腌制的腊鱼、腊肉就是采用这种方法，抑制微生物生长，延长食品的保存期。食品腌渍保藏是利用食盐、糖等腌渍材料处理食品原料，使其渗入食品组织内部，提高其渗透压，降低水分活度，不适于微生物生长。腌渍所采用的材料统称为腌渍剂，常用的有食盐、糖、醇、酸、碱等，用盐作为腌渍剂进行腌渍的过程称为盐渍，用糖作为腌渍剂称为糖渍，经过腌渍加工的食品称为腌渍品，如腊肉、火腿、果酱、果脯等。腌渍也是一种食品加工过程，可以赋予食品新的风味，保持食品组织形态。

以盐渍为例，高浓度的食盐溶液具有很高的渗透压，使微生物细胞脱水，导致质壁分离，抑制微生物的生理代谢活动，抑制微生物生长或致其死亡；同时，盐渍还可以促进水合离子的形成，降低食品的水分活度，导致微生物能利用的水分减少，从而抑制其生长；食盐溶液中高浓度的 Na^+、Mg^{2+}、K^+ 和 Cl^- 可以与微生物原生质中的阴离子结合对微生物产生毒害作用；食盐溶液中氧含量降低，造成了缺氧环境，一些好氧微生物的生长受到抑制。当然，不同微生物对食盐浓度的适应性差别较大，一般霉菌对食盐的耐受性较强，以及一些嗜盐性微生物，如红色细菌、接合酵母属和革兰氏阳性球菌在较高的食盐溶液（15% 以上）中仍能生长。

14.3.2.3 发酵保藏

食品发酵保藏是利用微生物的相互作用达到抑制腐败菌生长的目的，从而延缓食品腐败变质的方法。发酵技术也是一种加工方式，一直以来，人类就利用发酵原理制造食品，如酒、豆豉、豆瓣酱、泡菜、腐乳、奶酪等，保存、转化多余的果蔬和粮食。发酵除了提高食品的耐藏性外，还可以提高食品的营养价值，改善食品的风味和香气，改变食品的组织结构等。

食品中微生物的种类繁多，发酵保藏是典型的生物保藏食品的方法，食品发酵用于保鲜食品的基础是发酵微生物能够产生足够浓度的酒精和酸来抑制多种腐败菌的生长活动。目前，食品发酵已经发展为一个种类繁多、规模宏大、充满发展前途的产业。根据涉及发酵用微生物种类的不同，有自然发酵、单菌纯种发酵、混菌纯种发酵等类型。自然发酵是传统的发酵方式，借助自然环境或食品原料中存在的天然微生物菌群进行混合发酵而获得发酵食品，如传统的酿酒、制醋、做酱及干酪等，这种发酵方式多数依赖于实践经验，发酵过程常常有多种微生物参与，其产物往往也是多种多样的，发酵过程较难控制，也可能存在一定的安全性。随着现代发酵工业的发展，单菌纯种发酵和混菌纯种发酵成为食品工业的主要方式，单菌纯种发酵是使用单一微生物发酵，如啤酒；混菌纯种发酵是采用2种或2种以上纯培养的微生物进行食品发酵，是传统发酵食品科学化、规模化生产的主要方向。

🌐 **知识拓展 14-2**
欧姆杀菌

14.3.2.4　栅栏技术

随着有关食品防腐保鲜研究的深入，综合保鲜技术能够保持食品的安全、稳定、营养和风味，其应用也日渐突出。目前综合保鲜研究的主要理论依据是栅栏因子（hurdle factor）理论。

微生物的内平衡是微生物处在正常状态下内部环境的稳定和统一，食品若要达到可贮性与保证卫生安全性，其内部必须存在能够阻止食品所含腐败菌和病原菌生长繁殖的因子，使得微生物失去生长繁殖的能力，甚至死亡，这些因子被称为栅栏因子。栅栏因子能够临时或永久地打破微生物的内平衡，从而抑制微生物的繁殖和产毒，保持食品品质，达到食品防腐保藏的目的。在实际生产中，运用不同的栅栏因子，科学合理地将其组合起来，发挥其协同作用，从不同方面抑制引起食品腐败的微生物，形成对微生物的多靶攻击，从而改善食品品质，保证食品的卫生安全性，这种技术即为栅栏技术（hurdle technology，HT）。这一理论和技术是1976年由德国肉类研究中心Leistner博士提出的。

食品防腐上最常用的栅栏因子，都是通过加工工艺或添加方式设置的。不同栅栏因子的有效性是对微生物细胞的不同目标进行攻击，如细胞膜、酶系统、pH、水分活度或氧化还原电势，根据食品内不同栅栏因子所发挥的累加或交互效应，从不同方面打破微生物内平衡，实现有效的栅栏交互效应。到目前为止，已应用于食品保藏中的栅栏因子大约有50个，其中最重要和最常用的如表14-4所示。

表14-4　食品保藏中重要的栅栏因子

食品保藏栅栏因子	相应的方法
温度	高温杀菌或低温保藏
酸度（pH）	高酸度或低酸度
水分活度（Aw）	高水分活度或低水分活度
氧化还原电势（Eh）	高氧化还原电位或低氧化还原电位
气调	氧气、二氧化碳、氮气等
包装材料及包装方式	真空包装、气调包装、活性包装、涂膜包装等
压力	高压或低压
辐照	紫外线、微波、放射性辐照等
物理加工法	高电场脉冲、射频能量、震荡磁场、荧光灭活、超声处理等
微结构	乳化法、固态发酵法等

食品保藏栅栏因子	相应的方法
竞争性微生物	乳酸菌、双歧杆菌等有益菌
防腐剂	包括天然防腐剂和化学合成防腐剂

在防腐剂的应用方面，栅栏技术的运用意味着使用小量、温和的防腐剂，科学合理地搭配各种栅栏因子，其所起的防腐作用不仅仅是单个因子作用的累加，更是发挥了这些因子的协同效应，防腐保鲜效果更明显。除此之外，食品中存在的栅栏因子也会影响食品的感官品质、营养品质、工艺特性和经济效益。在实际生产中，科学组合和适宜强度的栅栏技术更有益于食品的保质，这也是大有研究前景和应用前景的技术。

知识拓展 14-3
预测微生物学在食品保藏中的应用

【习题】

简答题：

1. 什么是食品的腐败变质？造成食品腐败变质的原因有哪些？
2. 简述微生物引起食品腐败变质的环境条件。
3. 微生物引起食品腐败变质的鉴定指标有哪些？
4. 简述食品防腐保藏的原理和主要方法。
5. 什么是栅栏技术？其原理是什么？栅栏因子包括哪些？

【开放讨论题】

案例分析：

1. 阐述食品腐败变质与食品的相关性，并分析食品腐败变质的原因。
2. 结合食品单一防腐保藏技术，分析食品的综合防腐保藏技术的优缺点。

【参考资料】

［1］何国庆，贾英民，丁立孝. 食品微生物学［M］. 第 2 版. 北京：中国财经经济出版社，2009.

［2］江汉湖，董明盛. 食品微生物学［M］. 第 3 版. 北京：中国农业出版社，2010.

［3］孔保华，陈倩. 肉品科学与技术［M］. 北京：中国轻工业出版社，2018.

［4］李宗军. 食品微生物学：原理与应用［M］. 北京：化学工业出版社，2014.

［5］吕嘉枥. 食品微生物学［M］. 北京：化学工业出版社，2007：180-226.

［6］肖克宇，陈昌福. 水产微生物学［M］. 第 2 版. 北京：中国农业出版社，2019.

［7］中华人民共和国国家卫生健康委员会，国家市场监督管理总局. 食品微生物学检测 菌落总数测定：GB 4789.2-2022［S］. 北京：中国标准出版社，2022.

［8］中华人民共和国国家卫生与计划生育委员会，国家食品药品监督管理总局. 食品微生物学检测 大肠菌群测定：GB 4789.3-2016［S］. 北京：中国标准出版社，2016.

［9］Leistrer L，Gorris L G M. Food preservation by combined processes［R］. Final Report FLAIR Concerted Action No. 7，Subgroup B. European Commission. DGII，Brussels，Belgium. 1994.

［10］Poltronieri P. Microbiology in dairy processing：challenges and opportunities［M］. Wiley-Blackwell，2017.

第15章
微生物与食品安全

　　食品安全关系国计民生，食品微生物安全问题是食品安全的核心和突出体现。据世界卫生组织统计，全球食源性疾病患者总人数数以亿计，其中70%是由食品中致病微生物污染引起。由于致病微生物个体小、繁殖快，分布较广，可以污染食品原料种植/养殖、食品加工、储藏、运输、销售以及烹调等任何一个环节。

通过本章学习，可以掌握以下知识：
1. 食品微生物的检验技术。
2. 典型食源性致病微生物的类型及其控制方法。
3. 食品卫生指示菌的检验及其操作流程。
4. 致病菌与食品安全评定。

【思维导图】

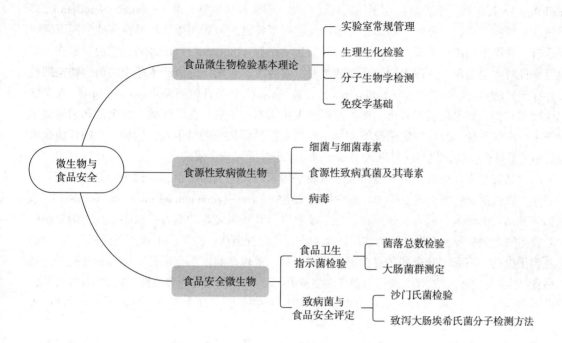

大多数附着于人体体表或体内的非致病性微生物是正常的微生物菌群（normal microflora，mormal flora），其中有些是长期存在于体表或体内的，即常驻微生物菌群（resident microflora），多见于皮肤、结膜、口腔、鼻腔、咽部、大肠以及泌尿生殖道。而有些微生物只在某些情况下暂时存在于有常驻微生物菌群出现的部位，即暂驻微生物菌群（transient microflora），它们只有在满足其生存条件时才会出现，一般出现数小时或数月。实际上，对人体健康产生危害的微生物是那些少数存在于自然界的致病微生物（pathogenic microorganism）和条件致病菌（opportunists）。前者能引起生物体病变，如可以引起人类、禽类流感的流感病毒；后者是在常驻微生物菌群和暂驻微生物菌群中存在的几种、只在特定情况下利用某些特定条件而致病的微生物，例如：大肠杆菌是人类大肠中的常驻微生物，但其一旦进入手术创口等非正常区域就会致病。

引起食品安全事件很大一部分是由人摄入致病因素污染的食品所引起，称为食源性疾病，其中，引起食源性疾病的微生物被称为食源性致病微生物（food-borne pathogenic microorganism），包括细菌、真菌及其毒素、病毒、朊病毒、原生动物以及某些多细胞动物寄生虫等。从美国疾病防控中心公布的九大食源性疾病分别为沙门氏菌中毒、弯曲杆菌病、志贺菌中毒、大肠杆菌 O157 感染、隐孢子虫病、小肠结肠炎耶尔森菌感染、弧菌病、单核细胞增生李斯特菌中毒和环孢子虫感染。在食品生产、加工、贮存、流通及消费的各个环节，都有可能受到食源性致病微生物的污染，根据世界卫生组织（World Health Organization，WHO）的报告，近几十年来，很多起源于动物的人类传染病，往往是通过食品和食品加工进行传播。

本章在阐述微生物安全、日常管理，以及其检验方法等理论的基础上，主要介绍几种典型的食源性致病微生物，涉及细菌、真菌及其毒素以及病毒，并对食品指示微生物的限量标准、典型检测方法进行阐述。

15.1　食品微生物检验基本理论

15.1.1　微生物安全与实验室常规管理

为了保障微生物学检验，特别是食源性病原微生物检验工作的顺利进行，微生物安全及相关实验室的建设与管理是最重要的工作之一。2021 年 4 月 15 日开始施行的《中华人民共和国生物安全法》中第五章规定了病原微生物实验室生物安全，要求从事病原微生物的实验活动应当严格遵守有关国家标准和实验室技术规范、操作规程，采取安全防范措施，国家根据病原微生物的传染性、感染后对人和动物的个体或群体的危害程度，对病原微生物实行分类管理，根据对病原微生物的生物安全防护水平，对病原微生物实验室实行分等级管理。国家标准 GB 19489-2008《实验室 生物安全通用要求》中对所操作生物因子采取的防护措施，将实验室生物安全防护水平分为一级、二级、三级和四级，各级实验室适用性如表 15-1 所示。

表 15-1　我国实验室生物安全防护水平分级规定（GB 19489-2008）

实验室生物安全防护水平	生物安全级别（BSL）	适用性
一级	BSL-1	适用于操作在通常情况下不会引起人类或者动物疾病的微生物
二级	BSL-2	适用于操作能够引起人类或动物疾病，但一般情况下对人、动物或者环境不构成严重危害，传播风险有限，实验室感染后很少引起严重疾病，并且具备有效治疗和预防措施的微生物

实验室生物安全 防护水平	生物安全级别 （BSL）	适用性
三级	BSL-3	适用于操作能够引起人类或者动物严重疾病，比较容易直接或者间接在人与人、动物与人、动物与动物间传播的微生物
四级	BSL-4	适用于操作能够引起人类或者动物非常严重疾病的微生物，以及我国尚未发现或者已经宣布消灭的微生物

　　WHO 最新发布的《实验室生物安全手册》（第 4 版）提出生物因子的实际风险不仅受到所操作生物因子本身的影响，还会受到所执行的程序和操作人员能力的影响。因此，该版手册将实验室生物安全防护要求分为"核心要求（core requirements）"、"加强要求（heightened control measures）"和"最高要求（maximum containment measures）"。

　　针对微生物的生物危害级别，在实验室的硬件建设和软件建设等方面也有特定要求。实验室的硬件建设包括设计施工单位资质的认定、实验室选址、各功能区的设置分布、以及实验室通风与净化、给水排水、电力系统、自控系统和通讯、生物安全柜的正确安装与实验室消防等技术要求，如生物安全柜应安装于排风口附近，不得安装在门口，应处于空气流方向下游，生物安全柜背面、侧面离墙距离不小于 150 mm～300 mm，顶部留有不小于 300 mm 的空间。实验室的软件建设包括实验室的质量管理体系建设、人员管理、生物安全设备管理、人员防护及安全措施的培训等，如二级或更高级别的生物安全实验室，应在实验室门上标有国际通用的生物危害警告标志。

15.1.2　微生物生化试验

　　微生物生理生化试验是微生物分类鉴定中的重要依据和方法。将微生物进行染色后在显微镜下可以观察其形状、大小、排列方式、细胞结构及染色特性，可以从形态结构上区别、鉴定微生物。对于在形态上不易区别的微生物，常用微生物生化反应鉴别，即通过化学反应测定微生物的代谢产物，常用的生化反应及其鉴定指标如表 15-2 所示。

表 15-2　微生物生理生化试验及其鉴定原理

试验类型	鉴定原理
糖（醇、苷）发酵	根据细菌对各种糖（醇、苷）的发酵能力，观察产气或不产气，对各类细菌进行鉴别
淀粉水解试验	能产生淀粉酶的细菌可以将淀粉水解为麦芽糖或葡萄糖，遇碘不再变蓝。
V-P 试验	某些细菌在葡萄糖蛋白胨水培养基中能分解葡萄糖产生丙酮酸，丙酮酸脱羧生成乙酰甲基甲醇，在强碱环境下，进一步被氧化成二乙酰，二乙酰与蛋白胨中精氨酸所含的胍基生成红色化合物，称为 V-P 阳性反应
甲基红试验	肠杆菌科各菌属都能发酵葡萄糖，在分解葡萄糖过程中产生丙酮酸，丙酮酸进一步分解产生乳酸、琥珀酸、醋酸和甲酸等大量酸性产物，使培养基 pH 下降至 4.5 以下，加入甲基红指示剂呈红色。
靛基质试验	某些细菌能分解蛋白胨中的色氨酸，产生吲哚，吲哚可与二甲基氨基苯甲醛结合，形成玫瑰吲哚，为红色化合物。
硝酸盐试验	某些细菌具有还原硝酸盐的能力，能将硝酸盐还原成亚硝酸盐、氨或氮气等，出现红色为阳性。
明胶液化试验	某些细菌具有明胶酶，能将明胶水解为多肽，再进一步水解为氨基酸，失去凝胶性质而液化。

试验类型	鉴定原理
尿素酶试验	能产生尿素酶的细菌可以将尿素分解，产生大量的氨，使培养基变成碱性，使指示剂变色。
氧化酶试验	氧化酶也称为细胞色素氧化酶，是细胞色素呼吸酶系统的终端呼吸酶，氧化酶可以使细胞色素 C 氧化，生成的氧化型细胞色素 C 可使对苯二胺氧化，产生颜色反应。
硫化氢试验	某些细菌可以分解培养基中含硫氨基酸或含硫化合物，产生硫化氢气体，硫化氢遇铅盐或亚铁离子可生成黑色沉淀物。
三糖铁琼脂试验	三糖铁（TSI）琼脂培养基中乳糖、蔗糖和葡萄糖的比例为 10：10：1，用于观察细菌对糖的利用和硫化氢的产生，可以鉴别肠杆菌科的细菌
氰化钾试验	氰化钾是呼吸链末端抑制剂，可以通过与铁卟啉结合，从而抑制呼吸酶的活性，进而抑制细菌生长，可用来鉴别肠杆菌科各属。

15.1.3 微生物分子生物学检测基础

传统食源性病原微生物检验主要依靠微生物培养和生理生化试验，这些试验往往耗时长，且有些仅适用于在实验室操作。分子生物学的迅猛发展带动了食品微生物检测技术的现代化，通过对生物大分子，特别是核酸结构及其组成部分的分析，使得食品中病原微生物的鉴定与分析更加简便、快速。目前，在食源性病源微生物检验中应用较为成熟的分子生物学方法包括聚合酶链式反应（polymerase chain reaction，PCR）和核酸杂交技术（nucleic acid hybrization）。

15.1.3.1 聚合酶链式反应

聚合酶链式反应，简写为 PCR，是美国 Cetus 公司人类遗传研究室的科学家在 1983 年发明的，是模拟天然 DNA 复制的体外快速扩增特定 DNA 序列的方法。其工作原理是以特定 DNA 序列为模板，利用人工合成的寡聚核苷酸为引物，以四种脱氧核糖核苷酸（dNTP）为底物，在 DNA 聚合酶的作用下，通过 DNA 模板的变性、退火及延伸三个步骤的多次循环，使被扩增的目的片段以几何倍数扩增。

常规 PCR 的结果是通过凝胶电泳测定其产物存在与否，比较费时费力，结果判断受人为因素影响较大。近年来，在常规 PCR 技术的基础上，通过引入荧光基团，利用荧光信号积累实时监测整个 PCR 过程，即实时荧光定量 PCR（real-time fluorescent quantitative PCR，RT-PCR），实现对未知样品模板的实时定量、快速分析。RT-PCR 的工作原理是在 PCR 反应体系中加入荧光探针，通过对每一个样品 Ct 值（cycle threshold，即每个反应管中荧光信号达到设定阈值时所经历的循环数）的分析，依据每个模板的 Ct 值与该模板起始拷贝数对数之间的线性关系，获得定量结果。常用的荧光探针有五类，包括：水解（TaqMan）探针、分子信标、蝎子探针（scorpion）、杂交探针和荧光染料（如 SYBR Green I 等），其定量原理由图 15-1 所示。RT-PCR 检测方法集合了 PCR、荧光标记、激光、数码显影为一体，能够对靶序列识别准确，具有特异性好、灵敏度高、线性关系好的优点，操作简单、安全、自动化程度高，不易污染，测定速度快、检测通量高，适合大量待检样品的分析。

🌐 知识拓展 15-1
荧光定量 PCR 检测新型冠状病毒

15.1.3.2 核酸杂交技术

不同种属的生物体都含有相对稳定的 DNA 遗传序列，同种生物个体中 DNA 序列基本相同，且不易受外界环境因素所影响；生物体核酸分子的双链结构在特定条件作用下解开，在条件恢复后又可依碱基互补配对规律形成双链结构。核酸杂交的工作原理正是基于核酸遗传序列的相对稳定性和核酸双链结构变性和复性理论的基础上，用已知特异的碱基序列做成有标记的一小段核酸探针，与被测核酸进行分子杂交，如果被测核酸中的遗传序列与探针具有互补性，就会形成杂交双链，从而说明两者具有一定的同源性。常用于核酸杂交的探针有基因组 DNA 探针、cDNA 探针、RNA 探针和寡核苷酸探针，由于细胞中 RNA 的拷贝数比 DNA 多得多，RNA 探针较 DNA 探针更灵敏。核酸杂交技术已成功用于食源性病原微生物的检验中，如美国食品药品监督管理局的生物检验手册第 24 章"基因探针方法检测食源性致病菌"中规定了 GenProbe 系统检测多种食源性病原微生物，GenProbe 系统采用的是根据杂交保护分析法研制出多种食源性病原微生物 Accuprobe 探针试剂盒。

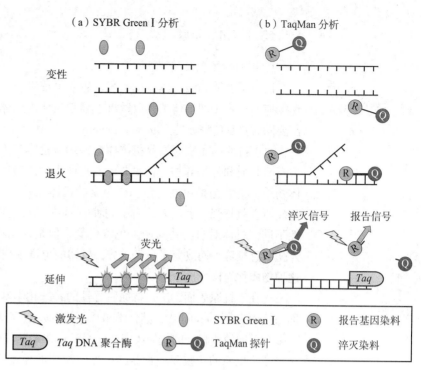

图 15-1　实时荧光定量 PCR 工作原理示意图

　　核酸印迹杂交是一种将核酸凝胶电泳、印迹技术、分子杂交融合为一体的方法。根据检测样品的不同又分为 DNA 印迹杂交（Southern blot hybridization）和 RNA 印迹杂交（Northern blot hybridization）。DNA 印迹杂交技术是以放射性或荧光标记的外源目的基因的同源序列作为探针，与该食品样品中的总 DNA 进行杂交。首先提取待测食品样品的总 DNA，用合适的限制性内切酶进行消化，通过琼脂糖凝胶电泳分离 DNA 条带并转移到硝酸纤维素膜或尼龙膜上进行固定，接着用 DNA 探针与各个 DNA 酶解片段杂交，经放射自显影或荧光分析法确定与探针互补的 DNA 条带的位置，从而可以确定样品中含某一特定序列的 DNA 片段的位置和大小。DNA 杂交技术可以用于食品外源基因的检测，结果准确可靠，但对样品的纯度要求较高，操作繁琐，成本高。而 RNA 印迹杂交技术是通过测定特定外源基因 DNA 的转录产物 mRNA 分子的大小和丰度实现对外源基因的检测。

15.1.3.3　基因芯片

　　基因芯片，又称为 DNA 芯片、DNA 微阵列、寡核苷酸阵列，是 20 世纪 90 年代随着人类基因组计划的发展而兴起的技术。其工作原理是采用光导原位合成或微量点样等方法，将大量核酸片段有序地固定在玻片、硅片、聚丙烯酰胺凝胶或尼龙膜等载体表面，组成密集的二维排列，通过与已标记的待测样品中靶 DNA 杂交，用特定仪器对杂交信号的强度进行快速、并行、高效的检测分析，从而得到样品中靶分子的数量。基因芯片最大的特点是能够高通量分析，同时检测成百上千个基因，这是一种新技术。目前，国内外已开展食品中致病微生物检测芯片的研究，但仍处于早期研发阶段，还需要继续研究和攻克一些问题，如如何提高寡核苷酸或 cDNA 在玻片表面固定的效率、降低背景干扰、提高结果的重现性等。

15.1.4　微生物与免疫学

　　免疫学是起源于微生物学的一门学科，免疫学的基础理论和实验技术既可以应用于微生物本身的分类和鉴定，也可服务于医学、生命科学、农学、食品科学甚至工业、商业等领域，如在肿瘤标记物的研发、核酸免疫化学、免疫测定技术、天然活性功能成分的开发等方面具有重要作用。

15.1.4.1 抗原

1. 抗原的概念及其特性

抗原是能够刺激机体免疫系统，激活 T 细胞或 B 淋巴细胞产生特异性免疫应答，并能与相应免疫应答产物（即抗体）和致敏淋巴细胞在体内或体外发生特异性结合的物质。作为抗原的物质需要同时具有免疫原性（immunogenicity）及免疫反应性（immunoreactivity）。

（1）抗原的免疫原性是指抗原能够刺激机体产生免疫应答的性能。机体免疫系统能够识别宿主自身物质和外来异物，仅对非己异物产生免疫应答。对机体而言，抗原都是异物物质或同种异体物质，前者是指免疫原性和被免疫的机体在种系进化上相差较远，通常，两者亲缘关系越远，免疫原性就越强；而后者是由于同种的不同个体之间组织细胞成分的细微差异，所导致的免疫原性不同。机体对自身物质产生免疫耐受，但是，在特殊情况下，由于外界条件（如药物、射线、外伤、感染等）而改变了自身成分，机体的免疫系统将这种成分当成异物处理，产生了免疫应答，这种物质称为自身抗原。

存在于抗原表面、决定抗原特异性的特殊化学基团称为抗原决定簇（antigen determinant），也称为抗原表位（epitope），其化学组成、排列及空间结构是抗原特异性的物质基础。一种抗原可以有多个不同的或相同的抗原决定簇，引起机体的免疫应答反应。

（2）抗原的免疫反应性是指抗原与相应的免疫应答产物能够发生特异性结合和反应的能力，也称为反应原性（reactionogenicity）。抗原与其免疫应答产生的抗体在空间结构上是互补的，两者能够紧密结合在一起，这也是体内外免疫学检测的分子基础。

基于抗原是否具有免疫原性，可将其分为完全抗原（complete antigen）和不完全抗原（incomplete antigen），前者既有免疫原性也有反应原性，如细菌细胞、病毒、蛋白质等；后者仅具有反应原性而没有免疫原性，也称为半抗原（hapten），它们单独存在时不能诱发机体产生免疫应答，但是具有与抗体发生特异性结合的能力，如某些肽链以及真菌毒素、青霉素等化学物质。

2. 微生物抗原

（1）菌体抗原、鞭毛抗原、表面抗原和菌毛抗原

细菌具有复杂的抗原结构，有菌体抗原（O 抗原）、鞭毛抗原（H 抗原）、表面抗原（荚膜抗原、K 抗原、Vi 抗原）和菌毛抗原（如图 15-2）。O 抗原是细胞壁多糖抗原，细胞壁多糖连接在类脂 A 上，称为脂多糖（lipopolysaccharide，LPS）。多糖链由紧贴类脂 A 的核心多糖和连接在核心多糖上的 O 抗原特异性侧链组成，其中，O 抗原特异性侧链由多个寡糖链组成，为决定簇。沙门氏菌多糖抗原的侧链决定簇由 6 个左右的单糖组成，位于最末端的决定簇往往是特异性抗原，是菌群分型的主要依据；H 抗原属于蛋白质抗原，包括特异相第一相抗原和 / 或特异相第二相抗原。表面抗原是细菌细胞壁外面的成分，因细菌种类不同而冠以不同的名称，如伤寒沙门菌、丙型副伤寒沙门菌等具有 Vi 抗原，即毒力抗原，其化学本质是 $N-$ 乙酰 $-D-$ 氨基半乳糖 – 糖醛酸的多糖。

（2）细菌毒素和类毒素抗原

细菌毒素可以分为外毒素和内毒素，细菌的外毒素是细菌在生长过程中合成并分泌到胞外的毒素，如白喉毒素。外毒素通常为蛋白质，可以通过脱毒处理成为类毒素，是良好的完全抗原。由肉毒梭菌产生的肉毒毒素可以污染食物引起食品中毒，通过福尔马林溶液脱毒处理后，可制得抗毒素血清，降低因食用中毒而导致的高死亡率。内毒素是革兰氏阴性菌的细胞壁脂多糖（LPS），只有菌体裂解时才释放，抗原性较弱，为不

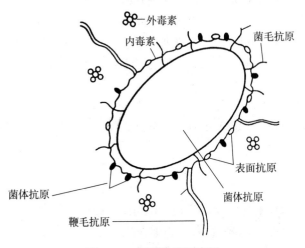

外毒素
内毒素
菌毛抗原
表面抗原
菌体抗原
菌体抗原
鞭毛抗原

图 15-2　细菌抗原示意图

完全抗原。

（3）超抗原

超抗原（super antigen，SAg）是一类由细菌外毒素和逆转录病毒蛋白构成的不同于促有丝分裂原的抗原性物质，是强有力的 T 细胞、B 细胞多克隆激活剂，可以刺激机体 2% ~ 20% 的 T 细胞发生增殖，只要极低的多肽抗原浓度（如 1 ~ 10 ng/mol）即可诱发最大的免疫效应。这类超抗原不需要抗原递呈细胞（APC）处理加工，直接与 MHC 分子结合递呈给 T 细胞，产生免疫应答。

15.1.4.2 抗体

1. 抗体的概念

抗体（antibody，Ab）是机体在抗原刺激下由 B 淋巴细胞的终末分化细胞 – 浆细胞产生的、能与抗原特异性结合的一类糖蛋白。抗体能够识别并特异性结合抗原物质，是机体防御体系中的重要组成部分。在食品安全检测领域，抗体可以作为食品是否有相应抗原的探针，用于食品分析和安全检测。

2. 抗体分子的结构

抗体分子是由两两对称的四条多肽链组成的，其中，两条分子量小的多肽链为轻链（light chain，L 链），两条分子量大的多肽链为重链（heavy chain，H 链），每条重链含 450 ~ 550 个氨基酸残基，含有 4 ~ 5 个链内二硫键所组成的肽环，（如图 15-3）。轻链由 2 个功能区组成，其 N 端区域的氨基酸序列多变，称为可变区（V_L），C 端区域的氨基酸序列比较保守，称为恒定区（C_L）。重链由 N 端的可变区（V_H）和 C 端的恒定区（C_H）组成。可变区（V 区）中氨基酸变化大的结构域称为高变区（hypervariable region，HR），连接高变区、氨基酸序列变化较小的区段称为骨架区（framework region，FR）。高变区和骨架区相隔排列，抗体重链的 3 个高变区和轻链的 3 个高变区组成了抗体的互补决定区（complementarity delermining region，CDR）。抗体的重链与轻链之间也是由二硫键相连（如图 15-3），V_H 和 V_L 构成了抗体的抗原结合部位，其与特定抗原的互补结合，是抗体特异性结合抗原的结构基础。

两条重链之间的二硫键区域称为铰链区，具有坚韧性和易柔曲性，能改变两个结合抗原的 Y 形臂之间的距离及角度。在抗体分子中，只有 IgD、IgG 和 IgA 有铰链区，IgM 和 IgE 有相应的其他结构，同样有相对的弯曲性。铰链区是蛋白酶的作用部位。木瓜蛋白酶的酶切位点位于铰链区的靠近 N 端处，从而产生三个酶切片段，即两个相同的抗原结合片段（fragment antigen binding，Fab）以及一个结晶片段（fragment crystalline，Fc），Fc 片段不能与抗原结合，但能形成结晶，具有抗原性和种属特异性，由其刺激动物免疫反应产生的抗体称为抗抗体。胃蛋白酶的酶切位点位于铰链区的靠近 C 端，酶切产生两个片段，大片段为 F（ab′）$_2$，是双价抗原结合片段，小片段为小分子多肽，以 Fc′ 表示，无显著生物学活性。

3. 抗体的分类

按照抗体分子存在的方式可将其分为膜型免疫球蛋白（membrane Ig，mIg）和分泌型免疫球蛋白（secretory Ig，sIg），前者存在于 B 细胞膜表面，是 B 细胞的特异性抗原识别受体；后者存在于血液、组织液和分泌液中，是特异性体液免疫的效应分子，是经典的抗体。

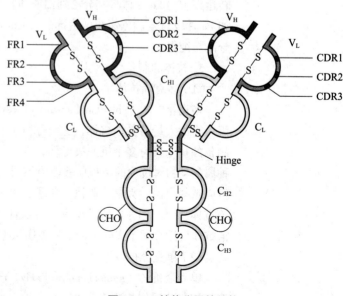

图 15-3　抗体分子的结构

根据抗体结构中重链恒定区的氨基酸序列及其抗原性的差异，将重链分为 μ、γ、α、ε 和 δ 五类，其对应组成抗体 IgM、IgG、IgA、IgE 和 IgD。轻链分为 κ 和 λ 两种。同一个天然抗体分子上轻链的类型是相同的，一种抗体还可能有亚类。

4. 抗体的生物学活性

（1）与抗原特异性结合

抗体识别抗原的功能是通过膜型 Ig 实现的，发挥识别抗原的结构是抗原结合片段（Fab）。当抗原刺激机体时，激活 B 淋巴细胞的特异性抗原识别受体 mIg，当两者结合后，即可触发机体的免疫应答。随着抗体生成细胞，即浆细胞的大量增殖，合成和分泌特异性抗体，介导体液免疫。当体液中的抗体与相应抗原结合后，可以发挥其阻抑作用。如抗体与病毒结合可以干扰其对细胞的黏附，此处被称为中和抗体；抗体与细菌毒素结合可以阻断其毒性，为抗毒素作用。抗原抗体的特异性结合是各种免疫学技术的基础，两者的结合和解离是可逆的，抗原抗体的解离率越低，两者的亲和力越高，这种结合特性可用于提取和分离抗体或抗原。

（2）结合细胞

抗体分子的恒定区 C 区是实现免疫效应的重要结构，Fc 片段可以与具有抗体 Fc 受体的细胞结合。如 IgE 的 Fc 片段可以结合肥大细胞或嗜碱性粒细胞上的 FcεR1，促使细胞释放出炎性介质，引起速发型超敏反应；当 IgG 结合在吞噬细胞表面的 FcγR 后，可极大地增强其吞噬功能，这是抗体的调理作用；也可以结合到 K 细胞、NK 细胞、巨噬细胞表面的 FcγR，介导对相应抗原靶细胞的特异杀伤效果，称为抗体依赖性细胞介导的细胞毒作用（antibody dependent cell-mediated cytotoxicity，ADCC）。

（3）激活补体

补体系统包括 20 多种蛋白质，主要由肝细胞和巨噬细胞产生，存在于正常血清或体液中。当抗体与抗原结合成复合物时才能激活补体，游离的抗体无法激活补体。IgM 是五聚体，其激活补体的能力强，IgG 可结合多价抗原，当与单价半抗原结合形成小复合物或与过量的多价抗原所形成的复合物都不能激活补体，IgA 不能激活补体的经典途径，但其凝聚形式可通过旁路活化补体，由补体系统参与的溶细胞反应有抗感染功能。

（4）通过胎盘或上皮细胞转运抗体

抗体可以通过 Fc 片段被运送到原先不能到达的部位。例如，怀孕妇女的各 IgG 亚类可以通过胎盘上转运细胞的 Fc 受体传递给胎儿，形成新生儿的自然被动免疫。IgA 抗体也能通过腺体上皮转运细胞的 Fc 受体将其分泌到泪液和乳汁中。有些微生物产生的蛋白质也与抗体的 Fc 片段结合，如 Fc 片段与金黄色葡萄球菌蛋白 A（protein A）或蛋白 G（protein G）结合可以用于抗体的检测、分离与纯化。

5. 抗体的制备

（1）多克隆抗体

多克隆抗体（polyclonal antibody，pAb），是用完全抗原接种实验动物，使其产生免疫应答，分泌所得的大量特异性抗体，主要存留于血清中，所以也称为抗血清或免疫血清。用于多克隆抗体制备的抗原具有多个抗原决定簇，因此，所产生的血清也是多个 B 淋巴细胞的混合物。由于不同种属的动物对抗原的免疫应答能力不同，一般会根据抗血清的用量和动物的反应性选择实验动物，可以选择小鼠、大鼠、豚鼠、兔子、山羊、绵羊或者马等用于抗原接种。血清抗体与抗原发生抗原抗体反应，称为血清学反应，可以直接取用血清抗体，也可以将血清抗体提纯为精制抗体，血清抗体广泛应用于实际生产中如破伤风毒素、沙门菌、志贺菌、大肠杆菌的抗血清等。

（2）单克隆抗体

单克隆抗体（monoclonal antibody，mAb）是由单个杂交瘤细胞增殖所产生的抗体。单个杂交瘤细胞与其后代的遗传背景完全一致，所产生的抗体在氨基酸数量、类型以及抗原特异性等生物学性状等方面都相同。单克隆抗体的制备原理是通过抗原接种动物（纯系小鼠）后，取脾脏分离B细胞，将其与可体外无限增殖、同种动物的骨髓瘤细胞进行融合，使用选择培养基逐个分离得到杂交瘤细胞，通过测定其所分泌抗体与抗原的结合能力，将阳性细胞克隆化，进而采用组织培养法或活体法实现单克隆抗体的批量生产。这种杂交瘤细胞既保留了骨髓瘤细胞体外增殖的能力，还具有 B 细胞分泌抗体的能力。常用于制备单克隆抗体的骨髓瘤细胞系为次黄嘌呤磷酸核糖转移酶（HPRT）阴性株，采用聚乙二醇（PEG）作为融合剂，次黄嘌呤 / 氨基蝶呤 / 胸腺嘧啶（HAT）为选择培养基。单克隆抗体是针对抗原的某一特定抗原决定簇，能够在体外或体内稳定分泌，在生物学、医学等领域具有重大的应用价值。单克隆抗体与多克隆抗体的特点比较如表 15-3 所示。

🌐 知识拓展 15-2
单克隆抗体技术

表 15-3　单克隆抗体与多克隆抗体的特点比较

	单克隆抗体	多克隆抗体
来源	多为鼠源性	动物免疫血清、恢复期病人血清或免疫接种人群
特点	纯度高、特异性强、效价高、少或无血清交叉反应、批次间稳定	来源广泛、制备容易
组成	针对单一抗体表位，结构和组成高度均一，抗原特异性及同种型一致	针对不同抗原表位的抗体的混合物
缺点	人体应用后可导致人鼠抗体反应	易发生交叉反应，批次间差异大

（3）基因工程抗体

单克隆抗体多来自小鼠，在临床应用时会因其为异源蛋白而引起人抗小鼠抗体反应（HAMA 反应）。随着基因工程技术的不断进步，基因工程抗体有了新的发展，适用于不同的需求。

① 嵌合抗体，是将鼠源抗体的可变区基因与人源抗体的恒定区基因拼接重组，此类抗体理论上具有小鼠抗体对抗原结合的特异性，而人源抗体的恒定区有助于减少人抗小鼠抗体反应。

② 人源化抗体，是将小鼠抗体的 Fab 片段基因替换人源抗体的 Fab 片段，甚至只将小鼠抗体可变区的 3 个高变区（CDR1、CDR2、CDR3）取代人抗体中相应的 3 个 CDR 部位。这类抗体仅有构成抗原结合部位的轻链和重链上 3 个 CDR 是鼠源的，只占抗体的极小部分，且这部分序列本来就是高变的，而其余的抗体序列均为人源序列，这种抗体几乎 99% 呈现人源化，称为人源化抗体。

③ 抗体库和噬菌体抗体库，是将抗体的重链和轻链基因片段随机组合克隆到适当的人工载体，在体外构建相当于体内 B 细胞库的抗体基因库，简称抗体库。如果选用的载体是噬菌体，抗体则是展示于噬菌体表面，称为噬菌体展示抗体文库。这是抗体库的一个突破，有望彻底解决人源抗体问题。

④ 单域重链抗体　在骆驼科动物或鲨鱼体内自然存在一种特殊的抗体——重链抗体，仅有重链，缺少轻链，重链其可变区容易通过基因克隆得到，称为单域重链抗体（single domain antibody），因其分子量较小（约 15 kDa），又将其称为纳米抗体（nanobody）。纳米抗体完全克隆了重链抗体的可变区，其与抗原的结合能力与重链抗体相当，再加上单价结构、易于基因改造，稳定性高，是具有重要应用价值的基因工程抗体。

15.1.4.3　免疫学技术及其在食品中的应用

抗原抗体的结合是特异性结合，在体内和体外都可进行，具有高度特异性和灵敏性。在体外，抗原和抗体是按照一定比例结合反应，其反应是可逆的，受电解质、pH 和反应温度的影响，因此，在体外检测中，可以用已知浓度的抗体测定抗原的浓度，也可以用已知的抗原测定抗体的浓度，这种方法快速、方便，操作简单，可以实现对食品中化学污染物、致病性微生物以及功能性成分的检测。

1. 凝集反应

血清抗体与抗原发生的抗原抗体反应，称为血清学反应。细菌、病毒等颗粒性抗原与其相对应的抗体在电解质环境中相互作用一段时间后会呈现凝集现象，称为凝集反应。凝集反应有以下几种形式。

（1）玻片凝集反应

凝集反应在玻片上进行，这是最简单的凝集反应，可以用于定性分析。在玻片表面先滴加约0.05 mL 的抗血清，再滴加等量菌悬液或钩取菌落培养物于抗血清上，轻轻混匀后等待 1~2 min，若出现灰白色絮片状或颗粒状凝聚物，即为阳性。在试验过程设置生理盐水与抗原混合物为阴性对照。在沙门氏菌种属鉴定中常用此方法。

（2）试管凝集反应

这种凝集反应在试管中进行，可用于定量测定。在一系列试管中分别加入一定量的不同稀释倍数的抗血清，常用生理盐水作为稀释液，再向其中加入等量的待测抗原，混合均匀后，37℃保温孵育 4~6 h，室温孵育过夜，次日观察是否出现凝集现象以及凝集程度，由此判断凝集效价。在此试验中，要设置阳性对照和阴性对照。

（3）间接凝集反应

这种凝集反应可用于定量测定，首先要将可溶性抗原吸附到特定载体上，如经过处理的血细胞或乳胶微粒等，使其成为颗粒性抗原，再与相应抗血清进行凝集反应，称为间接凝集反应。如果是将抗体吸附到载体上进行的凝集反应称为反向间接凝集反应。

2. 沉淀反应

蛋白质、多糖、类脂、血清及微生物培养液等可溶性抗原与其相应抗体在电解质的作用下，经过一定反应时间后所出现的沉淀现象，称为沉淀反应。沉淀反应有以下几种形式。

（1）试管沉淀反应

在试管内依次加入抗原和抗体，在两者液面交界处出现乳白色沉淀环，称为试管环状反应。在检测炭疽菌皮张时，样品用 0.5% 苯酚生理盐水浸泡后过滤得到过滤液为待检抗原，向反应管中加入炭疽沉淀素血清 0.1~0.2 mL 和等量的待检抗原，观察两者接触面，若出现致密、清晰明显的白环即为阳性反应。

（2）琼脂免疫扩散试验

可溶性抗原和抗体在 2% 浓度以下的琼脂片中可向四周自由扩散。根据这一特性，以琼脂或琼脂糖为固相载体，当抗原和抗体扩散相遇结合后，即可形成灰白色沉淀线，即为反应阳性。如果抗原和抗体在固相中的扩散是在电场中进行，称为免疫电泳。带电的蛋白质抗原向负极移动，加入血清后，抗原抗体接触后形成弧形沉淀带，根据沉淀带的位置对蛋白质的各组分进行检测。免疫电泳可以缩短反应时间，提高反应灵敏度，可用于测定血清成分或蛋白质成分的含量、鉴定提取物的纯度等。

3. 标记抗体技术及其应用

为了定量检测抗原或抗体，将标记物结合到检测抗体或抗原上，当两者结合后可以通过标记物的信号强弱计算出待测抗原或抗体的含量。这种标记方法既不影响抗原抗体的结合，也不影响标记物本身的性质，基于这些标记方法所建立的免疫检测方法具有高灵敏度、易于观测的优点，常见的标记物有放射性同位素、酶标记物和荧光素等。

（1）放射性同位素标记技术

以放射性同位素作为标记物，标记于抗原或抗体上，用 γ- 射线探测仪或液体闪烁计数器等测定 γ- 射线或 β- 射线的放射性强度，从而得到待测抗体或抗原的浓度。常用的放射性元素为 ^{125}I、

^{32}P、^{3}H 等，这种方法虽然灵敏度很高，但是需要特殊的仪器和防护措施，且需要考虑同位素的半衰期，所以在实际应用中受到一定的限制。

（2）酶标记技术及其在食品中的应用

酶作为一种生物催化剂，当抗原或抗体的标记物为生物酶时，建立的免疫分析方法称为酶联免疫吸附试验（enzyme-linked immunosorbent assay，ELISA）。当酶标记抗原或抗体后，既不改变抗原抗体的反应特异性，也不影响酶自身的活性，而抗原抗体结合的情况可以通过酶催化底物的显色情况来判断，或者借助酶标仪测定吸光值来定量测定待测抗体或抗原。常用的标记酶有辣根过氧化物酶、碱性磷酸酶等。该技术应用范围广，既可以用于组织切片细胞培养标本等细胞颗粒抗原的定性定量和定位，也可以用于可溶性抗原或抗体的测定。

ELISA 具有特异性高、灵敏度高、标记物稳定、操作简单、检测速度快以及检测费用低等优点，可对大量样品进行高通量测定。根据 ELISA 的工作原理，常用的反应类型有间接 ELISA 法、双抗体夹心法和竞争 ELISA 法，其中，双抗体夹心法常用来检测食品中的致病微生物，操作流程是先将微生物特异性抗体吸附到聚苯乙烯等固相载体上，再加入待测样品，接着加入酶标记的抗体，然后加入酶反应底物，用酶标仪测定。基于此工作原理，已开发多种食源性致病菌的检测试剂盒，如脂环酸芽孢杆菌、大肠杆菌等。

（3）荧光抗体技术及其应用

荧光抗体技术是将抗原抗体的特异性反应与荧光标记分子相结合，将荧光物质标记在抗体上，待其与待测抗原结合后，用荧光显微镜或荧光分光光度计观察其荧光反应，实现定性、定量分析。用于标记的荧光色素不影响抗原和抗体的结合，常用的有四乙基罗丹明和异硫氰酸荧光素。这种方法可在亚细胞水平上直接观察以定位抗原，也可以用来对食品中沙门氏菌、李斯特菌、葡萄球菌毒素、炭疽杆菌、大肠杆菌 O157：H7 等进行快速检测，该方法灵敏度高、特异性强，但是需要设置阴性对照以消除食品基质中的非特异性染色等。

（4）其他免疫技术

① 侧流免疫层析分析（lateral-flow immunochromatographic assay，LFIA）：又称试纸条分析技术，是利用毛细管虹吸作用将抗原样品带到抗体表面，常开发为快速检测试剂盒。胶体金（colloidal gold）是由金盐被还原后形成的金颗粒悬液，一般表面呈负电，为疏水性颗粒。胶体金可以标记蛋白质等大分子物质，是通过与蛋白质表面的正电荷通过静电作用相互吸附。最常见的用于食源性致病菌的试纸条分析是采用双抗体夹心法的工作原理，首先，将捕获抗体固定于硝酸纤维素膜上的检测线（T 线），用胶体金颗粒预先标记的检测抗体包埋在样品垫上，将含有特定抗原的样品加到样品垫上，并与胶体金标记检测抗体相结合，在毛细管虹吸作用下向另一端迁移，经过捕获抗体 T 线和质控线（C 线）。如果 T 线和 C 线均显色，即为阳性样品；若 T 线显色，C 线不显色，为无效样品；若 T 线不显色，C 线显色，为阴性样品（图 15-4）。

试纸条分析技术因其操作简单方便、可适用于现场快速检测等优势已得到广泛使用，在病原菌抗原检测方面的应用也日趋增多，如检测样品中炭疽芽孢杆菌、金黄色葡萄球菌、鼠疫耶尔森菌等。

② 免疫印迹技术（immunoblot）：又称 Western 印迹（Western bloting），是一种将蛋白质电泳的高分辨率与免疫分析技术的灵敏、特异相结合的一种分析技术。待测样品经蛋白质电泳（SDS-PAGE）分离后，转移到固相载体上，然后用标记抗体或抗原，鉴别样品中

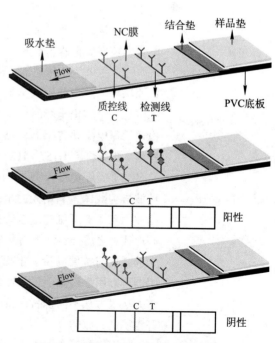

图 15-4　基于双抗夹心测流免疫分析病原菌的检测原理及结果示意图

是否存在特异性抗原或抗体，根据条带的深浅确定其浓度。这种技术可实现对目标抗原或抗体的定位、定性或定量分析，现已广泛应用于生物医学检测领域，可检测幽门螺杆菌、畜禽疫病病原菌等。

③ 免疫磁性分离技术：主要用于从样品中捕获和浓缩目标微生物，是微生物检测的一种强有力的辅助技术。将特异性抗体分子修饰的磁珠加入食品样品中，利用抗原抗体之间的相互作用，在外加磁场的作用下，从样品基质中筛选获得目标菌，用于后续检测，这种方法被称为免疫磁性分离技术。当样品中有目标菌时，其表面抗原能与连接有磁珠的抗体分子相结合，在外加磁场中，结合有抗原抗体的磁珠被吸附滞留在磁场中；当样品中没有目标菌时，样品中的其他细菌无法与特异性抗体结合而没有磁性，不能在磁场停留，从而实现分离目标菌。该技术经常与一些检测技术联用，如选择性琼脂平板、ELISA、化学发光检测、DNA 杂交、基于聚合酶链式反应的测定方法等，用来检测细菌病原体，如从食品样品中分离检测副溶血性弧菌、耶尔森菌、大肠杆菌 O157：H7、李斯特菌和沙门菌等。

15.1.4.4 基于免疫学技术检测微生物的生物传感器的方法

生物传感器主要是利用酶和底物、抗原和抗体或受体 – 配体等生物识别机理，所形成的复合物在位置上与换能器非常近时，换能器就会产生电、光或量变信号，从而实现对特定物质的检测。这种检测方法不受颜色、浓度的影响，具有专一性强、灵敏度高、选择性好等优点，可以实现连续在线监测和现场检测。其中，以抗原抗体结合为识别机理的生物传感器，也称为免疫传感器（immunosensor），由 3 部分组成：生物敏感元件、转换器和信号数据处理器。生物敏感元件是免疫反应的平台，即固定抗原或抗体的元件，转换器是将抗原 – 抗体反应的信号转变成光或电信号的仪器；信号数据处理器是进行信号放大、处理并进行显示或记录的部分。目前，主要的免疫传感器有电化学免疫传感器、压电生物传感器、光纤免疫传感器、表面等离子体共振免疫传感器等。

（1）电化学免疫传感器（electrochemical immunosensor）：是对传统 ELISA 的扩展和延伸。在该方法中，与抗体结合的酶催化底物产生产物，引起 pH 的改变、离子生成或氧气消耗，从而在换能器上产生电信号，例如应用电势、电容和电流的换能器制备电化学免疫传感器。在双抗体夹心检测中，标有荧光的检测抗体和目标菌体反应，然后加入脲酶标记的抗荧光抗体，当有尿素存在时可以生成氨，改变了涂有 pH 敏感绝缘体 n 型硅片溶液的 pH，通过电压的变化计算目标菌的浓度。电化学免疫传感器非常灵敏，可以大大压缩食源性病原菌的检测时间。

（2）压电生物传感器（piezoelectric biosensor）：是通过检测在石英水晶表面的质量变化来测定抗原浓度的。主要原理是当抗体特异性捕获抗原（病原体）后，将增加水晶的质量，此刻在仪器周围加一个震荡电场时，将改变共振的频率，石英分析仪可以测量频率的变化。目前，已有研究报道用压电生物传感器检测葡萄球菌肠毒素、鼠伤寒沙门菌、单核细胞增生李斯特菌、蜡样芽孢杆菌、大肠杆菌 O157：H7 等食源性致病菌以及白假丝酵母等真菌。

（3）光纤免疫传感器（fiber–optical immunosensor）：是以纤维或薄片形式存在的聚苯乙烯或玻璃波导为载体，利用光的全内反射特性，将捕获特异性抗原的抗体固定在波导的表面，而后把样品注射到含有纤维的复合管中与捕获抗体结合；冲洗后，加入荧光标记的检测抗体，形成双抗夹心形式；之后，将纤维与激光源 / 探测器连接，激光激发出的荧光信号用荧光检测器检测，根据荧光的强度与抗原的量呈正相关，从而可以计算得到抗原的浓度。目前，已有研究报道光纤免疫传感器可以用于检测金黄色葡萄球菌肠毒素、炭疽芽孢杆菌芽孢、肉毒梭菌毒素、鼠疫耶尔森菌等，该方法也可从不同食品样品中检测单核细胞增生李斯特菌、空肠弯曲杆菌和大肠埃希菌 O157：H7 等食源性病原菌。

（4）表面等离子体共振免疫传感器（surface plasmon resonance immunosensor）：表面等离子体共振（surface plasmon resonance，SPR）是金属表面被光照射时发生的一种现象，可用来分析生物分子之间的相互作用。该方法的工作原理是在等离子体表面固定一层抗原（或抗体），当抗原与抗体发生免疫反应时，吸附在表面的分子作用，使等离子体表面折射率发生改变，根据位移大小可以检测出待测物含量。其可以在不需要任何荧光标记的条件下量化两个分子的结合动力学，是一个非常强有力的检测工具。表面等离子体共振免疫传感器已被用于食源性病原菌和病毒的检测，如葡萄球菌的肠毒素、大肠埃希菌 O157∶H7 细胞、鼠伤寒沙门菌、小肠结肠炎耶尔森菌、单核细胞增生李斯特菌等。

目前，生物传感器方法仍处于发展的早期阶段，在使用过程中存在的主要问题是敏感膜上生物分子的固定量以及固定分子的活性较难控制，导致在使用过程中呈现一致性差、测量精密度低，且易受外界环境因素的影响，如温度、噪音、污染等，抗干扰能力有待提高；生物敏感膜制备工艺复杂，成本较高，难以进行批量生产。在发展过程中，研究解决以上问题将极大地推进生物传感器的实用性和有效性。

15.2　食源性致病微生物

15.2.1　沙门菌

（1）生化特性与分布

沙门菌（也常称沙门氏菌）指沙门菌属（*Salmonella*）微生物，为革兰氏阴性杆菌，无芽孢、无荚膜，多呈两端钝圆的短杆状，大小为（0.7 ~ 1.5）μm ×（2.0 ~ 5.0）μm，菌落直径为 2 ~ 4 mm，除鸡沙门菌个别菌种外，都具有鞭毛，能运动，沙门菌的基本生化特性如表 15-4 所示。

沙门菌广泛存在于自然界中，在水、土壤、昆虫、生肉、动物粪便、动物饲料中均可以分离到。在人和动物的肠道中是较为常见的肠道致病菌。沙门菌为需氧或兼性厌氧菌，其生长温度为 10 ~ 42℃，最适生长温度为 37℃，最适 pH 为 6.8 ~ 7.8。沙门菌不能耐受较高的盐浓度，盐浓度在 90 g/L 以上会使沙门菌致死。沙门菌不耐热，在牛奶巴氏杀菌的温度下几乎可以杀灭所有沙门菌。

表 15-4　沙门菌基本生化特性

试验项目	结果	试验项目	结果	试验项目	结果
葡萄糖发酵试验	+	卫矛糖发酵试验	d	尿酸酶试验	–
乳糖发酵试验	–/×	甲基红试验	+	赖氨酸脱羧酶试验	+
蔗糖发酵试验	–	V.P 试验	–	苯丙氨酸脱氨酶试验	–
麦芽糖发酵试验	+	丙二酸钠试验	–/+	鸟氨酸脱羧酶试验	+
甘露糖发酵试验	+	靛基质试验	–	精氨酸水解酶试验	+/(+)
水杨苷发酵试验	–	明胶液化试验	d	KCN 试验	–
山梨醇发酵试验	+	H_2S 试验	+/–		

注：+ 表示阳性；(+) 表示迟缓阳性；× 表示迟缓不规则阳性或阴性；– 表示阴性；d 表示有不同的生化型。

（2）致病机理与中毒特征

基于沙门菌的 DNA–DNA 分子杂交和多位点酶的电泳特性，沙门菌可以分为肠道沙门菌（*S. enterica*）和邦戈沙门菌（*S. bongori*）两个种，目前已检出的有 2 600 多种血清型。人和动物是沙门菌的主要宿主，但并不是所有血清型的沙门菌都能感染人。根据致病范围可将沙门菌分为三大类群：包含伤寒沙门氏菌（*S. typhi*）、甲型副伤寒沙门氏菌（*S. paratyphi* A）、丙型副伤寒沙门氏菌（*S. paratyphi* C）等在内的血清型专门对人致病。第二类群专门对动物致病，很少感染人，如鸡沙门氏菌（*S. gallinarum*）。还有一类能够引起人类食物中毒，可以感染人和动物，为食源性血清型，如鼠伤寒沙门菌（*S. typhimurium*）、肠炎沙门菌（*S. enteritidis*）、猪霍乱沙门菌（*S. cholerae*）等。

沙门氏菌食物中毒主要是由于食用了含有足够量活菌污染的食品而引发的。沙门菌在各种动物的肠道中存在，鸡是沙门菌最大的储存宿主，食用被沙门菌感染的禽类导致食源性疾病的感染与爆发。沙门菌感染恢复期病人和无症状的带菌者也是常见的感染源，接触受感染者，通过粪口途径传播可以间接感染沙门菌病。沙门菌感染后的症状主要为恶心、呕吐、腹痛、头痛、畏寒和腹泻，一般摄入带菌食物 12～14 h 出现症状，症状通常持续 3～7 天，但根据个人体质和健康状况不同，具体症状和持续时间也不尽相同。

（3）沙门氏菌污染的控制措施

由沙门氏菌引发的食源性疾病的爆发与动物性食品的污染有密切的关系。由沙门氏菌引起的食物中毒主要是人摄入被沙门氏菌污染的食品所导致，如食用了生的污染食品、未经正确烹饪或者热处理后又被污染的食物等。因此，根据沙门氏菌的性质，可以采取不同的措施：①食品热加工处理：沙门氏菌对热敏感，对食品进行彻底加热足以杀死沙门氏菌；②严格执行食品生产良好操作程序，加强对饮水、食品等的卫生监督管理，切断传染途径；③正确保藏：脱水、冷藏和冷冻保藏易受沙门氏菌污染的食品，仅会延缓或抑制沙门氏菌的生长，再次食用之前需要进行彻底热处理；④保持卫生，包括食品从业人员的健康状况和操作卫生，以及食品存放、加工等环节的卫生，避免由操作者带入菌而污染食物。

15.2.2　致病性大肠埃希菌

（1）生化特性与分布

大肠埃希菌俗称大肠杆菌（*Escherichia coli*），属于肠杆菌科，埃希菌属。大肠杆菌是革兰氏阴性短杆菌，大小为（0.5～0.7）μm×（1.0～3.0）μm，多数菌株有 5～8 根周身鞭毛，能运动，无芽孢。

大肠杆菌为需氧或兼性厌氧菌，最适 pH 为 7.2～7.4，若 pH 低于 6 或高于 8 则生长缓慢；最适生长温度为 37℃，15℃～45℃下均能生长，当温度升高至 55℃加热 60 min 或 60℃加热 15 min 时，有些细菌仍可以存活。大肠杆菌主要存在于人和动物的肠道内，可随粪便排出体外，可以作为食品和环境受粪便污染的重要指示菌，在水或土壤环境中可存活较长时间。大肠杆菌大部分菌株能分解葡萄糖、麦芽糖、乳糖、甘露醇产酸产气，不分解蔗糖，不产生靛基质，甲基红试验、V.P 试验、尿素酶试验以及硫化氢试验呈阴性。

（2）致病机理与中毒特征

大肠杆菌在婴儿初期及动物出生后几小时或几天便进入其消化道，定居于大肠并大量繁殖，成为肠道正常菌群的一部分。但有些血清型菌株具有致病性，可引起腹泻、肠炎等疾病，称其为致病性大肠杆菌（pathogenic *Escherichia coli*），致病性大肠杆菌中较为重要的血清型为 EHEC O157∶H7，属于肠出血性大肠杆菌，能引起出血性或非出血性腹泻、出血性结肠炎和溶血性尿毒综合征等，当其定居在肠道后，可以产生一种强力毒素，是 EHEC 的主要致病因子。一般大肠杆菌 O157∶H7 感染潜伏期为 3～10 d，症状可持续 2～9 d。

（3）食品中毒与控制措施

由致病性大肠杆菌引起的食源性疾病全年均可发病，多发在 3～9 月，主要通过受污染的水、受污染的食物及带菌从业人员感染与传播。在肉类、蛋及其制品、水产品、豆制品以及蔬菜表面都可能存在大肠杆菌的污染，特别是饮用生水、食用未熟透的食品，若食品已经受到大肠杆菌的污染，均可能引起人食用后感染。此外，食品加工和饮食从业人员带菌，或工业用水遭受大肠杆菌污染，也会引起食物中毒。

针对大肠杆菌的传播途径采取控制措施，可以有效地预防致病性大肠杆菌的感染：①防止动物性食品的污染，特别是在屠宰和加工食用动物时，避免粪便污染；②正确的热处理加工，避免吃生的或半生的肉、禽制品，避免喝未经杀菌的牛乳或果汁；③强调生熟分开，避免生熟交叉污染或熟后污染；④餐饮业从业人员要严格遵守相关卫生条例、保持个人卫生，防止病原菌的交叉污染。

15.2.3 金黄色葡萄球菌

（1）生化特性与分布

大多数葡萄球菌属（*Staphylococcus*）为需氧菌或兼性厌氧菌，能分解葡萄糖、麦芽糖和蔗糖，产酸不产气，形态呈球形或稍呈椭圆形，直径约为 $0.8 \sim 1.0~\mu m$，堆积成葡萄状排列。无鞭毛，不能运动，无芽孢、有少数可形成荚膜或黏液层。根据其生化特征分为金黄色葡萄球菌（*S. aureus*）、表皮葡萄球菌（*S. epidermidis*）和腐生葡萄球菌（*S. saprophyticus*）。在葡萄球菌属中，以金黄色葡萄球菌的致病力最强，是与食物中毒关系最密切的重要菌种。

金黄色葡萄球菌为革兰氏阳性球菌，为微球菌科葡萄球菌属的一个种。金黄色葡萄球菌在培养基上会产金黄色色素，可以产生凝固酶、核酸酶，出现 β- 溶血环，具有溶血性，致病性强。金黄色葡萄球菌在普通培养基上生长良好，最适生长温度为 37℃，最适 pH 为 7.4，pH 为 4.5 ~ 9.8 均可生长，有较高的耐盐性，可在 10% ~ 15% 氯化钠肉汤中生长。葡萄球菌菌体表面除有蛋白质抗原（即葡萄球菌 A 蛋白，staphylococcal protein A，SPA）外，还有多糖类抗原的存在。

（2）致病机理与中毒特征

由金黄色葡萄球菌产生的肠毒素（enterotoxin）可以引起食物中毒，为毒素型中毒。该毒素是细菌外毒素，为结构相似的一组可溶性蛋白质，耐热，经 100℃ 煮沸 30 min 不被破坏，可以引起肠道病变。由金黄色葡萄球菌引起的食物中毒机制可能是肠毒素进入人体消化道后被吸收进入血液，刺激中枢神经引发以急性胃肠炎为主要症状，还有恶心、反复呕吐、中上腹部疼痛，体温一般正常或有低热。这类中毒潜伏期一般为 1 ~ 5 h，最短 5 min 左右，很少超过 8 h。

金黄色葡萄球菌也是人类化脓感染中常见的病原菌，可引起局部化脓感染，还可引起肺炎、伪膜性肠炎、心包炎等，甚至败血症、肠毒症等全身感染。

（3）食品中毒与控制措施

金黄色葡萄球菌在自然界中分布广泛，食品受到产肠毒素的金黄色葡萄球菌污染是导致食物中毒的主要原因，易引起肠毒素中毒的食品主要有肉、奶、鱼、蛋类及其制品等动物源性食品。因此，预防金黄色葡萄球菌引起的食物中毒首要是防止其污染食品，应控制带菌操作人员的污染、食品原材料的污染，如不能挤用患有化脓性乳腺炎奶牛的乳汁，且刚挤出的牛乳要迅速冷却至 10℃ 以下，抑制细菌繁殖。另外，肠毒素的产生还与食品存放的温度有关，将食品放在低温、通风良好的条件下也可以防止肠毒素的形成，预防食源性污染。

🌐 **知识拓展 15-3**
金黄色葡萄球菌的耐药性

15.2.4 肉毒梭菌

（1）生化特性与分布

肉毒梭菌（*Clostridium botulinum*）全称为肉毒梭状芽孢杆菌，为革兰氏阳性粗大杆菌，两端钝圆，无荚膜，周身有 4 ~ 8 根鞭毛，能运动。最适生长温度为 28 ~ 37℃，最适 pH 为 6 ~ 8，在温度为 20 ~ 25℃ 形成芽孢，呈卵圆形。肉毒梭菌为专性厌氧菌，在胃肠道内既能分解葡萄糖、麦芽糖及果糖，产酸产气，又能消化分解肉渣，使之颜色变黑，腐败恶臭。当 pH 低于 4.5 或大于 9.0，或温度低于 15℃ 或高于 55℃ 时，肉毒梭菌芽孢不能繁殖，也不能产生毒素。肉毒梭菌菌体不耐热，在 80℃ 处理 30 min 或 100℃ 处理 10 min 即可杀灭，但芽孢热稳定性强，需经高压蒸汽

121℃处理 30 min，或干热 180℃处理 5 ~ 15 min，或湿热 100℃处理 5 h 才能将其杀死。肉毒梭菌常存在于土壤、江河湖海的淤泥沉积物、尘土和动物粪便中，可通过环境污染等直接或间接污染食品。

（2）食物中毒与致病机理

我国在 1958 年首次报道肉毒中毒事件，其致死率极高。肉毒梭菌产生的外毒素即肉毒神经毒素（botulinum neurotoxin）是目前已知的化学毒物和生物毒物中毒性最强的毒素之一，是引起肉毒梭菌食物中毒的首要因子。肉毒毒素是一类强烈的神经毒素，经肠道吸收后作用于中枢神经系统的颅神经核和外周神经，抑制其神经递质 – 乙酰胆碱的释放，导致肌肉麻痹和神经功能不全。而且肉毒毒素对酸的抵抗力特别强，在胃酸溶液中 24 h 不能将其破坏。肉毒杆菌根据其所产生毒素的抗原性分为 A、B、C$_\alpha$、C$_\beta$、D、E、F、G 这 8 个型，能引起人类疾病的以 A、B 型最常见。肉毒中毒的潜伏期较长，一般为 12 ~ 48 h，潜伏期越短，致死率越高。中毒的症状最初为头晕、无力，随即出现眼肌麻痹症状、张口、伸舌困难，进而发展为吞咽困难，最后出现呼吸肌麻痹，表现为呼吸困难、呼吸衰竭，甚至死亡。

常见的易受污染的食物有发酵豆制品、面粉制品及火腿、鱼制品罐头等食品，若食品原材料受到肉毒梭菌的污染，而加工温度或压力不够无法杀死肉毒杆菌的芽孢，继而再密封保存就会给其提供一个厌氧的环境，使其芽孢成为繁殖体并产生毒素，再加上食用之前未完全加热，其毒素就会随食物进入人体，引起食物中毒。

（3）控制措施

为了预防肉毒梭菌的污染及其引起的食物中毒，必须对食品原材料进行质量把控，选用新鲜的原材料，避免泥土的污染；加工前彻底洗去原材料表面的泥土，加工时要严格控制加热温度和时间，烧熟煮透，加工后的食品应避免再污染，应放在通风凉快的地方保存，尽快食用。生产罐头等真空食品时，必须严格执行相关卫生规范（如 GB 8950–2016 食品安全国家标准 罐头食品生产卫生规范），装罐后彻底灭菌，若在贮藏过程中出现产气胀罐等现象，不能食用。

15.2.5　蜡样芽孢杆菌

（1）生化特性与分布

蜡样芽孢杆菌（*Bacillus cereus*）是革兰氏阳性杆菌，兼性需氧，大小为（1 ~ 1.3）μm ×（3 ~ 5）μm，菌体两端较平整，多呈短链或长链状排列，可形成芽孢，芽孢呈椭圆形，位于菌体中央或偏端。蜡样芽孢杆菌的最佳生长温度为 30 ~ 32℃，允许生长的 pH 为 4.9 ~ 9.3，其芽孢有耐热性。分布比较广泛，在土壤、水、空气、动物肠道以及许多食物上都能分离到，能引起食物中毒的菌株多为周生鞭毛，有运动力。

（2）食物中毒与致病机理

蜡样芽孢杆菌菌体引起的食物污染主要是通过谷物类食物传播，包括玉米、玉米淀粉、土豆、大米饭等，而引起食物中毒主要是由食物中含有大量活的菌体和其产生的肠毒素所引起的。夏季室温保存下的米饭类食物最容易受蜡样芽孢杆菌的污染，由于误食而引起食物中毒，这些受污染的食品大多无腐败变质现象，除米饭有时轻微发黏、入口不爽或稍有异味外，大多数食品的感官性状正常。被蜡样芽孢杆菌污染的食物在高温加热后，菌体会被杀死，但其所产生的毒素是耐热的，依然具有毒性，仍能引起人类食物中毒。耐热的呕吐型肠毒素可以引起以恶心、无力、呕吐、头晕为特征的恶心型肠胃炎，不耐热的腹泻型肠毒素可引起以腹泻、胃肠痉挛为主要特征的腹泻型胃肠炎。一般而言，中毒症状在摄食后 8 ~ 16 h 内出现，常持续 8 ~ 36 h，一般不会导致死亡。

（3）控制措施

市售的食品中常常能分离出蜡样芽孢杆菌，如生米带菌率为 67.7% ~ 91%。食物在加工、运输、贮存及销售过程中不注意卫生均有可能受到该菌的污染，也可经被苍蝇、蟑螂等昆虫污染的不洁容器和用具而传播。因此，为了预防该菌引起的食源性疾病，食品加工企业、餐饮企业必须严格执行食品卫生操作规范，做好防蝇、防鼠、防尘等各项卫生工作。在熟食、剩饭食用前须彻底加热，一般应在100℃加热20 min。

15.2.6　空肠弯曲菌

（1）生化特性与分布

空肠弯曲菌（*Campylobacter jejuni*）属弯曲菌属，为革兰氏阴性菌，菌体细长，呈现多种形态、弧形、S形、螺旋形或纺锤形，无芽孢，大小为（0.2~0.8）μm×（0.5~5）μm。鞭毛呈单级生，附着于菌体一端或两端，长度可达菌体的2~3倍，具有特征性的螺旋状运动方式。空肠弯曲菌为微需氧菌，在正常大气或无氧条件下均不生长，最适宜生长在5% O_2、10% CO_2 和85% N_2 的环境中，适宜的培养温度为37~43℃，培养时对营养要求高，需血液溶解液或血清。菌体对冷热均较敏感，56℃处理5 min即被杀死，干燥环境中仅能存活3 h。菌体广泛存在于各种动物体内，其中以家禽、野禽和家畜动物带菌最多，如鸡鸭、鸟类、狗、猫、牛、羊等动物体。

（2）食物中毒与致病机理

空肠弯曲菌是人畜共患病原菌，通过人与人、人与动物直接接触感染或通过污染的食物和水传播，可以引起散发性细菌性肠炎，引起中毒的食品主要有生的或未煮熟的鸡、肉、海产品、蛋制品以及未经巴氏消毒的牛奶等。菌体对胃酸敏感，通常食用 10^2 ~ 10^6 个以上细菌才可能致病，空肠弯曲菌产生的霍乱样肠毒素也是引起食物中毒的原因之一，菌体与毒素两者共同作用，属于混合型细菌性食物中毒。空肠弯曲菌引起的食物中毒多发生在5~10月，夏季更多，多发在婴幼儿中，发病潜伏期一般为3~5天，临床症状主要是腹痛、腹泻、发热，病程一般为5~7天，愈后良好。

（3）控制措施

由于动物是空肠弯曲菌最主要的携带者和传染源，因此，防止动物排泄物污染水和食物对于预防空肠弯曲菌至关重要。加强食品生产企业的卫生监督管理以及在禽畜宰前和宰后要按有关规定进行处理和检验，且要注意生肉制品受到禽畜胃肠内容物、皮毛、容器等污染；在食品加工、销售等环节，相关从业人员要严格遵守有关卫生制度，生熟分开，防止交叉污染；食品在食用前要充分煮透，牛乳要选择巴氏灭菌的产品。

15.2.7　副溶血性弧菌

（1）生化特性与分布

副溶血性弧菌（*Vibrio parahaemolyticus*）为革兰氏阴性菌，呈棒状、弧状、卵圆状等多种形态，无芽孢，有鞭毛，大小为0.7~1.0 μm。菌体对酸敏感，适宜的pH为7.4~8.5，当pH在6以下不能生长，在普通食醋中1~3 min即死亡；菌体对热的抵抗力较弱，最适培养温度为37℃，在56℃条件下处理5~10 min即可死亡。但是副溶血性弧菌具有嗜盐性，在无盐培养基上不能生长，在营养琼脂平板中加入适量氯化钠即可生长，所需最适NaCl浓度为3.5%，对食盐的耐受量约在7%左右。副溶血性弧菌能分解发酵葡萄糖、麦芽糖、甘露醇、淀粉和阿拉伯糖，产酸不产气，不发酵乳糖、蔗糖、卫矛醇等。该菌是主要存在于海水和海产品中的海洋性细菌，在鱼、虾、贝类等海产品中可以分离到，特别是在死后的鱼、贝类中大量繁殖，在海水和海底沉淀物中也广泛存在。

（2）食品中毒与致病机理

副溶血性弧菌是我国沿海地区细菌性食物中毒的首要食源性病原菌。副溶血性弧菌不是所有菌株都能致病，通常只有产耐热直接毒素（thermostable direct toxins，TDH）和直接溶血毒素

（direct hemolytic toxins，TRH）的菌株具有致病性。大量活菌的毒素或两者混合作用都有可能引起副溶血性弧菌食物中毒，主要是受污染的海产品，以墨鱼、带鱼、黄花鱼、螃蟹、虾、贝类、海蜇等较为多见，其次是诸如咸菜、熟肉类、禽蛋、蔬菜以及腌制的畜禽等食品。中毒发病潜伏期一般为 11 ~ 18 h，前驱症状为上腹部疼痛，也有少数患者先表现为发热、腹泻、呕吐，继而出现其他症状，重则危及生命。由副溶血性弧菌引起的食物中毒主要发生在夏秋季，尤其是 7 ~ 9 月份。

（3）控制措施

副溶血性弧菌繁殖速度很快，若食物受到该菌的污染，且食物长时间置于室温保存，更适宜该菌的生长繁殖。但是，该菌对低温抵抗力较弱，将海产品及时冷藏或冷冻处理可以降低该菌的生长速度。该菌不耐热不耐酸，不生食海产品，在食用海产品之前彻底加热煮透，或者用食醋拌渍，也可以有效预防副溶血性弧菌引起的食物中毒。在处理海产品时，要生熟分开，避免熟制海产品与带菌生食品、带菌容器或带菌工具接触，防止生熟食物交叉污染。

15.2.8　单核细胞增生李斯特菌

（1）生化特性与分布

单核细胞增生李斯特氏菌（*Listeria monocytogenes*，简称单增李斯特菌）属于李斯特氏菌属（*Listeria*），是李斯特菌属各菌株中唯一能引起人类疾病的。单增李斯特菌为革兰氏阳性短小杆菌，大小为（0.4 ~ 0.5）μm ×（1.0 ~ 2.0）μm，两端钝圆，常呈"V"字形排列。需氧或兼性厌氧，其生长对营养要求不高，无芽孢，一般不形成荚膜，在营养丰富的环境中可形成多糖荚膜。单增李斯特菌的生长温度范围较广，具有嗜冷性，在 2 ~ 45℃下均可生长，最适的培养温度为 30 ~ 37℃，经 60 ~ 70℃处理 5 ~ 20 min 可将其杀死。在 pH 中性至弱碱性（5.0 ~ 9.6）、氧分压略低、二氧化碳张力略高的条件下生长良好，在 pH 为 3.8 的条件下能缓慢生长。单增李斯特菌接触酶试验呈阳性，氧化酶试验呈阴性，能发酵葡萄糖、鼠李糖、果糖等，不发酵木糖、甘露醇、肌醇、棉籽糖等，产酸不产气，40% 胆汁不溶解，吲哚、硫化氢、尿素酶、明胶液化、硝酸盐还原、赖氨酸、鸟氨酸等试验均呈阴性，V.P 试验、甲基红试验和精氨酸水解试验结果呈阳性。

单增李斯特菌广泛分布在自然界中，在土壤、污水、植物、青贮饲料等样品中均可检出。

（2）食品中毒与致病机理

单增李斯特菌是一种重要的食源性致病菌，是人畜共患病原菌。约 85% ~ 90% 的单增李斯特菌中毒病例，是由被污染的食品引起的，如乳及乳制品、肉类制品、水产品以及蔬菜、水果等。带菌的粪便也是主要的污染源，通过人和动物粪便、土壤、污染的水源和带菌操作人员都可直接或间接污染食品。对于胎儿或婴儿感染单增李斯特菌，可通过胎盘或产道由母体或带菌的乳制品感染。该菌致病性强，随食物摄入后，在肠道内快速繁殖，入侵各部分组织，包括孕妇的胎盘，进入血液循环系统，通过血流到达其他敏感的体细胞，并在其中繁殖，再利用其产生的毒素（溶血素 O）的溶解作用逃逸出吞噬细胞，再利用磷脂酶的作用在细胞间转移，引起炎症反应。感染后初期表现为恶心、呕吐、发热、头疼，类似于感冒症状，新生儿、孕妇和免疫缺陷等患者表现为呼吸急促、出血性皮疹、化脓性结膜炎、抽搐、昏迷、自然流产、脑膜炎、败血症甚至死亡。

（3）控制措施

单增李斯特菌在 2℃的环境中仍可生长繁殖，是冷藏食品引起食物中毒的主要病原菌之一，因此，冷藏食品在食用前加热煮透是预防单增李斯特菌中毒最重要的措施。肉类、禽蛋类等动物性食品也要彻底加热后食用，生食蔬菜食用前要彻底洗净，不食生牛乳及其制品，生熟要分开，未加工的肉类与蔬菜、已加工的食品和即食食品分开，加工生食品后的手、刀和砧板要清洗干净。

15.2.9　食源性致病真菌及其毒素

产毒素真菌是以霉菌为主的一类，严重危害食品安全、威胁人类健康的真菌，关注度高的主要有以黄曲霉、杂色曲霉为代表的曲霉属，以黄绿青霉（*Penicillium citreo-viride*）、橘青霉（*Penicillium citrinum*）为代表的青霉属以及镰刀菌属。

（1）曲霉属

① 黄曲霉和寄生曲霉

黄曲霉（*Aspergillus flavus*）在自然界分布十分广泛，是一种常见的腐生真菌。菌落生产较快，初为淡黄色，后变为黄绿色，老熟后呈褐绿色。分生孢子头疏松，呈辐射状，后变为疏松柱形。分生孢子梗、顶囊、小梗和分生孢子合成孢子头，可用于生产淀粉酶、蛋白酶和磷酸二酯酶等，也是酿造工业的常见菌种，但是其中有 30%~60% 的菌株能够在适宜的条件下产生毒素，即黄曲霉毒素。寄生曲霉（*Aspergillus parasiticus*）的分生孢子梗单生、不分枝，末端可以扩展成具有 1~2 列小梗的顶囊，上有成串的 3.6~6 μm 球形分生孢子。寄生曲霉的所有菌株在适宜的条件下都能产生黄曲霉毒素这种次级代谢产物。

黄曲霉毒素（aflatoxin，AFT）是一类结构相似的化合物，均为二氢呋喃香豆素的衍生物。现已分离鉴定出十几种，主要是黄曲霉毒素 B_1、B_2、G_1、G_2、M_1、M_2 等，其中，以黄曲霉毒素 B_1 在天然污染的食品中最为常见，且其毒性最强，可以强烈抑制肝脏细胞中 RNA 的合成，破坏 DNA 的模板作用，阻止和影响蛋白质、脂肪、线粒体、酶等合成与代谢，干扰机体的肝功能，导致突变、癌症及肝细胞坏死，而且具有蓄积性，可引起急性、亚急性以及慢性中毒。黄曲霉毒素污染多发生在农产品上，以玉米、花生污染最为严重，也常见于坚果、粮油产品以及动植物食品中，在南方及沿海湿热地区检出率较高。当这些农产品所处环境的温度、湿度等条件适合时会产生黄曲霉毒素。黄曲霉产毒的最适温度为 33℃，最适 Aw 值为 0.93~0.98；当高水分粮食在 2 天内进行干燥至水分含量低于 14%，即使污染黄曲霉也不会产生毒素。

（2）杂色曲霉

杂色曲霉（*Aspergillus versicolor*）也属于曲霉菌属，其生成孢子结构的颜色多变，在显微镜下分生孢子头呈辐射状或球形，直径为 75~125 μm，孢子梗直径为 9~20 μm，顶囊呈球形，分生孢子为球形或近球形，直径为 2.5~3.5 μm。杂色曲霉广泛分布于自然界，在空气、土壤、腐败的植物体和贮存的粮食中均可检出，其中，约有 80% 以上的菌株产毒，即杂色曲霉毒素（sterigmatocystin，ST），这是一类化学结构近似的有毒化合物，已确定结构的有十余种，耐高温，在 246℃才分解，不溶于水，易溶于氯仿、乙腈、吡啶和二甲基亚砜等有机溶剂。ST 毒素与黄曲霉毒素 B_1 结构相似，在一定条件下可以相互转化，因此受到世界各国高度关注。杂色曲霉毒素污染的食品包括大麦、小麦、玉米等粮食作物，饼粕、稻草和麦秸等。

（3）镰刀菌属

镰刀菌属（*Fusarium*）又称镰孢霉属，其菌丝有隔，分枝，分生孢子梗分枝或不分枝。分生孢子有两种形态，小型分生孢子卵圆形至柱形，有 1~2 个隔膜；大型分生孢子呈镰刀形或长柱形，有较多的横隔。镰刀菌属在自然界分布广泛，能侵染多种农作物，引起小麦、水稻等作物的赤霉病、棉花的枯萎病等。有些菌种能产生纤维酶、脂肪酶等；有些种能产生毒素，人畜误食会引起中毒。镰刀菌属中能产毒菌种包括禾谷镰刀菌、串珠镰刀菌、雪腐镰刀菌、三线镰刀菌、梨孢镰刀菌和尖孢镰刀菌等，所产生的毒素为镰刀菌毒素，这也是自然发生的最危险的食品污染物之一。迄今为止，镰刀菌毒素已发现有十余种，按其化学结构可以分为三大类：单端孢霉烯族化合物（trichothecene）、玉米赤霉烯酮和丁烯酸内酯。在单端孢霉烯族化合物中，我国粮食和饲料中常被测出的是脱氧雪腐镰刀菌烯醇（deoxynivalenol，DON），又称为呕吐毒素，易溶于水，热稳定性高，在烘焙温度 210℃、油煎温度 140℃或煮沸处理时，只能破坏 50%。DON 主要存在于麦类赤霉病的麦粒中，在玉米、稻谷、蚕豆等作物中也能感染赤霉病而含有 DON。赤霉病的病原菌是赤霉菌（*G.zeae*），其无性阶段是禾谷镰刀菌。这种菌在阴雨连绵、湿度高、气温低的条件下适宜生长繁殖。当人误食含 DON 的农产品（含 10% 病麦的面粉 250 g）后，多在 1 h 内出现恶心、眩晕、腹痛、呕吐、全身乏力等症状，少数伴有腹泻、颜面潮红、头痛等症状。

能产生玉米赤霉烯酮（zearalenone）的镰刀菌有禾谷镰刀菌和三线镰刀菌等，常受污染的农作物有玉米、小麦、燕麦、大麦和芝麻等。玉米赤霉烯酮在长波紫外光下呈蓝绿色荧光，在短波紫外光下呈绿色荧光，不溶于水，溶于碱性水溶液。玉米赤霉烯酮是一种雌性发情毒素，能够刺激大鼠发情或导致猪的雌激素过多，当饲料中含量达到 500 mg/kg 时出现明显症状。

（4）真菌性食物中毒的预防和控制

由真菌引起的食物中毒多数是由其所产生的毒素所引发，因人食用了被产毒霉菌及其毒素污染的食品所致，因此，清除污染源（防止霉菌生长与产毒）和去除霉菌毒素是预防和控制相关食物中毒最有效的手段。

防止和减少农作物被霉菌污染，是预防中毒的根本措施。首先需要控制食品（原料）中的水分以及空气中的相对湿度，保持食品和贮藏场所干燥，要求相对湿度不超过 65%～70%，控制温差，防止结露，粮食及食品可在阳光下晾晒、风干或加吸湿剂密封保存；气调防霉，即去除 O_2 或加入 CO_2、N_2 等气体，通过减少食品表面环境的氧浓度，防止霉菌生长和毒素的产生；低温防霉，将食品贮藏温度控制在霉菌生长的适宜温度以下，一般设置为 4℃，从而达到抑菌防霉的作用；使用防霉化学药剂，如熏蒸剂、拌合剂等防止霉菌生长。

除毒是食品污染霉菌后为防止人类受危害的补救方法，常见的除毒素的方法有去除法和灭活法，前者包括人工或机械筛选出毒粒、溶剂提取法、活性炭等吸附剂吸附去毒以及应用微生物发酵去除毒素等；后者包括加热处理法（干热、湿热）、紫外线等射线处理法、醛类溶液处理法、次氯酸钠等氧化剂处理法以及酸碱处理法。目前，针对黄曲霉毒素的脱毒研究较多，如花生在 150℃以下炒制 0.5 h 约可除去 70% 的黄曲霉毒素。

15.2.10　由病毒介导的食源性感染

由病毒引起食品中毒的发生情况不常见，主要原因是病毒是专性寄生物，只能在寄主的活细胞中复制，不能在食物中复制，其数量较细菌、真菌污染要少，且其检测方法复杂、费时，需要特殊的实验条件。但是随着病毒学研究的发展，有关病毒污染食品引发的食品中毒也越来越受到重视，引起人们的普遍关注。病毒通过食品传播的主要途径是粪－口传播，食品可以作为病毒的载体促进其传播，特别是肠道病毒。不同病毒在食品中的存活能力也各不相同，如牛肉馅中的肠道病毒在 23℃下可存活长达 8 d，且不受腐败菌生长的影响。因此，食品是病毒传播的运载工具，人和动物是病毒复制、传播的主要来源，当人和动物摄入带有病毒的食物后，可引起病毒性传染病。目前，从污染的食品中发现了多种病毒，如轮状病毒、诺沃克病毒、肠道腺病毒、嵌杯病毒、冠状病毒等能引起腹泻或肠胃炎，脊髓灰质炎病毒、柯萨奇病毒、埃可病毒、禽流感病毒、甲型肝炎病毒、呼肠孤病毒和肠道病毒等还能引起消化道以外的损伤。

15.3　食品安全微生物指标

在《中华人民共和国食品安全法》中明确规定了"禁止生产经营致病性微生物、农药残留、兽药残留、生物毒素、重金属等污染物质以及其他危害人体健康的物质含量超过食品安全标准限量的食品、食品添加剂、食品相关产品"。食品安全指示物可以用来评估食品的安全性和卫生状况，可以分为三种类型：①对样品一般卫生质量、污染程度的指示菌，常用的指标包括细菌、霉菌和酵母菌数。②特指粪便污染的指示菌，主要指大肠菌群。③在特定样品中不能检出的微生物类型。这些食品安全指示菌在食品受污染时总是和相关病原体同时出现，而其生长速度较快，可以更快速被检测到，当食品样品中没有病原体时，这种指示菌不出现或极少量出现。

15.3.1　食品中菌落总数与食品安全评定

（1）菌落总数与食品安全评定

食品中的菌落总数（aerobic plate count）是指食品样品经过处理后，在一定条件下（如培养基、培养温度和培养时间等）培养后，所得每 g（mL）样品中形成的微生物菌落总数，一般以 1 g 或 1 mL 或 1 cm² 食品表面积上所含有的菌落形成单位（colony forming unit，CFU）表示。这个指标所表示的是食品样品中的细菌数量，是指在严格规定的条件下培养出的活菌菌落总数，而不表示食品中实际的细菌总数，也不能区分细菌的种类。因此，菌落总数在一定程度上可以反映食品当前的状态，特别是食品的卫生状况。一般来讲，食品中菌落总数越多，食品受污染程度就越重，食品腐败变质的速度就越快。另外，菌落总数也可以用来预测食品存放的期限，根据食品的类型及其中原始的菌落总数，可以预测食品的保存期。一般来说，食品中原始菌落总数越高，保质期越短。

（2）食品中菌落总数的检测

食品中菌落总数的测定主要是参考国标 GB4789.2-2022，测定步骤包括样品的称取和稀释、样品的培养、菌落计数、结果计算和出具报告等环节，具体操作方式如图 15-5。

通常情况下，菌落总数的计数选择菌落数在 30 CFU～300 CFU 之间、无蔓延菌落生长的平板，低于 30 CFU 的平板记录具体菌落数，大于 300 CFU 的可记录为多不可计。食品样品中菌落总数即为一定稀释度平板上菌落数的平均值，再乘以相应的稀释倍数，即为每 g（mL）样品中菌落总数结果。若所有稀释度的平板菌落数均不在 30 CFU～300 CFU 之间，则以最接近 30 CFU 或 300 CFU 的平均菌落数乘以稀释倍数计算。

15.3.2　大肠菌群与食品安全评定

（1）大肠菌群与食品安全评定

大肠菌群（coliforms）是指一类在 36℃ 条件下培养 48 h 能分解乳糖、产酸产气的需氧和兼性厌氧革兰氏阴性无芽孢杆菌，主要包括肠杆菌科（Enterobacteriaceae）的埃希氏菌属（*Escherichia*）、柠檬酸杆菌属（*Citrobacter*）、克雷伯氏菌属（*Klebsiella*）、产气肠杆菌属（*Enterobacter*）等，其中以埃希氏菌属为主，称为典型大肠杆菌。这类指示菌主要作为粪便污染的指标，即来源于肠道的菌群，一般认为，大肠菌群都是直接或间接来自人和温血动物的粪便。

大肠菌群是粪便污染食品的指示菌，食品样品中大肠菌群的数量，说明食品被粪便污染的程度以及对人体健康危害的情况。大肠菌群也可以作为肠道致病菌污染食品的指示菌。肠道致病菌是食品安全的重要威胁，如沙门氏菌、志贺氏菌等，这些微生物与大肠菌群的来源相同，在外界环境中生存时间也与大肠菌群相似，但是大肠菌群更容易检测，因此，当食品中检出大肠菌群数量越多时，说明肠道致病菌存在的可能性就越大。在水质质量的评价过程中，由于致病微生物在水环境中的数量较少、检测较困难，也无法对所有可能存在的致病微生物一一进行检测，采用大肠菌群这种指示菌，可以提示该水体是否受到过人畜粪便的污染、是否有肠道病原微生物存在的可能，以保

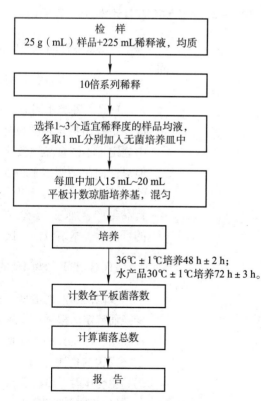

图 15-5　食品中菌落总数的检验程序（GB4789.2-2022）

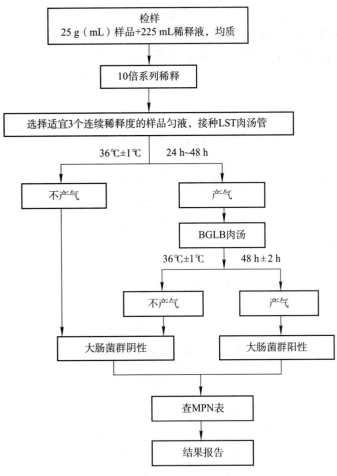

```
        检样
25 g（mL）样品+225 mL稀释液，均质
              │
              ▼
        10倍系列稀释
              │
              ▼
选择适宜3个连续稀释度的样品匀液，接种LST肉汤管
              │
      36℃±1℃    24 h~48 h
         ┌──────┴──────┐
         ▼             ▼
      不产气           产气
                        │
                        ▼
                    BGLB肉汤
              36℃±1℃    48 h±2 h
                 ┌──────┴──────┐
                 ▼             ▼
              不产气           产气
         │       │             │
         ▼       ▼             ▼
     大肠菌群阴性          大肠菌群阳性
         │                    │
         └────────┬───────────┘
                  ▼
              查MPN表
                  │
                  ▼
              结果报告
```

图 15-6　大肠菌群 MPN 计数法检验程序（GB4789.3-2016）

证水质的卫生安全。当然，这两者之间的存在并非一致并行。

（2）食品中大肠菌群的检测

在我国，大肠菌群的检验方法主要是 MPN 法（most probable number，最大可能数），即将待测样品经系列稀释并培养后，根据其未生长的最低稀释度与生长的最高稀释度，应用统计学概率论推算出待测样品中大肠菌群的最大可能数，用每 mL（g）样品中大肠菌群最近似数来表示，这是一种将统计学和微生物学相结合的定量检测法。根据我国食品安全国家标准 GB4789.3-2016 规定，操作步骤有样品称取与稀释，选用 3 个连续稀释度的样品于月桂基硫酸盐胰蛋白胨（LST）肉汤初发酵试验，未产气者为大肠菌群阴性；产气者选择煌绿乳糖胆盐（BGLB）肉汤进行复发酵试验，观察产气情况，再结合大肠菌群 MPN 检索表，得到每 g（mL）食品样品中大肠菌群的 MPN 值。具体操作步骤如图 15-6 所示。这种方法适用于污染菌量少的食品样品，而且不需要昂贵的仪器设备，操作简单，但是需要配制大量的样品发酵管，总培养时间约 96 h，耗时耗力，且无法直接观察到微生物菌落形态，属于半定量实验。

有一些国家也有采用粪大肠菌群（faecal coliform）或大肠杆菌（E. coli）数量作为食品被粪便污染的指示菌，粪大肠菌群的检测原理、操作方法同大肠菌群相似，只是培养样品时采用（44±1）℃的温度条件，培养 24～48 h。

15.3.3　食品中致病菌与食品安全评定

食品因种类不同对菌落总数有不同的限量要求，但是对致病性病原菌，除少数类型的食品允许少量检出特定种类以外，大多数食品中规定不允许检出。在我国食品安全国家标准 GB29921 中规定了不同食品中致病菌的限量，如在熟肉和即食生肉制品中允许少量检出金黄色葡萄球菌，但对沙门氏菌规定不得检出；允许即食生制动物性水产品中可以少量检出副溶血性弧菌，但对沙门氏菌的规定是不得检出。在我国食品安全标准中也明确规定，无论是否规定致病菌限量，食品生产、加工、经营者均应采取控制措施，尽可能降低食品中的致病菌含量水平及导致风险的可能性。本节以沙门氏菌及大肠埃希氏菌 O157∶H7 为例对其食品安全进行评定。

15.3.3.1　沙门菌的血清学鉴定

沙门菌属的血清型众多，主要是根据其 O 抗原、H 抗原和表面抗原的类型和数量以及其排列变换而确定。根据一个或多个 O 抗原的相似性，分为 A、B、C 等血清群。再采用 H 抗原，分为 2 种相型，即特异相和非特异相，或称第 1 相和第 2 相。在国家食品安全标准 GB 4789.4-2016 中规定沙门菌的检测方法，主要是通过生化特性试验及血清学鉴定，操作步骤包括预增菌、增菌、分离、生化试验、血清学鉴定、分析结果与出具报告，具体过程如图 15-7 所示。

经过选择性琼脂平板上的菌落特征，结合生化试验的结果，可初步确定食品样品是否受到沙门氏菌的污染，再结合多价血清学鉴定和分型，可得到所污染沙门氏菌的具体血清型。血清型鉴

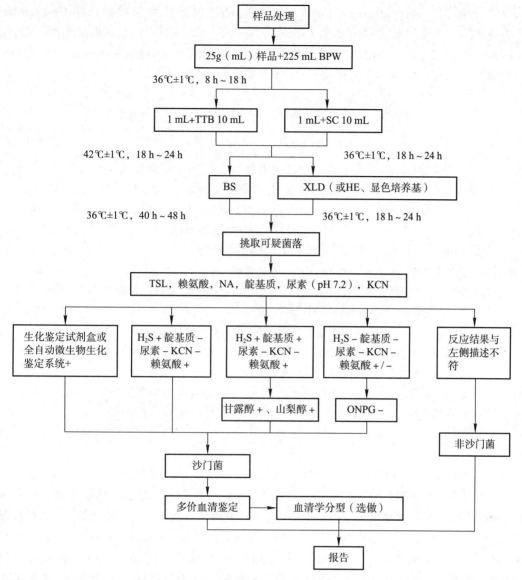

图 15-7　沙门氏菌检验程序（GB 4789.4–2016）

定首先要排除受污染的食品样品培养物自凝集反应后，再对其多价菌体抗原（O）和多价鞭毛抗原（H）进行鉴定。具体操作为：在洁净的玻片上滴加一滴生理盐水，将样品培养物与生理盐水混合为均一的混浊悬液，将玻片轻轻摇动 30 ~ 60 s，在黑色背景下观察是否出现可见的菌体凝集，即可判断待检培养物的自凝性。接着采用多价菌体（O）抗血清与待测培养液混合，生理盐水作为对照，将玻片倾斜摇动混合 1 min，在黑暗背景下进行观察，任何程度的凝集现象皆为阳性反应。多价鞭毛抗原（H）的鉴定是将待检培养物与多价鞭毛抗血清混合后采用玻片凝集方法测定。若要判断所污染沙门氏菌的血清型，即可采用血清型分型鉴定方法，即先用 A ~ F 多价 O 血清做玻片凝集试验，判定 O 群后，再采用对应 H 因子血清检查第 1 相和第 2 相 H 抗原，再结合 Vi 因子血清检查结果，参照沙门氏菌属抗原表判断该食品样品所污染沙门氏菌的菌型。综合生化试验和血清学鉴定的结果，得到 25 g（mL）食品样品中沙门菌的污染状况。

15.3.3.2　致泻大肠埃希氏菌的分子检测方法

致泻大肠埃希氏菌（Diarrheagenic *Escherichia coli*）是一类能引起人体以腹泻症状为主的大肠埃希氏菌，可经过污染食物引起人类发病。常见的致泻大肠埃希氏菌主要包括肠道致病性大肠埃希氏菌（enteropathogenic *E. coli*，EPEC）、肠道侵袭性大肠埃希氏菌（enteroinvasive *E. coli*，EIEC）、产肠毒素大肠埃希氏菌（enterotoxigenic *E. coli*，ETEC）、肠道出血性大肠埃希氏菌（enterohemorrhagic *E. coli*，EHEC）和肠道集聚性大肠埃希氏菌（enteroaggregative *E. coli*，EAEC），每一类别都有各自的致病特点，其所特有的特征性基因如表 15-5 所示。

表 15-5　五种致泻大肠埃希氏菌的致病特点及特征性基因

类别	致病特点	特征性基因
EPEC	能够引起宿主肠黏膜上皮细胞黏附及擦拭性损伤，且不产生志贺毒素。该菌是婴幼儿腹泻的主要病原菌，有高度传染性，严重者可致死	*escV* 或 *eae*、*bfpB*
EIEC	能够侵入肠道上皮细胞而引起痢疾样腹泻，该菌无动力、不发生赖氨酸脱羧反应、不发酵乳糖，生化反应和抗原结构均近似痢疾志贺氏菌。侵入上皮细胞的关键基因是侵袭性质粒上的抗原编码基因及其调控基因	*invE* 或 *ipaH*
ETEC	能够分泌热稳定性肠毒素或 / 和热不稳定性肠毒素，该菌可引起婴幼儿和旅游者腹泻，一般呈轻度水样腹泻，也可呈严重的霍乱样症状，低热或不发热。腹泻常为自限性，一般 2 d ~ 3 d 即自愈	*lt*、*stp*、*sth*
EHEC	能够分泌志贺毒素、引起宿主肠黏膜上皮细胞黏附及擦拭性损伤。有些产志贺毒素大肠埃希氏菌在临床上引起人类出血性结肠炎（HC）或出血性腹泻，并可进一步发展为溶血性尿毒综合征（HUS）	*escV* 或 *eae*、*stx1*、*stx2*
EAEC	不侵入肠道上皮细胞，但能引起肠道液体蓄积。不产生热稳定性肠毒素或热不稳定性肠毒素，也不产生志贺毒素。唯一特征是能对 HepG-2 细胞形成集聚性黏附	*astA*、*aggR*、*pic*

对致泻大肠埃希氏菌的检测，主要采用的是生化试验鉴定、聚合酶链式反应（PCR）确认，结合血清学试验，得出样品中是否有致泻大肠埃希氏菌，及其类别和血清型别。检测操作步骤包括样品的稀释处理、增菌培养与分离、生化试验、PCR 确认试验以及血清型试验，详细检验程序如图 15-8 所示。PCR 引物参照 GB4789.6-2016 中设计，循环条件为：预变性 94℃（5 min）；变性 94℃（30 s）、复性 63℃（30 s）、延伸 72℃（1.5 min），30 个循环；72℃延伸 5 min。根据空白对照、阴性对照和阳性对照结果判断 PCR 试验的正确性，根据电泳图目标条带大小及种类，结合型别对照表得出食品样品中致泻大肠埃希氏菌有无及其所属类别，再结合血清型试验鉴定 O 抗原和 H 抗原，得到样品中致泻大肠埃希氏菌的血清型别。

【习题】

简答题：
1. 食品中致病微生物分子检测的方法有哪些？并简述其工作原理。
2. 免疫学检测的基础是什么？简述酶联免疫分析方法的工作原理及操作流程。
3. 简述典型食源性病原微生物的类型，并阐述其污染来源及预防措施。
4. 用来评估食品安全性和卫生状况的食品安全指示物有哪些类型？简述其操作流程。

【开放讨论题】

案例分析：
1. 以肉、蛋、奶、农产品中的一类食品为例，简述其可能的细菌污染的类型、来源、途径及控制措施。

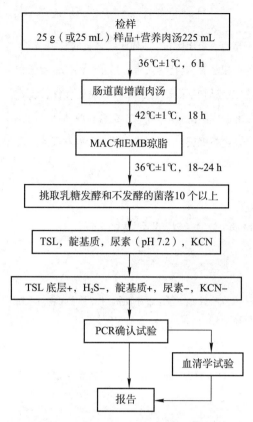

检样
25 g（或25 mL）样品+营养肉汤225 mL

36℃±1℃，6 h

肠道菌增菌肉汤

42℃±1℃，18 h

MAC和EMB琼脂

36℃±1℃，18~24 h

挑取乳糖发酵和不发酵的菌落10个以上

TSL，靛基质，尿素（pH 7.2），KCN

TSL 底层+，H₂S−，靛基质+，尿素−，KCN−

PCR确认试验

血清学试验

报告

图15−8　致泻大肠埃希氏菌检验程序

2. 食品中病原微生物的检测方法各有哪些优缺点？请比对分析。

【参考资料】

［1］蒋原.食源性病原微生物检测指南［M］.北京：中国标准出版社，2010.

［2］焦新安.食品检验检疫学［M］.北京：中国农业出版社，2007.

［3］Köhler G，Milstein C. Continuous cultures of fused cells secreting antibody of predefined specificity［J］. Nature，1975，256：495−497.

［4］高丽娟，马凯.食品微生物检验实验室建设及检验技术实用手册［M］.北京：北京科学技术出版社，2019.

［5］World Health Organization. Laboratory biosafety manual［S］，Fourth edition. 2020.

［6］胥传来，匡华，徐丽广.食品免疫学［M］.北京：科学出版社，2021.

［7］杨利国，胡少昶，魏平华，等.酶免疫测定技术［M］.南京：南京大学出版社，1998.

［8］中华人民共和国国家卫生与计划生育委员会，国家食品药品监督管理总局.食品微生物学检测：GB/T 4789［S］.北京：中国标准出版社，2016.

［9］中华人民共和国国家卫生健康委员会，国家食品药品监督管理总局.预包装食品中致病菌限量：GB/T29921−2021［S］.北京：中国标准出版社，2021.

［10］中华人民共和国国家质量监督检验检疫总局，中国国家标准化管理委员会.实验室生物安全通用要求：GB19489−2008［S］.北京：中国标准出版社，2008.

读者意见反馈

为收集对教材的意见建议，进一步完善教材编写并做好服务工作，读者可将对本教材的意见建议通过如下渠道反馈至我社。

咨询电话　400-810-0598
反馈邮箱　gjdzfwb@pub.hep.cn
通信地址　北京市朝阳区惠新东街4号富盛大厦1座　高等教育出版社总编辑办公室
邮政编码　100029